FASHION

FAITH and

FANTASY

FASHION

FAITH and

FANTASY

유행, 신조 그리고 공상

우주에 관한 새로운 물리학

유행, 신조 그리고 공상
우주에 관한 새로운 물리학

1판 1쇄 인쇄 2018년 11월 8일
1판 1쇄 발행 2018년 11월 15일

지은이 로저 펜로즈
옮긴이 노태복
펴낸이 황승기
마케팅 송선경
편집 박지혜
디자인 김병수
펴낸곳 도서출판 승산
등록날짜 1998년 4월 2일
주소 서울시 강남구 테헤란로34길 17 혜성빌딩 402호
대표전화 02-568-6111
팩시밀리 02-568-6118
전자우편 books@seungsan.com

값 25,000원

ISBN 978-89-6139-071-2 93420

이 도서의 국립중앙도서관 출판예정도서목록(CIP)은
서지정보유통지원시스템 홈페이지(http://seoji.nl.go.kr)와
국가자료공동목록시스템(http://nl.go.kr/kolisnet)에서 이용하실 수 있습니다.
(CIP제어번호: CIP2018034518)

FASHION

FAITH and

유행, 신조 그리고 공상

우주에 관한 새로운 물리학

FANTASY

FASHION

로저 펜로즈 지음 **노태복** 옮김

and

FANTASY

승산

목차

감사의 말씀

이 책의 잉태 기간이 꽤 길다 보니, 책이 나오기까지 많은 도움을 주신 분들에 대한 기억이 조금 가물가물해졌다. 많은 도움을 주었지만 내가 기억하지 못하는 분들에게 감사와 사과의 마음을 함께 전한다. 물론 내가 각별히 감사드려야 할 분들도 있는데, 단연 먼저 감사드려야 할 분은 입자물리학과 관련하여 크나큰 도움을 준 나의 오랜 동료인 플로렌스 초우Florence Tsou(승 춘Sheung Tsun)이다 (아울러 그녀의 남편 찬 홍모Chan Hong-Mo에게도 감사드린다). 더 오랜 동료인 테드 (에즈라) 뉴먼Ted (Ezra) Newman은 오랜 세월 내게 통찰과 지지를 보내주었으며, 아브헤이 아쉬테카르Abhay Ashtekar, 크시슈토프 메이스네르Krzysztof Meissner 그리고 안제이 트라우트만Andrzej Trautman에게서도 지식과 통찰 면에서 큰 도움을 받았다. 옥스퍼드 동료인 폴 토드Paul Tod, 앤드루 호지스Andrew Hodges, 닉 우드하우스Nick Woodhouse, 라이어널 메이슨Lionel Mason 그리고 키스 해너버스Keith Hannabuss 또한 나의 사고에 큰 영향을 끼쳤다. 양자중력에 대한 접근법들에 관해서는 카를로 로벨리Carlo Rovelli와 리 스몰린Lee Smolin에게 많은 것을 배웠다. 이 책의 초고를 꼼꼼하게 살펴준 샤미트 카치루Shamit Kachru에게 특별히 감사드리는데, 하지만 이 책이 끈 이론에 대해 드러낸 정서를 좋게 봐줄지는 잘 모르겠다. 하지만 그의 비판은 분명 양측에서 오류와 오해를 줄이는 데 큰 도움을 주었다.

온갖 다양한 내용으로 내게 도움을 준 분들의 이름을 거명하면 다음과 같다. 페르난도 알다이Fernando Alday, 니마 아르카니하메드Nima Arkani-Hamed, 마이클 아티야Michael Atiyah, 하비 브라운Harvey Brown, 로버트 브라이언트Robert Bryant, 마레크 데미안스키Marek Demianski, 마이크 이스트우드Mike Eastwood, 조지 엘리스George Ellis, 외르크 프라우엔디너Jörg Frauendiener, 이베트 푸엔테스Ivette Fuentes, 페드루 페헤이라Pedro Ferreira, 바흐 구르자디안Vahe Gurzadyan, 루시언 하디Lucien Hardy, 데니 힐Denny Hill, 레인 휴스턴Lane Hughston, 클로드 레브런Claude LeBrun, 트리스탄 니덤Tristan Needham, 세라 존스 넬슨Sara Jones Nelson, 파벨 누로브스키Pawel Nurowski, 제임스 피블스James Peebles, 올리버 펜로즈Oliver Penrose, 사이먼 손더스Simon Saunders, 데이비드 스키너David Skinner, 조지 스팔링George Sparling, 존 스테이철John Statchel, 폴 스타인하르트Paul Steinhardt, 레니 서스킨트Lenny Susskind, 닐 터록Neil Turok, 가브리엘레 베네치아노Gabriele Veneziano, 리처드 워드Richard Ward, 에드워드 위튼Edward Witten, 그리고 안톤 차일링거Anton Zeilinger.

리처드 로렌스Richard Lawrence와 그의 딸 제시카Jessica 덕분에 나는 귀중한 여러 가지 사실들을 수집할 수 있었다. 사무적인 면에서는 루스 프레스턴Ruth Preston, 피오나 마틴Fiona Martin, 페트로나 윈턴Petrona Winton, 에디타 미엘차레크Edyta Mielczarek 그리고 앤 피어솔Anne Pearsall에게서 도움을 받았다. 그리고 오랫동안 인내하며 지지와 격려를 보내주신 프린스턴 대학교 출판부의 비키 컨Vickie Kearn에게 대단히 감사드리며, 아울러 그녀의 동료 카미나 알바레즈Carminna Alvarez에게는 표지 디자인을 해준 것에 대해, 디미트리 카레트니코프Dimitri Karetnikov에게는 책 속의 도형과 관련하여 안내해준 것에 대해, 그리고 T&T 프로덕션의 존 웨인라이트Jon Wainwright에게는 꼼꼼한 편집에 대해 감사드린다. 마지막으로 힘든 집필 기간 내내 훌륭한 아내 바네사Vanessa는 사랑과 비판적 지지와 전문적 지식으로 늘 내 곁을 지켜주었다. 컴퓨터를 붙들고서 대책 없이 씨름하고 있는 나를 기적처럼 구해줄 때도 많았다. 아내에게 말할 수 없는 감사를 드리며, 아울러 십대 아들인 맥스Max에게도 고마움을 전한다. 아들의 전문적인 노하우와 사랑 가득한 지지는 내게 너무나도 소중했다.

그림 출처

본 저자는 아래 그림의 저작권 소유자에게 대단히 감사드린다.

그림 1-35: After Rovelli [2004].

그림 1-38: M. C. Escher's *Circle Limit I* © 2016 The M. C. Escher Company–The Netherlands. All rights reserved. www.mcescher.com

그림 3-1: M. C. Escher's (a)*Photo of Sphere*, (b)*Symmetry Drawing E45*, (c)*Circle Limit IV*, © 2016 The M. C. Escher Company–The Netherlands. All rights reserved. www.mcescher.com

그림 3-38(a)와 (b): From "Cosmic Inflation" by Andreas Albrecht, in *Structure Formation in the Universe* (ed. R. Crittenden and N.Turok). Used with permission of Springer Science and Business Media.

그림 3-38(c): From "Inflation for Astronomers" by J. V. Narlikar and T. Padmanabhan as modified by Ethan Siegel in "Why we think there's a Multiverse, not just our Universe" (https://medium.com/starts-with-a-bang/why-we-think-theres-a-multiverse-not-just-our-universe-23d5ecd33707#.3iib9ejum). Reproduced with permission of *Annual Review of Astronomy and Astrophysics*, 1 September 1991, Volume 29 © by Annual Reviews, http://www.annualreviews.org.

그림 3-38(d): From "Eternal Inflation, Past and Future" by Anthony Aguirre, in *Beyond the Big Bang: Competing Scenarios for an Eternal Universe* (The Frontiers Collection) (ed. RudyVaas). Used with permission of Springer Science and Business Media.

그림 3-43: Copyright of ESA and the Planck Collaboration

다른 모든 그림(예외는 그림 2-2, 2-5, 2-10, 2-25, 3-6(b), A-1, A-37,

A-41, A-44, A-46에 나오는 컴퓨터 곡선들)은 본 저자가 그렸다.

서문

유행, 신조 내지 공상이 기초과학에 적합한가?

이 책은 내가 2003년 10월 프린스턴 대학교에서 한 세 번의 강연 내용을 바탕으로 쓰였다. 강연은 프린스턴 대학교 출판부의 요청에 따른 것이었다. 내가 출판부에 제시한 강연 제목이자 이 책의 제목(유행, 신조 및 공상—우주에 관한 새로운 물리학)은 조금 경솔한 제안이었을지 모른다. 하지만 내가 느꼈던 어떤 불편함을 잘 짚어낸 제목이다. 그 불편함은 우리가 사는 우주를 지배하는 물리법칙에 관한 당시의 사상 조류에 대한 것이었다. 벌써 십 년도 더 전의 일이지만, 그 주제 그리고 내가 말했던 관련 이야기들은 대체로 당시만큼이나 지금도 진지하게 살펴보아야 할 내용인 것 같다. 강연을 할 때 조금 우려스럽기도 했다. 왜냐하면 내가 전하려는 관점은 다수의 저명한 전문가들 입맛에 그다지 맞을 것 같지 않았으니까.

제목 속의 각 단어 "유행fashion", "신조faith" 및 "공상fantasy"은 우주의 근본을 이루는 심오한 원칙을 탐구하는 일과는 아주 동떨어진 느낌을 자아낸다. 정말이지 원리적으로만 보자면, 유행이나 신조 또는 공상과 같은 단어는 우주의 근본적인 구조를 탐구하는 데 몰두하는 사람들의 태도와는 하등 관련이 없어야 마땅할 것이다. 어쨌거나 자연은 필시 인간사의 변덕스러운 유행에는 아무런 관심이 없을 테니 말이다. 과학은 신조로 여겨져서는 안 되기에, 과학의 원칙들은 늘 검사를 받아야 하며 실험에 의한 엄격한 검증을 거쳐야 한다. 그러므로 우리가 자연의 실재라고 여기는 것이라도 부정할 수 없는 모순이 드러나면 그 즉시 폐기되어야 한다. 그리고 공상은 분명 허구와 오락의 어떤 영역인데, 거기서는 관찰 결과와의 일관성이라든지 엄격한 논리 또는 심지어 타당한 상식도 그다지 따르지 않아도 된다. 만약에 제시된 어떤 과학 이론이 유행에 집착한다든가 실험으로 뒷받침되지 않는 신조를 맹목적으로 따른다든가 공상의 낭만적인 유혹에 사로잡혀 있음이 드러난다면, 우리는 마땅히 그런 문제점을 지적해야 한다. 또한 그런 식의 영향을 받는 이들이 우리 주변에 있다면, 설령 부지불식간에 영향을 받았더라도 우리는 그들을 멀리해야 마땅하다.

그렇다고 해서 그런 특성들을 전적으로 부정하고 싶지는 않다. 어쩌면 그런 단어들도 저마다 얼마간 긍정적인 가치가 있을지 모르기 때문이다. 어떤 이론이 유행한다면, 순전히 사회적인 이유만으로 그런 대접을 받지는 않을 것이다. 다수의 과학자들을 사로잡는 아주 인기 있는 연구 분야에는 틀림없이 긍정적인 면이 있기 마련이다. 게다가 그런 과학자들이 단지 시류에 영합하려고 아주 어려운 연구 분야에 몰두한다고 보긴 어렵다. (아주 어려운 분야인 까닭은 유행하는 연구일수록 종종 경쟁이 매우 치열한 탓도 있다.)

인기를 얻었을지는 몰라도 세계를 제대로 기술하는 것과 한참 동떨어진 이론물리학 연구에 대해 하나 더 짚어 보아야 할 점이 있다. 앞으로 살펴보겠지만, 그런 연구는 현재의 관찰 결과와 확연히 어긋날 때가 많다는 것이다. 그런 분야에서 연구하는 이들은 만족감이 큰 데다가 자신들의 관점에 약간 들어맞는 관찰 사실이 나오기라도 한다면, 자신들이 보기에 내키지 않는 사실들에는 별로 개의치 않을 때가 많다. 나름 타당한 태도이긴 하다. 왜냐하면 그런 연구자들은 단지 **답사를 하는** 쪽이기 때문이다. 즉, 그들의 관점은 전문지식이 그런 연구에서 얻어질 수 있고, 결국에는 그런 접근법이 이 세계의 실재에 좀 더 부합하는 더 나은 이론을 찾는 데 유용할 수 있다는 것이다.

과학자들이 종종 드러내는 일부 과학 정설에 대한 지나친 믿음 또한 나름의 강력한 근거가 있기 마련이다. 심지어 그런 정설이 관찰 사실을 통해 든든한 지지를 받았던 원래의 상황과 전혀 다른 상황에 적용되는 경우에도 그런 믿음은 변치 않는다. 과거의 훌륭한 물리 이론들은 이미 정밀도나 적용 범위에서 더 뛰어난 다른 이론들로 대체되었는데도, 여전히 아주 정밀한 이론으로 여겨지기도 한다. 바로 아인슈타인의 이론으로 대체된 뉴턴의 위대한 중력 이론이나 (빛(광자)의 입자성을 설명해주는) 양자역학 버전으로 대체된 빛에 대한 맥스웰의 아름다운 전자기장 이론이 그런 경우다. 두 경우 모두 이전 이론은 그 적용 범위를 적절하게 고려하기만 한다면 믿을 만한 것으로 인정된다.

하지만 공상은 어떨까? 분명 이것은 과학이 추구하는 바와는 정반대이다. 그러나 앞으로 살펴보겠지만, 이 세계의 어떤 핵심적인 측면들은 너무나 특이해서(언제나 그렇게 인식되지는 않지만) 터무니없는 공상처럼 보이는 것에 매료되지 않는다면 심오한 진리에 친근하게 다가가기가 불가능할 지경이다.

이 책의 1장에서부터 3장까지는 책의 제목을 이루는 세 가지 속성을 아주 유명한 세 가지 이론을 통해서 설명한다. 비교적 중요성이 덜한 물리학 분야는 논의 대상으로 삼지 않았다. 왜냐하면 이론물리학의 최근 동향에서 중요 주제에만 관심을 둘 것이기 때문이다. 1장은 요즘 한창 인기 있는 끈 이론(또는 초끈 이론 내지는 이것을 일반화시킨 M 이론, 또는 이런 연구 경향의 가장 인기 있는 연구 방안인 ADS/CFT 대응성)을 다룬다. 2장에서 다루는 신조는 훨씬 더 큰 주제이다. 이것은 물리적 실재가 얼마만큼 깃들어 있는지 여부에는 아랑곳하지 않고 양자역학의 절차들을 맹목적으로 따르는 신조이다. 그런데 어떤 점에서 보자면, 3장의 주제야말로 가장 거창하다. 왜냐하면 우리가 아는 우주의 기원 그 자체를 문제 삼을 것이기 때문이다. 이 장에서 우리는 순전히 공상처럼 보이는 내용을 훑어볼 참인데, 이 공상은 우주 자체의 태동에 관해 확립된 관찰 결과들이 밝혀낸 혼란스럽기 짝이 없는 성질들을 다루기 위해 제시되었다.

마지막으로 4장은 내 견해를 담고 있다. 우리가 취할 수 있는 대안적인 길이 있음을 알리기 위해서다. 하지만 내가 제시한 길은 어떤 역설적인 측면이 있다. 기본 물리학을 이해하기 위해 내가 선호하는 길에는 역설이 깃들어 있다. 나는

§4.1에서 독자에게 그 길을 잠깐 엿보여 줄 것이다. 이 길은 내가 줄기차게 파헤친 분야지만 물리학계에서는 약 사십 년째 거의 주목을 받지 못했던 트위스터 이론twistor theory에 의해 그 정체를 드러냈다. 하지만 요즘 트위스터 이론은 끈이론과 관련하여 적잖은 인기를 끌기 시작했다.

물리학계의 대다수가 지지하고 있는 양자역학에 대한 압도적으로 굳건한 한 믿음은 주목할 만한 여러 실험들로 인해 더욱 확고해졌다. 2012년에 노벨물리학상을 수상하여 그에 걸맞은 명성을 얻은 데이비드 와인랜드와 세르주 아로슈의 실험이 대표적인 예다. 게다가 피터 힉스와 프랑수아 앙글레르가 힉스 보손을 예언한 공로로 받은 2013년 노벨물리학상은 그들이(그리고 다른 이들, 특히 톰 키블, 제럴드 거럴닉, 칼 헤이건 및 로베르트 브라우트) 입자 질량의 기원에 관해 내놓은 특정 이론뿐만 아니라 양자(장)이론 자체의 여러 근본적인 측면을 새삼 확인시켜주었다. 하지만 §4.2에서 언급하고 있듯이, 이제껏 실시된 매우 정교한 실험들은 전부 (§2.13에 나와 있듯이) 질량 변위의 수준에는 한참 못 미친다. 그런 수준에 이르러야만 기존의 양자역학에 대한 신앙이 심각한 도전을 받게 되리라고 진지하게 예상할 수 있는데 말이다. 하지만 질량 변위 수준을 목표로 현재 개발 중인 다른 실험들도 있다. 내가 보기에 이 실험들은 현재의 양자역학과 다른 인정된 물리학 원리들, 가령 아인슈타인의 상대성이론 사이의 심각한 충돌을 해결하는 데 일조할 수 있을 것이다. §4.2는 중력장과 가속도의 등가성에 관한 아인슈타인의 근본적인 원리와 양자역학 간에 요즘 일어나는 충돌을 다룬다. 아마도 그런 실험들의 결과는 횡행하는 맹목적인 양자역학 신앙을 뒤흔들지 모른다. 그런데 여기서 이런 질문이 떠오를 수 있다. 왜 아인슈타인의 등가성 원리를 그보다 훨씬 더 널리 검증된 양자역학의 근본 절차들보다 더 신뢰해야 하는가? 정말 좋은 질문이다. 양자역학의 원리들을 받아들이는 것만큼이나 아인슈타인의 원리를 받아들이는 것에도 상당한 믿음이 개입한다고 충분히 주장할 수 있다. 이 사안은 그리 머지 않은 미래에 실험으로 풀릴 수 있는 문제다.

현재의 우주론이 빠져든 공상의 수준에 걸맞게, §4.3에서 내가 2005년에 내놓은 방안을 제시한다. 등각순환우주론Conformal Cyclic Cosmology, CCC이라는 이 이론은 어떤 면에서 우리가 3장에서 마주칠 기이한 제안들(일부는 이미 우주의 태동에 관한 현재의 거의 모든 논의에 단골로 자리 잡았다)보다 훨씬 더 공상적이다. 하지만 요즘의 관찰 결과를 바탕으로 한 분석에서 볼 때, CCC는 물리적 사실에 어느 정도 기반을 두고 있음이 서서히 드러나고 있다. 조만간 명확한 관찰 증거가 나타나면 순전한 공상인지 아닌지 다투어지는 내용들이 실제 우주의 본질을 밝혀줄 수 있기를 간절히 바란다. 그런데 끈 이론이라든지 양자역학의 원리들에 대한 전적인 신뢰를 무너뜨리고자 하는 고도로 이론적인 방안들과 달리, 우주의 기원을 설명하려는 그런 공상적인 제안들은 이미 상세한 관측 검증에 직면해 있다. COBE, WMAP, 플랑크 우주망원경 등의 우주망원경이 내놓은 광범위한 정보 내지는 2014년 3월에 발표된 BICEP2 남극 관측 결과 등이 그러한 예다. 이 책을 쓰고 있는 지금도 BICEP2 관측 결과의 해석을 놓고 의견이 분분하지만, 그리 머지 않아 해결될 것이다. 아마도 조만간 훨씬 더 명확한 증거가 나와서 경쟁 관계인 여러 공상적 이론들 간에 또는 아직 제시되지 않은 어떤 이론에 대해 결정적인 선택이 가능해질 것이다.

이런 사안들을 전부 만족스럽게(하지만 너무 전문적이지는 않게) 다루려다 보니 한 가지 특별한 근본적 걸림돌과 마주칠 수밖에 없었다. 이는 수학의 문제이자 자연을 심오하게 기술하고자 하는 모든 물리 이론에 수학이 차지하는 중심 역할의 문제이다. 유행, 신조 및 공상이 기초과학의 발전에 부적절한 영향을 미치고 있음을 밝히려는 중대한 주장들은 단지 감정적 취향보다는 진정한 전문적 반박에 바탕을 두어야 하는데, 그러려면 어느 정도의 깊이 있는 수학이 개입되어야 한다. 그렇다고 수학이나 물리학의 전문가들만 알아들을 수 있는 전문적인 논의를 하자는 것은 아니다. 그런 내용을 비전문가도 유익하게 읽을 수 있도록 하자는 것이 분명 나의 의도이기 때문이다. 따라서 전문적인 내용은 최소한에 그치도록 하겠다. 하지만 내가 다루고자 하는 중요한 여러 사안들을 제대로 이해하는 데 큰 도움을 줄 수학적 개념들이 있다. 이러한 수학적 개념들을 설명하는 매우 기본적인 내용은 부록에 실었다. 너무 전문적인 수준은 아니지만 필요할 경우 비전문가가 여러 주요 사안을 더 잘 이해할 수 있도록 도와줄 것이다.

부록의 처음 두 절(§§A.1과 A.2)에서는 조금 낯설긴 하지만 매우 간단한 개념만 다루며, 어려운 표기는 사용하지 않았다. 그렇기는 해도 이 개념들은 이 책의 여러 주장들, 특히 1장에서 논의할 유행하는 제안들에 관한 주장에 긴요하다. 거기서 논의되는 핵심적인 사안을 이해하고 싶은 독자라면 어느 단계에서는 §§A.1과 A.2의 내용을 살펴보아야 할 것이다. 그 내용에는 추가적인 공간 차원이 우주에 실제로 존재한다는 주장에 대한 나의 반론을 이해할 열쇠가 들어 있다. 그러한 고차원성은 현대의 끈 이론 및 이 이론의 주요 변형판들의 핵심적 주장이다. 나의 반론은 현재의 끈 이론이 주동하는 믿음, 즉 물리적 공간의 차원이 우리가 직접 경험하는 삼차원보다 반드시 커야 한다는 생각을 표적으로 삼고 있다. 여기서 내가 제기하는 핵심 사안은 자유도functionnal freedom*라는 문제인데, §A.8에서 좀 더 심도 있는 논증으로 그 요지를 설명한다. 내가 이용할 수학적 개념은 위대한 프랑스 수학자 엘리 카르탕의 연구에 바탕을 두고 있다. 이십 세기 벽두에 나왔지만 오늘날의 이론물리학자들한테서 그다지 인정받지 못하고 있는 이 이론은 현재의 고차원 물리학 개념들의 타당성을 논하는 데 아주 적합하다.

끈 이론과 그 변형판들은 나의 프린스턴 강연 이후로 여러 면에서 진전을 이루었으며, 특히 전문적인 세부사항에서 크게 발전했다. 내가 그 분야를 완전히

---

* 이 책에서 자주 등장하는 이 개념에 대한 정의는 §A.2에 나온다. ―옮긴이

숙달했다고는 결코 말할 수 없지만, 꽤 많은 내용을 살펴보기는 했다. 나의 주된 관심사는 세부사항이 아니라 그 연구가 실제 물리계를 이해하는 데 크게 이바지할 수 있느냐는 것이다. 특히 그러려니 상정하는 공간적 고차원성에서 비롯되는 과도한 자유도의 문제를 언급하는 시도는 (설령 있다 해도) 본 적이 없다. 정말이지 내가 아는 한 끈 이론은 이 문제를 입도 벙긋하지 않는다. 나에게는 매우 놀라운 점이다. 이 사안이 십 년 전에 내가 프린스턴 대학교에서 한 첫 강연의 중심 내용이기 때문만은 아니다. 그것은 2002년 1월 스티븐 호킹의 60세 생일을 축하하는 케임브리지 대학교의 한 회의에서 내가 한 강연에서도 이미 다루었다. 청중들 중에는 예닐곱 명의 선구적인 끈 이론가들이 있었고 설명자료도 강연 후 배포되었다.

여기서 중요한 점 하나를 짚어야겠다. 자유도란 것은 오직 고전물리학에만 적용된다는 이유로 양자물리학자들에게 종종 거부당한다. 즉, 자유도가 고차원 이론들에 적용되면 곤란한 문제들이 벌어지는데도, 양자역학적 상황에서는 그런 사안이 부적절하다는 이유를 들먹이며, 다짜고짜 논의 대상에서 빼버리는 경향이 있는 것이다. §1.10에서 나는 이런 기본 주장에 대한 반론을 내놓을 텐데, 특히 이 대목을 공간적 고차원성의 주창자들이 읽어주기를 바란다. 나중에 적절한 맥락(§§1.10, 1.11, 2.11 그리고 A.11)에서 그 내용을 발전시킬 텐데, 그럼으로써 이 주장들이 향후의 연구에 적절히 고려될 수 있기를 바란다.

부록의 나머지 절들에서는 벡터공간, 다양체, 번들bundle, 조화해석, 복소수 및 복소기하학을 간략히 소개한다. 이런 주제는 분명 전문가들에게는 낯익겠지만, 비전문가라 하더라도 배경지식의 설명을 통해서 이 책의 좀 더 전문적인 부분들을 충분히 이해할 수 있을 것이다. 그렇지만, 나는 미분(또는 적분)의 개념들을 심도 있게 제시하지는 않았다. 내가 보기에 미적분을 어느 정도 이해해야지 독자들한테도 유익하겠지만, 사전지식이 부족한 이들한테는 이 주제에 대해 수박 겉핥기식으로 설명해도 큰 도움이 되지 않을 것이다. 그렇기는 해도,

이 책 전반에 여러 방식으로 관련되는 사안들을 설명하는 데 유용하기 때문에 §A.11에서 미분연산자와 미분방정식을 살짝 다루었다.

1

유행

1.1 수학적 아름다움을 원동력으로 삼아

서문에서도 언급했듯이, 이 책에서 논의된 사안들은 프린스턴 대학교 출판부의 초청으로 2003년 10월에 프린스턴 대학교에서 행한 세 번의 강연을 바탕으로 하고 있다. 프린스턴 과학계와 같은 학식 깊은 청중에게 강연을 한다는 것은 무척 부담스러웠는데, 특히 유행이라는 주제를 다룰 때가 가장 심했다. 왜냐하면 내가 논하기로 선택한 예시 분야, 즉 끈 이론 및 그 다양한 후속 이론들을 전 세계 다른 어느 곳보다 고도로 발전시킨 곳이 바로 프린스턴이었기 때문이다. 게다가 그 주제는 매우 전문적이어서 주요한 여러 내용들에 내가 남달리 통달해 있지 않았고, 외부자인 나로서는 그런 전문적인 내용이 아주 익숙하지는 않았다. 하지만 그런 결점에 주눅이 들 것도 없었다. 왜냐하면 내부자들은 그 주제를 비판적으로 바라볼 식견이야 충분하겠지만 비판을 하더라도 비교적 전문적인 사안에 국한될 가능성이 높은지라, 더 넓은 맥락에서 제기하는 비판은 나오기 힘들 것이기 때문이다.

그 강연이 있은 후부터 지금까지 끈 이론을 매우 비판적으로 다룬 다음 세 권의 책이 나왔다. 피터 보이트Peter Woit의 『초끈이론의 진실Not Even Wrong』(승산), 리 스몰린Lee Smolin의 『물리학의 골칫거리The Trouble with Physics』 그리고 짐 배것Jim Baggott의 『실재여 안녕: 동화 같은 물리학이 어떻게 과학적 진리의 추구를 배신하는가Farewell to Reality: How Fairytale Physics Betrays the Search for Scientific Truth』. 분명 피터 보이트와 리 스몰린은 끈 이론 학파 및 그 이론의 유행 풍조를 나보다 더 체감하고 있었다. 나의 저서『실체에 이르는 길 2*The Road to Reality*』(승산)의 31장과 34장 일부에서 내가 끈 이론에 대해 제기했던 비판이 그 사이에 (세 저서보다 앞서) 등장하긴 했지만, 나의 핵심 주장들은 끈 이론이 물리학에서 차지하는 역할을 이들 저서보다는 아마 조금 더 우호적으로 바라보았다. 나는 대부분 정말 일반적인 측면을 다루었을 뿐, 고도로 전문적인 사안들에는 그다지 관심을 두지 않았다.

널리 인정되는 (그리고 아마도 명백한) 내용부터 먼저 짚어보자. 주지하다시피, 물리 이론이 지난 수 세기 동안 이룬 실로 엄청난 발전은 정확하고 정교한 수학적 방식에 크게 의존해왔다. 따라서 분명히 앞으로의 중요한 발전도 어떤 특정한 수학적 틀에 필시 의존할 것이다. 새로 제시되는 물리 이론이 지금껏 이루어진 성과의 바탕 위에서 향상을 이루고 또한 이전에 가능했던 수준 이상으로 정밀하고 확실한 예측을 해낼 수 있으려면, 무슨 이론이든지 간에 어떤 명확한 수학적 방식에 바탕을 두고 있어야 한다. 게다가 수학적으로 적절한 이론이 되려면 수학적으로 타당해야 한다. 즉, 결과적으로 **수학적인 일관성**을 갖추어야 한다. 누구든 자기일관성self-consistency이 **없는** 방식을 사용한다면, 원칙적으로 볼 때 무엇이든 자기 입맛에 맞는 답을 도출할 뿐이다.

그러나 자기일관성은 꽤 엄격한 기준이라서 물리 이론에 관한 (심지어 과거의 아주 성공적인) 많은 제안들조차도 실제로는 충분한 자기일관성이 없었다. 이론이 명확한 방식으로 적절히 적용될 수 있으려면 물리적 타당성을 확실히 판단해야 할 때도 종종 있다. 물론 실험은 물리 이론에 있어서 중심적이긴 하지만, 이론을 실험으로 검증하는 일은 논리적 일관성을 확인하는 일과는 확연히 다르다. 둘 다 중요하지만, 실제로 물리학자들은 이론이 물리적 사실에 부합하는 것 같다면 충분한 수학적 자기일관성을 확보하는 일에 크게 신경 쓰지 않는다. 양자역학이라는 굉장히 성공적인 이론조차도 그런 실정인데, 이에 대해 2

장(그리고 §1.3)에서 살펴보겠다. 가장 초기의 연구 하나를 예로 들어보자. 특정 온도에서 열평형을 이루고 있는 물체의 전자기 복사 스펙트럼(흑체 스펙트럼. §§2.2와 2.11 참고)을 설명하기 위한 막스 플랑크의 기념비적인 제안은 자기일관성이 결여된 어떤 잡종의 관점이 필요했다Pais 2005. 닐스 보어가 1913년에 훌륭하게 제시한, 원자에 대한 오래된 양자론도 자기일관성을 충분히 갖추었다고 볼 수는 없다. 이후 양자론의 발전 과정에서 수학적 일관성이 강력한 추진 동력으로 필요해지자 정교한 수학적 설명 체계가 구축되었다. 하지만 요즘의 이론에서도 적절하게 언급되지 않는 일관성의 문제가 여전히 존재한다. 이는 §2.13에서 살펴보겠다. 그런데 양자론의 초석은 방대한 여러 범위의 물리 현상에 걸쳐 드러난 **실험적** 뒷받침이다. 물리학자는 수학적 내지는 존재론적 비일관성의 세세한 문제에는 크게 신경 쓰지 않는 편이다. 일단 해당 이론이 적절한 판단과 주의 깊은 계산을 거치고 나서, 섬세하고 정밀한 실험을 통해 관찰 결과와 일치하는 답을 내놓기만 한다면 말이다.

끈 이론의 상황은 완전히 딴판이다. 여기서는 실험을 통해 지지해줄 결과가 아예 **없는** 듯하다. 그리 놀랄 일도 아니다. 왜냐하면 끈 이론은 현재 대체로 **양자중력** 이론으로서 정식화되었기에, 근본적으로 이른바 **플랑크 단위**라는 매우 짧은 거리(또는 적어도 그것에 매우 가까운 거리)를 문제 삼기 때문이다. 즉, 현재의 실험이 다룰 수 있는 것보다 10^{-15} 내지 10^{-16}배 작으며(10^{-16}이란 물론 백만의 백만의 만 배 작은 단위라는 뜻) 에너지도 10^{15}배 내지 10^{16}배 더 큰 영역을 대상으로 삼는다. (그런데 기본적인 상대성 원리에 따르면 작은 거리는 빛의 속력의 유한성으로 인해 본질적으로 작은 시간과 등가이고, 양자역학의 기본적 원리에 따르면 작은 시간은 플랑크 상수를 매개로 본질적으로 큰 에너지와 등가이다. §§2.2와 2.11 참고.) 우리가 직면할 수밖에 없는 명백한 사실은, 오늘날의 입자가속기가 아무리 강력한들 현재의 입자가속기가 얻을 수 있는 에너지는 양자역학의 원리들을 중력 현상에 적용하려고 시도하는 현대의 끈 이론과 같은 이론들에 적합한 수준에는 한참 미치지 못한다는 것이다. 그러니 실험을 통한 뒷받침이야말로 한 물리 이론이 타당한지 그른지를 결정하는 궁극적인 기준인 현실에서, 이러한 상황은 물리 이론에 결코 만족스럽다고 볼 수 없다.

물론 어쩌면 우리는 수학적 일관성이 크게 요구되는 기초물리학의 새로운 연구 단계로 진입하고 있는지 모른다. 그런 요건(아울러 기존에 확립된 원리들과의 일치성)만으로 불충분할 경우에는 수학적 아름다움과 단순성이라는 추가적 기준이 반드시 필요하다. 그런 미학적 요건을 우주의 근본적인 물리적 작동 원리를 찾기 위한 아주 객관적인 연구에 들이댄다는 것이 비과학적으로 보일지 모르겠으나, 번번이 입증되었듯이 놀랍게도 그런 미학적인 판단은 풍부한(그리고 정말로 중요한) 결실을 안겨다 준다. 사실, 아름다운 수학적 개념이 세계를 이해하는 근본 바탕임은 물리학의 여러 사례에서도 드러났다. 위대한 이론 물리학자 폴 디랙Paul Dirac 1963은 자신이 발견한 전자에 대한 방정식 그리고 반입자가 존재하리라는 예측에서 미학적 판단이 중요함을 아주 명시적으로 드러낸 바 있다. 이후에 정말로 디랙 방정식은 기초물리학에 절대적으로 근본적임이 밝혀지게 되면서, 그 방정식의 미학적 요소도 널리 인정되었다. 전자에 대한 방정식을 깊이 분석한 결과로 나온 디랙의 반입자의 개념도 마찬가지다.

하지만 미학적 판단의 이런 역할은 객관적이기 매우 어렵다. 특정 이론 체계를 놓고서 어떤 물리학자는 매우 아름답다고 여기는 반면에 다른 물리학자는 단연코 반대 입장인 경우가 종종 있기 마련이다. 때때로 유행의 요소들은 미학적 판단에 관해 비합리적인 태도를 상정하고 있을 수 있다. 예술이나 의상 디자인 분야에서 생기는 일이 이론물리학계에서도 생길 수 있다.

확실히 짚고 넘어가야 할 것이 있는데, 물리학에서 미학적 판단이라는 문제는 종종 오컴의 면도날(불필요한 복잡성의 제거)이라고 불리는 것보다 더 미묘하다. 정말이지, 상반되는 두 이론 중에 어느 것이 실제로 '더 단순한가', 즉 더 아름다운가라는 판단은 결코 쉽지 않다. 가령, 아인슈타인의 일반상대성이론은 단순한 이론인가 아닌가? 그 이론은 뉴턴의 중력 이론보다 더 단순한가 아니면 더 복잡한가? 아인슈타인의 이론은 아스페스 홀Aspeth Hall이 1894년에 내놓은 이론보다 더 단순한가 아니면 복잡한가? (아인슈타인이 일반상대성이론을 내놓기 약 21년 전에 나온 아스페스 홀의 이론은 뉴턴의 이론과 거의 똑같지만, 질량 M인 물체와 질량 m인 물체 사이의 중력이 역제곱 법칙인 $GmMr^{-2}$ 대신에 $GmMr^{-2.00000016}$로 되어 있다.) 수성의 근일점 이동에 대해 뉴턴 이론의 예측치는 실제 관찰 결과와 아주 조금 벗어난다는 사실이 1843년 이후 알려졌는데, 홀의 이론은 그 차이를 설명하기 위해 제시되었다. (근일점은 한 행성이 공전 궤도 상에서 태양과 가장 가까이 위치하는 점이다Roseveare 1982. 또한 홀의 이론은 뉴턴의 이론보다 금성의 운동과 아주 조금 더 가깝게 일치했으나 어떤 의미에서 아주 조금 더 복잡하였다. 비록 깔끔하고 단순한 수 "2"를 "2.00000016"으로 바꾸는 것이 얼마나 더 "복잡"해진다고 보는지는 사람마다 다르겠지만 말이다. 이런 수정은 분명 수학적 아름다움을 잃게 만들긴 하지만, 앞서 말했듯이 그런 판단에는 강한 주관성이 개입된다. 역제곱 법칙(기본적으로 중력의 "유선流線, flux line"의 보존을 나타내는 법칙인데, 홀의 이론은 그것을 정확히 따르진 않는다)에는 어떤 아름다운 수학적 속성이 뒤따른다고 보는 편이 아마도 더 타당할 것이다. 하지만 이 역시 미학적인 사안일 뿐이지 물리적 의미를 과대평가해서는 안 된다고 볼 수 있다.

　하지만 아인슈타인의 일반상대성이론은 어떤가? 이 이론의 함의들을 자세히 살펴보고자 할 때, 그것을 구체적인 물리계에 적용하기는 뉴턴의 이론(또는 심지어 홀의 이론)보다 훨씬 더 어렵다. 아인슈타인 이론의 방정식들은 명시적으로 적으려면 엄청나게 더 복잡하며, 심지어 충분히 자세히 적기조차 어렵다. 게다가 풀기도 무척 어려우며, 뉴턴의 이론에서는 등장하지 않는 숱한 비선형성이 아인슈타인의 이론에는 존재한다(따라서 홀의 이론에서 이미 내다버린 단순한 역제곱 법칙을 아예 무효로 만드는 경향이 있다). (선형성의 의미는

§§A.4와 A.11을 보기 바란다. 그리고 양자역학에서 선형성이 갖는 특별한 역할은 §2.4를 보기 바란다.) 더 심각한 것은 아인슈타인 이론의 물리적 해석은 그 이론과 물리적 관련성이 없는 특정한 좌표 선택에서 비롯되는 엉터리 결과들을 제거하는 데 달려 있다는 사실이다. 현실적으로 볼 때, 분명 아인슈타인의 이론은 뉴턴(또는 심지어 홀)의 중력 이론보다 훨씬 더 다루기 어렵다.

하지만 아인슈타인의 이론은 사실 매우 단순한 것(심지어 뉴턴의 이론보다 더 단순한(또는 더 "자연스러운") 것)이라고 여겨질 만한 중요한 측면도 있다. 아인슈타인의 이론은 리만 기하학(더 엄밀히 말하자면 §1.7에 나오는 유사리만 기하학), 즉 임으로 휘어진 4−다양체(§A.5 참고)의 수학 이론에 바탕을 두고 있다.* 이것은 숙달하기가 결코 쉽지 않은 수학적 기법의 하나다. 왜냐하면 우선 텐서가 무엇인지, 그런 양의 목적이 무엇인지 그리고 특정한 텐서 **R**(이른바 **리만 곡률 텐서**)을 해당 기하학을 정의하는 **계량** 텐서 **g**로부터 구성하는 방법이 무엇인지 이해해야 하기 때문이다. 그런 다음에야 **아인슈타인 텐서 G**를 구성하는 법을 수축contraction과 경로 역전trace−reversal을 통해 알게 된다. 그렇지만 이러한 체계 이면의 일반적인 기하학 개념들은 꽤 쉽게 이해할 수 있다. 그리고 이런 유형의 곡면 기하학의 요소들을 제대로 이해하고 나면, 우리는 적을 수 있는 가능한(또는 타당한) 방정식들의 집합이 매우 제한적임을 알게 된다. 또한 그 방정식들은 제시된 일반적인 물리학적 및 기하학적 요건들에 부합한다. 이러한 가능성들 중 가장 단순한 것으로부터 아인슈타인의 일반상대성이론의 유명한 장 방정식 **G** = 8πγ**T**가 나온다(여기서 **T**는 물질의 질량−에너지 텐서이고 γ는 (만약 뉴턴의 특정한 정의를 그대로 따르자면) 뉴턴의 중력상수이다. 그리고 이 방정식에서 "8π"는 전혀 복잡한 것이 아니니, 단지 γ를 어떻게 정의하는

---

* 여기서 4−다양체의 4는 4차원을 뜻한다. 이처럼 이 책에 나오는 5−계량, 5−다양체, 5−공간 3−성분 등에서의 수는 차원 수이다. —옮긴이

가의 문제만 남을 뿐이다).

아인슈타인의 장 방정식을 조금 수정하긴 했지만 여전히 단순한 버전이 있는데, 이 또한 이 방정식 체계의 본질적인 요건들을 손상시키지 않는다. 바로, **우주상수**(1917년에 아인슈타인은 어떤 이유로 이 상수를 포함시켰다가, 나중에는 자신이 틀렸음을 인정한다)라고 하는 상수 Λ를 포함시킨 버전이다. 그러면 아인슈타인의 장 방정식은 $\mathbf{G} = 8\pi\gamma\mathbf{T} + \Lambda\mathbf{g}$가 된다. Λ라는 양은 종종 **암흑에너지**라고 불리는데, 이는 Λ 값이 변할 수 있도록 아인슈타인의 이론을 일반화할 가능성을 허용하기 위해서다. 하지만 그런 일이 생기지 않도록 하는 강력한 수학적 제약이 있으니, Λ가 중요한 역할을 하는 절인 §§3.1, 3.7, 3.8 및 4.3에서 Λ가 정말로 불변인 상황에만 주목할 것이다. 우주상수는 3장(그리고 §1.15)의 내용과 깊은 관련이 있다. 한편, 비교적 최근의 관찰 결과들은 Λ가 매우 작은 (일정해 보이는) 양의 값을 갖는 실제로 존재하는 물리량임을 강력히 뒷받침해준다. $\Lambda > 0$이라는(또는 아마도 더욱 일반적인 형태의 "암흑에너지"일 수 있는) 증거는 매우 놀라운 것으로, 펄머터Perlmutter et al. 1999, 리스Riess et al. 1998 및 이들의 공동 연구자들의 초기 관찰 이후 계속 쌓이고 있다. 그 공로로 솔 펄머터, 브라이언 P. 슈미트 및 애덤 G. 리스는 2011년에 노벨물리학상을 받기까지 했다. 양의 값을 갖는 Λ는 아주 큰 천문학적 스케일에만 적용되며, 그보다 작은 국소적 스케일에서의 천체 운동에 대한 관찰은 아인슈타인의 더 단순한 원래 방정식 $\mathbf{G} = 8\pi\gamma\mathbf{T}$로 적절하게 다룰 수 있다. 이 방정식은 중력에 의한 천체들의 행동을 고도로 정밀하게 모형화할 수 있는데, 관찰된 Λ 값은 그런 국소적인 영역의 동역학에는 그다지 중요한 영향을 미치지 않기 때문이다.

이와 관련하여 역사적으로 가장 중요한 사례는 두 개의 중성자별로 이루어진 쌍성계인 PSR1913+16이다. 둘 중 하나는 **펄서**여서, 매우 정확한 주기로 지구에서 수신되는 전자기 신호를 방출한다. 각각의 별이 상대방에 대해 하는 운동은 순전히 중력 효과에 의한 것인데, 일반상대성이론에 의해 매우 정밀하게 모형화할 수 있다. 약 40년의 기간 동안 모았을 때 10^{14}분의 1 정도의 오차를 보이는 정밀도다. 40년은 대략 10^9초이므로, 그 기간 동안 1초의 10^{-5}(십만 분의 일) 정도의 오차 내에서 관찰 결과와 이론 예측치가 일치한다는 뜻이다. 이는 정말로 놀라운 정밀도이다. 좀 더 근래에는 하나의 펄서 또는 심지어 한 쌍의 펄서를 포함하는 다른 계들Kramer et al. 2006을 PSR19+16과 엇비슷한 시간 동안 관찰했더니, 이 정밀도가 상당히 더 향상될 가능성이 엿보였다.

하지만 10^{14}라는 이 수치를 일반상대성이론의 관찰된 정밀도의 값이라고 부르기에는 의문의 여지가 있다. 특정한 질량과 궤도 파라미터들은 이론 또는 별개의 관찰로부터 얻어진 수치이기보다는 실제로 관찰된 운동으로부터 계산되어야 마땅하다. 게다가 이런 엄청난 정밀도의 상당 부분은 이미 뉴턴의 중력 이론에도 존재한다.

하지만 여기서 우리는 중력 이론 전반에 관심을 두는데, 아인슈타인의 이론은 첫 번째 근사로서 뉴턴 이론으로부터 연역한 결과들(가령 케플러의 타원 궤도 등)을 통합하고 (근일점 이동을 포함한) 케플러 궤도의 다양한 수정치들을 제공할 뿐 아니라, 마침내 일반상대성이론의 놀라운 예측과 정확히 일치하는 계의 에너지 손실까지 알아낸다. 가속 운동을 하는 그처럼 거대한 계는 중력파(대전된 입자가 가속 운동을 할 때 방출하는 전자기파와 비슷하게 가속 운동을 하는 물체가 시공간 상에 일으키는 파동)의 방출로 인해 에너지를 잃기 마련이다. 그런 중력복사의 존재 및 정확한 형태는 LIGO 중력파 검출기에 의한 중력파의 직접 검출을 통해 놀랍게도 실제로 확인되었다Abbott et al. 2016. 또한 이 검출은 일반상대성이론의 또 다른 예측(블랙홀의 존재)이 옳았음을 말해주는 직접적인 증거이다. 이 내용은 §3.2에 나오며 3장의 후반부와 §4.3에서도 논의한다.

한 가지 꼭 짚어볼 점이 있다. 이 정밀도는 아인슈타인이 자신의 중력 이론을 처음 구성할 때 그가 얻을 수 있는 관찰 사실을 엄청나게(약 10^8(즉, 1억)배 이상) 넘어선다는 점이다. 뉴턴의 중력 이론의 정밀도도 약 10^7분의 1 정도라고 할 수 있다. 따라서 일반상대성이론의 "10^{14}분의 1"의 정밀도는 아인슈타인이 그 이론을 내놓기 전에 자연에 이미 "존재"했던 것이다. 하지만 그만큼의 추가적인(약 1억 배 높은) 정밀도는 아직 아인슈타인이 몰랐기에 그의 이론 구성에서는 아무런 역할을 할 수 없었다. 그러므로 자연에 관한 이 새로운 수학적 모형은 단지 사실에 맞는 최상의 이론을 찾으려고 고안해낸 인위적인 결과가 아니었다. 그 수학적 체계는 분명히 자연 자체에 내재해 있었다. 수학적 단순성 내지 아름다움은 사람들이 어떻게 이름 붙이든 간에 자연의 방식의 진정한 일부이지, 단지 우리의 마음이 그런 수학적 아름다움에 감동을 느끼도록 맞추어지는 것이 아니다.

한편, 이론을 구성할 때 수학적 아름다움의 범주를 이용하려고 의도적으로 시도하면 우리는 쉽사리 길을 잃고 만다. 일반상대성이론은 분명 매우 아름다운 이론이긴 하지만, 물리 이론의 아름다움을 일반적으로 어떻게 판단한단 말인가? 사람마다 미학적 판단의 기준은 천차만별이다. 어떤 성공적인 물리 이론을 구성할 때, 무엇이 아름다운가에 대한 누군가의 관점이 다른 이들의 관점과 동일한지 또는 누군가의 미학적 판단이 다른 이들보다 우월한지 열등한지 여부는 결코 명확하다고 볼 수 없다. 게다가 한 이론의 내재적인 아름다움도 처음부터 명백히 드러나지 않을 때가 종종 있으며, 그 이론의 수학적 구조의 깊이가 나중에 기술 발전을 통해 밝혀진 후에야 그 아름다움이 드러날지 모른다. 뉴턴 역학도 그런 예다. 뉴턴 체계의 의심할 바 없는 아름다움도 대부분 한참 나중에야 드러났다. 오일러, 라그랑주, 라플라스 및 해밀턴과 같은 위대한 수학자들의 빛나는 연구 업적이 뒷받침된 덕분이다(오일러–라그랑주 방정식, 라플라스 연산자, 라그랑지언 및 해밀토니언처럼 현대 물리 이론의 핵심 요소들이 산증인이다). 가령, 모든 작용에는 크기는 같고 방향이 반대인 반작용이 따른다는 뉴턴의 제3 운동법칙은 현대 물리학의 라그랑지언Lagrangian 구성에서 핵심적인 역할을 차지한다. 그러니 나로서는 당연히 드는 생각인데, 훌륭한 물리 이론에 깃들어 있다고 하는 아름다움은 어느 정도 **사후적**이다. 물리 이론의 성공은 관찰에 의한 것이든 수학적인 논리에 의한 것이든, 나중에 지니게 될 미학적 속성들에 상당히 이바지한다. 이렇게 볼 때, 제시된 어떤 물리 이론의 우수함을 미학적 속성으로 판단하는 일은 문제의 소지가 있거나 적어도 애매모호할 수 있다. 새로운 이론을 판단하고자 할 때는 현재의 관찰 결과와 일치하는지 여부 또는 그 이론의 예측 능력을 바탕으로 삼는 편이 분명 더 신뢰할 만하다.

하지만 실험을 통한 뒷받침이 중요하다곤 해도, 결정적인 실험은 불가능할 때가 종종 있다. 가령, 모든 양자중력 이론을 제대로 검증하는 데 필요하다고 하는 (단일 입자가 얻어야 할) 에너지는 엄두도 내지 못할 정도로 매우 높다. 그런 에너지는 현재의 입자가속기에서 얻을 수 있는 수준을 터무니없을 정도로 초과한다(§1.10 참고). 그보다 조금 낮은 수준의 실험도 비용 문제라든가 기술적 어려움 때문에 여의치 않을 수 있다. 심지어 아주 성공적인 실험조차도 실험자들이 매우 방대한 양의 데이터를 모아야 할 때가 종종 있고, 또한 꽤 다른 종류의 문젯거리가 생기기도 한다. 가령, 산더미 같은 데이터에서 핵심 정보를 골라내야 하는 경우가 그렇다. 이런 상황은 강력한 가속기와 입자충돌기가 방대한 정보를 생산해내는 입자물리학에서도 분명 생기며, 우주배경복사Cosmic Microwave Background, CMB 관측이 방대한 양의 데이터를 생산해내는 우주물리학에서도 마찬가지다(§§3.4, 3.9 및 4.3). 이런 데이터의 다수는 특별히 유익하지 않은 편인데, 왜냐하면 이전의 실험에서 얻은 기존의 지식을 단지 확인해줄 뿐이기 때문이다. 제시된 어떤 이론적 주장을 확인하거나 반박할 어떤 극소량의 잔여물(실험가들이 찾고 있는 새로운 특성)을 추출하려면 엄청난 통계 처리가 필요하다.

그런데 이러한 통계 처리는 오늘날의 이론에 아주 특화되어 있을 가능성이 높다. 해당 이론이 예측할지 모를 아주 미세한 추가적 효과를 찾아내도록 맞추어져 있는 것이다. 따라서 현재의 유행 이론과는 동떨어진 아주 근본적으로 다른 개념들은 검증되지 못할 수 있다. 비록 기존의 데이터 속에 어떤 결정적인 해답이 실제로 숨겨져 있더라도 말이다. 물리학자들이 채택하는 통계 절차들이 현재의 이론에 너무 과도하게 맞추어져 있는 탓에 드러나지 않을 수 있는 것이다. 이런 측면이 뚜렷하게 드러나는 사례 하나가 §4.3에 나온다. 비록 결정적인 정보를 기존의 산더미 같은 데이터에서 통계적으로 추출하는 방법이 확실히 알려져 있더라도, 소요되는 과도한 컴퓨터 작업 시간이 분석을 실제로 수행하는 데 심각한 걸림돌이 될 때가 종종 있다. 더군다나 유행하는 여러 연구들이 서로 경쟁하는 상황일 때는 더더욱 그렇다.

설상가상으로 실험 자체가 대체로 굉장히 비싼 데다 실험의 구체적인 설계는 기존 개념의 틀 안에 있는 이론들을 검증하는 데 맞추어져 있는 편이다. 일반적으로 동의하는 내용으로부터 너무 급진적으로 벗어나는 이론들은 무엇이든지 간에 적절한 검증을 받기에 필요한 충분한 자금 지원을 받기 어려울지 모른다. 어쨌든 매우 고가의 실험 장치는 제작을 승인해줄 평판 높은 다수의 전문가 위원회가 필요한데, 그런 전문가들은 현재의 관점들을 추구하는 데 나름의 기여를 하는 이들일 가능성이 높다.

이 사안과 관련하여, 2008년에 완공된 스위스 제네바의 강입자충돌기Large Hadron Collider, LHC를 살펴보자. 두 나라(프랑스와 스위스)에 걸쳐 27km(17마일)의 지하 터널로 이루어진 이 가속기는 2010년부터 가동되기 시작했다. 이 가속기 덕분에 이제껏 정체를 드러내지 않던 힉스 입자가 검출되었다. 힉스 입자는 입자물리학에서 매우 중요한데, 특히 약하게 상호작용하는 입자들에게 질량을 부여한다는 점에서 그렇다. 2013년 노벨물리학상은 이 입자의 존재와 성질을 예측하는 획기적인 연구를 한 공로로 피터 힉스와 프랑수아 앙글레르에게 돌아갔다.

분명 이것은 굉장한 업적이며, 의심할 바 없이 중요한 성과임을 나도 평가절하하고 싶지 않다. 이때 LHC가 큰 역할을 했다. 입자들 간의 초고에너지 충돌을 분석하려면, 유행하는 입자물리학 이론에 관한 정보를 수집하도록 설정된 매우 비싼 검출기가 필요하다. 기본 입자들 및 이들 간의 상호작용의 근본 속성에 관한 혁신적 개념을 뒷받침할 정보를 얻기란 결코 쉽지 않다. 일반적으로 볼 때, 유행하는 관점과 한참 동떨어진 제안들은 적절한 자금 지원을 받을 가능성이 매우 낮을 뿐 아니라, 결정적인 실험을 통해 검증 기회를 얻기조차 매우 어려울지 모른다.

또 한 가지 중요한 요소를 들자면, 대학원생들이 박사학위를 위해 연구 과제를 찾을 때 적절한 연구 주제를 정하는 데 큰 제약을 받는 경향이 있다. 인기 없는 분야를 연구하는 학생들은 박사과정을 훌륭하게 마치더라도 이후에 학계에서 일자리를 찾기가 매우 힘들지 모른다. 재능이 뛰어나거나 지식이 풍부하거나 창의력이 있더라도 말이다. 일자리는 모자라고 연구 자금은 얻기 어렵다. 지도교수들도 십중팔구 자신들이 개발에 참여한 아이디어에 주로 관심을 갖고 있는데, 이런 아이디어는 이미 유행하고 있는 것일 가능성이 높다. 게다가 주류 바깥의 아이디어에 관심이 있는 지도교수라도 제자가 그런 분야를 연구하도록 권하기가 마뜩잖을지 모른다. 유행하는 분야의 전문가들이 유리할 수밖에 없는 치열한 직업 시장에서 경쟁해야 할 제자에게 불이익이 돌아갈지 모르기 때문이다.

똑같은 문제가 연구 프로젝트에 자금을 지원하는 일에서도 생긴다. 유행 분야의 프로젝트는 승인을 받기가 훨씬 쉽다(§1.12 참고). 이번에도 지원 받을 프로젝트는 인정받은 전문가들이 결정하는데, 이들은 이미 유행하는 분야에 종사할 가능성이 압도적으로 높고, 그런 분야에 이미 상당한 기여를 하고 있을지 모른다. 현재 인정되는 표준에서 크게 벗어나는 프로젝트는 설령 깊은 통찰과 고도의 창의성이 담겨 있더라도 지지를 받지 못할 가능성이 매우 높다. 게다가 이는 자금 지원상의 제약사항에만 그치지 않는다. 특히 과학연구에 대한 자금

지원이 비교적 활발한 미국의 경우 유행의 영향력이 꽤 다방면에 미친다.

따라서 당연히 가장 비인기 분야의 연구는 이미 인기 있는 분야에 비해 성공적인 이론으로 발전할 가능성이 상당히 낮다. 급진적으로 새로운 관점은 대체로 실행 가능한 제안으로 발전할 가능성이 낮다. 두말할 것도 없이, 아인슈타인의 일반상대성이론처럼 급진적인 관점은 기존에 실험으로 확립된 내용과 반드시 일치해야 하는데, 만약 그렇지 못하면 자격미달의 개념을 검증하고자 굳이 고가의 실험을 할 필요가 없다. 그러나 이전에 실시된 모든 실험 결과와 일치하는 이론일 경우, 그리고 (앞서 언급했던 이유들로 인해) 실험을 통한 확인 내지 반박이 현재로서는 불가능한 경우에는 제안된 물리 이론의 타당성이나 적절성을 판단하고자 할 때 수학적 일관성, 일반적인 적용 가능성 및 미학적 기준에 의지할 수밖에 없다. 그런 상황에서 유행의 역할이 과도하게 작용할 수 있기에, 우리는 어떤 특정 이론의 유행 여부가 그 이론의 실제 물리적 타당성 판단을 좌우하지 않도록 각별히 주의해야 한다.

1.2 과거에 유행했던 몇 가지 물리학 분야

이런 자세는 현대의 끈 이론처럼 물리적 실재의 근본을 탐구하려고 하는 이론들에 특히 중요하므로, 우리는 유행이라는 이유만으로 그런 이론에 너무 큰 타당성을 부여하는 데 있어 매우 조심해야 한다. 현재의 물리 개념들을 다루기 전에, 오늘날에는 진지하게 여기지 않지만 과거에 유행했던 과학 이론들을 살펴보면 유익할 것이다. 그런 이론들이 많지만 분명 상당수의 독자들은 잘 모를 것이다. 그도 그럴 것이, 오늘날 진지하게 다루지 않는 이론인지라 우리가 배울 기회가 좀체 없기 때문이다. 물론 우리가 훌륭한 과학사가가 아니라면 말이다. 대다수 물리학자들도 그런 이론들을 잘 모르기는 매한가지다. 그러니 몇 가지

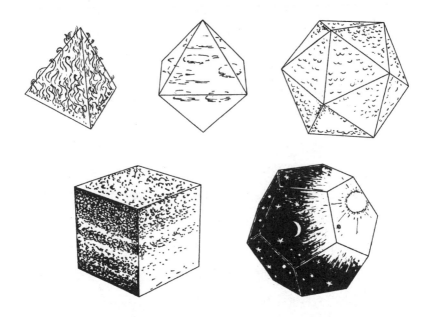

그림 1–1　고대 그리스의 다섯 원소. 불(정사면체), 공기(정팔면체), 물(정이십면체), 흙(정육면체) 그리고 에테르(정십이면체).

잘 알려진 사례만을 언급하겠다.

　고대 그리스에서는 플라톤 입체가 그림 1–1에 나오는 물질의 기본 원소들과 관련이 있다는 이론이 있었다. 여기서 불은 정사면체로 표현되고, 공기는 정팔면체로, 물은 정이십면체로 그리고 흙은 정육면체로 표현된다. 그리고 천체의 구성 원소라고 여겨진 에테르(또는 하늘이나 정수)는 나중에 도입되었는데, 이 것은 정십이면체로 표현된다. 고대 그리스인들은 (적어도 다수는) 이런 관점을 지녔었으므로 이것은 당대의 유행 이론이라고 할 수 있다.

　처음에는 불, 공기, 물, 흙의 사원소만 있었는데, 원시적 실체들의 이 집합은 당시에 알려진 네 가지 정다각형 형태들과 잘 맞아떨어졌던 것 같다. 하지만 나중에 정십이면체가 발견되자, 새로 등장한 이 정다각형을 포함시키기 위해 원래 이론을 확장시켜야 했다! 따라서 태양, 달 및 행성들 그리고 이것들이 붙어 있다고 하는 수정 구球와 같은 완전한 천체들을 구성하는 천상의 물질도 정다 면체 체계에 편입되었다. 고대 그리스인들이 보기에 이 물질은 지구의 익숙한 물질들의 보편적인 행동 경향과 마찬가지로 차츰 느려지다가 멈추는 운동을 하지 않고 아마도 영원한 운동을 하는 아주 판이한 법칙을 따랐다. 여기서 얻을 교훈 하나는 이렇다. 결정적인 형태로 처음에 제시된 현대의 정교한 이론들이라 하더라도 새로운 이론적 증거나 관찰 사실이 드러나면, 이전에는 내다보지 못할 정도로 원래의 내용을 상당히 수정하게 될지 모른다는 것이다. 내 생각에 고대 그리스인들은 별, 행성, 달 및 태양의 운동을 지배하는 법칙들이 지구의 물질을 지배하는 법칙들과는 엄연히 다르다고 보았다. 갈릴레오가 운동의 상대성을 이해하고 뉴턴이 보편적 중력 이론을 내놓고 나서야(이 이론은 케플러의 행성 운동 법칙에서 큰 영향을 받았다) 지상의 물체와 천상의 물체에 동일한 법칙이 적용됨을 이해할 수 있게 되었다.

이런 고대 그리스 사상을 처음 접했을 때 나는 이런 발상이 (물리적 근거는 말할 것도 없이) 아무런 수학적 근거도 없는 그저 낭만적 공상으로 보였다. 하지만 처음에 내가 상상했던 것 이상으로 이런 사상들의 바탕을 이루는 이론적인 면이 있음을 근래에 알게 되었다. 이런 정다면체 형태들 중 일부는 더 작은 조각으로 분해될 수 있는데, 그것들을 적절히 재조합하면 다른 형태를 만들 수 있다(가령, 정육면체 두 개는 정사면체 두 개와 정팔면체 하나로 분해될 수 있다). 이것이 물리적 상태와 관련이 있을지 모르며, 상이한 원소들 사이에 일어날 수 있는 상태 변화를 근거로 하여 기하학적 모형으로 이용되었을지 모른다. 적어도 여기에는 물질의 속성에 관한 대담하고도 상상력이 풍부한 추측이 있었다. 이 추측은 물질의 속성과 작동 방식에 대해 거의 밝혀진 것이 없던 당시에는 결코 비합리적인 발상이 아니었다. (모형의 이론적 결과를 실제의 물리적 상태를 통해 검증할 수 있는) 아름다운 수학적 구조를 통하여 물질의 진정한 근원을 찾으려는 초기의 시도였던 것이다. 오늘날의 이론물리학자들이 지금도 추구하고 있는 태도와 매우 흡사하다. 미학적 기준이 분명 여기에 작용했으며, 이 사상들에 플라톤도 분명 끌렸던 듯하다. 하지만 말할 필요도 없이 그 사상들의 세부사항은 세월의 검증을 잘 견뎌낼 수 없었다. 그러지 않았다면 그처럼 수학적으로 매력 넘치는 제안을 우리가 결코 버리지 못했으리라!

다른 몇 가지 점을 살펴보자. 프톨레마이오스의 행성 운동 모형(우주의 중심 위치에 지구가 고정되어 있는 모형)은 매우 성공적이었으며 기나긴 세월 동안 도전을 받지 않고 진리로 인정받아 왔다. 태양, 달 및 행성들의 운동은 **주전원**의 관점에서 이해되었다. 이에 따르면 행성 운동은 등속의 원운동들이 서로 겹친 현상으로 설명할 수 있었다. 관찰 결과와 딱 맞아떨어지게 하려면 꽤 복잡한 형태여야 하긴 했지만, 이 모형은 수학적 아름다움이 결코 모자라지 않았으며 행성들의 장래 운동 상태를 거뜬하게 예측하는 이론을 제공할 수 있었다. 분명, 주전원은 정지한 지구에 대한 외계 천체의 운동을 살펴볼 때 정말로 근거가 있는 개념이다. 지구에서 우리가 실제로 직접 보는 천체의 운동들은 지구의 회전이라는 성분을 포함하고 있다(그래서 천체들이 지구의 자전축 주위로 원형 운동하는 것으로 보인다). 그런데 이 운동들은 대략 타원 평면에 속박되어 있는 태양, 달 및 행성들의 일반적인 겉보기 운동들로 구성되며, 이 타원 평면으로 인해 천체들이 (지구의 자전축과는) **다른** 축 주위로 거의 원형처럼 도는 것 같은 운동이 관찰된다. 이런 관찰을 통해 우리는 기하학적인 측면에서 주전원의 일반적인 속성(어떤 원형 운동 위에 다른 원형 운동이 겹치는 상태)을 인식하게 되었기에, 이 개념을 행성의 더 자세한 운동 상태에까지 일반화시키자는 발상이 (당시 기준으로는) 비합리적이라고만은 할 수 없는 것이다.

게다가 주전원 자체는 어떤 흥미로운 기하학적 내용을 담고 있으며, 프톨레마이오스 자신도 뛰어난 기하학자였다. 그래서 자신의 천체 모형에 아마도 스스로 발견했을 아름답고도 위력적인 기하학 정리 하나를 도입했는데, 그 정리를 오늘날에는 그의 이름을 딴 프톨레마이오스 정리라고 부른다. (이 정리에 의하면, 한 평면 상의 네 점 A, B, C, D가 한 원에 (이 순서대로) 놓이기 위한 조건은 점들 사이의 거리가 $AB \cdot CD + BC \cdot DA = AC \cdot BD$를 만족하는 것이다.) 어쨌든 약 14세기 동안 행성 운동의 이론으로 받아들여진 프톨레마이오스 체계는 코페르니쿠스, 갈릴레오, 케플러 및 뉴턴의 경이로운 연구를 통해 대체되었고 마침내는 완전히 폐기되었으며 지금은 완전히 틀린 것으로 여겨진다! 하지만 유행 이론이었음은 분명하며, (2세기 중반부터 16세기 중반까지) 약 14세기 동안 굉장히 성공적인 이론이었다. 이 이론이 16세기 말에 튀코 브라헤의 더욱 정밀한 관측이 나오기 전까지 행성 운동의 모든 관측 사실을 꽤 타당하게 설명했기 때문이다.

또 하나의 유명한 이론을 살펴보자. 지금은 믿지 않지만 (요한 요아힘 베허가 처음 제시한) 1667년부터 (앙투안 라부아지에에 의해 결정적으로 부정된) 1778년까지의 한 세기 동안 플로지스톤이라는 연소에 관한 이론이 매우 유행했다. 이 이론에 따르면, 가연성 물질에는 **플로지스톤**이라는 원소가 들어 있으며 연소는 해당 물질이 플로지스톤을 대기 중에 내놓는 과정이라고 한다. 플로지스톤 이론은 당시 알려진 연소에 관한 사실들 대부분을 설명해냈다. 가령 적당히 작은 밀봉된 용기 안에서 연소가 일어날 때 가연성 물질이 전부 소모되기 전에 연소가 끝난다는 사실이 한 예인데, 이 이론에 따르면 이는 용기 속의 공기가 플로지스톤으로 포화되어 더 이상 플로지스톤을 흡수할 수 없게 되는 바람에 생기는 현상이었다. 역설적이게도 또 하나의 유행했지만 틀린 이론에 책임이 있는 인물은 라부아지에이다. 바로 열을 물질의 하나라고 보고서 그것을 **칼로릭**caloric이라고 명명했던 것이다. 이 이론은 1798년에 럼퍼드 백작(벤저민 톰슨 경)에 의해 틀렸음이 증명되었다.

위의 두 가지 대표적인 사례 모두, 이론이 유행한 이유는 그것을 대체한 더욱 만족스러운 방안과 매우 밀접한 관련성을 통해 이해할 수 있다. 프톨레마이

오스 모형의 경우, 단순한 기하학적 변환에 의해 더욱 만족스러운 코페르니쿠스의 지동설 관점으로 옮겨갈 수 있다. 이것은 지구가 아니라 태양을 중심에 두고서 운동을 설명하는 관점이다. 이 관점은 모든 것을 주전원으로 설명하는 천동설 관점과 효과 면에서 별반 다를 게 없었다. 다만 태양에 가까이 다가갈수록 행성 운동이 더욱 급격해지는 현상을 설명해주므로 지동설이 훨씬 더 체계적으로 보인다는 것이 다를 뿐이었다Gingerich 2004; Sobel 2011. 이 단계에서는 두 체계가 기본적으로 등가인 것으로 여겨졌다. 하지만 케플러가 행성의 타원 운동에 관한 세 법칙을 발견하자 상황은 완전히 바뀌었다. 이런 식의 운동을 천동설 관점에서 설명하는 것은 기하학적으로 전혀 의미가 없었기 때문이다. 케플러의 법칙은 아주 정밀하고 넓은 범위의 뉴턴의 **보편 중력** 개념으로 이어지는 열쇠를 건넸다. 그렇기는 하지만, 오늘날에도 우리는 천동설 관점이 아주 불편한 좌표계를 이용한 서술(가령, 지구의 좌표가 시간에 따라 변하지 않는다고 하는 천동설 관점)이라도 이십 세기에 아인슈타인의 일반상대성이론에서 나온 **일반적 공변성의 원리**general covariance principle에 비추어 볼 때(§§1.7, 2.13 및 A.5 참고) 어쨌든 타당하다고 여기는 것과 마찬가지로, 그리 기이하다고 여겨지는 않는다. 마찬가지로 플로지스톤 이론도 현대의 연소 이론에 매우 가까운데, 여기서 어떤 물질의 연소는 산소를 공기 중에서 가져오는 과정으로 보통 여겨지므로, 플로지스톤은 단지 "음의 산소negative oxygen"로 간주된다고 볼 수 있다. 그렇게 보면 플로지스톤 이론과 현대의 연소 이론 사이에는 상당히 일관된 전환이 가능하다. 그러나 라부아지에가 실시한 정밀한 질량 측정에 의하면 플로지스톤은 (만약 존재한다면) 음의 질량을 가져야 함이 증명되었기에, 그런 관점은 기반을 상실하기 시작했다. 그럼에도 불구하고 "음의 산소"는 현대의 입자물리학의 관점에서 그다지 터무니없는 개념이 아니다. 현대의 관점에서는 자연의 모든 입자들은 (합성물을 포함하여) 반입자를 갖는다고 상정되므로, "반산소anti−oxygen 원자"는 현대의 이론과 딱 맞아떨어진다. 하지만 그것이 음의 질량을 갖지는 않을 것이다!

때로는 한동안 유행에서 멀어진 이론도 나중에 재조명 받을 수 있다. 적절한 예가 켈빈 경(윌리엄 톰슨)이 1867년쯤에 내놓은 개념이다. (당시의 기본 입자인) 원자가 매듭처럼 생긴 아주 작은 구조물로 구성되어 있다고 여기는 발상이었다. 당시에 상당한 주목을 받았기에 수학자 J. G. 테이트는 이를 바탕으로 매듭을 체계적으로 연구하기 시작했다. 하지만 그 이론은 원자의 실제 물리적 행동과 맞아떨어지지 않았기에 거의 잊혔다. 하지만 근래에 이런 일반적인 유형의 발상들이 다시 인기를 끌기 시작했는데, 끈 이론적 개념들과의 관련성이 한몫했다. 매듭의 수학 이론이 1984년경 이후 본 존스의 연구와 함께 부활했는데, 존스의 기념비적인 발상들은 양자장 이론에 관한 이론적 고찰에 뿌리를 두었다Jones 1985; Skyrme 1961. 이후 에드워드 위튼Edward Witten 1989이 끈 이론의 방법들을 도입하여 양자장 이론(이른바 **위상 양자장 이론**)을 얻었는데, 이것은 어떤 의미에서 이러한 새로운 발전들을 매듭의 수학 이론 속에 통합시킨 결과물이다.

훨씬 더 고대의 우주론이 새로 부활한 예로서 흥미로운 우연의 일치 하나를 언급하고자 한다. 이번 장의 내용에 바탕이 된 프린스턴 강연을 할 무렵에 생긴 일이었다(2003년 10월 17일). 그 강연에서 나는 에테르를 정다면체와 결부시키는 고대 그리스 사상을 언급했다. 당시에 나는 몰랐지만, 장피에르 루미네Jean-Pierre Luminet 등이 내놓은 주장을 신문 보도에서 다루었다Luminet et al. 2003. 우주의 3차원 공간 기하학이 실제로는 꽤 복잡한 위상구조를 지니는데, 이 구조가 **정십이면체**의 마주보는 면들의 (변형을 포함한) 속성에서 비롯된다는 내용이었다. 그러므로 어떤 면에서 정십이면체 우주에 관한 플라톤의 사상이 현대에도 되살아나고 있었던 것이다!

만물의 이론이라는 야심찬 개념은 자연의 모든 입자들 및 그것들의 물리적 상호작용을 포함해 물리적 과정들을 총망라한 설명 체계를 내놓으려는 시도인데, 최근에 특히 끈 이론과 연관되어 번번이 제기되었다. 이 발상은 모든 구성 원소들의 운동을 정밀하게 지배하는 힘들 및 기타 역학적 원리들에 따라 작동 하는 근본 입자들 내지 장의 개념을 바탕으로 하여, 모든 물리적 현상을 완전하 게 설명하는 이론을 내놓자는 것이다. 이것은 오래된 한 발상의 부활이라고도 할 수 있는데, 잠시 이것을 살펴보자.

아인슈타인이 일반상대성이론의 최종 형태를 마무리하고 있을 무렵인 1915 년 말에 수학자 다비트 힐베르트는 아인슈타인 이론의 장 방정식들을 도출하는 자신의 방법*을 제시하였는데 이때 쓰인 방법이 **변분 원리**variational principle이다. (매우 일반적인 유형의 이 절차는 라그랑지언(§1.1에서 언급된 위력적인 개념) 으로부터 도출된 오일러-라그랑주 방정식을 이용한다Penrose 2004, chapter 20. 앞으 로는 이 책을 "TRtR"이라고 적겠다.**) 아인슈타인은 조금 더 직접적인 접근법을 이용하 여, (시공간 곡률의 관점에서 기술되는) 중력장이 어떻게 작동하는지를 보여주 는 형태로 방정식을 구성했다. 여기서 중력장은 그것의 "원천", 즉 모든 입자들 또는 물질장matter field 등이 에너지 텐서 **T**(§1.1 참고)의 형태로 함께 모여서 이 루어진 총질량/에너지 밀도에 영향을 받아 행동한다.

아인슈타인은 이런 물질장이 어떻게 행동할지를 결정할 자세한 방정식을 얻 기 위한 구체적인 방법을 내놓지 않았고, 고려 대상인 특정한 물질장에 관한 어 떤 다른 이론에서 구해진다고 상정했다. 그런 물질장 중 하나가 바로 전자기장 이다. 이것은 스코틀랜드의 위대한 수학자 겸 물리학자인 제임스 클러크 맥스 웰이 1864년에 내놓은 경이로운 방정식들로 설명되었다. 맥스웰의 방정식은 전기장과 자기장을 완전히 통합시켜 빛의 성질 그리고 일반 물질들의 내적 구

---

* 누가 먼저였는지를 놓고 벌어지는 논쟁의 내용은 자료Corry et al. 1997 commentary를 참고하기 바란 다.
** 이 책은 『실체에 이르는 길』(승산)이라는 제목으로 번역출간된 저자의 『*The Road to Reality*』를 가리킨다. ―옮긴이

성을 지배하는 힘들의 여러 성질을 설명해냈다. 따라서 전자기장도 그러한 맥락에서 물질이며 T에 나름의 역할을 한다고 여겨졌다. 게다가 적절한 방정식에 의해 지배될지 모르는 다른 유형의 장들 그리고 다른 모든 종류의 입자들도 포함될 수 있었고, 이들 또한 물질로 여겨지고 T에 이바지할 것이었다. 그 자세한 내용은 아인슈타인의 이론에는 중요하지 않았기에 구체적으로 다루지는 않았다.

한편, 힐베르트는 모든 것을 아우르는 더욱 포괄적인 시도를 하고 있었다. 그는 오늘날 우리가 **만물의 이론**이라고 부르는 것을 내놓았다. 중력장을 기술하는 방법은 아인슈타인의 것과 똑같았지만, 아인슈타인처럼 T 항을 구체화하지 않은 채 남겨 놓지 않았다. 대신에 힐베르트는 그 항이 당시 유행하던 **미 이론**Mie's theory, Mie 1908, 1912a, b, 1913이라는 특정 이론이라고 제안했다. 이 이론은 맥스웰의 전자기 이론을 비선형적으로 수정한 내용이며, 물질의 **모든** 측면들을 통합하는 방안이라며 구스타프 미가 내놓은 것이다. 따라서 힐베르트의 모든 것을 아우르는 제안은 중력은 물론이고 (전자기장을 포함하여) 물질의 완전한 이론을 내놓으려는 시도였다. 입자물리학에서 등장하는 강력과 약력은 당시에 알려져 있지 않았기에, 힐베르트의 제안은 요즘으로 치자면 만물의 이론이라고 할 만했다. 하지만 아마도 요즘 물리학자들 중에 당시에 유행했던 미 이론을 들어보기라도 한 사람은 그리 많지 않을 것이다. 그것이 일반상대성에 대한 힐베르트의 만물의 이론 버전의 일부였다는 사실은 더 말할 것도 없다. 그 이론은 물질에 대한 현대의 지식에 조금도 이바지하지 못했다. 필시 자기 나름의 만물의 이론을 구상 중인 오늘날의 이론가들이 새겨들어야 할 교훈이 아닐 수 없다.

1.3 끈 이론을 위한 입자물리학의 배경지식

그런 식으로 제시된 이론들 가운데 하나가 끈 이론이며, 오늘날 많은 이론물리학자들은 진정 이 제안을 만물의 이론으로 가는 결정적인 길이라고 여긴다. 끈 이론은 몇 가지 개념으로 시작했는데, 내가 1970년경에 (레너드 서스킨드한테서) 그걸 들었을 때만 해도 매우 매력적이고 설득력 있게 다가왔다. 하지만 그 개념을 설명하기 전에 우선 이와 관련된 맥락부터 살펴야 한다. 우리는 끈 이론의 기본 개념대로 왜 점입자를 공간 속의 작은 고리 또는 곡선으로 대체해야 하는지부터 이해해야 한다. 그래야지만 끈 이론이 물리적 실체를 다루는 관점이 될 수 있음을 인정할 수 있다.

사실, 이 이론의 매력 요소는 한둘이 아니다. 역설적이게도 가장 구체적인 매력 요소 중 하나(강입자들 사이의 상호작용을 연구하는 실험물리학과 관련이 있는 요소)는 끈 이론의 근래의 전개과정에서 완전히 파묻힌 듯 보인다. 그 매력 요소가 역사적인 의미 이외에 다른 의미를 갖는지 나는 잘 모르겠다. 그렇지만 나는 그것을 논할 것이며(특히 §1.6에서 자세히 다루겠으며), 아울러 끈 이론의 근본 원리들을 촉발시킨 입자물리학의 다른 배경 요소들도 논하고자 한다.

우선 강입자가 무엇인지부터 이야기하자. 알다시피 보통의 원자는 양으로 대전된 핵 하나와 그 주위를 도는 음으로 대전된 전자들로 구성되어 있다. 핵은 양성자들과 중성자들(합쳐서 **핵자**(N)라고 한다)로 이루어지며, 각각의 양성자는 단위 양전하를 갖고(전하의 단위는 전자가 음의 단위 전하를 갖도록 정해졌다) 각각의 중성자는 전하가 영이다. 음전하를 띤 전자들이 양전하를 띤 핵 주위를 계속 도는 까닭은 양전하와 음전하 사이의 전기적 인력 때문이다. 하지만 전기력만이 관여한다면 핵 자체는 (양성자가 단 한 개인 수소를 제외하고는) 폭발하여 여러 구성요소들로 흩어질 것이다. 왜냐하면 양성자들은 전부 동일한 부호의 전하를 가져서 서로 반발하기 때문이다. 따라서 또 하나의 더 강한 힘이 존재함이 틀림없다. 핵을 하나로 뭉쳐 놓는 이 힘을 가리켜 **강력**(또는 강한 핵력)이라고 한다. 게다가 약력(약한 핵력)이라고 하는 힘이 하나 더 있는데, 이것은 특히 핵붕괴와 관련있는 것으로 핵자들 사이의 힘의 주요 성분은 아니다. 약력은 나중에 다루겠다.

모든 입자들이 강력의 영향을 직접 받지는 않는다. 가령, 전자들이 그렇다. 영향을 받는 입자들은 비교적 무거운 입자인 이른바 **강입자**hadron, '부피가 큰'이라는 뜻의 그리스어 hadros에서 온 이름들이다. 따라서 양성자와 중성자는 강입자에 속하는데, 그 외에도 많은 종류의 강입자가 존재한다는 사실이 오늘날 알려져 있다. 그런 강입자들 가운데 양성자와 중성자의 사촌인 **바리온**baryon, '무거운'이라는 뜻의 그리스어 barys에서 온 이름이 있으며, 바리온에는 중성자 및 양성자를 비롯하여 람다(Λ), 시그마(Σ), 크사이(Ξ), 델타(Δ) 및 오메가(Ω)가 포함된다. 이들 대다수는 저마다 상이한 전하 값을 갖는 서로 다른 버전으로 나타나며, 또한 일련의 들뜬 (매우 빠르게 회전하는) 상태의 버전으로도 나타난다. 이런 입자들은 전부 양성자와 중성자보다 더 무겁다. 이런 이색적인 입자들이 보통 원자의 일부를 이룬다고 보지 않는 이유는 이 입자들이 매우 불안정하여 빠르게 붕괴하고 결국, (아인슈타인의 유명한 공식 $E = mc^2$에 따라) 자신들의 무거운 질량을 에너지의 형태로 방출하면서 양성자와 중성자로 변환되기 때문이다. 그 결과, 양성자는 전자 약 1836개의 질량을 가지며, 중성자는 전자 약 1839개의 질량을 갖는다. 바리온과 전자 중간에 또 다른 부류의 강입자, 즉 **중간자**meson가 존재한다. 중간자 가운데서 가장 낯익은 것은 파이온(μ)과 케이온(K)이다. 이들 각각은 전하를 띤 버전(μ^+와 μ^- 각각은 전자 약 273개의 질량. K^+와 $\bar{K}^-$ 각각 전하 약 966개의 질량)과 전하를 띠지 않은 버전(μ^0 전자 약 264개의 질량. K^0와 $\bar{K}^0$ 각각 전하 약 974개의 질량)으로 나타난다. 여기서 입자 기호 위의 막대 표시는 반입자를 나타낸다. 이때 반파이온은 여전히 파이온이지만 반케이온은 케이온과 다르다는 점을 유의해야 한다. 이 입자들에도 역시 많은 사촌들 및 들뜬 상태의 (매우 빠르게 회전하는) 버전들이 있다.

이제 여러분도 느꼈겠지만 아주 복잡하기 그지없다. 양성자, 중성자 그리고 전자(그리고 빛의 입자인 광자와 같은 질량이 없는 한두 가지 입자들)만이 모든 현상을 표현하는 것으로 보였던 이십 세기 초반의 희망찬 상황과는 한참 거리가 멀다. 세월이 흐르면서 상황은 더더욱 복잡해지다가, 마침내 1970년~1973년 사이에 통일된 전체 모습(이른바 **입자물리학의 표준 모형**)이 드러났다Zee 2010; Thomson 2013. 이 모형에 따르면 모든 강입자는 쿼크 내지 쿼크의 반입자, 즉 **반쿼크**로 구성되어 있다. 각각의 바리온은 쿼크 세 개로 구성되며 각각의 (통상적인) 중간자는 쿼크 하나와 반쿼크 하나로 구성된다. 쿼크는 여섯 가지 상태로 나타나는데, 각각 **업**up, **다운**down, **참**charm, **스트레인지**strange, **톱**top 및 **보텀**bottom 이라는 (기이하고 창의성이 부족한) 이름으로 불린다. 이들 각각은 $\frac{2}{3}$, $-\frac{1}{3}$, $\frac{2}{3}$, $-\frac{1}{3}$, $\frac{2}{3}$, $-\frac{1}{3}$의 전하를 갖는다. 분수 전하가 언뜻 기이하게 보이긴 하지만, (바리온과 중간자와 같은) 관찰된 자유 입자들의 경우 총전하는 언제나 정수 값을 갖는다.

표준 모형은 자연의 기본 입자들의 목록을 체계화하고 있을 뿐 아니라 그 입자들에 영향을 미치는 주요 힘들을 거뜬하게 설명해낸다. 강력과 약력은 아름다운 수학적 절차에 의해 기술된다. **게이지 이론**guage theory이라고 하는 이 절차는 **번들**bundle이라는 개념을 이용하는데, 그 간략한 설명이 §A.7에 나와 있고 §1.8에서 다시 다룬다. 번들의 **기저공간**base space M(개념은 §A.7 참고)은 시공간인데, (수학적으로 더욱 명확한 사례인) 강력의 경우 파이버 $\mathcal{F}$는 개별 쿼크에 할당된 **색깔**이라는 개념에 의해 기술된다(쿼크마다 세 가지 기본적인 색깔이 할당될 수 있다). 따라서 강력의 물리학 이론은 **양자색역학**quantum chromodynamics, QCD이라고 불린다. 여기서 QCD를 본격적으로 논하고 싶지는 않다. 내가 여기서 설명할 수준보다 더 깊은 수학이 동원되지 않고서는 제대로 기술하기 어려운 내용이기 때문이다Tsou and Chan 1993; Zee 2003. 더군다나 이 이론은 내가 지금 껏 사용한 의미에서 볼 때 "유행"이라고 할 수 없다. 왜냐하면 이상하게 들리긴 하지만 실제로 굉장히 잘 맞는 이론이며, 엄밀하게 구성된 수학적 일관성을 갖추었을 뿐 아니라 실험 결과들을 탁월하게 설명해주기 때문이다. QCD는 강력 이론을 진지하게 다루는 물리학 연구 분야라면 어디서나 연구되지만, 그렇다고 유행이라고는 할 수 없다. 아주 타당한 과학적 이유로 널리 연구되는 주제이니 말이다!

이처럼 훌륭하긴 하지만, 표준 모형을 넘어서려고 노력해야 할 강력한 과학적 이유들이 존재한다. 일례로 표준 모형에는 서른 개쯤의 수들이 있는데, 이에 대해 그 이론은 전혀 설명해주지 않는다. 이런 수로는 쿼크 질량과 경입자lepton 질량, 페르미온 혼합 파라미터(가령 카비보 각도Cabibbo angle), 와인버그 각도, 세타 각도, 게이지 결합이라는 양들 그리고 힉스 메커니즘과 관련된 파라미터들이 있다. 이와 관련하여 또 하나의 심각한 결점(표준 모형의 출현 이전에도 다른 이론 체계들에서 이미 만연해 있던 결점)이 있는데, QCD 이론은 그 결점의 일부만을 해결했을 뿐이다. 뭐냐하면, 양자장 이론Quantum Field Theory, QFT에서 생기는 무한대(§A.10에 나오는 것처럼 발산 식들에서 생기는 무의미한 답)라는 골치 아픈 문제다. (QFT는 양자역학의 일종으로서, QCD를 포함한 표준 모형의 다른 측면들만이 아니라 입자물리학의 모든 현대적 접근법 그리고 기초물리학의 다른 여러 측면에까지 핵심적인 이론이다.)

양자역학에 관한 더 자세한 이야기는 2장에서 다루겠다. 당분간은 양자역학의 구체적인 한 가지 근본적인 특징에만 관심을 국한하기로 하자. 이것은 QFT의 무한대 문제의 뿌리일 수 있다. 또한 우리는 이처럼 무한대를 다루는 전통적인 방법이 표준 모형에서 해결되지 않는 약 서른 개의 수들이 등장하는 문제의 완전한 해답을 가로막고 있는 이유에 대해서도 살펴보고자 한다. 끈 이론은 QFT의 무한대 문제를 우회하기 위한 천재적인 한 발상에서 나왔는데, 이 내용은 §1.6에서 살펴본다. 따라서 끈 이론은 설명되지 않는 수들의 수수께끼를 해결할 희망찬 방법을 제시해줄 것처럼 보인다.

1.4 QFT의 중첩 원리

양자역학의 초석은 중첩 원리인데, 이 원리는 단지 QFT뿐만 아니라 모든 양자론에 공통되는 한 특징이다. 특히 이것은 2장의 핵심적인 논의에서 중심을 차지한다. 이번 장에서는 QFT의 무한대 문제의 근원을 들추어보기 위해 이 원리를 짧게 소개하겠다. 양자역학의 주된 논의는 2장에 나온다(특히 §§2.5와 2.7 참고).

QFT에서 중첩 원리가 어떤 역할을 하는지 알아보기 위해 다음과 같은 상황을 살펴보자. 우선, 특정한 관찰 결과를 내놓은 어떤 물리적 과정이 있다고 가정하자. 이 결과는 중간적 행위 Ψ를 통해 생길 수 있었는데, 다른 중간적 행위 Φ가 본질적으로 동일한 관찰 결과를 일으킬 수도 있었다고 가정하자. 이 경우, 중첩 원리에 따르면 어떤 적절한 의미에서 Ψ와 Φ가 둘 다 중간 행위로서 **동시**에 발생했을 수 있었다고 보아야만 한다! 물론 우리의 직관과는 딴판이다. 왜냐하면 보통의 거시 세계에서는 상이한 두 가지 가능성이 동시에 생기지 않기 때문이다. 하지만 한 중간적 행위가 다른 행위와 반대로 일어나는지 여부를 직접 관찰할 수 없는 극미 세계에서는 두 행위가 함께 일어났을 수 있다고 인정해야 한다. 이런 현상을 가리켜 **양자중첩**이라고 한다.

이런 유형의 대표적 사례는 유명한 이중 슬릿 실험에서 나타난다. 양자역학 입문 과정에서 종종 소개되는 실험이다. 양자 입자(가령 전자나 양성자)의 빔을 스크린에 쏘는 상황을 살펴보자. 여기서 입자 빔은 입자원으로부터 스크린 사이에 놓인 서로 가깝고 평행한 한 쌍의 슬릿을 통과한다(그림 1-2(a)). 이런

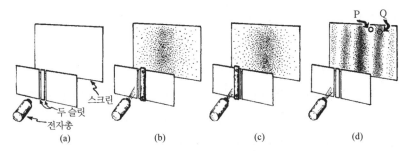

그림 1-2 이중 슬릿 실험. 전자 빔을 가깝게 떨어져 있는 한 쌍의 슬릿을 통해 스크린에 쏜다(a). 만약 (b)와 (c)처럼 슬릿 하나만 열려 있을 때는 무작위적으로 보이는 충돌 패턴이 스크린에 기록되는데, 슬릿을 직접 통과하는 경로 주위에 흩어져 있는 무늬를 띤다. 하지만 (d)처럼 슬릿이 둘 다 열려 있을 때는 띠무늬가 생긴다. 이때, 만약 슬릿이 하나만 열렸다면 입자가 도달할 수 없는 지점(가령 P)에도 그런 띠무늬가 생긴다. 게다가 다른 지점(가령 Q)도 단일 슬릿일 때보다 입사 강도가 네 배 더 크다.

상황에서 각각의 입자는 스크린에 닿자마자 스크린의 개별 위치에 **입자로서의** 성질을 나타내는 특정한 검은 흔적을 남긴다. 하지만 그런 입자들이 많이 통과한 후에는 밝은 띠와 검은 띠의 간섭무늬가 형성되는데, 검은 띠는 많은 입자가 스크린에 닿은 곳에서 생기고 밝은 띠는 상대적으로 소수의 입자가 닿은 곳에서 생긴다(그림 1-2(d)). 이 상황을 주의 깊게 해석한 표준적인 설명*에 따르면, 각각의 개별 양자 입자는 어떤 의미에서 두 슬릿을 동시에 통과했다는 결론이 나온다. 각 입자가 취할 수 있는 두 가지 상이한 경로의 특이한 중첩으로 인해 그렇게 된다는 것이다.

이처럼 희한한 결론을 내놓는 추론은 다음과 같은 사실에서 나온다. 만약 두 슬릿 중 어느 하나가 막히고 다른 하나만 열린다면(그림 1-2(b), (c)) 띠는 생기

---

* 이것은 상황의 전통적인 해석이라고 간주할 수 있다. 예상하다시피, 이처럼 기이해 보이는 결론에 대해서는 해당 입자의 존재의 이러한 중간 단계에서 어떤 일이 생기는지를 해석할 여러 가지 다양한 방법이 있다. 가장 주목할 만한 대안적 관점은 드브로이-봄de Broglie–Bohm 이론이다. 이에 따르면 입자 자체는 언제나 어느 한쪽 슬릿만 통과하지만, 동반되는 어떤 "반송파carrier wave"가 있어서, 이것이 입자를 안내하며 바로 이 **파동**이 해당 입자가 선택했을지 모를 두 대안을 "타진한다"Bohm and Hiley 1993. §2.12에서 이 관점을 간략히 논의한다.

지 않고 다만 가운데가 가장 어두운 꽤 균일한 그늘이 생길 뿐이다. 두 슬릿이 모두 열리면 스크린의 검은 띠 사이에 밝은 영역이 생기는데, 이 영역은 어느 한 슬릿만 열릴 때는 완전히 어둡게 나타나는 지점에 생긴다. 입자가 두 경로를 모두 지날 수 있을 때는 밝은 영역은 입자들의 충돌이 약해지고 어두운 영역은 강해지는 것이다. 만약 각 입자가 슬릿 하나만 열려 있을 때 할 수 있는 일만 하거나 다른 슬릿만 열려 있을 때 할 수 있는 일만 한다면, 경로의 결과들은 그냥 더해질 뿐이어서 이상한 간섭무늬가 생기지 않을 것이다. 위와 같은 현상이 생기는 까닭은 가능한 두 가지 경로 모두를 입자가 취하기 때문이다. 즉, 두 가지 상이한 경로를 입자가 동시에 취하여 결과를 내놓는 것이다. 어떤 의미에서 이런 두 경로 택하기는 입자가 입자원과 스크린 사이에 있을 때 공존한다.

물론 이 현상은 거시 세계의 물체의 행동에 대한 우리의 경험과 판이하다. 가령, 두 개의 방이 두 개의 상이한 문을 통해 서로 연결되어 있다고 하자. 그런데 고양이 한 마리가 한 방에서 움직이기 시작하는 모습이 관찰되었다가 나중에 다른 방에 있는 모습이 관찰되었다고 하자. 그러면 우리는 고양이가 두 개의 문 중 하나를 통과했다고 타당하게 추론하지, 어떤 기이한 방법으로 두 문을 동시에 통과했다고 추론하지는 않는다. 하지만 고양이 크기의 물체의 경우에는 그 행동을 크게 방해하지 않고서도 이동 위치를 계속 측정하여 두 개의 문 가운데 어느 것을 실제로 통과했는지 확인할 수 있다. 그런데 위에서 설명한 이중 슬릿 실험의 단일 양자 입자에 대해서는 설령 그렇게 하는 데 성공했더라도, 스크린에 맺히는 간섭무늬가 망가지는 결과가 생길 정도로 입자의 행동을 방해하게 되고 만다. 스크린에 밝은 간섭무늬와 어두운 간섭무늬를 생기게 만드는 개별 양자 입자의 파동적 행동은, 두 슬릿 중 어느 것을 입자가 통과했는지 여부를 우리가 확인할 수 없으니, 이런 곤혹스러운 입자의 중간적 중첩 상태의 가능성을 허용할 수밖에 없다는 결론을 내놓는다.

이중 슬릿 실험에서 단일 양자 입자가 보이는 극단적으로 기이한 행동은 어두운 띠들 사이의 가운데인 스크린의 P 지점에서 가장 잘 드러난다. 두 개의 슬릿이 모두 열려 있을 때는 입자가 도달할 수 없고 한 슬릿만 열려 있어야 입자가 도달할 수 있는 지점이 P이다. 슬릿이 둘 다 열려 있을 때에는 입자가 P에 도달하기 위해 취할 수 있는 두 가지 가능성이 어찌된 셈인지 서로 상쇄된다. 하지만 간섭무늬가 가장 어두운, 가령 Q와 같은 스크린의 다른 지점에서는 상쇄 대신에 두 가지 경로가 서로를 강화시켜 두 슬릿이 모두 열려 있을 때 입자가 Q에 도달할 가능성은 슬릿 하나만 열려 있을 때보다 (양자 입자가 아닌 보통의 고전적인 입자의 경우의 값인) 단지 두 배가 아니라 네 배 더 크다. 그림 1-2(d)를 보기 바란다. 이런 특이한 성질은 중첩의 크기를 실제 사건의 발생 확률과 관련 짓는 **보른 규칙**의 결과인데, 이 내용은 잠시 후에 살펴보겠다.

고전적이라는 단어는 물리적 이론, 모형 또는 상황의 맥락에서 쓰일 때 단지 **비양자적**non-quantum이라는 뜻이다. 특히 아인슈타인의 일반상대성이론은 양자론의 여러 기념비적인 개념들(가령, 보어의 원자 모형)이 나온 다음에 등장했지만 고전적 이론이다. 특히 고전적 체계는 위에서 방금 소개한 대안적 가능성들의 기이한 중첩에 구속 받지 **않는데**, 중첩은 정말이지 양자적 행동의 특징이다. 이에 대해서는 다음에 간략히 살펴보겠다.

지금껏 밝혀진 양자물리학의 바탕을 이루는 내용들은 2장부터 본격적으로 다루겠다(특히 §2.3부터 참고하기 바란다). 당분간은 현대의 양자역학이 그런 중간적 상태를 기술하는 기이한 수학 규칙을 여러분이 그냥 받아들이기를 권한다. 알고 보니 그 규칙은 굉장히 정확한 것이었다. 하지만 이 이상한 규칙은 대체 무엇인가? 양자역학에 의하면 두 가지 상이한 중간 상태 Ψ와 Φ가 있을 때 이 둘의 중첩 상태는 두 가지 상태의 합 Ψ + Φ의 수학적 형태로 표현되는데, 더욱 일반적으로 말해서 이 둘의 **선형결합**으로 다음과 같이 표현된다(§§A.4와 A.5 참고).

$$w\Psi + z\Phi$$

여기서 w와 z는 복소수(§A.9에 기술된 대로 $i = \sqrt{-1}$이 포함되는 수)인데, 둘 다 영이어서는 안 된다! 또한 이러한 복소 중첩 상태는 계가 실제로 관찰되기 직전까지 양자계 내에서 **지속되어야** 하며, 바로 그 관찰 시점에서는 그런 중첩 이 두 상태가 합쳐진 하나의 확률로 대체되어야 한다. 정말 기이한 일이지만, §§2.5~2.7 및 2.9에서 우리는 이런 복소수(때로는 **진폭**이라고도 불린다)들을 이용하는 법과 이 수들이 어떻게 놀라운 방식으로 확률 및 양자 수준에서 물리 계의 시간 진행과 맞물리는지 이해하게 될 것이다(슈뢰딩거 방정식). 또한 복 소 중첩 상태는 양자 입자 스핀의 미묘한 행동과도 근본적으로 관련이 있으며, 심지어 일상적인 물리 공간의 3차원성과도 관련이 있다! 이런 진폭과 확률 사 이의 정확한 연관성(**보른 규칙**)을 이 장에서 본격적으로 다루지는 않겠지만(그 러려면 Ψ와 Φ에 대한 **직교화**와 **정규화**의 개념을 알아야 하는데, 이것은 §2.8에 서 다루는 편이 좋을 듯하다), 아래의 보른 규칙의 골자를 보자.

한 계의 상태가 Ψ인지 아니면 Φ인지 확인하기 위한 한 측정이 중첩된 상태 $w\Psi + z\Phi$로 표현되면

Φ의 확률 대 Ψ의 확률은 $|z|^2$ 대 $|w|^2$의 비다.

(§§A.9와 A.10에 나와 있듯이) 복소수 z의 절댓값의 제곱은 그것의 실수부와 허 수부의 제곱의 합이며, 이것은 베셀 평면에서 원점으로부터 z까지의 거리의 제 곱이다(§A.10의 그림 A−42). 또한 확률이 이런 진폭의 절댓값의 **제곱**으로 정 해진다는 사실이 두 상태가 서로를 강화시키는 이중 슬릿 실험에서 세기가 네 배 증가함을 설명해준다(§2.6 말미 참고).

여기서 주의해야 할 점은, 중첩에서의 이러한 합의 개념은 일상적인 덧셈 개

념과는 매우 다르다는 것이다(일상적으로 합이 그냥 덧셈을 뜻하는 것과는 딴판이다). 여기서 합의 의미는 어떤 의미에서 두 가능성이 어떤 추상적인 수학적 방식으로 더해진다는 것이다. 그러므로 이중 슬릿 실험의 경우 Ψ와 Φ가 단일 입자의 두 가지 상이한 순간적인 위치를 표현한다고 할 때, $\Psi + \Phi$는 하나씩 각 위치에 있는 두 입자를 표현하지도 않고(표현한다면 "Ψ 위치의 한 입자 그리고 Φ 위치의 다른 한 입자", 즉 총 두 개의 입자를 의미하게 된다), 한 상태 또는 다른 상태가 실제로 발생했지만 어디서 발생했는지 모르는 일상적인 두 가지 상태를 표현하지도 않는다. 대신에 한 입자가 기이한 양자역학적 "합"의 연산에 따라 **중첩되어** 두 위치 모두를 동시에 어떤 식으로든 차지하고 있다고 보아야 한다. 물론 이것은 대단히 기이해 보이므로, 이십 세기 초반의 물리학자들은 그렇게 여길 매우 타당한 이유도 없이 그런 상황을 고찰하려고 하지는 않았을 것이다. 그 이유들 중 일부를 2장에서 살펴보겠지만 지금으로서는 독자들이 이 개념이 정말로 통한다는 것을 그냥 받아들이길 바랄 뿐이다.

또 한 가지 중요한 점은, 표준적인 양자역학에 따르면 이런 중첩 절차는 보편적이라는 사실이다. 따라서 이 절차는 중간 상태가 두 가지보다 많은 경우에도 적용된다. 가령, 세 가지 상이한 가능성 Ψ, Φ 및 Γ가 있다면, 우리는 $w\Psi + z\Phi + u\Gamma$와 같은 삼중 중첩을 고려해야 할 것이다(여기서 w, z 및 u는 모두 복소수이며, 셋 다 영이어서는 안 된다). 마찬가지로 네 가지 중간 상태가 있다면 사중 중첩을 고려해야 할 것이다. 양자역학의 요청에 따른 이 절차가 아원자 수준의 양자 행동을 훌륭하게 설명한다는 사실이 실험을 통해 널리 인정되었다. 정말 기이하긴 하지만 수학적으로 매우 일관된 개념이다. 이것은 복소수 스칼라를 갖는 단지 한 **벡터공간**의 수학일 뿐인데, 이 점은 §§A.3, A.4, A.9 및 A.10에 잘 나와 있다. 그리고 양자중첩이 보편적으로 적용되는 개념임은 §2.3부터 더 자세히 논할 것이다. 그러나 양자장 이론QFT에서는 상황이 그리 여의치 않다. 왜냐하면 중간 상태가 무한히 많은 상황을 자주 고려해야 하기 때문이다. 따라서 상이한 상태들의 무한한 합을 고려해야 하는데, 그렇다 보니 그런 무한개의 합들이 (§§A.10과 A.11에서 보이는 방식으로) 무한대의 값으로 발산할 가능성이 대두된다.

1.5 파인만 도형의 위력

그러한 발산이 실제로 어떻게 생기는지 조금 더 자세히 이해해 보자. 입자물리학에서 우리가 고려해야 할 것은 여러 입자들이 함께 다른 입자들을 만들어내는 상황인데, 이때 일부 입자들은 쪼개져서 다른 입자들을 만들기도 하고 이런 입자들의 쌍이 다시 결합하기도 하는 등 매우 복잡한 과정이 벌어진다. 입자물리학자들이 주로 관심을 갖는 이런 상황에는 함께 작용하는 입자들의 무리(종종 서로에 대해 빛의 속력에 가까운 상대속력으로 운동한다)가 관여하며, 이러한 충돌과 분리의 조합이 이런 과정에서 생기는 입자들의 다른 무리를 내놓는다. 전체 과정에는 주어진 입력과 출력에 부합하여 발생할 수 있는 온갖 상이한 종류의 중간적 과정들의 거대한 양자중첩이 관여한다. 그런 복잡한 과정의 한 예가 그림 1-3의 파인만 도형에 나와 있다.

그러한 입자 과정들의 특정 집합의 시공간 도형이 곧 파인만 도형이라고 보면 그다지 틀리지 않는다. 나는 곧잘 시간이 위로 향하도록 표현한다. 나처럼 상대성이론을 연구하는 사람들은 그렇게 하지만, 전문적인 입자물리학자나 QFT 전문가는 다르다. 그 분야 전문가들은 대체로 시간의 진행을 왼쪽에서 오른쪽으로 화살표를 이용해 표현한다. 파인만 도형(또는 파인만 그래프)은 탁월한 미국인 물리학자 리처드 필립스 파인만의 이름을 딴 것이다. 이런 종류의 몇 가지 매우 기본적인 도형들이 그림 1-4에 나와 있다. 여기서 그림 1-4(a)는 한 입자가 두 입자로 쪼개지는 과정을 보여주며 그림 1-4(b)는 두 입자가 제3의

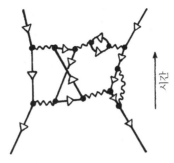

그림 1-3 파인만 도형(시간 진행 방향이 위쪽으로 표현됨)은 중간 입자들의 생성, 소멸 및 교환이 관여하는 한 입자의 과정을 (명쾌한 수학적 해석과 함께) 그림으로 표현한 시공간 도형이다. 여기서 구불구불한 선은 광자를 가리키며, 삼각형 화살표는 전하를 나타낸다(화살표가 위로 향하면 양전하이고 아래로 향하면 음전하이다).

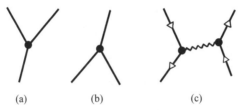

(a)   (b)   (c)

그림 1-4 기본적인 파인만 도형들. (a)한 입자가 둘로 쪼개진다. (b)두 입자가 결합하여 또 다른 입자를 생성한다. (c)반대로 대전된 두 입자(가령 전자와 양성자)가 광자 하나를 교환한다.

한 입자로 결합되는 과정을 보여준다.

그림 1-4(c)에서는 두 입자 사이에 한 입자(가령, 전자기장이나 빛의 양자인 광자. 구불구불한 선으로 표시된 것)가 교환되는 과정을 볼 수 있다. 이 과정에서 교환이라는 용어를 사용하는 것은 입자물리학자들 사이에서는 흔한 용법이지만, 어떤 측면에서는 조금 이상하다. 왜냐하면 한 단일 광자는 단지 한 입자에서 다른 입자로 (어느 입자가 송신 측이고 어느 입자가 수신 측인지 (의도적으로) 명시하지 않는 방식으로) 지나갈 뿐이기 때문이다. 보통 이런 교환에 참여하는 광자를 가리켜 **가상의 광자**라고 부르며, 그 속력은 상대성이론의 요건을 따라야 한다는 구속을 받지 않는다. 교환이라는 단어는 일반적으로 그림

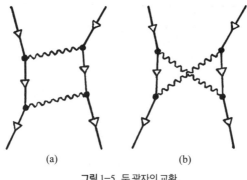

(a)   (b)

그림 1-5 두 광자의 교환.

1-5(b)에 묘사된 상황에 더욱 적합할지 모른다. 비록 그림 1-5에 나오는 과정들은 전부 두 광자의 교환이라고 불리는 편이긴 하지만 말이다.

일반적인 파인만 도형은 이처럼 기본적인 도형들이 온갖 종류의 결합을 통해 많이 모인 것이라고 보면 된다. 하지만 중첩 원리에 의할 때, 그런 입자 충돌 과정에서 실제로 생기는 일은 단 하나의 파인만 도형으로 표현된다고 보아서는 안 된다. 왜냐하면 여러 가능성들이 있을 때의 실제 물리적 과정은 여러 상이한 파인만 도형들의 복잡한 선형중첩으로 표현되기 때문이다. 특정한 가능성이 총중첩에 기여하는 정도의 크기(§1.4에서 만난 w나 z와 같은 복소수)가 바로 우리가 특정한 파인만 도형에서 계산해야 할 것인데, 이런 수들을 가리켜 **복소 진폭**이라고 한다(§§1.4와 2.5 참고).

이때 도형 속의 연결선들의 배열만으로는 전체 이야기가 파악되지 않는다는 점을 유의해야 한다. 아울러 관여하는 모든 입자들의 에너지와 운동량의 값들을 알아야 한다. (들어오고 나가는) 모든 외부 입자들에 대해 우리는 이 값들을 이미 할당된 것으로 보아도 되지만, 중간(또는 내부) 입자들의 에너지와 운동량은 일반적으로 여러 상이한 값들을 가질 수 있다. 하지만 그 값들은 에너지와 운동량이 각각의 꼭짓점에서 적절하게 더해져야 한다는 제약조건을 따른

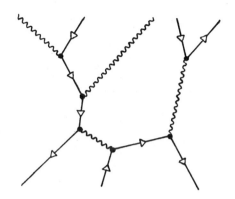

그림 1-6 나뭇가지 도형. 닫힌 고리가 없다.

다. 여기서 일상적인 입자의 운동량은 그 입자의 속도와 질량의 곱이다(§§ A.4 및 A.6 참고). (운동량은 언제나 그 값이 **보존되는** 중요한 성질이 있기에, 입자들이 겪는 어떠한 충돌 과정에서도 입력 과정의 운동량의 총합(벡터 합의 방식으로 합쳐진다)은 출력 과정의 운동량의 총합과 동일해야 한다.) 그러므로 중첩은 원래 복잡한 것인데, 점점 더 복잡하게 등장하는 일련의 파인만 도형들 때문에 상황은 실제로 훨씬 더 복잡해진다. 왜냐하면 각 도형의 중간 입자들이 갖는 에너지와 운동량이 (주어진 외부 값들에 부합하는 한에서) 일반적으로 **무한한 개수**의 값들을 가질 수 있기 때문이다.

따라서 특정한 입력과 출력이 주어진 단일한 파인만 도형이더라도 그런 과정들을 무한히 더해야 한다고 볼 수 있다(전문적으로 말하자면, 이런 덧셈은 개별 합이 아니라 연속 적분의 형태를 띠지만(§§A.7, A.11 및 그림 A-44 참고), 그런 구별은 여기서 중요하지 않다). 이런 상황은 그림 1-5의 두 사례에 나오는 닫힌 고리를 갖는 파인만 도형에서 생긴다. 그림 1-4와 그림 1-6 처럼 닫힌 고리가 없는 **나뭇가지 도형**tree diagram에서는 내부 에너지와 운동량의 값들이 단지 외부 값들에 의해 확정적으로 정해진다. 하지만 이런 나뭇가지 도형은 입자 과정의 진정한 양자적 속성을 파악해내지 못한다. 그렇기에 닫힌 고리를 갖는 도형들이 필요한 것이다. 하지만 닫힌 고리의 문제점은 사실상 고리를 따라 순환한다고 할 수 있는 에너지-운동량의 값들에 제한이 없기에, 이런 값들을 모두 더하면 발산하는 값이 나오고 만다는 것이다.

조금 더 자세히 살펴보자. 닫힌 고리가 생기는 가장 단순한 예는 두 입자가 교환되는 그림 1-5(a)에 나와 있다. 문제가 생기는 까닭은 도형의 각각의 꼭짓점에서 에너지 및 운동량의 세 성분의 값들이 적절히 더해진다고 해도(즉, 입력의 합들이 출력의 합과 동일하다 해도) 이런 양들의 내부 값들을 결정할 충분한 방정식이 얻어지지 않기 때문이다. (에너지-운동량의 네 성분 각각에 대해 개별적으로 세 개의 독립된 방정식이 존재한다. 왜냐하면 네 꼭짓점 각각이 하나의 보존 방정식을 내놓지만 하나는 모든 과정의 전체적인 보존을 단지 다시 나타내는 여분의 것이기 때문이다. 각각의 내부 연결선에서 나온 한 성분당 네 개의 독립된 미지수가 있지만, 미지수를 결정할 충분한 방정식들이 없으니 여분의 것도 반드시 합쳐져야 한다.) 가운데 있는 고리 주위를 전부 훑으며 동일한 에너지-운동량을 언제나 마음껏 더할(또는 뺄) 수 있다. 그렇기에 점점 더 큰 에너지-운동량 값이 포함될 수 있는 무한히 많은 가능성들을 전부 더해야 할 필요가 있는데, 이로 인해 발산이 생길 수 있는 것이다.

그러므로 양자 규칙을 직접 적용하면 발산이 생길 가능성이 크다. 하지만 그렇다고 해서 꼭 그 양자장의 이론 계산의 "올바른" 답이 실제로 ∞라는 뜻은 아니다. 여기서 §A.10에 나오는 발산 급수에 유념해야 한다. 이 경우 항들을 단지 합하면 "∞"라는 답이 나옴에도 불구하고 때로는 이 급수에 유한한 답이 할당될 수 있다. 비록 QFT에서 마주치는 상황이 꼭 그렇지는 않지만 뚜렷한 유사성이 있다. 이런 무한대의 답을 피하기 위해 QFT(양자장 이론) 전문가들이 오랜 세월 동안 개발해낸 계산 기법들이 많이 있다. §A.10의 사례에서처럼 머리를 잘 쓰면 우리는 단지 "항들을 합쳐서는" 얻지 못하는 "올바른" 유한한 답을 캐

낼 수 있을지 모른다. 따라서 QFT 전문가들은 당면한 거친 발산 식들로부터 어떻게든 유한한 답을 종종 짜낼 수 있다. 하지만 채택된 절차들 다수는 §A.10에 언급된 해석적 확장analytical continuation의 방법에 비해 결코 단순하지 않다(심지어 "단순한" 절차들이 불러올지 모를 기이한 함정들은 §3.8에 나와 있다).

이런 발산들의 상당수(이른바 **자외선 발산**ultraviolet divergence)가 생기는 여러 근본적인 원인들에 관한 핵심적인 점 하나를 여기서 꼭 짚고 넘어가야겠다. 기본적으로 문제가 생기는 까닭은 닫힌 고리에서는 그 주위를 순환할 수 있는 에너지와 운동량의 스케일에 제한이 없기에, 더더욱 큰 에너지(및 운동량) 값들이 더해지는 바람에 발산이 생기는 것이다. 그런데 양자역학에 따르면 매우 큰 에너지 값은 매우 작은 시간과 연관되어 있다. 기본적으로 이는 막스 플랑크의 유명한 공식 $E = h\nu$에서 나온다. 여기서 E는 에너지고, ν는 주파수 그리고 h는 플랑크 상수이다. 따라서 큰 값의 에너지는 큰 진동수에 대응하고 한 파장과 다음 파장 사이의 매우 작은 시간 간격에 대응한다. 마찬가지로 큰 값의 운동량은 매우 작은 거리에 대응한다. 어떤 사건이 매우 작은 시간과 거리의 시공간에서 일어난다고 상상하면(대다수 물리학자들이 동의하듯이 양자중력적 고려사항들이 의미를 갖는 상황), 허용되는 에너지−운동량 값에 일종의 "차단cut-off"이 스케일의 높은 쪽 끝에서 생길지 모른다. 따라서 매우 작은 시간이나 거리에서 극적인 변경이 발생하는 시공간 구조에 관한 미래의 어떤 이론은 지금으로선 파인만 도형의 닫힌 고리 때문에 발산하게 되는 QFT 계산을 유한한 값으로 바꾸어줄지 모른다. 이런 시간과 거리는 통상적인 입자물리학 과정들과 관련된 시간과 거리보다 훨씬 더 작을 것이며, 양자중력 이론이 적용되는 범위, 즉 10^{-43}초 정도의 **플랑크 시간** 또는 10^{-35}m 정도의 **플랑크 길이**에 해당된다(§1.1에 관련 내용이 나온다). 이런 값들은 입자물리학 과정과 직접 관련되는 통상적인 작은 양들의 10^{-20}배 정도이다.

QFT의 발산에는 **적외선 발산**이라는 것도 있음을 꼭 언급해야겠다. 이것은

그림 1-7 적외선 발산은 무한정하게 많은 "약한" 광자들이 방출될 때 생긴다.

스케일의 다른 쪽 끝에서 생기는데, 여기서는 에너지와 운동량이 지극히 적기에 굉장히 큰 시간과 거리가 우리의 관심사이다. 이제 문제는 닫힌 고리와는 관련이 없고, 그림 1-7의 경우와 같은 파인만 도형에서 생긴다. 이 경우 무한정하게 많은 **약한 광자**(soft photon, 매우 작은 에너지를 갖는 광자)들이 방출되기에, 이런 것들을 전부 더해도 역시 발산이 일어난다. 적외선 발산은 QFT 전문가들한테서 자외선 발산보다 덜 진지하게 간주되는 편이며, 여러 가지 방법으로 (적어도 일시적으로는) 무시할 수 있다. 하지만 근래에는 적외선 발산의 중요성이 점점 더 부각되고 있다. 여기서 나는 적외선 문제에 큰 관심을 쏟지 않고 대신에 자외선 발산의 문제(파인만 도형의 닫힌 고리로 인해 생기는 문제)가 표준적인 QFT에서 어떻게 해결되는지, 아울러 끈 이론의 개념들이 이 난제의 해결책에 어떻게 희망을 주는 것처럼 보이는지에 집중할 것이다.

이와 관련하여 중요하게 언급할 사항이 재규격화라는 표준적인 QFT 절차이다. 어떤 내용인지 잠시 살펴보자. 여러 가지 직접적인 QFT 계산에 따르면, 한 입자(가령 전자)의 **벗은 전하**(bare charge)와 **입은 전하**(dressed charge, 실험에서 실제로 측정되는 전하) 사이의 비례상수는 무한대 값이 나온다.[*] 그 까닭은 그림 1-8의 파인만 도형에 나오듯이 전하의 측정값을 감소시키는 과정으로 인한 결과 때문이

---

[*] 벗은 전하란 전자가 만약 대전되지 않아서 전자기 상호작용이 없다고 가정할 때의 전하이며, 입은 전하는 전하를 띠어 전자기 상호작용을 하는 실제 전자의 전하를 말한다. —옮긴이

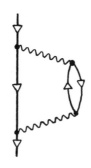

그림 1-8 이와 같은 발산 도형은 전하 재규격화 절차를 통해 다루어진다.

다. 문제는 그림 1-8(및 비슷한 다른 여러 도형)의 결과가 "무한대"라는 것이다 (닫힌 고리를 갖고 있기 때문이다). 따라서 관찰된 (입은) 전하가 유한한 값을 가질 수 있도록 하려면 벗은 전하가 무한대가 되어야 할 것이다. 재규격화 절차의 밑바탕을 이루는 철학은 발산이 생기는 매우 작은 거리에서 QFT가 완벽하게 옳지 않을 수 있기에, 그 이론의 어떤 미지의 수정안이 유한한 답을 내놓는 필요한 차단을 제공해줄 수 있음을 인정하는 것이다. 그러므로 재규격화 절차는 (전하 및 질량 등의) 이런 비례상수에 대한 자연의 실제 답을 계산하려는 시도를 포기하게 만든다. 대신에 QFT로 인해 생기는 그런 무한한 비례상수들을 전부 모아서 결과적으로 깔끔한 작은 꾸러미로 만들어 버리라고 한다. 그러면 **관찰되는** 벗은 전하(및 질량 등)의 값을 실험에서 측정되는 값으로 직접 채택함으로써 그런 부담스러운 결과를 무시해버릴 수 있다. 놀랍게도 **재규격화할 수 있는** 적절한 QFT들의 경우 이 과정이 체계적으로 행해질 수 있으며, 다른 많은 QFT 계산에서도 유한한 답을 얻을 수 있도록 해준다. 입은 전하(및 질량 등)와 같은 수들은 적절한 QFT로부터 계산되기보다는 관찰에 의해 얻어지는데, 이런 값들은 위에서 언급했듯이 실험적으로 관찰되는 값들로부터 표준 모형에 제공되는 서른 개의 파라미터들 중 일부를 내놓는다.

이와 같은 절차를 도입하면 QFT로부터 굉장히 정확한 수를 종종 얻을지 모른다. 가령, 전자의 자기 모멘트를 구하는 오늘날의 표준적인 QFT 계산이 있다. 대다수의 입자들은 작은 자석처럼 행동하는데(아울러 때로는 전하를 가질 때도 있다), 그런 입자의 자기 모멘트는 이 자석의 세기의 값이다. 디랙은 자신이 고안해낸 전자에 대한 기본 방정식(§1.1에 잠시 언급된 내용)으로부터 직접 전자의 자기 모멘트를 처음으로 예측해냈는데, 정확한 실험에서 측정한 값과 거의 일치했다. 하지만 이 값에는 간접적인 QFT 과정들에서 기인하는 수정 사항이 있었기에 이것을 직접적인 단일 전자 효과에 포함시켜야만 했다. 그랬더니 최종적으로 QFT 계산은 "순수한" 원래의 디랙 값의 1.001159652…배의 값을 내놓았다. 관찰된 측정값은 1.00115965218073…이었다Haneke et al. 2011. 정말로 믿기 어려운 일치다. 리처드 파인만이 지적했듯이Feynman 1985, 뉴욕과 로스앤젤레스 사이의 거리를 사람 머리카락 한 올의 폭 이내의 오차로 결정하는 것보다 더 정확하다! 이로써 전자와 광자의 **재규격화된** QFT 이론(이른바 **양자전기역학, QED**)은 대단한 지지를 받게 되었다. 여기서 전자는 디랙의 이론으로 기술되고 광자는 맥스웰의 전자기 방정식으로 기술되며(§1.2), 이 둘의 상호작용은 대전 입자가 전자기장에 반응하는 방식을 기술하는 H. A. 로런츠의 표준 방정식에 따른다. 이 표준 방정식은 양자적 맥락에서 볼 때 헤르만 바일의 **게이지 절차**gauge procedure(§1.7)로부터 도출된다. 이론과 관찰이 이처럼 굉장한 수준으로 일치하기에, 그 이론에 매우 심오한 어떤 진실이 있어 보인다. 그렇다고 해서 아직 그것이 수학적 체계로서 엄밀하게 일관된다는 말은 아니다.

재규격화는 임시방편이라고 볼 수도 있지만, 희망을 걸어보자면 무한대가 전혀 생기지 않는 어떤 향상된 버전의 QFT가 마침내 발견될 수 있다는 것이다. 그러면 이런 비례상수들의 유한한 값뿐만 아니라 다양한 기본 입자들의 전하와 질량 등의 실제 벗은 값(그리고 이로부터 실험적으로 관찰된 값)을 계산할 수 있을지 모른다. 두말할 것도 없이, 끈 이론이 이 향상된 QFT를 내놓을지 모른다는 희망이 그런 이론에 중요한 자극을 주었다. 하지만 지금껏 분명히 더욱 성공적이었던 조금 더 평범한 접근법은 전통적인 QFT 집합 내에서 가장 전도유망한 방안을 고르는 기준으로서 그 이론 내의 재규격화 절차를 이용하는 것이었다. 알고 보니, 오직 **일부의** QFT(위에서 언급한 **재규격화할 수 있는** QFT)만이 재규격화 절차로 처리될 수 있었고 다른 것들은 그렇지 않았다. 그렇기에 재규격화 가능성이야말로 가장 전도유망한 QFT들을 찾기 위한 강력한 선택 원리가 되었다. 사실 드러난 바에 의하면(특히 1971년에 헤라르뒤스 엇호프트의 연구 및 후속 연구에 의해't Hooft 1971; 't Hooft and Veltman 1972), §1.3에서 언급된 게이지 이론에 필요한 대칭의 유형은 재규격화할 수 있는 QFT들을 내놓는 데 매우 유용했고, 이 사실이 표준 모형의 정식화에 강력한 추진력을 제공했다.

1.6 끈 이론의 기존 핵심 개념들

그러면 끈 이론의 기존 개념들이 어떻게 이 사안에 들어맞는지 살펴보자. 앞서 논의에서 보았듯이, 자외선 발산의 문제는 매우 작은 거리와 시간에서 일어나는 양자 과정에서 기인한다. 문제의 근원은 물질적 대상이 **입자**로 구성되어 있다고 보는 관점 때문이라고 볼 수 있다. 그런 기본 입자들이 공간 속의 단일한 **점**을 차지하고 있다고 보는 시각 말이다. 물론 벗은 전하의 점입자적 속성을 비실제적인 근사로 간주할 수도 있겠으나, 이와 달리 만약 그런 원시적 실체가 일종의 펼쳐진 분포 상태라고 간주한다면, 어떻게 그것이 더 작은 구성요소들로 이루어져 있지 않고 이런 식으로 펼쳐지는지를 설명해야 하는 정반대의 문제에 부딪힌다. 게다가 그런 모형들의 경우, 펼쳐진 실체를 하나의 응집된 존재로 행동하게 하려면 (정보 전달의 속력에 유한한 한계가 있는) 상대성 원리와 상충할 가능성이 생긴다는 미묘한 문제가 늘 따라온다.

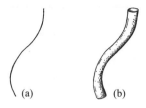

(a)　　　　(b)

그림 1-9 (a)보통의 (점과 같은) 입자의 세계선은 시공간 내의 곡선이다. (b)끈 이론에서 이것은 2-다양체 세계관world-tube(끈의 세계면)이 된다.

끈 이론은 이 난제에 이전과는 다른 유형의 해답을 제시한다. 즉, 물질의 기본 구성요소는 공간의 차원에서 볼 때 점입자처럼 0차원도 아니고 펼쳐진 분포처럼 3차원도 아니라, 휘어진 선처럼 1차원이라는 것이다. 이상한 발상처럼 들릴지 모르나, 시공간의 4차원 관점에서 볼 때 유념해야 할 점은 점입자조차도 그냥 점으로 기술되지 않는다는 것이다. 왜냐하면 시간 속에 지속되는 (공간 상의) 점이므로 그것의 시공간 차원은 실제로는 1차원 다양체(§A.5)이기 때문이다. 이를 가리켜 입자의 **세계선**world-line이라고 한다(그림 1-9(a)). 따라서 끈 이론에서 말하는 곡선은 시공간 내의 2-다양체, 즉 **곡면**이라고 보아야 하는데(그림 1-9(b)), 이를 가리켜 끈의 **세계면**world-sheet이라고 한다.

내가 보기에 (적어도 원래 형태의) 끈 이론의 특별히 매력적인 속성은 이러한 2차원 끈의 이력들, 즉 끈의 세계면이 적절한 의미에서 **리만 곡면**으로 간주될 수 있다는 것이다(여기에는 윅 회전Wick rotation이 관련되는데 이 내용에 대해서는 §1.9, 특히 그림 1-30을 보기 바란다). §A.10에 더 자세히 기술되어 있듯이, 리만 곡면은 1차원의 **복소 공간**이다(1 복소수 차원은 2 실수 차원에 해당한다는 것을 유념해라). 복소 공간이므로 복소수의 마법이 부리는 혜택을 누릴 수 있다. 리만 곡면은 그런 마법의 여러 측면들을 보여준다. 그리고 이런 곡면들(즉, 복소 곡선들)이 양자역학의 복소선형 규칙들이 지배하는 수준에서 제 역할을 한다는 사실은 (이 절의 첫 문단에서 나온) 아주 작은 영역의 물리학의 두

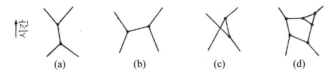

그림 1-10 (a), (b), (c)(특정하지 않은) 두 입자가 들어와서 나가는 과정이 그려진 세 가지 나뭇가지 도형. (d)닫힌 고리가 있는 경우.

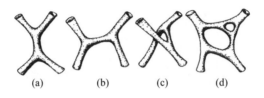

그림 1-11 그림 1-10의 각각의 과정에 대한 끈 이론 버전.

가지 상이한 측면들 사이에 미묘한 상호작용을 위한 그리고 어쩌면 조화로운 통일을 위한 출구를 열어준다.

끈 이론의 이러한 근본적인 개념이 하는 역할을 좀 더 자세히 알아보기 위해 §1.5의 파인만 도형으로 돌아가자. 이런 도형의 선들이 공간 상에 기본적으로 **점입자**로 존재하는 기본 입자들의 실제 세계선을 표현하는 것이라고 가정하자. 그러면 도형의 꼭짓점은 입자들 사이의 거리가 0이 되는 접촉을 표현하며, 자외선 발산은 이런 접촉의 점입자적 속성에서 생긴다고 볼 수 있다. 대신에 만약 기본적인 실체들이 매우 작은 고리라고 본다면, 이것들의 이력은 시공간의 좁은 관tube일 것이다. 그렇다면 우리는 파인만 도형에서처럼 입자적인 꼭짓점 대신에, 뛰어난 배관공이 하듯이 이런 관들을 매끄럽게 연결시키는 것을 상상해 볼 수 있다. 그림 1-10(a)~(c)에는 (특정하지 않은 입자에 대해) 고리가 없는 파인만 도형(나뭇가지 도형) 세 가지가 그려져 있고, 그림 1-10(d)에는 닫힌 고리가 있는 좀 더 전형적인 도형이 그려져 있다. 그림 1-11에는 위의 그림의 끈 이론 버전처럼 보이는 것이 그려져 있다. 여기서는 점입자들 간의 접촉은 제거되어 있으며, 과정들은 완전히 매끄러워 보이는 방식으로 표현된다. 이제 이러한 결합이 포함된 그림 1−11의 곡면들이 리만 곡면이라고 상상하면, 이 곡면들에 깃든 아름다운 수학 이론을 이용하여 기본적인 물리적 과정들을 연구할 수 있다. 특히 표준적인 파인만 이론의 닫힌 고리(자외선 발산의 유발 요인)는 리만 곡면의 위상 구조에 다중 연결을 제공한다. 파인만 도형의 닫힌 고리들 각각은 리만 곡면의 위상 구조에 새로운 "손잡이handle"를 제공한다(전문적으로 말하면, 종수genus의 증가를 가져다준다. 여기서 한 리만 곡면의 종수는 그 곡면의 손잡이의 개수이다). (위상기하학적 손잡이의 예로 §1.16의 그림 1−44(a)와 §A.5의 그림 A−11을 보기 바란다.)

한편, 파인만 이론의 들어옴 상태와 나감 상태는 리만 곡면의 구멍hole 또는 천공puncture에 대응되는데, 바로 그곳을 통해 에너지와 운동량 같은 정보가 드나든다고 할 수 있다. 곡면의 위상기하학에 관한 대중적인 일부 설명에서는 내가 방금 사용한 **구멍**이라는 용어를 위에서 사용한 **손잡이**라는 용어로 대신 쓴다. 하지만 끈 이론에서 사용하는 콤팩트하지 않은 리만 곡면 또한 내가 여기서 사용하고 있는 용어인 구멍(또는 천공)을 사용하고 있기에, 우리는 이 매우 다른 두 개념을 조심스럽게 구별해야 한다. 리만 곡면에서 구멍/천공이 맡는 다른 역할들을 §1.16에서 볼 것이다.

이쯤에서 나는 §1.3의 서두에서 귀띔했던 끈 이론이 나오게 된 초기의 특정한 동기를 설명해야겠다. 당시의 물리학자들을 곤혹스럽게 했던 강입자 물리학의 어떤 관찰된 측면에 관한 내용이다. 그림 1−10(a)~(c)에 그려진 세 가지 파인만 도형은 각각 두 입자(가령 강입자)가 들어오고 나오는 낮은 수준의 과정을 보여준다. 그림 1−10(a)에는 강입자 두 개가 함께 들어와서 또 다른 강입자 하나를 생성하는데, 이 강입자는 생기자마자 다시 다른 두 강입자로 쪼개어진다. 그림 1−10(b)에서는 원래의 강입자 쌍이 한 강입자를 교환하고 나서 결국 어떤 강입자 쌍으로 바뀌고 있다. 그림 1-10(c)는 그림 1-10(b)와 비슷한데, 다만 마지막 단계의 두 강입자가 바뀌어 있다. 어떤 입력과 출력이 주어져 있을 때, 세 가지 배열 각각에 대해 내부(중간적) 강입자는 여러 가지 상태로 존재할 수 있기에, 이런 효과들을 전부 더해야 올바른 답이 얻어진다. 그렇기는 하지만, 이런 계산에서 전체 답을 얻으려면 합 세 가지(그림 1-10의 세 경우 각각에 대해 별도로 얻은 합들)를 모두 더해야 할 것 같다. 하지만 세 합이 전부 동일한 값이 나올 테니, 이 세 합을 전부 더하는 대신에 셋 중 아무거나 하나의 합만으로도 필요한 답이 나올 듯 보인다!

파인만 도형이 어떻게 이용되는지에 관해 앞서 말한 내용의 관점에서 보면, 방금 한 말은 매우 이상한 것 같다. 이제껏 모든 가능성을 전부 더해야 한다고 해놓고서, 그림 1-10(a)~(c)의 서로 달라 보이는 도형들이 나타내는 과정의 어느 하나만으로도 충분하며, 그 셋을 다 합치면 어떤 심각한 "초과 셈하기"가 벌어진다니! QCD의 전체 체계에서 볼 때, 이런 강입자 과정들 전부를 강입자 대신에 기본 쿼크로 표현하는 관점에서 생각한다면 이 문제를 이해할 수 있다. 왜냐하면 강입자는 결합물인 반면에, 독립적인 상태들의 "셈하기"는 기본 쿼크의 관점에서 실행되어야 하기 때문이다. 하지만 끈 이론이 형성되고 있던 당시에는 QCD의 적절한 체계가 마련되지 않았기에, 이 사안(및 관련된 다른 사안들)을 다른 방식으로 다루는 것이 매우 적절한 듯이 보였다. 끈 이론이 이 사안을 다루는 방식은 그림 1-11(a)~(c)에 나와 있는데, 여기에는 그림 1-10(a)~(c)의 세 가지 경우 각각에 대한 끈 이론 버전이 그려져 있다. 그림에서 알 수 있듯이, 세 가지 상태 전부의 끈 이론 버전은 위상기하학적으로 **동일하다**. 그러므로 끈 이론의 관점에 따르면 그림 1-10(a)~(c)에 나오는 세 과정을 개별적으로 계산하지 않아도 된다는 결론이 나온다. 더 깊은 수준에서 보자면 동일한 기본적인 과정들이 겉으로 드러날 때 세 가지로 다르게 보일 뿐이기 때문이다.

하지만 끈 이론의 도형들이 전부 똑같지는 않다. 그림 1-10(d)의 끈 이론 버전, 즉 그림 1-11(d)를 보자. (높은 수준의) 이 파인만 도형에 등장하는 고리는 위상기하학적 손잡이로 표현되어 있다(§1.11의 그림 1-44(a), (b) 그리고 §A.5의 그림 A-11 참고). 하지만 이번에도 끈 이론적 접근법의 심오한 장점이 드러난다. 닫힌 고리가 있을 경우 재래식의 파인만 도형 이론에서 마주치게 되는 유형의 발산 식 대신에 끈 이론은 고리를 매우 아름다운 새로운 시각으로 바라본다. 즉, 리만 곡면에 관한 풍요로운 이론 내에서 수학자들에게 아주 익숙한 2차원 위상기하학의 관점에서 바라본다(§A.10).

이런 관점 덕분에 끈 이론은 진지한 개념으로 여겨지기 시작했다. 그리고 좀 더 전문적인 한 가지 선례로 인해 다수의 물리학자들이 흥미로운 방향으로 나아갔다. 1970년, 난부 요이치로(이 사안과는 별도로, 아원자물리학에서 자발적 대칭 깨짐 현상을 발견한 공로로 2008년에 노벨물리학상을 받은 인물)가 강입자들끼리의 마주침을 기술하는 놀라운 공식의 설명 방법으로서 끈 이론을 제시했다. 그 공식은 이 년 전인 1968년 이탈리아 물리학자 가브리엘레 베네치아노가 내놓은 것이었다. 그런데 난부의 끈은 고무 밴드와 비슷한데, 그 밴드가 가하는 힘은 끈의 확장extension과 비례해서 커진다(하지만 끈의 길이가 영으로 움츠러드는 지점에서만 힘이 영이 된다는 면에서 일상적인 고무 밴드와는 다르다). 여기서 알 수 있듯이, 원래의 끈은 **강한 상호작용**에 관한 이론을 내놓기 위함이었으며, 이 점에서 당시로는 참신하고 상당히 매력적인 제안이었다. 왜냐하면 그때는 QCD가 아직 유용한 이론을 개발하지 못한 상태였기 때문이다. (QCD의 핵심 개념인 **점근적 자유**asymptotic freedom라는 성질은 나중에 1973년이 되어서야 데이비드 그로스David Gross와 프랭크 윌첵Frank Wilczek에 의해 그리고 이 둘과 별도로 데이비드 폴리처David Politzer에 의해 자세히 드러나게 되었다. 이 덕분에 세 사람은 2004년에 노벨물리학상을 받았다.) 나를 포함해 다른 많은 물리학자들이 보기에 끈 이론의 제안은 개발할 가치가 충분한 방안을 담고 있었지만, 원래의 기본적인 끈 이론 개념들이 나오게 된 동기는 **강입자의 (강한)**

상호작용의 속성이었다.

하지만 그런 끈들의 적절한 양자론을 개발하려고 시도하는 와중에 이론가들은 이상성anomaly이라는 것에 맞닥뜨렸는데, 그 결과 아주 이상한 영역으로 들어서게 되었다. 이상성은 고전적으로 기술되는 이론(이 경우에는 통상의 고전적인(가령, 뉴턴) 물리학에 따를 때, 끈과 같은 기본적인 실체들의 역학 이론)에 양자역학의 규칙들이 적용될 때 어떤 핵심적인 속성, 보통 어떤 유형의 대칭성을 잃고 마는 성질이다. 끈 이론의 경우 이 대칭성은 해당 끈을 기술하는 좌표 파라미터가 바뀌더라도 본질적으로 불변하는 성질이다. 이러한 파라미터 불변성이 사라진다면 끈의 수학적 기술은 끈의 이론으로서 적절한 의미를 상실한다. 따라서 이러한 (비정상적인) 파라미터 불변성의 실패로 말미암아 끈의 고전적 이론의 양자 버전은 끈 이론으로서 무의미해지고 말 것이었다. 하지만 1970년경에 놀랍게도 다음과 같은 결론이 나왔다. 만약 시공간 차원의 개수가 4에서 26(즉, 25 공간 차원 및 1 시간 차원)으로 커진다면(아주 희한한 발상이 아닐 수 없다) 이상성을 일으키는 이론 속의 항들이 기적적으로 상쇄되어서 Goddard and Thorn 1972; Greene 1999, §12, 그 이론의 양자 버전이 결국 통하게 된다는 것이다!

많은 사람들이 이 발상에는 어떤 낭만적인 매력이 있다고 볼 듯하다. 우리의 직접적인 지각을 넘어서 고차원의 세계가 존재할지 모르며 그러한 고차원성이 우리가 사는 실제 세계의 긴밀한 일부를 구성하고 있다니! 하지만 나의 반응은 매우 달랐다. 이 소식을 듣고 바로 든 생각은, 이런 제안이 수학적으로 아무리 매력이 크더라도 우리가 아는 우주의 물리학에 타당한 모형으로서 진지하게 받아들일 수 없다는 것이었다. 이 제안을 바라볼 다른(혁신적으로 다른) 발상이 딱히 없었던지라, 물리학자인 나에게 끈 이론이 처음에 불러일으켰던 관심과 흥분은 모조리 사라졌다. 나의 반응은 다른 물리학 이론가들한테서도 드물지 않으리라고 생각하지만, 내가 공간 차원의 크나큰 증가에 특별히 불편함을 느낀 이유들이 있다. 그 이유들은 §§1.9~1.11, 2.9, 2.11, 4.1 그리고 가장 명시적으로 §4.4에서 다루겠다. 우선, 지금은 끈 이론가들이 취한 태도를 간략히 설명하고 넘어가겠다. 즉, 명확하게 관찰되는 3차원의 물리적 공간(그리고 1차원의 물리적 시간)과 이처럼 끈 이론이 분명 필요하다고 여겨 상정한 25차원의 공간(그리고 1차원의 시간) 사이의 예견되는 충돌을 끈 이론가들이 대수롭지 않게 여기는 태도를 살펴보겠다.

이것은 보손boson이라고 알려진 입자들을 표현하기 위해 도입된 이른바 보손 끈bosonic string에 관한 제안이었다. §1.14에서 보겠지만 양자 입자는 두 부류로 나누어지는데, 한 부류는 보손이고 다른 부류는 페르미온fermion이다. 보손과 페르미온은 우선 통계적 특성이 서로 다른 데다, 보손은 언제나 정수(절대 단위로, §2.11 참고)의 스핀을 갖는 데 반해 페르미온의 스핀은 언제나 정수 값에서 $\frac{1}{2}$만큼 차이가 난다는 데서도 서로 다르다. 이 사안은 §1.14에서 보손과 페르미온을 하나의 전체적인 방안으로 묶기 위해 제시된 **초대칭성**supersymmetry 개념과 관련하여 논의한다. 앞으로 보겠지만, 초대칭성 개념은 현대 끈 이론의 많은 부분에서 중심적인 역할을 했다. 마이클 그린과 존 슈워츠가 발견한 이 개념은Michael Green and John Schwarz 1984; Greene 1999 초대칭성을 도입함으로써 끈 이론이 필요로 했던 시공간의 차원 수를 26에서 10으로(즉, 9 공간 차원과 1 시간 차원) 줄어들게 만들었다. 이 이론의 끈을 가리켜 **페르미온** 끈이라고 하는데, 이 끈은 초대칭성을 통해 보손과 관련된다.

공간 차원의 개수와 관련하여 이론과 관찰 사실 간의 이처럼 터무니없이 엄청난 차이를 해소하기 위해 끈 이론가들은 예전에 나온 개념을 끌어들였다. 바로, 1921년에 독일 수학자 테오도어 칼루자Theodor Kaluza[*]가 제시했고 스웨덴 물

---

[*] 어떤 설명에 의하면, 칼루자는 폴란드인이라고 한다. 그럴 만한 것이, 그가 태어난 고향 마을 오폴레(독일어 오펠른)가 지금은 폴란드에 속하기 때문이다.

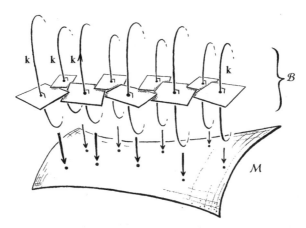

그림 1-12 킬링 벡터 **k**-방향의 대칭성 때문에 칼루자-클라인 5-공간은 우리에게 익숙한 4-공간 $\mathcal{M}$ 위의 번들 $\mathcal{B}$이며, **k**는 S^1 파이버를 따른 방향(수직으로 그려진 곡선들)이다. 맥스웰장은 파이버들 속의 "꼬임"에 부호화되어 있는데, 이 꼬임은 파이버들과 직교하는 4-공간들이 함께 결합되어 (꼬임이 없었다면 시공간 $\mathcal{M}$의 영상이 되었을) 일관된 4-공간 절단면을 이루지 못하게 한다.

리학자 오스카르 클라인Oskar Klein이 발전시킨 **칼루자-클라인 이론**이었다. 이 이론에 따르면, 중력과 전자기력이 5차원 시공간의 한 이론으로 동시에 기술된다. 칼루자와 클라인은 자신들의 이론에 나오는 5차원 시공간이 세계의 모든 존재들에게 직접 경험되지 않는다는 점을 어떻게 여겼을까? 칼루자의 원래 이론에 의하면, 5차원 시공간에는 아인슈타인의 순수한 중력 이론에서처럼 계량metric[*]이 있을 텐데, 하지만 5차원 시공간에는 특정한 벡터장 **k**를 따라 정확한 대칭성이 존재할 것이다(§A.6, 그림 A-17 참고). 미분기하학의 용법에서 **k**는 **킬링 벡터**Killing vector라고 불리는데, 바로 이 벡터장이 그러한 연속적 대칭성을 일으킨다(§A.7, 그림 A-29 참고). 게다가 그 시공간 내의 물리적 대상들은 어떠한 것이든 간에 **k**를 따라 일정하게 기술될 것이다. 그러한 대상들은 모두 이런 대칭성을 공유하기에, 그 시공간 내의 어떠한 것도 그 방향을 "알" 수가 없

---

[*] 어떤 집합의 원소들 사이의 거리를 정의하는 함수, 즉 거리 함수이다. —옮긴이

다. 그 안의 내용물과의 관계에서 볼 때 **효과상의** 시공간은 4차원이 될 것이다. 그럼에도 불구하고 5-계량이 효과상의 4차원 시공간에 부여하는 구조는 그러한 4-공간 내에서 맥스웰 방정식을 만족하고 아인슈타인의 에너지 텐서 **T**에 기여하는 전자기장으로 해석될 것이다.[*] 대단히 천재적인 발상이었다. 칼루자의 5차원 시공간은 §A.7에 나오는 개념대로 1차원 파이버fibre를 갖는 번들 $\mathcal{B}$이다. 기저공간은 우리가 사는 4차원 시공간 $\mathcal{M}$인데, $\mathcal{M}$은 **k** 방향에 수직인 4-평면 요소들의 "꼬임twist"(이 꼬임이 전자기장을 기술해준다) 때문에 5-공간 $\mathcal{B}$ 속에 자연스럽게 끼워져 있지embedded 않다(그림 1-12 참고).

이후 1926년에 클라인은 칼루자의 5-공간을 바라보는 새로운 방법을 도입했다. 요점은 **k** 방향의 이 여분 차원이 미세한 고리(S^1) 내에서 말려 있다는 의미에서 "작다"는 것이다. 어떤 의미인지 파악하기 위해 보통 고무호스에 비유한다(그림 1-13 참고). 이 비유에서는 우리의 일상적인 시공간인 거시적인 4차원이 호스의 길이를 따라가는 단일 방향으로 표현되어 있고 칼루자-클라인 이론에 나오는 여분의 "작은" 5번째 차원은 호스 주위의 미세한 고리 방향으로 표시되어 있다. 고리의 크기는 아마도 $\sim 10^{-35}$m인 플랑크 스케일일 것이다(§1.5 참고). 만약 호스를 아주 멀리서 바라본다면 단지 1차원으로 보이며, 호스 표면에 실제의 2-차원 속성을 부여하는 여분의 차원은 직접적으로 관찰되지 않는다. 따라서 칼루자-클라인 이론에서 5차원은 호스 주위의 미세한 방향인 셈이어서 우리가 일상적으로 경험하는 스케일에서 직접 지각되지 않는다.

마찬가지로 끈 이론가들은 끈 이론의 여분의 22 공간 차원들이 칼루자-클라인의 단일한 여분의 5번째 차원처럼 지극히 "작다"고 여겼다. 따라서 그런 차원들은 호스 주위의 단일한 미소 차원처럼 매우 큰 스케일에서 보았을 때 보이

---

[*] 전문적인 미분기하학의 관점에서 칼루자 5-공간의 "비틀린" 미분기하학을 이해하려면 우선 다음 내용을 알아야 한다. 즉, **k**가 킬링 벡터가 되는 조건은 **k**의 공변 도함수가 코벡터로 표현될 때 반대칭이어야 한다. 그러면 우리는 이 2-형식2-from이 사실상 4-공간 맥스웰장임을 알 수 있다.

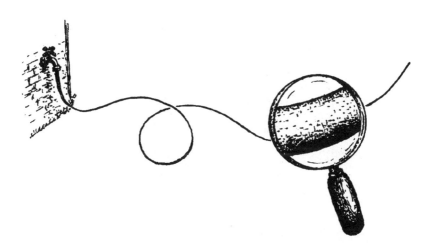

그림 1–13 고무호스는 여분의 차원(들)이 플랑크 길이 정도로 매우 작다는 클라인의 주장이 무슨 뜻인지 직관적으로 이해시켜 준다. 아주 먼 거리에서 보았을 때 호스는 1차원으로 보이는데, 4차원 시공간이 하나의 차원으로 줄어든 셈이다. 아주 가까이서 보면 호스의 여분 차원이 눈에 들어오는데, 이처럼 여분의 공간 차원(들)은 지극히 작은 영역에 숨어 있는 것이다.

지 않는다는 것이다. 그들의 주장에 따르면, 이런 연유로 이상성이 없도록 하기 위해 끈 이론에서 요구되는 여분의 22 공간 차원들을 우리가 직접 인식하지 못한다고 한다. 이번 절의 서두에서 언급했듯이 강입자 물리학에서 비롯된 끈 개념은 약 10^{-15}m의 강입자 스케일이 이러한 여분의 공간 차원들의 "크기"(우리의 일상 경험의 수준에서 보자면 지극히 작지만, 강입자들의 크기에 딱 어울리는 스케일)에 적합할지 모른다고 제안하는 듯하다. §1.9에서 살펴보겠지만, 좀 더 최근의 끈 이론 버전들은 대체로 여분의 차원에 대해 엄청나게 더 작은 스케일을 제안한다. 그 스케일은 대략 10^{-33}~10^{-35}m의 범위다.

이런 제안이 타당할까? 내가 보기에 여기에는 심오한 문제가 하나 뒤따른다. 즉, 서문에서 처음 언급되었고 §A.2(그리고 §A.8)에서 더 자세히 논의하는 자유도functional freedom라는 사안이다. 이 개념이 낯선 독자들은 §A.2(그리고 §A.8)를 읽어보기 바란다Cartan 1945; Bryant et al. 1991. 장이 시간에 따라 전파되는 방식을 지배하는 통상적인 유형의 방정식으로 기술되는 고전적인 장을 다룰 때에는, 관여하는 공간 차원의 개수가 엄청난 차이를 초래하는데, 공간 차원의 개수가 커질수록 장의 자유도는 엄청나게 더 커진다. 그리고 이때 각 경우에 대해 시간은 오직 한 차원만 있는 것으로 간주한다. d 공간 차원에서 자유롭게 특정할 수 있는 c−성분 장c−component field의 자유도를 나타내기 위해 §A.2에서 쓰인 표기법은 아래와 같다.

$$\infty^{c\infty^d}$$

이 자유도와 D 공간 차원 내의 C−성분 장의 자유도를 비교하면 아래와 같다.

$$\infty^{C\infty^D} \gg \infty^{c\infty^d} \quad (D>d일 \; 때)$$

이 관계는 점당 각각의 성분들의 개수, 즉 C와 c의 상대적 크기와 무관하다. 이 중부등식 기호 "$\gg$"가 사용된 까닭은 성분 수 C와 c가 무엇이든지 간에 공간 차원이 클 때에는 왼쪽 항의 자유도가 오른쪽 항에 비해 무지막지하게 큼을 강조하기 위해서다(§§A.2와 A.8 참고). 요점을 말하자면 이렇다. 하나의 점당 유한한 개수의 성분을 갖는 통상의 고전적인 장(여기서 우리는 통상적인 유형의 장 방정식이 d차원의 초기 공간 상의 자유롭게 특정된 데이터로부터 결정론적인 (계의) 시간 변화를 알려준다고 가정한다)에서는 수 d가 핵심적으로 중요하다. 이러한 이론은 초기 공간이 상이한 차원 수 D를 갖는 또 다른 이론과 등가일 수 없다. 만약 D가 d보다 크면 D−공간 이론의 자유도는 언제나 d−공간 이론의 자유도보다 엄청나게 크다!

내가 보기에 이 상황은 고전적인 장 이론들에서 명백한 듯하지만, 양자(장) 이론들의 경우는 그처럼 명백하지 않아도 된다. 그렇기는 해도 양자 이론들은 대체로 고전적인 이론들을 바탕으로 모형화되어 있기에, 한 양자 이론과 그 이론의 바탕이 된 고전적 이론 사이의 차이는, 언뜻 보기에 고전적 이론에 양자적 수정을 가하는 유형일 것으로 예상된다. 이런 유형의 양자 이론들의 경우에는, 두 양자 이론 사이에 각각의 이론마다 공간 차원의 개수가 다른데도 불구하고 어떤 제시된 등가성이 왜 성립할 수 있는지 살펴볼 이유가 마땅히 있다.

따라서 (공간 차원이 우리가 직접적으로 지각하는 3차원보다 큰) 고차원 끈 이론과 같은 양자 이론들이 물리적으로 타당한지에 관한 심오한 질문들이 제기된다. 여분의 공간 차원 덕분에 엄청나게 큰 자유도를 가질 수 있으니, 이제 해당 계가 가질 수 있는 과도한 자유도는 도대체 어떻게 될까? 그러한 방안에서 이 막대한 자유도가 숨겨지고 세계의 물리적 과정을 전적으로 지배하지 못하게 되는 일이 어떻게 가능할까?

어떤 의미에서 보자면 심지어 고전적인 이론에서도 그런 일이 생길 수 있지만, 여분의 자유도가 애초에 **존재하지 않아야만** 가능한 이야기다. 5차원 시공간 이론에 대해 칼루자가 처음 내놓은 제안이 그런 상황이었다. 그 제안은 하나의 여분 차원에 **정확한 연속적 대칭**이 존재해야함을 명시적으로 요구하고 있었다. 칼루자가 처음 내놓은 방안에서는 대칭성이 **k**의 킬링 벡터 속성에 의해 특정되었기에 자유도는 종래의 3차원 공간 이론의 자유도로 축소되었다.

그러므로 고차원 끈 이론 개념들의 타당성을 조사하려면 우선 칼루자와 클라인이 실제로 무엇을 시도했는지를 이해하는 것이 순서다. 그러면 아인슈타인의 일반상대성이론의 관점에서 전자기장이 시공간 구조의 발현임을 이해함으로써 전자기장을 기하학적으로 파악할 수 있다. §1.1에서 언급했듯이, 1916년에 처음 완벽한 형태로 발표된 일반상대성이론을 통해 아인슈타인은 중력장의 매우 세부적인 속성을 휘어진 4차원 시공간 구조 속에 통합시킬 수 있었다. 당시까지 알려진 자연의 기본적인 힘들은 중력과 전자기력이었기에, 적절한 관점을 통해 전자기력과 중력의 상호 관계를 통합적으로 기술하는 일은 어떤 유형의 시공간 기하학의 관점으로 이루어져야 한다고 봄이 당연했다. 이는 칼루자가 매우 훌륭하게 이룬 성취이지만, 그러기 위해서는 하나의 여분 차원을 시공간 연속체에 도입해야만 했다.

1.7 아인슈타인의 일반상대성이론에서의 시간

칼루자-클라인 이론의 5차원 시공간을 조금 더 주의 깊게 살펴보기 전에 결국 표준 이론의 일부가 되었던 전자기 상호작용들을 기술하는 방법부터 살펴봐야 한다. 여기서 우리의 관심은 양자 입자들의 전자기 상호작용들이 기술되는 방식(§1.5에서 언급했듯이 대전 입자들이 전자기장에 어떻게 반응하는지를 보여주는 맥스웰 이론을 로런츠가 확장시킨 내용의 양자 버전)과 더불어 이를 표준 모형의 강한 상호작용과 약한 상호작용에까지 일반화시킨 데 있다. 그 시초는 1918년에 독일의 위대한 수학자(겸 이론물리학자) 헤르만 바일Hermann Weyl이 내놓은 방안이었다. (바일은 아인슈타인과 동일한 시기인 1933년부터 1955년까지 프린스턴 고등연구소의 주축이었지만, 아인슈타인과 마찬가지로 그가 물리학에 주로 이바지한 업적은 그 이전에 독일과 스위스에서 이루어졌다.) 바일의 매우 독창적인 원래 아이디어는 아인슈타인의 일반상대성이론을 확장시켜서, (§§1.2와 1.6에서 간략히 언급한 위대한 이론인) 맥스웰의 전자기장 이론이 시공간의 기하학 구조 속에 자연스럽게 통합될 수 있도록 하자는 것이었다. 그러기 위해 바일은 오늘날 게이지 접속gauge connection이라고 불리는 개념을 도입했다. 마침내 바일의 아이디어는 몇 가지 미묘한 수정을 거쳐 입자물리학의 표준 모형에서 상호작용들을 일반적으로 다루는 방식의 핵심적인 개념이 되었다. 수학적인 면에서 보자면(주로 안제이 트라우트만의 영향을 받아Andrzej Trautman 1970), 게이지 접속은 그림 1-12에서 보았던(이미 §1.3에서 살짝 귀띔하긴 했지만) 번들 개념(§A.7)의 관점에서 오늘날 이해된다. 바일이 처음 내놓은 게이지 접속 개념과 조금 후에 칼루자-클라인이 내놓은 이론의 차이점과 유사

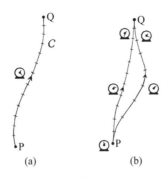

그림 1-14. (a)시공간 계량 **g**는 한 입자의 세계선 *C*의 임의의 부분에 "길이"를 할당하는데, 이 길이는 세계선을 따라 진행하는 이상적 시계가 측정한 시간 간격이다. (b)만약 서로 다른 두 세계선이 특정 사건 P, Q를 잇는다면, 이 시간들은 서로 다를지 모른다.

점을 이해하는 것이 중요하다.

§1.8에서 나는 어떻게 바일이 맥스웰 이론을 통합시키기 위해 아인슈타인의 일반상대성이론에 기하학적 확장을 도입했는지 조금 더 자세히 설명할 것이다. 거기서 보면 바일의 이론은 시공간 차원을 증가시킨 것이 아니라 아인슈타인의 이론이 근거하고 있는 **계량**의 개념을 완화시킴을 알 수 있다. 따라서 우선 나는 아인슈타인 이론의 **계량 텐서 g**의 실제 물리적 역할을 언급해야 할 것이다. 계량 텐서 **g**는 시공간의 유사리만pseudo-Riemann 구조를 정의하는 기본적인 양이다. 물리학자들은 이 텐서량 **g**의 **성분들의 집합**을 표현하기 위해 g_{ab}와 같은 표기(또는 g_{ij}나 $g_{\mu\nu}$ 아니면 이와 비슷한 표기)를 보통 사용할 것이다. 하지만 나는 여기서 이런 사안을 자세히 다룬다거나, 심지어 **텐서**라는 용어가 실제로 수학적으로 무슨 뜻인지조차 설명할 마음이 없다. 여기서 우리가 알아야 할 것은 **g**에 부여될 수 있는 매우 직접적인 물리적 해석일 뿐이다.

시공간 다양체 *M* 내에 두 점(또는 사건) P와 Q를 잇는 한 곡선 *C*가 있다고 하자. 여기서 *C*는 사건 P에서 나중의 사건 Q로 진행하는 어떤 무거운 입자의 이력history을 나타낸다. (사건이라는 용어는 시공간의 점에 흔히 쓰인다.) 우리는 곡선 C를 해당 입자의 세계선이라고 부른다. 그러면 아인슈타인 이론에서 **g**가 하는 일은 곡선 C의 "길이"를 규정하는 것인데, 이 길이는 해당 입자가 지닌 이상적인 시계가 측정하게 될 P와 Q 사이의 (거리라기보다는) 시간 간격으로 물리적으로 해석된다(그림 1-14(b) 참고).

유념해야 할 것이 있는데, 아인슈타인의 상대성이론에 따르면 "시간의 경과"는 전 우주에 걸쳐 동시에 발생하는 어떤 주어진 절대적 현상이 아니다. 대신에 우리는 전적으로 **시공간** 관점에서 생각해야 한다. "모두 동시에" 일어나는 사건들의 집합을 나타내는 각각의 3차원 공간 단면으로 시공간을 "절단"할 수는 없다. 우리에게는 단 하나의 절대적인 "보편적 시계"가 주어지지 **않는다.** 한 번 째깍할 때 동시적 사건들이 발생하는 하나의 전체 3차원 공간이 주어지고 그다음 째깍할 때 앞서와 별도의 동시적 사건들의 전체 3차원 공간이 주어지는 방식으로 이런 모든 3-공간들이 합쳐져서 시공간을 구성하게 해주는 그런 시계는 존재하지 않는다는 말이다(그림 1-15에서는 보편적 시계가 매일 정오에 울린다고 여길 수 있다). 이러한 4차원 구도를 사건들이 "시간에 따라 변하는" 3차원 공간에 대한 우리의 일상적인 경험과 관련지을 수 있도록 하기 위해 시공간을 임시적으로 그런 방식으로 여기는 것은 괜찮다. 하지만 시공간의 그러한 절단에는 "신이 부여한" 특별한 속성이 없다고 보아야 한다. **전체** 시공간은 절대적 개념이긴 하지만, 우리는 시공간의 어떤 특정한 **조각**을 선호되는 조각으로 간주하고서 그것에 따라 우리가 "유일한the" 시간이라고 부를 수 있는 보편적 개념이 존재하리라고 여겨서는 안 된다. (이것은 전부 §1.7에서 언급되었고 §A.5에서 더 구체적으로 서술된 일반적 공변성 원리에 속하는 내용이다. 이 원리에 따르면 특정 좌표(특히 "시간" 좌표)의 선택은 직접적인 물리적 타당성을 가질 수 없다.) 대신에 각각의 상이한 입자의 세계선은 자신만의 개별적인 시간 경과 개념을 가지며, 이는 해당 입자의 특정한 세계선과 위에서 기술한 계량 **g**에 의해 규정된다. 그러나 한 입자의 시간 개념과 다른 입자의 시간 개념의 차이는

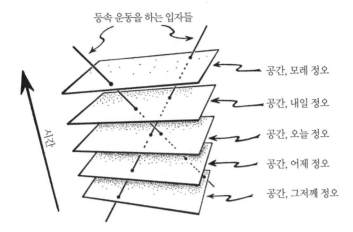

등속 운동을 하는 입자들

시간

공간, 모레 정오

공간, 내일 정오

공간, 오늘 정오

공간, 어제 정오

공간, 그저께 정오

그림 1-15 보편적 시간에 관한 뉴턴식 관점(여기서는 보편적 시계가 매일 정오에 울린다고 상상할 수 있다). 이런 관점은 상대성이론에서는 거부되지만, 빛의 속력보다 매우 느리게 운동하는 물체들에 대한 훌륭한 근사로서 임시적으로 시공간을 이처럼 여길 수 있다.

매우 적기 때문에(두 입자 사이의 상대 속력이 빛의 속력을 기준으로 볼 때 상당히 크지만 않다면(또는 우리가 중력의 시공간 휨 효과가 엄청난 지역에 있지만 않다면)) 우리의 일상 경험에서는 시간 경과의 그러한 차이를 실제로 지각하지 못한다.

아인슈타인의 상대성이론에서 두 세계선이 특정한 두 사건 P와 Q를 잇는다면(그림 1-14(b)), 이 "길이"(즉, 측정된 시간 경과)는 각 경우에 정말로 서로 다를 수 있다(이 효과는 거듭해서 직접적으로 측정되었다. 가령, 빠르게 움직이는 비행기들(또는 서로 매우 다른 고도에서 날고 있는 비행기들)에서 매우 정확한 시계를 이용한 실험을 통해)Will 1993. 직관에 반하는 이 사실은 기본적으로 우리에게 익숙한 상대성이론의 (이른바) 쌍둥이 역설의 한 표현이다. 그 역설에 따르면 우주비행사가 지구를 떠나 엄청나게 빠른 속력으로 먼 별을 향해 날아갔다가 돌아오면, 우주여행을 한 우주비행사가 그동안 지구에 남아 있던 쌍둥이의 시간 경과보다 훨씬 더 적은 시간 경과를 경험할지 모른다. 두 쌍둥이의 세

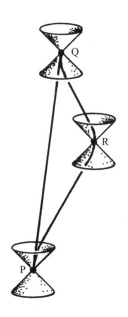

그림 1-16 이른바 특수상대성의 쌍둥이 역설. 세계선이 PQ이고 지구에 머문 쌍둥이는 세계선이 PRQ이며 우주를 여행하는 쌍둥이보다 더 긴 시간을 경험한다(흥미롭게도 유클리드 기하학의 익숙한 삼각 부등식 PR + RQ > PQ가 거꾸로 되어 있는 상황). (쌍)원뿔들에 대한 설명은 그림 1-18에 있다.

계선은 서로 다르지만, 두 세계선은 동일한 두 사건, 즉 P(두 쌍둥이가 함께 있고 우주비행사가 지구를 막 떠나려고 하는 점)와 Q(우주비행사가 지구로 귀환한 사건)를 잇는다.

　(대체로 등속 운동을 하는) 특수상대성의 경우, 이 역설에 대한 시공간 묘사가 그림 1-16에 나와 있다. 여기서 R은 우주비행사가 먼 별에 도착한 사건이다. 그림 1-17은 마찬가지로 어떻게 계량이 경험되는 시간의 경과를 정의하는지 설명해주는데, 이것은 **일반상대성**이라는 일반적인 상황에도 적용된다. 따라서 한 (무거운) 입자가 갖는 세계선의 "길이"는 **g**에 의해 정의되며, 이것이 그 입자가 경험하는 시간 간격을 제공한다. 각각의 경우 널 **원뿔**null cone이 그려져 있는데, 이들은 아인슈타인의 **g**의 중요한 물리적 발현으로서 각각의 시공간 사

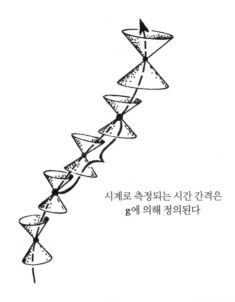

시계로 측정되는 시간 간격은
g에 의해 정의된다

그림 1-17　일반상대성의 휘어진 시공간에서 계량 텐서 **g**는 경험되는 시간의 양을 알려준다. 이 그림은 그림 1-16에 나오는 특수상대성의 평평한 시공간 모습을 일반화한 것이다.

건에서 **빛의 속력**을 기술해준다. 보다시피, 우주비행사 또는 입자의 세계선을 따라 일어나는 각각의 사건에서, 선의 방향은 해당 사건의 널 (쌍)원뿔 내부에 존재해야만 한다. 이는 어느 입자도 빛의 속력을 (국소적으로) 초과할 수 없다는 중요한 제약조건을 보여준다.

　그림 1-18은 널 (쌍)원뿔의 미래 부분에 대한 물리적 해석으로, 사건 X에서 출발한 (가상적인) 빛의 섬광을 시시각각 따라간 이력을 보여준다. 그림 1-18(a)는 전체 3차원 공간의 모습이며, 그림 1-18(b)는 하나의 공간 차원이 제거된 시공간 모습이다. 마찬가지로 쌍원뿔의 과거 부분은 X에 수렴하는 (가상적인) 빛의 섬광으로 표현된다. 그림 1-18(c)는 널 원뿔이 사실은 각각의 사건 X에 있는(엄밀히 말해 X의 **접공간**(§A.5의 그림 A-10)에 국소적으로 존재하는) 하나의 **극소** 구조임을 보여준다.

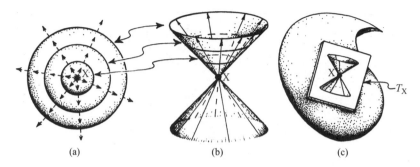

| (a) | (b) | (c) |

그림 1-18 시공간의 각 점 X에는 계량 g에 의해 결정되는 하나의 널 (쌍)원뿔이 존재하는데, 이것은 미래 널 원뿔과 과거 널 원뿔 그리고 시간이 진행하는 여러 방향들로 구성된다. 미래 널 원뿔은 X에서 방출되는 가상적인 빛의 섬광의 이력으로 (국소적으로) 해석된다. (a)공간의 관점에서 본 모습. (b)(하나의 공간 차원이 제거된) 시공간에서 본 모습인데, 여기서 과거 널 원뿔은 X에 수렴하는 가상적인 빛의 섬광들의 이력을 나타낸다. (c)전문적으로 말해서 널 원뿔은 접공간 T_X에 놓인 사건 X의 근처에 있는 극소 구조이다.

이러한 (쌍)원뿔들은 "시간" 값이 **사라지는**vanish, 영이 되는 시공간 방향들을 표현한다. 이런 특성이 생기는 까닭은 시공간 기하학이 엄밀히 말해 리만 기하학이라기보다 유사리만 기하학이기 때문이다(관련 내용은 §1.1에서 언급했다). 종종 이러한 특별한 유형의 리만 기하학에 대해 **로런치언**Lorentzian이라는 용어가 사용되는데, 이 기하학에서는 시공간 구조가 단 하나의 시간 차원과 $(n-1)$ 공간 차원을 가지며, 시공간 다양체의 각 점에서 하나의 널 쌍원뿔이 존재한다. 널 원뿔은 정보 전달의 한계를 알려주기에 시공간 구조의 가장 중요한 특성을 제공하는 셈이다.

그렇다면 g가 정의하는 시간 값이 어떻게 이러한 널 원뿔과 직접적으로 관련되는 것일까? 이제껏 내가 다루었던 세계선은 일상적인 무거운 입자들의 이력인데, 이런 입자들은 빛보다 느리게 이동하므로 이 입자들의 세계선은 반드시 널 원뿔 내부에 놓여 있다. 하지만 우리는 광자(빛의 입자)처럼 (자유로운) **질량 없는** 입자들도 고려해야만 하는데, 그런 입자는 빛의 속력으로 이동한다. 상대성이론에 따르면, 만약 시계가 빛의 속력으로 이동한다면 그 시계는 시간의 경

영zero의 시간 간격

그림 1-19 광선(또는 임의의 널 원뿔)을 따라가는 방향으로는 임의의 두 사건 P, Q 사이의 시간 간격이 언제나 영이다.

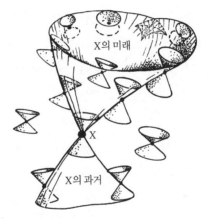

X의 미래

X

X의 과거

그림 1-20 사건 X의 빛원뿔은 X를 통과하는 널 측지선들이 휩쓸고 지나가는 시공간의 자취다. 꼭짓점 X에서 빛원뿔의 접공간이 X에서의 널 원뿔이다.

과를 전혀 기록하지 않는다! 그러므로 질량 없는 입자의 (곡선을 따라 측정된) 세계선의 "길이"는 해당 세계선 상의 임의의 사건 P, Q 사이에서 언제나 **영**이다 (그림 1-19). 두 사건이 서로 아무리 멀리 떨어져 있더라도 말이다. 그런 세계선을 가리켜 널 곡선null curve이라고 한다. 어떤 널 곡선들은 측지선인데(나중에 살펴본다), 널 측지선의 예로서 자유로운 광자의 세계선을 들 수 있다.

시공간 속의 특정한 점 X를 통과하는 모든 널 측지선들의 집합은 P의 **빛원뿔** light cone 전체를 훑쓸고 지나가며(그림 1-20), P에서의 널 원뿔은 P의 빛원뿔의 꼭짓점에 있는 극소 구조만을 기술할 뿐이다(그림 1-18). 널 원뿔은 빛의 속력을 규정하는 P에서의 시공간 **방향들**을 알려준다. 즉, 점 P에 있는 접공간에서 (계량 **g**에 따를 때) 영의 "길이"를 나타내는 방향을 알려준다. (과학 문헌에서는 내가 지금 여기서 널 원뿔이라고 칭한 용어를 **빛원뿔**이라고 부르는 경우가 종종 있다.)* (위에서 나오는 널 원뿔과 마찬가지로) 빛원뿔도 두 부분, 즉 **미래 널 방향들**을 정의하는 부분과 **과거 널 방향들**을 정의하는 부분으로 이루어진다. 상대성이론의 요건, 즉 무거운 입자massive particle**들은 빛의 속력을 초과할 수 없다는 제약조건은 무거운 입자들의 세계선의 **접선 방향들**이 전부 각자의 사건에서 널 원뿔의 내부에 놓여 있다는 사실에서 명시적으로 표현된다(그림 1-21). 이처럼 모든 접선 방향들이 엄격하게 널 원뿔 내부에 놓여 있는 매끄러운 곡선을 가리켜 **시간꼴**timelike 곡선이라고 한다. 그러므로 무거운 입자의 세계선은 분명히 시간꼴 곡선이다.

시간꼴 곡선과 상호보완적인 개념은 **공간꼴**spacelike 3-곡면이다. (만약 n차원 시공간을 대상으로 할 경우라면, 공간꼴 $(n-1)$-곡면 또는 공간꼴 **초곡면** hyperspace이다.) 그런 초곡면의 접선 방향은 전부 과거 및 미래 널 원뿔의 외부

---

* 만약 시공간이 평평하면(휘어져 있지 않으면) 광자들의 세계선은 일정한 기울기로 뻗어 나가는 원뿔면일 테니, 그냥 빛원뿔이라는 개념만 사용하면 된다. 그런데 만약 시공간이 휘어져 있으면 시공간의 각 점에서 광자들의 세계선이 향하는 기울기가 다를 테니 극소 접공간의 관점에서 생각해야 한다. 마치 $y = x$와 같은 일차곡선은 어디서나 기울기가 일정하지만, 이차 이상의 곡선은 각 점에서 기울기가 달라지니 접선의 관점에서 생각하는 것과 비슷하다. 그래서 빛원뿔과 더불어 널 원뿔의 개념이 필요한 것인데, 사실 저자의 관점에서 보면 널 원뿔이 더 일반적인 개념이다. 그런데 보통의 과학 문헌에서는 엄밀히 구분하지 않고 널 원뿔의 뜻으로 빛원뿔을 쓰는 경우가 종종 있다는 뜻이다. —옮긴이
** 여기서 '무겁다'는 말은 질량을 갖고 있기에 광자처럼 질량이 없는massless 입자와 달리, 빛의 속력으로 운동할 수 없는 입자라는 뜻이다. —옮긴이

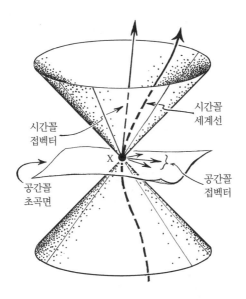

시간꼴
접벡터

시간꼴
세계선

공간꼴
초곡면

공간꼴
접벡터

X

그림 1-21 X에서의 널 접벡터들은 그림 1-18에서처럼 널 원뿔을 형성한다. 여기서 미래로 향할 경우 무거운 입자의 세계선에 대한 접벡터(4-속도)를 기술하는 시간꼴 접벡터들이 있고, 아울러 원뿔 바깥으로 향한다면 X를 통과하는 공간꼴 곡면에 접하는 공간꼴 접벡터들이 있다.

에 있다(그림 1-21). 일반상대성에서 이것은 "시간의 한 순간" 또는 "t = 일정한 공간"이란 개념의 적절한 일반화이다. 여기서 t는 적절한 시간 좌표다. 분명 그런 초곡면의 선택에는 많은 임의성이 존재하지만, 역학적 행동의 **결정론** determinism과 같은 사안들을 언급하려면 그런 개념이 필요하다. 그래야 "초기 데이터"가 그런 초곡면 상에서 특정되도록 만들 수 있고, 이런 데이터를 통해 해당 계의 과거 또는 미래로의 시간 변화를 어떤 적절한 방정식(대체로 미분방정식, §A.11 참고)에 따라 (국소적으로) 결정할 수 있다.

상대성이론의 또 다른 특성에 의하면, 만약 P와 Q를 잇는 한 세계선 C의 "길이"(경과한 시간을 측정한 값이라는 의미에서)가 P와 Q 사이의 **임의의** 다른 세

그림 1-22 시간꼴로 분리된 두 사건 P와 Q 사이의 시간 값을 최대로 만드는 시간꼴 곡선은 반드시 측지선이다.

계선보다 크다면 *C*는 이른바 **측지선**이다.* 측지선은 휘어진 시공간 내의 "직선"에 해당한다(그림 1-22 참고). 흥미롭게도 시공간에서 "길이"의 이러한 최대화 속성은 일상적인 유클리드 기하학에서 생기는 현상과는 **정반**대이다. 유클리드 기하학에서는 두 점 P와 Q를 잇는 직선이 P에서 Q에 이르는 경로의 길이를 **최소화**하니 말이다. 아인슈타인의 이론에 따르면 중력 하에서 자유롭게 운동하는 한 입자의 세계선은 언제나 측지선이다. 하지만 그림 1-16에 나오는 우주비행사의 여행은 가속 운동이므로 측지선이 아니다.

중력장이 없는 특수상대성의 평평한 시공간을 가리켜 **민코프스키 공간**(나는

---

* 이와 반대로, 측지선인 **모든** 세계선 *C*는 *C* 상의 임의의 점 P에 대해 P를 포함하는 *M*의 한 충분히 작은 열린 영역 *N*이 존재한다는 **국소적**인 의미에서 그러한 특성을 갖는다. 그러면 *N* 내부에 있는 *C* 상의 모든 점들의 쌍에 대하여 *N* 내부의 경로에 의해 그 쌍을 연결하는 세계선들의 최대 길이는 *N* 내부에 놓인 *C*의 그 부분을 따라갈 때 얻어진다. (한편, 한 측지선 *C*를 따라 너무 멀리 떨어진 점들의 쌍일 경우에 *C*는 그 점들 사이의 *C* 상의 공액 점들의 쌍이 존재하는 까닭에 길이를 최대로 만들지 못한다Penrose 1972; Hawking and Ellis 1973.)

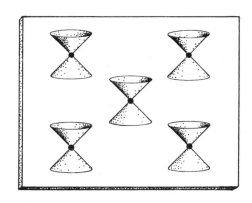

그림 1-23 민코프스키 공간은 특수상대성의 평평한 시공간이다. 이 공간의 널 원뿔들은 완전히 균일하게 배열되어 있다.

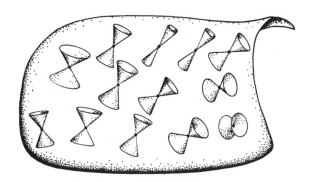

그림 1-24 일반상대성이 적용되는 경우, 널 원뿔들은 특정한 균일성을 나타내지 않을 수 있다.

이 공간을 기호 𝕄으로 표시한다)이라고 한다. 이 공간은 러시아/독일 수학자인 헤르만 민코프스키Hermann Minkowski의 이름을 딴 것으로, 그는 1907년에 시공간의 개념을 처음으로 도입한 사람이다. 여기서 널 원뿔들은 전부 균일하게 배열되어 있다(그림 1-23). 아인슈타인의 일반상대성이론도 동일한 개념을 따르긴 하지만, 중력장의 존재로 인해 널 원뿔들이 비균일한 배열을 이룰지 모른다(그림 1-24). 계량 **g**(점당 10개의 성분)가 널 원뿔 구조를 정의하지만 그것만으로 구조가 전부 정의되지는 않는다. 이러한 널 원뿔 구조를 가리켜 시공간 **등각**

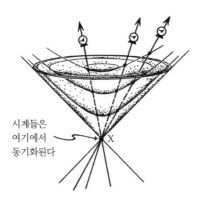

시계들은
여기에서
동기화된다

X

그림 1−25 사건 X에서의 계량 척도metric scaling는 이상적인 시계가 X를 통과하는 속도에 의해 결정된다. 이때 여러 개의 동일한 이상적 시계들이 X를 통과하며 각각의 시계는 동일한 계량 척도를 결정하는데, 여기서 여러 시계들의 "재깍거림"은 그릇 모양의 곡면(실제로는 쌍곡 3−곡면)을 통해 서로 연관된다.

conformal 구조(점당 9개의 성분)라고 한다. 특히 §3.5를 참고하기 바란다. 이러한 로런치언 등각 구조와 더불어 **g**는 **척도**scaling(점당 1개의 성분)를 결정하고 이상적인 시계가 아인슈타인의 이론에서 시간을 측정하는 속도rate를 특정한다(그림 1−25). 시계가 상대성이론에서 행동하는 방식을 더 자세히 알고 싶다면 참고 문헌을 보기 바란다Rindler 2001; Hartle 2003.

1.8 전자기 현상에 대한 바일의 게이지 이론

전자기 현상을 일반상대성 속에 통합시키겠다며 바일이 1918년에 처음 내놓은 아이디어는 앞서 말했듯이 시공간의 계량 구조를 **등각** 구조로 약화시키는 것이었기에, 시간 진행의 절대적 속도는 존재하지 않는다. 하지만 그래도 정의된 널 원뿔은 존재한다Weyl 1918. 이외에도 바일의 이론에는 "이상적 시계"의 개념 또한 존재하기에, 우리는 임의의 그러한 **특정한** 시계에 대하여 시간꼴 곡선에 "거

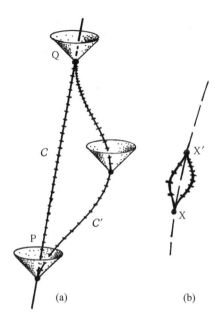

(a)   (b)

그림 1-26 (a)바일의 게이지 접속 개념은 계량 척도가 주어진 것이 아니라 한 연결 곡선 *C*를 따라 한 점 P에서 다른 점 Q로 전환될 수 있기에, P에서 Q로 상이한 곡선 *C'*을 따라가면 상이한 결과가 생길 수 있다고 제안한다. (b)바일의 **게이지 곡률**gauge curvature은 이런 차이의 **극소** 버전으로부터 생기는데, 처음에 그는 이 곡률이 맥스웰의 전자기장 텐서라고 제안했다.

리"의 값을 정의할 수 있다. 하지만 시간의 진행을 측정하는 속도는 시계에 따라 달라진다. 그러니 바일의 이론에는 시간의 **절대적** 척도가 없다. 왜냐하면 어떤 특정한 이상적 시계가 다른 시계보다 선호되지 않기 때문이다. 더 구체적으로 말하자면, 가령 어떤 사건 P에서 정지해 있을 때 완전히 똑같은 속도로 재깍거리는 두 개의 시계가 상이한 시공간 경로를 따라 다른 사건 Q로 이동한다면, 우리가 보기에 Q에 도착하자마자 두 시계의 **속도**는 서로 일치하지 않는다. 즉, Q에서 서로 **정지해 있을 때** 두 시계가 동일한 속도로 재깍거리지 않는다. 그림 1-26(a)를 보기 바란다. 여기서 중요한 점은, 이 사실이 아인슈타인의 상대성 이론에 나오는 "쌍둥이 역설"과 다르다는 (그것보다 더욱 극단적인) 것이다. 쌍

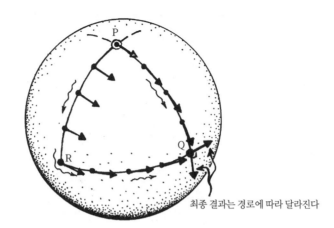

최종 결과는 경로에 따라 달라진다

그림 1-27 아핀 접속affine connection은 접벡터를 곡선을 따라 평행이동parallel transport시킨다는 개념으로서, 상이한 곡선을 따른 이동의 차이가 곡률의 값을 결정한다. 이 개념은 구면 상에 확연하게 드러나는데, 여기서 한 접벡터를 P와 Q를 직접 잇는 대원great-circle을 따라 이동한 결과는 P와 R을 잇는 대원 경로에 이어서 R에서 Q를 잇는 호의 경로를 따라 이동한 결과와 매우 다르다.

둥이 역설의 경우, 시계의 **눈금**reading은 시계의 이력에 의존할지 모르지만 **속도**는 그렇지 않다. 바일의 더욱 일반적인 유형의 기하학은 시계 속도의 개념에서 흥미로운 시공간 "곡률"을 내놓는데, 이 곡률이 한 극소 척도 상에서 이러한 시계 속도 차이를 결정한다(그림 1-26(b) 참고). 이는 잠시 후 살펴보겠지만, 한 곡면의 곡률이 각도의 차이를 결정하는 것과 비슷하다(그림 1-27 참고). 바일이 밝혀낸 바에 의하면, 자신이 내놓은 유형의 곡률을 기술하는 양 F가 맥스웰 이론의 전자기장을 기술하는 양이 만족하는 방정식과 똑같은 방정식을 만족했다! 따라서 바일은 이 **F**가 맥스웰의 전자기장과 물리적으로 동일하다고 제안했던 것이다.

시간 값temporal measure과 공간 값spatial measure은 우리가 어떤 임의의 점 P에서 널 원뿔의 개념을 갖고 있으면, 그 점 근처에서 본질적으로 서로 등가이다. 왜냐하면 널 원뿔이 P에서의 빛의 속력을 특정하기 때문이다. 일상적인 용어로 말하면, 빛의 속력은 공간 값과 시간 값이 서로 변환될 수 있게 해준다. 그러므로 가령 1년의 시간 간격은 1광년의 거리 간격으로 변환되고, 1초의 시간은 1광초의 거리로 변환된다. 사실, 현대의 측정 방식에서 시간 간격은 공간 간격보다 훨씬 더 정확하게 직접적으로 결정되므로, 1미터는 1광초의 1/299792458로 정확하게 정의된다(따라서 빛의 속력은 초당 정확한 정수로 299792458미터이다)! 그러므로 저명한 상대성이론가인 J. L. 신지가 제안했듯이Synge 1921, 1956 시공간 구조에 대한 (기하학geometry이라기 보다는) 시간측정학chronometry이라는 용어가 이런 사정에 딱 들어맞는 듯하다.

나는 바일의 개념을 시간의 관점에서 기술했지만, 바일은 아마도 공간적 변이를 더 염두에 두었던 듯하며, 그가 제시한 이론을 게이지 이론이라고 부른다. 여기서 "게이지gauge"는 물리적 거리를 측정하는 척도를 가리킨다. 바일의 뛰어난 발상의 요점은 게이지가 대역적으로globally, 즉 전체 시공간에 대해 한꺼번에 결정될 필요가 없다는 것이다. 대신에 만약 게이지가 한 사건 P에서 특정되고, P를 다른 사건 Q와 잇는 한 곡선 C가 주어진다면, 게이지는 곡선 C를 따라 P에서 Q까지 유일하게 실행될 수 있다. 그러나 만약 P와 Q를 잇는 어떤 다른 곡선 C'도 주어지면, C'을 따라 P에서 Q까지 게이지를 실행한 결과는 앞의 경우와 다를지 모른다. 이러한 "게이지 실행" 절차를 정의하는 수학적 양을 게이지 접속이라고 하며 상이한 경로들을 이용함으로써 생기는 차이가 게이지 곡률의 값이다. 여기서 꼭 언급할 점은, 게이지 접속이라는 바일의 빛나는 개념은 그가 여느 (유사)리만 다양체들이 당연히 지니고 있는 다른 유형의 접속(아핀 접속이라고 한다)에 익숙했기 때문에 떠올랐을 가능성이 높다는 점이다. 아핀 접속은 곡선을 따라 접벡터를 평행이동시키는 것을 다루는데, 이때 그 결과는 경로에 따라 달라진다. 이것은 그림 1-27을 보면 구면 상에서 뚜렷하게 볼 수 있다.

바일의 천재적인 발상을 접한 아인슈타인은 큰 흥미를 느꼈지만, 그는 물리적 관점에서 보면 그 방안에 심각한 결점이 있음을 간파했다. 기본적으로 한 입자의 질량이 그 입자의 세계선을 따라 확정적인 시간 값을 제공한다는 물리적

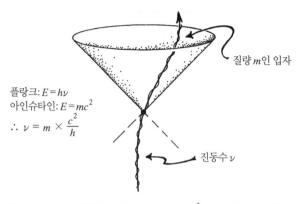

그림 1–28 질량 m인 임의의 안정적인 입자는 진동수가 $\nu = mc^2/h$인 정확한 양자역학적 시계이다.

이유 때문이었다. 이것은 (그림 1–28) 막스 플랑크의 양자 관계식

$$E = h\nu$$

를 아인슈타인의

$$E = mc^2$$

과 결합시키면 드러난다. 여기서 E는 입자의 (자신의 정지 좌표계에서) 에너지이고, m은 입자의 (정지)질량이며, ν는 입자가 기본적인 양자역학(§2.2 참고)에 따라 가지게 되는 진동수(즉, 입자의 "재깍거림 속도")이며, h와 c는 각각 플랑크 상수와 빛의 속력이다. 따라서 $h\nu(= E) = mc^2$에 따라 이들을 결합하면 한 단일 입자에 의해 결정되는 정확한 진동수가 언제나 존재하는데, 이 진동수는 아래 식에서 보듯이 질량에 정비례한다.

$$\nu = m \times \frac{c^2}{h}$$

여기서 c^2/h는 보편적인 상수이다. 그러므로 임의의 안정적인 입자의 경우, 그

질량이 이 진동수로 주어지는 매우 정확한 시계 속도를 결정하는 것이다.

하지만 바일이 제시한 내용에 따르면, 그런 시계 속도가 꼭 고정적인 양이진 않아도 되며, 대신에 입자의 이력에 따라 달라지는 어떤 양이면 된다. 따라서 입자의 **질량**은 그 입자의 이력에 의존하게 된다. 특히 위에 나온 상황의 경우 만약 두 전자가 (양자론에서 요구하는 대로) 사건 P에서 **동일한** 입자라고 하더라도 둘이 서로 다른 경로를 통해 두 번째 사건 Q에 도착한다면 질량이 서로 달라질 가능성이 높다. 만약 그렇다면 Q에 도착했을 때 둘은 동일한 입자가 아닐 수 있 다! 사실 이것은 양자론의 확립된 원리와 엄청나게 어긋난다. 양자론에 따르면 동일한 입자들에 적용되는 규칙은 동일하지 않은 입자들에 적용되는 규칙과 엄 연히 달라야 한다(§1.14 참고).

그러므로 바일의 아이디어는 어떤 매우 근본적인 양자역학적 원리들에 걸려 좌초해버린 듯했다. 하지만 상황이 특이하게 바뀌어, 1930년경에 완전히 정식 화되고 나자 양자론이 바일의 아이디어를 구해냈다(주로 디랙Dirac 1930과 폰 노이만von Neumann 1932 그리고 바일Weyl 1927 자신에 의해). 2장에서 보게 되겠지만 (§§2.5와 2.6 참고), 입자를 양자의 관점에서 기술하는 일은 **복소수**를 통해 이루 어진다(§A.9). §1.4에서 이미 보았듯이, 복소수의 이러한 핵심적인 역할은 양자 역학의 중첩 원리에 등장하는 계수들(양 w와 z)에서 드러난다. 나중에(§2.5) 살 펴보겠지만, 이런 계수들을 단위 **절댓값**unit modulus(즉, $|u| = \sqrt{u\overline{u}} = 1.$ 따라서 u 는 베셀 평면의 단위원 상에 놓인다(§A.10의 그림 A-13 참고))을 갖는 동일한 복소수 u로 전부 곱하더라도 물리적 상황이 바뀌지 않는다. 그런데 코츠-드무 아브르-오일러 공식에 의하면 그러한 단위 **절댓값**unimodular의 복소수 u는 언제 나 아래와 같이 적을 수 있다.

$$u = e^{i\theta} = \cos\theta + i\sin\theta$$

여기서 θ는 원점과 u를 잇는 직선이 양의 실수축과 이루는 각도(반시계 방향을 따라 라디안 단위로 측정한 값)이다(§A.10의 그림 A–13 참고).

양자역학에서는 종종 단위 절댓값의 복소수 승수를 가리켜 **위상**(또는 **위상 각**)이라고 하는데, 이것은 양자 형식론에서 직접적으로 관찰될 수 없는 양으로 간주된다(§2.5 참고). 바일의 독창적이지만 기이하기 이를 데 없는 발상이 현대물리학의 핵심 요소가 될 수 있었던 것은 바일의 양의 실수 척도인자(또는 게이지)가 양자역학의 복소 위상으로 대체되었기 때문이다. 이러한 역사적인 이유로 게이지라는 용어가 받아들여졌기에, 바일의 이론을 **위상 이론**이라고 아울러 게이지 접속도 위상 접속이라고 부르는 것이 더 적합할지 모른다. 하지만 지금 그렇게 용어를 바꾼다면 사람들에게 도움이 아니라 혼란만 가중시킬지 모른다.

더 정확히 말하면 바일의 이론에 나오는 위상은 양자 형식론에 나오는 (보편적) 위상과 똑같은 뜻이 아닌데, 둘 사이에는 해당 입자의 **전하**에 의해 주어지는 곱셈 인자가 존재한다. 바일의 이론이 지닌 본질적인 특징은 이른바 **연속대칭 군**(§A.7 마지막 문단)의 존재인데, 이것은 시공간 내의 임의의 사건 P에 적용된다. 바일의 원래 이론에서 대칭군은 게이지를 확대하거나 축소시키는 역할을 하는 모든 양의 실수 인자들로 구성된다. 이런 인자들은 단지 여러 **양의 실수들**일 뿐으로, 이것들의 공간을 수학자들은 $\mathbb{R}^+$라고 부른다. 따라서 여기에 관련된 대칭군은 때때로 곱셈군multiplicative group $\mathbb{R}^+$라고 불린다. 나중에 나온 바일의 전자기 이론의 더욱 물리적인 버전에서는 군의 원소들이 (반사가 없는) 베셀 평면 내의 회전들로서, 이를 SO(2) 또는 U(1)이라고 한다. 그리고 이 군의 원소는 단위 절댓값의 복소수 $e^{i\theta}$로 표현되며, 이 원소들이 베셀 평면의 단위원의 상이한 회전각을 제공한다. 나는 이 단위원을 가리켜 S^1이라고 칭하고자 한다.

한 가지를 언급하자면(또한 **군**의 표기와 개념에 관해서는 §A.7의 마지막 문단을 보기 바란다) "SO(2)"의 'O'는 "직교하는orthogonal"을 뜻하는데, 이는 결과적으로 우리가 회전군(즉, 직교성. 달리 말해 직각의 성질을 보존하는 군인

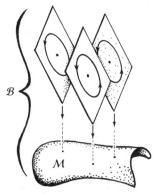

그림 1-29 바일의 기하학은 전자기 현상을 시공간 M 상의 번들 $\mathcal{B}$에서의 한 접속으로 표현한다. S^1 (원) 파이버들은 복소 (베셀) 평면의 복사본 내부에 있는 단위원이라고 보면 제일 타당하다.

데, 이 경우의 회전은 2차원에서의 회전을 말한다. "SO(2)"의 '2'는 이 점을 나타낸다)을 문제 삼는다는 의미이다. 'S'는 "특별한special"을 뜻하며, 이것은 반사reflection가 제외되어 있다는 사실을 가리킨다. 그리고 "U(1)"에서 'U'는 "유니터리unitary"(복소 벡터의 단위 크기unit-norm 속성을 보존하는)를 뜻하는데, 이것은 우리가 §§2.5~2.8에서 다룰 복소수 공간에서의 회전의 일종이다. 어떤 방식으로 칭하든 간에 우리가 관심을 두는 것은 다만 통상적인 원 S^1의 반사가 없는 회전들일 뿐이다.

여기서 바일의 접속은 단지 시공간 다양체 M에 적용되는 개념이 아니라는 점에 주목해야 한다. 왜냐하면 원 S^1은 시공간의 일부가 결코 아니기 때문이다. S^1은 양자역학과 구체적으로 관련되는 어떤 추상적 공간을 가리킨다. 하지만 그래도 S^1이 여전히 기하학적인 역할을 지닌다고 여길 수 있다. 다시 말해서 기저공간이 시공간 다양체 M인 번들 $\mathcal{B}$의 파이버가 S^1이라고 여길 수 있다. 이와 관련된 기하학이 그림 1-29에 나와 있다. 파이버가 원 S^1이지만, 이 원들은 베셀 평면(§A.10)의 복사본 내부에 있는 단위원이라고 보면 제일 타당하다. (번들의 개념이 궁금한 독자들은 §A.10의 논의를 참고하기 바란다.) 게이지 접속이라는 바일의 개념은 정말 기하학적인 것이지만, 시공간에 구조를 부여하는 것은 아니다. 그 개념이 제공하는 구조는 번들 $\mathcal{B}$에 부여되는데, 이것은 시공간 4-다양체와 긴밀히 연관된 5-다양체이다.

입자물리학의 강한 상호작용과 약한 상호작용을 표현하는 바일 개념의 확장 버전들도 §1.3의 표준 모형에서 게이지 접속의 관점에서 정식화되었는데, 여기서도 §A.7의 번들 개념이 적절하게 쓰였다. 각각의 경우 기저공간은 이전과 마찬가지로 4차원 시공간이지만, 파이버는 1차원 S^1보다 더 큰 공간 $\mathcal{F}$가 되어야 할 것이다. 앞에서 언급했듯이 이 공간은 전자기 현상을 표현하는 데 이용될 수 있다. 맥스웰 이론에 대한 바일의 게이지 접근법의 확장 버전들을 가리켜 양-밀스 이론Yang-Mills theory이라고 한다Chan and Tsou 1998. 강한 상호작용의 경우 $\mathcal{F}$는 §1.3에 나오는 설명에 따라 한 쿼크가 지닐 수 있는 가능한 색깔들의 공간과 동일한 대칭성을 갖는 공간일 것이다. 여기서의 대칭군은 SU(3)이라고 불리는 것이다. 약한 상호작용의 경우는 겉보기에는 SU(2)(아니면 U(2))라는 군과 비슷하지만, 약한 상호작용 이론에는 어떤 난감한 상황이 존재한다. 우주 확장의 초기 단계에서 발생한 것으로 보이는 대칭성 붕괴로 인해 대칭성이 깨져 있다고 보인다는 사실 때문이다. 실제로 내가 보기에도 이런 절차에 대한 일반적인 기술에는 꽤 우려스러운 점이 있다. 왜냐하면 엄밀히 말해서 게이지 대칭이라는 개념 자체는 만약 그 대칭이 정말로 **정확하지** 않다면 결코 유효하지 않기 때문이다(§A.7 참고)TRtR, §28.3. 다행히도 약력이 생기는 일반적인 절차를 표준적인 해석과 조금 다르게 해석되는 물리적 메커니즘을 통해 다시 구성하는 방안이 존재한다. 여기서는 결과적으로 경입자의 색깔 있는 쿼크형quark-like 구성요소들(강입자의 쿼크 구성요소들에 대응된다)이 상정되는데, 이 경우 약한 상호작용 대칭은 언제나 정확한 것으로 간주된다't Hooft 1980b; Chan and Tsou 1980.

1.9 칼루자–클라인 및 끈 모형의 자유도

이제 우리에겐 맥스웰의 전자기 이론을 휘어진 시공간 기하학 속에 통합하기 위한 기하학적 절차를 제공해주는 두 가지의 5차원 공간이 있다. 그런데 어떻게 §1.8에서 기술된 S^1 상의 5–다양체 $\mathcal{B}$ 번들 표현이 §1.6에 나온 칼루자–클라인의 5차원 시공간 개념과 관련된다는 말인가? 사실 둘은 매우 밀접한 관련이 있기에, 둘을 서로 **동일**하다고 보아도 무리가 아니다! 미세한 원(S^1)이 "여분의" 차원을 갖도록 클라인이 수정한 칼루자의 5차원 시공간 그리고 바일의 절차에 나오는 번들 $\mathcal{B}$는 서로 위상기하학적으로 동일하며, 둘 다 일반적인 4차원 시공간 M을 원 S^1과 곱한 **곱공간** $M \times S^1$일 뿐이다(§A.7의 그림 A–25 및 그림 1–29 참고). 게다가 칼루자–클라인 공간은 자동적으로 일종의 S^1–번들 구조를 갖는데, 여기서 S^1 파이버를 확인하려면 단지 닫힌(그리고 적절한 위상기하학 족topological family에 속하는) 측지선을 찾기만 하면 된다. 하지만 바일과 칼루자–클라인의 5–공간에는 각 경우에 부여된 구조의 유형 면에서 약간의 차이가 있다. 바일의 절차에는 4차원 시공간 M 상의 번들 $\mathcal{B}$에 게이지 **접속**(§1.8)을 부여해야 하는 데 반해, 칼루자–클라인 이론의 경우 전체 5–다양체가 "시공간"으로 여겨지기 때문에 **계량 g**가 전체 구조에 부여된다. 하지만 바일의 게이지 접속은 칼루자의 개념 속에 이미 내재되어 있다. 왜냐하면 게이지 접속은 §1.8에서 논의된 **아핀 접속**이라는 일반적인 개념이 S^1 파이버에 직교하는 방향으로 적용되면 결정되는 것이기 때문이다(이는 임의의 리만 공간에서 성립하므로 칼루자의 5–공간에도 성립한다). 그러므로 칼루자–클라인 5–공간은 이미 바일의 게이지 접속을 포함하고 있기에, 바일의 번들 $\mathcal{B}$와 **동일**하다고 할 수 있다.

하지만 칼루자–클라인 공간은 사실 이보다 더 큰 가치가 있다. 왜냐하면 이 공간의 **계량**은 다음과 같은 성질이 있기 때문이다. 즉, 만약 그 계량이 적절한 아인슈타인 진공 장 방정식 $^5G = 0$을 만족시키면(5-공간의 에너지 텐서 ^5T가 영이 되게 하면), 바일의 접속이 얻어질 뿐만 아니라 놀랍게도 바일의 접속으로부터 (그것의 질량/에너지 밀도를 통해서) 출현하는 맥스웰의 전자기장 F가 중력장의 발생원으로 작용하기 때문이다. 이 방정식은 이러한 관련성 때문에 아인슈타인-맥스웰 방정식이라고 한다. 이 놀라운 사실은 바일의 접근법으로는 직접 나오지 않는다.

칼루자-클라인 5-공간의 구조를 조금 더 정확히 제시하려면, 위의 주장에 한 가지 조건이 붙음을 밝혀야만 한다. 즉, 내가 여기서 다루는 칼루자-클라인 이론은 S^1 고리에 부여된 길이가 5-공간 전체에 걸쳐 동일해야 하는 특정한 버전이다. (이 이론의 일부 버전들은 이 길이가 다름을 허용하기 때문에 추가적인 스칼라 장이 필요할 수 있다.) 또한 나는 아인슈타인 방정식의 상수 $8\pi\gamma$(§1.1 참고)가 정확하게 나오도록 이 일정한 길이를 선택하기를 요구한다. 그리고 가장 중요한 점을 말하자면, 내가 다루는 칼루자-클라인 이론은 원래의 버전이다. 즉, 전체 5-공간에 정확한 대칭성이 부과됨으로써 그 공간이 S^1 방향으로 완벽한 **회전대칭**을 반드시 갖게 되는 버전이다(본질적으로 비슷한 그림 1-29 참고). 달리 말해, k 벡터는 실제로 킬링 벡터이므로 5-공간은 자신의 계량 구조에 영향을 주지 않고서 S^1 선들을 따라 자기 자신 위로 미끄러질 수 있다.

이제 칼루자-클라인 이론의 **자유도**를 살펴보자. 만약 우리가 그 이론을 지금까지 서술한 형태로 본다면, 여분의 차원은 자유도의 과잉을 일으키는 역할을 하지 않는다. S^1 곡선들을 따라 회전대칭성이 부과되어 있는 까닭에 자유도는 초기의 3-공간 상의 데이터로부터 표준적 유형의 결정론적 (시간에 따른) 변화를 갖는 일상적인 4차원 시공간과 똑같은데, 사실은 아인슈타인-맥스웰 방정식의 자유도와 똑같다. 이 자유도는 아래와 같다.

$$\infty^{8\infty^3}$$

이것은 우리 우주에 적합한 고전적 물리 이론으로서 당연한 값이다.

여기서 강조하고 싶은 게이지 이론(자연의 기본적인 힘들을 굉장히 성공적으로 설명한 수준 높은 이론)의 핵심적 특징은 게이지 이론이 적용되는 번들의 파이버 $\mathcal{F}$가 (유한한 차원의) 대칭성을 지닌다는 것이다. §A.7에서 확실히 짚었듯이, 파이버 $\mathcal{F}$가 (연속적인) 대칭성을 지니기 때문에 게이지 이론은 통할 수 있는 것이다. 이 대칭성은 전자기 상호작용에 관한 바일의 이론의 경우에 파이버 $\mathcal{F}$에 정확히 적용되어야 하는 원군circle group $U(1)$(또는 등가적으로 $SO(2)$)이다(이 기호들의 의미는 §A.7을 보기 바란다). 또한 바로 이 대칭성이 바일의 접근법에서 전체 5차원 다양체 $\mathcal{B}$에 대역적으로 확장되며, 아울러 원래의 칼루자-클라인 절차에서도 구체화된다. 칼루자가 시작한 고차원 시공간 접근법과 바일의 게이지 이론 접근법 사이의 이처럼 가까운 관련성을 보존하려면, 우리는 파이버 대칭성을 보존해야 한다. 아울러 파이버 공간 $\mathcal{F}$를 마치 고유의 자유도를 갖는 시공간의 일부처럼 다루는 바람에 실제로 자유도를 (굉장히 크게) 증가시키지 않도록 하는 일이 필수적이다.

하지만 끈 이론은 어떤가? 여기서는 이야기가 완전히 달라지는 듯하다. 왜냐하면 여분의 공간 차원(들)이 역학적 자유도에 전적으로 관여해야 한다고 명시적으로 요구되기 때문이다. 그런 여분의 공간 차원들은 진정한 공간 차원으로서 자신들의 역할을 맡게 된다. 이는 끈 이론이 개발된 이래 그것을 이끄는 철학의 핵심적인 부분이다. 왜냐하면 어쨌든 입자물리학의 모든 필요한 특징들을 전부 다룰 수 있으려면, 이러한 여분의 차원들을 통해 허용되는 "진동"이 모든 복잡한 힘과 파라미터를 설명해주어야 한다고 이 이론은 제시하기 때문이다. 그러나 내가 보기에 이는 심각하게 그릇된 철학이다. 왜냐하면 여분의 **공간** 차원들이 마음껏 역학에 관여하도록 허용하면 원치 않는 자유도의 진짜 판도라의 상자를 열어 버리는 바람에 통제할 가망이 별로 없는 상황에 처할 수 있기 때문이다.

그런데도 끈 이론의 주창자들은 여분의 공간 차원의 지나친 자유도에서 자연스레 비롯되는 이런 어려움을 무시하고서 원래의 칼루자-클라인 방안과는 매우 다른 길을 내디뎠다. 그들은 끈의 양자론을 위한 파라미터 불변성의 요건들로부터 생기는 이상성을 해결하기 위한 일환으로서 1970년경부터 (보손 끈을 위한) 전면적인 26차원 시공간(여기서 1차원은 시간 차원)을 도입하려고 시도해왔다. 그리고 마이클 그린Michael Green과 존 슈워츠가 1984년에 굉장한 이론적 발전을 거둔 이후로 끈 이론가들은 이른바 초대칭(§1.14 참고. 이미 §1.6에서 언급된 내용)의 도움을 받아 용케 이 공간 차원을 (페르미온 끈을 위한) 9로 줄였다. 하지만 여분의 공간 차원을 이처럼 줄였다고 해도 (우리가 직접 경험하는 값인 3으로 준 것이 아니므로) 내가 제기할 사안에는 아무런 차이가 없다.

끈 이론에서 발전해온 여러 내용들을 파악하던 중, 특히 자유도의 사안을 이해하려고 했을 때 나는 한 가지 혼란에 빠졌다. 시공간 차원성이 실제로 무엇이냐에 관해 관점의 변화가 종종 목격된 것이다. 내가 보기에 다른 여러 비전문가들도 끈 이론의 수학적 구조를 이해하려고 시도하면서 엇비슷한 어려움을 분명 겪었을 것이다. 어떤 특정한 차원의 주변 시공간을 갖는다는 개념은 전통적인 물리학보다 끈 이론에서 덜 중요한 역할을 차지하는 듯 보이며, 확실히 내게 익숙한 종류의 역할보다 덜 중요한 역할을 하는 듯하다. 하나의 물리 이론에 관여하는 자유도를 평가하는 것은 물리 이론의 실제 시공간 차원성에 대한 분명한 개념을 갖고 있지 않다면 매우 어렵다.

이 사안을 좀 더 자세히 들여다보기 위해, §1.6에서 요약한 초기 끈 개념의 매우 흥미로운 측면을 다시 살펴보자. 그 측면은 끈의 이력을 리만 곡면, 즉 복소 곡선(§A.10)으로 볼 수 있는데, 이는 수학적 관점에서 특히 아름다운 구조라는 것이다. 세계면이라는 용어가 끈 이력을 나타내는 말로 때때로 쓰인다(종래의 상대성이론에서 입자의 세계선 개념과 유사하다. §1.7 참고). 끈 이론의 초기에 이 주제는 때때로 2차원 등각 장 이론conformal field theory의 관점에서 다루어졌다

Francesco et al. 1997; Kaku 2000; Polchinski 1994, chapter 1, 2001, chapter 2. 간단히 말하자면, 이 이론의 시공간에 해당되는 개념은 2차원 세계면 자체일 것이다! (시공간의 맥락에서 등각의 개념은 §1.7에 나와 있다.) 그러면 자유도는 아래의 형태가 된다.

$$\infty^{a\infty^1}$$

여기서 a는 양수이다. 그러면 어떻게 이것을 통상적인 물리학에서 요구되는 훨씬 더 큰 자유도 $\infty^{b\infty^3}$와 일치시킬 수 있을까?

아마도 답은 세계선이 어떤 의미에서 주변 시공간 및 그 주위의 물리학을 어떤 멱급수 전개를 통해 "타진하며", 이때 필요한 정보(유효 멱급수 계수들)는 무한한 개수의 파라미터(실제로는 세계면 상의 홀로모픽holomorphic 양. §A.10 참고)로 제공된다는 것이다. 구체적으로 보자면 무한한 개수의 그러한 파라미터를 갖는다는 것은 위의 식에서 "$a = \infty$"로 놓는다는 말인데, 이는 그다지 유용하지는 않다(그 까닭은 §A.11의 말미에 나온다). 내가 여기서 말하고자 하는 바는 자유도가 어떤 의미에서 잘못 정의된다거나 부적절하다는 것이 결코 아니다. 요점은 멱급수 계수나 모드 해석mode analysis과 같은 것에 의존하는 방식으로 구성된 이론의 경우, 자유도가 실제로 무엇인지를 확인하기가 결코 녹록지 않을 수 있다는 것이다(§A.11). 안타깝게도 이런 식의 구성이 끈 이론의 다양한 접근법에서 종종 채택되는 것 같다.

아마 끈 이론가들한테는 시공간의 차원이 실제로 무엇인지 명확히 파악하는 일이 그다지 중요하지 않은 듯하다. 어떤 의미에서 이런 차원은 에너지 효과로 볼 수도 있기에 에너지가 증가하면 한 계가 더 많은 공간 차원을 갖는 것도 가능할 수 있다. 따라서 숨은 차원들이 존재하며 에너지가 더 커질수록 그중 더 많은 차원이 드러나리라는 견해가 나올 수 있다. 그러나 이처럼 명확성이 결여된 입장은 내가 보기엔 조금 불편한데, 특히 그 이론에 내재된 자유도의 문제와 관련해서 그렇다.

적절한 사례로 이른바 잡종heterotic 끈 이론이 떠오른다. 이 이론에는 HO 이론과 HE 이론이라는 두 가지 종류가 있다. 둘 사이의 차이는 지금 우리에게는 중요하지 않지만, 조금 후에 그 차이를 언급하기는 할 것이다. 잡종 끈 이론의 특이한 점은 우리가 끈의 오른쪽으로 움직이는 들뜸excitation 아니면 왼쪽으로 움직이는 들뜸을 다루는지 여부에 따라 26 시공간 차원과 10 시공간 차원(여기에는 초대칭이 수반된다)에서 동시에 하나의 이론으로서 작동하는 듯하다는 것이다. (끈에 반드시 결부되는 방향성에 의존하는) 이 차이는 또한 조금 후에 언급할 어떤 설명을 필요로 한다. 이처럼 차원과 관련된 상충하는 내용은 만약 우리가 자유도를 다루려고 하면(이런 목적에서는 각각의 이론이 고전적인 이론으로 취급된다) 문젯거리를 야기할 것으로 보인다.

이런 명백한 난제는 두 경우 모두 시공간을 10차원(1 시간 차원 및 9 공간 차원)으로 간주함으로써 공식적으로 제기되지만 여분의 16 공간 차원은 두 경우별로 다른 방식으로 다루어진다. 왼쪽으로 움직이는 들뜸의 경우, 26차원 전부가 함께 취급되어 끈이 진동할 수 있는 시공간을 제공해주는 것으로 간주된다. 하지만 오른쪽으로 움직이는 들뜸의 경우, 26차원 내부의 상이한 방향들이 서로 다른 방식으로 해석된다. 이때 10차원은 끈이 진동할 수 있는 방향을 제공해주는 것으로 간주되며 나머지 16차원은 파이버 방향으로 간주된다. 따라서 그러한 진동의 오른쪽 방향 모드에서 끈 이론을 다룰 경우에는 전체 구도가 10차원의 한 기저공간과 16차원의 한 파이버를 갖는 하나의 파이버 번들(§A.7)이 되는 셈이다.

파이버 번들이 일반적으로 그러하듯이, 파이버와 연관된 대칭군이 반드시 존재해야 한다. 대칭군은 HO 이론에서는 SO(32)(32차원의 한 구의 반사가 없는 회전군. §A.7 참고)이고 HE 이론에서는 $E_8 \times E_8$군이다. 여기서 E_8은 수학적으로 특히 흥미로운 유형의 대칭군으로서, 예외단순연속군exceptional simple continuous group이라고 불린다. 이 예외단순군(그 가운데 E_8이 가장 크고 매력적이다)의 특별히 내재적인 수학적 흥미로움은 미학적인 측면에서 우리의 관심을 끈다 (§1.1 참고). 하지만 자유도의 관점에서 볼 때 중요한 사안은, 번들 서술에서 어느 군이 채택되든지 이 자유도가 끈 진동의 페르미온(오른쪽으로 움직이는) 모드일 경우에는 $\infty^{a\infty^9}$의 형태이고, 보손(왼쪽으로 움직이는) 모드일 경우에는 $\infty^{b\infty^{25}}$의 형태라는 점이다. 이 사안은 우리가 앞서 마주쳤던 내용과 밀접한 관계가 있다. 그때 우리는 $\infty^{8\infty^3}$의 자유도를 갖는 원래의 칼루자–클라인 이론 (또는 바일 원–번들 이론. §1.8 참고)과 $\infty^{b\infty^4}$ 형태의 훨씬 더 큰 자유도를 갖는 5차원 시공간 이론의 차이를 살펴보았다. 여기서 (r차원 파이버 $\mathcal{F}$를 갖는) 한 번들의 총공간 $\mathcal{B}$의 차원 $d + r$과 d차원 기저공간 M의 차원을 분명하게 구별해야 한다. 이 내용은 §A.7에 더 자세히 나온다.

위의 사안은 시공간이 전체적으로 지닌 자유도에 관심을 가질 뿐, 어떤 끈 세계면이 마침 그 안에 존재하느냐 여부와는 무관하다. 하지만 여기서 우리의 진짜 관심사는 이 시공간 내부에 놓인 끈 세계면들(§1.6 참고)이 지닌 자유도이다. 어떤 종류의 변이 모드(페르미온 모드)일 경우에는 시공간이 10차원이다가 또 다른 종류(보손 모드)일 경우에는 26차원이 되는 일이 어떻게 가능할까? 보손 모드에서는 상황이 매우 단순하다. 끈은 $\infty^{24\infty^1}$("1"이 나오는 까닭은 끈 세계면이 2–곡면이긴 하지만 우리는 오른쪽으로 움직이는 들뜸의 1차원 공간만을 고려하기 때문이다)의 자유도를 갖고서 주변 시공간 속으로 꿈틀꿈틀 나아갈 수 있다. 하지만 페르미온 모드를 고려할 때에는 끈을 10차원인 "시공간"에 거주하는 것으로 여겨야지, 그 시공간 위의 26차원 번들에 앉아 있다고 여겨서는 안 된다. 다시 말해 끈 자체가 자기 위에 놓인 번들의 파이버들을 함께 데리고 다녀야 한다는 말이다. 이는 보손 모드와는 꽤 다른 종류의 실체이며, 이제 끈은 자신이 거주하는 시공간 번들의 26차원 전체 공간의 18차원 서브번들sub–bundle 이 된다. (이 사실은 그다지 주목 받지 못하고 있다. 유효 시공간은 총 26차원 번들의 10차원 인자공간factor space(§1.10의 그림 1-32와 §A.7 참고)이다. 따라서 끈 세계면도 분명 18차원 서브번들의 인자공간이다.) 이 모드의 자유도는 여전히 $\infty^{a\infty^1}$ 형태이지만(a는 번들의 군에 따라 달라진다), 기하학적인 모습은 이제 보손 모드에서 제시된 것과는 완전히 다르다. 보손 모드에서는 끈이 (그림 1-11에서처럼) 2차원 세계관world tube으로 여겨지는 반면에, 페르미온 모드일 경우 끈은 전문적으로 말해서 총 18(= 2 + 16)차원의 서브번들이어야 한다! 나는 이런 상황을 일관되게 파악하기가 무척 어려우며, 이런 기하학적 사안들이 적절히 논의되는 경우를 한 번도 본 적이 없다.

하지만 여기서 나는 주변 공간을 어떻게 간주하느냐라는 사안과는 별도로, 오른쪽 움직임 및 왼쪽 움직임 모드의 기하학적 속성을 좀 더 구체적으로 짚어 보아야겠다. 왜냐하면 이는 내가 지금껏 거론하지 않았던 또 하나의 사안을 제기하기 때문이다. 앞서 나는 끈 세계면을 리만 곡면으로 여겨도 좋다는 흥미로운 사실을 언급했다. 하지만 이는 내가 방금 위에서 서술한 내용에 결코 부합하지 않는다. 이 책에서 나는 양자(장) 이론의 논의에서 매우 널리 쓰이는 교묘한 한 기법을 도입해서 버젓이 사용하고 있다. 바로 윅 회전Wick rotation이라는 개념인데, 지금껏 이를 명시적으로 언급하지는 않았다.

윅 회전이 무엇일까? 이것은 수학적인 절차로, 원래는 민코프스키 시공간 $\mathbb{M}$(특수상대성의 평평한 시공간. §1.7의 말미 참고)의 양자장 이론에 나오는 다양한 문제들을 일상적인 유클리드 4-공간 $\mathbb{E}^4$의 좀 더 다루기 쉬운 문제들로 변환시키기 위한 개념이었다. 이 개념은 상대성이론의 로런츠 시공간 계량 $\mathbf{g}$가 만약 표준 시간 좌표 t를 it(여기서 $i = \sqrt{-1}$. §A.9 참고)로 대체하면 유클리드 계량으로 변환된다는 사실에서 비롯되었다. 이 기법을 가리켜 유클리드화Euclideanization라고도 한다. 문제가 유클리드 형태로 해결된 후, 그 해를 해석적 확장(§§3.8과 A.10 참고)이라는 절차에 의해 재변환하면 원했던 민코프스키 시공간 $\mathbb{M}$에서의 해가 구해진다. 이제는 윅 회전 개념이 양자장 이론에서 워낙 흔하게 쓰이기 때문에 수많은 상황에서 거의 자동적으로 적용되는 절차로 자리 잡았다. 따라서 굳이 언급하거나 그것의 유효성을 문제 삼지 않는다. 윅 회전은 실제로 적용 가능성이 매우 넓긴 하지만, 그렇다고 보편적으로 타당한 절차인 것은 아니다. 특히 일반상대성에서 나오는 **휘어진 시공간**의 맥락에서는 상당히 의심스럽다. 이 경우 통상적인 상황에서 그 절차가 적용될 수 없는데, 그 이유 는 **표준적인 시간 좌표**natural time coordinate가 존재하지 않기 때문이다. 끈 이론에서 이 점은 일반적인 휘어진 공간 상황의 10차원 시공간에서나 끈 세계면에서나 문젯거리가 된다.[*]

내가 보기에 이런 유형의 어려움은 끈 이론에서 적절히 논한 적이 없는 문제 들을 불러일으킨다. 하지만 그런 일반적인 점들은 여기서 무시하고 대신에 끈 **세계면의 유클리드화**가 어떤 효과를 일으키는지 살펴보자. 하나의 끈 이력을 시각화하면, 단일한 고리가 국소적인 빛의 속력을 초과하지 않으면서 어떤 방 식으로든 움직이는 모습이라고 할 수 있다. 이때 그 세계면은 시간꼴 2-곡면 일 텐데, 이것은 주변 시공간의 로런츠 10-계량으로부터 로런츠 2-계량을 물 려받는다. 이 2-계량은 세계면 내부의 각 점에서 한 쌍의 널 방향을 부여한다. 이런 널 방향들을 한 방향 또는 다른 방향으로 일관되게 따라가면, 세계면 원 통 상에 오른손잡이 또는 왼손잡이의 나선형 널 곡선이 얻어진다. 이런 곡선 족 family의 한 곡선 또는 다른 곡선을 따라 일정하게 생기는 들뜸이 바로 앞에서 언급한, 오른쪽으로 움직이는 모드 및 왼쪽으로 움직이는 모드를 낳는다(그림 1-30(b) 참고). 하지만 그런 원통 세계면은 결코 분기할 수 없으며 그림 1-11 에 필요한 종류의 구도를 가져다주지 못한다. 왜냐하면 로런츠 구조가 관tube의 분기 위치에서 망가지기 때문이다. 그런 위상구조는 그림 1-30(a)에 나오는 유

---

[*] 윅 회전의 한 흥미로운 변형 버전이 시공간 양자화를 위한 하틀-호킹 접근법에서 사용된다 Hartle and Hawking 1983. 하지만 이것은 엄밀히 말해서 매우 다른 절차이며, 제 나름의 문제점을 지니고 있다.

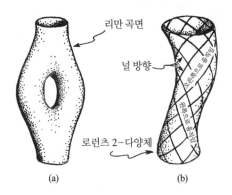

리만 곡면

널 방향

로런츠 2-다양체

(a)   (b)

그림 1-30 이 그림은 끈 세계면과 관련하여 상이한 두 관점을 대비하여 보여준다. (a)는 세계관을 리만 곡면으로 보는 모습으로서, 분기가 가능하고 다양한 방식으로 매끄럽게 재결합이 가능하다. (b)는 (시간꼴) 끈 이력을 로런츠 2-다양체로 보는 좀 더 직접적인 관점으로, 들뜸의 오른쪽 움직임 및 왼쪽 움직임 모드가 묘사되어 있지만 분기는 허용되지 않는다. 두 그림은 윅 회전을 통해 서로 관련이 되는데, 이 절차는 일반상대성의 휘어진 시공간 맥락에서는 심히 의문스럽다.

클리드화된 끈에만 생길 수 있는데, 이 끈은 리만 곡면으로서 널 방향이 없이 리만 유형의 계량을 지니며 **복소 곡선**(§A.10)으로 해석될 수 있다. 이제 유클리드화된 오른쪽 움직임 및 왼쪽 움직임 모드는 각각 리만 곡면 상의 **홀로모픽** 함수 및 **안티홀로모픽**anti-holomorphic 함수에 해당된다(§A.10 참고).

　자유도라는 사안은 이 절의 주요 관심사이긴 하지만, 내가 표준적인 문헌에서 접했던 어떠한 끈 이론 관련 고찰에서도 의미심장하게 다루어진 적이 (아마도) 없는 유일한 물리적 사안은 아니다. 방금 위에서 거론한, 중요한 듯하면서도 심히 의심스러운 윅 회전이 제기하는 직접적이고 기하학적인 고려사항들을 다루는 논의도 나는 거의 보지 못했다. 내가 보기에, 끈 이론의 관점에서 비롯되는 명백하게 기하학적이고 물리적인 여러 사안들은 결코 적절히 논의된 적이 없다!

　가령 잡종 끈 이론의 경우, 끈은 반드시 닫힌 끈이라고 상정된다. 즉, 그 속에 구멍이 없다는 뜻이다(§§1.6과 특히 1.16을 보기 바란다). 만약 이 끈을 직접적으로 물리적인 방식(즉, 윅 회전이라는 "교묘한 기법"을 끌어들이기 이전)으로 다루려 한다면, 끈의 세계면이 그림 1-30(b)처럼 시간꼴이라고 여겨야만 한다. 만약 세계면이 구멍이 없다면, 미래를 향해 무한히 뻗어 나가는 시간꼴 관이어야 한다. 세계면이 "아주 작은" 여분의 차원 주위를 감싼다고 여기는 것은 말이 안 된다. 왜냐하면 그런 차원은 전부 공간꼴이라고 보아야 하기 때문이다. 따라서 그런 세계면은 오직 미래를 향해 무한히 지속될 수밖에 없는데, 그러면 결코 닫힌 끈이라고 인정할 수 없다. 하지만 이제껏 끈 이론의 어떠한 논의에서도 이 점을 적절히 다루는 것을 본 적이 없다.

이처럼 끈 이론이 보통의 물리학적 관점에서 일관된 기하학적 구도를 결여하고 있는 것이 나로서는 아주 기이하다. 심심찮게 만물의 이론으로 일컬어지는 이론이라서 특히 더 그렇다. 게다가 이처럼 기하학적 및 물리학적 일관성이 부족한 모습은 실제 6-다양체(통상적으로 칼라비-야우Calabi–Yau 공간. §§1.13 및 1.14 참고. 끈 이론의 일관성을 위해 필요한 플랑크 스케일의 휘어진 여분의 6-공간 차원을 제공하는 다양체)의 연구에 동원되는 매우 정교한 기하학적 및 매우 세심한 순수수학적 해석과 뚜렷한 대조를 이룬다. 물리학계의 매우 학식 있는 한 이론가 집단이 그처럼 대단한 기하학적 정교함을 선보이면서 한편으로는 전반적인 기하학적 일관성을 외면하는 듯한 태도를 보이는 것은 내가 보기에는 도대체 앞뒤가 맞지 않는다!

앞으로 나올 두 절에서 자유도를 논의할 때 시공간이 10차원인 것처럼 설명하지만, 내 주장은 이 특정한 차원에만 국한되지는 않는다. §1.11의 고전적인 논의, 즉 그러한 여분의 차원이 끔찍하리만치 불안정하다는 주장은 적어도 2개의 여분 (매우 작은) 공간 차원이 있고 10차원 아인슈타인($\Lambda = 0$) 진공 방정식 $^{10}G = 0$(시간 차원은 1로 유지됨)을 만족하는 임의의 고차원 이론에도 적용된다. 표준적인 문헌에서는 원래의 26차원 보손 끈 이론이야말로 끔찍하리만치 불안정하다고 하지만, 그런 주장은 훨씬 더 일반적으로 적용되는 나의 논의와는 별 관련이 없다.

§1.10의 논의는 §1.9의 논의와는 성격이 완전히 다른 것으로, 지극히 작은 여분의 공간 차원들이 매우 높은 에너지 스케일의 관여로 인해 들뜸이 면제된다는 양자역학적 주장에 맞서기 위한 내용이다. 여기서도 그 논의는 이러한 여분의 공간 차원의 개수에만 해당되는 것이 아니지만, 구체적으로 살펴보기 위해 현재 유행하는 10차원 이론의 관점에서 이야기를 전개할 것이다. 어느 경우든 나는 기하학적 개념들을 명백하게 하기 위해 초대칭은 신경 쓰지 않을 것이다. 나는 초대칭의 존재가 논의에 상당한 영향을 미치지는 않으리라고 가정한다. 왜냐하면 이런 논의들은 기하학의 비초대칭적 "몸body" 부분을 거론하기 때문이다(§1.14 참고).

지금까지의 논의 내내 나는 끈 이론에서 필요할 것 같은 관점, 즉 여분의 공간 차원을 전적으로 역학적인 것으로 여겨야 한다는 관점을 취했다. 끈 이론의 여분 차원과 칼루자와 클라인이 도입한 여분 차원의 유사성을 끈 이론가들이 종종 지적하고는 있지만, 다시 강조하자면 원래의 칼루자-클라인 이론과 끈 이론가들이 염두에 두고 있는 제안 사이에는 매우 큰 본질적인 차이가 존재한다. 내가 살펴본 고차원 끈 이론의 모든 버전 중에 이 절의 앞에서 기술한 잡종 모형의 16가지 앞뒤가 안 맞는 차원이 나오는 버전을 빼면, 칼루자-클라인 이론에서 도입한 여분 차원의 **회전대칭**과 비슷한 개념이 전혀 없다. 사실 그런 대칭은 명시적으로 부정되었다Greene 1999. 따라서 끈 이론의 자유도는 엄청나게 과도할 가능성이 높다. 즉, 상대론적 물리 이론에서 예상되는 $\infty^{k\infty^3}$보다는 종래의 10차원 이론의 $\infty^{k\infty^9}$ 형태를 띨 가능성이 높다. 요점을 말하자면, 칼루자-클라인 이론에서는 (회전대칭이 부과되는 덕분에) 여분의 공간(S^1) 차원을 따르는 구조에 임의적인 변이가 생길 자유도가 **없는** 반면에, 끈 이론에서는 이 자유도가 명시적으로 허용된다. 바로 이 때문에 끈 이론에서는 과도한 자유도가 생기고 만다.

나는 고전적인(즉, 비양자적) 고려사항들과 관련된 이 사안을 끈 이론 전문가들이 진지하게 언급하는 것을 본 적이 없다. 한편 그런 고려사항들은 끈 이론과는 본질적으로 무관하다는 주장이 있는데, 이유인즉 그 문제는 고전적인 장이론보다는 양자역학(또는 양자장 이론)의 관점에서 다루어야만 한다는 것이다. 정말이지 여분의 6개의 "작은" 차원들에서 과도한 자유도가 초래된다는 문제가 끈 이론가들에게 닥칠 때면, 종종 그 문제는 내가 보기에 기본적으로 그릇된 어정쩡한 양자역학적 주장과 함께 무시되는 경향이 있다. 다음 절에서 나는 이 주장을 논의할 것이며, 그다음에(§1.11) 이 주장이 철저히 설득력이 떨어질 뿐만 아니라 끈 이론가가 내세우는 여분의 공간 차원의 논리적 함의가 완전히 불안정한 우주임을 논할 것이다. 이 우주에서는 그러한 여분의 차원들이 극적으로 붕괴할 것으로 예상되며, 그 결과 우리에게 익숙한 거시적인 시공간 기하학에도 재앙이 초래되고 만다.

이런 논의들은 주로 시공간 기하학 자체의 자유도를 문제 삼는다. 고차원 시공간 다양체에서 정의된 다른 장들에서는 과도한 자유도와 별개이긴 하지만 밀접한 관련이 있는 사안들이 존재한다. 그 사안들은 §1.10이 끝날 무렵에 논의할 텐데, 이때 실험적 상황들과의 어떤 관련성이 때때로 제시될 것이다. §2.11에서 이와 관련된 문제 하나를 다루는데, 여기서 나오는 내용은 약간 불확정적이며 우려스러운 사안들을 안고 있다. 하지만 내가 아는 한 이 사안들 모두 다른 곳에서 언급되지는 않았으며 추가적인 연구가 필요할 정도는 아니다.

1.10 양자론의 관점에서 본 자유도의 문제

이 절(및 다음 절)에서 나는 논의를 하나 제시한다. 내가 보기에 이 논의는 양자역학적 구도 내에서도 공간적 고차원성 이론들의 과도한 자유도의 사안을 우리가 벗어날 수 없음을 보여주는 매우 강력한 사례를 제공한다. 본질적으로 이 논의는 스티븐 호킹 박사의 60세 생일을 기념하여 2002년 1월에 케임브리지 대학교에서 열린 강연에서 발표한 내용인데Penrose 2003; TRtR, §§31.11, 31.12 이 책에서는 조금 더 설득력 있는 방식으로 제시하고자 한다. 우선 이와 관련된 양자적 사안들이 곧잘 등장하므로, 이를 이해하기 위해 표준적인 양자론의 절차들을 조금 더 살펴볼 필요가 있다.

(가령 수소처럼) 원자 하나가 정지해 있는 단순한 양자계를 살펴보자. 기본적으로 알 수 있는 내용은 그 원자에는 다수의 상이한 **에너지 준위**(가령 수소 원자일 경우, 허용 가능한 여러 궤도들)가 존재한다는 것이다. 그리고 **최소한의** 에너지 상태도 존재하는데, 이를 가리켜 **바닥상태**라고 한다. 예상컨대, 이보다 더 큰 에너지를 갖는 원자의 임의의 다른 정지 상태들은 (원자가 위치한 환경이 너무 "뜨겁지(즉, 에너지가 높지)" 않다면) 결국에는 광자를 방출하면서 바닥상태로 떨어질 것이다. (어떤 상황에서는 이런 전이들 중 일부를 금지하는 선택 규칙이 있을지 모르지만, 그렇다고 해도 전반적인 논의에 영향을 미치지는 않는다.) 반대로 만약 충분한 외부 에너지를 이용할 수 있어서(보통은 이른바 **광자욕조**photon bath 속의 전자기 에너지의 형태로. 즉, 이러한 양자역학적 맥락에서는 광자의 형태로) 이 에너지를 원자에 가하면, 원자는 낮은 에너지 상태, 즉 바닥상태로부터 높은 에너지 상태로 올라갈 수 있다. 어떠한 경우에도 이 과정에 참여하는 각 광자의 에너지 E는 특정 진동수 ν와 연관되며, 플랑크의 유명한 공식 $E = h\nu$를 따른다(§§1.5, 1.8, 2.2 및 3.4).

이제 끈 이론의 고차원 시공간으로 돌아가보자. 끈 이론가라면 거의 누구나 그러려니 하는 사항이 하나 있다. 바로 여분의 공간 차원이 갖는 (거대한!) 자유도가 일상적인 상황에서는 아무 역할을 하지 않으리라는 발상이다. 이 생각은 그러한 자유도가 여분의 6개의 작은 차원들의 기하구조를 **변형**deform시키려면 막대한 에너지가 드는 탓에, 결과적으로 여분 차원들은 들뜸을 면제받게 되리라는 관점에서 비롯된다.

사실, 에너지의 주입 없이도 들뜨게 만들 수 있는 여분 공간 차원의 특별한 변형이 존재한다. 이는 여분의 6 공간 차원들이 칼라비–야우 공간인 10차원 시공간 사례에서 보인다. §§1.13과 1.14를 보기 바란다. 그런 변형을 가리켜 제로 모드zero mode라고 하는데, 이는 끈 이론가들도 잘 알고 있는 문젯거리들을 야기한다. 하지만 제로 모드는 내가 여기서 신경 쓰는 과도한 자유도를 불러일으키지는 않기에, §1.16까지는 이 문제를 굳이 논하지 않겠다. 이 절과 다음 절에서는 과도한 자유도를 초래하며 이를 위해 상당한 양의 에너지를 필요로 하는 변형들을 살펴볼 것이다.

필요한 에너지의 스케일을 가늠하기 위해 다시 플랑크의 공식 $E = h\nu$를 불러오자. 그리고 진동수 ν를 한 신호가 여분 차원들 중 하나의 주위로 전파되는 데 걸리는 시간의 역수 정도라고 정하면 큰 무리가 없다. 이제 이 작은 여분 차원들의 "크기"는 어떤 버전의 끈 이론을 문제 삼느냐에 따라 달라진다. 원래의 26차원 이론에서는 10^{-15}m의 차수 정도로 보면 될 텐데, 그 경우 필요한 에너지는 LHC(§1.1 참고)가 발생시킬 수 있는 범위 내일 것이다. 한편 더 근래에 나온 10차원 초대칭 끈 이론의 경우에는 필요한 에너지가 훨씬 더 커져서, 지구상의 가장 강력한 입자가속기LHC 또는 진지하게 상상해 볼 수 있는 여느 입자가속기의 범위를 엄청나게 벗어난다. 이처럼 양자중력의 사안들을 진지하게 다루려고 하는 끈 이론에서는 필요한 에너지가 대략 플랑크 에너지의 규모이다. 플랑크 에너지는 §§1.1과 1.5에서 간략하게 다루었고 §§3.6과 3.10에서 더 자세히 다루게 될 플랑크 길이와 관련된 에너지이다. 따라서 여분 차원들의 자유도를 바닥상태로부터 들뜨게 하려면, 개별 입자들을 적어도 이 막대한 양의 에너지(제법 큰 대포알의 폭발로 인해 방출되는 에너지와 비슷한 정도)로 가속시키는 어떤 과정이 필요하다는 것이 중론이다. 적어도 이처럼 극소한 규모의 여분 차원을 갖는 끈 이론 버전일 경우, 이런 차원들에서는 현재 예상할 수 있는 어떠한 수단으로도 사실상 들뜸이 일어나지 못할 것으로 보인다.

덧붙여 말하자면, 끈 이론들 중에는 여분 차원들 중 일부가 밀리미터 크기 정도로 크다고 보는, 주류에서 벗어난 버전도 있다. 이런 방안들의 장점이라면 관측 검증이 가능할지 모른다는 것이다Arkani-Hamed et al. 1998. 하지만 자유도의 관점에서 보자면, 그런 방안들은 그처럼 "큰" 진동 에너지를 심지어 현재의 가속기 에너지로 쉽게 발생시킬 수 있느냐는 어려움에 직면한다. 그리고 특히 불명확한 점은, 왜 주류에서 벗어난 방안의 주창자들이 그런 제안을 할 경우 뻔히 드러나는 엄청나게 과도한 자유도를 신경 쓰지 않느냐는 것이다.

내가 보기에 플랑크 스케일 크기의 여분 공간 차원의 자유도가 에너지 들뜸과 무관하다는 주장은 완전히 설득력이 떨어진다. 따라서 여분 차원의 막대한 자유도가 우리의 현재 우주에서 이용 가능한 "통상적인" 에너지 상황에서의 들뜸에 영향을 받지 않아야 한다는 일반적인 주장을 나는 진지하게 받아들일 수 없다. 내가 이처럼 회의적으로 보는 데에는 여러 가지 이유가 있다. 우선, 우리는 왜 플랑크 에너지가 이 맥락에서 "크다"고 간주해야 하는지부터 물어야 한다. 아마도 끈 이론 주창자들이 염두에 둔 구도는 우리가 입자가속기에서 볼 수 있는 상황에서처럼, 가령 엄청난 고에너지 입자를 이용해 여분 차원에 에너지를 주입한다는 것인 듯하다(이는 광자를 주입해 한 원자를 바닥상태로부터 들뜨게 만드는 과정과 비슷하다). 하지만 이때 유념해야 할 점이 있는데, 끈 이론가들이 제시하는 구도는 시공간이 (적어도 여분의 차원들이 바닥상태에 있을 때에는) 곱공간 $M \times X$(§A.7의 그림 A-25 참고)라고 여겨지는 경우이다. 여기서 M은 우리가 일상적으로 보는 고전적인 4차원 시공간과 아주 비슷한 어떤 것이고, X는 여분의 "작은" 차원들의 공간이다. 10차원 버전의 끈 이론일 경우 X는 대체로 칼라비-야우 공간인데, 이것은 우리가 §§1.13과 1.14에서 조금 더 자세히 알게 될 특정한 종류의 6-다양체이다. 만약 여분의 차원들이 들뜨게 된다면, 시공간의 "들뜸 모드"(§A.11 참고)는 $M \times X'$의 형태를 갖는 고차원 시공간으로 드러날 것이다. 여기서 X'은 여분 차원들의 동요된(즉, "들뜬") 계이다. (물론 우리는 X'을 어떤 의미에서 고전적 공간이라기보다는 "양자" 공간으로 여겨야 하지만, 이는 논의에 큰 영향을 미치진 않는다.) 여기서 나의 요점은 $M \times X$를 $M \times X'$으로 동요시킬 때 우리는 **전체 우주**(전체 공간 M이 X의 각 지점에 관련된다)를 동요시키게 되므로, 이 동요 모드를 발생시키는 데 드는 에너지가 "크다"고 여기려면 이 사안을 우주 전체의 맥락에서 보아야 한다는 것이다. 내가 보기에, 이러한 양자 에너지의 주입이 반드시 어떤 국소화된 고에너지 입자에 의해 일어나야 한다고 보는 시각은 매우 비합리적이다.

더 구체적으로, (고차원) 우주 전체의 역학에 영향을 미치는 아마도 **비선형적인**(§§2.4 및 A.11 참고) 불안정성의 어떤 형태를 살펴보자. 이 시점에서 분명히 밝히자면, 나는 6개의 여분 공간 차원들의 행동을 지배하는 "내적" 자유도의 역학이 우리에게 익숙한 4차원 시공간의 행동을 지배하는 "외적" 자유도의 역학에 **독립적**이라고 여기지 **않는다**. 두 가지 모두 실제의 전체 "시공간"의 구성요소로 타당하게 간주될 수 있으려면, 두 가지 자유도 모두를(가령, 전자가 후자 위에 놓인 일종의 "번들"이라고 보는 방식이 아니라. §§1.9와 A.7 참고) 하나의 전체적인 방식으로 지배하는 역학이 존재해야 한다. 실제로 아인슈타인 방정식의 어떤 버전은 두 가지 자유도의 시간에 따른 변화evolution를 한꺼번에 지배하는 것으로 여겨지는데, 나는 끈 이론가들이 적어도 고전적 수준(여기에서는 전체 10차원 시공간이 10차원 아인슈타인 진공 장 방정식 $^{10}G = 0$에 의해 훌륭하게 근사된다)에서는 바로 그 점을 염두에 두고 있다고 본다(§1.11 참고).

그런 **고전적인** 불안정성의 사안들은 §1.11에서 다룰 것이다. 현재의 논의는 **양자적** 사안들에 관한 것인데, 그 골자는 안정성의 문제를 진지하게 이해하려면 고전적인 구도를 살펴야 한다는 것이다. 전체 우주의 역학의 맥락에서 보면, 플랑크 에너지는 결코 크지 않다. 지극히 작은 에너지다. 가령 지구가 태양 주위를 도는 운동만 해도 대략 백만의 백만의 백만의 백만 배 더 큰(즉, 10^{24}배의)

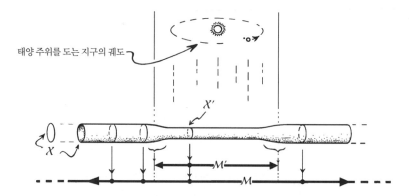

태양 주위를 도는 지구의 궤도

X'

X

M'

M

그림 1-31 끈 이론에 나오는 극소한 6개의 여분 차원 공간 X를 들뜨게 하려면 플랑크 스케일 정도의 에너지가 든다. 하지만 태양 주위를 도는 지구의 운동에는 이보다 훨씬 더 큰 에너지가 든다. 여기서 M은 우리가 사는 통상적인 4-시공간을 나타내고 M'은 이 시공간의 비교적 작은 부분으로서 지구 상의 궤도 운동을 포함하는 영역을 나타낸다. 지구의 운동에너지로 인해 시공간에 생기는 교란의 지극히 적은 일부만으로도 X를 교란시켜 아주 근소하게 다른 공간 X'으로 바꿀 수 있는데, 이 X'은 M' 영역 상에 펴져 있다.

운동에너지가 든다! 내가 보기엔, 극히 작은 일부만 취해도 플랑크 에너지를 한참 초과하는 이 에너지가 지구 규모(어쩌면 이보다 더 큰, 지구-태양계 전체를 포함하는 규모)의 어떤 공간 영역 M' 상에서 공간 X를 교란시키지 않아야 할 이유가 없다. 그런 비교적 큰 영역에 걸쳐 흩어져 있기에 M' 전체에 대한 이 에너지의 **밀도**는 지극히 작을 것이다(그림 1-31 참고). 따라서 이러한 여분의 공간 차원들(X)의 **기하구조**는 플랑크 에너지 분포에 의해 M' 상에서 결코 바뀌지 않을 것이므로, 국소적인 시공간 기하구조 $M' \times X$가 교란되어 $M' \times X'$과 같은 구조로 바뀌지 않고서 M' 영역 바깥에서 $M \times X$의 나머지와 매끄럽게 연결될 이유가 내가 보기에는 전혀 없다. 여기서 **기하구조** X와 X' 사이의 차이는 터무니없을 정도로, 가령 플랑크 스케일보다 엄청나게 **작을** 수 있다.

전체 10 공간을 지배하는 방정식들은 M의 방정식들을 X의 방정식들과 역학적으로 결합시킬 것이기에, X의 기하구조의 미세한 국소적 변화는 거시적인 시공간 기하구조 M의 꽤 국소적인(M' 부근의) 교란을 일으키게 될 것이다.

게다가 이런 결합은 상호적일 것이다. 따라서 플랑크 스케일의 기하구조(부수적으로 엄청나게 큰 시공간 곡률을 수반하는 구조) 속에 있는 자유도 덕분에 여분 차원의 자유도가 과도하게 커지는 현상은 거시적 역학에 재앙을 초래한다고 볼 수 있다.

한편 초대칭 개념에서 나온 주장은, 바닥상태의 X 기하구조가 매우 제한적일지 모르니(이른바 칼라비-야우 6-공간의 경우. §§1.13과 1.14 참고), 역학적 상황에서의 그러한 기하구조가 달라질 가능성은 **없다**고 본다. 가령, [10]$G = 0$ 아인슈타인 방정식이 곱 형태 $M \times X$를 갖도록 제한되는 기하구조에 적용될 때는 (M의 기하구조뿐만 아니라) X 자체의 기하구조에 강한 조건이 부과됨을 의미하는 반면에, 이 매우 특별한 곱 형태는 일반적인 역학적 상황들에서는 지속되지 않으리라고 예상된다. 실제로 거의 **모든** 자유도는 이런 곱 형태를 갖지 않는 상황에서 표현된다(§A.11 참고). 따라서 여분 차원들이 바닥상태에서 그처럼 특정한 기하구조(가령, 칼라비-야우 공간)를 갖도록 제한하기 위해 무슨 기준을 사용하든지 간에, 우리는 이 곱 형태가 전반적인 역학적 상황에서 유지되리라고 볼 수 없다.

이 시점에서 앞서 언급한 원자의 양자적 전이quantum transition와 비교하여 명확히 해야 할 내용이 있다. 이 절의 서두에서 정지해 있는 원자를 고려할 때 전문적인 사안 하나를 슬쩍 지나쳤기 때문이다. 전문적으로 말해서, 정확히 정지해 있으려면 원자의 상태(파동함수)는 반드시 X(또는 X')가 전체 우주 상에 $M \times X$라는 곱의 형태로 균일하게 퍼져 있는 것처럼 전체 우주 상에 균일하게 퍼져 있어야 한다(정지해 있으려면 원자는 운동량이 영이어야 하므로 그러한 균일성이 생긴다. §§2.13 및 4.2 참고). 이것이 앞의 논의를 어떤 식으로든 무효로 만들까? 내가 보기엔 그렇지 않다. 그럼에도 불구하고 하나의 원자가 관여하는 과정은 **국소화된** 사건으로 여겨야 한다. 그래야지만 한 원자의 상태 변화는 가령 광자와 같은 다른 국소화된 어떤 실체와의 만남이라는 국소적 과정에 의해 영향을 받게 된다. 한 원자의 정지 상태(또는 시간에 독립적인 파동함수)가 전문적으로 말해 전체 우주에 걸쳐 퍼져 있어야 한다는 사실은, 모든 질량이 계의 **질량 중심**에 놓여 있다고 통상적으로 여기듯이, 계산이 실제로 수행되는 방식과는 무관하다. 그러면 앞에서 언급한 어려움은 사라진다.

그러나 플랑크 스케일 공간 X의 교란과 관련된 상황은 완전히 다르다. 왜냐하면 여기서 X의 바닥상태는 그 속성상 우리의 통상적인 시공간 M의 임의의 특정 위치에서 꼭 국소화되어 있지 않고, 대신에 전체 우주에 걸친 시공간 구조를 넘나들면서 편재하는 것으로 상정되기 때문이다. X의 기하학적 양자 상태는 지구 상에서와 마찬가지로 아주 먼 은하에서 벌어지는 세세한 물리학에도 영향을 미친다고 가정해야 옳다. 플랑크 스케일 에너지가 이용 가능성 면에서 너무나 커서 X를 들뜨게 할 수 없으리라는 끈 이론가의 주장은 내가 보기에 여러 가지 점에서 부적절해 보인다. 그런 에너지는 비국소화된 수단(가령, 지구의 운동)을 통해 이용할 수 있을 뿐 아니라, 만약 X가 실제로 그런 입자 전이에 의해 들뜬 상태 X'으로 변환되어(아마도 플랑크 에너지 입자가속기를 만들어내는 진일보한 기술 덕분에) 우주의 새로운 상태 $M \times X'$을 생기게 할 수 있다고 상상해본다고 치더라도 이것은 너무나 터무니없다. 왜냐하면 지구에서 생긴 그러한 사건에 의해 안드로메다은하의 물리적 구조가 즉시 바뀌리라고는 누구도 예상할 수 없지 않은가! 우리는 그보다 훨씬 온건한 관점으로 접근하여 지구 근처에서 생긴 사건은 빛의 속력으로 외부로 전파한다고 여겨야 한다. 그런 일은 급작스러운 양자적 전이보다는 비선형적 고전 방정식으로 훨씬 더 타당하게 기술될 것이다.

이러한 관점에서 앞서 다룬 내용으로 되돌아가자. M의 꽤 큰 영역 M' 상에 퍼져 있는 플랑크 스케일 양자 에너지가 이 영역 상의 공간 X의 기하구조에 어떤 방식으로 영향을 미치게 될지 살펴보고자 한다. 위에서 언급했듯이 X는 아주 미미한 영향을 받을 것이며, 영역 M'이 더 클수록 이 영역 상에서 X의 변화는 더 작을 것이다. 우리는 이 변화가 플랑크 에너지의 널리 퍼진 사건에 의해 영향을 받는다고 여긴다. 따라서 X의 모양이나 크기에 있어서 실제로 중요한 변화, 즉 X를 이와 상당히 다른 공간 X^*로 바꾸는 변화를 조사하려고 한다면, 우리는 플랑크 스케일보다 엄청나게 더 큰 에너지를 다루어야 한다(물론 그런 에너지는 우리가 아는 물리적 우주에서 태양 주위를 도는 지구의 운동처럼 매우 풍부하다). 이것은 플랑크 스케일 에너지의 단일한 "최소의" 양자에 의해 제공되지 않고 방대한 개수의 양자들의 변화가 X에 가해져야 생긴다. X를 이와 상당히 다른 X^*로 꽤 큰 영역 상에서 변환시키려면, 정말이지 그런 양자들이 엄청나게 많이(아마도 플랑크 스케일 정도나 그 이상) 필요할 것이다. 이처럼 방대한 개수의 양자를 필요로 하는 효과를 고려할 때는 그런 효과가 순전히 고전적인 방식으로(즉, 양자역학에 의하지 않고서) 가장 잘 기술된다고 가정하는 편이 일반적이다.

2장에서 보겠지만, 고전성의 외양을 띤 것이 어떻게 다수의 양자 사건들로부터 생길 수 있느냐는 문제는 양자 세계가 고전 세계와 관계를 맺는 방식에 관한 심오한 질문들을 실제로 여럿 제기한다. 이는 (겉보기의) 고전성이 단지 다수의 양자가 관여함으로써 생기는지 아니면 다른 기준으로 생기는지에 관한 흥미로운(그리고 논쟁적인) 질문이기에, 이 문제를 §2.13에서 다시 다룰 것이다. 현재로서는 논의의 목적상 그런 미묘한 문제는 그다지 중요하지 않기 때문에 한 가지만 짚고 넘어가기로 한다. 그 한 가지는 실제로 공간 X를 상당히 변화시키는 시공간 $M \times X$의 교란을 다루려면 고전적 논증을 사용하는 편이 합리적이라고 간주해야 한다는 것이다. 이는 곧 살펴보겠지만, 다음 절에 나오는 여분 공간 차원의 심각한 문제들을 불러일으킨다.

하지만 이 문제들을 다루기(끈 이론에서 비롯되는 특정한 형태의 공간적 고차원성을 구체적으로 논의하기) 전에, 앞에서 살펴본 내용과 비슷한 유형의 실험적 상황과 비교해보는 것이 유용할 듯하다. 이 상황의 대표적인 예로서 **양자**

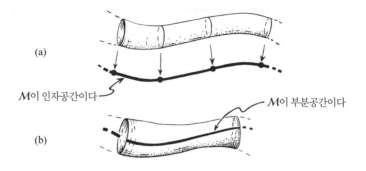

(a)

M이 인자공간이다

M이 부분공간이다

(b)

그림 1-32 (a)M이 인자공간인 경우와 (b)M이 부분공간인 경우의 차이.

홀 효과quantum hall effect, von Klitzing et al. 1980; von Klitzing 1983를 들 수 있다. 이것은 자세히 밝혀진 2 공간 차원 양자 현상으로서, 일상적인 3 공간 차원의 물리학 내에서 생긴다. 여기에는 해당 계를 2차원 곡면에 가두어 두는 큰 에너지 장벽이 존재하며, 이 낮은 차원 세계의 양자물리학은 나머지 세 번째 공간 차원을 인식하지 못한다. 왜냐하면 그 세계 속의 존재들은 이 에너지 장벽을 뛰어넘을 만큼의 에너지를 갖고 있지 않기 때문이다. 그러므로 이런 종류의 사례가 끈 이론의 고차원에서 생길 것으로 여겨지는 일과 비슷하다는 주장이 가끔씩 제기된다. 마찬가지로 우리의 일상적인 3 공간 차원 물리학은 이 차원 내부에서 생기는 9 공간 차원 주변 세계를 높은 에너지 장벽 때문에 인식하지 못한다는 것이다.

하지만 이는 완전히 그릇된 유추이다. 왜냐하면 위의 사례는 §1.16의 막 세계brane-world의 관점에 더 적합하기 때문이다. 즉, 낮은 차원의 공간이 내가 지금껏 논의해온 표준적인 끈 이론에 어울리는 **인자공간**factor space(앞에 나오는 식 $M \times X$가 그 예로서, M이 인자공간이다)이라기보다는 고차원 공간의 **부분공간**subspace이라고 보는 관점에 따른 것이다. 그림 1-32와 §A.7을 보기 바란다. 부분공간과 대조적으로, 인자공간으로서 M의 역할은 다음 절에서 논의한다. 부분공간은 이와는 매우 다른 막 세계 관점으로, §1.16에서 조금 더 자세히 기술한다.

1.11 고차원 끈 이론의 고전적 불안정성

이제 §1.10에서 제기된 사안으로 되돌아가자. $S = M \times X$ 형태의 고전적 시공간의 안정성 문제 말이다. 여기서 X는 아주 작은 크기의 콤팩트한compact 공간이다. 내 논의는 공간 X의 속성을 구체적으로 밝히지는 않겠지만, X가 **칼라비-야우 다양체**(더 자세한 설명은 §§1.13과 1.14에 나온다)라는 콤팩트한 6차원 공간의 유형이며 S는 10차원 시공간이라고 보는 끈 이론 버전의 관점에서 이 논의를 진행하겠다. 초대칭의 어떤 요소들이 관여할 테지만(§1.14), 이는 내가 여기서 하려는 고전적 논의(계의 "몸body" 부분에 적용된다고 볼 수 있는 논의. §1.14 참고)에서는 아무런 역할을 하지 않는다. 따라서 나는 당분간 초대칭을 마음껏 무시할 것이며, 초대칭에 관한 고찰은 §1.14까지 미룰 것이다. 사실, 기본적으로 X에 관해 전제해야 할 점은 이 공간이 최소한 2차원이어야 한다는 것뿐이다. 현재의 끈 이론에서 의도하는 바도 바로 그것이다. 하지만 나는 시공간 S가 어떤 장 방정식을 만족해야 한다는 점도 추가하고자 한다.

앞서 언급했듯이(§1.10), 끈 이론에 따르면 이 고차원 공간 S에 부여된 계량을 만족하는 장 방정식들이 정말로 존재해야 한다. 첫 번째 근사로서, 우리는 S에 대한 이러한 방정식 집합이 **아인슈타인 진공 방정식** $^{10}G = 0$인 경우를 고찰할 수 있다. 이때 ^{10}G는 S의 10-계량으로부터 구성된 아인슈타인 텐서이다. 이 방정식은 **이상성**을 피하기 위해(§1.6에 나오듯이 이상성을 피하기 위해 이론가들은 공간 차원을 증가시키게 되었다) 끈들이 존재하는 시공간 S에 부과된다. 사실, $^{10}G = 0$의 "^{10}G"는 **끈 상수**string constant라고 하는 한 작은 양 α'의 멱급수의 첫째 항일 뿐이다. α'은 플랑크 길이(§1.5 참고)의 제곱보다 조금 더 크다고 통상적으로 여겨지는 지극히 작은 면적 파라미터이며 다음 값을 갖는다.

$$\alpha' \approx 10^{-68} \text{m}^2$$

그러므로 $\mathcal{S}$에 대한 장 방정식은 아래와 같이 멱급수 형태(§A.10)로 전개할 수 있다.

$$0 = {}^{10}\text{G} + \alpha'\text{H} + \alpha'^2\text{J} + \alpha'^3\text{K} + \cdots$$

여기서 H, J, K, ⋯ 등은 리만 곡률 및 그것의 다양한 고차 도함수들로부터 구성된 식이다. 그러나 α'이 지극히 작기 때문에 끈 이론의 특정 버전들에서 고차 항들은 대체로 무시된다(하지만 그 행동의 타당성은 조금 의문스럽다. 왜냐하면 급수의 수렴 내지 궁극적인 행동에 관한 정보가 전혀 없기 때문이다(§§A.10 및 A.11 참고)). 특히 위에서 언급된 칼라비-야우 공간(§§1.13 및 1.14 참고)은 분명히 6-공간 방정식 "${}^6\text{G} = 0$"을 만족한다고 볼 수 있는데, 만약 표준적인 아인슈타인 진공 방정식 ${}^4\text{G} = 0$이 M에 대해서도 참이라고 가정된다면(물질장의 진공 "바닥상태"에서는 이렇게 보는 것이 합리적일 것이다), 이에 대응하는 10-공간 방정식 ${}^{10}\text{G} = 0$도 곱공간 $M \times X$에 대해 참이라는 결과가 나온다.[*] 이 모든 논의에서 나는 아인슈타인 방정식을 Λ 항 없이 표현하고 있다(§§1.1 및 3.1 참고). 지금 논의하는 범위에서 우주상수는 완전히 무시해도 될 것이다.

위의 내용과 부합하게끔, 진공 방정식 ${}^{10}\text{G} = 0$이 $\mathcal{S} = M \times X$에 대해서 정말로 참이라고 가정하자. 우리의 관심사는 작은 교란이 "여분 차원들"의 (칼라

---

[*] (각각 차원이 m과 n인) 두 (유사)리만 곡면의 곱 $M \times N$의 아인슈타인 텐서 ${}^{m,n}\text{G}$는 각각의 개별 아인슈타인 텐서 ${}^m\text{G}$와 ${}^n\text{G}$의 직접적인 합 ${}^m\text{G} \oplus {}^n\text{G}$로 표현될 수 있으며, $M \times N$의 (유사)계량은 M과 N 각각의 개별 (유사)계량 ${}^m\text{g}$와 ${}^n\text{g}$의 직접적인 합인 ${}^{m,n}\text{g} = {}^m\text{g} \oplus {}^n\text{g}$인 것으로 정의된다 Guillemin and Pollack 1974. 더욱 심도 있는 접근법을 알고 싶으면 참고 문헌Besse 1987을 보라. 이로부터 $M \times N$에서 아인슈타인 텐서가 영이 되는 경우란 오직 M과 N 둘 다 아인슈타인 텐서가 영일 때이다.

비–야우) 공간 X에 가해지면 무슨 일이 생기느냐다. 여기서 내가 고려할 교란의 중요한 속성 하나를 짚어야겠다. 끈 이론 학계 내부에는 칼라비–야우 공간의 한 예를 §1.16에서 다루게 될 모듈러스modulus, 법(이것은 특정한 위상공간류class 내에서 칼라비–야우 다양체의 특정 형태를 정의한다)를 바꿈으로써 조금 다른 공간으로 변형시키는 교란에 관한 많은 논의가 있다. 이처럼 법의 값을 바꾸는 교란들 중에는 §1.10에서 언급된 제로 모드가 있다. 이 절에서 나는 그 유형의 변형에는 별로 관심이 없는데, 그 이유는 칼라비–야우 공간들의 족family 바깥으로 우리를 데려다 주지 않기 때문이다. 종래의 끈 이론에서 흔히 주장하기로는 논의가 이 족 내부에 반드시 머물러야 한다고 하는데, 이유인즉 이 공간들은 6개의 여분 공간 차원들이 그런 다양체를 구성하도록 제한하는 초대칭 기준 덕분에 안정적이라고 볼 수 있기 때문이라고 한다. 그러나 이러한 "안정성" 고찰은 그런 공간 차원들이 초대칭 기준을 만족하는 유일한 6–공간임을 보여 주기 위함이다. 안정성의 통상적인 개념은 칼라비–야우 공간에서 벗어난 작은 교란이 다시 그런 공간으로 되돌아간다는 것이다. 하지만 그런 교란이 이 족으로부터 벗어나서 매끄러운 계량이 존재하지 않는 특이한singular 어떤 것에 이를지 모를 가능성은 고려되지 않는다. 사실, 다음에 뒤따르는 논의들의 명백한 함의는 바로 이와 같은 특이한 구조로 빠져버릴 가능성이다.

이를 살펴보려면 우선 M이 전혀 교란되지 않는 기본적인 상황부터 다루는 것이 제일 쉽다. 즉, $M = \mathbb{M}$인 경우다. 여기서 $\mathbb{M}$은 특수상대성의 평평한 민코프스키 4–공간이다(§1.7). $\mathbb{M}$은 평평하므로 다음과 같은 곱공간으로 다시 표현될 수 있다.

$$\mathbb{M} = \mathbb{E}^3 \times \mathbb{E}^1$$

(§A.4, 그림 A–25 참고. 이것은 단지 좌표 x, y, z, t를 우선 (x, y, z)로 묶은 다음에 t를 보태는 과정일 뿐이다.) 유클리드 3–공간 $\mathbb{E}^3$는 통상적인 공간(좌표 $x, y,$

z)이며, 1차원 유클리드 공간 $\mathbb{E}^1$은 통상적인 시간(좌표 t)인데, 이것은 실제로 실수 선 $\mathbb{R}$의 복사본일 뿐이다. $\mathbb{M}$을 이렇게 적음으로써 전체 (교란되지 않은) 10차원 시공간 $\mathcal{S}$는 ($\mathbb{M}$과 $\mathcal{X}$를 $\mathcal{S}$의 인자공간으로 삼아) 아래와 같이 표현할 수 있다.

$$\mathcal{S} = \mathbb{M} \times \mathcal{X}$$
$$= \mathbb{E}^3 \times \mathbb{E}^1 \times \mathcal{X}$$
$$= \mathbb{E}^3 \times \mathcal{Z}$$

여기서 $\mathcal{Z}$는 7차원 시공간으로서

$$\mathcal{Z} = \mathbb{E}^1 \times \mathcal{X}$$

이다($\mathcal{Z}$의 좌표에는 먼저 t가 들어가고 그다음에 $\mathcal{X}$의 좌표들이 들어간다).

이제 $t = 0$에서 (칼라비–야우) 6-공간 $\mathcal{X}$를 새로운 공간 $\mathcal{X}^*$로 바꾸는 (작긴 하지만 무한소만큼 작지는 않은) 교란을 살펴보자. 여기서 우리는 이 공간이 (시간 좌표 t를 갖는) $\mathbb{E}^1$이 제공하는 시간 방향으로 진행하여 7차원 시공간 $\mathcal{Z}^*$를 만들어 나간다고 여길 수 있다. 당분간 이 교란이 $\mathcal{X}$에만 적용되고 유클리드 외부 3-공간 $\mathbb{E}^3$는 교란되지 않는다고 가정한다. 이것은 시간에 따른 변화를 나타내는 방정식들과 완벽하게 일치한다. 하지만 이 교란은 시간이 흐름에 따라 어떤 방식으로든 $\mathcal{X}^*$의 6-기하구조를 변화시킬 것으로 예상되므로, 우리는 $\mathcal{Z}^*$가 $\mathbb{E}^1 \times \mathcal{X}^*$(아인슈타인 방정식 $^7\mathbf{G} = \mathbf{0}$에 의해 지배되는 $\mathcal{Z}^*$의 정확한 7-기하구조)와 같은 곱 형태를 유지하리라고 예상할 수 없다. 그러나 전체 시공간 $\mathcal{S}$는 시간이 흘러도 여전히 $\mathbb{E}^3 \times \mathcal{Z}^*$를 유지할 것이다. 왜냐하면 만약 $\mathcal{Z}^*$가 $^7\mathbf{G} = \mathbf{0}$을 만족하면 $^3\mathbf{G} = \mathbf{0}$은 평평한 공간 $\mathbb{E}^3$에 대해 분명 참이기 때문에 전체 아인슈타인 방정식 $^{10}\mathbf{G} = \mathbf{0}$이 이 곱 형태에 의해 만족될 것이기 때문이다.

6-공간 $\mathcal{X}^*$는 $\mathcal{Z}^*$에 대한 $t = 0$에서의 초깃값 곡면이다(그림 1–33). 방정식

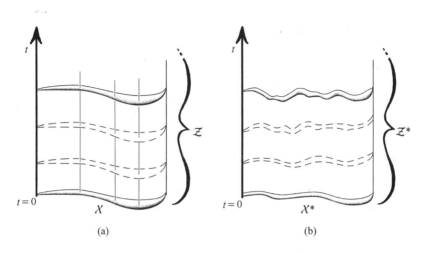

그림 1-33 (a)매우 작은 콤팩트한 공간 X. 여기서 칼라비-야우 공간은 시간에 따른 변화에도 동일하게 유지된다. (b)하지만 X가 미세하게 교란된 X^*로 바뀌면 이 공간은 시간에 따른 상이한 변화를 겪는다.

$^7G = 0$은 이 교란을 미래의 시간 방향($t > 0$인 방향)으로 전파한다. X 상에서 만족되어야 하는 어떤 제약조건 방정식들이 있는데, 엄밀한 수학적 관점에서 볼 때 이런 방정식들이 실제로 콤팩트한 공간 X^* 전체에 걸쳐 어디서나 만족될 수 있도록 보장하는 것은 조금 미묘한 사안일 수 있다. 그렇기는 해도 우리가 X의 그런 초기 교란에 대해 기대하는 자유도는 아래와 같다.

$$\infty^{28\infty^6}$$

이때 "28"은 $n(n-3)$이라는 식에 $n = 7$을 대입한 값으로, 사라지는 아인슈타인 텐서를 갖는 n-공간에 대하여 초기의 $(n-1)$ 곡면 상의 점당 독립된 초기 데이터 구성요소들의 개수이며, "6"은 초기의 6-공간 X^*의 차원이다Wald 1984. 이 자유도에는 X 자체의 내재적 교란과 X가 $\mathcal{Z}$에 끼워져 있는 방식에 따른 외재적 교란이 함께 포함되어 있다. 물론 이 고전적 자유도는 우리가 인식하는 3차원 세계에 적합한 물리 이론에서 예상되는 자유도 $\infty^{k\infty^3}$를 한참 초과한다.

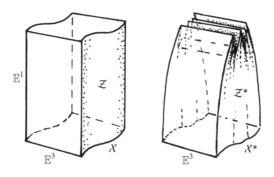

그림 1-34 끈 이론의 여분 차원들의 고전적인 불안정성. 교란된 여분 차원 6-공간 X^*의 시간에 따른 변화 Z^*는 스티븐 호킹과 본 저자가 1970년에 내놓은 정리에 의해 거의 틀림없이 특이성 상태에 빠진다.

하지만 문제는 이보다 훨씬 더 심각하다. 왜냐하면 실질적으로 그런 모든 교란들은 Z의 시간에 따른 **특이한**singular 변화로 이어질 것이기 때문이다(그림 1-34). 즉, 결과적으로 여분의 차원들은 곡률이 무한대로 발산하는 탓에 고전적 방정식의 시간에 따른 변화가 더 이상 불가능해지는 어떤 것 속으로 틀림없이 구겨져 버리고 만다. 이 결론은 1960년대 후반에 증명된 수학적인 **특이성** 정리들로부터 나온다. 그중 가장 대표적인 정리는 1970년 직전에 스티븐 호킹과 내가 밝혀낸 것으로Hawking and Penrose 1970, 무엇보다도 이 정리는 다음을 밝혀냈다. 즉, 콤팩트한 공간꼴 $(n-1)$-곡면(지금 우리가 다루는 사안에서는 초기의 칼라비-야우 6-공간 X^*)을 포함하는 임의의 n차원 시공간($n \geq 3$)으로서 닫힌 시간꼴 고리를 갖지 않는 거의 모든 시공간은 만약 해당 시공간의 아인슈타인 텐서 ^nG가 **강한 에너지 조건**이라고 하는 (음이 아닌) 에너지 조건을 만족한다면(지금 우리가 다루는 사안에서는 분명 만족한다. 왜냐하면 Z^* 전체에 걸쳐 $^7G = 0$이기 때문이다) 시공간 특이성을 반드시 지니게 된다. "거의" 및 "닫힌 시간꼴 고리"의 부재라는 단서는 여기선 무시할 수 있다. 왜냐하면 이런 예외는 설령 발생한다 해도, Z의 전반적 교란으로 생기는 훨씬 더 낮은 자유도의 특수한 상황에서만 발생할 수 있기 때문이다.

여기서 전문적인 내용 하나를 짚어야겠다. 이 정리는 곡률이 반드시 무한대로 발산한다고 실제로 주장하지는 않고, 다만 일반적으로 공간의 시간에 따른 변화가 어떤 점 너머로 확장될 수 없다고 말할 뿐이다. 다른 상황도 예외적인 경우에서 원리상 생길 수는 있지만, 시간에 따른 변화가 지속될 수 없는 일반적인 이유는 곡률이 정말로 발산하기 때문이라고 예상할 수 있다Clarke 1993. 이와 관련된 또 한 가지 사안이 있다. 즉, 여기서 가정된 강한 에너지 조건은 비록 $^7G = 0$에 의해 자동적으로 만족되긴 하지만, 만약 위에서 언급한 α'의 멱급수의 고차항들에서 어떤 일이 벌어지는지 고찰하려 한다면 결코 보장될 수 없다. 하지만 오늘날 끈 이론의 대다수 고찰들은 α'의 이러한 고차항들이 무시되고 아울러 $\mathcal{X}$가 칼라비–야우 공간으로 간주되는 수준에서 이루어지는 듯하다. 아마도 이 특이성 정리가 알려주는 바는 여분 차원의 교란이 고전적으로 취급될 수 있는 한(이는 §1.10의 논의의 분명한 결과로서 정말로 타당한 듯하다) 여분의 6 공간 차원들의 격렬한 불안정성, 즉 그 공간들이 일그러지면서 특이성의 상태로 접근하는 사태가 필연코 예상된다는 것이다. 이 재앙이 일어나기 바로 직전에야, 우리는 α'의 고차항들 또는 추가적인 양자적 고찰들을 진지하게 고려하게 될지 모른다. 교란의 스케일에 따라 이 "일그러짐의 시간"은 지극히 짧은 시간에 일어날 가능성이 큰데, 여기서 염두에 두어야 할 점은 플랑크 시간(빛이 플랑크 거리를 이동하는 데 걸리는 시간. §1.5 참고)은 10^{-43}초의 차수라는 사실이다! 여분의 차원들이 어떻게 일그러지든 간에, 우리에게 관찰되는 물리적 구조는 이 일그러짐에 의해 심각하게 영향을 받은 것이 아닐 수 없다. 이 점은 우리의 우주를 설명하기 위해 끈 이론가들이 제안하는 10차원 시공간의 모습으로서는 심히 불편한 것이다.

여기서 지적해야 할 또 하나의 사안이 있다. 뭐냐하면, 위에서 고찰한 교란은 오직 여분의 6차원에만 영향을 미치며 거시적 차원들(여기서는 유클리드 3–

공간 $\mathbb{E}^3$)은 건드리지 않는다는 것이다. 정말이지 X에만 영향을 주는 교란이 $\infty^{28\infty^6}$의 자유도를 갖는 데 비해, 공간 차원으로만 볼 때 전체 9−공간 $\mathbb{E}^3 \times X$의 교란은 이보다 **훨씬** 더 큰 $\infty^{70\infty^9}$의 자유도를 갖게 될 것이다. 앞서 나온 것과 동일한 정리Hawking and Penrose 1970가 적용되도록 위의 주장을 수정할 수야 있겠지만, 좀 더 복잡한 방식으로 여전히 동일한 특이성 결론이 나오게 될 테고 이번에는 전체 시공간에 그런 사태가 생긴다TRtR, note 31.46, p. 932. 이와는 전혀 별개의 사안으로서, 여분의 6차원과 관련한 고찰에서 나온 교란과 조금이라도 비슷한 거시적 4−공간의 교란은 어떤 것이든 통상적인 물리학에 분명 재앙이 될 것이다. 왜냐하면 X가 갖는 곡률처럼 극미한 곡률은 우리가 관찰할 수 있는 물리 현상에서는 결코 드러나지 않기 때문이다. 이것은 현대의 끈 이론에서 미해결 과제로 남아 있는 난감한 사안 하나를 제기한다. 즉, 어떻게 그처럼 매우 다른 곡률 스케일들이 서로에게 상당한 영향을 미치지 않고서 공존할 수 있느냐는 문제 말이다. 이 곤혹스러운 문제는 §2.11에서 다시 다룬다.

1.12 유행으로 자리 잡은 끈 이론의 지위

이 단계에서 독자는 대단히 유능한 이론물리학자들의 상당수가(특히 우리가 실제로 살고 있는 세계의 근본적인 물리학을 더욱 심오하게 이해하는 데 전념하는 이들이) 끈 이론을 왜 그토록 진지하게 받아들이는지 의아해할지 모른다. 끈 이론(및 나중에 더욱 정교해진 이 이론의 여러 버전들)이 우리가 알고 있는 물리학과 어긋나 보이는 고차원 시공간을 내놓는데도, 왜 이 이론이 대단히 크며 엄청나게 유능한 이론물리학자들 집단에서 그토록 인기 있는 지위를 유지할 수 있단 말인가? 실제로 **얼마만큼** 인기 있는지는 조금 후에 살펴보겠다. 어쨌든 끈 이론이 이러한 지위에 올라 있음을 인정한다면, 우리는 왜 끈 이론가들이

§§1.10과 1.11에서 설명한 내용과 같은 고차원 시공간의 물리적 타당성에 의문을 제기하는 주장들에 꿈쩍도 하지 않는지 물어보아야 한다. 도대체 왜 유행 사조로서 끈 이론의 지위는 그 타당성을 반박하는 주장에도 본질적으로 영향을 받지 않는 듯 보이는가?

앞의 두 절의 주장들은 2002년 1월 영국 케임브리지에서 개최된 스티븐 호킹 박사의 60세 생일 기념 워크숍에서 마지막 강연으로 내가 말한 내용이었다 Penrose 2003. 선구적인 끈 이론가들이 그 강연에 여럿 참석했는데, 다음 날 그중 일부(특히 가브리엘레 베네치아노와 마이클 그린)가 내가 한 주장에 대해 몇 가지 사안들을 거론했다. 하지만 그 이후로는 반응이나 반박이 거의 전무하다시피 했고, 내 주장에 대한 공개적인 반박은 분명 없었다. 아마도 가장 기억에 남았던 반응은 내 강연 다음 날 점심시간에 레너드 서스킨드Leonard Susskind가 내게 한 말이었다. (최대한 내가 들은 대로 전하면 다음과 같다.)

물론 정말 옳으신 말씀이지만, 완전히 잘못 알고 계십니다!

이 말을 어떻게 해석해야 할지 아리송하긴 하지만, 말하고자 하는 바는 다음과 같은 뜻인 듯하다. 끈 이론가들은 끈 이론의 발전을 방해하는 미해결의 수학적 난제들이 존재함을 인정하고는 있지만(이런 난제들 모두는 이미 끈 이론계 내에서 전적으로 인정되고 있다), 그런 사안은 진정한 발전을 결코 가로막아서는 안 되는 전문적인 사항들일 뿐이다. 그들은 이런 전문적인 문제들은 결코 중요한 사안이 아니라고 주장할 것이다. 왜냐하면 끈 이론은 근본적으로 올바른 노선에 있으며, 이 분야를 연구하는 이들은 그런 수학적인 세부사항에 시간을 낭비해서는 안 되고, 심지어 이 분야가 발전하고 있는 이 시점에서 그런 하찮은 지엽적인 문제를 신경 써서는 안 되기 때문이다. 그랬다가는 현재의 또는 장래의 끈 이론계가 근본적인 목표를 완전하게 실현해나가는 길이 뒤틀리고 말 것이다.

내가 보기에 전반적인 수학적 일관성을 이처럼 무시하는 태도는 (잠시 후 설명하겠지만) 대체로 수학적인 관점에서 추진되는 이론으로서는 굉장히 이례적이다. 게다가 내가 제기했던 특정한 반대 주장들은 믿을 만한 물리 이론으로 정착되기 위한 끈 이론의 일관성 있는 발전을 가로막는, 오로지 수학적인 장애물이라고만은 할 수 없다. 이에 대해서는 §1.16에서 살펴보겠다. §1.5에서 언급한 발산하는 파인만 도형을 대체할 것이라고 하는 끈 계산의 유한성은 결코 수학적으로 확립된 것이 아니다Smolin 2006, pp. 278~81. 명확한 수학적 증명에 별로 관심을 쏟지 않는 경향은 아래와 같은 발언에서도 확연히 드러난다. 아마도 이 말을 한 사람은 노벨상 수상자인 데이비드 그로스David Gross인 듯하다.

끈 이론은 명백히 유한한 것이므로 만약 누군가가 이에 관한 수학적 증명을 제시하더라도 나는 굳이 그걸 읽고 싶지는 않다.

이 말을 내게 전해준 아브헤이 아쉬테카르Abhay Ashtekar는 그로스가 처음 한 말인지는 확실치 않다고 했다. 그런데 정말 신기하게도 2005년경에 바르샤바에서 이 문제에 관해 강연을 하던 중 이 말을 꺼냈을 때 마침 데이비드 그로스가 강연장에 들어섰다! 그래서 나는 그에게 정말로 저 말을 했는지 물었다. 그는 부정하지는 않았지만, 이제는 그런 증명을 보고 싶어졌다고 고백했다.

끈 이론이 파인만 도형(및 기타 수학적 기법들)에 의한 표준적 해석에서 생기는 종래의 QFT의 발산 문제를 겪지 않는 유한한 값이 나오는 이론임을 증명하려는 희망은 분명 그 이론을 견인하는 근본적인 동인이 되었다. §1.6에 나오는 그림 1−11에 따라서 파인만 도형을 대체하는 끈 계산에서 리만 곡면의 "복소 마법"을 이용할 수 있음은 분명하다(§§1.6 및 A.10). 하지만 특정한 끈 위상학적 배열로 인해 생기는 개별 진폭(§§1.6 및 A.10)이 유한한 값으로 예상된다고 해서, 끈 이론이 유한한 값이 나오는 이론이라고 볼 수는 없다. 왜냐하면 각각의 끈 위상 구조는 점점 더 복잡해지는 위상 구조들의 **급수들** 중 단 하나의 항만을 알려주기 때문이다. 안타깝게도 각각의 개별 위상 구조 항이 정말로 유한하더라도(이것이 끈 이론가들의 기본적 믿음인 듯한데, 그 대표적인 예가 바로 위의 인용문이다) 급수 전체는 그로스만 자신이 밝힌 대로 발산할 것으로 예상된다Gross and Periwal 1988. 수학적으로는 난감하지만, 이 발산을 놓고서 끈 이론가들은 좋은 일이라고 여기는 경향이 있다. 이는 다만 멱급수 전개가 "엉뚱한 점 주위에서" 일어난 것이기에(§A.10 참고) 끈 진폭의 한 특정한 예상되는 특성을 드러내준 것뿐이라고 보는 것이다. 그럼에도 불구하고 이러한 결점은 끈 이론이 QFT의 진폭을 계산하기 위한 유한한 값이 나오는 절차를 직접 제공해주리라는 우리의 희망을 날려버리는 듯하다.

그런데 끈 이론은 얼마만큼 인기가 있을까? 양자중력에 대한 하나의 접근법으로서 이 이론의 (적어도 1997년 무렵의) 인기를 살짝 엿볼 수 있는 자그마한 조사가 있다. 일반상대성과 중력에 관한 국제회의에서 카를로 로벨리가 했던 강연에 소개된 조사이다. 1997년 12월 인도의 푸네에서 열렸던 강연이었는데, 당시 나와 있던 양자중력에 관한 상이한 접근법들이 주제였다. 두말할 필요 없이 로벨리는 양자중력 이론에 대한 루프-변수loop-variable 접근법의 창시자들 중 한 명이다Rovelli 2004; TRtR, chapter 32. 그는 공평무사한 사회과학자인 체하지 않았다. 분명 누구라도 그 조사가 엄격한 연구인지 의심해볼 수 있었지만 그건 그다지 중요한 사안이 아니다. 그러니 나도 그걸 염려하진 않겠다. 로벨리는 로스앤젤레스 시립도서관을 조사하여 양자중력에 관한 각각의 접근법에 대해 그 전년도에 논문이 몇 편 나왔는지 알아보았다. 조사 결과는 다음과 같다.

끈 이론	69
루프 양자중력	25

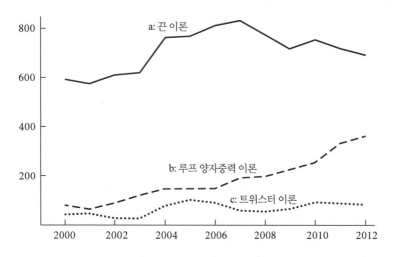

그림 1-35 카를로 로벨리가 로스앤젤레스 시립도서관의 자료를 통해 2000~2012년 사이의 양자중력의 세 가지 접근법(즉, 끈 이론과 루프 양자중력 이론 및 트위스터 이론)의 상대적 인기를 추적한 그래프.

휘어진 공간의 QFT	8
격자 접근법	7
유클리드 양자중력	3
비가환 기하학	3
양자우주론	1
트위스터 이론	1
기타	6

이 조사에서 드러나듯이, 끈 이론은 양자중력에 대한 압도적으로 인기 있는 접근법일 뿐만 아니라 다른 접근법들을 전부 합친 것보다 더 인기가 있다.

이후에도 여러 해에 걸쳐 로벨리는 이 조사를 계속 했는데, 주제는 좀 더 제한적이었지만 기간은 2000년부터 2012년까지였다. 이 조사에서 그는 오직 양자중력의 세 가지 접근법, 즉 끈 이론과 루프 양자중력 이론 및 트위스터 이론의 상대적 인기를 추적했다(그림 1–35). 이 그래프에 따르면 끈 이론은 인기 이론의 자리를 거뜬히 유지하고 있으며, 2007년경 정점을 찍었지만 이후로도 급격한 인기 하락은 겪지 않았다. 조사한 총기간 동안 일어난 주된 변화는 루프 양자중력 이론에 대한 관심이 꾸준히 높아졌다는 것이다. 트위스터 이론에 대한 뚜렷하지만 그리 대단치는 않은 관심의 증가는 2004년 초반 무렵에 있었는데, 그 이유는 §4.1에서 언급하겠다. 하지만 이런 경향에 너무 큰 의미를 부여하는 것은 적절하지 않을 듯하다.

2003년의 프린스턴 강연에서 내가 로벨리의 1997년 조사 결과를 보여준 후에 사람들은 끈 이론의 논문들이 차지하는 비율이 그 사이에 훨씬 더 커졌을 것이라고 확언했고, 물론 나도 인정했다. 정말이지 그 무렵에 끈 이론의 인기는 상당히 높아졌던 것 같다. 또한 나의 자식인 트위스터 이론(§4.1 참고)이 1997년에 "1"을 얻은 건 꽤 다행이었다. 그 무렵에는 "0"이 나올 가능성이 더 컸을 텐데 말이다. 그리고 오늘날 비가환 기하학은 당시 얻었던 "3"보다 더 높은 점수를 얻을 테지만, 로벨리의 후속 조사에서는 후보에 포함되지 않았다. 분명히 말하건대, 이런 종류의 도표는 자연의 실재에 대한 특정한 접근법의 타당성은 거의 알려주지 않고, 다만 다양한 방안들 각각이 얼마나 인기가 있는지만 알려줄 뿐이다. 게다가 3장과 §4.2에서 설명하겠지만, 내가 보기에 양자중력에 대한 현재의 접근법들은 **모조리** 일반상대성과 양자역학이라는 위대한 두 이론을 결합시키는 자연의 방식에 제대로 부합하는 이론을 내놓지 못하고 있다. 가장 큰 이유는 양자중력이 우리가 찾아야할 것이 아니기 때문이다! 양자중력이라는 용어는 중력장에 적용되는 실제의 양자론을 우리가 찾아야 한다는 뜻을 내포하고 있는데, 내가 보기에는 중력이 개입할 때의 양자역학의 구조 자체를 어떤 식으로든 문제 삼아야 한다. 따라서 그 결과 나올 이론은 엄격한 의미의 양자론이 아니라 현재의 양자화 절차들(§2.13 참고)에서 **벗어난** 어떤 것일 테다.

그렇지만 적절한 양자중력 이론을 찾으려는 욕구는 매우 현실적인 것이다. 많은 물리학자들, 특히 야심찬 젊은 대학원생들은 이십 세기의 위대한 두 혁명(기이하면서도 굉장한 양자역학 그리고 중력에 대한 아인슈타인의 비범한 휘어진 시공간 이론)을 통합하려는 대단히 훌륭한 목표에 큰 진전을 이루기를 갈망한다. 이 목표를 한 마디로 요약하자면 **양자중력**이라고 하는데, 여기서는 표준적인 양자(장) 이론의 규칙들이 중력 이론에 적용된다(이 통합에 대한 나의 조금은 상이한 시각을 §§2.13과 4.2에서 제시하겠다). 그러나 애석하게도 현재의 이론들 중 그 어떤 것도 이 목표에 가깝게 다가가지 못했는데도, 끈 이론의 주창자들은 나름의 자신감에 젖어서 끈 이론만이 유일한 희망임을 전파하고 있는 듯하다. 선구적인 끈 이론가인 조지프 폴친스키Joseph Polchinski 1999는 이렇게 피력했다.

다른 대안은 없다. … 좋은 아이디어는 전부 끈 이론에 속한다.

한편 끈 이론은 이론물리학 연구와 관련하여 한 사상 유파의 소산이라는 것을 꼭 유념해야 한다. 끈 이론은 입자물리학에서 발전해온 특정한 문화이자 양자장 이론의 관점인데, 여기서 중시되는 문제는 발산하는 항들을 유한하게 만드는 것이다. 그런데 아인슈타인의 일반상대성에 훨씬 더 기반을 둔 사람들이 발전시켜온 매우 다른 문화도 존재한다. 여기서 특히 중요한 문제는 일반적인 원리들을 유지하는 것이며, 가장 두드러진 예가 바로 아인슈타인의 이론에서 근본적인 **등가성 원리**(가속 운동의 효과와 중력장의 효과 사이의 원리. §§3.7 및 4.2 참고)와 **일반적 공변성 원리**(§§1.7과 A.5 참고)이다. 가령, 양자중력에 대한 루프-변수 접근법은 일반적 공변성을 으뜸으로 삼아 구축된 데 반해, 끈 이론은 그 원리를 거의 깡그리 무시하고 있는 듯하다!

내가 보기에, 앞에 나온 로벨리의 조사와 같은 고찰은 물리학의 기초를 탐구하는 이론 연구자들 사이에서 끈 이론 및 그 후속 버전들(§§1.13 및 1.15 참고)이 우월하게 여겨짐을 그저 막연히 알려줄 뿐이다. 전 세계의 숱한 물리학과 및 물리학 연구소에 있는 이론가들은 끈 이론 내지 다양한 여러 파생 이론을 주로 다루는 연구를 할 가능성이 높다. 이런 기세가 최근에는 어느 정도 약해지긴 했지만, 양자중력과 같은 근본적인 물리학 분야를 연구하려는 학생들은 여전히 주로 끈 이론(또는 다른 고차원 이론들)에 끌린다. 그 바람에 적어도 끈 이론만큼 전망이 있는 다른 접근법들을 놓치기 일쑤다. 하지만 다른 접근법들은 거의 알려져 있지 않은 데다, 끈 이론에 큰 뜻이 없는 학생들조차 그런 대안적 방안을 추구하기가 어렵다. 주된 이유는 다른 접근법으로 이끌어줄 수 있는 지도교수가 적기 때문이다(하지만 이 문제와 관련하여 루프 양자중력 이론은 근래에 상당한 기반을 마련한 듯하다). 이론물리학계에서 경력을 쌓아가는 메커니즘 자체가 이미 유행하는 분야를 뒤쫓는 방향으로 상당히 기울어져 있다 보니, 이미 인기 있는 끈 이론이 더욱 유행을 타기 마련이다.

유행의 확산에 기름을 붓는 요인은 연구 자금이다. 여러 분야의 연구 프로젝트의 상대적 가치를 판단하기 위해 마련된 위원회들은 각 분야가 받는 현재의 관심 크기에 영향을 크게 받는다. 실제로 위원들 자신도 매우 인기 있는 분야에 종사했을 가능성이 높기에(심지어 그 분야의 유행에 어느 정도 기여했을 것이다) 유행하는 연구를 그렇지 않은 연구보다 더 가치 있게 여길 가능성이 높다. 이런 근본적인 문제점으로 인해 이미 유행하는 분야에 대한 국제적인 관심은 더욱 커지고 유행하지 않는 분야에 대한 관심은 줄고 만다. 게다가 요즘에는 전자통신과 비행기 덕분에 이미 유행하는 아이디어가 급속하게 전파되기가 매우 쉽다. 특히 다른 이들의 결과를 바탕으로 재빠르게 결과를 뽑아내야 하는 매우 경쟁이 심한 연구 분야에서는 기존의 틀을 깨고 심사숙고하여 주류에서 상당히 벗어난 이론을 개발하고자 하는 이들과 달리 그런 경향이 훨씬 크다.

하지만 내가 보기에 요즘에는 적어도 미국의 일부 물리학과에서는 일종의 포화점에 도달했다는 분위기와 더불어 다른 주제들도 새로 영입된 교수진들이 더 많이 다루어야 한다는 분위기가 조성되기 시작했다. 그렇다면 끈 이론의 유행이 차츰 줄어들 수 있을까? 내가 보기에 끈 이론의 위세는 너무 지나쳤다. 물론 끈 이론은 매력적인 요소를 갖고 있으며 향후 지속적으로 발전할 가치가 충분하다. 특히 끈 이론이 수학의 수많은 분야들에 미친 영향은 지대했으며, 그 영향은 분명 매우 긍정적이었다. 그렇기는 해도 끈 이론이 기초물리학의 발전을 가로막고 있는 현실은 개탄스러우며, 더욱 창창하게 뻗어 나갈 수 있는 다른 분야들의 발전도 가로막았다. 내 생각에 끈 이론은 §1.2에서 논의된 과거의 주요한 몇몇 오해들에 비견할 만한 사례에 속한다. 유행의 힘이 기초물리학의 발전에 부당한 영향력을 행사한 사례인 것이다.

그렇기는 해도 유행하는 개념들을 추구하면 참된 이점이 있을 수 있다. 일반적으로 개념들은 수학적으로 일관성이 있으면서 아울러 관찰에 의해 잘 뒷받침될 때에만 과학에서 인기를 유지한다. 하지만 이 말이 끈 이론에도 해당되는지는 기껏해야 논쟁거리일 뿐이다. 그러나 양자중력이라는 분야에 관한 한 누구나 대체로 합의하듯이, 관찰 검증은 현재 실현 가능한 실험의 범위를 훌쩍 뛰어넘는 까닭에 연구자들은 자연 자체로부터 충분한 안내를 받지 못하고서 거의 전적으로 사변적이고 이론적인 추론에만 기댈 수밖에 없다. 이런 비관주의를 설명하기 위해 흔히 거론되는 이유는 플랑크 에너지의 크기이다. 즉 입자 상호작용과 관련하여 플랑크 에너지는 현재의 기술로 감당할 수 있는 범위를 크게 넘어선다(§§1.1, 1.5 및 1.10 참고). 양자중력 이론가들은 자신들의 이론을 관찰을 통해 증명(또는 이론이 틀렸음을 증명)하는 데 체념한 나머지 수학적인 과정에만 몰두하게 된다. 수학적 힘과 아름다움이 마치 한 이론의 실체와 타당성을 기본적으로 보장해주기라도 한다는 듯이 말이다.

이런 이론들은 현재의 실험으로는 검증할 길이 없기에 실험을 통한 판단이라는 통상적인 과학적 기준 바깥에 놓여 있다. 그렇기에 수학(더불어 어떤 기본적인 물리학적 동기)을 통한 판단이 상당히 더 큰 중요성을 차지한다. 물론 수학적으로 일관된 구조뿐만 아니라 새로운 물리 현상을 예견해주는 능력까지 갖춘 방안이 나온다면 상황은 매우 달라질 것이다. 그런 방안은 관찰 결과와 정확히 부합될 수 있다. §2.13(그리고 §4.2)에서 소개하는 방안은 양자론을 일부 수정하여 중력 이론을 양자론과 통합시킨 결과로서, 오늘날의 기술 능력을 너무 벗어나지는 않는 실험적 검증을 거뜬히 받을 수 있을지 모른다. 만약 이로써 적절한 실험을 통해 검증이 가능한 양자중력 이론이 등장하여 그런 실험에 의해 뒷받침된다면, 과학적으로 상당히 인정받게 될 것으로 예상되며 그래야 마땅하다. 그렇다면 그런 이론은 진정한 과학적 발전과 동떨어진 단지 유행 사조라고만 볼 수는 없을 것이다. 하지만 끈 이론에서는 그 정도의 이론이 나온 적이 없다.

여기서 한 가지 예상을 하는 독자들이 있을지 모른다. 명확한 실험적 검증법이 없는 상황이라 수학적으로 잘 들어맞지 않는 양자중력 제안들은 살아남기 어려울 테니, 그러한 제안의 유행 여부가 그 제안의 가치를 알려주는 것으로 볼 수 있지 않겠냐고 말이다. 하지만 순전히 수학적인 판단을 지나치게 신뢰하는 방식은 위험하다. 수학자들은 **물리적 세계를 이해하는 수단으로서** 물리 이론의 타당성(또는 심지어 일관성)에 그다지 관심이 없는 편이며, 대신에 그런 수단의 가치를 새로운 수학 개념의 도입 및 수학적 진리의 평가를 위한 강력한 기법의 측면에서 평가한다.

이러한 요소는 끈 이론에서 특히 중요했으며 분명 그 이론이 인기를 누리는 데 결정적인 역할을 했다. 끈 이론의 개념들에서 나온 수많은 경이로운 내용들이 순수수학의 다양한 분야 속으로 흘러들어 갔다. 대표적인 예가 다음의 인용문에 나오는데, 2000년대 초반에 임페리얼 칼리지 런던의 저명한 수학자 리처드 토머스Richard Thomas한테서 받은 이메일의 한 구절이다. 끈 이론적 고찰에서 비롯되는 한 가지 어려운 수학 문제가 수학적으로 어떤 의미를 갖는지 내가 물었더니, 그가 보내준 답장의 내용이다Candelas et al. 1991.

이러한 이중성들 중 일부가 얼마나 심오한지는 아무리 강조해도 지나치지 않습니다. 늘 새로운 전망을 열어주어 우리를 깜짝 놀라게 해주는 것들이지요. 이전에는 결코 가능하지 않았던 구조를 우리에게 보여주기도 하고요. 수학자들은 이런 것들이 가능하지 않다고 여러 차례 확고하게 예견했지만, 칸델라스Candelas와 데 라 오사de la Ossa 같은 사람들은 그런 예견이 틀렸음을 밝혀냈습니다. 이들이 한 예측을 수학적으로 적절히 해석했더니 전부 옳았습니다. 그건 수학의 **개념적인** 이유 때문은 **아니었습니다**. 왜 옳은지는 우리도 모릅니다. 다만 우리는 양측을 개별적으로 계산했더니 양측에서 동일한 구조와 대칭성 및 해답이 나왔습니다. 수학자가 보기에 이런 일은 우연의 일치일 리가 없습니다. 분명 더 깊은 이유에서 생긴 일입니다. 그리고 그 이유는 **이 위대한 수학적 이론이 자연을 설명해준다는 가정**…

토머스가 언급한 구체적 유형의 사안은 끈 이론의 발전 과정 중에 맞닥뜨린 문제를 해결하는 방식에서 등장하는 어떤 심오한 수학적 개념과 관련이 있다. 이것은 다음 절이 끝나갈 무렵에 나오는 매우 놀라운 이야기에서 등장한다.

1.13 M-이론

초창기에 추켜세웠던 끈 이론의 한 가지 특별한 미덕은 그 이론이 세계의 물리학에 대한 **유일무이한** 방안을 하나 우리에게 주리라는 것이었다. 이 희망은 비록 오랜 세월 동안 이어지고는 있지만, 끈 이론의 **다섯** 가지 상이한 종류가 나타나면서 퇴색된 듯이 보였다. 그 종류는 I 유형, IIA 유형, IIB 유형, 잡종 O(32) 그리고 잡종 $E_8 \times E_8$(이 용어들은 여기서 설명하지 않겠지만Greene 1999, 잡종 모형에 대한 일부 논의는 §1.9에 이미 나왔다)이다. 이러한 여러 가지 버전은 끈이론가들을 성가시게 만들었다. 그런데 걸출한 이론가 에드워드 위튼은 서던 캘리포니아 대학교에서 1995년에 강연을 하나 했다. 끈 이론계에 막대한 영향을 준 이 강연에서 그는 놀라운 일군의 개념을 내놓았는데, 이에 의하면 이중성 duality이라고 하는 어떤 변환이 이 상이한 끈 이론들 사이에 모종의 미묘한 등가성을 드러내준다. 이것은 나중에 "두 번째 끈 혁명"의 시작이라고 회자되었다 (첫 번째는 §1.9에서 언급된 그린과 슈워츠의 연구를 중심으로 한 내용으로, 여기서 초대칭의 개념을 도입해 시공간 차원의 수를 26에서 10으로 줄였다. §§1.9와 1.14 참고). 매우 다른 끈 이론들 속에 깃들어 있는 이 개념 덕분에 더욱 심오하고 아마도 유일무이한 하나의 이론(비록 아직까지도 명확한 수학적 근거가 제시되진 않았지만)이 나올 수 있었는데, 위튼은 이 이론을 M-이론이라고 명명했다. (위튼의 변덕스러운 설명에 따르면 "M"은 "주인master", "행렬matrix", "어머니mother" 또는 다른 여러 가지 가능성의 두문자일 수 있다.)

M-이론의 특징 하나를 들자면, 1차원 끈들(아울러 이 끈들의 2차원 시공간 이력들)과 더불어 총칭으로 막brane(2차원 막의 개념을 p 공간 차원에 일반화시키면, p-막은 $p + 1$ 시공간 차원을 갖는다)이라고 하는 고차원 구조들이 있음을 고려해야 한다는 것이다. (사실, p-막은 M-이론과 별도로 다른 이들에 의해 이미 연구되었다Becker et al. 2006.) 위에서 언급된 이중성이 통하는 유일한 까닭은 상이한 차원들이 동시에 서로 교환되기 때문이다. 마치 다양한 칼라비-야우 공간들이 여분의 공간 차원으로서 각자의 역할을 할 때 그러듯이 말이다. 이것은 기존의 끈 이론 개념의 확장이기 때문에 M-이론과 같은 새로운 이름이 필요한 것이다. 그리고 끈 이론의 매력이자 성공의 핵심 요소인, 맨 처음 끈과 복소 곡선(즉, §§1.6과 1.12에서 언급되었고 §A.10에서 설명되는 리만 곡면)의 연관성은 이 고차원 막의 등장과 함께 폐기되었다. 한편 이 새로운 발상에는 분

명 다른 수학적 아름다움이 있고, 아울러 (§1.12의 말미에 인용된 리처드 토머스의 말에서 짐작되듯이) 이 놀라운 이중성 안에 깃든 어떤 특이한 수학적 힘이 존재한다.

좀 더 구체적으로 이중성의 한 측면인 **거울 대칭**mirror symmetry의 놀라운 적용 사례를 살펴보면 이해에 도움이 될 것이다. 이 대칭은 각 칼라비-야우 공간의 구체적인 "모양"을 기술하는 어떤 파라미터(**호지 수**Hodge number라고 한다) 주위로 교환함으로써 각각의 칼라비-야우 공간을 상이한 칼라비-야우 공간과 짝 짓게 해준다. 칼라비-야우 공간은 특정한 유형의 (실수) 6-다양체이지만, 복소 3-다양체로 해석될 수도 있다. 즉 6-다양체는 **복소 구조**를 지니고 있다. 일반적으로 복소 n-다양체(§A.10의 마지막 부분 참고)는 통상적인 실수 n-다양체(§A.5 참고)와 유사한 것으로서, 실수 체계 $\mathbb{R}$이 복소수 체계 $\mathbb{C}$로 대체되었을 뿐이다(§A.9 참고). 우리는 복소 n-다양체를 이른바 **복소 구조**를 지닌 실수 $2n$-다양체라고 언제나 해석할 수 있다. 하지만 이는 실수 $2n$-다양체가 그러한 복소 구조를 부여 받아서 복소 n-다양체로 해석될 수 있는 우호적인 상황일 때에만 그렇다(§A.10 참고). 아울러 각각의 칼라비-야우 공간은 **심플렉틱 구조**simplectic structure(§A.6에 언급된 **위상공간**phase space이 지니는 종류의 구조)라고 하는 다른 종류의 구조도 갖고 있다. 거울 대칭은 사실상 복소 구조를 심플렉틱 구조와 **교환하는** 매우 특이한 수학적 특징을 갖는다!

여기서 우리가 관심을 갖는 거울 대칭의 구체적인 적용 사례는 일부 순수수학자(대수기하학자)들이 여러 해 전부터 연구해오고 있던 한 문제와 관련하여 등장했다. 두 명의 노르웨이 수학자 예이르 엘링스트루드Geir Ellingstrud와 스테인 아릴 스트뢰메Stein Arild Strømme가 특정한 유형의 복소 3-다양체(이른바 **퀸틱** quintic, 즉 이 다양체는 5차 복소다항식으로 정의된다는 뜻. 실제로 이 다양체는 칼라비-야우 공간의 한 예다)에서 유리 곡선rational curve들의 개수를 세는 기법을 개발했다. (§§1.6과 A.10에 나오듯이) 복소 곡선은 이른바 **리만 곡면**인데,

이 복소 곡선은 곡면의 위상 구조가 구일 때 유리 곡선이라고 불린다. 대수기하학에서 유리 곡선은 점점 더 "비틀린twisted-up" 형태로 나타날 수 있는데, 가장 단순한 형태가 복소 직선(차수 1)이고 그다음으로 단순한 형태가 복소 원뿔곡선(차수 2)이다. 그다음에는 유리 입방 곡선(차수 3), 쿼틱quartic(차수 4) 등이 나온다. 각각의 차수마다 정확하고 계산 가능하며 유한한 개수의 유리 곡선들이 존재한다. (평평한 주변 n-공간 내에 놓인 곡선의 차수order 또는 degree는 그 곡선이 일반적으로 위치한 $(n-1)$-평면과 교차하는 점들의 개수이다.) 두 노르웨이 수학자가 복잡한 컴퓨터 계산의 도움으로 찾아낸 것은 아래와 같은 연속적인 수들이었다.

$$2875,$$
$$609250,$$
$$2682549425.$$

이 수는 각각 차수 1, 2, 3에 대한 값인데, 그 이상의 차수들에 대해서는 이 계산이 매우 어려움이 증명되었다. 이용할 수 있는 기법이 너무나도 복잡했기 때문이다.

이 결과를 듣고서 끈 이론 전문가 필립 칸델라스와 동료들은 M-이론의 거울 대칭 절차들을 적용하는 일에 착수했다. 거울에 비친 칼라비-야우 공간에서 다른 종류의 셈을 수행할 수 있음을 간파했기 때문이다. 이 이중적인 공간의 경우에는 유리 곡선의 개수를 세는 대신에, 훨씬 더 단순한 유형(이때 유리 곡선들은 "거울에 비쳐서" 훨씬 더 다루기 쉬운 족이 된다)의 다른 계산이 이 두 번째 공간 상에서 수행될 수 있다. 그리고 거울 대칭에 따라 이 계산은 예이르 엘링스트루드와 스테인 아릴 스트뢰메가 계산하려고 했던 것과 동일한 값을 내놓아야 했다. 칸델라스와 동료들이 알아낸 수의 열은 다음과 같다.

$$2875,$$
$$609250,$$
$$317206375.$$

놀랍게도 첫 번째와 두 번째 값은 두 노르웨이 수학자가 얻은 값과 일치한다. 비록 세 번째 수는 희한하게도 전혀 다르지만 말이다.

처음에 수학자들은 주장하기를, 거울 대칭 논의는 명확한 수학적 근거가 없이 물리학자의 추측에서 나왔을 뿐이니, 차수 1과 2에서 나타난 일치는 기본적으로 요행이며, 거울 대칭 방법을 통해 얻은 더 높은 차수의 수를 믿어야 할 이유가 전혀 없다고 했다. 하지만 나중에 노르웨이 수학자의 컴퓨터 프로그램 명령어에 오류가 있었음이 드러났고, 이것을 고치자 답은 317206375였다. 거울 대칭 방법이 예측한 바로 그 값이었다! 게다가 거울 대칭 방법을 조금씩 확장했더니 각각의 차수 4, 5, 6, 7, 8, 9, 10의 유리 곡선에 대한 값은 아래와 같았다.

$$242467530000,$$
$$229305888887625,$$
$$248249742118022000,$$
$$295091050570845659250,$$
$$375632160937476603550000,$$
$$503840510416985243645106250,$$
$$704288164978454686113488249750.$$

분명 이것은 거울 대칭 개념(관련된 두 가지 상이한 칼라비–야우 공간이 위에서 나온 의미대로 서로 이중성을 가질 때, 명백히 서로 달라 보이는 두 가지 끈 이론이 깊은 의미에서 "동일"할 수 있음을 증명하려고 제시된 개념)을 뒷받침하는 놀라운 정황 증거였다. 여러 수학자들[*]의 후속 연구Givental 1996가 거뜬히 증명해낸 바에 의하면, 단지 물리학자의 추측처럼 보였던 것이 실제로 확고한 수학적 진리였다. 하지만 수학자들은 §1.13의 말미에 나온 리처드 토머스의 인상적인 말대로, 그러한 거울 대칭과 같은 것이 참일 수 있다는 실마리가 이전에는 없었다. 그런 개념의 물리학적 토대를 전혀 모르는 수학자가 보기에, 그것은 자연이 준 선물과 같다. 이는 십칠 세기 후반의 전성기 때의 상황과 비슷해 보인다. 그때 뉴턴 등에 의해 자연의 작동 방식을 밝혀내고자 개발되었던 미분의 마법이 수학 자체의 엄청난 위력 또한 드러내기 시작했으니 말이다.

물론 이론물리학계 내부에는 자연의 작동 방식이 위대한 힘과 구조의 미묘함을 지닌 수학에 아주 정확하게 의존한다고(맥스웰의 전자기 방정식, 아인슈타인의 중력 이론 및 슈뢰딩거, 하이젠베르크, 디랙 등의 양자 형식론이 이를 인상적으로 보여주었다) 진심으로 믿는 사람들이 많다. 따라서 우리는 거울 대칭의 성과에 감탄하고 이 성과를 근거로, 그런 힘과 미묘한 수학을 낳을 수 있는 물리 이론 또한 물리학으로서 어떤 심오한 타당성을 갖겠거니 여기기 쉽다. 하지만 우리는 그런 결론을 내리는 데 매우 조심해야 한다. 위력적이고 인상적인 수학 이론들 중에는 물리적 세계의 작동 방식과의 관련성을 진지하게 제시해주지 않는 것들도 많기 때문이다. 적절한 예로 앤드루 와일스Andrew Wiles의 경이로운 수학적 업적을 들 수 있다. 그는 다른 이들의 숱한 기존 연구를 참고하여 자신의 연구를 진행하였고, 1994년에 마침내 350년간의 미해결 수학 문제였던 **페르마의 마지막 정리**를 (리처드 테일러Richard Taylor의 도움을 어느 정도 받아서) 증명했다. 그가 밝힌 증명의 열쇠는 거울 대칭을 사용해서 얻은 내용과 조금 비슷했다. 다시 말해, 완전히 달라 보이는 수학적 절차로 얻어진 각각의 두 수열이 실제로는 동일함을 밝혀냈다. 두 수열의 동일성은 **타니야마–시무라**

---

[*] 콘체비치Kontsevich, 기벤탈Givental, 리안Lian, 리우Liu, 야우 등이 있다.

추론Taniyama–Shimura conjecture이라고 알려진 주장이었는데, 페르마의 마지막 정리를 증명하기 위해 와일스는 자신의 방법들을 이용해서 이 추론의 필요한 부분을 밝혀내는 데 성공했다(전체 추론은 와일스가 개발한 방법을 바탕으로 조금 후인 1999년에 브뢰이유Breuil, 콘래드Conrad, 다이아몬드Diamond 및 테일러가 밝혀냈다Breuil et al. 2001). 순수수학에는 이런 유형의 다른 결과들이 많지만, 심오한 새로운 물리 이론의 경우에는 단지 이런 종류의 수학을 훨씬 능가하는 것이 필요하다. 비록 그런 수학이 미묘하고 어렵고 때로는 정말로 마법과도 같은 속성을 지니긴 하지만 말이다. 물리적 세계의 실제 작동 방식과 직접적인 관련성을 갖는다고 인정받으려면, 물리학적 동기와 실험을 통한 뒷받침이 필수적이다. 또한 이 문제들은 우리가 다음에 다룰 사안(끈 이론의 발전에 핵심적인 역할을 해온 사안)에 핵심적이다.

1.14 초대칭

지금까지 나는 초대칭이라는 중대 사안을 마냥 무시했지만, 바로 이 개념이 그린과 슈워츠로 하여금 끈 이론의 시공간 차원을 26에서 10으로 줄일 수 있게 해주었고 아울러 현대 끈 이론의 여러 면에서 주춧돌과 같은 역할을 했다. 사실, 초대칭은 끈 이론 이외의 물리학의 여러 고찰에서도 중요한 개념이다. 초대칭은 현대물리학에서 매우 인기 있는 개념이라고 볼 수 있으니, 그 자체로도 이 장에서 진지하게 고려할 가치가 있다! 이 개념이 이룬 많은 발전이 끈 이론의 필요에서 나온 것이 분명하지만, 인기를 누리게 된 까닭은 끈 이론과는 무관하다.

　그런데 초대칭이란 무엇일까? 이 개념을 설명하려면 §§1.3과 1.6에서 물리학의 기본 입자들을 간략하게 논의한 대목으로 되돌아가야 한다. 다시 떠올려보면, 경입자와 강입자처럼 질량이 있는 입자들의 여러 상이한 족이 있었고 질량이 없는 광자와 같은 다른 입자들이 있었다. 그리고 입자들을 두 가지 유형으로 나누는 기본적인 분류법이 있었다. 바로 §1.6에서 간략하게 소개한 페르미온과 보손으로 구분하는 방법이다.

페르미온과 보손을 구별하는 한 가지 방법은, 페르미온은 고전물리학에서 다루는 입자들(전자, 광자, 중성자 등)과 같은 것이고 보손은 입자들 사이에 힘을 매개하는 입자들이라고 보는 것이다(광자는 전자기 현상의 매개자이고 W와 Z 보손이라는 입자는 약한 상호작용의 매개자이며, **글루온**이라는 실체는 강한 상호작용의 매개자이다). 그러나 이것은 명확한 구분 방법이 아니다. 왜냐하면 §1.3에서 언급된 파이온과 케이온 등의 보손들은 입자성이 강하기 때문이다. 게다가 입자성이 아주 강한 원자도 근사적으로 보손으로 간주할 수 있으며, 이 경우 그런 복합적인 대상들도 여러 면에서 단일 입자처럼 행동한다. 보손 원자bosonic atom는 페르미온 원자fermionic atom와 완전히 다르지 않으며 둘 다 고전 입자처럼 행동하는 듯 보인다.

하지만 이런 혼합물의 사안과 그러한 대상을 단일 입자처럼 타당하게 취급할 수 있는지 여부는 잠시 제쳐두자. 우리가 관심을 갖는 대상들을 단일 입자로 여길 수 있다면, 페르미온과 보손의 구별은 이른바 **파울리의 배타 원리**를 기준으로 이루어진다. 페르미온에만 적용되는 이 원리에 따르면, 두 페르미온은 동일한 상태에 동시에 존재할 수 없는 반면에 두 보손은 그렇지 않다. 간단히 말해, 파울리의 배타 원리에서는 동일한 두 페르미온이 서로 함께 붙어 있을 수 없는데, 그 이유는 둘이 너무 가까워지면 서로를 밀어내기 때문이다. 한편 보손은 자신과 동일한 유형의 다른 보손과 일종의 친화성이 있어서, 서로 붙어 있을 수 있다(**보스–아인슈타인 응축**이라고 하는 다중 보손 상태에서 실제로 그런 일이 생긴다). 이 응축에 대한 설명Ketterle 2002과 좀 더 포괄적인 참고 문헌Ford 2013도 있다.

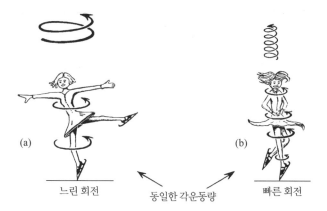

<figure>

(a)

느린 회전   동일한 각운동량   빠른 회전

(b)

</figure>

그림 1−36 물리적 과정에서 각운동량은 보존된다. 예를 들어 스케이트 타는 사람이 회전할 때 팔 길이가 줄어들면 회전 속도가 커지는 현상에서 확인할 수 있다. 그 이유는 더 먼 거리의 회전 운동이 더 가까운 거리의 회전 운동보다 각운동량에 더 많이 기여하기 때문이다.

이처럼 양자역학적 입자들의 꽤 흥미로운 측면을 다시 살펴보자. 그러면 보손과 페르미온의 구분이 매우 불완전함을 알려주는 꽤 모호한 특성이 분명히 드러날 것이다. 조금 더 명확한 구별은 입자의 스핀 값에 관한 설명에서 나온다. 기이하게도 임의의 (들뜨지 않은) 양자 입자는 어떤 고정된 값만큼 회전spin하는데, 이것이 그 특정 입자의 특징이다. 우리는 이 스핀 값을 각속도로 여겨서는 안 되고 오히려 **각운동량**으로 여겨야 하는데, 이 특정한 값은 외력을 받지 않고서 움직이는 입자에서 운동 내내 일정하게 유지된다. 야구공 또는 크리켓공이 공기 속을 날아가면서 회전하거나 스케이트 타는 사람이 스케이트의 한 점을 중심으로 회전하는 경우를 생각해보자. 각각의 경우 각운동량의 의미에서 회전은 유지되며 외력(가령 마찰력)이 없을 때는 무한정 그렇다.

스케이트 타는 사람을 예로 드는 편이 더 낫겠다. 왜냐하면 팔을 뻗으면 각속력이 작아지고 팔을 모으면 각속력이 커진다는 사실을 직접 확인할 수 있기 때문이다. 이 행위 내내 유지되는 것이 **각운동량**인데, 이것은 각속도가 일정할 경우 질량 분포(가령, 스케이트 타는 사람의 팔)가 회전축으로부터 멀어질수록 커지고 회전축으로부터 가까워질수록 작아진다(그림 1−36). 따라서 팔을 모으면 각운동량이 일정하게 유지되어야 하기 때문에 회전 속력이 커져야만 한다.

이제 우리는 모든 고립된 물체에 적용되는 각운동량이라는 개념을 알게 되었다. 이 개념은 또한 개별적인 양자 입자에도 적용되지만, 양자 수준에서의 규칙은 조금 희한하니 익숙해질 시간이 필요하다. 지금까지 알려진 바로, 개별적인 양자 입자의 경우 각각의 입자 유형별로 각운동량의 크기는 그 입자가 어떤 상황에 있든지 간에 언제나 동일한 고정 값을 갖는다. 스핀 축의 방향은 여러 가지 상이한 상황에서 언제나 동일하지 않아도 되지만, 스핀 방향은 본질적으로 양자역학적인 기이한 방식으로 행동하는데, 이를 §2.9에서 다시 살펴보겠다. 이때 우리가 알아야 할 것은 입자의 스핀이 임의의 정해진 방향 주위로 얼마만큼 분포되어 있는지 알아보면, 보손은 $\hbar$의 정수배의 값을 가진다는 것이다. 여기서 $\hbar$는 플랑크 상수 h의 축소된 디랙 버전(§2.11 참고)으로서 아래와 같다.

$$\hbar = \frac{h}{2\pi}$$

그러므로 임의의 정해진 방향 주위로 보손의 스핀 값은 아래와 같은 값들 중 하나여야 한다.

$$\cdots, \ -2\hbar, \ -\hbar, \ 0, \ \hbar, \ 2\hbar, \ 3\hbar, \ \cdots$$

그러나 페르미온의 경우, 임의의 정해진 방향에 대한 스핀 값은 이러한 수들과 $\frac{1}{2}\hbar$만큼 차이가 난다. 즉, 아래와 같은 값들 중 하나여야 한다.

$$\cdots, -\frac{3}{2}\hbar, \ -\frac{1}{2}\hbar, \ \frac{1}{2}\hbar, \ \frac{3}{2}\hbar, \ \frac{5}{2}\hbar, \ \frac{7}{2}\hbar, \ \cdots$$

(따라서 스핀 값이 언제나 $\hbar$의 반정수배이다.) 양자역학의 이 흥미로운 특징이 어떻게 작동하는지는 §2.9에서 더 자세히 다루겠다.

QFT의 틀 내에서 증명된 스핀–통계 정리라는 유명한 정리가 하나 있는데 Streater and Wightman 2000, 이 정리는 보손/페르미온이라는 두 개념의 등가성을 (결과적으로) 알려준다. 더욱 정확히 말하자면, 그 정리는 위에서 언급된 파울리의 배타 원리보다 훨씬 더 수학적으로 포괄적인 내용을 담고 있다. 즉, 보손과 페르미온이 만족해야 하는 통계의 종류를 알려준다. 우리가 이번 장에서 다루었던 양자 형식론을 더욱 깊게 살펴보지 않는 한 그 정리를 만족스럽게 설명하기는 어렵다. 하지만 나는 적어도 필수적인 관련 내용을 독자들에게 전하고자 한다.

다시 떠올려 보면 §1.4(그리고 §§2.3~2.9)에서 언급된 양자 진폭은 QFT 계산(§1.5)에서 얻고자 하는 복소수이며, 이를 통해 양자 현상의 확률 값이 (§2.8의 보른 규칙에 의해) 얻어진다. 임의의 양자 과정에서 이 진폭은 해당 과정에 관여하는 모든 양자 입자들을 기술하는 모든 파라미터들의 함수이다. 또한 이 진폭은 §§2.5~2.7에서 다루게 될 슈뢰딩거 파동함수의 값이라고 볼 수도 있다. 만약 P_1과 P_2가 해당 과정에 관여한 동일한 두 입자라면, 진폭(또는 파동함수) ψ는 이 두 입자에 대한 파라미터 Z_1과 Z_2의 각각의 집합의 함수 $\psi(Z_1, Z_2)$가 될 것이다(여기서 나는 각각의 입자에 대한 이런 모든 파라미터(위치 좌표나 운동량 좌표, 스핀 값 등)를 아우르기 위해 굵은 글씨체 Z를 사용하고 있다). 첨자(1 또는 2)는 어떤 입자를 선택했는지를 가리킨다. n개의 입자들 P_1, P_2, P_3, ⋯, P_n(동일하든 아니든)이 있을 때, 파라미터들의 집합이 n개, 즉 Z_1, Z_2, Z_3, ⋯, Z_n이 얻어질 것이다. 따라서 이 모든 변수들의 함수 ψ는 다음과 같다.

$$\psi = \psi(Z_1, Z_2, \cdots, Z_n)$$

이제 만약 Z_1에 의해 기술되는 유형의 입자가 Z_2에 의해 기술되는 입자 유형과 동일하면서 보손이라면, 다음과 같은 대칭성이 언제나 존재한다.

$$\psi(Z_1, Z_2, \cdots) = \psi(Z_2, Z_1, \cdots)$$

따라서 입자 P_1과 P_2를 교환해도 진폭(또는 파동함수)에는 아무 변화가 없다. 하지만 만약 입자의 유형이 페르미온이라면 다음 관계가 얻어진다.

$$\psi(Z_1, Z_2, \cdots) = -\psi(Z_2, Z_1, \cdots)$$

따라서 P_1과 P_2를 교환하면 진폭(또는 파동함수)의 부호가 반대로 된다. 그리고 이때 만약 입자 P_1과 P_2 각각이 서로 동일한 상태라면, $Z_1 = Z_2$이며 반드시 $\psi = 0$이다(왜냐하면 ψ가 $-\psi$와 동일해야 하기 때문이다). 보른 규칙(§1.4)에 의하면 $\psi = 0$은 영의 확률을 뜻한다. 이는 서로 동일한 상태에 있는 동일한 유형의 두 페르미온이 존재할 수 없다는 파울리 배타 원리를 표현한다. 만약 n개의 입자들이 모두 동일하다면, n개의 보손에 대해 대칭성은 아래와 같이 임의의 쌍의 교환에 확대 적용된다.

$$\psi(\cdots, Z_i, \cdots, Z_j, \cdots) = \psi(\cdots, Z_j, \cdots, Z_i, \cdots)$$

그리고 n개의 페르미온에 대해서는 임의의 쌍에 대해 다음과 같은 반대칭성이 존재한다.

$$\psi(\cdots, Z_i, \cdots, Z_j, \cdots) = -\psi(\cdots, Z_j, \cdots, Z_i, \cdots)$$

위의 두 식에서 각각 표현된 대칭성과 반대칭성으로 인해 보손과 페르미온은 서로 다른 통계를 나타낸다. 동일한 유형의 보손들이 많이 관여하는 상이한 상태들의 개수를 "셀" 때, 한 쌍의 보손이 교환되어도 새로운 상태가 얻어진다고 여겨서는 안 된다. 이런 셈하기 방법은 이른바 **보스–아인슈타인 통계**(또는 간단히 **보스 통계**, 여기서 보스는 **보손**을 뜻한다)를 내놓는다. 이는 페르미온에도 적용되는데, 다만 진폭의 부호가 이상하게 바뀌며 **페르미–디랙 통계**(또는 단순히 페르미 통계, 여기서 페르미는 페르미온을 뜻한다)를 내놓는다. 이 통계는 양자역학적으로 많은 의미를 갖는데, 그중 가장 명백한 사례가 파울리의 배타 원리이다. 그리고 보손이든 페르미온이든, 동일한 종류의 입자 둘을 교환해도 양자 상태는 달라지지 않는다(다만 파동함수의 부호만 바뀌는데, 이는 물리적 상태를 변화시키지는 않는다. 왜냐하면 −1을 곱한다는 것은 $\times e^{i\theta}$, $\theta = \pi$와 같은 위상 변화의 한 예일 뿐이기 때문이다. §1.8 참고). 따라서 양자역학은 동일한 종류의 두 입자가 실제로 반드시 동일해야 한다고 요구한다! 바일이 처음 제기한 게이지 이론에 아인슈타인이 반대한 것도 바로 이 점에서 중요성을 갖는다. 실제로 "게이지"는 스케일의 변화를 가리키기 때문이다(§1.8 참고).

이 모든 내용은 표준적인 양자역학에 속하며, 이에 따른 결과들은 관찰에 의해서 훌륭하게 뒷받침되었다. 하지만 많은 물리학자들은 보손과 페르미온의 족들을 서로 변환시켜주는 새로운 종류의 대칭이 존재해야 한다고 믿는다. 경입자들을 서로 관련지어 약한 상호작용의 게이지 이론을 만드는 대칭들 또는 상이한 쿼크들을 서로 관련지어 강한 상호작용의 게이지 이론을 만드는 대칭들처럼 말이다(§§1.3 및 1.8의 마지막 문단 참고). 하지만 이 두 입자 족은 서로 다른 통계를 따르고 있기 때문에, 이 새로운 유형의 대칭은 통상적인 종류의 대칭일 리가 없다. 따라서 여러 물리학자들은 통상적인 유형의 대칭을 일반화시켜 새로운 유형의 대칭을 내놓았으니, 이른바 **초대칭**이다Kane and Shifman 2000. 초대칭에서 보손의 대칭적 상태는 페르미온의 반대칭적 상태로 변환되며, 그 반대의 경우도 성립한다. 여기에는 이상한 종류의 "수(이른바 **초대칭 생성원** supersymmetry generator)"가 개입되는데, 그 속성은 다음과 같다. 이 수들 가운데 둘, 가령 α와 β를 곱할 때 그 둘을 곱한 값은 그 둘을 반대 순서로 곱한 값에 마이너스 부호를 붙인 것이다. 즉,

$$\alpha\beta = -\beta\alpha$$

이다(연산의 비가환성, 즉 $AB \neq BA$는 양자 형식론에서 실제로 흔하다. §2.13 참고). 바로 이 마이너스 부호로 인해 보스–아인슈타인 통계가 페르미–디랙 통계로, 또는 그 역으로도 변환될 수 있는 것이다.

이러한 비가환적 양을 더 정확히 알려면, 양자역학(그리고 QFT)의 일반적 형식론을 좀 더 살펴봐야 한다. §1.4에서 우리는 한 계의 양자 상태라는 개념을 접했는데, 그러한 상태(Ψ, Φ 등)들은 복소 벡터공간의 법칙을 따른다(§§A.3 및 A.9). 이와 관련하여 **선형 연산자**라는 중요한 개념이 등장한다. 이 연산자가 무엇인지는 나중에, 특히 §§1.16, 2.12, 2.13 및 4.1에서 살펴볼 것이다. 아래 식에서 드러나듯이, 양자 상태 Ψ, Φ 등에 작용하는 연산자 Q는 양자중첩을 보존한다.

$$Q(w\Psi + z\Phi) = wQ(\Psi) + zQ(\Phi)$$

여기서 w와 z는 (일정한) 복소수이다. 양자 연산자의 예로는 위치 연산자 x, 운동량 연산자 p 그리고 에너지 연산자 E가 있고, 이들은 §2.13에서 다시 다룬다. 아울러 §2.12에서 소개할 스핀 연산자도 있다. 표준 양자역학에서 측정은 대체로 선형 연산자로 표현되며 이는 §2.8에서 설명한다.

α와 β 같은 초대칭 생성원 또한 선형 연산자이지만, QFT에서 이들의 역할은 **생성 연산자**와 **소멸 연산자**라고 하는 다른 선형 연산자에 작용하는 것이다. 이들 연산자는 QFT의 대수적 구조에서 필수적이다. 소멸 연산자를 가리키는 기호로 a를 사용할 수 있다면, 이에 대응되는 생성 연산자는 기호 $a^{\dagger}$로 표시할 수 있다. 만약 특정한 양자 상태 Ψ가 있다면, $a^{\dagger}\Psi$는 Ψ에다가 $a^{\dagger}$로 표현되는 특정한 입자 상태를 가했을 때 얻어지는 상태를 말한다. 이와 비슷하게, $a\Psi$는 Ψ에다가 그러한 특정 입자 상태를 제거했을 때 얻어지는 상태이다(그러한 제거가 가능한 연산이라고 가정했을 때의 경우다. 만약 그렇지 않다면, 단지 $a\Psi = 0$이 얻어진다). 그러면 α와 같은 초대칭 생성원은 보손에 대한 생성(또는 소멸)

연산자에 작용하여 그것을 페르미온에 대한 대응되는 연산자로 변환시키는데, 그 역의 경우에는 페르미온에 대한 연산자에 작용하여 그것을 보손에 대한 대응되는 연산자로 변환시킨다.

이때 관계식 $\alpha\beta = -\beta\alpha$에서 $\beta = \alpha$라고 한다면 $\alpha^2 = 0$이 된다(α^2은 $-\alpha^2$과 동일해야 하기 때문이다). 따라서 급수가 높아진(차수 > 1인) 초대칭 생성원은 결코 얻어지지 않는다. 이것은 흥미로운 결과를 낳는다. 유한한 N개의 초대칭 생성원 α, β, ..., ω가 있다면, 임의의 대수 표현 X는 그러한 양들의 급수 없이 아래와 같이 적을 수 있다.

$$X = X_0 + \alpha X_1 + \beta X_2 + \cdots + \omega X_N + \alpha\beta X_{12} + \cdots$$
$$+ \alpha\omega X_{1N} + \cdots + \alpha\beta\cdots\omega X_{12\cdots N}$$

따라서 전체 합에는 2^N개의 항들이 있게 된다(초대칭 생성원들로 이루어진 집합의 원소들 각각을 선택할 때마다 하나의 항이 얻어진다). 이 식은 초대칭 생성원들에 의존하는 양상이 오직 유일한 형태로 생김을 (비록 좌변의 X들 중 일부가 영이 될지도 모르지만) 명시적으로 증명해준다. 첫 항 X_0는 때로는 **몸**body이라고 하며, 적어도 하나의 초대칭 생성원이 존재하는 나머지 $\alpha X_1 + \cdots + \alpha\beta\cdots\omega X_{12\cdots N}$은 **영혼**soul이라고 불린다. 보다시피 일단 식의 한 부분이 영혼 부분에 들어가면, 그것을 다른 식과 곱하더라도 결코 몸 부분으로 되돌아가지 않는다. 따라서 임의의 대수적 계산의 몸 부분은 독립적으로 존재하면서 우리에게 완벽하게 타당한 **고전적** 계산을 제공해주는데, 이때 우리는 영혼 부분을 모조리 잊어도 상관 없다. 이는 §1.11에 나온 것과 같이 초대칭이 그냥 무시되는 대수적 및 기하학적 고찰의 역할이 타당함을 말해준다.

초대칭의 요건은 물리 이론을 선택하기 위한 지침을 제공해준다. 제시된 어떤 이론이 초대칭이어야 함은 정말 강력한 제약조건이다. 이 제약조건 덕분에 해당 이론은 그것의 보손 부분과 페르미온 부분 사이에 어떤 균형을 얻게 되는

데, 두 부분은 초대칭 연산(즉, 위에 나온 X처럼 초대칭 생성원의 도움을 받아 구성된 연산)에 의해 서로 관련을 맺는다. 이는 통제 불가능한 발산으로 인한 곤경을 겪지 않고서 자연을 타당한 방식으로 모형화하기 위한 QFT의 구성에 소중한 자산으로 여겨진다. 초대칭 요건 덕분에 QFT는 재규격화(§1.5)할 수 있는 가능성이 매우 크게 높아지며 또한 중요한 물리적 문제에 대한 유한한 답을 내놓을 가능성이 엄청나게 커진다. 초대칭일 경우, 해당 이론의 보손 부분과 페르미온 부분의 발산은 서로 상쇄된다.

주로 이런 이유 때문에 입자물리학에서 초대칭이 (끈 이론과는 별도로) 인기를 휩쓰는 듯하다. 하지만 자연이 (가령 하나의 초대칭 생성원을 가지면서) 실제로 정확히 초대칭적이라면, 임의의 기본 입자는 원래 입자와 질량이 같은 다른 한 입자(이른바 **초대칭 짝**supersymmetry partner)를 동반하게 되어, 한 쌍의 초대칭 짝은 동일한 질량의 보손과 페르미온을 구성한다. 그리하여 **셀렉트론**selectron이라는 보손이 전자와 짝을 이루고, **스쿼크**squark라는 보손이 각 유형의 쿼크와 짝을 이룬다. 또한 질량이 없는 **포티노**photino와 **그라비티노**gravitino라는 페르미온이 각각 광자photon와 중력자graviton와 짝을 이루며, **위노**wino와 **지노**zino라는 페르미온은 각각 앞에서 언급된 W 보손과 Z 보손과 짝을 이룬다. 사실, 전체 상황은 단지 한 초대칭 생성원만 있는 이 비교적 단순한 경우보다 더 놀랍다. 만약 N개의 초대칭 생성원이 있다면($N > 1$) 기본 입자들은 단지 이런 식으로만 짝을 짓지 않고, 동일한 질량인 절반의 보손과 절반의 페르미온이 서로 짝을 이룬다. 이때 초대칭 짝짓기의 수는 2^N가지이다.

기본 입자들의 이런 놀라운 대량 증식(그리고 아마도 제안된 용어의 터무니없음)을 감안할 때, 독자들은 아직 그런 초대칭 집합들이 관찰된 적이 없다는 소식에 안도감을 느낄지 모른다! 그러나 이런 사실이 초대칭 주창자들을 결코 머뭇거리게 만들지는 않았다. 어떤 초대칭 붕괴 메커니즘이 작동하여 자연에서 실제로 관찰되는 입자들이 정확한 초대칭을 갖지 못하는 바람에, 임의의 다중쌍 속의 질량들이 실제로 매우 크게 달라질지 모른다고 볼 수 있기 때문이다. 따라서 이 모든 초대칭 짝들(각 다중쌍 내에서 지금까지 관찰된 **단일한** 입자에 대한 짝들)은 지금껏 가동되었던 입자가속기의 성능 범위를 훌쩍 뛰어넘는 질량을 가져야 할 것이다!

물론 초대칭이 예측한 이 모든 입자들이 실제로 존재하지만, 엄청나게 큰 질량 때문에 관찰되지 않을 가능성도 있다. 희망하건대 LHC가 향상된 성능으로 전면적으로 재가동될 때 초대칭을 증명하거나 반박할 명확한 증거가 나오면 좋겠다. 하지만 초대칭 이론에 대한 상이한 제안들이 매우 많은데, 필요한 초대칭 붕괴 메커니즘의 수준과 속성에 대해서는 합의된 바가 없다. 지금 이 책을 쓰는 시점에도 어떠한 초대칭 짝에 대한 증거도 나오지 않고 있다. 아직은 대다수 과학자들이 도달하려는 과학적 이상(즉, (적어도 과학철학자 칼 포퍼가 내놓은 유명한 범주Karl Popper 1963에 따라서) 제안된 어떤 이론이 진정으로 과학적이려면 반증 가능성falsifiability이 있어야 한다)과는 한참 거리가 먼 듯하다. 그런데도 찜찜한 느낌은 남는다. 비록 초대칭이 자연의 한 특징으로서 실제로 **틀리고,** 초대칭 짝들 중 어느 것도 LHC나 이후의 다른 더욱 강력한 가속기에 의해 발견되지 않더라도, 초대칭 개념이 자연의 실제 입자에 대해 틀린 것이 **아니라,** 다만 초대칭 붕괴의 수준이 현재 도달할 수 있는 수준보다 훨씬 더 큰 까닭에 훨씬 더 강력한 **새로운** 기계가 나오면 관찰할 수 있을지도 모른다는 결론을 일부 초대칭 주창자들이 내놓을지 모르니까!

사실, 과학적 반박 가능성 면에서 보면 상황이 그리 나쁘지 않다. 오랫동안 찾아 헤맸던 힉스 보손의 놀라운 발견을 포함하여 LHC로 얻은 최신 결과들은 기존에 알려진 어떠한 입자의 초대칭 짝에 대한 증거를 찾지 못했을 뿐만 아니라, 이전부터 촉망 받던 가장 직접적인 초대칭 모형들을 실제로 배제시킨다. 이론적 및 관찰적 제약조건들이 지금껏 제안된 종류의 초대칭 이론의 어떠한 합리적 버전들에서도 너무 크기에, 이론가들은 보손과 페르미온 족들이 서로 상호 관련되는 방식에 관한 더 새롭고 전도유망한 발상을 내놓아야 할 듯싶다. 아울러 지적하자면, 둘 이상의 초대칭 생성원이 있는 모형들(이론가들한테 매우 인기 있는 4-생성원 이론, 이른바 $N = 4$ 초대칭 양-밀스 이론)은 초대칭 생성원이 단 하나 있는 모형들보다 관찰 증거에 의한 합의를 얻기가 훨씬 더 어렵다.

그럼에도 불구하고 초대칭은 이론가들에게 여전히 인기가 높으며, 앞서 보았듯이 현재 끈 이론의 핵심 요소이기도 하다. 정말이지, 여분의 공간 차원들을 기술하는 다양체 X(§§1.10 및 1.11)로서 칼라비-야우 공간을 선택한 까닭도 그 공간이 초대칭 성질을 지니기 때문이다. 이 요건을 표현할 또 다른 방법은 X 상에 이른바 (X 전체에 걸쳐 영이 아닌 일정한 값을 갖는) 스피너 장spinor field이 존재한다고 말하는 것이다. 스피너 장이라는 용어는 페르미온의 파동함수를 기술하는 데 사용될 수 있는 물리장(대체로 불변량이 아니다)의 가장 기본적인 유형 중 하나를 가리킨다(§§A.2 및 A.7의 의미에서). (§§2.5 및 2.6과 비교해보라. 스피너 장에 관한 더 많은 정보Penrose and Rindler 1986와 고차원의 경우appendix of Penrose and Rindler 1986도 볼 수 있다.)

이 일정한 스피너 장은 사실상 초대칭 생성원의 역할을 하는 데 이용될 수 있으며, 그렇게 함으로써 전체 고차원 시공간의 초대칭 성질이 표현될 수 있다. 알고 보니, 이 초대칭 요건 덕분에 그 시공간 내의 전체 에너지가 영이 될 수 있었다. 이 영의 에너지 상태가 전체 우주의 바닥상태로 여겨지며, 이 상태는 초대칭 속성 덕분에 틀림없이 안정적이라고 한다. 이 주장의 바탕이 되는 발상은 이런 영 에너지 바닥상태의 교란이 에너지를 증가시키고 따라서 이처럼 미세하게 교란된 우주의 시공간 구조가 그 에너지의 재방출에 의해 초대칭적 바닥상태로 다시 안착하리라는 것이다.

하지만 솔직히 나는 이런 식의 주장이 매우 불편하다. §1.10에서 지적한 내용과 초대칭 기하학의 몸 부분을 고전적 기하학으로 추출해낼 수 있다는 이 절의 앞 내용을 고려할 때, 그런 교란이 **고전적인 요동**을 가져다준다고 보는 편이 매

우 적절하다. 그리고 §1.11의 결론 때문에 우리는 그런 고전적 요동들의 상당수
는 지극히 짧은 시간에 **시공간 특이성**을 낳을 가능성이 큼을 인정해야만 한다!
(적어도 여분의 공간 차원들의 교란은 급속하게 매우 커져서 결과적으로 특이
성 상태에 이를 것이다. 끈 상수 α'의 임의의 고차항들이 제 역할을 하러 나서
기 전에 말이다.) 이런 시각에서 보자면, 안정된 초대칭적 바닥상태로 가뿐하게
안착하기는커녕 시공간은 구겨져서 특이성의 상태로 빠질 것이다! 내가 보기
에 그런 상태의 초대칭적 속성이 어떠하든 간에, 그런 재앙을 모면하리라고 희
망할 어떠한 합리적인 이유도 찾을 수 없다.

1.15 AdS/CFT

전문적인 끈 이론가들 중에 바로 위에 나온 것과 같은 주장들(즉, §§1.10과 1.11
의 주장과 §1.14의 끝에 나오는 주장 그리고 (일반적으로) §§A.2, A.8 및 A.11의
자유도 사안들)에 영향을 받아서 자신들의 주된 목표를 바꾼 이가 많은지(아니
면 한 명이라도 있는지) 나는 잘 모르겠다. 하지만 그들은 최근에 지금껏 설명
한 것과 조금 다른 분야로 들어섰다. 그럼에도 불구하고 과도한 자유도라는 문
제는 여전히 남으며, 이 장의 마지막을 끈 이론계의 그러한 동향들 중 가장 중
요한 내용을 언급하는 데 바치는 것이 적절할 듯하다. §1.16에서 나는 끈 이론
의 앞날이 우리를 데려가줄지 모를 희한한 영역들, 즉 **막 세계**나 '**경관**landscape'
또는 '**늪**swampland'의 일부를 아주 간략히 기술할 것이다. 이보다 수학적으로 매
우 더 중요하고 다양한 물리학 분야들과 기막히게 관련돼 있는 것은 이른바
AdS/CFT 대응(성)(다른 말로는 **홀로그래피 추측**holographic conjecture 또는 **말다세나
이중성**Maldacena duality)이다.

　　AdS/CFT 대응 Ramallo 2013; Zaffaroni 2000; Susskind and Witten 1998은 종종 홀로그래

피 원리holographic principle라고도 불린다. 우선 밝혀야 할 점은, 이것은 확립된 원리가 아니라 어느 정도 실증적이고 수학적인 뒷받침을 받는 흥미로운 개념들의 집합이라는 사실이다. 하지만 이 원리는 언뜻 보기에 자유도의 어떤 진지한 사안들과 상충되는 듯하다. 넓게 보자면, 홀로그래피 원리에는 두 가지 매우 상이한 유형의 물리 이론이 있는데, 하나(끈 이론의 한 형태)는 **벌크**bulk라고 하는 $(n+1)$차원 시공간 영역 상에서 정의되고, 다른 하나(양자장 이론의 더욱 전통적인 유형)는 이 영역의 n차원 **경계**boundary 상에서 정의된다. 하지만 그런 대응은 자유도의 관점에서 볼 때 불가능해 보인다. 왜냐하면 벌크 이론이 어떤 A에 대해 $\infty^{A\infty^n}$의 자유도를 갖는다면, 경계 상의 자유도는 B에 대해 훨씬 더 적은 $\infty^{B\infty^{n-1}}$이 될 것 같기 때문이다. 이는 둘 다 다소 통상적인 유형의 시공간 이론일 때의 경우이다. 이런 추정상의 대응이 생기는 근본적인 원인들 그리고 이런 제안에 따를 수 있는 어려운 점들을 더 잘 이해하려면, 그런 대응이 나오게 된 배경상황을 먼저 살펴보는 것이 좋다.

이 아이디어의 초기 내용 중 하나는 (사실 3장에서 전개하는 많은 논증의 기반을 이루는) 블랙홀 열역학의 잘 규명된 한 특성에서 나왔다. 이것은 블랙홀의 엔트로피에 대한 근본적인 베켄슈타인-호킹Bekenstein-Hawking 공식으로서, 구체적인 내용은 §3.6에 나온다. 이 공식에 의하면 블랙홀의 엔트로피는 블랙홀의 표면적에 비례한다. 간단히 말해서, 한 물체의 엔트로피가 만약 완벽한 무작위 상태("열화된" 상태 내지 열평형 상태)에 있다면 이것은 기본적으로 그 물체의 자유도의 총수이다. (이 정의는 볼츠만이 내놓은 강력한 일반적인 공식에서 더욱 정확해지는데, 이 공식은 §3.3에서 더 자세히 다룬다.) 이 블랙홀 엔트로피 공식의 특이한 점은 이렇다. 만약 아주 작은 분자들이 많이 모여 이루어진 통상적인 고전적 물체라면, 그 물체가 가질 수 있는 자유도의 수는 물체의 부피에 비례할 것이므로, 그것이 완전한 열평형(즉, 최대 엔트로피) 상태에 있을 때 그것의 엔트로피가 물체의 표면이 아니라 부피에 비례하는 양이라고 우리는 예상하게 될 터이다. 따라서 블랙홀의 경우에 그 내부에서 벌어지는 일은 블랙홀의 2차원 표면에 의해 계속 추적되는 셈인데, 이 표면 정보가 어떤 의미에서 블랙홀의 3차원 내부에서 진행되는 모든 일과 **등가**라고 할 수 있다. 그러므로 이런 주장에 따르면, 홀로그래피 원리의 어떤 한 사례에 의해 블랙홀 내부의 자유도에 관한 정보는 블랙홀의 경계(즉, 지평선) 상에 어떤 식으로든 담긴다.

끈 이론의 초기 연구에서부터 제시된 이 일반적 유형의 논증Strominger and Vafa 1996에서는 한 구형 곡면의 어떤 내부 영역의 끈 자유도를 셈으로써 베켄슈타인-호킹 공식에 볼츠만 유형의 토대를 마련해주려는 시도가 있었다. 그 영역에서는 처음에는 중력상수가 작아서 표면이 블랙홀 경계를 대표하지 못했기에, 경계면이 정말로 블랙홀의 사건 지평선이 될 때까지 중력상수를 "끌어올렸다". 당시 이 결과를 놓고서 끈 이론가들은 블랙홀 엔트로피를 이해하는 길로 큰 걸음을 내디뎠다고 추켜세웠다. 왜냐하면 이전에는 볼츠만 공식과 베켄슈타인-호킹 공식 사이에 어떠한 직접적인 관련성도 드러나지 않았기 때문이다. 하지만 (제한적이며 여러 면에서 비현실적인) 이 주장에 대해 숱한 반론이 제기되었는데, 양자중력에 대한 루프 변수 접근법의 주창자들이 경쟁 이론을 처음 내놓았다Ashtekar et al. 1998, 2000. 그러나 이 이론 역시 (보다 사소한 듯 보이는) 문제점을 안고 있었다. 내가 보기에 아직은 일반적인 볼츠만 엔트로피 정의로부터 베켄슈타인-호킹 공식을 얻는 완전히 설득력 있고 명확한 절차는 없다고 말하는 것이 타당하다. 그렇지만 블랙홀 엔트로피 공식의 정확성에 관한 논의들은 다른 수단들에 의해 철저히 규명되었고 **직접적인 볼츠만 토대를 필요로 하지 않는다.**

내 관점에서 보자면, 블랙홀의 내부에 "벌크"를 부여하고 거기에 "자유도"가 존재한다고 보는 견해는 부적절하다(§3.5 참고). 그런 구도는 블랙홀 내부의 인과 관계와 모순된다. 정보를 소멸시킬 수 있다고 간주되는 내적 특이성이 존재하기에, 끈 이론적 접근법에서 추구하는 균형은 그릇된 생각으로 보인다. 내가 보기에는 루프 변수 절차에서 제시된 주장들은 이전의 끈 이론적 주장들보다 훨씬 더 토대가 확고하다. 그렇지만 블랙홀 엔트로피 공식과 수치적으로 설득력 있게 맞아떨어지지는 않는다.

이제 홀로그래피 원리의 AdS/CFT 버전을 살펴보자. 알다시피 아직 증명되지 않은 이 가설(1997년에 후안 말다세나가 처음 내놓았다Maldacena 1998)은 에드워드 위튼Edward Witten 1998이 강한 지지를 보내긴 했지만 확립되지 않은 수학적 원리이다. 그래도 물리 모형에 대한 두 가지 매우 상이한 제안과 관련된 정확한 수학적 대응을 지지하는 상당한 수학적 증거가 쌓였다고들 주장한다. 이 가설에 의하면, $(n+1)$차원 벌크 영역 $\mathcal{D}$ 상에 정의되는 우리가 더 잘 이해하고자 하는 이론(여기서는 끈 이론)이 이 영역의 n차원 경계 $\partial\mathcal{D}$ 상의 우리가 훨씬 더 잘 이해하고 있는 이론(여기서는 더욱 전통적인 유형의 QFT)과 실제로 등가라고 한다. 이 개념의 원천은 위에서 기술한대로 블랙홀 물리학의 심오한 사안과 관련이 있지만, 홀로그래피holography라는 이름은 이제는 친숙한 개념인 홀로그램hologram에 기원을 두고 있다. 차원 정보의 이러한 불일치가 불가능하지 않은데, 이런 일반적인 속성은 사실상 2차원 표면에 3차원 영상이 구현되는 홀로그램에 이미 실현되고 있다. 이 홀로그램에 착안하여 이 가설을 홀로그래피 추측 또는 홀로그래피 원리라는 용어로 부르는 것이다. 하지만 실제 홀로그램은 이 원리의 사례가 결코 아니다. 홀로그램에서 얻어지는 3차원 효과는 실제 3차원 영상이 아니라 (우리의 두 눈으로 지각되는) 2차원 영상 두 개가 합쳐져서 입체적으로 느껴지는 영상일 뿐이다. 이는 ∞^{∞^3}의 자유도가 아닌 $\infty^{2\infty^2}$의 자유도에서 생기는 현상이다. 그럼에도 불구하고 이는 3차원의 부호화에 훌륭한 근사를 제공하며, 좀 더 세밀하게 창의성을 발휘하면 이 과정을 향상시켜서 3차원 영상뿐만 아니라 움직임의 느낌까지 표현할 수 있다. 결과적으로 여분의 정보는 우리 눈으로 직접 볼 수는 없는 고주파 데이터에 숨어 있는 것이다't Hooft 1993; Susskind 1994.

홀로그래피 원리의 한 버전인 AdS/CFT 대응에서 영역 $\mathcal{D}$는 반 더 시터르 anti-de Siter 공간 $\mathcal{A}^5$라고 불리는 5차원 시공간이다. §§3.1, 3.7 및 3.9에서 보겠지만, 이 우주 모형은 총칭으로 FLRW 모형이라고 불리는 모형들의 넓은 부류에 속한다. 이들 모형 중 일부는 우리의 실제 4차원 우주의 시공간 기하학을 거의 정확하게 모형화할 가능성이 있는 듯하다. 게다가 더 시터르 공간은 현재의 관찰 결과와 이론에 따르면 우리 실제 우주의 먼 미래를 잘 근사해낼 모형이다 (§§3.1, 3.7 및 4.3 참고). 한편, 4차원 반 더 시터르 공간 $\mathcal{A}^4$는 타당한 우주 모형이 아닌데, 왜냐하면 우주상수 Λ의 부호가 실제로 관찰된 값과 반대이기 때문이다(§§1.1, 3.1 및 3.6 참고). 이 관찰 사실이 나왔건만 끈 이론가들은 여전히 우리 우주의 속성을 분석하는 데 $\mathcal{A}^5$가 유용하다는 믿음을 별로 거두지 않았다.

이 책의 서문에서 강조했듯이, 물리적 모형은 우리의 전반적인 이해를 향상시키기 위한 통찰력을 얻으려고 종종 연구되므로, 그런 목적에서라면 꼭 물리적으로 현실적일 필요는 없다. 하지만 이 경우에는 Λ가 실제로 음수로 밝혀질지 모른다는 어떤 진정한 희망이 있었던 듯하다. 후안 말다세나는 자신의 AdS/CFT 제안을 1997년에 처음 내놓았는데, 관측 결과Perlmutter et al. 1998, Riese et al. 1998가 Λ가 (말다세나의 제안이 요구했던 음수가 아니라) 양수라는 설득력 있는 증거를 내놓기 전의 일이었다. 심지어 내가 이 문제에 관해 에드워드 위튼과 논의했던 2003년이 되어서도, 관찰 데이터가 음의 Λ 값을 허용해줄지 모른다는 희망이 남아 있었던 것 같다.

어떤 의미에서 AdS/CFT 추측은 $\mathcal{A}^5$ 상의 한 적절한 끈 이론이 $\mathcal{A}^5$의 4차원 등각 경계인 $\partial\mathcal{A}^5$ 상의 더욱 전통적인 유형의 게이지 이론과 완전히 등가라고 주장한다(§§1.3과 1.8 참고). 하지만 앞서 말했듯이(§1.9), 끈 이론의 현재 개념들은 시공간 다양체가 $\mathcal{A}^5$처럼 5차원이 아니라 10차원이길 요구한다. 이 사안을 다루는 방식은 끈 이론이 5-공간 $\mathcal{A}^5$에 적용되지 않고 실제로는 다음과 같은 10차원 시공간 다양체에 적용됨을 고찰하는 것이다.

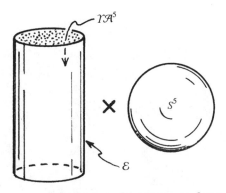

그림 1-37 AdS/CFT 추측은 반 더 시터르 5-공간 $\mathcal{A}^5$와 (공간꼴) 5-구 S^5의 곱공간 $\mathcal{A}^5 \times S^5$인 로런츠 10-다양체를 다룬다. 여기서 $\mathcal{YA}^5$는 $\mathcal{A}^5$의 "풀린unwrapped" 버전을 가리키며 $\mathcal{E}$(아인슈타인의 정적인 우주)는 콤팩트화된 민코프스키 공간의 풀린 버전이다.

$$\mathcal{A}^5 \times S^5$$

(×의 개념에 대해서는 §1.9 또는 §A.7의 그림 A-25를 보기 바란다. S^5는 우주적 스케일의 반지름을 지닌 5차원 구이다. 그림 1-37 참고.) (관련된 끈 이론은 IIB 유형이지만, 여기서 끈 이론의 여러 유형들 사이의 차이점을 다루진 않겠다.)

S^5는 우주적 크기이기 때문에(따라서 양자역학적 고려와는 무관하다), S^5 인 자가 가질 수 있는 자유도는 의미심장하게도 $\mathcal{A}^5$ 내의 임의의 역학의 자유도를 분명 완전히 집어삼킬 수 있다. 만약 그 역학이 AdS/CFT가 경계 $\partial\mathcal{A}^5$에 대해 제안하는 전통적인 3-공간 역학과 일치한다면 말이다. 따라서 이 과도한 자유도 의 발생을 양자적으로 방해하는 사안을 다루려고 제기한 §1.10의 논의들에 호소할 필요가 없다. S^5에서는 이런 방대한 자유도가 억압될 리가 없는데, 이는 AdS/CFT 모형이 우리가 사는 우주를 어떤 직접적인 방식으로도 표현하지 못함을 힘 있게 말해준다.

AdS/CFT 구도에서 S^5는 $\mathcal{A}^5$의 등각 경계 $\partial\mathcal{A}^5$로 옮겨져서 $\mathcal{A}^5 \times S^5$에 대한

(a)

그림 1–38 (a)M. C. 에셔의 「원의 한계 1*Circle Limit 1*」은 벨트라미의 쌍곡 평면의 등각 표현을 이용한 그림인데, 이 평면의 무한대는 원의 경계가 된다.

아래와 같은 일종의 경계를 제공한다.

$$\partial \mathcal{A}^5 \times S^5$$

하지만 이것은 사실 $\mathcal{A}^5 \times S^5$에 대한 등각 경계가 결코 아니다. 왜 그런지 설명하려면 등각 경계가 실제로 무엇인지부터 알아야 하는데, 이를 위해 그림 1–38(a)를 보기 바란다. 그림에 전체 쌍곡 평면(§3.5에서 다루게 될 개념)이

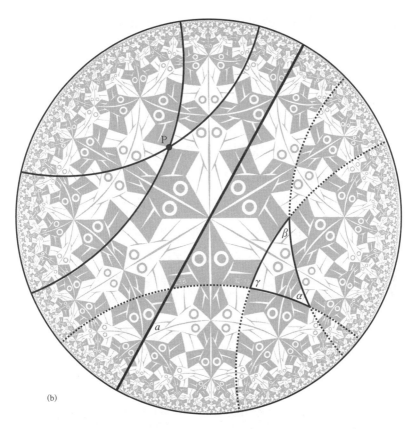

(b)

그림 1-38　(앞의 그림에 이어지는 내용.) (b)이 기하학의 직선은 경계와 직각으로 만나는 원호로 표현된다. 점 P를 지나면서 직선 a와 만나지 않는 많은 "평행선들"이 존재하며, 임의의 삼각형의 세 각 α, β, γ의 합이 π(180°)보다 작다.

등각적으로 정확하게 표현되어 있다. 여기서 등각 경계는 단지 그림을 둘러싸고 있는 원이다. 이 그림은 네덜란드 화가 M. C. 에셔의 아름답고 유명한 목판화로서, 쌍곡 평면의 등각 표현(1868년에 에우제니오 벨트라미Eugenio Beltrami가 처음 내놓았지만, 흔히 **푸앵카레 원반**이라고 불린다)을 정확히 묘사하고 있다. 이 기하학의 직선들은 경계 원과 직각으로 만나는 원호로 나타난다(그림 1-38(b)). 이 **비유클리드** 평면기하학에서는 한 점 P를 지나는 많은 직선들("평행선들")이 한 직선 a와 만나지 않으며, 임의의 삼각형의 세 각 α, β, γ의 합이 π(180°)보다 작다. 3차원 쌍곡 공간이 통상적인 구면 S^2에 등각적으로 표현되어 있는, 그림 1-38의 고차원 버전도 있다. "등각"이란 기본적으로 아주 작은 형태들(가령, 물고기 지느러미의 형태)이 이 그림에서 매우 정확하게 표현된다는 뜻인데, 비록 동일한 작은 형태들의 여러 사례들이 크기가 달라질 수는 있지만 형태가 더 작을수록 더 정확하게 표현된다(그리고 물고기의 눈들은 가장자리까지 계속 원으로 남는다). 등각 기하학의 몇 가지 위력적인 개념들이 §A.10에 넌지시 나타나 있으며, 시공간의 맥락에서는 §§1.7의 말미와 1.8의 서두에 나타나 있다. (등각 경계의 개념은 §§3.5와 4.3에서 다시 다룬다.) 밝혀진 바에 따르면 $\mathcal{A}^5$의 등각 경계 $\partial\mathcal{A}^5$는 통상적인 민코프스키 시공간 $\mathbb{M}$(§§1.7 및 1.11)의 등각 복사본이라고 해석할 수 있다. 비록 우리가 곧 만나게 될 어떤 방식으로 "콤팩트화"된 것이긴 하지만 말이다. AdS/CFT의 개념은 시공간 $\mathcal{A}^5$ 상의 끈 이론이라는 이 특수한 경우에서 끈 이론의 수학적 속성의 수수께끼가 이 추측을 통해 풀릴지 모른다는 것이다. 왜냐하면 민코프스키 공간에 대한 게이지 이론이 잘 규명되어 있기 때문이다.

또한 자유도의 주요 부분을 제공하는 "$\times S^5$" 인자에 대한 사안도 있다. 홀로그래피의 일반적 개념과 관련해서 S^5는 대체로 무시된다. 앞에서 언급했듯이 $\partial\mathcal{A}^5 \times S^5$는 $\mathcal{A}^5 \times S^5$의 등각 경계가 아니다. 왜냐하면 $\partial\mathcal{A}^5$에 "도달"하기 위해 $\mathcal{A}^5$의 무한한 영역들을 "쑤셔 넣기squashing down"는 S^5에 적용되지 않는 반면에, 등각적인 쑤셔 넣기의 경우에는 모든 차원에 동등하게 적용되어야 하기 때문이다. S^5 상의 정보가 다루어지는 방식은 단지 모드 해석mode analysis에 기대는 것, 즉 그것을 전부 (AdS/CFT 고찰에서 타워tower라고 칭하는) 일련의 수로 부호화하는 것이다. §A.11의 말미에서 지적했듯이, 이것은 자유도의 사안을 감추기에 좋은 방법이다!

여기까지 읽은 독자들이라면 AdS/CFT와 같은 제안이 울릴 법한 경고음을 들었을지 모른다. 왜냐하면 만약 4차원 경계 $\partial \mathcal{A}^5$ 상에서 정의된 이론이 통상적인 유형의 4차원 장 이론처럼 보인다면, 그것은 자유도가 $\infty^{A\infty^3}$(여기서 A는 양의 정수)인 양들로부터 구성되었을 것인 데 반해, 그것의 5차원 내부 $\mathcal{A}^5$에 대해서 그 내부의 이론 또한 통상적 유형의 장 이론이라고 볼 수 있으려면, 훨씬 더 큰 자유도 $\infty^{B\infty^4}$(B가 무슨 값이든)가 예상되기 때문이다 (§§A.2와 A.8 참고). 그렇기에 두 이론 사이에 제안된 그러한 등가성을 진지하게 받아들이기는 꽤 어려울 듯하다. 여기에는 여러 가지 복잡한 사안들이 얽혀 있는데, 이들 또한 살펴볼 필요가 있다.

맨 먼저 고려해야 할 점은 내부의 이론이 통상적인 QFT라기보다는 끈 이론임을 뜻한다는 것이다. 이런 제안에는 마땅히 다음과 같은 반응이 뒤따를 수 있다. 즉, 자유도는 실제로 기본 구성요소들이 점인 이론에서보다 끈 이론에서 훨씬 더 커야 한다는 것이다. 고전적인 자유도로 보자면, 개별 점들보다 끈의 고리들이 훨씬 많기 때문이라는 이유를 들면서 말이다. 하지만 이런 주장은 끈 이론의 자유도의 양을 전혀 엉뚱하게 추산하고 있다. 끈 이론이란 단지 통상적인 물리학을 다루는 또 하나의 방법이라고 여기는 편이 더 낫기에, 끈 이론에서도 $(n+1)$차원 시공간의 통상적인 고전적 장 이론에서와 동일한 일반적 형태의 자유도를 얻게 된다. 즉, 조금 전에 나왔듯이 $\infty^{B\infty^4}$라는 일반적 형태의 자유도가 얻어진다. (지금 나는 S^5의 막대한 자유도를 무시하고 있다.) $\infty^{B\infty^4}$ 형태는 분명 벌크에서의 고전적 아인슈타인 중력의 자유도에 대한 답일 것이다. 그러므로 이 값은 아마도 끈 이론의 경우에도 벌크에서의 적절한 고전적 한계로부터 얻어질 값이기도 하다.

하지만 고전적 한계가 무슨 뜻인가라는 또 다른 사안이 있다. 이 문제는 §2.13(그리고 §4.2)에 나오는 완전히 다른 관점에서 고찰되어야 할 것이다. 아마도 어떤 연관성이 있기는 하겠지만, 그걸 지금 추적하려고 시도하지는 않겠다. 그러나 벌크 부분과 경계 부분에서 상이한 한계를 보게 될지도 모른다. 이 사안은 경계의 자유도가 벌크 부분에서 예상되는 $\infty^{B\infty^4}$보다 훨씬 작은 $\infty^{A\infty^3}$의 형태일 때 홀로그래피 원리가 어떻게 만족될 수 있는가라는 난제와 관련될지 모를 한 가지 복잡한 요소를 불러들인다. 물론 AdS/CFT 추측이 실제로 참이 아닐 가능성이 분명 있다. 벌크 이론과 경계 이론 사이에 가까운 관련성이 아주 많이 있음을 보여주는 강력한 부분적 증거가 이미 드러나긴 했지만 말이다. 가령 경계 방정식들의 각각의 해는 벌크 방정식의 해로부터 생길지 모르지만, 경계 해와 대응하지 않는 벌크 해도 굉장히 많다. 이런 일이 생기는 경우는 $\mathcal{A}^5$ 내의 공간꼴 4-공ball D^4를 생성하는 $\partial\mathcal{A}^5$ 상의 어떤 공간꼴 3-구 S^3를 다루면서 각각 3차원 라플라스 방정식과 4차원 라플라스 방정식을 고찰할 때이다. S^3 상의 각각의 해는 D^4(§A.11 참고) 상의 한 고유한 해로부터 생기지만, D^4 상의 많은 해들은 $S^3(=\partial D^4)$ 상의 해가 아니다. 더욱 정교한 수준에서 보면, 어떤 대칭 및 초대칭 속성을 갖고 있는 BPSBogomol'nyi–Prasad–Sommerfield 상태라고 하는 실제 방정식들의 어떤 해들이 경계 이론의 BPS 상태와 벌크 이론의 BPS 상태 사이에 놀랍도록 정확한 대응을 보였다. 하지만 전체적인 자유도 사안이 개입될 때 어느 정도까지 그런 특정한 상태들이 일반적인 사례를 조명해줄지는 여전히 질문거리로 남는다.

(§A.8에서 보았듯이) 또 하나 고려할 점으로, 자유도라는 우리의 관심사는 본질적으로 국소적이기에 AdS/CFT의 고전적 버전이 직면하는 위의 문제들은 대역적으로는 적용되지 않을지 모른다. 때로는 대역적 제약조건들이 고전적인 장 방정식들의 해의 수를 대폭적으로 줄일 수 있다. AdS/CFT에 대한 이 문제를 다루려면, 이 대응에서 "대역적global"이 실제로 무슨 의미인지에 관해 문헌에 나타난 약간 혼란스러워 보이는 내용과 마주해야 한다. 사실, 여기에는 두 가지 상이한 버전의 기하학이 개입한다. 우리는 각 경우에 완전히 타당한(물론 비록 혼란스럽지만) 등각 기하학을 갖고 있다. 여기서 등각은 시공간의 맥락에서 볼 때 널 원뿔의 족을 가리킨다(§§1.7 및 1.8). 이 두 기하학을 나는 $\mathcal{A}^5$와 이것의 등

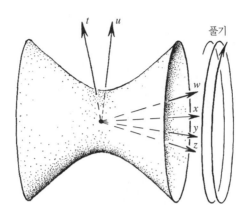

그림 1-39 반 더 시터르 공간 $\mathcal{A}^5$에는 닫힌 시간꼴 곡선들이 들어 있다. 이 곡선들은 (t, u) 평면 주위로 그 공간을 회전함으로써 "풀릴" 수 있고, 이로써 **피복 공간** $\gamma\mathcal{A}^5$가 생성된다.

각 경계 $\partial\mathcal{A}^5$의 감긴wrapped 버전과 풀린unwrapped 버전으로 구별해서 부르겠다. 기호 $\mathcal{A}^5$와 $\partial\mathcal{A}^5$는 여기서 감긴 버전을 가리키며, $\gamma\mathcal{A}^5$와 $\gamma\partial\mathcal{A}^5$는 풀린 버전이다. 전문적으로 말해서, $\gamma\partial\mathcal{A}^5$는 이른바 $\mathcal{A}^5$의 피복 공간universal cover이다. 이에 관한 개념은 그림 1-39에 설명되어 있다(부디 적절한 설명이 되기를 바란다). 감긴 $\mathcal{A}^5$는 적절한 대수 방정식*을 통해 쉽게 도출해낼 수 있으며, $S^1 \times \mathbb{R}^4$의 위상기하구조를 갖는다. 풀린 버전은 위상기하구조가 $\mathbb{R}^5 (= \mathbb{R} \times \mathbb{R}^4)$이며, 여기서 $S^1 \times \mathbb{R}^4$의 각 S^1 원이 (무한한 횟수로 그 주위를 돎으로써) 풀려 한 직선($\mathbb{R}$)을 이루게 된다. 이런 "풀림"이 필요한 물리적인 이유는, 이런 원들이 **닫힌 시간꼴** 세계선이라서 현실적인 어떠한 시공간 모형에서도 대체로 인정할 수 없는 것으로 여겨지기 때문이다(왜냐하면 이런 곡선을 자신의 세계선으로 갖는 관찰자는 분명 과거에 생겼던 사건을 자신의 자유의지로 바꿀 수 있게 되는 어처구니

---

* $\mathcal{A}^5$는 실수 좌표 (t, u, w, x, y, z)의 6-공간 $\mathbb{R}^6$에서의 5-이차함수 $t^2 + u^2 - w^2 - x^2 - y^2 - z^2 = R^2$이며 계량은 $ds^2 = dt^2 + du^2 - dw^2 - dx^2 - dy^2 - dz^2$이다. 풀린 버전 $\gamma\mathcal{A}^5$와 $\gamma\mathbb{M}^\#$은 각각 $\mathcal{A}^5$와 $\mathbb{M}^\#$의 피복 공간이다Alexakis 2012.

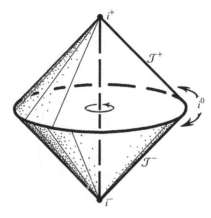

그림 1–40 등각 경계를 지닌 민코프스키 공간은 두 개의 널 초곡면 3–공간 $\mathcal{J}^+$(미래 널 무한대)와 $\mathcal{J}^-$(과거 널 무한대) 그리고 세 점 i^+(미래 시간꼴 무한대), i^0(공간꼴 무한대) 및 i^-(과거 시간꼴 무한대)로 이루어진다.

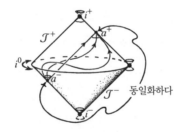

그림 1–41 $S^1 \times S^3$의 위상기하구조를 지닌 콤팩트화된 민코프스키 4–공간을 형성하기 위해, 그림에 나온 방식대로 점을 통해서 (그림 1–40의) $\mathcal{J}^+$를 $\mathcal{J}^-$와 동일하도록 만든다. 그래서 $\mathcal{J}^-$ 상의 a^-는 $\mathcal{J}^+$ 상의 a^+와 동일해지며, $\mathcal{J}^-$ 상의 과거 끝점 a^-를 지닌 $\mathbb{M}$의 임의의 널 측지선은 $\mathcal{J}^+$ 상의 미래 끝점 a^+를 얻는다. 게다가 모든 세 점 i^+, i^0 및 i^-도 틀림없이 동일하다.

없는 상황이 일어날 수 있기 때문이다!). 그러므로 푸는 과정 덕분에 이 모형은 현실적일 수 있는 가능성이 높아진다.

    $\mathcal{A}^5$의 등각 경계는 이른바 **콤팩트화된 민코프스키 4–공간** $\mathbb{M}^{\#}$이다. 우리는 이 경계를 특수상대성의 통상적인 민코프스키 4–공간 $\mathbb{M}$에다가 자신의 등각 경계 $\mathcal{J}$가 붙은 것(§1.7의 그림 1–23 참고)으로 (등각적으로) 여길 수 있다. 하지

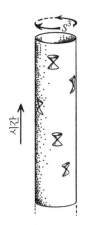

그림 1–42　아인슈타인의 정적인 우주 모형 $\mathcal{E}$는 시간에 불변인 공간적인 3–구이다. 위상기하구조는 $\mathbb{R} \times S^3$이다.

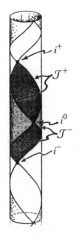

그림 1–43　(비록 2차원뿐이지만) 이 그림은 등각 경계를 지닌 민코프스키 공간이 아인슈타인의 정적 모형의 닫힌 부분으로 간주될 수 있음을 보여준다. 이를 통해 i^0가 어떻게 단지 하나의 점일 수 있는지가 더 명확히 드러난다.

만 우리는 $\mathbb{M}$의 임의의 광선(널 측지선)의 무한한 미래 끝단 a^+를 무한한 과거 끝단 a^-와 동일하게 만드는 방법을 통해, 등각 경계의 미래 부분 $\mathcal{J}^+$가 과거 부분 $\mathcal{J}^-$와 적절히 동일하게 만듦으로써 "그 공간을 풀게" 된다(그림 1–41). 풀린 경계 공간 $\Upsilon\mathbb{M}^{\#}$($\Upsilon\mathbb{M}^{\#}$의 피복 공간)은 알고 보니 아인슈타인의 정적인 우주 $\mathcal{E}$(그림 1–42)와 등각적으로 등가였다. 또한 §3.5(그림 3–23)에 나오는 시간에 불변인 공간적 3–구(위상기하구조 $\mathbb{R} \times S^3$)를 보기 바란다. 민코프스키 공간에 등각이며 등각 경계 $\mathcal{J}$가 부착되어 있는 이 공간의 부분(2차원의 경우)이 그림 1–43에 나와 있다(그림 3–23 참고).

이 구의 풀린 버전이 장 방정식의 고전적인 해들에 대역적 제약조건을 많이 부과하지는 않는 듯하다. 기본적으로 우리가 염려해야 할 것은 가령 맥스웰 방정식의 경우에 공간적 방향들의 콤팩트화(이로써 위에 나온 아인슈타인 우주 S^3가 생긴다)로 인한 총전하의 사라짐과 같은 것이다. 풀린 $\Upsilon\mathcal{A}^5$ 및 $\Upsilon\mathbb{M}^{\#}$ 상의 고전적 장 방정식에 대한 추가적인 위상기하학적 제약조건이 있을지는 알 수 없다. 왜냐하면 시간에 따른 변화에 관한 제약조건이 더 이상 없기 때문이다. 하지만 $\mathcal{A}^5$와 $\mathbb{M}^{\#}$을 얻기 위해 $\Upsilon\mathcal{A}^5$와 $\Upsilon\mathbb{M}^{\#}$의 열린 시간 방향을 감음으로써 시간 방향이 콤팩트화되면, 분명 고전적 해의 개수가 급격히 감소될 수 있다. 왜냐하면 콤팩트화와 부합하는 주기성을 지닌 해들만이 감기 절차에서 살아남을 것이기 때문이다Jackiw and Rebbi 1976.

따라서 나는 AdS/CFT 제안에 적합한 공간은 **풀린** 버전, $\Upsilon\mathcal{A}^5$와 $\Upsilon\partial\mathcal{A}^5$라고 가정한다. 그렇다면 우리는 두 이론의 자유도의 명백한 불일치에서 어떻게 벗어날 수 있을까? 아주 그럴듯한 답변은 내가 아직 언급하지 않은 대응의 한 특성에서 나올지 모른다. 즉, 경계에서의 양–밀스 장 이론은 결코 표준적인 장 이론이 아닌데(심지어 그것의 4 초대칭 생성원이 어떠한 것이든 간에), 그 이유는 그것의 게이지 대칭군은 이 군의 차원이 무한대로 가는 극한에서 고려되어야 하기 때문이다. 자유도의 관점에서 볼 때, 이것은 S^5 공간에서 벌어지는 일을 정의해주는 고조파harmonic들의 "탑tower"을 바라보는 것과 같다. 여분의 자유도는 이런 무한한 고조파들 속에 "숨어" 있을 수 있다. 이와 비슷하게, AdS/CFT 대응이 성립하도록 하기 위해 게이지 군의 크기가 **무한대**로 정해졌다는 사실은 자유도의 불일치를 쉽게 해결할 수 있다.

요약하자면 **AdS/CFT** 대응이 방대한 새로운 연구 분야를 개척했음은 분명해 보인다. 이 분야는 이론물리학의 여러 활동 분야들과 관련이 있으며, 응집물질물리학, 블랙홀 및 입자물리학과 같은 이질적인 분야들과도 뜻밖의 연관성을 갖는다. 한편으로는, 이러한 다재다능함 및 풍부한 아이디어와 이 대응이 비추는 세계의 비현실성 사이에는 기이한 대조가 있다. 이는 우주상수의 그릇된 부호에서 기인한다. 이 대응은 4 초대칭 생성원을 요구하지만 아직 하나도 관찰되지 않았다. 또한 입자물리학이 요구하는 3개의 파라미터 대신에 무한히 많은 파라미터 상에서 작용하는 게이지 대칭군을 요구한다. 또한 그것의 벌크 시공간은 너무나 많은 차원들을 갖는다! 이런 모든 상황이 어떤 결과를 초래할지 알아보는 일은 매우 흥미로울 것이다.

1.16 막 세계와 경관

다음으로 막 세계라는 사안을 살펴보자. §1.13에서 말했듯이, M 이론의 특징인 다양한 이중성을 위해서는 p-막(끈의 고차원 버전)이라고 하는 실체가 끈과 더불어 필요하다. 끈 자체(1-막)는 본질적으로 상이한 두 가지 형태로 존재할 수 있다. 하나는 **닫힌** 끈인데, 이것은 통상적인 콤팩트한 리만 곡면으로 기술될 수 있다(그림 1-44(a)와 §A.10 참고). 다른 하나는 구멍이 있는 리만 곡면으로 기술될 수 있는 **열린** 끈이다(그림 1-44(b)). 이와 더불어 D-막이라고 알려진 구조도 있는데, 이것은 끈 이론에서 상이한 역할을 한다. D-막은 (고차원) 시공간의 고전적 구조로 간주되며, 가정하건대 기본적인 끈 및 p-막 구성요소들의 거대한 복합체로부터 생긴다. 하지만 대칭 및 초대칭 요건들을 통해 초

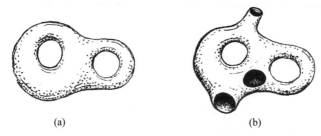

(a)   (b)

그림 1-44   리만 곡면의 그림들. (a)손잡이가 있는 리만 곡면. (b)손잡이와 구멍이 있는 리만 곡면. (주의: 다른 문헌에서는 여기서 **손잡이**라고 부르는 것을 혼란스럽게도 **구멍**이라고 칭할 때가 종종 있다.)

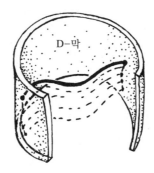

그림 1-45   D-막의 그림. 이것은 끈의 끝단들("구멍들")이 머무르는 (고전적인) 영역이다.

중력 방정식의 고전적 해로서의 특징을 갖는다.* D-막의 중요한 역할은 열린 끈들(즉, 구멍들)의 "끝단들"이 반드시 머무르게 되는 장소라는 점이다. 그림 1-45를 보기 바란다.

막 세계라는 개념은 §1.6에 기술된 원래의 끈 이론의 관점과는 판이하게(종종 그렇게 인정되지는 않지만) 다르다. 원래의 끈 이론의 경우 고차원 시공간은 (국소적으로) 곱공간 $M \times X$로 여겨졌으며, 우리가 직접 경험하는 시공간은 4-공간 M이고 6-공간 X는 보이지 않는 극미한 여분 차원들을 제공해주었다.

---

* 초중력supergravity은 일반상대성이론에 초대칭을 도입하여 얻은 중력 이론이다. ―옮긴이

이 원래 관점에 따르면 관찰된 4차원 시공간은 수학적으로 **인자공간**이라고 기술되는 것의 한 예인데, 여기서 M은 $M \times X$에서 X의 각 경우를 한 점으로 사상시켜 다음과 같이 얻어진다.

$$M \times X \to M$$

§1.10의 그림 1-32(a)를 보기 바란다. 막 세계 관점에 따르면, 상황은 정반대다. 왜냐하면 관찰된 4차원 우주는 주위의 10차원 시공간 S의 **부분공간**으로 간주되며, 이 공간은 그 내부의 특정한 4차원 D-막 M과 동일시되기 때문이다.

$$M \to S$$

그림 1-32(b)를 보기 바란다. 나로서는 그런 관점은 아주 이상하다. 왜냐하면 시공간 S의 대부분은 이제 우리의 경험과는 완전히 무관해 보이기 때문이다. 그렇기는 해도 이것을 일종의 진전이라고 여길 수도 있다. 왜냐하면 자유도가 이전보다는 훨씬 덜 높을 가능성이 크기 때문이다. 하지만 단점도 있다. 우리가 종래의 물리학에서 익숙하게 보아온 대로, 미래를 향해 결정론적으로 장이 전파되던 것이 완전히 사라지고 만다. 왜냐하면 정보가 부분공간 M에서 주위의 고차원 시공간으로 지속적으로 **빠져나가기** 때문이다. 이는 우리가 경험하는 시공간에서의 고전적인 장의 통상적인 결정론적 시간 진행과 완전히 다르다. 막 세계 구도에서는 우리가 직접적으로 경험할 통상적인 고전적 장의 자유도는 이제 우리가 실제로 경험하는 훨씬 작은 $\infty^{A \infty^3}$가 아니라 $\infty^{B \infty^4}$일 것이다 ($\infty^{A \infty^3}$도 여전히 아주 큰 값이지만 말이다). 사실, 내가 보기에 이런 식의 구도는 §1.6의 원래 구도보다 진지하게 받아들이기가 더 어렵다.

마지막으로 **경관** 및 **늪**의 사안을 살펴보자. 이것은 지금껏 언급했던 다른 문제들과 달리 실제로 일부 끈 이론가들에게 걱정을 **끼치고** 있는 듯하다! §1.10에서 칼라비-야우 공간의 제로 모드를 언급했는데, 이 모드에서는 공간을 들뜨게 하기 위해 어떠한 에너지도 필요로 하지 않는다. 이러한 들뜸 모드는 여분의 공간 차원들에 내재하는 과도한 자유도를 건드리지 않지만, 여분의 공간 차원들을 제공하기 위해 이용되는 칼라비-야우 공간의 **모양**을 정하는 파라미터(이른바 **모듈러스**)들에 유한한 차원의 변화를 초래한다. 이러한 법들을 변형시키면, 이른바 대안적 진공alternative vacuum들에 의해 주어지는 대안적인 끈 이론들이 아주 많이 생긴다.

양자장 이론에서 **진공**의 개념은 중요한데도 이제껏 나는 이 책에서 논의하지 않았다. 사실, QFT의 세부 내역에는 두 가지 구성요소가 필요하다. 하나는 그 이론의 연산자(§1.14에 언급된 생성 연산자 및 소멸 연산자 등)들에 관한 대수학이며, 다른 하나는 그러한 연산자들이 입자 생성 연산자를 이용해 더욱더 많은 입자들의 상태를 축적하여 결국 작용하게 될 진공의 선택이다. QFT에서는 흔히 연산자들의 동일한 대수학에 대해 상이한 "비등가적" 진공이 존재하기 십상이어서, 한 특정한 진공의 선택에서 출발하더라도 그 대수학 내의 합법적인 연산자들에 의해 다른 진공으로 나아갈 수 없을지 모른다. 달리 말해서, 한 진공의 선택에서 출발하여 형성된 이론은 또 하나의 비등가적 진공에서부터 형성된 이론과 완전히 다른 우주를 기술하며, 상이한 두 QFT 사이에는 양자중첩이 허용되지 않는다(아울러 이 사실은 §§3.9, 3.11 및 4.2에서 중요한 역할을 한다). 끈 이론에서는 이런 식으로 엄청나게 많은 비등가적 끈(또는 M-) 이론들이 얻어진다.

이는 물리학의 **유일무이한** 이론을 제공하겠다는 끈 이론의 처음 목표와 완전히 상반된다. M-이론이 나왔을 때, 다섯 가지의 상이한 끈 이론 유형들을 하나로 통합하는 데 성공한 것 같다고 모두들 칭송했다. 그러한 성공이 무색하게도 이제는 엄청난 개수의 비등가적 진공으로 인해 생기는 상이한 끈(또는 M-) 이론들(정확한 수는 현재 알려져 있지 않지만 $\sim 10^{500}$ 정도의 값이 인용되었다 Douglas 2003; Ashok and Douglas 2004)이 엄청나게 쏟아지고 있다! 이 문제를 해결하기 위해 한 관점이 제시되었다. 바로 상이한 우주들이 전부 공존함으로써 이 모든 상이한 가능성들의 "경관"이 펼쳐진다는 견해다. 분명 비현실적인 수학적 가능성들의 방대한 배열 중에 다수는 가능성처럼 보이지만 실제로는 수학적으로 모순임이 밝혀졌다. 이런 가능성들이 늪이라고 알려진 것을 구성한다. 만약 우리가 경험하는 실제 우주의 속성을 결정하는 상이한 법modulus에 대한 값을 자연이 어떻게 "선택"하는지 설명하고 싶다면, 우리는 다음과 같이 주장해야 한다. 지적인 생명체를 진화시키는 데 필요한 화학, 물리학 및 우주론에 부합하는 자연의 상수 값들을 법이 갖는 우주에서만 우리가 존재할 수 있다고 말이다. 이를 가리켜 이른바 **인류 원리**라고 하며 §3.10에서 살펴보겠다. 내가 보기에 이것은 그런 장대한 이론이 마지막으로 우리를 좌초시키는 아주 안타까운 지점이다. 인류 원리는 자연의 어떤 근본적인 상수들 사이의 일견 우연적인 일부 관계들을 설명하는 데 일조하긴 하지만, 일반적으로 그런 설명 능력은 극히 제한적이다. 이 사안은 §3.10에서 다시 다루겠다.

이 마지막 절에서 우리는 원래 굉장한 설득력을 지녔던 끈 이론 개념들의 원대한 야망과 관련하여 어떤 교훈을 얻어야 할까? AdS/CFT는 정말이지 상이한 물리적 관심사들의 여러 분야 사이의 종종 예기치 않은 흥미로운 대응 관계(가령 블랙홀과 고체 상태 물리학 사이의 관계. §3.3 및 참고 문헌을 보기 바란다 Cubrovic et al. 2009)를 많이 내놓았다. 그러한 대응은 정말로 환상적이며, 특히 수학과 관련하여 그렇다. 하지만 전체적인 진행 양상은 끈 이론의 원래 포부(자연의 심오한 비밀들을 훨씬 더 깊이 이해하겠다는 목표)와 한참 멀어졌다. 막 세계라는 개념은 어떨까? 내가 보기에 그 개념에는 필사적인 어떤 느낌이 있다. 불가해한 고차원의 방대한 영역을 이해하겠다는 꿈을 접고서 존재가 극히 작은 저차원의 벼랑에 매달려 있는 셈이기 때문이다. 그리고 경관 이론은 훨씬 더 참담하다. 우리가 의지할 비교적 안전한 벼랑을 찾아낼 기대조차 안겨주지 않으니 말이다!

2
신조

2.1 양자 계시

콘사이스 옥스퍼드 사전Concise Oxford Dictionary에 따르면, 신조faith란 권위에 바탕을 둔 믿음이다. 우리는 우리의 사고에 강한 영향력을 행사하는 권위에 익숙하다. 가령, 어렸을 적에 부모님의 권위라든지 학창 시절에 교사들의 권위라든지 아니면 의사, 변호사, 과학자, 방송 진행자 또는 정부나 국제기구의 대표(또는 종교 단체의 주요 인물들)의 권위에 익숙한 것처럼 말이다. 여러 방식으로 권위는 우리의 견해에 영향을 미치며, 우리는 그렇게 얻은 정보를 무턱대고 믿을 때가 많다. 실제로 이런 식으로 얻은 정보의 타당성에 전혀 의문을 품지 않을 때가 왕왕 있다. 게다가 권위의 그러한 영향력은 사회 속에서 우리의 행동과 지위에도 종종 관여하며, 우리 자신이 갖게 될지 모를 권위 또한 다른 이들의 믿음에 영향을 주는 것만큼이나 우리 견해의 위상을 드높일 수 있다.

많은 경우 그런 영향력은 단지 문화의 문제이며, 우리가 그러한 영향력을 받아들이는 것은 사회생활에서 불필요한 마찰을 피하기 위한 바람직한 행실의 문제일 뿐이다. 하지만 무엇이 **참인지**가 우리의 관심사일 때 그런 영향력은 훨씬 진지한 문제가 된다. 실제로 우리가 무언가를 단지 믿음에 따라 받아들이지 **않**고 우리의 믿음이 적어도 가끔씩은 세계의 현실을 바탕으로 검증이 되어야 한다는 것이 과학의 이상들 가운데 하나다. 물론 우리는 믿음의 대다수를 검증할 기회나 시설이 여의치 않다. 하지만 적어도 마음을 열려고 시도는 해야 한다.

그런데 종종 우리가 마음껏 부릴 수 있는 것은 고작 우리의 이성, 판단, 객관성 및 상식 정도이다. 하지만 이런 자질들을 과소평가해서는 안 된다. 이 자질들에 비추어 볼 때, 과학의 주장들은 거짓의 촘촘한 음모의 결과가 아니라고 여기는 것이 합리적이다. 실제로 오늘날에는 마술처럼 보이는 장치들(제트 비행기 및 생명을 살리는 의약품 등은 굳이 말할 것도 없이 텔레비전, 휴대전화, 아이패드 및 GPS 장치 등)이 널려 있다. 이런 것들 덕분에 우리는 과학적 이해 및 과학적 검증의 엄밀한 방법에 바탕을 둔 선언들의 대다수에 진정으로 참된 무언가가 있음을 확신한다. 따라서 과학 문화로 인해 생긴 새로운 권위가 분명 있긴 하지만, 그것은 (적어도 원리상으로는) 지속적인 검토를 받는 권위다. 그러므로 과학적 권위에 대한 우리의 신조는 맹목적인 믿음이 아니며, 우리는 과학적 권위가 표방하는 견해에 뜻밖의 변화가 생길 가능성에 늘 대비하고 있어야 한다. 게다가 어떤 과학적 견해들은 심각한 논쟁거리가 되기 쉽다는 점에도 놀라지 않아야 한다.

신조라는 단어는 물론 흔히 **종교적** 교리와 관련하여 더 많이 쓰인다. 그런 맥락에서(비록 기본적인 점들에 대한 논의는 때로는 환영받을 수도 있고, 공식적 교리의 어떤 세부사항들은 상황의 변화에 부응하기 위해 오랜 세월에 걸쳐 미묘하게 변할 수도 있지만) 적어도 오늘날의 위대한 종교들의 경우, 앞으로 수천 년 동안도 지속될 확고한 교리적 믿음들의 집합체가 있다고 할 수 있다. 각각의 경우, 그런 신조의 밑바탕을 이루는 믿음들의 집합체는 그 기원이 도덕적 가치, 품성, 지혜 및 설득력 면에서 특출한 한 개인(또는 개인들)으로 거슬러 올라간다. 세월의 안개가 기존 가르침의 해석과 세부사항에 미묘한 변화를 초래하기도 하지만, 핵심 메시지는 본질적으로 훼손되지 않고 살아남는다.

이 모든 상황은 과학 지식이 발전해온 방식과는 판이하게 다른 듯하다. 하지만 과학자들이 의기양양하게 과학의 확고한 선언들이 불변이라고 여기는 것은 너무 섣부르다. 실제로 우리는 과학적 믿음에 의미심장한 변화가 일어나서 이

전에는 확고하게 유지되던 믿음이 부분적으로라도 뒤집어지는 사태를 여러 번 목격했다. 하지만 이런 변화는 기존에 고수되던 믿음의 일부에 저항하면서 찾아왔고, 보통은 아주 인상적인 새로운 관찰 증거가 생기면서 찾아왔다. 케플러의 타원 행성 운동이 적절한 사례인데, 이는 원 및 주전원의 기존 개념을 폐기시켰다. 패러데이의 실험 및 맥스웰의 방정식은 뉴턴 이론의 개별 입자들이 연속적인 전자기장으로 대체되어야 함을 밝혀냄으로써, 물질의 속성에 관한 우리의 과학적 견해에 또 하나의 위대한 변화가 생겼음을 알렸다. 훨씬 더 놀라운 변화는 이십 세기 물리학의 두 위대한 혁명, 즉 상대성이론과 양자역학이었다. §§1.1과 1.2 그리고 특히 1.7에서 특수상대성이론 및 일반상대성이론의 놀라운 개념들 몇 가지를 이미 논의했다. 이런 혁명도 대단히 인상적이긴 하지만 양자론의 대경실색할 계시에 비하면 중요성이 바랜다. 이 장의 주제는 바로 이 **양자혁명**이다.

§1.4에서 이미 우리는 양자역학의 가장 희한한 특징 하나를 목격했다. 양자 중첩 원리의 결과로서 한 입자가 상이한 두 장소를 동시에 차지할 수 있다는 점이다! 이는 개별 입자가 명백히 하나의 위치만을 갖는 친숙한 뉴턴식 구도와의 결별을 나타낸다. 분명 양자론에 의해 실재가 그처럼 괴상망측하게 기술되는 사태는 만약 그런 현상을 뒷받침하는 숱한 관찰 증거가 없었다면 저명한 과학자들한테 진지하게 받아들여지지 않았으리라. 게다가 일단 양자 형식론에 익숙해지고 이와 관련된 미묘한 수학적 절차들을 많이 숙달하고 나면, 관찰된 방대한 물리 현상들은 차츰 설명되기 시작한다. 이전에는 완전히 불가사의하게만 여겨졌던 현상들이었건만.

양자론은 화학결합 현상, 금속 및 다른 물질들의 색깔과 물리적 속성, 가열할 때 특정 원소들 및 그 화합물들이 방출하는 빛의 다양한 주파수들(스펙트럼 선)의 세부적 속성, 원자의 안정성(고전적 이론에서는 전자가 원자핵 속으로 빠르게 나선을 그리며 추락할 때 전자기파를 방출하면서 원자가 끔찍하게 붕괴하리라고 예상된다), 초전도체, 초유동체, 보스-아인슈타인 응축 등을 설명해준다. 생물학에서는 유전되는 특성들의 곤혹스러운 불연속성을 설명해준다(1860년경에 그레고어 멘델이 처음 발견했으며, 기본적으로는 슈뢰딩거가 DNA가 등장하기도 전인 1943년에 그의 기념비적인 저서『생명이란 무엇인가?*what is life?*』에서 설명한 내용이다Schrödinger 2012). 우주론에서는 우주 전체를 관통하는 마이크로파 배경복사(§§3.4, 3.9 및 4.3에 나오는 논의의 중심 주제)가 흑체 스펙트럼(§2.2)을 갖는데, 이 현상의 정확한 메커니즘은 한 근본적인 양자 과정에 대한 가장 초기의 고찰을 통해 밝혀졌다. 많은 현대의 물리학 장치들은 양자 현상에 결정적으로 의지하고 있으며, 그런 장치의 제작에는 기본적인 양자역학에 대한 진지한 이해가 필요하다. 레이저, CD 및 DVD 플레이어 그리고 노트북 모두 그런 양자적 요소들을 핵심적으로 포함하고 있다. 마찬가지로 초전도 자석들이 제네바에 있는 LHC의 약 27km짜리 터널 속을 입자들이 거의 빛의 속력으로 돌게 만드는 것도 양자역학 덕분이다. 열거하자면 끝이 없다. 그러니 정말로 우리는 양자론을 진지하게 여겨야 한다. 그리고 이 놀라운 이론의 출현 이전에 수세기 동안 확고하게 인정된 고전적인 세계 이해를 훌쩍 뛰어넘어 양자론이 물리적 실재를 설득력 있게 설명해줌을 인정해야 한다.

양자론을 특수상대성과 결합시키면 양자장 이론이 얻어지는데, 이는 특히 현대 입자물리학에 필수적이다. §1.5에서 보았듯이 양자장 이론은 발산을 다루는 재규격화 절차가 적절하게 적용되면 전자의 자기 모멘트 값을 유효숫자 10 내지 11자리까지 정확하게 알아낸다. 여러 가지 다른 예들도 있으며, 이를 통해 양자장 이론이 적절하게 적용될 때 굉장한 정확도를 보여준다는 점이 여실히 증명된다.

양자론은 입자와 힘에 대한 이전의 고전적인 이론들보다 더 심오한 이론이라고 흔히 여겨진다. 전반적으로 양자역학은 원자나 이를 구성하는 입자 그리고 이 원자로 이루어진 분자와 같은 비교적 작은 것들을 기술하는 데 쓰였다.

하지만 이 이론은 물질의 그런 기본적 구성요소들에 대한 설명에만 국한되지 않는다. 아주 많은 개수의 전자들의 집합 또한 가령 초전도체의 기이하고 매우 양자역학적인 성질에 관여하며, 보스–아인슈타인 응축물의 수소 원자들(대략 10^9개 정도)도 그렇다Greytak et al. 2000. 게다가 양자얽힘 효과가 143km나 되는 거리에서 일어남이 관찰되었는데Xiao et al. 2012, 그 거리만큼 떨어져 있는 광자의 쌍들이 단일한 광자 쌍처럼 행동했다. 또한 먼 별의 직경 측정도 별의 양측면에서 방출되는 광자 쌍이 §1.14에서 언급한 보스–아인슈타인 응축 때문에 서로 자동적으로 얽히는 현상을 이용한 것이다. 이 효과는 1956년에 로버트 핸버리 브라운Robert Hanbury Brown과 리처드 Q. 트위스Richard Q. Twiss가 멋지게 규명해냈는데(핸버리 브라운–트위스 효과Hanbury Brown–Twiss effect), 그 해에 둘은 시리우스의 직경을 약 240만 킬로미터라고 정확하게 측정하여, 이런 유형의 양자얽힘이 그처럼 먼 거리에 걸쳐 일어남을 밝혀냈다Hanbury Brown and Twiss 1954, 1956a, b! 그러니 양자론의 영향은 비단 작은 거리에만 국한되지 않으며, 그런 효과가 미칠 수 있는 거리에 아무런 한계도 없다고 충분히 예상할 수 있을 것이다. 게다가 지금까지 양자론의 예측과 상충하는 어떠한 관찰 사례도 없었다.

그러므로 양자역학의 교리는 아주 탄탄하게 확립되어 있으며, 엄청난 양의 매우 굳건한 증거에 바탕을 두고 있다. 세밀한 계산을 수행할 수 있고 충분히 정확한 실험이 실시될 수 있을 만큼 단순한 계에 양자역학을 적용하면 이론적 결과와 관찰 결과는 놀랍도록 정확히 일치한다. 더군다나 양자역학의 절차들은 매우 큰 범위의 스케일에 걸쳐 성공적으로 적용되었다. 위에서 언급했듯이, 양자역학의 효과는 소립자의 스케일에서부터 원자, 분자, 약 150km 거리의 두 입자 사이에 또는 수백만 킬로미터 거리의 별에서 일어나는 양자얽힘에까지 미친다. 그리고 우주 전체의 스케일에도 관련되는 정확한 양자 효과들도 있다 (§3.4 참고).

이 교리는 역사적으로 유명한 단 한 명의 개인의 선언에서 나오지 않고, 저마다 걸출한 능력과 통찰력을 지닌 수많은 헌신적인 이론과학자들의 각고의 노력에서 나왔다. 플랑크, 아인슈타인, 드브로이, 보스, 보어, 하이젠베르크, 슈뢰딩거, 보른, 파울리, 디랙, 조르당Jordan, 페르미, 위그너Wigner, 베테Bethe, 파인만 등의 숱한 이론가들이 이보다 훨씬 더 많은 훌륭한 실험가들의 실험 결과들을 바탕으로 수학적인 이론 구성을 이끌어냈다. 놀랍게도 이런 측면에서 보면 양자역학의 기원은 일반상대성이론과는 매우 다른데, 후자는 거의 전적으로 알베르트 아인슈타인 혼자 수행한 이론적 고찰에서 나왔으며*, 뉴턴 이론으로는 설명되지 않는 관찰로부터 어떠한 중요한 힌트도 얻지 않았다. (아마도 아인슈타인은 수성의 운동에서 발견된 약간의 특이 현상을 잘 알고 있었던 듯한데**, 그것이 아인슈타인이 상대성이론을 고안하던 초기에 분명 영향을 미쳤을 수 있다. 하지만 이를 뒷받침할 직접적인 증거는 없다.) 양자역학의 이론 구성에 관여한 이론가들이 그처럼 많았다는 사실도 그 이론의 완전히 비직관적인 속성을 여실히 드러내준다. 하지만 하나의 수학 이론으로서는 놀라운 아름다움을 지니고 있다. 그리고 수학과 물리적 현상 사이의 심오한 일관성은 뜻밖에도 경이롭기 그지없다.

그러니 양자역학의 교리가 비록 이상하기는 하지만 절대적 진리여서 모든 자연현상이 그 이론을 반드시 따라야 한다고 여겨지는 것도 그다지 놀랄 일이 아니다. 양자역학은 정말이지 어떠한 스케일이든지 간에 모든 물리적 과정에 적용될 법한 광범위한 틀을 제공한다. 따라서 물리학자들 사이에서 자연의 모

---

* 하지만 이 이론에 필요한 수학적 이론을 구성할 때 아인슈타인은 동료인 마르셀 그로스만Marcel Grossmann의 도움을 받아야 했다. 또한 꼭 언급해야 할 사항이 있는데, 특수상대성이론은 여러 사람의 합작 이론이라고 간주해야 마땅하다. 왜냐하면 아인슈타인 외에도 포크트Voigt, 피츠제럴드FitzGerald, 로런츠, 라모어Larmor, 푸앵카레, 민코프스키 등이 그 이론의 탄생에 중요한 기여를 했기 때문이다Pais 2005.

** 일반상대성이론은 1915년에 나왔는데, 아인슈타인은 1907년의 한 편지에서 수성의 근일점을 언급했다footnote 6 on p. 90 in J. Renn and T. Sauer's chapter in Goenner 1999.

든 현상이 반드시 양자역학에 부합해야 한다는 심오한 **신조**가 생겼다는 사실도 이해 못할 바는 아니다. 그러므로 이 특정한 신조가 일상적 경험에 적용될 때 생기는 듯한 매우 기이한 결과를 우리는 반드시 숙지하고 익숙해져야 하며 어떤 식으로든 이해해야 한다.

특히 §1.4에서 말했듯이, 양자역학의 한 결론에 의하면 하나의 양자 입자가 상이한 두 장소를 동시에 차지하는 상태가 존재할 수 있다. 거시적 물체에도 동일한 결론이 적용될 수 있다(심지어 §1.4에 나오는 고양이에게도 일어날 수 있다. 이 경우 고양이는 상이한 두 개의 문을 **동시**에 통과할 것이다)고 양자역학은 주장하지만, 그런 일은 우리가 결코 경험하지 못하기에 그런 공존이 실제로 거시적 세계에서 일어날 수 있다고 믿을 이유는 전혀 없다(설령 문(들)을 통과하느라 고양이의 모습이 우리에게는 결코 보이지 않을 때조차도 그런 중첩 상태가 일어났다고 볼 수 없다). 슈뢰딩거의 고양이 문제(하지만 슈뢰딩거의 원래 버전에서는 고양이가 삶과 죽음의 중첩 상태에 있었다Schrödinger 1935)는 이 장(§§2.5, 2.7 및 2.13)에서도 다시 등장한다. 거기서 알게 되겠지만, 현재 우리가 지닌 양자 신조에도 불구하고 이런 문제들은 가볍게 해결되지 **않는**데, 정말이지 우리의 양자 신조에 심오한 한계가 있음이 분명하다.

2.2 막스 플랑크의 $E = h\nu$

지금부터는 양자역학의 구조를 훨씬 더 구체적으로 살펴볼 것이다. 우선 고전 물리학을 넘어선 어떤 것이 필요하다고 처음 여기게 된 주된 이유부터 살펴보자. 저명한 독일 과학자 막스 플랑크가 1900년에 당시까지 알려진 모든 물리학의 관점에서 볼 때 완전히 터무니없는 어떤 것을 가정하게 된 상황Planck 1901을 우리는 고찰할 것이다. 그 상황이 얼마만큼 터무니없는지는 플랑크 자신뿐 아니라 당대의 과학자들 그 누구도 제대로 인식하지 못했던 듯하지만 말이다. 플랑크가 관심을 둔 것은 (표면에 닿는 복사 에너지를 전혀 외부로 반사하지 않는) 동공 안에 갇힌 물질 및 전자기 복사가 가열된 동공의 벽면과 열평형 상태에 있어서 일정한 온도로 유지되는 상황(그림 2-1)이었다. 그가 알아낸 바에 의하면, 그 물질에 의한 전자기 복사의 방출과 흡수는 지금은 유명해진 아래 공식에 따라 에너지의 불연속적인 다발의 형태로 일어났다.

$$E = h\nu$$

여기서 E는 방금 언급한 에너지 다발이고 ν는 복사의 진동수이며 h는 **플랑크 상수**라고 하는 자연의 근본적인 상수이다. 이후 이 관계식은 양자역학에 따라 **보편적으로** 적용되는 에너지와 진동수 사이의 기본적인 연관성을 알려주는 공식으로 인정되었다.

당시 플랑크는 실험을 통해 관찰된 복사의 세기와 진동수 사이의 함수 관계(방금 전에 설명한 상황의 관계식이 그림 2-2에 연속 곡선으로 그려져 있다)를 설명하려고 애쓰고 있었다. 이 관계를 가리켜 **흑체 스펙트럼**이라고 한다. 이 스펙트럼은 복사와 물질이 서로 상호작용하면서 함께 열평형 상태에 있을 때 생긴다.

이 관계가 무언지에 대해 이전에도 제안이 있었다. 그중 하나가 **레일리-진스 공식**Rayleigh-Jeans formula인데, 세기 I를 진동수 ν의 함수로서 다음과 같이 나타낸다.

$$I = 8\pi k c^{-3} T \nu^2$$

여기서 T는 온도이며 c는 빛의 속력이고 k는 **볼츠만 상수**라는 물리 상수이다. 이 상수는 나중에, 특히 3장에서 중요한 역할을 한다. 이 공식(그래프는 그림 2-2에 제일 왼쪽의 끊긴 선으로 표시되어 있다)은 전자기장에 대한 순전히 고전적

그림 2-1 검은 내부 벽면을 지닌 흑체 동공에는 가열된 동공의 경계 벽면과 열평형을 이룬 물질 및 전자기 복사가 들어 있다.

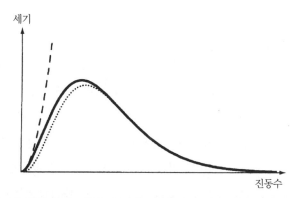

그림 2-2 굵은 실선 그래프는 관찰을 통해 알려진 흑체 복사의 세기 *I*와 복사의 진동수 ν 사이의 관계를 나타내는데, 이는 플랑크의 유명한 공식과 정확히 일치한다. 위로 향하는 끊긴 선 그래프는 레일리-진스 공식에 의해 얻어진 관계이며 점선 그래프는 빈의 공식에 의해 얻어진 관계이다.

인(맥스웰 장) 해석에 바탕을 두었다. 또 하나의 제안은 **빈의 법칙**Wien's law이라고 하는데(전자기 복사가 무작위적으로 움직이는 질량이 없는 고전적인 입자들에 의해 생긴다는 관점에서 도출된 법칙), 관계식은 아래와 같다(그림 2-2의 점선 그래프).

$$I = 8\pi hc^{-3}\nu^{3}e^{-h\nu/kT}$$

각고의 노력을 들인 끝에 플랑크는 이 세기–진동수 관계에 대한 매우 정확한 공식을 유도할 수 있었는데, 우연하게도 그 공식은 진동수 ν가 클 때에는 빈 공식에 그리고 ν가 작을 때에는 레일리–진스 공식에 잘 들어맞았다. 즉, I가 아래 식과 같았다.[*]

$$\frac{8\pi hc^{-3}\nu^3}{e^{h\nu/kT}-1}$$

하지만 그러기 위해서는 다음과 같은 이상한 가정을 해야 했다. 즉, 물질에 의한 복사의 방출과 흡수가 앞에 나온 $E = h\nu$에 따른 불연속적인 다발의 형태로 발생한다고 말이다.

아마 처음에는 플랑크도 자신이 세운 가정의 매우 **혁명적인** 속성을 제대로 알아차리지 못했던 듯하며, 오 년이 지나서야 아인슈타인Pais 2005; Stachel 1995이 전자기 복사가 위의 플랑크 공식에 따른 불연속적인 에너지 다발의 형태로 이루어짐을 명확히 알아차렸고, 이 다발은 나중에 **광자**라고 불리게 되었다. 사실, 전자기 복사(즉, 빛)가 입자적 속성을 가져야만 하는 데에는 아주 기본적인 이유가 하나 있는데(당시에는 플랑크와 아인슈타인도 명시적으로 파악하지 못했다), 흑체 복사의 열평형 속성 및 물질의 입자적 속성에 내재해 있는 이 이유는 에너지의 **등분배**equipartition of energy라는 원리에서 비롯된다. 이 원리에 의하면, 한 유한한 계가 평형에 도달할 때 결국 에너지는 계의 모든 자유도 가운데서 평균적으로 균등하게 분포된다.

등분배 원리에서 나온 이 추론은 자유도라는 사안과 관련된 문제로 볼 수 있다(§§1.9, 1.10, 2.11, A.2, A.5). 다음과 같이 가정해보자. 즉, 한 계가 연속적인 전자기장과 평형을 이루고 있는 N개의 개별 입자들로 이루어져 있다(여기서

---

[*] 이 절에 나오는 여러 식의 맨 앞에 놓인 "8π"는 때로는 "2"로 적기도 한다. 이는 이 식의 세기라는 용어의 의미와 관련된 것뿐이다.

두 입자 사이의 에너지 교환은 일부 입자들의 전하로 인해 일어날 수 있다). 입자들의 자유도는 ∞^{6N}일 것이다. 이는 단순화를 위해 우리가 고전적 입자를 다루고 있다고 가정한 경우로서, 여기서 "6"은 각 입자의 위치 자유도 3에 운동량(**운동량**은 본질적으로 질량 곱하기 속도이다. §§1.5, A.4 및 A.6 참고) 자유도 3을 더한 값이다. 그렇지 않은 경우에는 계의 내적 자유도를 기술하기 위한 더 많은 파라미터가 필요할지 모르는데, 이때에는 "6" 대신에 더 큰 정수를 써야 할 것이다. 가령, 고전적으로 회전하는 **불규칙적인** 형태의 "입자"는 6개의 자유도를 더 가지는데, 3은 그 입자의 공간적 회전에 대한 것이고 나머지 3은 각운동량(§1.14 참고)의 방향과 크기에 관한 것이다. 따라서 입자당 총 12개의 파라미터이므로, N개의 입자로 이루어진 전체 계의 자유도는 ∞^{12N}이 된다. §2.9에서 보겠지만, 양자역학에서는 이 수가 조금 달라지긴 하지만 여전히 어떤 정수 k에 대해 ∞^{kN}의 형태이다. 그러나 연속적인 전기장의 경우 자유도는 훨씬 더 큰 값인 $\infty^{4\infty^3}$가 되는데, 이는 §A.2의 논의에서 직접적으로 도출된다(전기장과 자기장에 대해 별도로 적용한 결과).

그렇다면 에너지의 등분배 원리는 입자인 물질과 연속적인 전자기장이 함께 평형을 이루고 있는 고전적인 계에 대해 무슨 내용을 알려줄까? 답인즉, 평형에 접근할 때 더 많은 에너지가 장에 존재하는 엄청나게 큰 자유도 속으로 들어가는 바람에, 결국에는 물질 입자들의 자유도로부터 에너지가 모조리 빠져나오게 된다는 것이다. 이것은 아인슈타인의 동료인 물리학자 파울 에렌페스트 Paul Ehrenfest가 나중에 **자외선 파탄**ultraviolet catastrophe이라고 명명한 현상이다. 전자기장 속으로 자유도가 흘러 들어가는 재앙이 결국 일어나는 영역이 스펙트럼의 고주파 끝단(즉, 자외선 끝단)이기 때문에 붙여진 이름이다. 그림 2-2에 나오는 끊긴 선(레일리-진스)의 무한대로 상승하는 부분이 이 난감한 상황을 잘 보여준다. 하지만 입자적 속성이 장에도 부여되면, 주파수가 더 커지더라도 재앙이 빗겨가며 일정한 평형 상태가 존재할 수 있다. (이 문제는 §2.11에서 다시 다룰 텐데, 여기서 생기는 자유도 사안을 조금 더 자세히 논의할 것이다.)

게다가 이런 일반적인 논의로부터 우리는 이 현상이 단지 전자기장의 속성만이 아님을 알 수 있다. 개별 입자들과 상호작용하는 연속적인 장으로 이루어진 모든 계가 평형 상태로 접근하는 경우 이와 동일한 어려움에 처한다. 따라서 플랑크가 구사일생으로 알아낸 $E = h\nu$라는 관계식이 다른 장에서도 성립하리라고 기대하는 것은 비합리적이지 않다. 정말이지 그것이 물리계의 **보편적인** 특징이라고 믿고 싶은 유혹을 불러일으킨다. 사실, 알고 보니 양자역학에서 이것은 완전히 일반적인 특징이었다.

하지만 이 분야에서 플랑크의 연구가 이룬 심오한 의미는 1905년에 아인슈타인이 (지금은 유명한) 논문 한 편을 발표하기 전까지는 거의 인식되지 못했다 Stachel 1995, p.177. 이 논문에서 아인슈타인은 특이한 개념을 내놓았는데, 즉 적절한 상황에서 전자기장은 연속적인 장이라기보다는 실제로 입자들의 계로 **이루어진** 듯이 취급되어야 한다는 개념이었다. 이 개념은 물리학계에 충격을 몰고왔다. 왜냐하면 전자기장은 제임스 클러크 맥스웰의 아름다운 방정식들(§1.2 참고)로 완전하게 기술된다는 관점이 이미 명백히 확립되어 있었기 때문이다. 맥스웰의 방정식들은 빛을 전자기장의 진행 파동으로 완벽하게 거뜬히 기술해낸 듯 보였다. 이 파동 해석은 분광 및 간섭 효과와 같은 빛의 여러 세세한 속성들을 설명해냈고, 덕분에 우리가 직접 보는 유형(즉, 가시광선 스펙트럼)과는 다른 빛의 유형들(가령 (진동수가 아주 낮은) 라디오 전파라든가 (진동수가 매우 높은) X선 등)을 예측하게 해주었다. 빛을 **입자**로 취급해야 한다는 제안(십칠 세기에 뉴턴이 제안한 이 주장은 이미 십구 세기 초반에 토머스 영에 의해 결국 틀렸음이 (일견) 설득력 있게 입증되었다)은 아무리 봐도 터무니없는 것이었다. 더욱 놀라운 사실은, 1905년 바로 그 해(아인슈타인의 "기적의 해"$E = mc^2$에 대해서는 Stachel 1995, pp. 161~64 그리고 상대성이론에 대해서는 pp. 99~122)에 다른 사람도 아니고 아인슈타인 자신이 특수상대성을 다룬 훨씬 더 중요한 논문 두 편(두 번째 논문에 $E = mc^2$이 들어 있었다)을 맥스웰 방정식의 확고한 타당성을 바탕으로 완성했다는 것이다!

더군다나 아인슈타인이 빛의 입자 개념을 제시한 바로 그 논문에서조차 그는 맥스웰의 이론이 "아마도 다른 이론에 의해 결코 대체되지 않을 것"Stachel 1995, p. 177이라고 썼다. 자기 논문의 목적과 상충되는 내용처럼 보이지만, 더욱 현대적인 양자장에 대한 관점에서 보자면 전자기장에 관한 아인슈타인의 입장은 맥스웰의 장과 모순되지 **않는다.** 왜냐하면 전자기장에 관한 현대의 양자론은 장 양자화의 일반적 절차들을 **맥스웰 이론**에 적용함으로써 등장했기 때문이다! 또한 놀랍게도 뉴턴도 자신의 빛에 관한 입자론이 어떤 **파동적** 속성을 지녀야 함을 이미 알아차렸을지 모른다Newton 1730. 심지어 뉴턴의 시대에도 빛 전파의 입자적 속성에 공감할 만한 심오한 이유들이 있었다. 내가 보기에 그런 것들이 뉴턴의 사고에 분명 영향을 미쳤을 텐데Penrose 1987b, pp. 17~49, 뉴턴이 실제로 빛에 관한 (오늘날의 이론과도 분명 관련성이 있는) 입자적/파동적 관점을 지녔을 상당히 충분한 이유들이 있었다.

확실히 짚고 넘어가야 할 점이 있는데, 물리적 장에 대한 이런 입자적 관점은 (입자가 실제로 보손이고, 따라서 §2.1에 언급한 핸버리 브라운―트위스 효과에 필요한 행동을 만족시키기만 한다면) 비교적 낮은 진동수(즉, 긴 파장)에서의 철저히 파동적인 행동을 무효화시키지는 않는다. 자연의 양자적 구성요소들은 어떤 의미에서 완전히 입자로만 또는 파동으로만 간주될 수는 없고 대신에 이 두 측면을 함께 드러내는 불가사의한 중간적 성격(가령, 파동―입자)을 띠는 실체이다. 자연의 근본적 구성요소, 즉 양자는 모두 $E = h\nu$를 따른다. 일반적으로 진동수, 따라서 양자당 에너지가 매우 크면(파장이 짧으면), 그런 실체들의 집합의 입자적 속성이 더욱 지배적이 되기에 우리는 그것들이 입자들로 이루어진 계라고 보는 편이다. 하지만 진동수(따라서 개별 입자 에너지)가 작아서 비교적 파장이 길면(그리고 낮은 에너지 입자들이 굉장히 많으면) 고전적인 파동 이론이 잘 들어맞는 편이다.

적어도 이는 보손(§1.14 참고)의 경우이다. 페르미온의 경우 긴 파장 한계는 고전적인 장과 전혀 유사하지 않다. 왜냐하면 관여하는 매우 많은 수의 입자들이 파울리의 배타 원리(§1.14 참고)로 인해 서로에게 "방해를 끼치기" 때문이다. 하지만 초전도체와 같은 상황에서는 (페르미온인) 전자들도 이른바 **쿠퍼 쌍** Cooper pair이라는 쌍을 이룰 수 있는데, 이 쌍은 개별 보손과 매우 흡사하게 행동한다. 이 보손들이 함께 초전도체의 초전도 현상을 일으키는데, 이는 외부의 입력 없이도 무한정 지속될 수 있으며 고전적 장의 어떤 일관된 속성들을 갖는다 (§2.1에서 간략히 언급한 보스–아인슈타인 응축물과 더 비슷하게 행동하긴 하지만 말이다).

플랑크의 $E = h\nu$의 이러한 보편적인 특성에서 암시되듯이, 파동에 입자적 측면이 있는 것처럼 우리가 당연히 일상적인 입자라고 여기는 것도 파동적 측면이 있다. 따라서 $E = h\nu$는 어떤 의미에서 그런 일상적인 입자들에게도 적용되어야 한다. 그러면 개별 입자들에 파동적 특성이 부여되며, 이때 진동수 ν는 $\nu = E/h$에 따라 입자의 에너지에 의해 결정될 것이다. 실제로 이는 1923년에 루이 드브로이에 의해 사실로 밝혀졌다. 상대성이론에 의하면, 질량이 m인 입자는 정지 상태에 있을 때 $E = mc^2$(아인슈타인의 유명한 공식)의 에너지를 갖는다. 따라서 플랑크의 관계식에 의해 드브로이는 입자에 (§1.8에서 이미 언급했던) $\nu = mc^2/h$로 주어지는 진동수를 부여했다. 하지만 입자가 운동할 때에는 운동량 p를 얻는데, 상대성이론에 의하면 운동량은 파장 λ와 아래와 같은 반비례 관계이다.

$$\lambda = \frac{h}{p}$$

이 드브로이 공식은 수많은 실험을 통해 사실임이 확인되었다. 운동량 값 p를 지닌 입자가 마치 파장 λ를 지닌 파동처럼 간섭 효과를 일으킨다는 것이 입증된

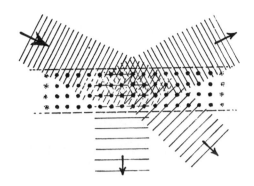

그림 2-3 전자의 파동적 성질의 증거가 전자를 결정 물질에 입사하는 데이비슨-거머 실험에서 확인된다. 이 실험이 밝힌 바에 의하면 산란이나 반사는 결정 구조가 전자의 드브로이 파장과 일치할 때 생긴다.

것이다. 초기의 가장 명확한 사례로 1927년에 실시된 데이비슨-거머Davisson-Germer 실험을 들 수 있다. 전자를 한 결정 물질에 입사시켰더니 결정 구조가 전자의 드브로이 파장과 일치할 때 산란이나 반사가 일어났다(그림 2-3). 반대로 그 전에 아인슈타인이 내놓은 빛의 입자적 성질에 관한 제안은 1902년에 나온 필리프 레나르트Philipp Lenard의 관찰 사실을 해명했다. **광전 효과**라고 불리는 이 현상에서는 고주파 빛을 금속에 쬐면 전자들이 방출되는데, 이 전자들이 갖는 특정한 에너지는 전구의 파장에만 의존할 뿐 놀랍게도 빛의 세기와는 무관했다. 당시로서는 매우 당혹스러운 이 결과를 아인슈타인의 제안이 설명해냈던 것이다(이 덕분에 아인슈타인은 1921년에 노벨상을 받았다)Pais 2005. 아인슈타인의 제안을 좀 더 직접적이고 결정적으로 확인한 사례는 1923년에 실시된 아서 콤프턴의 실험이다. 이 실험에서 대전 입자를 향해 입사된 X선 양자가, 질량이 없는 입자(지금은 **광자**라고 불린다)가 표준적인 상대론적 역학에 따라 반응하는 것과 똑같이 반응한다는 사실이 드러났다. 이 실험은 드브로이의 공식과 동일한 공식을 이용하지만, 이번에는 드브로이의 경우와 반대로 파장이 λ인 개별 광자에 $p = h/\lambda$에 따라 운동량을 부여했다.

2.3 파동-입자 역설

아직도 우리는 양자역학의 실제 구조에 그다지 깊숙이 다가가지 못했다. 깊이 살펴보려면 우리는 기본적인 양자적 구성요소들의 파동 및 입자 측면을 조금 더 구체적으로 파악해야 한다. 이 측면을 더욱 명확히 이해하기 위해 두 가지 상이한 (이상화된) 실험을 살펴보자. 둘은 엇비슷하지만, 하나는 양자적 파동-입자 실체의 입자적 측면을 그리고 다른 하나는 파동적 측면을 드러낸다. 편의를 위해 나는 이 실체를 **입자**라고, 더 구체적으로는 **광자**라고 부르겠다. 왜냐하면 이런 유형의 실험은 사실 광자를 대상으로 할 때 가장 순조롭게 진행되기 때문이다. 하지만 유념해야 할 점이 있는데, 전자나 중성자 또는 다른 어떠한 유형의 파동-입자에 대해서도 동일한 종류의 결과가 나온다. 나는 실험을 실시할 때 생길지 모르는 모든 전문적인 어려운 문제들은 무시할 것이다.

각 실험에서 적절한 종류의 레이저(그림 2-4의 L 지점에 위치)를 사용하여 우리는 단일 광자를 M에 위치한 반도금한 거울을 향해 발사한다. 하지만 실제 실험에서 이 거울은 일상적인 거울이 대체로 보이는 유형의 도금 효과를 갖기는 어려울 것이다. (이런 양자광학 실험에서 더 나은 거울은 광자의 파동적 측면을 간섭 효과를 통해서 의도적으로 이용하겠지만, 이런 점은 지금의 논의에서는 중요하지 않다.) 그러한 장치를 전문 용어로 **빔 분할기**|beam splitter라고 한다. 이 실험에서 빔 분할기는 레이저빔에 45° 각도로 위치하여 입사하는 빛의 정확히 절반은 (직각으로) 반사되고 정확히 절반은 그대로 투과되도록 해야 한다.

첫 번째 실험이 그림 2-4(a)에 묘사되어 있는데, 여기에는 두 개의 검출기가 있다. 하나는 A, 즉 투과된 빔이 진행하는 경로에 있고(따라서 LMA는 직선), 다른 하나는 B, 즉 반사된 빔이 진행하는 경로에 있다(따라서 LMB는 직각이다). (논의를 쉽게 하고자) 각각의 검출기는 100% 정확하다고 가정하자. 즉, 광자를 수신할 경우에만 그 사실을 기록한다. 추가로 한 가지를 더 가정하자면,

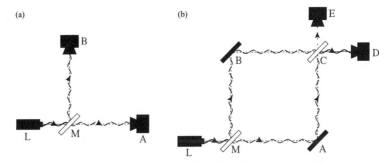

그림 2-4 L에서 방출되어 M에 있는 빔 분할기로 향하는 광자의 파동-입자 측면들. **(a)**실험 1: 광자의 입자적 행동이 A와 B에 있는 검출기에 의해 드러나는데, 광자가 방출될 때마다 정확히 두 검출기 중 하나가 광자를 검출한다. **(b)**실험 2: 마흐-젠더 간섭계. 광자의 파동적 행동을 드러내준다. 거울은 A와 B에 있고 검출기는 D와 E에 있으며, 두 번째 빔 분할기가 C에 있다. 이번에는 오직 D만이 광자를 수신한다.

실험의 나머지 설정 사항도 완벽하기에 광자는 흡수, 방향 이탈 또는 다른 어떠한 오작동에 의해서도 소실되지 않는다. 마지막 가정은, 각각의 광자가 방출될 때마다 레이저는 방출이 실제로 발생했다는 사실을 기록하는 수단을 갖고 있다.

먼저 실험 1의 경우, 광자가 방출되면 A에 있는 검출기가 광자를 수신하거나 아니면 B에 있는 검출기가 광자를 수신한다. 다시 말해 두 검출기 모두 광자를 수신하지는 않는다. 각 결과의 확률은 50%이다. 이것은 광자의 **입자적** 측면을 드러내준다. 광자는 이쪽 아니면 저쪽으로 가며, 이 실험의 결과들은 광자가 입자라는 전제와 부합한다. 즉, 광자가 빔 분할기와 마주칠 때 투과하거나 아니면 반사하는 결정이 내려지며, 그 각각의 선택에 대한 확률은 50%라는 전제 말이다.

그다음으로 그림 2-4(b)에 나타난 실험 2를 살펴보자. 여기서는 A와 B에 있던 검출기들을 (전체 도금된) 거울들로 대체하는데, 이 거울들은 각각의 입사 빔에 대해 45° 기울어져 있기에 각각의 경우 거울이 마주치는 빔은 C에 있는 두 번째 빔 분할기로 향한다. 이 빔 분할기는 첫 번째 빔 분할기와 동일한 유형이며, 이 두 번째 빔 분할기 역시 빔의 입사 방향에 45°로 기울어져 있다(그래서 모든 거울과 빔 분할기는 서로 평행이다). 그림 2-4(b)를 보자. 이제 두 검출기는 D와 E의 위치(CD는 LMA와 평행이고 CE는 MB와 평행)에 있으므로 MACB는 사각형이다(이 그림에서는 정사각형으로 표현되어 있다). 이 배열을 가리켜 마흐-젠더 간섭계Mach-Zhender interferometer라고 한다.

그러면 레이저가 광자를 방출할 때 어떤 일이 벌어질까? 아마도 실험 1에 따르면 광자는 M에 있는 빔 분할기를 떠날 때, 경로 MA를 택해서 A에서 반사되어 AC를 따라갈 확률이 50%이고, 경로 MB를 택해서 B에서 반사되어 BC를 따라갈 확률이 50%일 것이다. 따라서 C에 있는 빔 분할기는 AC를 따라 들어오는 광자를 만날 확률이 50%일 것인데, 이 광자는 D 또는 E에 있는 검출기에 동일한 확률로 보내질 것이다. 그러면 D 및 E에 있는 검출기에서 각각 광자를 수신할 확률은 50%(= 25% + 25%)일 것이다.

하지만 실제로는 그렇지 않다! 이 실험을 비롯해 이와 비슷한 수많은 실험을 실시했더니 D에 있는 검출기가 광자를 수신할 확률은 100%였고 E에서 수신할 확률은 0%였다! 이것은 내가 실험 1과 관련해 기술했던 광자 행동의 입자적 측면과는 전혀 들어맞지 않는다. 한편 실제로 관측된 결과는 우리가 광자를 약한 파동이라고 여길 때 예상되는 유형에 훨씬 더 가까웠다. 상기한 실험 설정하에 (그리고 완벽한 실험이라고 가정하고) 빔 분할기 M에서는 파동이 둘로 갈라져서 하나는 MA를 따라 진행하고 다른 하나는 MB를 따라 진행한다. 이 둘은 각각 거울 A와 B에서 반사되기에, 두 번째 빔 분할기 C는 각각의 두 방향에서 동시에 도착하는 두 파동을 만난다. 이 파동들 각각은 빔 분할기 C에 의해 CD를 따라가는 성분과 CE를 따라가는 성분으로 나뉘는데, 이들이 서로 어떻게 결합하는지 알려면 두 중첩 파동의 마루와 골 사이의 위상 관계를 주의 깊게 살펴야만 한다. 밝혀진 바에 의하면(여기서 두 파동의 진폭이 동일하다고 가정한다), 두 성분은 CE 경로에서 결합할 때는 한 성분의 마루가 다른 성분의 골과 일치하는 바람에 서로 완전히 **상쇄**되며, CD 경로에서 결합할 때는 마루는 마루끼리 골은 골끼리 일치하는 바람에 서로 보강을 일으킨다. 따라서 두 번째 빔 분할기에서 나오는 전체 파동은 CD 방향을 따르게 되며 CE 방향으로는 전혀 향하지 않는다. 그래서 D에서 100% 검출되고 E에서는 0% 검출되는데, 이는 실제로 관찰된 결과와 일치한다.

이 결과는 파동－입자를 이른바 **파동묶음**wave－packet으로 여기는 편이 가장 나음을 암시한다. 파동묶음은 작은 영역 내에 국한되어 일어나는 진동하는 파동성 활동이라서, 큰 스케일에서 보면 입자를 닮은 국소화된 작은 요동으로 보인다. (§2.5의 그림 2－11을 보면 표준적인 양자 형식론에서 파동묶음을 어떻게 여기는지 알 수 있다.) 하지만 그런 구도는 여러 이유로 인해 양자역학에서 아주 제한적인 설명 가치만을 가질 뿐이다. 우선, 이런 실험 유형에서 자주 사용되는 파동 형태는 그런 파동묶음과는 딴판이다. 왜냐하면 단일한 광자 파동의 파장은 전체 실험장치의 치수보다 훨씬 더 길기 십상이기 때문이다. 훨씬 더 중요한 사실을 말하자면, 그런 구도는 실험 1에서 벌어지는 상황을 전혀 설명하지 못한다. 이 실험을 다시 살피기 위해 그림 2－4(a)로 돌아가 보자. 이 경우 (실험 2의 결과에 부합하려면) 광자 파동은 M에 있는 빔 분할기에서 두 개의 더 작은 파동묶음으로 나뉘어져, 하나는 A로 다른 하나는 B로 향하게 될 것이다. 실험 1의 결과를 재현하려면, 우리는 A에 있는 검출기가 이 작은 크기의 파동묶음을 수신하는 즉시 50%의 확률로 활성화되어야 할 것이며, 이에 따라 광자의 수신을 기록해야 할 것이다. B에 있는 검출기도 마찬가지로 광자의 수신을 기록할 확률이 50%이어야 할 것이다. 이는 맞는 말 같지만, 실제로 나오는 결과와 일치하지 않는다. 이 모형은 A 검출기와 B 검출기에 동일한 확률들을 부여하지만, 이 확률들 중 절반은 실제로는 **결코 발생하지 않는** 반응이다. 왜냐하면 이 제안은 두 검출기가 **모두** 광자를 수신할 확률이 25%이며 아울러 두 검출기 모두 광자를 수신하지 **못할** 확률 또한 25%라고 잘못 예측하기 때문이다! 결합된 검출기 반응의 이 두 유형은, 광자가 이 실험에서 소실되지도 복제되지도 않기 때문에 실제로 일어나지 않는다. 따라서 단일 광자에 대한 이런 식의 파동 묶음 서술은 통하지 않는 것이다.

양자적 행동은 이보다 훨씬 더 미묘하다. 양자 입자를 기술하는 파동은 수면 파나 음파와 비슷한 것이 아닌지라, 주위 매질에서 일어나는 일종의 **국소적 요동**을 기술해줄 뿐이다. 따라서 파동의 한 부분이 한 영역의 검출기에 미치는 효과는 파동의 다른 부분이 조금 떨어진 영역의 다른 검출기에 미치는 효과와는 무관하다. 실험 1에서 보듯이, 한 단일 광자의 파동 양상은 광자가 빔 분할기에 의해 동시에 분리된 두 빔으로 "나누어진" 후에도 이런 분리에도 불구하고 여전히 한 **단일 입자**를 표현한다. 파동은 다양한 장소에서 입자를 발견할 일종의 **확률 분포**를 기술하는 듯하다. 그렇게 보면 파동이 실제로 하는 일에 대한 설명에 조금 더 가까워지기에, 때로 사람들은 그런 파동을 **확률파동**probability wave이라고 부른다. 하지만 이것도 만족스러운 설명이 아니다. 왜냐하면 확률은 언제나 양(또는 영)의 값을 가지며 서로 상쇄되지 않아서 실험 2의 E에서 아무런 반응도 일어나지 않는 현상을 설명하지 못하기 때문이다.

때때로 사람들은 확률에 음의 값을 허용하여 상쇄가 일어날 수 있도록 함으로써 이런 식의 확률 파동을 타당한 설명으로 만들려고 한다. 하지만 이는 양자론이 작동하는 방식이 결코 아니다(그림 2-5를 보기 바란다). 대신에 양자론에서는 한 단계 더 나아가 파동 진폭이 복소수(§A.9 참고)가 되도록 허용한다! 사실, 우리는 이미 §§1.4, 1.5 및 1.13에서 이러한 복소 진폭을 살펴보았다. 이 복소수는 양자역학의 전체 구조에 핵심적이다. 이 수는 확률과 상당히 밀접한 관계가 있긴 하지만 확률은 아니다(당연히 확률은 실수 값이기에 그럴 수가 없다). 하지만 양자 형식론에서 복소수의 역할은 단지 이 사례보다 훨씬 더 광범위한데, 이 점은 잠시 후에 살펴보겠다.

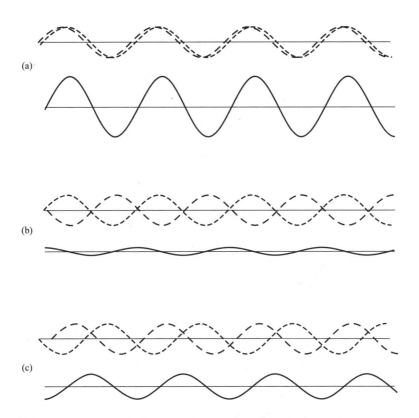

그림 2-5 동일한 진폭과 진동수의 두 파동 유형(끊긴 곡선으로 표시된 파동)의 합은 두 파동 유형의 위상 관계에 따라 (a)강화되거나 (b)상쇄되거나 (c)이 두 경우 사이의 어떤 것이 될 수 있다.

2.4 양자 수준과 고전 수준들: C, U 및 R

2002년에 나는 덴마크의 오덴세에서 한스 크리스티안 안데르센 아카데미가 주최하는 강연회에 초빙 연사로 참가했다. 1805년에 태어난 유명한 동화작가 안데르센의 탄생 이백 주년이 다가오고 있는 시점이었다. 내가 초대를 받은 까닭은 아마도 내가 『황제의 새 마음』이란 책을 썼기 때문이 아닐까 짐작했다. 그

책은 안데르센의『황제의 새 옷』에서 영감을 받았으니까. 하지만 나는 다른 이 야기를 해야겠다고 생각했다. 그래서 내가 그즈음 관심을 두고 있던, 대체로 양 자역학의 토대와 관련된 개념들을 설명하기에 지렛대로 삼을 만한 안데르센의 작품이 무엇일지 궁리해 보았다. 이런저런 생각을 해보니, 나의 관심 사안을 논 의하는 데「인어공주」이야기를 여러 가지 방식으로 사용하면 좋을 것 같았다.

그림 2-6에는 바위에 앉아 있는 인어공주의 모습이 나오는데, 몸의 절반은 물속에 있고 나머지 절반은 물 위에 있다. 그림의 아래 부분은 바다 밑에서 벌 어지는 상황인데, 기이하게 생긴 온갖 생명체들과 이국적인 실체들이 한데 엉 켜 있지만 나름의 특별한 아름다움을 드러내고 있다. 이것은 양자 수준 과정들 의 희한하고 낯선 세계를 대변한다. 그림의 위쪽 부분은 낯익은 세계를 보여주 는데, 여기서는 상이한 대상들이 서로 분리되어 개별적으로 행동하는 실체들 을 구성하고 있다. 이것은 고전 세계를 대변한다. 즉, 우리가 작동 원리를 정확 히 이해했던 (양자역학이 등장하기 전에) 익숙한 법칙들에 따라 작동하는 세계 다. 인어는 반은 물고기이고 반은 사람으로서 이 두 세계에 걸터앉아 있다. 그 녀는 서로 이질적인 두 세계 사이의 연결고리를 대변한다. 그림 2-7을 보기 바 란다. 그녀는 불가사의하며 분명히 마술적이다. 왜냐하면 이 두 세계의 고리를 이루는 그녀의 능력이 각 세계의 법칙들에 어긋나는 듯하기 때문이다. 게다가 그녀는 아래 세계의 경험으로부터 위쪽 세계에 어떤 상이한 관점을 불러온다. 그 관점은 바위에 그녀가 앉아 있는 지점으로부터 아주 높은 곳에서 우리 세계 를 내려다보고 있는 듯하다.

물리학의 통상적인 믿음(또한 나 자신의 믿음)에 의하면, 근본적으로 다른 법칙들이 물리 현상의 상이한 영역들을 지배해서는 안 되며, 근본적인 법칙들 (또는 일반적인 원리들)로 이루어진 단 하나의 포괄적인 체계가 모든 물리적 과 정들을 지배해야 한다. 한편, 어떤 철학자들(그리고 분명 상당수의 물리학자 들)은 근본적으로 상이한 물리법칙들이 적용되는 상이한 수준의 현상들이 존

그림 2-6 한스 크리스티안 안데르센의 「인어공주」에서 영감을 받은 이 그림은 양자역학의 경이로움과 불가사의함을 묘사하고 있다.

재할 수 있기에, 모든 현상을 아우르는 하나의 포괄적이고 일관된 체계가 필요하지 않다는 견해를 표방한다Cartwright 1997. 물론 외부의 상황이 우리의 통상적인 경험과 매우 달라질 때에는 상이한 법칙들(또는 포괄적인 근본적 법칙들의 특별한 **측면들**)이 이전에는 우리에게 낯설었지만 중요한 역할을 할지 모른다. 현실적으로 어쩌면 그런 상황에서는 이전에는 낯익은 상황에서 특별히 의미가 있었던 일부 법칙들을 무시하는 것도 가능할 것이다. 사실 어떤 특정한 당면 상황에서는 그 상황과 가장 관련성이 큰 법칙들에 주로 관심을 쏟고, 그 외의 다

그림 2-7 그림의 위쪽 절반은 개별적인 실체들로 이루어진 낯익은 고전 세계 **C**를 나타내며, 아래쪽 절반은 얽혀 있는 이국적인 양자 세계 **U**를 나타낸다. 인어는 두 세계에 걸터앉아 있으면서, 양자적 실체들이 고전 세계로 진입하도록 허용하는 불가사의한 **R** 과정을 나타낸다.

른 법칙들은 무시해도 좋을지 모른다. 그렇더라도 우리가 무시하는 임의의 근본적인 법칙들도 적게나마 간접적으로 영향을 미칠지 모른다. 이것은 적어도 물리학자들이 일반적으로 인정하는 믿음이다. 우리는 다음과 같이 기대한다 (정말이지 우리의 **신조**라고 할 수도 있겠다). 즉, 물리학은 전체적으로 하나의 **통합**임이 분명하며, 어떤 특정한 물리적 원리가 설령 직접적인 역할이 없더라도 그 원리는 전체 구도 내에서 자신이 맡은 기본적인 역할이 있으며 전체 구도의 일관성에 중요하게 이바지한다고 말이다.

따라서 그림 2-7에 묘사된 세계들은 결코 서로 이질적인 것이라고 생각해서는 안 되며, 다만 양자론 및 이 이론과 거시 세계와의 관계에 대한 현재 우리의 이해가 부족하다보니, 편의상 마치 상이한 세계가 상이한 법칙들을 따르는 듯이 취급한다고 해야 할 것이다. 실제로 분명 우리는 **양자 수준**에 대해서 어떤 한 무리의 법칙들을 사용하고 **고전 수준**에 대해서는 또 다른 무리의 법칙들을 사용하는 경향이 있다. 이 두 수준 사이의 경계선은 결코 명확히 밝혀지지 않았는데, 흔히 고전 물리학은 "참된" 양자 물리학(그 기본적인 구성요소들이 **정확하게 만족시키는**)의 편리한 근사일 뿐이라고 한다. 고전적인 근사는 양자 입자들이 엄청나게 많이 관여할 때에는 매우 잘 들어맞는다. 나중에(특히 §§2.13과 4.2에서) 다시 보겠지만, 그럼에도 불구하고 이런 식의 편의성 관점을 강하게 고수하면 어떤 심각한 문제점이 뒤따른다. 하지만 당분간은 이런 관점을 따르기로 하자.

그러므로 일반적으로 우리는 양자 수준 물리학이란 "작은" 것들에 정확하게 적용되고 이보다 더욱 쉽게 이해되는 고전 수준 물리학은 "큰" 것들에 정확하게 적용된다고 여길 것이다. 하지만 우리는 이 맥락에서 "작은"과 "큰"이라는 단어 사용에 각별한 주의를 기울여야 한다. 왜냐하면 §2.1에서 언급했듯이, 양자 효과는 어떤 상황에서는 아주 먼 거리에까지(확실히 143km 넘게) 퍼질 수 있기 때문이다. 나중에 §§2.13과 4.2에서 고전적인 행동 특성을 나타내는 데 단지 거리만이 관여하는 경우와는 다른 기준을 제시하는 관점을 소개하겠다. 하지만 지금 그런 구체적인 기준을 염두에 두는 것은 그다지 중요하지 않을 듯하다.

따라서 당분간은 위에 나온 합의된 의견에 따르자. 즉, 고전 세계와 양자 세계의 구분을 단지 편의를 위한 것으로 간주하여, 명확한 정의는 어렵지만 "작은" 것은 양자론의 역학 방정식으로 다루고 "큰" 것은 고전적인 역학 이론에 따라 행동한다고 취급하자. 어느 경우든 분명 실제로 거의 언제나 채택되는 관점이며, 우리가 양자론이 실제로 어떻게 쓰이는지 이해하는 데 유용하다. 정말이지 고전 세계는 뉴턴의 고전적 법칙들에 의해 거의 완벽하게 지배되는 듯하며, 추가적으로 연속적인 전자기장을 기술하기 위한 맥스웰 방정식들 그리고 개별 대전 입자들이 전자기장에 반응하는 방식을 기술하는 로런츠의 힘 법칙에도 지배되는 듯하다. §§1.5와 1.7을 보기 바란다. 매우 빠르게 운동하는 물질을 고려할 때에는 특수상대성 법칙들을 동원해야 하며, 상당히 큰 중력 퍼텐셜이 관여할 때에는 아인슈타인의 일반상대성 법칙들을 동원해야 한다. 이런 법칙들이 모여 이루어진 하나의 전체적인 체계 내에서 물리적 대상들은 정확하게 **결정론적이고 국소적인** 방식으로(하지만 상이한 방정식들에 의해. §A.11 참고) 행동한다. 시공간 행동은 임의의 한 특정한 시간에서 구체화될 수 있는 데이터로부터 알아낼 수 있다(일반상대성이론에서 우리는 "한 특정한 시간에서"를 "한 적절한 초기 공간꼴 곡면에서"로 해석한다. §1.7 참고). 이 책에서 나는 미적분을 자세히 다루길 자제했는데, 우리가 여기서 알아야 할 것은 다만 미분방정식이 임의의 한 시간에서 어떤 계의 미래(또는 과거) 행동을 지배하여, 그 계의 상태(및 운동 상태)를 기술해준다는 사실이다. 나는 시간에 따른 이 모든 고전적인 상태 변화를 나타내기 위해 기호 **C**를 사용하고자 한다.

한편 양자 세계는 시간에 따른 변화가 (고전 세계와는) 다른 방정식, 즉 슈뢰딩거 방정식에 의해 기술된다. 나는 이 변화를 유니터리unitary 변화를 뜻하는 기호 **U**로 표시하겠다. 이 변화도 여전히 결정론적이고 국소적인 시간 변화(미분방정식에 의해 지배를 받는다. §A.11 참고)이며, 임의의 한 순간에 계를 기술하기 위해 양자론에 도입된 **양자 상태**라고 하는 수학적 실체에 적용된다. 이 결정론은 고전 이론에서 나오는 것과 매우 비슷하지만, 고전적인 변화 과정 **C**와는 여러 가지 핵심적인 차이들이 존재한다. 사실 이런 차이들의 일부, 특히 우리가 §2.7에서 마주치게 될 **선형성**linearity의 어떤 결과들은 세계의 실제 행동에 대한 우리의 경험과는 매우 이질적인 함의를 지니기에, 거시적인 세계의 실재를 기술하는 데 **U**를 계속 사용하기란 전혀 타당하지 않게 된다. 대신에 표준적인 양자론에서는 **양자 측정**quantum measurement이라는 세 번째 과정을 도입한다. 나는 이를 (양자 상태의 **축소**reduction를 뜻하는) 기호 **R**로 나타내겠다. 바로 이 과정에서 인어는 중대한 역할을 한다. 즉, 우리가 경험하는 고전 세계와 양자 세계를 이어주는 것이다. **R** 과정(§2.8 참고)은 **C**나 **U**의 결정론적인 변화와는 완전히 달라서 **확률적인** 행동을 보이며, (§2.10에서 보겠지만) 우리에게 낯익은 고전적 법칙들의 관점에서 볼 때 도저히 이해할 수 없는 흥미로운 비국소적 특성을 드러낸다.

R의 역할에 대해 어느 정도 감을 잡기 위해 **가이거 계수기**Geiger counter의 작동을 살펴보자. 이것은 방사능에서 나오는 활성화된 (대전된) 입자를 검출하기 위한 흔한 장치이다. 그러한 개별적인 입자는 **U**의 양자 수준 법칙들을 따르는 양자적 대상으로 간주된다. 하지만 고전적인 측정 장치인 가이거 계수기는 이 작은 입자가 양자 수준으로부터 고전 수준으로의 변화를 확대시키는 역할을 하며, 이 입자를 검출하면 장치는 찰칵하는 소리를 낸다. 이 찰칵거림은 우리가 직접적으로 경험할 수 있는 것이기에 우리는 그것을 낯익은 고전 세계의 현상으로 취급한다. 고전적인 유체(공기역학) 운동의 (뉴턴) 방정식으로 매우 적절히 기술할 수 있는 공기 중의 파동 운동이라고 여긴다. 간단히 말해서, **R**의 효과는 **U**가 제공하는 연속적인 변화를 여러 가능한 고전적인 **C**−서술들 중 하나로 갑자기 **도약**시키는 것이다. 가이거 계수기 사례에서 이 과정은 전부 해당 입자의 **U**−변화 양자 상태에 대한 다양한 기여분들로부터 비롯된다. 이때 입자는 이 장소 또는 저 장소에 있을 수도 있고 이런 방식 또는 저런 방식으로 운동할 수도 있는데, 그 모두는 §1.4에서 살펴본 양자중첩에 의해 합쳐져 있다. 하지만 가이거 계수기가 관여할 때, 이런 양자중첩된 가능성들은 여러 고전적 결과를 낳게 되는데, 이에 의해 어느 한 순간 또는 다른 순간에 **찰칵** 소리가 나며 이 다

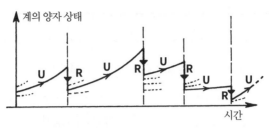

그림 2-8 양자론적 세계의 행동 방식. 결정론적인 **U** 변화가 한동안 이어지다가 확률적인 **R** 행동의 순간에 의해 중단되는데, 이러한 과정마다 고전성의 어떤 요소를 회복한다.

른 시간들에는 상이한 확률 값이 부여된다. 이것은 전부 우리의 계산 절차에서는 **U**-변화의 소관사항이다.

그런 상황에 대해 우리가 보통 도입하는 실제 절차는 닐스 보어와 그의 코펜하겐 학파의 접근법을 충실히 따른다. 정작 보어는 양자역학의 **코펜하겐 해석**에 철학적 바탕을 부여하려고 고심했지만, 실제로 그것은 양자 측정 **R**의 취급에 관한 매우 실용적인 관점을 제공한다. 이 실용주의의 밑바탕을 이루는 "실재"에 관한 관점은 대략 말하자면 이렇다. (방금 살펴본 가이거 계수기와 같은) 측정 장치 및 그것의 무작위적 환경이 그러한 크거나 복잡한 계를 구성한다고 볼 수 있기에, 그 계를 **U**의 규칙들에 따라 정확히 취급하려고 시도하는 것은 비합리적이다. 대신에 우리는 장치(및 그것의 환경)를 사실상 **고전적인** 계로 취급하며, 이 계의 고전적 행동들은 "올바른" 양자 행동의 매우 근접한 "근사"를 표현한다고 가정한다. 그리하면 양자 측정에 의한 관찰 행동은 고전적 규칙 **C**에 의해 매우 정확하게 기술될 수 있다. 그럼에도 불구하고 **U**에서 **C**로의 전환은 일반적으로 확률의 도입 없이는 이루어질 수 없기에, **U**(그리고 **C**)의 방정식들에 나타나는 결정론은 깨지며(그림 2-8), 양자 서술에서의 "도약"은 **R**의 작용에 따라 보통 일어나게 된다. 그리고 측정 과정의 밑바탕을 이루는 임의의 "실제" 물리학은 매우 복잡하기 때문에 **U**에 따른 정확한 서술은 전적으로 불가능하며, 기껏해야 결정론보다는 확률적 행동을 표현하는 일종의 근사적 취급만이 가능하다고들 한다. 그러므로 **R**의 규칙들이 이런 임무를 수행할 수 있으리라고 예상할 수 있다. 그러나 §§2.12와 2.13에서 보겠지만, 그러한 관점을 채택하는 데에는 심오하게 불가사의한 난제가 끼어들며, 기이한 **U**−규칙들이 거시적 대상에 직접 적용될 때에는 그 자체로서 **R**적이거나 **C**적인 행동을 일으킬 수 있다고 인정하기는 매우 어려워진다. 바로 여기서 양자역학을 "해석"하는 데 따르는 심각한 어려움이 등장하기 시작한다.

따라서 보어의 코펜하겐 해석은 어떤 "실재"가 양자 수준에 결부되기를 요구하지 않는다. 대신에 **U**와 **R**의 절차들은 단지 일군의 **계산 절차**를 제공할 뿐이고 아울러 우리가 측정의 순간에 가능한 여러 상이한 결과들에 대한 확률을 **R**을 사용하여 계산할 수 있도록 허용하는 수학적 서술을 제공한다고 여겨진다. 양자 세계의 **U**−작용들은 물리적인 실재로 취급되지 않기에, "전부 마음속에" 있으면서 이러한 실용적인 계산 과정에 사용될 뿐인 것으로 간주되는 듯하다. 그래서 오직 필요한 확률들만 **R**에 의해 얻어지면 그만이라고 말이다. 게다가 양자 상태가 보통 겪게 되는 **도약**은 **R**이 적용될 때 실제의 물리적 과정이 아니라, 측정 결과가 제공하는 추가적인 정보를 수신하는 즉시 물리학자의 **의식**이 겪게 되는 "도약"을 표현할 뿐이라고 여겨진다.

내가 보기에 이러한 코펜하겐 시각의 원래 장점은, 물리학자들로 하여금 양자역학을 실용적인 방식으로 다룰 수 있게 해주어서 꽤 정확한 경이로운 결과들을 숱하게 얻어냈고, 그럼으로써 양자 세계에서 무슨 일이 "실제로 벌어지는지" 그리고 우리가 직접 경험하는 고전 세계와 양자 세계가 어떤 관계인지를 심오한 수준에서 물리학자들이 이해해야 하는 부담을 덜어주었다는 것이다. 하지만 지금의 논의에서는 그것만으로는 충분하지 않다. 최근에는 이전보다 더 많은 개념들과 실험들이 양자 세계의 속성을 실제로 탐험하도록 해주고 있으며, 이로써 상당한 정도까지 양자론이 제공하는 기이한 서술들에 대한 **실재**의 참된 모습을 확인시켜준다. 이러한 양자적 "실재"의 장점은 우리가 양자역학의 교리에 있을지 모를 한계를 탐구하고자 한다면 반드시 음미해야할 어떤 것이다.

뒤의 여러 절(§§2.5~2.10)에서 우리는 양자역학의 웅장한 수학적 틀의 기본 구성요소들을 살펴볼 것이다. 양자역학은 자연계의 작동을 고도로 정확하게 기술해주는 체계이다. 양자역학의 함의들 중 다수는 매우 반직관적이며 고전 세계에서 우리가 경험을 통해 예상하는 바와 완전히 상반된다. 하지만 이런 모순적인 예상들을 훌륭하게 조사한 지금까지의 모든 실험을 통해, 우리의 고전적 경험의 "상식적" 예측보다는 양자 형식론의 예측들이 옳음이 확인되었다. 게다가 이런 실험들 중 일부는 우리의 군건한 고전적 직관과 반대로 양자 세계의 범위가 극미한 거리에 국한되지 않고 방대한 거리(현재 최고 기록은 143km)에까지 미칠 수 있음을 입증했다. 양자역학의 형식론에 대한 광범위한 과학적 신조는 정말이지 관찰된 과학적 사실에 놀라울 정도로 기반을 두고 있는 것이다!

마지막으로 §§2.12와 2.13에서 나는 이러한 양자 형식론에 대한 총체적인 믿음이 부적절하다는 주장을 펼칠 것이다. 양자장 이론QFT은 발산(끈 이론이 처음 나오게 된 계기. §1.6 참고)이라는 어려운 문제를 안고 있지만, 내가 제시할 주장들은 순전히 양자역학의 더욱 기본적이고 포괄적인 규칙들에 관심을 둔다. 정말로 이 책에서 나는 §§1.3, 1.5, 1.14 및 1.15에서 살짝 건드린 것 말고는 QFT의 세세한 사안들을 다루지 않았다. 하지만 §§2.13과 4.2에서는 내가 필수적이라고 여기는 일종의 수정 내용과 관련된 나의 발상들을 내놓는다. 또한 표준적인 양자 형식론의 교리에 대한 (자주 표현되는) 총체적인 믿음에서 확실히 벗어나야 함을 역설할 것이다.

2.5 점입자의 파동함수

그렇다면 이 표준적인 양자 형식론이란 무엇인가? 이미 §1.4에서 이른바 **중첩원리**를 언급했는데, 이것은 양자계에 꽤 일반적으로 적용된다. 앞에서 고찰한 상황에서는 입자적 실체들이 가까운 거리만큼 떨어져 있는 두 개의 나란한 슬릿을 통해 발사되어, 민감도가 높은 스크린을 향했다(§1.4의 그림 1-2(d)). 그러면 미세한 검은 점들이 많이 모여 이루어진 한 패턴이 스크린에 나타나는데, 이 패턴은 발사원에서 나온 아주 많은 입자들의 개별적인 국소화된 충돌로 생긴 모습으로서, 양자적 실체들의 실제 입자적(또는 점과 같은) 특성을 뒷받침해준다. 그럼에도 불구하고 스크린에 맺히는 충돌의 전체적인 패턴은 나란한 일련의 띠를 이루는데, 이는 간섭의 명백한 증거이다. 이것은 일종의 간섭무늬인데, 두 슬릿으로부터 동시에 나오는 두 파동적 실체가 만들어내는 것이다. 하지만 스크린에서 일어나는 충돌은 정말로 개별 실체들이 일으킨 것처럼 보이는데, 이는 발사원의 세기를 줄여서 각각의 실체의 방출과 다음 실체의 방출 사이의 시간 간격이 실체가 스크린에 닿는 데 걸리는 시간보다 커지도록 하면 특히 명확하게 드러난다. 결과적으로, 그러한 각각의 실체들은 정말로 개별 입자로서 한 번에 하나씩 스크린에 도착하면서도, 동시에 파동적 실체이기도 하기에 자신이 가질 수 있는 여러 가지 상이한 경로들 사이에 간섭이 분명 일어나는 것이다.

이것은 §2.3의 실험 2(그림 2-4(b))에서 벌어지는 일과 매우 비슷한데, 여기서 각각의 파동묶음은 공간적으로 분리된 두 성분의 형태로 (M에 있는) 빔 분할기에서 나왔다가, 이후에 다시 합쳐져서 (C에 있는) 두 번째 빔 분할기에서 간섭을 일으킨다. 이번에도 단일한 파동-입자 실체가 두 개의 분리된 부분으로 구성될 수 있으며, 이 부분들이 나중에 함께 합쳐질 때 간섭 효과를 일으키는 것이다. 그러므로 각각의 그러한 파동-입자는 국소화된 대상이 아니어도 되지만, 그런데도 여전히 전체적으로 응집된 하나의 실체로서 행동한다. 구성 부분들이 아무리 멀리 떨어져 있고, 그처럼 분리된 부분들이 아무리 많아도 하나의 단일한 양자로서 계속 행동하는 것이다.

그러한 기이한 파동-입자 실체를 우리는 어떻게 기술해야 할까? 비록 그것의 속성이 낯설긴 하지만, 다행히도 매우 아름다운 수학적 서술 덕분에 우리는 그러한 실체가 따르는 수학 법칙들을 (적어도 당분간은 코펜하겐 해석을 통해) 정확하게 기술할 수 있다. 핵심적인 수학적 속성을 말하자면, 전자기파의 경우처럼 우리는 이런 파동-입자 상태들 두 가지를 (§1.4에 암시되어 있는 대로) **합칠 수 있고**, 게다가 그 합친 상태의 시간에 따른 변화는 각각의 상태의 변화들의 합과 **동일하다**(이는 §2.7(및 §A.11)에서 더 자세히 설명할 **선형성**의 한 특징이다). 이 합 개념을 가리켜 **양자중첩**이라고 한다. 분리된 두 부분으로 구성된 하나의 파동-입자가 있을 때, 이 전체 파동-입자는 그 두 부분의 중첩일 뿐이다. 각 부분도 그 자체로 파동-입자처럼 행동하지만, **전체** 파동-입자는 그 두 부분의 합이 될 것이다.

더군다나 우리는 그러한 파동-입자 두 개를 파동-입자들 사이의 위상 관계에 따라 상이한 방식들로 중첩시킬 수 있다. 이때 상이한 방식들이란 무엇일까? 곧 알게 되겠지만, 그 방식들은 중첩에 복소수를 사용함으로써 수학적 형태로 나타난다(§§1.4, A.9를 보기 바란다. 그리고 §2.3의 마무리 발언을 상기하기 바란다). 그러므로 만약 α가 이들 파동-입자 실체들 중 하나의 상태를 나타내고 β가 다른 하나의 상태를 나타낸다면, α와 β의 상이한 결합들은 아래와 같은 형태로 표현된다.

$$w\alpha + z\beta$$

여기서 개별적인 가중 인자 w와 z는 (§1.4에서 살펴본 것과 마찬가지로) 복소수이다. 이 수들은 조금 혼란스럽게도 복소 **진폭**[*]이라고 불리며, α와 β 각각의 확률에 할당된다. 진폭 w와 z가 둘 다 영이 아니라고 가정할 때, 이 조합은 파동이 가질 수 있는 또 하나의 상태를 표현한다. 사실, 임의의 양자 상태에서 양자 상태들의 집합은 §A.3의 의미에서 복소 벡터공간을 형성하게 되는데, 양자 상태의 이러한 측면은 §2.8에서 더 자세히 다루겠다. 이 가중 인자 w와 z는 (가령, 우리가 확률 가중 값에만 관심을 둘 때 필요한 음이 아닌 실수라기보다는) 복소수여야 하므로, 두 성분 α 와 β 사이의 위상 관계(이 성분들 사이에서 발생할 수 있는 간섭 효과에 필수적인 요인)를 표현할 수 있다.

성분 α와 β 사이의 위상 관계로 인해 발생하는 간섭 효과는 §1.4의 이중 슬릿 실험 및 §2.3의 마흐−젠더 간섭계 둘 다에서 생긴다. 왜냐하면 개별적 상태들 각각은 특정한 진동수를 갖는 시간적인 **진동** 속성이 있는지라, 상이한 여러 환경에서 서로 상쇄(반대 위상)되거나 강화(동일 위상)될 수 있기 때문이다(§2.3의 그림 2−5. 이는 상태 α와 β 사이의 관계 및 그 각각에 할당된 진폭 w와 z의 값에 따라 달라진다. 사실, 진폭 w 및 z와 관련하여 우리가 알아야 할 것은 단지 비율 $w:z$뿐이다. (여기서 기호 $a:b$는 단지 a/b, 즉 $a \div b$인데, 이때 b의 값에는 영이 허용된다. 그 경우 원한다면 이 비율에 "∞"라는 "수치" 값을 할당할 수 있다. 하지만 a와 b가 둘 다 영인 것은 아님에 각별히 주의해야 한다!)

그림 A−42에 나오는 베셀(즉, 복소) 평면(§A.10)에서 보자면, 비 $w:z$는 0으로 표시되는 원점으로부터 각각의 두 점 w와 z로 향하는 두 방향 사이의 편각 θ이다. §A.10의 논의에서 보면, z/w의 극좌표 표현에서 각 θ는 다음과 같음을 알 수 있다.

---

[*] 문헌에서는 내가 §A.10에서 편각(즉, 극좌표 표현 $re^{i\theta}$에서의 "θ")이라고 한 것을 때로는 진폭이라고 칭한다. 한편, 파동의 세기(결과적으로 이 식에서 r) 또한 종종 **진폭**이라고 불리기도 한다! 나는 이처럼 혼란스럽게 상충되는 두 용법을 채택하지 않으며, 나의(양자역학에서 **표준적인**) 용법은 그 둘을 포함한다!

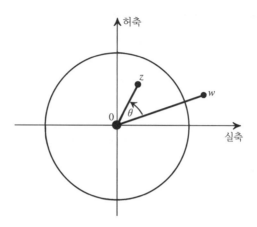

그림 2-9 베셀(복소) 평면에서, 영이 아닌 복소수 w와 z의 비 z/w(즉, $z:w$)의 편각은 원점에서 이 두 점에 이르는 두 직선 사이의 각 θ이다.

$$z/w = re^{i\theta} = r(\cos\theta + i\sin\theta)$$

그림 A-42를 보기 바란다. 지금 논의에선 z/w가 그 그림의 "z"를 대신한다. 상태 α와 β 사이의 위상 변이를 지배하는 것은, 상태들이 서로 강화되든 상쇄되든 상관없이 θ이다. 그림에서 알 수 있듯이, θ는 베셀 평면에서 원점 0으로부터 각각의 점 z와 w로 향하는 직선 사이의 각으로서, 반시계 방향으로 정한다(그림 2-9). 비 $w:z$의 나머지 정보는 0으로부터 w와 z까지의 거리들의 비, 즉 앞서 나온 z/w의 극좌표 표현 속 "r"에 있으며, 이것은 중첩의 두 성분 α와 β의 상대적 세기를 지배한다. §2.8에서 보겠지만, 세기들의 그러한 비(사실은 제곱한 값)는 한 양자계에 대해 측정 **R**이 이루어질 때 확률과 관련하여 중요한 역할을 한다. 엄밀히 말해서, 이 확률적 해석은 오직 상태 α와 β가 "직교"할 때에만 적용되는데, 이 개념은 §2.8에서 다시 나올 것이다.

이전 문단에서 가중 인자 w, z와 관련하여 우리가 관심을 둔 두 가지 양(둘의 위상차 및 상대적 세기)은 둘 다 비 $w:z$와 관계가 있다. 이 비가 왜 특별히 중요한지 더 잘 이해하려면 양자 형식론의 중요한 한 특징을 언급해야 한다. 뭐냐면, $w\alpha + z\beta$라는 결합에서 의미 있는 물리적 속성은 오직 진폭 비 $w:z$에만 의존한다는 것이다. 이는 파동-입자 실체뿐만이 아니라 임의의 양자계의 수학적 서술(상태 벡터(가령, α))에 적용되는 한 일반적 원리 때문이다. 계의 양자 상태는 상태 벡터에 영이 아닌 임의의 복소수를 곱하더라도 물리적으로 불변이라는 원리이다. 따라서 영이 아닌 임의의 복소수 u에 대해 상태 벡터 $u\alpha$는 α와 동일한 파동-입자 상태(또는 일반적 양자 상태)를 표현한다. 따라서 이는 역시 $w\alpha + z\beta$라는 결합에도 적용된다. 영이 아닌 복소수 u에 의한 이 상태 벡터의 임의의 곱

$$u(w\alpha + z\beta) = uw\alpha + uz\beta$$

는 $w\alpha + z\beta$와 동일한 물리적 실체를 기술한다. 여기서 우리는 비 $uz:uw$가 $z:w$와 동일함을 알 수 있으므로, 우리가 정말로 관심을 가질 것은 오직 비 $z:w$뿐이다.

지금까지 우리는 단지 두 개의 상태 α와 β에서 생길 수 있는 중첩을 살펴보았다. 만약 상태가 α, β, γ 세 개일 때는 아래와 같은 중첩을 형성할 수 있다.

$$w\alpha + z\beta + v\gamma$$

여기서 진폭 w, z, v는 복소수이며 셋 다 영은 아니다. 그리고 물리적 상태는 이 복소수들에 영이 아닌 임의의 복소수 u를 곱해도(그래서 $uw\alpha + uz\beta + uv\gamma$를 얻어도) 변하지 않음을 고려하면, 이번에도 이들 중첩을 물리적으로 서로 구별 짓는 것은 비 $w:z:v$뿐이다. 이는 임의의 개수의 상태 α, β, $\cdots$, ϕ에까지 확장되기에, 이런 상태들에 의해 생기는 중첩 $v\alpha + w\beta + \cdots + z\phi$에서도 비 $v:w:\cdots:z$만이 이런 상태들을 물리적으로 구별해준다.

사실, 우리는 그런 중첩들이 심지어 무한한 개수의 개별 상태들에까지 확장

되는 것에 대비해야 한다. 그렇기 때문에 연속성 및 수렴 등과 같은 문제들에도 주의를 기울여야 한다(§A.10 참고). 이 문제들은 난감한 수학적 사안들을 초래하는데, 나는 독자들이 괜히 그런 문제들에 신경 쓰지 않기를 바란다. 어떤 수리물리학자들은 양자론(그리고 양자장 이론. §§1.4 및 1.6 참고)이 직면하는 어려움을 해결하려면 이런 수학적 영역에도 세심한 주의를 기울여야 한다는 나름 타당한 견해를 갖고 있긴 하지만, 나는 여기서 그런 문제들에는 조금 무신경하는 편이 좋다고 본다. 그런 수학적으로 미묘한 사안들이 중요하지 않다고 믿어서가 아니라(오히려 나는 수학적 일관성을 필수적인 요건이라고 여긴다) 우리가 (특히 §§2.12와 2.13에서) 양자론의 기본 속성으로서 마주치게 될 외견상의 비일관성이 그러한 수학적 엄밀성의 문제와는 별로 관계가 없다고 여기기 때문이다.

이처럼 느슨한 수학적 관점으로 단일한 점입자, 즉 스칼라 입자(방향과 관련된 양이 없기에 스핀 방향이 없는 입자. 즉, 스핀 0인 입자)의 일반적인 상태를 살펴보자. 가장 기초적인 기본 상태(위치 상태)는 입자가 어떤 특정한 장소 A에 있다고 표현될 텐데, 이는 주어진 원점 O에 대한 위치 벡터 **a**로 구체화될 것이다(§§A.3 및 A.4 참고). 이것은 아주 "이상화된" 유형의 상태인데, 흔히들 그것이 $\delta(\mathbf{x} - \mathbf{a})^{*}$로 주어진다고 여긴다. 여기서 "$\delta$"는 디랙의 "델타 함수"를 나타내며, 이 함수는 뒤에서 다룰 것이다. 그것은 실제 물리 입자에 대한 아주 타당한 상태는 아니다. 왜냐하면 슈뢰딩거 변화는 상태가 즉시 외부로 퍼지게 만들기 때문이다. 이는 하이젠베르크의 불확정성 원리의 한 함의라고 볼 수 있는 효과로서(§2.13의 말미에서 간략히 살펴볼 것이다), 입자 위치의 절대적 정확성은 운동량의 완전한 불확정성을 요구하므로, 높은 운동량 기여분들은 상태가 즉시

---

* 비례상수는 무시한다. δ 앞에 어떤 비례상수가 붙느냐 여부는 관심을 두지 않는다는 뜻이다.
―옮긴이

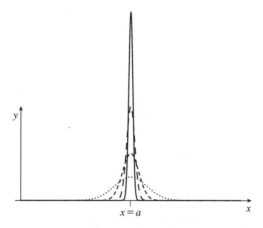

그림 2-10 디랙 델타 함수 $\delta(x)$가 어떤 것인지 보여주기 위해 여기서는 $\delta(x-a)$를 예로 들고 있다. 이 함수는 일련의 매끈한 양의 함수들의 극한인데, 각각의 함수는 곡선과 x축에 둘러싸인 면적이 1이며, $x=a$에서 함숫값이 점점 더 집중된다.

퍼져나가게 만들 것이다. 하지만 여기서는 어떻게 그런 상태가 미래에 변해나갈지는 신경 쓰지 않겠다. 단지 어떻게 양자 상태가 특정한 시간, 가령 $t=t_0$에 행동할 수 있는지에 관해서만 생각하는 편이 적절할 것이다.

델타 함수는 실제로 일반적인 함수가 아니라 함수의 극한이라고 할 수 있다. 델타 함수에서는 $x \neq 0$인 모든 x(이때 x는 실수)에 대해서 $\delta(x)$는 사라지고, $\delta(0)=\infty$이며, 이 함수의 곡선 아래 부분의 면적은 1이다. 이에 대응하여, $\delta(x-a)$는 $x=a$ 이외의 값에 대해서는 함숫값이 사라지며 $x=a$일 때에는 무한대가 되고 곡선 아래의 면적은 1이다. 그리고 a는 주어진 실수이다. 이러한 극한 과정은 그림 2-10에 나와 있다(더 깊은 수학적 내용은 참고 문헌을 보기 바란다Lighthill 1958; Stein and Shakarchi 2003). 내가 보기에 이 함수를 이해하려고 너무 수학적으로 깊이 들어가는 것은 적절치 않아 보이지만, 그 개념과 표기는 이용하는 편이 유용하다. (사실 전문적으로 보자면, 그런 위치 상태는 양자역학의 표준적인 힐베르트 공간 형식론(§2.8에서 알아볼 텐데, 여기서는 엄밀한 위

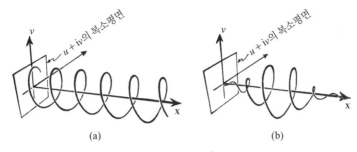

그림 2-11 (a)주어진 3-운동량 p에 대한 운동량 상태 $e^{-i\mathbf{p} \cdot \mathbf{x}}$의 파동함수. (b)파동묶음의 파동함수.

치 상태가 물리적으로 실현될 수는 없다)에 속하지는 않는다. 그렇지만 논리적 전개를 위해서는 매우 유용하다.)

따라서 우리는 3-벡터 $\mathbf{x}$의 델타 함수를 고려할 수 있다. 이때 $\delta(\mathbf{x}) = \delta(x_1)$ $\delta(x_2)\delta(x_3)$로 적을 수 있고, 여기서 x_1, x_2, x_3는 $\mathbf{x}$의 세 직교좌표 성분들이다. 그렇다면 3-벡터 $\mathbf{y}$의 영이 아닌 모든 값들에 대해 $\delta(\mathbf{x}) = 0$이지만, 3-체적이 1 이 되도록 $\delta(\mathbf{0})$은 지극히 큰 값으로 취해야 한다. 그러면 $\delta(\mathbf{x} - \mathbf{a})$는 위치 벡터 $\mathbf{x}$를 갖는 임의의 점 X가 X = A(위치 벡터 $\mathbf{a}$에 대응하는 점) 이외의 어디에서나 영의 진폭을 할당하고(즉, $\delta(\mathbf{x} - \mathbf{a})$는 $\mathbf{x} = \mathbf{a}$일 때에만 영이 아닌 값을 갖는다), 점 A에서는 매우 큰(무한대의) 진폭 값을 할당한다. 다음으로 그러한 특별한 위 치 상태들의 **연속적인** 중첩을 살펴볼 수 있는데, 그러한 중첩은 공간 상의 점 X 각각에 대해 하나의 복소 진폭을 할당한다. 그러므로 이 복소 진폭(여기서는 단 지 하나의 통상적인 복소수)은 단지 변수 점 X의 위치 3-벡터 $\mathbf{x}$의 복소함수일 뿐이다. 이 함수는 종종 그리스 문자 ψ("프사이")로 표시되는데, 함수 $\psi(\mathbf{x})$를 가 리켜 입자의 (슈뢰딩거) **파동함수**라고 한다.

그러므로 함수 ψ가 임의의 개별 공간 상의 점 X에 할당하는 복소수 $\psi(\mathbf{x})$는 입자가 정확히 점 X에 위치해 있도록 하는 진폭이다. 이번에도 물리적 상황은 모든 점 각각의 진폭에 영이 아닌 동일한 복소수 u를 곱해도 불변으로 간주된다. 즉, 파동함수 $w\psi(\mathbf{x})$는 w가 임의의 영이 아닌 (상수의) 복소수라면 $\psi(\mathbf{x})$와 동일한 물리적 상황을 표현한다.

파동함수의 중요한 예는 일정한 진동수와 방향을 지닌 진동하는 평면파이다. **운동량** 상태라고 불리는 그런 상태는 식 $\psi = e^{-i\mathbf{p}\cdot\mathbf{x}}$로 주어지는데, 여기서 $\mathbf{p}$는 입자의 운동량을 기술하는 (상수) 3-벡터이다. 그림 2-11(a)를 보면, 그림 속의 수직인 (u, v)-평면은 $\psi = u + iv$인 베셀 평면을 나타낸다. 광자의 경우 운동량 상태의 중요한 의미는 §§2.6과 2.13에 나온다. 그림 2-11(b)에는 한 파동 묶음이 그려져 있는데, 이에 대해서는 §2.3에서 이미 논의했다.

이쯤에서 언급하자면, 양자역학에서는 흔히 양자 상태의 서술을 파동함수 ψ에 할당될 수 있는 "크기"의 값으로 규격화normalization한다. 이 값은 양의 실수로서, 놈norm*이라고 불리며 (§A.3에 나오듯이) 아래와 같이 적을 수 있다.

$$\|\psi\|$$

(여기서 $\|\psi\| = 0$은 ψ가 오직 영 함수(실제로 허용될 수 없는 파동함수)일 때에만 그렇다.) 놈은 아래와 같은 스케일링scaling 속성이 있다.

$$\|w\psi\| = |w|^2\|\psi\|$$

여기서 w는 임의의 복소수이다($|w|$를 이 복소수의 절댓값modulus이라고 한다. §A.10 참고). **규격화된** 파동함수는 단위 놈을 갖는다.

$$\|\psi\| = 1$$

그리고 만약 ψ가 원래 규격화되어 있지 않으면, ψ를 $u\psi(u = \|\psi\|^{-1/2})$로 대체

---

* 지금 다루고 있는 스칼라 파동함수의 경우, 이것은 전체 3-공간 상에 대한 **적분**(§A.11 참고)으로서 $\int\psi(\mathbf{x})\bar{\psi}(\mathbf{x})d^3\mathbf{x}$의 형태이다. 그러므로 규격화된 파동함수의 경우 $|\psi(\mathbf{x})|^2$을 확률밀도라고 해석하는 것은 총확률을 1로 정하는 방식과 일치한다.

함으로써 언제나 규격화할 수 있다. 규격화는 이 대체 과정 $\psi \mapsto w\psi$에서 자유도를 얼마간 제거하며, 스칼라 파동함수일 경우 파동함수 $\psi(\mathbf{x})$의 절댓값의 제곱 $|\psi(\mathbf{x})|^2$이 점 X에서 입자를 발견할 **확률밀도**를 알려준다고 간주할 수 있다.

하지만 규격화는 이러한 스케일링 자유도의 전부를 제거하지는 못한다. 왜냐하면 아래와 같이 ψ를 순수 **위상**pure phase, 즉 단위 절댓값의 $e^{i\theta}$(θ는 상수인 실수 값)라는 복소수로 곱하더라도

$$\psi \mapsto e^{i\theta}\psi$$

규격화에는 아무런 영향을 미치지 않기 때문이다(이것은 기본적으로 바일이 §1.8에서 기술된 자신의 전자기 이론에서 결국 고려하게 된 위상 자유도이다). 진정한 양자 상태는 언제나 놈을 가지므로 규격화될 수 있긴 하지만, 흔히 사용되는 어떤 이상화된 양자 상태는 그렇지 않다. 가령 우리가 앞서 살펴본 위치 상태 $\delta(\mathbf{x} - \mathbf{a})$라든가 방금 전에 살펴본 운동량 상태 $e^{-i\mathbf{p}\cdot\mathbf{x}}$가 그런 예다. §§2.6과 2.13에서 광자의 경우에 대해 다시 운동량 상태를 다룬다. 이 사안을 무시하는 까닭은 내가 수학적으로 느슨한 태도를 취하기 때문이기도 하다. §2.8에서 우리는 이 **놈** 개념이 양자역학의 더 넓은 체계와 어떻게 들어맞는지 알아볼 것이다.

2.6 광자의 파동함수

복소수 값을 갖는 슈뢰딩거 파동함수 ψ는 단일한 스칼라 파동-입자 상태에 관해 알려준다. 지금까지는 단지 구조가 없는 입자, 즉 아무런 방향적 특성이 없는 입자(스핀 0)를 다루었지만, 사실 우리는 개별 광자 파동함수에서 어떤 일이 벌어지는지도 이 파동함수를 통해 꽤 잘 알 수 있다. 광자는 스칼라 입자가 아

니기 때문에 스핀 값이 $\hbar$, 즉 통상의 디랙 단위로 "스핀 1"이다(§1.14 참고). 그렇기에 파동함수는 벡터 특성을 가지며 그것을 **전자기파**로 여길 수 있다. 따라서 만약 파동이 지극히 약하다면 단일 광자가 어떤 모습일지를 파동함수가 알려줄 수 있다. 파동함수는 복소수 값을 갖는 함수이므로 아래와 같은 형태를 취할 수 있다.

$$\psi = \mathbf{E} + i\mathbf{B}$$

여기서 $\mathbf{E}$는 전기장의 3-벡터이고(§§A.2 및 A.3 참고) $\mathbf{B}$는 자기장의 3-벡터이다. (엄밀히 말해 진정한 자유 광자 파동함수를 얻으려면 이른바 $\mathbf{E} + i\mathbf{B}$의 **양의 진동수 부분**(이것은 §A.11에 나오는 푸리에 분해와 관련된 사안이다)을 취하여 그것을 $\mathbf{E} - i\mathbf{B}$의 양의 진동수 부분과 더해야 하는데TRtR, §24.3, 그런 문제는 다른 문헌에서 훨씬 더 상세히 볼 수 있다Streater and Wightman 2000. 하지만 이런 전문적인 사안들은 여기서 관심거리가 아니며, 아래의 논의에 실질적으로 영향을 미치지 않는다.)

이 전자기파 구도의 핵심 측면은 파동의 편광polarization을 고려해야 한다는 것이다. 이때 **편광**이라는 개념은 설명이 필요하다. 한 주어진 진동수와 세기를 갖고서 매질이 없는 공간에서 특정한 방향으로 진행하는 전자기파(즉, **단색파동**)는 **평면 편광**이 되어 있을지 모른다. 그렇다면 이 파동은 이른바 한 **편광 평면**을 갖는데, 이것은 파동의 진행 방향을 포함하는 평면으로, 그 내부에 파동의 구성 성분인 전기장이 앞뒤로 진동하고 있다(그림 2-12(a) 참고). 이 진동하는 전기장에 자기장이 동반되는데, 이것 또한 전기장과 동일한 진동수 및 위상으로 앞뒤로 진동한다. 이 자기장의 진동은 전기장의 편광 평면과 수직인 평면에 있으면서 여전히 파동의 진행 방향을 포함하고 있다. (그림 2-12(a)를 파동의 시간적 행동을 표현하는 것으로 여길 수 있다. 화살표는 시간이 작아지는 방향을 가리킨다.) 평면 편광된 단색 전자기파는 편광 평면에 대하여 파동의 진행 방향을

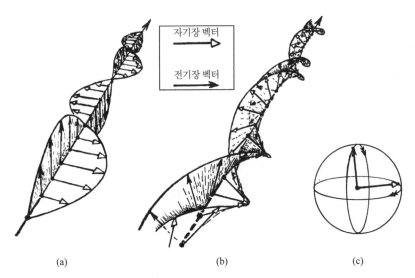

(a)   (b)   (c)

그림 2-12 (a)평면 편광 전자기파는 전기장 벡터와 자기장 벡터의 상호 진동을 보여주는데, 운동은 공간상이나 시간상으로 볼 수 있다. (b)원 편광 전자기파도 비슷하게 그려져 있다. (c)평면 편광 운동과 원 편광 운동을 결합하면 다양한 정도의 타원 편광들을 얻을 수 있다.

포함하는 임의의 선택된 평면을 가질 수 있다. 게다가 어떤 주어진 운동 방향 **k**를 갖는 임의의 단색 전자기파는 서로 수직인 편광 평면을 갖는 평면 편광된 파동들의 합으로 분해될 수 있다. 예를 들어 폴라로이드 선글라스는 수직 방향의 **E** 성분은 투과시키는 반면에, 수평 방향의 **E** 성분은 흡수시키는 성질이 있다. 하늘의 낮은 곳의 빛 그리고 바다에서 반사된 빛은 둘 다 대체로 폴라로이드 선글라스에 직각인 방향으로(즉, 수평으로) 편광되어 있기에, 이런 종류의 선글라스를 끼면 눈에 들어오는 빛의 양이 상당히 감소한다.

입체 영화 관람용으로 요즘 흔히 쓰이는 편광 안경은 조금 다르다. 이를 이해하려면 또 다른 편광 개념, 즉 원 편광(그림 2-12(b))이 필요하다. 이 파동은 오른손 방향이나 왼손 방향으로 비틀리면서 진행하는데, 이 방향성을 가리켜 원 편광 파동의 나선성helicity이라고 한다.* 이 안경은 한쪽 눈 또는 다른 쪽 눈에 빛을 투과시키는 반투명 물질이 한쪽 눈에 대해서는 **오른손-원 편광** 빛만을 허용하고 다른 쪽 눈에 대해서는 **왼손-원 편광** 빛만을 허용하는(하지만 흥미롭게도 각각의 경우 빛은 반투명 물질로부터 눈을 향해 평면 편광 상태로 들어가는) 기이한 특성이 있다.

이런 편광 상태들 이외에 타원 편광이라는 상태가 있는데(그림 2-12(c)), 이것은 원 편광의 비틀림을 어떤 양의 평면 편광과 어떤 방향으로 결합한 것이다. 모든 편광 상태들은 그러한 상태들 단 **둘**의 결합으로 이루어질 수 있다. 여기서 둘이란 오른손 원 편광 파동과 왼손 원 편광 파동이거나, 수평 평면 편광 파동과 수직 평면 편광 파동, 또는 임의의 다른 여러 가능성들의 쌍일 수 있다. 어떻게 그렇게 되는지 알아보자.

조사하기 가장 쉬운 것은 오른손 **원 편광** 파동과 왼손 **원 편광** 파동의 동일 세기 중첩의 사례이다. 다양한 위상차들이 평면 편광의 모든 가능한 방향들을 생기게 만든다. 어떻게 그러는지 알아보기 위해, 각 파동이 **나선**으로 표현된다고 생각하자. 이것은 축과 어떤 고정된 각도(0°나 90°는 아님)를 이루는 원기둥 상에 그려진 곡선이다. 그림 2-13을 보기 바란다. 이것은 전기장 벡터가 축을 따라 운동할 때의 자취를 표현한다(축은 파동의 진행 방향이다). (정점의 크기는 같지만 서로 반대 방향에 있는) 왼손 나선과 오른손 나선을 이용하여 두 파동을 표현한다. 둘을 동일한 원기둥에 그려보면, 두 나선의 교점들은 모두 한 평면에 놓이는데, 이것이 바로 두 나선이 표현하는 두 파동 중첩의 편광 평면이다. 두 나선 중 하나를 원기둥을 따라 미끄러지게 하고 다른 하나를 고정시켜 놓으면(이렇게 하면 다양한 위상차가 생긴다) 중첩된 파동에 대한 모든 가능한 편광

---

* 입자물리학 분야와 양자광학 분야는 관례상 나선성의 부호를 정반대로 표시한다Jackson 1990, p. 206.

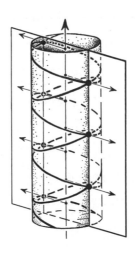

그림 2–13 수평 화살표들로 표시된 마루와 골들을 지닌 동일한 크기의 왼손 원 편광 파동과 오른손 원 편광 파동을 합치면 한 평면 편광 파동을 얻을 수 있다. 원 편광 성분들 사이의 위상 관계를 변화시키면 편광 평면이 회전한다.

평면이 얻어진다. 이제 만약 한 파동의 성분을 다른 파동에 비해 증가시키면 타원 편광의 모든 가능한 상태들이 얻어진다.

위에서 나온 $\mathbf{E} + i\mathbf{B}$ 형태인 전기장 및 자기장 벡터의 복소 표현 덕분에 우리는 광자의 파동함수가 어떤 것인지를 꽤 직접적으로 이해할 수 있다. 그리스 문자 α를 이용하여 (가령) 앞의 문단에 기술된 상황에서의 오른손 원 편광의 상태를 표현하고, 그리스 문자 β를 이용하여 왼손 원 편광의 상태를 표현하자(두 편광은 세기와 진동수가 동일하다). 그러면 우리는 두 편광의 **동일한** 세기의 중첩들로 얻은 평면 편광의 다양한 상태들을 (비례상수는 무시하고) 아래와 같이 표현할 수 있다.

$$z = e^{i\theta}\text{일 때, } \alpha + z\beta$$

θ가 0에서 2π까지 증가하면 $e^{i\theta}(= \cos\theta + i\sin\theta)$는 베셀 평면의 단위원 주위를

한 바퀴 돌며(§§1.8과 A.10 그리고 그림 2-9 참고), 편광 평면 또한 운동 방향 주위로 회전한다. 이 평면의 회전 속도를 z가 단위원을 한 바퀴 돌 때의 z의 속도와 비교하는 일은 꽤 중요하다.

상태 벡터 $z\beta$는 그림 2-13의 왼손 나선으로 표현된다. z가 연속적으로 한 바퀴 돌 때 이 나선은 오른손 방향(반시계 방향)으로 축 주위를 몸통을 따라 연속적으로 2π까지 회전한다. 그림 2-13에서 보면, 몸통을 따른 회전은 오른손 나선을 그대로 둔 채 왼손 나선을 자신의 원래 배치에 다다를 때까지 연속적으로 위로 움직이는 행위와 등가이다. 이렇게 하면 원래는 그림의 앞에 있던 두 나선의 교점을 뒤쪽에 오도록 만들며, 편광 평면은 원래 위치로 복귀시킨다. 그러므로 z가 단위원을 한 바퀴 돌면서 2π 각도(즉, 360°)를 지날 때, 편광 평면은 2π가 아니라 π 각도(즉, 360°가 아니라 180°)만 회전하여 원래 위치로 되돌아온다. 만약 φ가 편광 평면이 임의의 한 단계에서 회전한 각도를 나타낸다면, 베셀 평면에서 진폭 z가 실수축과 이루는 각 $\theta = 2\varphi$임을 알게 된다(여기에는 표시 관행의 문제들이 있긴 하지만, 현재의 논의에서 나는 베셀 평면의 방향이 그림 2-13에서 위에서 내려다보는 방향으로 잡는다). 베셀 평면의 점들에 대해, 우리는 복소수 q(또는 이것의 음수인 $-q$)를 써서 편광 평면이 만드는 각을 표현할 수 있는데, 그러면 $q = e^{i\varphi}$이므로 관계식 $\theta = 2\varphi$는 두 복소수 z와 q의 다음 관계식이 된다.

$$z = q^2$$

우리는 나중에(§2.9의 그림 2-20에서) 어떻게 q가 타원 편광의 일반적인 상태들까지도 기술하게끔 확장되는지 살펴볼 것이다.

하지만 확실히 짚고 넘어가야 할 것이 있는데, 방금 전에 고찰한 광자 상태는 **운동량 상태**라고 하는 매우 특별한 유형의 사례로서 에너지를 특정한 한 방향으로 나른다. 중첩 원리의 보편성에서 명백히 알 수 있듯이, 단일 광자 상태에 대해서는 다른 가능성들도 많이 존재한다. 가령 우리는 서로 다른 방향으로 향하는 두 운동량 상태의 중첩을 살펴볼 수 있다. 그런 상황도 역시 맥스웰 방정식의 해인 전자기파를 내놓는다(왜냐하면 맥스웰 방정식도 선형적이라는 면에서 슈뢰딩거 방정식과 꼭 같기 때문이다. §§2.4, 2.7 및 A.11 참고). 게다가 아주 조금씩 다른 방향으로 진행하지만 똑같이 매우 높은 진동수를 지닌 많은 파동들을 함께 합침으로써 우리는 한 단일 위치에 집중해 있는 맥스웰 방정식의 해들을 구성할 수 있다. 그런 해들을 가리켜 **파동묶음**이라고 하며, §2.3에서 양자 파동-입자 실체에 대한 가능한 후보들로 언급하였다. 그림 2-4(b)에 나오는 실험 2의 결과들을 설명하는 데 필요한 것이 바로 이 파동묶음이다. 하지만 §2.3에서 보았듯이 단일 입자에 대한 그러한 고전적 서술은 그림 2-4(a)에 나오는 실험 1의 결과를 설명하지 못한다. 게다가 맥스웰 방정식의 그런 고전적인 파동묶음 해는 영구히 입자성을 유지하지는 못하며, 얼마간의 짧은 시간 후에 흩어져버린다. 이는 먼 은하에서 오는 광자처럼 아주 먼 거리에서 오는 개별 광자의 행동과 대조를 이룬다.

광자의 입자적 측면은 파동함수가 매우 국소화된 속성을 가짐으로써 생기는 것이 아니다. 대신에, 가령 사진 건판이나 (대전입자의 경우) 가이거 계수기로 실시하는 측정이 마침 광자의 입자적 특성을 관찰하도록 맞추어져 있기 때문이다. 그러한 관찰을 통해 얻어지는 양자 실체의 **입자적** 속성은 그러한 상황에서 검출기가 입자에 반응하는 작용 **R**의 한 특성이다. 가령 아주 먼 은하에서 오는 광자의 파동함수는 굉장히 방대한 공간 영역에 걸쳐 퍼질 테니, 사진 건판의 한 특정한 지점에서 광자를 검출한다는 것은 이 특정한 측정이 **R**-과정에서 광자를 찾을 지극히 낮을 확률의 결과이다. 우리는 그처럼 아주 먼 은하에서 관찰되는 영역에서 엄청나게 방대한 개수의 광자들이 방출되지 않았다면 그런 광자를 결코 보기 어렵다. 이처럼 방출되는 광자들의 방대한 개수가 임의의 특정 광자의 지극히 낮은 확률을 보상해주는 것이다!

방금 살펴본 편광된 광자의 사례 또한 고전적인 장들의 선형 중첩을 형성할 때 어떻게 복소수가 때때로 사용될 수 있는지를 잘 보여준다. 사실, 고전적인 (전자기) 장들의 복소 중첩에 관한 상기 절차와 입자 상태들(여기서는 광자의 경우)의 양자중첩 사이에는 밀접한 연관성이 있다. 정말이지 단일 자유 광자의 슈뢰딩거 방정식은 알고 보니 단지 맥스웰의 자유 장 방정식을 **복소수** 값을 갖는 전자기장에 대해 다시 작성한 것이었다.

그러나 한 가지 차이점이라면, 단일 광자 상태의 서술은 영이 아닌 복소수를 곱하더라도 상태가 변하지 않는 반면에 **고전적인** 전자기장의 경우는 그 상태의 세기(즉, 에너지 밀도)가 장의 세기의 **제곱**만큼 커진다는 것이다. 한편 한 **양자** 상태의 에너지를 증가시키려면 우리는 광자의 **개수**를 늘려야 하는데, 각각의 개별 광자는 플랑크의 공식 $E = h\nu$에 의해 에너지가 제한된다. 그러므로 양자역학적 상황에서 한 전자기장의 세기를 증가시킬 때 복소수의 절댓값의 제곱만큼 커지는 것은 광자 개수일 것이다. §2.8에서 우리는 이것이 어떻게 **R**에 대한 확률 법칙, 이른바 **보른 규칙**(§§1.4 및 2.8 참고)과 관련이 있는지 살펴볼 것이다.

2.7 양자 선형성

그 내용을 다루기 전에 우리는 양자 선형성이라는 놀라운 보편적 개념을 살짝 엿보아야 한다. 양자 형식론의 주요한 한 특징은 바로 **U**의 선형성이다. §A.11에서 지적하듯이, **U**의 이 특정한 단순화 속성은 대다수의 고전적 유형의 (시간에 따른 상태) 변화에서는 존재하지 **않는다**. 예외적으로 가령 맥스웰 방정식은 선형성을 갖지만 말이다. 그렇다면 선형성이 어떤 의미인지 이해해보자.

이전에(§2.5에서) 보았듯이, 선형성의 의미는 **U**와 같은 시간−변화 과정에 적용될 때 더하기 개념, 더 구체적으로 말해 계의 상태들에 적용되는 **선형결합**에 관한 것인데, 시간 변화는 선형결합을 보존하면 **선형적**이라고 한다. 양자역학에서 선형결합은 양자 상태의 **중첩** 원리이다. 만약 α가 계의 허용된 한 상태이고 β도 그러한 또 하나의 상태라면, 선형결합

$$w\alpha + z\beta$$

(여기서 고정된 값의 두 복소수 w, z는 둘 다 영이어서는 안 된다) 역시 정당한 양자 상태이다. **U**가 갖는 **선형성**이라는 성질은 다음과 같다. 만약 어떤 양자 상태 α_0가 **U**에 따라 특정한 시간 간격 t 후에 상태 α_t로 변하고

$$\alpha_0 \rightsquigarrow \alpha_t$$

또 하나의 양자 상태 β_0가 특정한 시간 간격 t 후에 상태 β_t로 변한다면

$$\beta_0 \rightsquigarrow \beta_t$$

임의 중첩 $w\alpha_0 + z\beta_0$는 시간 간격 t 후에 $w\alpha_t + z\beta_t$로 변한다는 것이다.

$$w\alpha_0 + z\beta_0 \rightsquigarrow w\alpha_t + z\beta_t$$

(여기서 복소수 w와 z는 시간이 흘러도 변하지 않는다.) 이것이 바로 선형성의 특징이다(§A.11 참고). 간략히 말해서, 선형성은 다음 경구로 집약할 수 있다.

합의 변화는 변화들의 합이다

여기서 "합"은 "선형결합"을 아우르는 것이라고 여겨야 한다.

지금까지 §§2.5와 2.6에서 언급했던 단일 파동-입자 실체에 적용되는 상태들의 선형 중첩을 살펴보았다. 하지만 슈뢰딩거 변화의 선형성은 아무리 많은 입자들이 동시에 관여하더라도 양자 상태에 일반적으로 적용된다. 따라서 우

리는 이 원리가 둘 이상의 입자들이 참여하는 계에 어떻게 적용되는지 알아볼 필요가 있다. 가령, 두 개의 스칼라 입자(상이한 종류)로 이루어진 상태가 있는데, 첫째 입자는 하나의 특정한 공간 상 위치 P 주위의 작은 영역에 집중되어 있는 파동-입자이고, 둘째 입자는 그 위치에서 꽤 멀리 떨어진 작은 공간 상 위치 Q 내에 집중되어 있는 파동-입자이다. 상태 α는 이 입자 위치들의 **쌍**을 나타내는 것일 수 있다. 두 번째 상태 β는 첫째 입자가 완전히 다른 위치 P′에 그리고 둘째 입자가 어떤 다른 위치 Q′에 집중되어 있는 것을 나타내는 것일지 모른다. 네 위치는 서로 아무런 관련성이 없다. 그럼 이제 α + β와 같은 중첩을 고려해 보자. 이것을 어떻게 해석해야 할까? 우선 확실히 해두어야 할 점은, 이 해석은 관여하는 위치들의 일종의 평균을 찾는(가령, 첫째 입자는 P와 P′의 중간 지점에 위치하고 둘째 입자는 Q와 Q′의 중간 지점에 위치한다는 식의) 일이 아닐 수 있다는 것이다. 그런 일은 양자 선형성의 본뜻과는 한참 거리가 멀다. 그리고 앞서 보았듯이, 심지어 **단일한** 파동-입자의 경우에도 이런 식의 국소화된 해석은 가능하지 않다(즉, 한 입자가 P에 있는 상태와 그 입자가 P′에 있는 또 하나의 상태의 선형 중첩은 그 입자가 자신의 존재를 이 두 위치 사이에 공유하는 상태인데, 분명히 이것은 그 입자가 두 위치가 아닌 제3의 위치에 있는 상태와 등가가 아니다). 그렇기는커녕 중첩 α + β는 입자들이 있는 바로 그 장소인 네 위치 P, P′, Q, Q′ **모두**를 개별 입자들이 어떤 식으로든 **공존하는** 두 위치 쌍 (P, Q) 및 (P′, Q′)과 관련시킨다! 곧 알게 되겠지만, α + β라는 상태의 유형에서는 흥미롭고 미묘한 속성이 있다. 얽힘 상태라는 이 상태에서는 어느 입자도 다른 입자와 무관하게 자기 자신만의 분리된 상태를 갖지 않는다.

얽힘entanglement이라는 개념은 슈뢰딩거가 아인슈타인에게 보낸 편지에서 처음 등장했다. 편지에서 슈뢰딩거는 독일어 단어 *Verschränkung*을 사용했는데 그것을 영어로 *entanglement*라고 번역했고, 얼마 후 공식적으로 발표했다 Schrödinger and Born 1935. 이 양자 현상의 기이함과 중요성은 슈뢰딩거의 말에 요

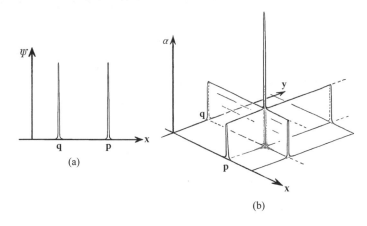

그림 2-14 (a)델타 함수들의 합 $\psi(x) = \delta(x - p) + \delta(x - q)$는 P와 Q에 동시에 있는 한 중첩된 상태의 스칼라 입자의 파동함수를 제공한다. (b)두 델타 함수의 곱 $\alpha(x, y) = \delta(x - p)\delta(y - q)$는 상이한 두 입자가 하나는 P에 있고 다른 하나는 Q에 있는 상태에 대한 파동함수를 제공한다. 이때 주목할 점은 떨어져 있는 각각의 입자의 위치를 나타내려면 두 변수 x와 y가 필요하다는 것이다.

약되어 있다.

나는 '얽힘'을 양자역학의 한one 속성이 아니라, 양자역학을 고적적인 사고방식과 완전히 결별하게 만드는 유일한the 속성이라고 부를 것이다.

나중에 §2.10에서 우리는 그런 얽힘 상태들이 보여줄 수 있는 매우 기이하면서도 본질적으로 양자역학적인 특징들 중 일부(이것들은 아인슈타인-포돌스키-로젠Einstein-Podolsky-Rosen, EPR 효과라는 이름으로 흔히 불린다Einstein et al. 1935)를 살펴볼 텐데, 그런 특성들 때문에 슈뢰딩거는 얽힘 개념의 진가를 이해하게 된 것이다. 얽힘은 오늘날 우리가 §2.10에서 살펴볼 벨 부등식 위배와 같은 것들에 의해 실제적 존재를 드러냈다고 여겨진다.

양자얽힘을 이해하려면 독자들은 §2.5에서 간략히 언급한 델타 함수 표기법을 다시 들추어보는 것이 좋을 것이다. 각각의 점 P, Q, P′, Q′에 대해 위치 벡터 **p**, **q**, **p**′, **q**′을 사용하자. 단순하게 설명하기 위해, 나는 복소 진폭도 무시하고 상태를 규격화하는 것에도 신경 쓰지 않겠다. 우선, 단 하나의 입자를 살펴보자. 이 입자가 P에 있는 상태를 $\delta(\mathbf{x} - \mathbf{p})$로 적고 입자가 Q에 있는 상태를 $\delta(\mathbf{x} - \mathbf{q})$로 적을 수 있다. 그렇다면 두 상태의 합은 아래와 같다.

$$\delta(\mathbf{x} - \mathbf{p}) + \delta(\mathbf{x} - \mathbf{q})$$

이것은 이 두 위치에 입자가 동시에 있는 중첩 상태를 표현한다(이는 입자가 두 위치의 중간에 있는 상태인 $\delta(\mathbf{x} - \frac{1}{2}(\mathbf{p} + \mathbf{q}))$와는 전혀 다르다. 그림 2–14(a) 참고)). (§2.5에서 언급했듯이, 이런 이상화된 파동함수가 오직 처음에만, 즉 $t = t_0$에서만 이러한 델타 함수 형태를 가질 수 있음을 유념해야 한다. 슈뢰딩거 변화는 그런 상태들이 그다음 순간에 공간 상으로 퍼져 나가길 요구한다. 그러나 이 문제는 지금의 논의에서는 중요하지 않다.) 하나는 P에 있고 다른 하나는 Q에 있는 한 쌍의 입자들의 양자 상태를 표현하려면 위의 표현을 $\delta(\mathbf{x} - \mathbf{p})\delta(\mathbf{x} - \mathbf{q})$로 적어야 할지 모르지만, 이것은 여러 가지 이유에서 틀린 생각이다. 가장 중요한 이유는 이처럼 파동함수의 곱을 취하는(즉, 두 입자의 파동함수 $\psi(\mathbf{x})$와 $\phi(\mathbf{x})$를 갖고서 이들의 곱 $\psi(\mathbf{x})\phi(\mathbf{x})$를 취하여 입자 쌍을 표현하는) 것은 명백한 잘못이라는 점이다. 왜냐하면 슈뢰딩거 변화의 선형성을 망가뜨리기 때문이다. 하지만 올바른 답은 이것과 크게 다르지 않다(지금 우리는 두 입자가 동일한 유형이 아니라고 가정하기에, 페르미온/보손 특성에 관한 §1.4의 사안들을 고려하지 않아도 된다). 우리는 위치 벡터 **x**를 이용하여 앞에서처럼 첫 번째 입자의 위치를 표현할 수 있지만 두 번째 입자의 위치는 상이한 벡터 **y**를 이용하여 표현한다. 그렇다면 파동함수 $\psi(\mathbf{x})\phi(\mathbf{y})$가 한 진정한 상태, 즉 첫 번째 입자에 대한 진폭들의 공간 상 배열이 $\psi(\mathbf{x})$로 주어지고 두 번째 입자에 대한 진폭들의 공간 상 배열이 $\phi(\mathbf{y})$로 주어지는 상태(두 상태는 서로 완전히 **독립적임**)를 기술할 것이다. 두 상태가 독립적이지 않을 때는 이른바 얽혀 있는 상태인데, 그러면 상태들은 $\psi(\mathbf{x})\phi(\mathbf{y})$와 같은 단순한 곱의 형태를 갖지 않고, (여기서는) 두 위치 벡터 변수 $\mathbf{x}$, $\mathbf{y}$의 더욱 일반적인 형태의 함수 $\Psi(\mathbf{x}, \mathbf{y})$를 가질 것이다. 이것은 여러 입자들이 관여하여 위치 벡터가 $\mathbf{x}$, $\mathbf{y}$, …, $\mathbf{z}$인 더욱 일반적인 상황에 적용되는데, 이때 이들 입자의 일반적인 (얽힌) 양자 상태는 파동함수 $\Psi(\mathbf{x}, \mathbf{y}, \cdots, \mathbf{z})$에 의해 기술된다. 그리고 입자들이 전혀 얽히지 않은 상태는 $\psi(\mathbf{x})\phi(\mathbf{y})\cdots\chi(\mathbf{z})$라는 특수한 형태를 가질 것이다.

위에서 살펴본 사례로 되돌아가자. 거기에서는 첫 번째 입자가 P에 위치해 있고 두 번째 입자가 Q에 위치해 있는 상태를 고찰했다. 그렇다면 파동함수는 아래와 같이 얽히지 않는 함수일 것이다.

$$\alpha = \delta(\mathbf{x} - \mathbf{p})\delta(\mathbf{y} - \mathbf{q})$$

그림 2-14(b)를 보기 바란다. 우리가 다루는 예에서 위의 함수는 첫 번째 입자가 P′에 있고 두 번째 입자가 Q′에 있는 파동함수 $\beta = \delta(\mathbf{x} - \mathbf{p}')\delta(\mathbf{y} - \mathbf{q}')$과 중첩된다. 그러면 (진폭은 무시하고) 아래 식이 얻어진다.

$$\alpha + \beta = \delta(\mathbf{x} - \mathbf{p})\delta(\mathbf{y} - \mathbf{q}) + \delta(\mathbf{x} - \mathbf{p}')\delta(\mathbf{y} - \mathbf{q}')$$

이것이 바로 얽힌 상태의 단순한 사례이다. 만약 첫 번째 입자의 위치가 측정되어 P에 있음이 발견된다면 두 번째 입자는 자동적으로 Q에 있음이 발견되고, 반면에 첫 번째 입자의 위치가 측정되어 P′에 있음이 발견된다면 두 번째 입자는 자동적으로 Q′에 있음이 발견된다. (양자 측정의 사안은 §2.8에서 더 자세히 다루며, 양자얽힘의 사안은 §2.10에서 더욱 집중적으로 다룬다.)

이러한 입자 쌍의 얽힌 상태는 정말이지 매우 기이하며 낯설지만, 지금까지의 내용은 약과일 뿐이다. 얽힘의 이러한 특성은 선형중첩이라는 양자 원리의 한 측면으로서 생긴다. 하지만 이 원리는 단지 입자 쌍에만 적용되는 것을 넘어서 상당히 더 넓은 범위에 걸쳐 적용된다. 입자 세 개에 적용되면 세 입자가 서로 얽힌 상태가 얻어지고 네 개의 입자에 적용되면 네 입자가 서로 얽힌 상태가 얻어진다. 이런 식으로 임의의 개수의 입자들에 적용될 수 있다. 따라서 양자중첩에 관여할 수 있는 입자의 개수에는 아무런 한계가 없다.

상태들의 양자중첩이라는 이 원리는 양자(의 시간에 따른) 변화의 선형성에 근본적인 역할을 하며, 양자 상태의 **U** 시간 변화(슈뢰딩거 방정식)에 핵심적이다. 표준적인 양자역학은 **U**가 한 물리계에 적용되는 스케일에 아무런 제한을 두지 않는다. 가령 §1.4의 고양이를 떠올리고 다음과 같이 상상해보자. 두 개의 문을 통해 외부와 연결되는 방이 하나 있다. 방 밖에는 굶주린 고양이가 있고 방 안에는 군침 도는 먹이가 있으며, 처음에 두 문은 닫혀 있다. 각각의 문에는 고에너지 광자 검출기가 각각 A와 B 위치에 설치되어 있다. 각 검출기가 위치 M에 있는 (50%) 빔 분할기에서 나온 광자를 수신하면 그 검출기가 설치된 문이 자동으로 열린다. (그림 2-15의) L에 있는 레이저에 의해 M을 향해 발사된 고에너지 광자는 두 가지 상이한 가능성을 갖는다. 상황은 §2.3의 실험 1과 흡사하다(그림 2-4(a)). 이런 설정을 실제로 구현한다면, 고양이는 A 문 아니면 B 문이 열리는 것을 경험할 것이므로 A 문 아니면 B 문을 통과할 것이다(여기서 각각의 경우의 확률은 50%). 하지만 만약 관련된 모든 구성요소들(레이저, 방출된 광자, 빔 분할기의 물질, 검출기, 문, 고양이 자신 그리고 방 안의 공기 등)에 선형성이 적용되며 이 계가 **U**에 따라 작동한다면, 빔 분할기를 떠나는 광자의 반사된 상태와 투과된 상태는 중첩 원리로 인해 A 문만 열리는 상태와 B 문만 열리는 상태의 중첩을 반드시 낳을 것이고, 마침내 고양이가 두 문을 동시에 지나가는 중첩된 상태를 낳을 것이다!

이것은 선형성의 한 사례일 뿐이다. 변화 $\alpha_0 \rightsquigarrow \alpha_t$가 검출기 A를 향하여 빔 분할기 M을 떠나는 광자에서부터 시작한다고 가정하자. 그러면 결국 바깥에 있던 고양이는 A 문을 통해 방으로 들어가 먹이를 먹을 것이다. 이와 비슷하게,

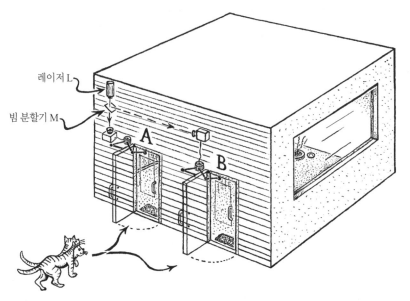

레이저 L

빔 분할기 M

A

B

그림 2–15 고에너지 광자가 레이저 L에서 방출되어 빔 분할기 M을 향한다. 두 (중첩된) 상이한 광자 빔이 검출기에 도달하는데, 그중 한 검출기는 광자를 수신하는 즉시 A 문을 열고 다른 검출기는 B 문을 연다. 이들 광자 상태는 양자 선형중첩 상태에 있으므로, 문의 열림도 양자 (**U**) 형식론의 선형성에 따라 반드시 그러해야 한다. 게다가 **U**에 따라, 방 안의 먹이를 찾아가는 고양이의 운동도 두 경로의 **중첩**이어야 한다!

변화 $\beta_0 \rightsquigarrow \beta_t$가 검출기 B를 향하여 빔 분할기 M을 떠나는 광자에서부터 시작한다고 가정하자. 그러면 결국 바깥에 있던 고양이는 B 문을 통해 방으로 들어가 먹이를 먹을 것이다. 하지만 광자가 빔 분할기를 떠날 때의 **총**total상태는 중첩 $\alpha_0 + \beta_0$이며, 이 상태는 **U**에 따라 $\alpha_0 + \beta_0 \rightsquigarrow \alpha_t + \beta_t$로 변할 것이기에, 고양이의 운동은 두 문을 동시에 통과하는 중첩 상태로 귀결될 것이다. 그러나 이는 결코 우리가 경험하는 상황이 아니다! 이것은 슈뢰딩거의 고양이 역설이라는 사례인데, §2.13에서 다시 살피겠다. 그런 문제가 표준적인 양자역학에서 다루어지는 방식은 코펜하겐 해석의 관점에 따른다. 즉, 양자 상태는 물리적 실재를 기술하는 것이 아니라 계에 이루어진 관찰의 여러 결과들의 다양한 확률들을 계산하는 수단을 제공할 뿐이라고 여겨진다. 이것은 §2.4에서 언급된 **R** 과정의 작용인데, 이 작용을 다음에 살펴보자.

2.8 양자 측정

양자역학이 우리가 경험하는 현실과 **U**−변화 과정 사이의 이처럼 노골적인 차이를 어떻게 다루는지 이해하려면, 우선 **R** 과정이 실제로 양자론에서 어떻게 작동하는지부터 이해해야 할 것이다. 이를 가리켜 **양자 측정**의 문제라고 한다. 양자론은 제한된 양의 정보만을 한 계의 양자 상태에서 꺼낼 수 있도록 허용하며, 그 양자 상태가 **실제로** 무엇인지를 측정하여 직접 확인하는 일은 불가능하다고 여긴다. 대신에 임의의 특정한 측정 장치는 오직 상태에 대한 어떤 제한된 한 벌의 가능성들을 구별할 수 있을 뿐이다. 만약 측정 이전의 상태가 공교롭게도 이들 가능성들 중 하나가 아니더라도 (**R** 과정의 기이한 작용에 따라) 순식간에 상태는 허용된 가능성들 중 하나로 **도약한다**(이 가능성은 양자론이 제공하는 확률을 지니는데, 사실 이 확률은 §§1.4와 2.6에서 암시한 보른 규칙으로 계산되며, 더 자세한 내용은 아래에서 설명할 것이다).

양자 도약은 양자역학의 가장 희한한 특징에 속하며, 많은 이론가들은 이 과정이 물리적으로 실재하는지에 대해 심각하게 의문을 품고 있다. 심지어 에르빈 슈뢰딩거조차도 이런 말을 했다고 한다Werner Heisenberg 1971, pp. 73~76. "만약 이 빌어먹을 양자 도약이 정말로 벌어지는 일이라면 나는 양자론에 뛰어든 걸 후회할 수밖에 없습니다." 낙담에 빠진 슈뢰딩거에게 보어는 이렇게 말했다Pais 1991, p. 299. "하지만 우리들은 자네가 참여해준 것이 무척 고맙네. 자네의 파동역학은 … 양자역학의 기존 형태들을 전부 뛰어넘는 거대한 도약일세." 그러나 바로 양자 도약 과정 덕분에 양자역학의 이론적 결과들은 실제 관찰과 완전히 맞아떨어진다!

여기서 **R** 과정을 더 자세히 살펴볼 필요가 있다. 종래의 문헌에서 양자 측정의 문제는 (§1.14에서 언급된) **선형 연산자**의 어떤 속성과 관련하여 언급된다. 하지만 선형 연산자와의 관련성은 이 절의 끝에 가서 간단히 다루기로 하고, 여기서는 **R**의 작용을 조금 더 직접적인 방식으로 기술하고자 한다.

우선 (§2.5에서 이미 언급한) 다음 사실에 주목해야 한다. 즉, 어떤 양자계에 대한 상태 벡터들의 족family은 §A.3의 의미에서 **복소 벡터공간**을 언제나 형성한다. 그러려면 어떠한 물리적 상태에도 대응되지 않는 특별한 원소 0, 즉 **영 벡터**를 포함시켜야 한다. 나는 이 벡터공간을 $\mathcal{H}$로 표시한다(**힐베르트 공간**Hilbert space이란 뜻인데, 이 개념은 조금 후에 더 구체적으로 다루겠다). 우선 나는 일반적인, 이른바 비축퇴 측정non–degenerate measurement을 살펴볼 것이다. 하지만 상태들 사이의 차이를 구별할 수 없는 **축퇴 측정**degenerate measurement이라는 것도 있다. 이 개념들에 대해서는 이 절의 말미와 §2.12에서 간략히 논의하겠다.

비축퇴 측정의 경우, 우리는 위에 나온 제한된 한 벌의 가능성들(측정의 가능한 결과들)이 §A.4의 의미로 $\mathcal{H}$에 대한 **직교 기저**orthogonal basis를 구성한다고 간주할 수 있다. 따라서 기저 원소들 ε_1, ε_2, ε_3, …은 아래에 설명된 의미로 전부 서로 직교하며, 하나의 기저를 구성하므로 공간 $\mathcal{H}$를 생성span한다. (§A.4에서 더 자세히 설명하겠지만) 이 말은 $\mathcal{H}$의 모든 원소는 ε_1, ε_2, ε_3, …의 중첩으로 표현될 수 있음을 뜻한다. 게다가 $\mathcal{H}$의 한 주어진 상태를 ε_1, ε_2, ε_3, …으로 표현하는 것은 **고유한**데, 이는 상태들 ε_1, ε_2, ε_3, …이 족에 대한 기저를 구성한다는 사실 때문이다. 직교한다는 것은 상태들의 쌍이 특별한 의미에서 서로 **독립적**이라는 뜻이다.

양자 직교성에 포함된 **독립성**이라는 개념은 고전적인 의미에서는 이해하기가 쉽지 않다. 가장 가까운 고전적 개념으로는, 종이나 북을 쳤을 때 각각의 특징적인 주파수를 갖는 여러 가지 진동들이 생기는 진동 모드를 들 수 있다. 진동의 상이한 "순수한" 모드들은 서로 독립 내지 직교한다고 간주할 수 있지만

(한 가지 예가 §A.11에 나오는 바이올린 현의 진동 모드이다), 이 비유로는 깊게 이해하기 어렵다. 양자론은 훨씬 더 구체적인(그리고 미묘한) 어떤 것을 요구하는데, 실제 사례를 들어 설명하겠다. 전혀 겹치지 않는 두 파동-입자 상태(가령, §2.3의 마흐-젠더 간섭계에서 MAC 경로와 MBC 경로. 그림 2-4(b) 참고)는 직교이겠지만, 이것은 필요조건이 아니기에 파동-입자 상태들 사이에 직교성이 생길 수 있는 다른 많은 방식들이 존재한다. 가령, 상이한 진동수를 갖는 두 개의 무한한 파동은 직교할 것이다. 게다가 (진동수와 방향이 동일한) 광자들의 경우 편광 평면이 서로 직각이라면 직교할 것이고 다른 각도로 벌어져 있다면 그렇지 않을 것이다. (§2.6에서 살펴본 전자기 평면파의 고전적 서술을 상기해보면, 이런 고전적 서술을 개별 광자 상태에 대한 훌륭한 모형으로 타당하게 간주할 수 있다.) 원 편광의 광자 상태는 평면 편광의 광자 상태와 (편광 외의 다른 성질은 동일하더라도) 직교하지 않지만, 오른손 원 편광 상태는 왼손 원 편광 상태와 직교할 것이다. 이때 유념해야 할 점은, 편광 방향은 광자의 전체 상태의 작은 일부를 알려줄 뿐이지만, 편광 상태와 무관하게 진동수나 방향이 다른 두 광자 운동량 상태(§§2.6과 2.13 참고)는 직교할 것이라는 점이다.

직교라는 용어의 기하학적 의미는 직각 또는 수직일 것이다. 양자론에서 이 용어의 의미는 대체로 통상의 공간 기하학과 명확한 관련성은 없긴 하지만, 수직성이라는 개념은 (0을 포함한) 양자 상태들의 복소 벡터공간 $\mathcal{H}$의 기하학과 밀접한 관련성이 있다. 이런 종류의 벡터공간을 **힐베르트** 공간이라고 하는데, 이 명칭은 대단히 저명한 이십 세기 수학자 다비트 힐베르트의 이름을 딴 것이다. 그는 맥락은 다르긴 하지만 이십 세기 초에 이 개념을 도입했다.[*] 특히 **직각**

---

[*] 힐베르트는 이에 관한 방대한 저술을 1904년에서 1906년 사이에 출간했다(6편의 논문이 실렸다Hilbert 1912). 이 주제에 관한 첫 번째로 중요한 논문은 에리크 이바르 프레드홀름이 쓴 것으로Erik Ivar Fredholm 1903, "힐베르트 공간"의 일반적 개념에 관한 그의 연구는 힐베르트의 연구보다 앞섰다. 이 내용은 한 자료Dieudonné 1981의 내용을 토대로 했다.

의 개념은 힐베르트 공간의 기하학과 관련된 개념이다.

힐베르트 공간이란 무엇인가? 수학적으로 힐베르트 공간은 (§A.3에서 설명하는) 벡터공간의 하나로서, 유한 차원일 수도 있고 무한 차원일 수도 있다. 스칼라는 복소수(ℂ의 원소. §A.9 참고)이며, 내적 $\langle\cdots|\cdots\rangle$이라는 개념이 존재하는데(§A.3 참고), 이른바 아래와 같은 에르미트Hermitian 내적이다.

$$\langle\beta|\alpha\rangle = \overline{\langle\alpha|\beta\rangle}$$

(위의 막대는 복소켤레를 나타낸다. §A.10 참고) 그리고 아래와 같은 **양의 정부호성**positive definiteness을 갖는다.

$$\langle\alpha|\alpha\rangle \geq 0$$

여기서

$$\text{오직 } \alpha \text{가 } 0 \text{일 때에만 } \langle\alpha|\alpha\rangle = 0$$

이다. 앞에서 언급한 직교성의 개념은 단지 이 내적에 의해 정의되는 개념인데, 상태 벡터 α와 β(힐베르트 공간의 영이 아닌 원소) 사이의 직교성은 아래와 같이 표현된다(§A.3).

$$\alpha\perp\beta, \quad \text{즉 } \langle\alpha|\beta\rangle = 0$$

또한 힐베르트 공간이 무한 차원일 때와 관련된 완전성completeness 요건이 있으며, 하나 더 말하자면 그러한 힐베르트 공간의 무한한 "크기"를 제한하는 가분성separability 조건이 있다. 하지만 나는 여기서 이런 사안들을 굳이 다루지는 않겠다.

양자역학에서 이 복소 공간에 대한 복소 스칼라 $a, b, c, \cdots$은 양자역학적 중첩 법칙에서 생기는 복소 진폭이며, 이 중첩 원리 자체가 힐베르트 벡터공간의 더하기 연산을 제공한다. 앞서 말했듯이 힐베르트 공간의 차원은 유한일 수도 무한일 수도 있다. 현재 논의의 주된 목적상, 차원은 유한한 개수 n이라고 가정하는 편이 적절할 것이다. n이 지극히 큰 수가 되도록 허용해도 좋다. 나는 (각각의 n에 대해 본질적으로 고유한) 힐베르트 n-공간을 아래와 같이 표시할 것이다.

$$\mathcal{H}^n$$

$\mathcal{H}^\infty$ 표기는 무한 차원 힐베르트 공간에 사용할 것이다. 설명을 단순하게 하기 위해 여기서는 주로 유한 차원의 경우를 다루겠다. 스칼라들이 복소수이기 때문에 이 차원은 (§A.10의 의미에서) 복소 차원이어서, 실수 (유클리드) 다양체 $\mathcal{H}^n$은 $2n$차원이 될 것이다. 한 상태 벡터 α의 놈은 §2.5에서 소개했듯이 아래와 같다.

$$\|\alpha\| = \langle \alpha | \alpha \rangle$$

이것은 만약 $\mathcal{H}^n$을 $2n$차원 유클리드 공간으로 간주한다면, 통상의 실수 유클리드적 의미로 벡터 α의 길이의 제곱이다. 따라서 위에서 언급한 **직교** 기저의 표기는 유한 차원의 경우 §A.4에 기술된 그대로다. 즉, 영이 아닌 n개의 상태 벡터 $\varepsilon_1, \varepsilon_2, \varepsilon_3, \cdots, \varepsilon_n$의 집합이다. 여기서 각각은 단위 놈이다. 즉,

$$\|\varepsilon_1\| = \|\varepsilon_2\| = \|\varepsilon_3\| = \cdots = \|\varepsilon_n\| = 1$$

이고 이들은 서로 직교한다. 즉,

$$j \neq k \text{이면 언제나 } \varepsilon_j \perp \varepsilon_k \quad (j, k = 1, 2, 3, \cdots, n)$$

이다. $\mathcal{H}^n$ 내의 벡터 $\mathbf{z}$(즉, 양자 상태 벡터)는 전부 기저 원소들의 선형결합으로 (고유하게) 표현할 수 있다.

$$\mathbf{z} = z_1\varepsilon_1 + z_2\varepsilon_2 + \cdots + z_n\varepsilon_n$$

복소수 $z_1, z_2, \cdots, z_n$(진폭들)은 기저 $\{\varepsilon_1, \cdots, \varepsilon_n\}$에서의 $\mathbf{z}$의 **성분**들이다.

그러므로 유한 차원 양자계의 가능한 상태들의 벡터공간은 n 복소 차원의 어떤 힐베르트 공간 $\mathcal{H}^n$이다. 종종 양자역학 논의들에서 무한 차원 힐베르트 공간들도 이용되는데, 특히 양자장 이론$_{\text{QFT}}$(§1.4 참고)에서 그렇다. 하지만 이런 무한성이 "셀 수 없는" 것일 때(즉, 칸토어의 $\aleph_0$보다 클 때. §A.2 참고) 어떤 정교한 수학적 문제들이 생길 수 있다. 이 경우 힐베르트 공간은 종종 부여되는 (조금 전에 잠시 언급한) 가분성이라는 공리를 만족시키지 못한다$_{\text{Streater and}}$ $_{\text{Wightman 2000}}$. 이 문제들은 여기서 말하고자 하는 내용에는 중요한 역할을 하지 않기에, 내가 무한 차원 힐베르트 공간을 논할 때에는 가분적인 힐베르트 공간 $\mathcal{H}^\infty$, 즉 셀 수 있게 무한한 직교 기저 $\{\varepsilon_1, \varepsilon_2, \varepsilon_3, \varepsilon_4, \cdots\}$이 있는 (사실은 그런 기저들이 많은) 공간을 의미한다. 이처럼 기저가 무한할 때에는 수렴(§A.10 참고)의 사안들에 유의해야 한다. 따라서 한 원소 $\mathbf{z}(= z_1\varepsilon_1 + z_2\varepsilon_2 + z_3\varepsilon_3 + \cdots)$가 유한한 놈 $\|\mathbf{z}\|$를 가지려면 $|z_1|^2 + |z_2|^2 + |z_3|^2 + \cdots$이 한 유한한 값에 수렴해야 한다.

앞서 §2.5에서 보았듯이 한 양자계의 물리적 상태와 그것의 수학적 서술은 서로 다른데, 후자는 상태 벡터 α를 사용한다. 벡터 α와 $q\alpha$(q는 영이 아닌 복소수)는 동일한 물리적 양자 상태를 표현한다. 그러므로 다양한 물리적 상태들은 $\mathcal{H}$의 다양한 1차원 부분공간(원점을 지나는 복소 직선)들, 즉 **사선**$_{射線}$들로 표현된다. 그런 사선 각각은 α의 복소 배수들의 완전한 족$_{\text{family}}$을 알려준다. 실수 관점에서 보자면 이 사선은 베셀 평면(이 평면의 영 0이 $\mathcal{H}$의 원점 $\mathbf{0}$인)의 한 복사본이다. 이때 규격화된 상태 벡터들이 이 복소평면에서 단위길이라고, 즉 이 평면의 단위원 상의 점들을 표현한다고 여겨도 좋다. 이 단위원 상의 점들로 정해지는 모든 상태 벡터들은 동일한 물리적 상태를 표현하므로, 여전히 단위 상태

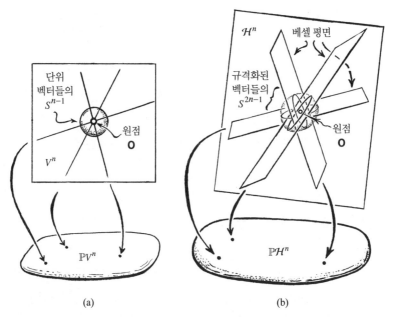

단위
벡터들의
S^{n-1}

원점

V^n

O

$\mathcal{H}^n$

베셀 평면

규격화된
벡터들의
S^{2n-1}

원점

O

$\mathbb{P}V^n$

$\mathbb{P}\mathcal{H}^n$

(a)

(b)

그림 2-16 n차원 벡터공간 V^n의 **사영공간**은 V^n의 사선(1차원 부분공간)들의 콤팩트한 $(n-1)$차원 공간인데, 여기서 V^n(원점 제외)은 $\mathbb{P}V^n$ 상의 번들이다. (a)는 실수일 때의 사례이고, (b)는 사선들이 단위원을 지닌 베셀 평면의 복사본인 복소수일 때의 사례이다. 사례 (b)는 $\mathcal{H}^n$이 양자 상태 벡터들의 공간인 양자역학의 상황인데, $\mathbb{P}\mathcal{H}^n$은 물리적으로 구별 가능한 양자 상태들의 공간으로서, 규격화된 상태들이 $\mathbb{P}\mathcal{H}^n$ 상에서 원 번들을 형성한다.

벡터들에게는 물리적 상태를 변화시키지 않고서 단위 절댓값의 한 복소수($e^{i\theta}$, θ는 실수)에 의한 곱셈의 위상 자유도가 있다. §2.5의 말미를 보기 바란다. (여기서 확실히 해두겠는데, 위의 내용은 계의 전체 상태에만 적용된다. 한 상태의 상이한 부분들을 상이한 위상들로 곱하면 그 상태의 전반적인 물리적 상태가 달라질지 모른다.)

개별 점들 각각이 이러한 사선들 중 하나를 표현하는 $(n-1)$ 복소 차원 공간을 가리켜 **사영**projective 힐베르트 공간 $\mathbb{P}\mathcal{H}^n$이라고 한다. 그림 2-16을 보면, 실수 벡터 n-공간 V^n으로부터 도출된 실수 사영공간 $\mathbb{P}V^n$의 개념이 설명되어 있다(그림 2-16(a)). 복소수의 경우에는 사선들이 베셀 평면의 복사본이다(그림

2-16(b). §A.10의 그림 A-34 참고). 그림 2-16(b)는 **규격화된 벡터들**(즉, 단위 벡터들)의 부분공간(실수의 경우에는 S^{n-1}이고 복소수의 경우에는 S^{2n-1})을 보여준다. 한 계의 물리적으로 구별되는 양자 상태 각각은 힐베르트 공간 $\mathcal{H}^n$ 내의 전체 복소 사선, 즉 사영공간 $\mathbb{P}\mathcal{H}^n$의 개별 점에 의해 표현된다. 어떤 유한한 물리계의 물리적으로 구별되는 양자적 가능성들로 이루어진 공간의 기하학은 어떤 사영 힐베르트 공간 $\mathbb{P}\mathcal{H}^n$의 복소 사영기하학이라고 간주할 수 있는 것이다.

이제 드디어 보른 규칙이 일반적인(즉, 비축퇴) 측정(§1.4 참고)에서 어떻게 작동하는지 살펴볼 준비가 되었다. 양자역학에 의하면, 임의의 그런 측정에 대하여 가능한 결과들의 한 직교 기저 $\{\varepsilon_1, \varepsilon_2, \varepsilon_3, \cdots\}$이 있을 것이며, 측정의 물리적 결과는 언제나 반드시 이들 중 하나이다. 측정 이전의 양자 상태가 상태 벡터 ψ로 주어진다고 하자(또한 당분간은 이 벡터가 규격화되어 있다고, 즉 $\|\psi\| = 1$이라고 가정하자). 그러면 이 벡터를 아래와 같이 기저로 표현할 수 있다.

$$\psi = \psi_1\varepsilon_1 + \psi_2\varepsilon_2 + \psi_3\varepsilon_3 + \cdots$$

복소수 $\psi_1, \psi_2, \psi_3, \cdots$(기저 내 ψ의 성분들)은 §§1.4와 1.5에서 언급한 진폭들이다. 양자역학의 **R** 과정에 의하면, 측정 직후 ψ가 $\varepsilon_1, \varepsilon_2, \varepsilon_3, \cdots$ 중에 어느 상태로 도약할지는 알 수 없고 다만 각각의 가능한 결과에 대한 확률 p_j는 알 수 있다. 이 확률은 보른 규칙에 의해 주어지는데, 이 규칙에 의하면 측정을 통해 상태가 ε_j로 드러날 확률은 해당 진폭 ψ_j의 **절댓값의 제곱**이다. 즉, 다음과 같다.

$$p_j = |\psi_j|^2 = \psi_j\overline{\psi}_j$$

이쯤에서 짐작했을지 모르겠지만, 상태 벡터 ψ 및 모든 기저 벡터 ε_j가 규격화되어야 한다는 수학적 요건은 결과적으로 모든 상이한 가능성들을 더하면 반드시 1이 되어야 한다는 확률의 성질 때문이다. 매우 놀라운 이 사실은 아래 규

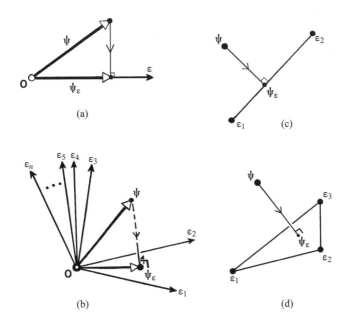

그림 2-17 보른 규칙(비규격화된 상태 벡터일 경우)을 기하학적 형태로 나타낸 그림들. 여기서 ψ가 직교 사영된 ψ_ε으로 도약할 확률은 $\|\psi_\varepsilon\| \div \|\psi\|$로 주어진다. (a)비축퇴 측정일 때. (b)ε_1을 ε_2와 구별할 수 없는 축퇴 측정일 때(사영 공준). (c)후자의 핵심적 기하학을 사영 힐베르트 공간에 묘사한 그림. (d)축퇴가 ε_1, ε_2, ε_3 사이에 있을 때의 사영 그림.

격화 조건에서 나온다.

$$\|\psi\| = 1$$

이를 직교 기저 $\{\varepsilon_1, \varepsilon_2, \varepsilon_3, \cdots\}$으로 표현하면 $\langle \varepsilon_i | \varepsilon_j \rangle = \delta_{ij}$(§A.10 참고)에 의해 아래 결과가 나온다.

$$\begin{aligned}
\|\psi\| &= \langle \psi | \psi \rangle = \langle \psi_1\varepsilon_1 + \psi_2\varepsilon_2 + \psi_3\varepsilon_3 + \cdots \mid \psi_1\varepsilon_1 + \psi_2\varepsilon_2 + \psi_3\varepsilon_3 + \cdots \rangle \\
&= |\psi_1|^2 + |\psi_2|^2 + |\psi_3|^2 + \cdots \\
&= p_1 + p_2 + p_3 + \cdots = 1
\end{aligned}$$

이것은 양자역학의 일반적인 수학적 체계와 확률적 양자 행동 요건들의 일관성 사이에 매우 놀라운 상승효과가 존재함을 여실히 드러내준다!

그렇지만 **직교 사영**orthogonal projection이라는 유클리드적 개념을 이용하여 보른 규칙이 ψ나 기저 벡터를 필요로 하지 않도록 다시 서술할 수 있다. 측정이 이루어지기 직전에 상태 벡터 ψ인 한 상태에 대해 측정이 이루어지며 그 측정을 통해 상태 벡터가 ε의 한 배수임을(즉, 그 값으로 "도약함"을) 확인했다고 하자. 그러면 이 결과의 확률 p는 우리가 ψ로부터 ε(의 복소 방향)을 따라 벡터 ψ의 직교 사영 ψ_ε까지 지나갈 때 ψ의 놈 $\|\psi\|$가 줄어드는 비율이다. 즉, 다음 양이다.

$$p = \frac{\|\psi_\varepsilon\|}{\|\psi\|}$$

이 사영은 그림 2-17(a)에 나타나 있다. 벡터 ψ_ε은 $(\psi - \psi_\varepsilon) \perp \varepsilon$이 되게 하는 ε의 고유한 스칼라 배수이다. 이것이 바로 **직교 사영**의 의미이다.

보른 규칙을 이렇게 해석하면 생기는 한 가지 장점은 이 해석이 **축퇴** 측정이라는 더욱 일반적인 상황으로까지 직접 확장된다는 것이다. 그러한 측정에 대해서는 **사영 공준**projection postulate이라고 알려진 추가적인 규칙이 포함되어야 한다. 어떤 물리학자들은 이 공준이 (심지어 측정에 축퇴가 없는 가장 단순한 형태의 양자 도약에서도) 표준적인 양자역학의 필요한 한 특성이 아니라고 주장하려고 시도한다. 왜냐하면 보통의 측정에서 측정된 대상의 결과 상태는 독립적이지 않기에 측정 장치와의 상호작용으로 인해 장치와 얽히게 되기 때문이라고 한다. 하지만 이 공준은 정말로 필요한데, 특히 널 **측정**이라고 불리는 상황들에서 그렇다TRtR, §22.7. 이런 상황에서는 측정 장치를 교란하지 않는데도 상태의 도약은 반드시 일어난다.

축퇴 측정의 특징은 물리적으로 가능한 상이한 결과들을 구별할 수 없다는 것이다. 이런 상황에서는 구별 가능한 결과들의 본질적으로 고유한 기저(ε_1,

ε_2, ε_3, …)가 있기보다는 ε_j 중 일부가 동일한 측정 결과를 내놓는다. ε_1과 ε_2가 그렇다고 가정해보자. 그렇다면 ε_1과 ε_2가 생성하는 상태들의 전체 선형 공간 또한 동일한 측정 결과를 내놓을 것이다. 이것은 (ε_1과 ε_2가 생성하는) 힐베르트 공간 $\mathcal{H}^n$에서 원점 $\mathbf{0}$을 지나는 한 (복소) 평면이지, 개별 물리적 양자 상태에 대해 얻어지는 단일한 사선이 아니다(그림 2–17(b)). (여기서 용어에 혼란이 생길지 모른다. 왜냐하면 **복소평면**이라는 용어는 때때로 이 책에서 **베셀 평면**이라고 부르는 것을 가리키기 때문이다(§A.10 참고). 바로 위에서 언급한 평면의 유형은 2 복소 차원을 갖기에 4 실수 차원을 갖는다.) 물리적 양자 상태들의 사영 힐베르트 공간 $\mathbb{P}\mathcal{H}^n$의 관점에서 볼 때, 지금 우리는 단지 한 점이 아니라 측정한 가능한 결과들의 전체 (복소) 직선을 갖고 있다(그림 2–17(c) 참고). 만약 ψ에 대한 그런 측정이 $\mathcal{H}^n$의 이 평면 상(즉, $\mathbb{P}\mathcal{H}^n$ 내의 직선)에 놓이는 결과를 내놓는다면, 측정으로 얻은 특정한 상태는 틀림없이 이 평면 상으로의 사영 ψ이다(ψ에 비례한다). 그림 2–17(b), (c)). 비슷한 직교 사영이 축퇴에 관여하는 세 가지 이상의 상태에도 적용된다(그림 2–17(d) 참고).

축퇴 측정의 어떤 극단적인 상황에서는 위의 내용이 상태들의 여러 상이한 집합에도 적용될 수 있다. 따라서 측정이 여러 가능한 결과들의 기저를 결정하는 대신에, 각기 서로 다른 모든 것과 직교하는 다양한 차원들의 선형 부분공간들의 족을 결정하며, 측정이 구별해낼 수 있는 것이 바로 이 부분공간들이다. 임의의 상태 ψ는 측정에 의해 결정된 다양한 사영들의 합으로 고유하게 표현될 수 있는데, 이 사영들은 측정의 순간에 ψ가 도약할 수 있는 상이한 가능성들이다. 이번에도 각각의 확률은 우리가 ψ로부터 시작해 그러한 사영들 각각을 지나갈 때 ψ의 놈 $\|\psi\|$가 줄어드는 비율로 주어진다.

위의 설명에서 나는 양자 연산자를 전혀 거론하지 않고서도 우리가 양자 측정 **R**에 관해 알아야할 모든 내용을 말할 수 있었지만, 그래도 기존의 더욱 일반적인 표현 방식을 사용하는 편이 적절하다. 이에 관련된 연산자들을 가리켜 보통 에르미트 연산자 내지 자기수반self-adjoint 연산자라고 한다(둘은 약간 다른 개념이긴 하지만, 이 차이는 무한 차원의 경우에만 중요하며 지금의 논의와는 무관하다). 이 연산자 $\mathbf{Q}$는 $\mathcal{H}^n$ 내의 임의의 상태 쌍 φ, ψ에 대하여 다음 식을 만족한다.

$$\langle \varphi \mid \mathbf{Q}\psi \rangle = \langle \mathbf{Q}\varphi \mid \psi \rangle$$

(에르미트 행렬의 개념에 익숙한 독자들은 위의 식이 $\mathbf{Q}$의 속성임을 알아차릴 것이다.) 그렇다면 기저 $\{\varepsilon_1, \varepsilon_2, \varepsilon_3, \cdots\}$은 이른바 $\mathbf{Q}$의 고유벡터eigenvector들로 구성된다. 고유벡터는 다음 식을 만족하는 $\mathcal{H}^n$의 원소 μ이다.

$$\mathbf{Q}\mu = \lambda\mu$$

수 λ는 μ에 대응하는 고윳값eigenvalue이라고 한다. 양자역학에서 고윳값 λ_j는 상태가 측정 즉시 고유벡터 ε_j로 도약할 때 $\mathbf{Q}$가 실제로 행하는 측정에 의해 드러나는 수치 값이다. (사실 λ_j는 에르미트 연산자에 대해 반드시 실수여야 한다. 해당 측정이 그 용어의 통상적인 의미에서 실수 값의 결과를 드러낸다고 여겨지기 때문이다.) 분명히 밝히자면, 고윳값 λ_j는 진폭 ψ_j와 아무런 관계가 없다. 실험의 결과가 실제로 수치 값 λ_j를 내놓을 확률을 제공하는 것은 ψ_j의 절댓값 제곱이다.

이 모든 내용은 매우 형식론적이며, 힐베르트 공간의 추상적인 복소 기하학은 우리가 직접 경험하는 통상적인 공간의 기하학과는 매우 다른 듯하다. 그렇지만 양자역학의 일반적인 체계에는 특별한 기하학적 아름다움이 있으며, 또한 $\mathbf{U}$ 및 $\mathbf{R}$ 과정과의 관련성이 있다. 양자 힐베르트 공간의 차원은 꽤 높은 편이기에 (익숙한 실수 기하학이라기보다는 복소수 기하학이라는 사실은 말할 것도 없이) 직접적인 기하학적 시각화는 대체로 쉽게 이루어지지 않는다. 하지만 다음 절에서 우리는 스핀이라는 특별한 양자역학적 개념의 경우 이 기하학이 통상적인 3–공간 기하학과 관련하여 직접적으로 이해될 수 있음을 알게 될 것이다. 그리고 이는 양자역학이 정말로 무엇인지 이해하는 데 도움을 줄 수 있다.

2.9 양자 스핀의 기하학

힐베르트 공간 기하학과 통상적인 3차원 공간 기하학 사이의 가장 명확한 관련성은 스핀 상태에서 드러난다. 특히 스핀 $\frac{1}{2}$의 무거운(질량이 있는) 입자들이 그렇다. 전자, 양성자, 중성자 또는 어떤 원자핵이나 원자가 그런 경우다. 이러한 스핀 상태를 연구하면 우리는 양자역학의 측정 과정이 실제로 어떻게 작동하는지 더 잘 이해할 수 있다.

스핀 $\frac{1}{2}$ 입자는 특정한 양, 즉 $\frac{1}{2}\hbar$만큼 회전하지만(§1.14 참고) 입자의 스핀 **방향**은 양자역학적인 방식답게 미묘하게 행동한다. 당분간은 고전적으로 생각하여, 이 스핀 방향을 입자가 회전하는 축이라고 정의하자. 축의 방향은 회전이 축 주위로 **오른손잡이** 방향으로 이루어질 때 바깥쪽을 향한다(즉, 회전축을 오른손으로 감아쥘 때 회전축의 방향은 엄지손가락이 가리키는 방향이다. 이를 오른손의 위쪽에서 아래쪽으로 내려다보면 회전은 반시계 방향이고 회전축은 위쪽을 가리킨다). 스핀의 임의의 특정 방향에 대하여, 입자가 동일한 방향 주위로 **왼손잡이**로 회전하는 (동일한 $\frac{1}{2}\hbar$만큼) 대안적인 방식도 있겠지만, 오른손잡이 방향으로 회전하도록 상태를 기술하는 것이 관례이다.

스핀 $\frac{1}{2}$인 입자에 대한 **스핀 양자 상태**는 이러한 고전적인 상태들과 정확히 일치한다. 비록 양자역학이 요구하는 기이한 규칙들을 따르긴 하지만 말이다. 그러므로 임의의 공간적인 방향에 대하여 입자가 회전 방향 주위로 오른손잡이로 회전하는 스핀 상태가 존재하며, 스핀의 크기는 $\frac{1}{2}\hbar$이다. 하지만 양자역학에 의하면 이 모든 가능성들은 서로 다른 임의의 두 상태의 선형중첩으로 표현될 수 있고, 이로써 모든 가능한 스핀 상태들로 이루어진 공간을 생성한다. 만약 이 두 상태가 어떤 특정한 방향 주위의 서로 정반대의 스핀 방향들이라면, 그것들은 직교 상태일 것이다. 그러면 2 복소 차원 힐베르트 공간 $\mathcal{H}^2$이 생성되며, 스핀 $\frac{1}{2}$ 상태에 대한 직교 기저는 언제나 반대 방향들의 그러한 쌍(주위의 오른손잡이 회전)일 것이다. 곧 우리는 입자 스핀의 임의의 다른 방향도 서로 반대로 회전하는 이 두 상태들의 양자 선형중첩으로 표현될 수 있음을 보게 될 것이다.

문헌에서 흔히 사용되는 기저는 이 두 방향을 위와 아래로 삼는데, 각각을 종종 아래와 같이 적는다.

$$|\uparrow\rangle \quad \text{그리고} \quad |\downarrow\rangle$$

여기서 나는 양자 상태 벡터에 대한 디랙의 켓ket 표기를 따랐는데, 기호 "$|\cdots\rangle$" 사이에 어떤 기호나 문자를 쓴다. 이 표기의 전면적인 의미는 지금 논의의 관심사가 아니지만, 이 형식에 따르면 상태 벡터들은 켓 벡터라고 불리며, 켓 벡터에 대한 쌍대 벡터(§A.4)를 브라bra 벡터라고 하며 "$\langle\cdots|$"로 적는다. 그리하여 내적을 표현할 때에는 완전한 괄호 "$\langle\cdots|\cdots\rangle$"가 사용된다Dirac 1947. 임의의 다른 가능한 스핀 상태 $|\nearrow\rangle$도 아래와 같이 이러한 두 기저 상태들에 의해 선형적으로 표현할 수 있다.

$$|\nearrow\rangle = w|\uparrow\rangle + z|\downarrow\rangle$$

§2.5에 나온 내용을 상기하자면, 물리적으로 상이한 양자 상태들을 구별하는 데 이바지하는 것은 오직 비 $z : w$이다. 이 복소 비는 기본적으로 단지 다음 값일 뿐이다.

$$u = \frac{z}{w}$$

하지만 우리는 상태 $|{\downarrow}\rangle$ 자체를 수용하기 위해 w가 영이 됨을 허용해야만 한다. 그렇게 하기 위해서 우리는 $w = 0$일 때 이 비에 대해 $u = \infty$(형식적으로)라고 적기를 허용하기만 하면 된다. 기하학적으로 볼 때, 베셀 평면에 "∞"를 포함시키는 것은 이 평면을 점 ∞로 닫음으로써 구가 되도록 휘게 만드는 것에 해당한다(우리가 딛고 서 있는 수평 바닥이 휘어져서 지구의 구가 되듯이 말이다). 이로써 가장 단순한 형태의 리만 곡면(§§1.6과 A.10 참고), 즉 **리만 구**Riemann sphere가 얻어진다(이런 맥락에서 그러한 구를 가리켜 때로는 **블로흐 구**Bloch sphere 내지 **푸앵카레 구**Poincaré sphere라고도 한다).

이 기하학을 표현하는 표준적인 방법은 베셀 평면이 유클리드 3-공간 내부에 수평으로 위치해 있다고 상상하는 것이다. 여기서 리만 구는 베셀 평면의 0을 나타내는 원점 O에 중심을 둔 **단위구**unit sphere이다. 베셀 평면의 단위원이 리만 구의 **적도**가 된다. 이제 구의 **남극**에 있는 점이 S라고 할 때, 구의 나머지 모든 점을 S로부터 베셀 평면에 **사영**시킨다. 즉, 베셀 평면 상의 점 Z가 리만 구 상의 점 Z′에 대응되며, 이때 S, Z 및 Z′은 모두 한 직선 상에 놓인다(입체 사영. 그림 2-18 참고). 3차원 공간에 대한 표준적인 직교좌표 (x, y, z)로 보자면, 베셀 평면은 $z = 0$이고 리만 구는 $x^2 + y^2 + z^2 = 1$이다. 그러면 직교좌표 $(x, y, 0)$인 베셀 평면의 점 Z를 표현하는 복소수 $u = x + iy$는 직교좌표 $(2\lambda x, 2\lambda y, \lambda(1 - x^2 - y^2))$인 리만 구 상의 점 Z′에 대응한다. 여기서 $\lambda = (1 + x^2 + y^2)^{-1}$이다. 북극 N은 베셀 평면의 원점 O에 대응하는데, 이것은 복소수 0을 나타낸다. 베셀 평면의 단위원($e^{i\theta}$, θ는 실수. §A.10 참고) 상의 모든 점들(가령 1, i, −1, −i)은 리만 구의 적도를 따라 놓인 자신들과 동일한 점들에 대응한다. 리만 구의 남극 S는 추가적인 점 ∞로 정해지며, 이는 베셀 평면의 무한대 값에 대응한다.

이제 복소 비의 이러한 수학적 표현이 $|{\nearrow}\rangle = w|{\uparrow}\rangle + z|{\downarrow}\rangle$ $(u = z/w)$로 주어지는 스핀 $\frac{1}{2}$ 입자의 스핀 상태와 어떻게 관련되는지 알아보자. $w \neq 0$이 아닌

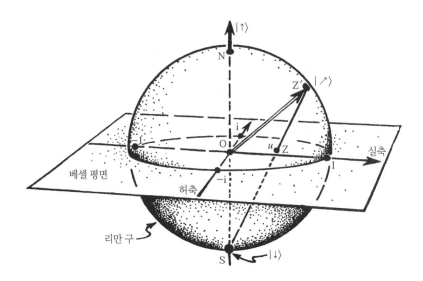

한 u를 통상적인 복소수라고 여길 수 있기에, 원한다면 우리는 ($|\nearrow\rangle$가 규격화 되어야 한다는 요건을 버리고) 스케일 조정을 통해 $w = 1$로 만들어 $u = z$가 되 게 할 수 있다. 그러면 상태 벡터는 아래와 같다.

$$|\nearrow\rangle = |\uparrow\rangle + z|\downarrow\rangle$$

우리는 z가 베셀 평면의 점 Z(리만 구의 점 Z′에 대응되는 점)로 표현되도록 정 할 수 있다. $|\uparrow\rangle$와 $|\downarrow\rangle$에 대한 위상을 적절히 선택하면 방향 $\overline{OZ'}$이 $|\nearrow\rangle$의 스 핀 방향이 되게 할 수 있다. 리만 구의 남극 S에 대응하는 상태 $|\downarrow\rangle$는 $z = \infty$에 대응하지만, 이에 대해서는 위의 경우와는 다르게 상태 $|\nearrow\rangle$를 규격화해야 할 것이다. 가령 $|\nearrow\rangle = z^{-1}|\uparrow\rangle + |\downarrow\rangle (\infty^{-1} = 0$으로 취함)처럼 말이다.

리만 구, 즉 (둘 다 영이 아닌) 한 쌍의 복소수 (w, z)의 비 $w:z$의 공간은 사실은 사영 힐베르트 공간 $\mathbb{P}\mathcal{H}^2$으로서, 임의의 독립적인 두 양자 상태들의 중첩으로 인해 생기는 물리적으로 구별되는 가능한 양자 상태들의 배열을 기술한다. 하지만 스핀 $\frac{1}{2}$인 (무거운) 입자들에 대해 특히 놀라운 점은 이 리만 구가 통상적인 3차원 물리 공간의 한 점에서의 방향에 정확히 대응한다는 것이다. (만약 공간적 방향들의 개수가 서로 달랐다면(현대의 끈 이론은 그래야 한다고 보는 듯하다. §1.6 참고) 공간 기하학과 양자 복소 중첩 사이의 그런 단순하고 아름다운 관련성은 생기지 않았을 것이다.) 하지만 우리가 그런 직접적인 기하학적 해석을 요구하지는 않더라도 $\mathbb{P}\mathcal{H}^2$ 리만 구는 여전히 유용하다. 2차원 힐베르트 공간 $\mathcal{H}^2$에 대한 임의의 직교 기저는 여전히 한 (추상적인) 리만 구 상의 대척점 A, B의 쌍에 의해 표현된다. 그리고 조금 단순한 기하학을 사용하여 우리는 보른 규칙을 다음과 같은 기하학적 방법으로 언제나 해석할 수 있다. C가 초기의 (가령, 스핀) 상태를 표현하는 구 상의 점이며 A와 B 사이에 어느 하나를 정하는 측정이 이루어진다고 하면, 우리는 C로부터 지름 AB에 이르는 수직선을 내려서 이 지름 상의 점 D를 얻는다. 그러면 보른 규칙은 아래와 같은 기하학적인 방법으로 해석될 수 있다(그림 2-19 참고).

$$C가\ A로\ 도약할\ 확률 = \frac{DB}{AB}$$
$$C가\ B로\ 도약할\ 확률 = \frac{AD}{AB}$$

달리 말해서, 구의 지름이(반지름이 아니라) 1이도록 정하면 길이 DB와 AD는 상태가 A 또는 B로 도약할 각각의 확률을 직접적으로 내놓는다.

이것은 스핀 $\frac{1}{2}$인 무거운 입자뿐만 아니라 2-상태 계에 대한 임의의 측정 상황에도 적용되기에, §2.3에서 고려한 상황들과 가장 단순한 형태로 관련된다. 그림 2-4(a)에 나오는 첫 번째 실험에서 빔 분할기는 한 광자를 두 가지 가능한 경로들의 한 중첩으로 바꾸는데, 두 광자 검출기는 어느 것이든 광자 수신과 광자 수신하지 않음이라는 두 가지 상태의 동일한 중첩을 제공받을 것이다.

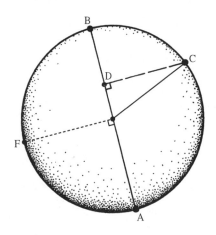

그림 2–19 두 상태의 직교 쌍 중 어느 상태인지를 구별하기 위해, 2–상태 양자계에 대해 실시되는 측정. 두 상태는 리만 구 $\mathbb{P}\mathcal{H}^2$의 대척점 A, B로 각각 표현된다. 측정 장치는 상태 C로 제공되는데, 이는 $\mathbb{P}\mathcal{H}^2$의 점 C로 표현된다. 보른 규칙에 의하면, C가 A로 도약하는 것을 장치가 발견할 확률은 DB/AB이고, C가 B로 도약하는 것을 장치가 발견할 확률은 AD/AB이다. 여기서 D는 지름 AB에 내린 C의 직교 사영이다.

이것을 처음에 스핀 상태가 $|\!\downarrow\rangle$)로 정해진 스핀 $\frac{1}{2}$의 한 입자와 (형식적으로) 비교해보자. 이는 그림 2–4(a)에서 광자가 처음에 레이저에서 나와 오른쪽으로 향할 때의 광자의 운동량 상태에 해당한다(그림 2–4(a)의 MA 방향). 빔 분할기와 마주친 후, 광자의 운동량 상태는 다음 두 가지 상태의 중첩이 된다. 하나는 오른쪽 움직임 운동량 상태(여전히 $|\!\downarrow\rangle$에 대응되는)로서 그림 2–19의 점 A에 대응되며, 다른 하나는 위쪽 움직임의 운동량 상태(그림 2–4(a)의 MB 방향, 지금으로서는 $|\!\uparrow\rangle$에 대응되는)로서 그림 2–19의 점 B에 대응된다. 광자의 운동량은 이제 이 둘의 동일한 중첩인데, 우리는 그것이 두 가능성에 대해 동일한 50%의 확률을 부여하는 그림 2–19의 점 F로 표현된다고 여길 수 있다. 그림 2–4(b)에서 검출기들이 D와 E에 있는 §2.3의 두 번째 실험의 경우(마흐–젠더 상황), 거울들과 빔 분할기들은 결과적으로 광자의 운동량 상태를 다시 원래

형태(|↓⟩)에 대응하는 상태 및 그림 2-19의 점 A)로 되돌리는 역할을 함으로써, 그림 2-4(b)의 검출기 D에 100%의 검출 확률을 제공하고 검출기 E에는 0%의 검출 확률을 제공한다.

이 사례는 제공하는 중첩들이 매우 제한적이지만, 복소가중된 가능성들의 전체 스펙트럼이 드러나도록 수정하기란 어렵지 않다. 실제의 여러 실험들에서 이것은 상이한 운동량 상태 대신에 광자 편광 상태들에 의해 이루어진다. 광자 편광도 양자역학적 스핀의 한 사례이긴 하지만, 여기서 스핀은 §2.6에서 고려된 원 편광의 두 상태에 대응하여, 운동 방향 주위로 완전히 오른손잡이 방향이거나 아니면 운동 방향 주위로 왼손잡이 방향이다. 이번에도 우리는 단지 하나의 2-상태 계 그리고 하나의 사영 힐베르트 공간을 갖는다.[*] 따라서 우리는 일반적인 상태를 리만 공간 상의 점으로 표현할 수 있지만, 기하학은 조금 다르다.

이를 깊이 파헤치기 위해 구의 방향을 이렇게 정하자. 즉, 북극 N은 광자의 운동 방향이어서 오른손잡이 스핀의 상태 $|\circlearrowright\rangle$를 표현하고, 남극 S는 왼손잡이 스핀의 상태 $|\circlearrowleft\rangle$를 표현한다. 그러면 일반적인 상태

$$|\leftrightarrow\rangle = |\circlearrowright\rangle + w|\circlearrowleft\rangle$$

는 점 Z'에 의해 리만 구 상에 표현될 수 있다. Z'은 위(그림 2-18)에서 스핀 $\frac{1}{2}$인 무거운 입자의 경우에서처럼 z/w에 대응하는 점이다. 하지만 그 상태를 리만 구 상의 점 Q로 표현하는 것이 기하학적으로 훨씬 더 적절할 것인데, 점 Q는 z의 제곱근, 즉 다음 식을 만족하는 (기본적으로 §2.6에 나오는 q와 동일한) 복소수 q에 대응한다.

---

[*] 최근의 실험에서는 더욱 고차원의 힐베르트 공간이 개별 광자들로 구성되었는데, 이를 위해 광자 상태의 궤도 각운동량 자유도가 이용되었다Ficker et al. 2012.

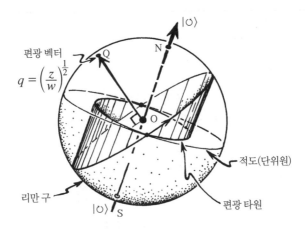

그림 2-20 운동 방향이 오른편의 위쪽이며 두 (규격화된) 원 편광 상태들이 |↻⟩(오른손잡이)와 |↺⟩(왼손잡이)인 한 광자의 일반적 편광 상태 $w|↻⟩ + z|↺⟩$. 기하학적으로 볼 때 우리는 이것을 리만 구 상의 복소수 q(Q로 표시된 점에 대응)로 표현할 수 있는데, 여기서 $q^2 = z/w$이다(왼손잡이 경우에 Q가 남극 S에 있을 때 $q = \infty$가 허용되고, 오른손잡이 경우에 Q가 북극 N에 있을 때 $q = 0$이 허용된다. 여기서 ON은 광자의 방향이고, O는 구의 중심이다). 광자의 편광 타원은 OQ에 수직인 대원을 적도에 내린 사영이다.

$$q^2 = z/w$$

지수 "2"는 광자가 스핀 1, 즉 스핀의 기본 단위(전자의 $\frac{1}{2}\hbar$)의 두 배라는 사실에서 나온다. 스핀이 $\frac{1}{2}n$(기본 스핀 단위의 n배)인 질량이 없는 입자에 관심을 갖는다면, q는 $q^n = z$를 만족시키는 값이다. 광자의 경우 $n = 2$이므로 $q = \pm\sqrt{z}$이다. Q가 광자 편광 타원(§2.5 참고)과 맺는 관련성을 찾으려면, 우선 우리는 리만 구가 O를 지나며 직선 OQ와 수직인 평면과 만나는 교선인 대원great circle을 찾아야 한다(그림 2-20). 그런 다음에 이 대원을 수평 (베셀) 평면 내의 타원에 수직으로 사영한다. 이 타원은 알고 보니 광자의 분광 타원으로서, 구 상의 대원의 OQ 주위로 오른손잡이 회전 방향을 물려받는다. (방향 OQ는 **스토크스 벡터**Stokes vector라는 것과 관련되지만, 좀 더 직접적으로는 **존스 벡터**Jones vector와 관련된다. 이 두 벡터 각각에 대한 전문적인 설명은 참고 문헌을 보기 바란다

Hodgkinson and Wu 1998, chapter 3; TRtR, §22.9, p. 559.) 그리고 q와 $-q$는 동일한 타원과 방향을 제공한다는 것을 유념해야 한다.

아울러 더 큰 스핀의 무거운 상태들이 어떻게 이른바 마요라나 서술Majorana description. Majorana 1932; TRtR, §22.10, p. 560을 이용하여 리만 구로 표현될 수 있는지 알아보는 것도 흥미롭다. 스핀 $\frac{1}{2}n$인 무거운 입자(가령, 원자. 여기서 n은 음이 아닌 정수(그러면 물리적으로 구별되는 가능성들의 공간은 $\mathbb{P}\mathcal{H}^{n+1}$이다))의 경우, 임의의 물리적인 스핀 상태는 리만 구 상의 n개 점들의 한 순서 없는unordered 집합으로 주어진다(상태들의 동시발생은 허용된다). 이 점들 각각은 해당 점이 중심으로부터 나가는 방향의 스핀 $\frac{1}{2}$의 한 성분에 대응한다(그림 2-21). 나는 이러한 방향을 마요라나 방향이라고 칭할 것이다.

하지만 스핀 $> \frac{1}{2}$인 경우에 대한 일반적인 스핀 상태를 물리학자들은 자주 고려하지 않는다. 대신에 그들은 더 높은 스핀의 상태를 슈테른-게를라흐 장치 (그림 2-22)가 이용되는 측정 유형의 관점에서 고찰하는 경향이 있다. 이 장치 는 매우 비균질적인 자기장을 이용하여 입자의 자기 모멘트(대체로 스핀 방향 으로 정렬되는)를 측정하는데, 스핀(엄밀히 말하면 자기 모멘트)이 얼마만큼 자기장 방향과 일치하는지에 따라, 일련의 입자들[*]을 상이한 양만큼 편향시킨 다. 스핀 $\frac{1}{2}n$인 입자는 $n+1$개의 상이한 가능성들이 있는데, 위쪽/아래쪽 방향 으로 향하는 장에 대해 마요라나 상태들은 아래와 같다.

$$|\uparrow\uparrow\uparrow\cdots\uparrow\rangle, \ |\downarrow\uparrow\uparrow\cdots\uparrow\rangle, \ |\downarrow\downarrow\uparrow\cdots\uparrow\rangle, \ \cdots, \ |\downarrow\downarrow\downarrow\cdots\downarrow\rangle$$

여기서 각각의 마요라나 서술은 위쪽 아니면 아래쪽이지만, 다양한 다중도 multiplicity[**]를 갖는다. (표준적인 용례에 의하면, 이런 상태들 각각은 "m 값"으로

---

[*] 사실 기술적인 이유로 인해 이 절차는 전자에 직접 적용되지는 않지만Mott and Massey 1965, 다양한 종류의 원자들에는 훌륭하게 적용된다.

[**] 각각의 상태가 나타나는 횟수를 말한다. —옮긴이

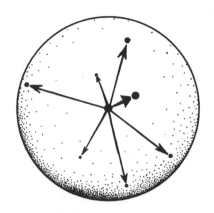

그림 2-21 스핀이 $\frac{1}{2}n$인 무거운 입자의 일반적인 스핀 상태의 마요라나 서술은 이 상태를 리만 구 상의 n개 점들의 순서 없는unordered 집합으로 표현한다. 각각의 점은 전체 스핀-n 상태에 기여하는 스핀 $\frac{1}{2}$의 기여분이라고 여길 수 있다.

$$|\uparrow\uparrow\uparrow\rangle\,m = 3/2$$
$$|\uparrow\uparrow\downarrow\rangle\,m = 1/2$$
$$|\uparrow\downarrow\downarrow\rangle\,m = -1/2$$
$$|\downarrow\downarrow\downarrow\rangle\,m = -3/2$$

그림 2-22 슈테른-게를라흐 장치는 매우 비균질적인 자기장을 사용하여 스핀 $\frac{1}{2}n$인 원자의 스핀(더 정확히 말해, 자기 모멘트)을 비균질성의 선택된 방향에서 측정한다. 여기서 얻을 수 있는 상이한 결과들은 그 방향의 스핀의 성분 값들을 구별해내는데, 이 값들은 스핀의 $\hbar$ 단위로 $-\frac{1}{2}n, -\frac{1}{2}n+1, -\frac{1}{2}n+2, \cdots,$ $\frac{1}{2}n-2, \frac{1}{2}n-1, \frac{1}{2}n$이며, 이들은 $|\downarrow\downarrow\downarrow\cdots\downarrow\rangle, |\uparrow\downarrow\downarrow\cdots\downarrow\rangle, |\uparrow\uparrow\downarrow\cdots\downarrow\rangle, \cdots, |\uparrow\uparrow\cdots\uparrow\downarrow\rangle, |\uparrow\uparrow\uparrow\cdots\uparrow\uparrow\rangle$ 에 대응한다. 이 장치는 빔의 방향 주위로 회전이 가능하므로, 빔 방향과 직각인 상이하게 선택된 스핀 방향들이 측정될 수 있다.

구별되는데, 이것은 위쪽 화살표 개수의 절반에서 아래쪽 화살표 개수의 절반을 뺀 값이다. 기본적으로 이것은 §A.11에서 언급한, 구의 조화해석에서 생기는 "m 값"과 동일하다.) 이 특정한 $n + 1$ 상태들은 전부 서로 직교한다.

그러나 일반적인 스핀 $\frac{1}{2}n$ 상태는 자신의 마요라나 방향에 제한을 갖지 않는다. 그래도 슈테른-게를라흐 측정의 개념을 이용하여 마요라나 방향이 실제로

어딘지를 알아낼 수 있다. 임의의 마요라나 방향 ↖ 는 다음 사실에 의해 결정된다. 즉, 만약 한 슈테른-게를라흐 측정이 ↖ 방향을 가리키는 자기장으로 이루어졌다면, 그 상태가 정반대 방향 | ↘ ↘ ↘ ↘ … ↘)일 확률은 영(0)이라는 것이다Zimba and Penrose 1993.

2.10 양자얽힘과 EPR 효과

EPR 현상이라는 양자역학의 경이로운 효과 덕분에, 놀랍게도 표준적인 양자론은 거시적 스케일에서 확인되었다. EPR 현상은 양자역학 체계가 기본적으로 오류가 있거나 적어도 불완전하다는 점을 밝히려고 했던 알베르트 아인슈타인의 시도에서 비롯되었다. 아인슈타인은 두 동료 보리스 포돌스키와 네이선 로젠과의 협동 연구를 통해 지금은 유명해진 한 논문을 발표했다Einstein et al. 1935. 그들 주장의 요지는 표준적인 양자역학은 그들 및 당대의(심지어 오늘날의) 다른 많은 이들이 받아들일 수 없는 한 가지 의미를 내포하고 있다는 것이다. 그 의미란, 한 쌍의 입자가 있을 때 이 둘은 아무리 멀리 떨어져 있더라도 하나의 단일한 상호연결된 실체로서 여전히 간주되어야 한다는 것이다! 두 입자 중 첫 번째 입자에 실시된 측정이 두 번째 입자에도 즉시 영향을 미치기에 두 번째 입자는 첫 번째 입자에 행해진 측정 결과에 의존할 뿐만 아니라 (더욱 놀랍게도) 첫 번째 입자에게 구체적으로 어떤 종류의 측정을 선택하느냐에도 의존하게 된다.

이런 상황의 놀라운 의미를 제대로 이해하려면, 구체적으로 스핀 $\frac{1}{2}$인 입자들의 스핀 상태를 살펴보는 것이 좋다. EPR 현상의 가장 단순한 사례는 데이비드 봄David Bohm이 1951년에 양자역학에 관한 자신의 책에서 소개한 한 사례이다(그는 양자 형식론의 완전한 타당성을 자기 자신에게 설득시키고자 이 책을 썼던 것 같다. 하지만 결국 설득은 성공하지 못했다Bohm 1951). 봄의 사례에서는 스핀 0인 하나의 초기 입자가 다른 두 입자 P_L과 P_R로 나누어지는데, 각각은 스핀이 $\frac{1}{2}$이며 시작점 O로부터 정반대 방향으로 진행하여 결국에는 스핀 측정 검출기들에 도달한다. 각각의 검출기는 L 위치(왼쪽)와 R 위치(오른쪽)에 있으며 서로 아주 멀리 떨어져 있다. 여기서 우리는 다음과 같이 가정한다. 즉, 두 검출기 각각은 자유롭게 독립적으로 회전할 수 있으며, 각 검출기에서 스핀을 측정하는 방향의 선택은 입자들이 자유롭게 비행하기 전까지는 이루어지지 않는다. 그림 2-23을 보기 바란다.

만약 두 검출기에 대해 **동일한** 특정 방향이 선택되었다면, 그 방향에서의 왼쪽 입자 P_L의 스핀 측정 결과는 오른쪽 입자 P_R의 스핀 측정 결과와 정반대여야 한다. (이것은 그 방향에서의 각운동량 보존(§1.14 참고)의 한 사례다. 왜냐하면 초기 상태에는 임의의 선택된 방향 주위로 각운동량이 영이기 때문이다.) 그러므로 만약 위쪽 방향↑이 선택되어, 오른쪽 입자가 R에서 위쪽 상태 |↑⟩로 검출되었다면 L에서 왼쪽 입자에 대한 이와 비슷한 위/아래 측정을 통해 L에서 **아래쪽** 상태 |↓⟩가 필시 검출되어야 할 것이다. 마찬가지로 R에서 아래쪽 상태 |↓⟩가 검출되었다면 L에서는 위쪽 상태 |↑⟩가 검출되어야 할 것이다. 이는 다른 어느 방향에도(가령 ↙에도) 동일하게 적용될 것이다. 따라서 L 입자의 스핀을 그 방향에서 측정한다고 할 때, 만약 R 입자의 측정에서 **YES**, 즉 상태 |↙⟩가 이미 검출되었다면, 필시 **NO**, 즉 반대 방향인 |↗⟩가 검출되어야 할 것이다. 마찬가지로 L 입자에 대한 측정이 **YES**, 즉 |↙⟩를 검출한다면 R 입자에 대한 측정은 **NO**, 즉 |↗⟩를 검출할 것이다.

지금까지의 내용은 본질적으로 결코 비국소적인 성질이 아니지만, 표준적인 양자 형식론이 제시한 구도는 국소적 인과성의 통상적인 예상과 다른 듯하다. 국소성과 어떻게 다르다는 말일까? L 측정 직전에 R 측정을 실시한다고 가정해 보자. 만약 R 측정이 |↙⟩를 검출한다면, 즉시 L 입자의 상태는 |↗⟩가 되어야

그림 2-23 EPR-봄 스핀 측정 상황. 두 무거운 입자(가령, 원자) P_L과 P_R은 각각 스핀이 $\frac{1}{2}$이며 원래의 스핀 0인 상태로부터 정반대로 진행하는데, 둘 사이의 거리는 상당히 멀리 떨어져 있다. 이런 상황에서 두 입자의 스핀이 L과 R 위치에 있는 각각의 슈테른-게를라흐 장치에 의해 개별적으로 측정된다. 장치들은 회전할 수 있기에 스핀을 다양한 방향에서 독립적으로 측정할 수 있다.

한다. 그리고 만약 R 측정이 | ↗)를 검출한다면, 즉시 L 입자의 상태는 | ↙)가 되어야 한다. 여기서 우리는 두 측정 사이의 시간 간격을 매우 작게 함으로써, L 입자의 상태가 검출되었다는 정보를 R에서 L로 진행하는 빛이 전달할 수 없게 장치를 배치할 수 있다. 그러면 L 입자 상태의 양자 정보는 상대성이론의 표준적인 요건들을 위반하게 된다(그림 2-23). 그러면 왜 이 행동이 "본질적으로 비국소적이지 않은 것"일까? **본질적으로** 비국소적이지 않은 까닭은 이런 행동을 드러내는 고전적인 "장난감 모형toy model"을 쉽사리 세울 수 있기 때문이다. 각 입자가 점 O에서 생성될 때 어떤 스핀 측정이 이루어지든, 그것에 반응하는 방법에 관한 명령문을 지니고 있다고 상상할 수 있다. 이전 문단의 요건들에 부합하기 위해 필요한 것은 오직 그 명령문이 각각의 입자들로 하여금 각각의 가능한 측정 방향에 대하여 정확히 **반대** 방향으로 행동하라고 요구하도록 미리 정해져 있기만 하면 된다. 그러려면 다음과 같이 하면 된다. 초기의 스핀 0 입자 속에 아주 작은 구가 들어 있는데, 이것은 입자가 스핀 $\frac{1}{2}$인 두 입자로 쪼개지는 순간에 두 개의 반구로 무작위적으로 쪼개진다. 쪼개진 각각의 입자는 반구 중 하나를 병진운동으로 서로 멀어지게 한다(즉, 두 반구 모두 전혀 회전운동을 하지 않는다). 각각의 입자에 대해 반구는 중심으로부터 밖으로 나가는 방향을 나타내며, 이 방향의 스핀 측정에 대해 **YES** 반응을 일으키게 된다. 쉽게 알 수 있듯이, 언제나 이 모형은 두 입자의 스핀 측정을 어떤 방향으로 선택해 실시하든지 간에 정반대의 결과를 내놓는다. 그러면 이전 문단의 양자적 고려사항에 정

확히 부합한다.

이것은 걸출한 양자물리학자 존 스튜어트 벨John Stewart Bell이 **베르틀만의 양말**과 비슷한 상황이라고 여겼던 사례이다Bell 1981, 2004. 라인홀트 베르틀만(지금은 빈 대학교의 물리학 교수)은 존 벨과 함께 CERN에서 연구한 적이 있었다. 벨이 보니 베르틀만은 늘 색깔이 다른 양말 한 켤레를 신고 있었다. 베르틀만 박사의 양말 한 짝의 색깔을 알아맞히기가 늘 쉽지는 않았지만, 만약 한 짝의 색깔이 초록색임을 알게 되었다면, 벨은 (그 즉시) 다른 한 짝의 색깔은 초록색 이외의 다른 색임을 확실히 알아차렸다. 여기서 우리는 베르틀만 박사의 양말 한 짝의 색깔에 관한 정보가 한 관찰자에게 수신되는 즉시 어떤 불가사의한 영향이 한쪽 발에서 다른 쪽 발로 초광속으로 이동했다고 결론 내려야 할까? 당연히 그렇지 않다. 베르틀만이 언제나 서로 다른 색깔의 양말 한 켤레를 신고 있다는 사실로 전부 해결되는 문제이다.

그러나 봄의 사례에서 스핀 $\frac{1}{2}$인 입자들 쌍의 경우는, 만약 L과 R에 있는 검출기들이 서로 **독립적으로** 스핀 측정 방향을 바꾸도록 허용할 수 있다면 위의 경우와는 전혀 다른 상황이다. 1964년에 벨은 놀랍고도 매우 근본적인 결과를 밝혀냈는데 이것이 의미하는 바에 의하면, 베르틀만의 양말 유형의 어떠한 모형도 한 공통의 입자원에서 나오는 스핀 $\frac{1}{2}$ 입자들의 쌍에 대해 L과 R에서 실시되는 독립적인 스핀 측정을 위해 양자 형식론이 제공하는 결합 확률*을 설명할 수 없다Bell 1964. 사실, 벨이 증명해낸 것은 L과 R에서 다양한 방향들로 실시되는 스핀 측정 결과들의 결합 확률들 사이에 어떤 관계식(부등식. 이른바 **벨 부등식**)이 존재하며, 이 부등식을 임의의 고전적인 국소적 모형은 반드시 만족하지만 양자역학의 보른 규칙에 따른 결합 확률은 **위반**한다는 것이다. 이후에 다양한 실험들이 실시되었는데Aspect et al. 1982; Rowe et al. 2001; Ma 2009, 위의 결합 확률

---

* 두 가지 이상의 사건이 동시에 일어날 확률을 말한다. ─옮긴이

이 벨 부등식에 위반됨이 철저히 밝혀짐으로써 양자역학의 예상과 일치함이 이 제는 설득력 있게 확인되었다. 사실, 이런 실험들은 스핀 $\frac{1}{2}$인 입자에 대한 스핀 상태보다는 광자 편광 상태를 이용하는 편이지만Zeilinger 2010, §2.9에서 보았듯 이 두 상황은 실질적으로 동일하다.

봄 유형의 EPR 실험의 많은 이론적 사례들이 제시되었고 그중 일부는 매우 단순하다. 그런 사례들에서는 양자역학의 예상과 국소적이고 실재론적인(즉, 베르틀만의 양말 유형의) 고전적 모형들 사이의 차이가 뚜렷이 드러난다Kochen and Specker 1967; Greenberger et al. 1989; Mermin 1990; Peres 1991; Stapp 1979; Conway and Kochen 2002; Zimba and Penrose 1993. 하지만 그런 다양한 사례들의 세세한 사항을 들여다 보는 대신에 나는 딱 한 가지 특별히 눈에 띄는 EPR 유형 사례를 소개하겠다. 루시앙 하디가 내놓은 이 실험Lucien Hardy 1993은 봄의 상황과 똑같지는 않지만 어느 정도 비슷하다. 하디의 사례에는 모든 확률 값들이 한 가지 확률 값만 제 외하고는 단지 0 또는 1이라는(즉, "일어날 수 없다" 또는 "반드시 일어난다"는) 놀라운 성질이 있기에, 우리가 알아야 할 것은 그 한 가지 확률이 영이 아니라 는(즉, "가끔씩은 일어난다"는) 것뿐이다. 봄의 사례에서처럼 스핀 $\frac{1}{2}$인 두 입자 가 O에 있는 입자원으로부터 정반대 방향으로 방출되어 아주 멀리 떨어진 위치 L과 R에 있는 두 스핀 검출기를 향해 날아간다. 하지만 한 가지 차이라면, O에 서의 초기 상태가 스핀 0이 아니라 스핀 1이라는 특정한 상태라는 것이다.

여기서 소개하는 특정한 버전의 하디 사례TRtR, §23.5에서, 이 초기 상태의 두 마요라나 방향은 ←("서쪽")과 ↗("북동쪽"보다 조금 더 "북쪽")이다. 이 두 방 향의 정확한 기울기는 그림 2-24에 나와 있다. ← 방향은 그림에서 수평이며 (음의 방향), ↗ 방향은 $\frac{4}{3}$의 오르막 기울기(양의 방향)이다. 이 특정한 초기 상 태 |←↗)에 관해 중요한 성질은 아래와 같다.

|←↗)는 쌍 |↓)|↓)와 직교하지 않는다.

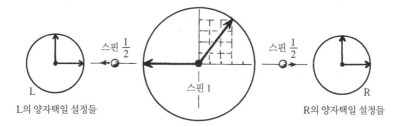

그림 2−24 하디 사례. 그림 2−23과 비슷하지만 초기 상태가 스핀 1이며, 두 마요라나 방향은 서로 $\tan^{-1}(-\frac{4}{3})$의 각도를 이룬다. 여기서 모든 확률은 한 확률만 제외하고 0 또는 1인데, 이 한 확률에 관하여 우리가 알아야 할 것은 그것이 영이 아니라는 것뿐이다(실제로는 $\frac{1}{12}$).

(여기서 ↓는 "남쪽"이고, 아래에서 →는 "동쪽"이다.) 또한 다음 성질도 있다.

$|\leftarrow \nearrow\rangle$는 쌍 $|\downarrow\rangle|\leftarrow\rangle$, $|\leftarrow\rangle|\downarrow\rangle$ 및 $|\rightarrow\rangle|\rightarrow\rangle$ 각각에 직교한다.

여기서 쌍 $|\alpha\rangle|\beta\rangle$는 L에서의 상태가 $|\alpha\rangle$이고 R에서의 상태가 $|\beta\rangle$임을 의미한다. 각운동량 보존에 의해, 방출된 입자들의 결합 쌍의 스핀 상태는 스핀 측정이 실시되기 전까지 $|\leftarrow \nearrow\rangle$로 유지되므로, 초기 상태 $|\leftarrow \nearrow\rangle$와의 직교성 관계도 스핀 측정의 순간에 적용된다. (그림 2−23에 그려진 스핀 측정 장치들이 입자들의 진행 방향에 의해 결정되는 축 주위로만 회전이 허용되는 것 같다고 우려하는 독자들에게 한 마디 하자면, 이 사례에서 필요한 공간 방향들은 전부 한 평면 내에 있기에 이 평면이 입자의 운동 방향에 직각이 되도록 정해졌을지 모른다.)

위에 나온 두 진술 중 첫 번째로 나온 비직교성 진술은 우리에게 다음 내용을 알려준다. (i)만약 L과 R에 있는 스핀 측정 검출기들이 둘 다 ↓를 측정하도록 설정되어 있다면, **때때로**(사실은 $\frac{1}{12}$의 확률로) 두 검출기가 모두 ↓(즉, **YES, YES**)를 검출하게 될 것이다. 두 번째로 나온 직교성 진술이 알려주는 바에 의하면, (ii)만약 한 검출기가 ↓를 검출하고 다른 검출기가 ←를 검출하도록 설정되어 있다면, 두 검출기 모두가 이 결과들을 검출할 수는 없다(즉, 적어도 하나는 **NO**를 검출한다). 마지막으로 (iii)만약 두 검출기 모두 ←를 검출하도록 설정되어 있다면, 둘 다 반대 결과인 →를 검출할 수는 없다. 달리 말해, 적어도 한 검출기는 반드시 ←(즉, **YES**)를 검출해야 한다.

이런 요건들을 설명할 수 있는 고전적인 국소 모형(즉, 베르틀만의 양말 유형의 설명)을 만들 수 있는지 알아보자. 시계장치가 장착된 두 입자가 O에서 방출되어 L과 R에 있는 검출기들을 향해 나아간다고 상상하자. 입자들은 미리 프로그래밍된 대로 검출기에 부딪히는 순간 어떤 결과들을 내놓는데, 각각의 결과는 각 검출기가 개별적으로 어떤 방향으로 설정되어 있는지에 따라 달라진다. 하지만 각 입자의 행동을 지배하는 개별적인 기계 구성요소들은 입자들이 O에서 분리된 이후로는 서로에게 신호를 보내는 것이 허용되지 않는다. 특히 입자들은 두 검출기의 방향이 모두 ←를 측정하도록 정해졌을 가능성에 대비해야 하므로, 만약 기계가 (iii)과 일치하는 답을 내놓으려면 입자들 중 하나가 ← 방향의 검출기와 마주치는 즉시 **YES**(즉, ←)라는 답을 확실히 내놓도록 준비되어 있어야 한다. 하지만 그 경우 어쩌면 **다른** 검출기는 ↓를 측정하도록 방향이 정해져 있을지 모르는데, (ii)에 의하면 ↓ 측정 검출기로 들어오는 입자에 대해서는 반드시 **NO**(즉, ↑)라는 답이 얻어진다. 그러므로 O에서 방출되는 **모든** 입자 쌍에 대해서, 입자들 중 하나는 반드시 ↓ 측정에 ↑라는 답을 내놓도록 미리 준비되어 있어야 한다. 하지만 이는 (i)의 내용, 즉 만약 두 검출기가 모두 ↓를 측정하도록 설정되어 있다면 **때때로**(평균적으로 입자 쌍 방출의 $\frac{1}{12}$의 확률로) **YES** 답의 쌍(↓, ↓)이 반드시 나와야 한다는 내용에 위배된다! 그러므로 양자역학의 예상을 고전적인 유형의(즉, 베르틀만의 양말 유형의) 국소적 기계장치를 이용해 설명할 수는 결코 없다.

이 모든 내용들의 결론인즉, 서로 떨어져 있는 양자 실체들은 아무리 멀리 떨어져 있더라도 서로 연결되어 있으며 독립적으로 행동하지 않는다는 것이다.

분리된 입자들의 그러한 쌍의 양자 상태는 얽혀 있는데(슈뢰딩거의 표현에 따르면), 이것은 §2.7에서 벌써 마주쳤던 개념이다(이미 §2.1에서도 언급하였다). 사실, 양자얽힘은 양자역학에서 전혀 특이한 것이 아니다. 양자 입자들 사이의 만남(또는 이전에는 얽혀 있지 않았던 계들)은 거의 언제나 얽힌 상태들을 야기한다. 그리고 일단 얽히고 나면, 입자들은 단지 유니터리 변화($\mathbf{U}$)를 통해서는 다시 얽히지 않게 될 가능성이 매우 낮다.

하지만 매우 멀리 떨어진 양자 입자들의 얽힌 쌍이 서로에게 갖는 이러한 의존성은 미묘한 것이다. 그도 그럴 것이, 그러한 얽힘은 새로운 정보가 한 입자로부터 다른 입자에게 전송될 능력을 제공하기가 필시 부족하기 때문이다. 초광속의 수단으로 실제 정보를 보내는 장치는 상대성의 요건을 위반하게 될 것이다. 양자얽힘은 고전물리학과 전혀 닮은 데가 없다. 그 현상은 고전적인 두 영역, 즉 전달 가능성과 완전한 독립성 사이의 어디쯤인 기이한 양자적 무인지대에 놓여 있다.

양자얽힘은 정말로 미묘하다. 앞서 보았듯이, 그런 얽힘 상태가 실제로 존재하더라도 그것을 탐지해내는 데 상당히 정교한 과정이 필요하기 때문이다. 그럼에도 불구하고, 양자 세계의 보편적인 현상인 양자얽힘은 전체는 부분들의 합보다 크다는 전일적인 행동의 상황들을 우리에게 제공한다. 미묘하고 불가사의한 이 양자얽힘의 효과들을 우리는 일상적인 경험으로는 인식하지 못한다. 왜 우리가 실제로 경험하는 우주에서는 그러한 전일적인 속성들이 존재하면서도 거의 드러나지 않는가라는 당혹스러운 질문이 나올 수밖에 없다. §2.12에서 이 사안을 다시 다룰 것이며, 그 사이에 얽힌 상태들의 공간이 실제로 얽히지 않은 상태들의 집합과 비교하여 얼마나 큰지를 살펴보는 것이 유용할 것이다. 이 또한 §§1.9, 1.10, 2.2, A.2, A.8에서 논의된 자유도의 문제이지만, 근본적인 중요성을 지닌 추가적인 사안들도 있다. 이 사안들은 양자적 맥락에서 자유도의 해석에 관한 것들이다.

2.11 양자 자유도

§2.5에서 언급했듯이, 한 단일 입자의 양자 서술(이른바 입자의 **파동함수**)은 고전적인 장(공간 상의 점마다 일정 개수의 독립적인 성분들을 가지며, (전자기장처럼) 장 방정식에 따라 결정론적으로 전파되는)과 꽤 비슷하다. 파동함수의 장 방정식은 사실 슈뢰딩거 방정식이다(§2.4 참고). 한 파동함수에는 얼마나 큰 자유도가 있을까? §A.2의 개념과 표기법에 따르면, 한 1-입자 파동함수는 자유도가 어떤 양의 정수 A에 대해 $\infty^{A\infty^3}$이다(통상적인 공간의 차원은 3이므로).

양 A는 기본적으로 장의 독립적인 성분들의 개수이지만(§A.2 참고), 파동함수가 실수가 아니라 복소수이기에 A는 고전적인 장에서 얻는 실수 성분의 개수의 두 배가 될 터이다. 또한 이미 §2.6에서 간략하게 다루었던 또 하나의 사안이 있다. 즉, 자유 입자의 파동함수는 **양의 진동수**의 복소함수로 기술되어야 하며, 이는 결과적으로 자유도를 절반으로 줄이기에 우리가 고전적인 장에서 얻게 되는 것과 동일한 A 값으로 만들어준다. 아울러 물리적 상태를 변화시키지 않는 전반적인 곱셈 인자라는 사안도 있는데, 이것은 자유도의 맥락에서는 전혀 중요한 문제가 아니다.

상이한 종류의 독립적인 두 입자가 있는데, 한 입자 상태의 자유도가 $\infty^{A\infty^3}$이고 다른 입자는 $\infty^{B\infty^3}$라고 하면, 입자 쌍의 **얽힌** 양자 상태의 자유도는 단지 이들 두 자유도의 곱일 것이다(왜냐하면 한 입자의 각 상태는 다른 입자의 임의의 가능한 상태와 동반될 수 있기 때문이다). 즉 다음과 같다.

$$\infty^{A\infty^3} \times \infty^{B\infty^3} = \infty^{(A+B)\infty^3}$$

그런데 §2.5에서 보았듯이, 얽힌 입자들을 포함해 입자들 쌍에 가능한 모든 상이한 양자 상태들을 얻으려면, 위치(두 입자에 대한 위치가 독립적으로 변하는)의 각 쌍에 대한 개별적인 진폭을 제공할 수 있어야 한다. 그렇기에 파동함수는 이제 우리가 앞서 얻었던 3의 두 배(즉, 6개)의 변수들의 함수이다. 게다가 A 및 B가 제공하는 각각의 가능성들로부터 나온 값들의 각 쌍도 개별적으로 셈해진다(따라서 이런 가능성들의 총개수는 합 $A + B$가 아니라 곱 AB가 된다). §A.2에서 소개하는 개념에 의하면 우리의 파동함수는 입자들 쌍의 **배위공간**configuration space 상의 함수이다(§A.6의 그림 A−18 참고). 이것은(스핀 상태를 기술하는 파라미터들과 같은 불연속적인 파라미터들은 무시하고) 통상적인 3차원 공간을 자기 자신과 곱한 6차원 곱공간이다(**곱공간**의 개념은 §A.7, 특히 그림 A−25를 보기 바란다). 따라서 우리의 2−입자 파동함수 상의 공간은 6차원으로 정의되기에, 이제 자유도는 아래와 같이 엄청나게 더 커졌다.

$$\infty^{AB\infty^6}$$

입자가 세 개나 네 개 등등의 경우에 각각의 자유도는 아래와 같다.

$$\infty^{ABC\infty^9}, \infty^{ABCD\infty^{12}}, \text{등등}$$

N개의 동일한 입자들의 경우 함수의 자유도는 §1.14에서 언급된 보스−아인슈타인 통계 및 페르미−디랙 통계 때문에 조금 제한될 것이다(참고로 전자의 통계의 경우 파동함수는 대칭적이고 후자의 통계의 경우는 반대칭적이다). 하지만 그렇다고 자유도가 이런 제한이 없을 때의 값, 즉 $\infty^{AN\infty^{3N}}$보다 줄어들지는 않는다. 왜냐하면 그 제한은 다만 파동함수가 전체 곱공간의 어떤 하위영역에 의해 결정되며, 나머지 영역의 값들은 대칭 또는 반대칭 요건들로부터 결정됨을 알려줄 뿐이기 때문이다.

보다시피, 양자얽힘에 관여하는 자유도는 얽히지 않은 상태들의 자유도를 압도한다. 독자들은 마땅히 의아하게 여길지 모른다. 왜냐하면 표준적인 양자 상태 변화의 결과들 중에서 얽힌 상태들이 압도적으로 우세한데도 일상적 경험의 세계에서 우리는 양자얽힘을 완전히 무시해도 괜찮은 듯하니까! 우리는 이 엄청난 차이 및 이와 밀접히 관련된 다른 문제들을 좀 더 깊이 이해해야만 한다.

양자 형식론과 일상의 물리적 경험 사이의 노골적인 불일치와 같은 양자 자유도의 사안들을 적절히 다룰 수 있으려면 우리는 잠시 멈추어 서서 양자 형식론이 실제로 우리에게 알려주는 "실재"가 어떤 종류의 것인지 물어보아야 한다. 이런 성찰에 좋을 대목은 §2.2에서 기술된 처음의 상황이다. 양자역학이라는 분야의 시작을 알린 그 상황에서(우리가 에너지 등분배 원리에 정당한 주의를 기울일 때) 입자들 및 복사선들은, 만약 물리적 장과 입자들의 계가 어떤 의미에서 동일한 종류의 실체여서 각각이 비슷한 종류의 자유도를 갖는다면 열평형 상태에서 공존할 수 있을 듯하다. §2.2에서 이미 보았듯이, 자외선 파탄은 (전자기)장이 고전적인 입자들의 (대전된) 집합과 열평형을 이루는 고전적인 구도로부터 생겨난다. 장의 자유도(여기서는 $\infty^{4\infty^3}$)와 고전적으로 취급되는 입자들 집합의 자유도(앞의 값보다 훨씬 작은, 내부 구조가 없는 N개의 입자들일 경우의 값인 ∞^{6N}) 사이의 무지막지한 차이 때문에, 평형으로 접근해나갈 때 에너지는 입자들로부터 완전히 빠져나가 장의 자유도의 방대한 저장고 속으로 흘러들어 가고 말 것이다. 즉, **자외선 파탄**이 일어나고 말 것이다. 이 난제는 플랑크와 아인슈타인이 세운 다음 가정을 통해 해결되었다. 즉, 연속적으로 보이는 전자기장이 플랑크 공식에 따라 입자적 속성을 지닌다는 것이다. 여기서 에너지 E는 진동수 ν인 장 진동의 한 모드이다.

그러나 위에서 언급한 관점에서 볼 때, 우리는 이제 입자들 자체를 입자들의 고전적인 계보다 엄청나게 큰 자유도를 갖는 한 서술(즉, 입자들의 전체 계에 대한 **파동함수**)로 취급해야만 할 것 같다. 이는 특히 우리가 입자들 사이의 얽힘을 고려할 때 더욱 주목할 만하다. 여기서 N개 입자들의 자유도는 $\infty^{\cdot\infty^{3N}}$인 데반해(•는 특정되지 않은 임의의 양수), 고전적인 장의 경우 자유도는 훨씬 작은 ($N > 1$일 때) $\infty^{\cdot\infty^3}$이다. 이제 상황이 뒤바뀐 듯한데, 등분배 원리에 의하면 양자 입자들의 계의 자유도는 장의 에너지를 완전히 빼내갈 것이다. 모순적이게도 이 문제는 우리가 장을 고전적인 실체로 취급하면서 입자에 대해서는 양자적 서술에 의존한다는 사실과 관계가 있다. 이를 해결하려면 양자론에서 적절한 물리적 관점에서 계의 자유도를 실제로 어떻게 세야 하는지 조사해야 한다. 한 걸음 더 나아가 우리는 양자론이 양자장 이론$_{QFT}$(§§1.3~1.5 참고)의 절차들에 따라 물리적 장을 실제로 어떻게 취급하는지 간략히 살펴보아야 한다.

이런 맥락에서 QFT를 보는 방법은 기본적으로 두 가지다. 이 분야에 대한 현대의 많은 이론적 접근법들의 바탕이 되는 절차는 **경로적분**$_{path\ integral}$의 방법이다. 1933년에 디랙이 처음 제시한 개념$_{Dirac\ 1933}$에서 시작한 이 방법은 이후 리처드 파인만에 의해 QFT에 대한 매우 강력하고 효과적인 기법으로 발전했다$_{Feynman\ et\ al.\ 2010.}$ (주요 개념을 간략히 훑어보려면 참고 문헌을 보라$_{TRtR,\ §26.6.}$) 하지만 이 절차는 비록 강력하고 유용하지만 매우 형식적이다(그리고 수학적으로 정확하게 일관적이지 않다). 그러나 이런 형식적인 절차들은 표준적인 QFT 계산의 바탕을 이루는 파인만 도형 계산을 직접적으로 제공하며, 이를 통해 물리학자들은 그 이론이 기본적인 입자 산란 과정들에 대해 예측하는 양자 진폭을 얻는다. 내가 여기서 관심을 갖는 사안인 자유도의 관점에서 볼 때, 양자론의 자유도는 경로적분 양자화 절차가 적용되는 고전적 이론의 자유도와 똑같으리라고 예상된다. 아닌 게 아니라, 전체 절차는 고전적 이론에 적절한 양자적 수정을 가하긴 하지만 고전적 이론을 꽤 정확하게 재현하도록 조정되며, 그렇더라도 자유도에는 전혀 영향이 없다.

QFT의 함의들을 살펴볼 더 직접적인 방식은 장을 불특정 개수의 입자들로 이루어진 것, 즉 **장 양자**$_{field\ quanta}$(전자기장의 경우에는 광자)라고 여기는 것이다. 총진폭(즉, 전체 파동함수)은 입자(즉, 장 양자)들의 상이한 개수 각각을 가리키는 상이한 부분들의 합(양자중첩)이다. N-입자 부분은 자유도가 $\infty^{\cdot\cdot\cdot^{\infty^{3N}}}$ 형태인 **부분적인** 파동함수를 내놓을 것이다. 그런데 우리는 N이 확정적이지 않다고 여겨야 한다. 왜냐하면 장 양자는 연속적으로 생성되었다가 발생원(광자의 경우 대전된(또는 자화된) 입자)과의 상호작용을 통해 소멸되기 때문이다. 그런 까닭에 전체 파동함수는 N의 상이한 값들을 갖는 부분들의 중첩이어야 하는 것이다. 이제, 만약 각각의 부분적인 파동함수에 관련된 자유도를 우리가 고전적인 계를 취급할 때와 똑같은 방식으로 취급하고자 하고, 아울러 §2.2에서처럼 에너지 등분배 원리를 적용하고자 하면, 우리는 심각한 어려움에 처하게될 것이다. 큰 수의 장 양자에 대한 자유도는 작은 수에 대한 자유도를 완전히 압도할 것이다(왜냐하면 $M > N$일 때 $\infty^{\cdot^{\infty^{3M}}}$은 $\infty^{\cdot^{\infty^{3N}}}$보다 엄청나게 크기 때문이다). 만약 파동함수의 이 자유도를 고전적인 계를 취급할 때와 똑같이 취급하고자 하면, 평형 상태에 있는 계의 경우 에너지 등분배 원리에 따라 모든 에너지는 입자들의 개수가 더더욱 많은 상태인 영역으로 흘러들어 가서 마침내 입자들의 개수가 고정된 상태인 영역은 에너지가 고갈되어 버려, 파국적 상황이 초래되고 말 것이다.

바로 여기서 우리는 어떻게 양자역학의 형식론이 물리계와 관련되는지 정면으로 마주보아야 한다. 우리는 파동함수의 자유도가 고전물리학에서 우리가 보는 자유도와 동일한 토대에 있다고 여길 수 없다. 비록 (대체로 심하게 얽혀 있는) 파동함수가 종종 미묘하고, 직접적인 물리적 행동에 명백한 영향을 미치긴 하지만 말이다. 자유도는 여전히 양자역학에 핵심적인 역할을 하지만, 그것은 1900년에 막스 플랑크의 유명한 아래 공식과 함께 도입된 중대한 개념과 연결되어야 한다.

$$E = h\nu$$

아울러 아인슈타인, 보스, 하이젠베르크, 슈뢰딩거, 디랙 및 다른 많은 이들이 나중에 내놓은 여러 심오한 통찰들과도 말이다. 플랑크의 유명한 공식에 의하면, 자연에서 실제로 생기는 유형의 "장"은 마치 입자들의 계처럼 행동하는 일종의 불연속성을 갖고 있는데, 장이 일으키는 진동의 진동수 모드가 더 높을수록 장의 에너지는 이 입자적 행동에서 더 강하게 나타날 것이다. 양자역학이 알려주는 바에 의하면, 자연의 파동함수에서 실제로 마주치게 되는 유형의 물리적 장은 §A.2의(특히 자기장의 고전적 개념으로 설명하고 있는) 고전적 장과는 전혀 비슷하지 않다. 양자장은 매우 높은 에너지에서 살펴볼 때 불연속적인 속성, 즉 입자적 속성을 드러내기 시작한다.

현재의 맥락에서 이 사안을 고찰할 적절한 방법은 양자물리학이 한 계의 위상공간 $\mathcal{P}$에 일종의 "알갱이granular" 구조를 제공한다고 보는 것이다(§A.6 참고). 그러나 이것이 '시공간 연속체를 어떤 불연속적인 것으로 교체하기'와 비슷하다고 여기는 관점은 결코 정확하지 않다. 가령, 실수의 연속체 $\mathbb{R}$이 매우 큰 정수 N개의 원소들로 구성된 유한한 계 $\mathbf{R}$(§A.2에서 논의된)에 의해 대체될지 모르는 불연속적인 장난감 모형 우주에서처럼 말이다. 그러나 이런 유형의 구도라고 해도, 만약 우리가 그것이 양자계에 적합한 위상공간에 적용된다고 여긴다면 전적으로 부적절하지는 않다. §A.6에서 더 자세히 설명하고 있듯이, M개의 입자성 고전적 입자들의 한 계에 대한 위상공간 $\mathcal{P}$는 M개의 위치 좌표와 M개의 운동량 좌표를 갖기에 $2M$차원을 갖는다. 그러므로 "부피($2M$차원 초부피hypervolume*)"의 단위에는 가령 미터(m)로 정해질 수 있는 M개의 거리 값과 그램(g) 곱하기 초당 미터(ms^{-1})로 정해지는 M개의 운동량 값이 관여할 것이다. 따라서 초부피는 이들의 곱의 M제곱, 즉 $\mathrm{g}^M\mathrm{m}^{2M}\mathrm{s}^{-M}$의 단위를 가질 것이며, 이런 특정한 단위 선택에 의존하게 될 것이다. 그러나 양자역학에서는 한 자연 단위, 즉 플랑크 상수 h가 있으며, 디랙의 "감소된" 버전 $\hbar = h/2\pi$를 이용하는 편이 적절하다. 이 값은 방금 언급한 특정한 단위로 볼 때 매우 작다.

---

* 고차원 공간의 부피이다. —옮긴이

$$\hbar = 1.05457\cdots \times 10^{-31}\mathrm{gm^2 s^{-1}}$$

양 $\hbar$는 $2M$차원 위상공간 $\mathcal{P}$에 대한 초부피를 구할 수 있도록, 즉 $\hbar^M$의 단위를 사용할 수 있도록 해준다.

§3.6에서 **자연 단위**natural unit(또는 플랑크 단위)의 개념을 살펴볼 텐데, 이것은 자연의 다양한 근본적 상수들이 1의 값을 갖도록 선택된다. 여기서 이 문제를 자세히 다룰 필요는 없지만, 적어도 질량, 길이 및 시간의 단위를 아래 값이 되도록 선택하면

$$\hbar = 1$$

(여러 가지 방법으로 선택할 수 있는데, 자연 단위들의 선택에 관한 전반적인 내용은 §3.6에 나온다) 임의의 위상-공간 초부피는 단지 어떤 수일 뿐이다. $\mathcal{P}$에는 어떤 자연의 "알갱이성"이 존재하는데, 여기서 각각의 개별 세포, 즉 "알갱이"는 $\hbar = 1$이라고 물리 단위를 선택하면 단 하나의 단위로서 헤아려진다고 상상해볼 수 있다. 따라서 위상-공간 부피는 알갱이들의 개수를 단지 "셈하여" 얻어진 어떤 정수 값만을 언제나 갖게 될 것이다. 이에 관한 핵심을 말하자면 우리는 이제 M이 어떤 값이든 간에 이런 알갱이들을 단지 셈으로써, 상이한 $2M$차원들의 위상공간 초부피들을 서로 직접 비교할 수 있다.

이것이 왜 중요할까? 그 이유는 장과 상호작용하는 입자들의 계와 평형을 이루면서 장 양자의 개수를 바꿀 수 있는 양자장의 경우, 우리는 상이한 차원들의 위상공간 초부피들을 비교할 수 있어야 하기 때문이다. 하지만 고전적인 위상공간에서는 고차원 초부피들이 저차원 초부피들을 완전히 압도하므로(가령, 유클리드 3-공간의 통상적인 매끄러운 곡선의 3-부피는 곡선이 아무리 길더라도 언제나 **영**이다) 에너지의 등분배 요건에 의해 자유도의 더 많은 차원들을 지닌 그러한 상태들은 더 적은 차원들을 지닌 상태들로부터 에너지를 완전히

빼내갈 것이다. 양자역학이 제공하는 알갱이성은 부피 값을 단지 **셈하기**의 수준으로 줄임으로써 이 문제를 해결한다. 그리하여 고차원 초부피들은 저차원 초부피들과 비교해서 매우 큰 편이긴 하지만, 그렇다고 **무한히** 더 크지는 않게 된다.

이것은 막스 플랑크가 1900년에 맞닥뜨린 상황에도 곧바로 적용된다. 이때 우리는 공존하는 성분들로 이루어진 상황을 보게 되는데, 각 성분은 상이한 개수의 장 양자(오늘날 **광자**라고 부르는)와 관련된다. 임의의 특정 진동수 ν에 대하여 플랑크의 혁명적인 원리(§2.2)는 그 진동수의 광자가 반드시 아래와 같은 특정 에너지를 가짐을 의미한다.

$$E = h\nu = 2\pi\hbar\nu$$

결과적으로 이러한 셈하기 절차를 이용함으로써, 거의 무명의 인도 물리학자 사티엔드라 나트 보스Satyendra Nath Bose는 1924년 6월에 아인슈타인에게 보낸 편지에서 플랑크 복사 공식을 직접 (어떠한 전자기장 이론에도 기대지 않고서) 유도해냈다. 거기서 $E = h\nu$ 및 광자 개수가 고정되지 않는다(광자 개수가 보존되지 않는다)는 사실을 도출해낸 것 이외에도, 그는 광자가 두 가지 상이한 편광 상태(§§2.6 및 2.9 참고)를 가져야 하며, 그리고 가장 중요하게도, 이른바 보스 통계(또는 보스–아인슈타인 통계. §1.14 참고)를 만족시켜야 한다고 요구했다. 이로써 단지 광자 쌍들의 교환만으로 서로 달라지는 상태들은 물리적으로 구별되는 것으로 셈해지지 않아야 한다고 말이다. 바로 이 두 가지 특성은 당시로서는 혁명적이었으며, 이에 걸맞게 보스는 정수 스핀의 임의의 기본 입자에 붙는 (따라서 보스 통계를 따르는) **보손**이라는 이름으로 오늘날에도 기억된다.

기본 입자들의 다른 넓은 부류는 반홀수 정수의 스핀을 갖는 것들, 즉 페르미온이다(이탈리아의 핵물리학자 엔리코 페르미의 이름을 땄다). 페르미온의 경우 셈하기는 조금 다르며 **페르미–디랙 통계**를 따른다. 보스–아인슈타인 통계와 조금 비슷하지만, 여기서는 두(또는 그 이상의) 입자가 동일한 종류이며 둘 다 동일한 상태에 있을 경우 그 상태들은 별도로 셈해지지 않는다(파울리의 배타 원리). 보손과 페르미온이 표준적인 양자역학에서 어떻게 취급되는지 더 자세히 알고 싶으면 §1.4를 보기 바란다(거기서 독자들은 표준 이론을 추측상의(하지만 여전히 매우 인기 있는) 초대칭이라는 입자물리학 방안으로 외삽한 내용을 무시해도 좋다).

이러한 기본 내용을 바탕으로 살펴볼 때, 자유도의 개념은 고전계는 물론이고 양자계에도 훌륭하게 적용되지만, 각별히 주의를 기울여야 한다. 자유도의 식에 나오는 양 "∞"는 이제 실제로 무한하지 않고, 통상적인 상황에서 매우 큰 수인 어떤 것이라고 여기면 된다. 자유도 사안을 일반적인 양자적 맥락에서 어떻게 다루어야 할지는 분명치 않다. 왜냐하면 특히 양자중첩의 계에는 입자들의 상이한 개수를 포함하여 많은 상이한 구성요소들이 있으며, 이는 고전적으로 볼 때 상이한 차원의 위상공간들과 관련되기 때문이다. 하지만 대전된 입자들과 열적 평형에 있는 복사의 경우, 플랑크, 아인슈타인 및 보스가 살펴본 내용으로 되돌아갈 수 있는데, 그 내용을 보면 각각의 진동수 ν에 대해 (물질과 평형을 이룬) 복사의 세기에 관한 아래의 플랑크 공식이 나온다 (§2.2 참고).

$$\frac{8\pi h\nu^3}{c^3(e^{h\nu/kT}-1)}$$

§3.4에서 다시 보겠지만, 이 공식은 **우주배경복사**CMB의 복사 스펙트럼과 매우 잘 들어맞기에 우주론과 엄청난 관련성을 갖는다.

1장(특히 §§1.10과 1.11)에서 여분 공간 차원의 존재가 어떤 역할을 갖는가라는 사안이 대두되었는데, 그 계기는 끈 이론이 요구하는 공간 차원이 우리가 직접 경험하는 3차원을 훌쩍 넘어 상당히 커진 것이 과연 타당한가라는 문제 때문이었다. 그러한 고차원 이론의 주창자들은 때때로 주장하기를, 양자적 고려사항들은 과도한 자유도가 통상적으로 관찰되는 물리적 과정들에 직접적으로 영향을 주는 것을 방지해준다고 하면서, 그 이유로 그러한 자유도가 활동하려면 매우 큰 에너지가 필요하기 때문임을 들었다. §§1.10과 1.11에서 내가 주장했듯이, 우리가 시공간 기하학(즉, 중력)의 자유도를 고려할 때 이런 논쟁은 (기껏해야) 심히 의심스럽다. 하지만 나는 그러한 과도한 공간 차원에 깃들어 있다고 볼 수 있는 전자기장과 같은 비중력장(즉, 물질장)에서 생기는 과도한 자유도라는 별개 사안을 다루지는 않았다. 그러므로 그런 공간적 초차원성의 존재가 위의 공식을 우주론에 이용하는 데 영향을 줄지를 살펴보는 것은 흥미롭다.

여분의 공간 차원들(가령 총 D 공간 차원(재래의 슈바르츠–그린 끈 이론에서 $D = 9$))이 있는 경우, 복사의 세기를 진동수 ν의 함수로 표현한 식은 아래와 같다.

$$\frac{Qh\nu^D}{c^D(e^{h\nu/kT} - 1)}$$

여기서 Q는 (D에 의존하는) 수치 상수로서, 위에서 나온 3차원 식과 비교되는 값이다Cardoso and de Castro 2005. 그림 2–25에서 $D = 9$인 경우를 $D = 3$인 플랑크의 원래의 경우(앞서 그림 2–2에서 보았던 경우)와 비교하겠다. 하지만 상이한 방향들에서 공간 기하학의 크기 척도가 엄청나게 불균형을 이루고 있기 때문에, 그러한 공식이 우주론과 직접적인 관련성을 갖는다고 기대하지는 못한다. 그럼에도 불구하고 우주의 극히 초기 단계의 경우, 플랑크 시간($\sim 10^{-43}$s) 또는 조금 후의 시간에서 모든 공간 차원들은 엇비슷한 크기로 휘어져 있었을 테니 9개의 모든 공간 차원들 사이에 어떤 동등성이 있었을 것이다. 따라서 그처럼 매우 이른 시간에는 플랑크 공식의 이 고차원 버전이 정말로 우주론에 관련이 있었다고 볼 수 있을지 모른다.

§§3.4와 3.6에서 보게 될 테지만, 우주의 매우 초기 단계에 또 하나의 크나큰 불균형이 있었다. 그것은 중력장의 자유도(중력적 자유도)와 다른 모든 장

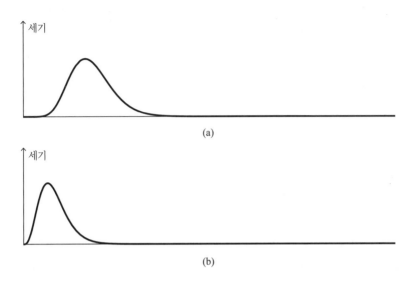

그림 2-25 플랑크 스펙트럼의 모양. (a)9 공간 차원의 경우(상수 $\times \nu^9(e^{h\nu/kT} - 1)^{-1}$). (b)통상적인 3차원의 경우(상수 $\times \nu^3(e^{h\nu/kT} - 1)^{-1}$).

들의 자유도 사이에 있는 불균형이었다. 중력적 자유도는 전혀 활성화되지 않았던 것처럼 보이는 반면에, 물질장들의 자유도는 최대한 활성화되었던 것 같다! 적어도 빅뱅이 일어난 지 약 380,000년 후에 있었던 대분리decoupling의 시기에는 그랬다. 이러한 극도의 불균형이 있었음은 우리가 §§3.4와 3.6에서 보게 될 CMB의 성질을 통해 직접적으로 확인되었다. 물질과 복사의 자유도는 매우 **열적인**(즉, 최대한 활성화된) 상태였던 반면에, 중력장(즉, 시공간 기하구조)은 그러한 활동과는 한참 동떨어져 있었던 것이다. 어떻게 그런 불균형이 빅뱅 후 380,000년의 시기 동안에만 생길 수 있었는지는 알기 어렵다. 열화가 열역학 제2법칙(§3.3 참고)의 직접적인 결과로서 그 시기 동안에만 **증가했으리라고** 볼 수는 없기 때문이다. 따라서 중력장의 자유도만 혼자 위축되어 있던 것은 우주의 아주 이른 시기($\sim 10^{-43}$s라는 플랑크 시간의 규모)로 거슬러 올라가며, 한참 나중에야 (대분리 시기보다 상당히 늦게) 물질 분포의 불규칙성으로 인해 중력장의 자유도가 활성화되었다고 결론 내릴 수밖에 없다.

그러나 앞에 나온 고차원($D = 9$) 공식이 설령 빅뱅 이후 매우 이른 시기에만 적용될 수 있다고 하더라도, 실제로 심지어 대분리의 시기까지(빅뱅 후 380,000년까지. 우리가 현재 관찰하는 CMB 복사가 실제로 생성되던 때)도 초기의 타당성의 어떤 잔여물을 유지하고 있었을지 모른다. 이 실제 CMB 복사는 위에 나온 고차원 식(그림 2-25 참고)에서 예상되는 것과는 조금 다른 세기 스펙트럼을 정말로 가지며, $D = 3$ 버전과 아주 가깝게 일치한다(§3.4 참고). 그러므로 우리는 우주가 팽창할 때 복사 스펙트럼의 $D = 9$ 버전은 완전히 $D = 3$ 버전으로 바뀌었으리라고 보아도 좋을 것이다. 그림의 곡선이 표현하는 바는 물질장들이 속하는 시공간 기하구조가 주어져 있을 때 최대 엔트로피(즉, 얻을 수 있는 자유도 전체에 걸쳐 물질장들의 최대 무작위도)를 갖는 진동수 분포이다. 만약 모든 공간 차원들이 같은 비율로 팽창했더라면 $D = 9$인 형태의 스펙트럼이 유지되었을 테며, 복사의 엔트로피는 엄청나게 큰 값에서 다소 일정하게 지속되었을 것인데, 이 값은 위에 나온 공식의 $D = 9$ 버전에 의해 얻어질 것이다.

그러나 CMB에서 실제로 관찰된 결과는 $D = 3$ 버전이며, 열역학 제2법칙(§3.3)의 관점에서 보자면 여분의 6차원에서 비롯된다고 하는 물질장의 엄청나게 들뜬 자유도는 어딘가로 사라져 버렸음이 분명하다. 이는 아마도 그 엄청나게 큰 자유도가 미세한 여분의 6 공간 차원들 속으로 흘러들어가 중력적 자유도 아니면 물질장 자유도의 형태로 이 차원들을 활성화함을 의미한다. 각각의 경우, 이 구도를 여분의 6차원이 현재 안정된 최소치로 있다는 끈 이론의 관점(§§1.11과 1.14)과 일치시키기가 어렵다. 매우 초창기의 9초차원 공간 우주의 극도로 열화된 물질 자유도가 어떻게 끈 이론이 요구하는 대로 여분의 6차원을 완벽하게 들뜨지 않은 상태로 남겨놓을 수 있단 말인가? 또한 우리는 어떤 중력 역학이 상이한 공간 차원의 그런 엄청난 차이를 내놓을 수 있는지 물어야 하며,

특히 어떻게 들뜨지 않은 6개의 접힌 차원들을 3개의 팽창하는 차원들로부터 감쪽같이 분리시킬 수 있는지 물어야 한다.

나는 끈 이론의 그러한 고찰들에 어떤 명백한 모순이 있다고 주장하는 것이 아니라, 아주 이상한 관점이라서 역학적인 설명이 필요하다고 여길 뿐이다. 희망하건대 이 모든 문제에 관해 더욱 정량적인 무언가가 나올 수 있어야 한다. 두 부류의 시공간 차원 사이의 그런 엄청난 불균형의 기원은 분명 그 자체로서 끈 이론 구도에 엄청난 난제이기에, 우리는 어떻게 **중력적** 자유도의 적절한 열화가 그 단계에서 일어나지 않고서, 현대의 초차원 끈 이론이 요구하는 듯한 두 가지의 선명하게 분리된 공간 유형이라는 희한한 구도가 나오게 되었는지 진지하게 물어야 할 것이다.

2.12 양자적 실재

표준적인 양자역학에 따르면, 한 계의 양자 상태 속의 정보(**파동함수** ψ)는 그 계에 실시될지 모를 실험 결과에 대해 확률 예측이 이루어지기 위해 필요한 것이다. 그러나 §2.11에서 보았듯이 파동함수는 그것이 실재, 또는 적어도 양자 측정의 결과로서 실재의 측면에서 드러난 것보다 훨씬 더 높은 자유도를 갖는다. 그렇다면 ψ를 물리적 실재를 실제로 표현한다고 여겨도 좋을 것인가? 그것은 다만 실시될지 **모를** 실험 결과들의 확률을 알아내기 위한 계산 도구일 뿐이며, 파동함수 자체가 실재를 표현한다고 볼 수 없지 않을까?

§2,4에서 언급했듯이, 후자의 관점이 양자역학의 코펜하겐 해석인데, 다른 여러 사고 학파에 따를 때에도 ψ는 실험자 또는 이론가의 마음 상태의 일부라는 것 외에는 결코 존재론적인 지위가 없이, 관찰의 실제 결과가 확률적으로 평가될 수 있도록 해주는 계산적 편의를 위한 수단으로 여겨진다. 아마도 그러한

믿음의 상당 부분은 아주 많은 물리학자들이 느낀 혐오감에서 비롯되는 듯하다. 즉, 실제 세계의 상태가 때때로 갑자기 양자 측정의 규칙들의 특징인 무작위적인 방식으로 "도약"할 수 있다는(§§2.4 및 2.8 참고) 데서 오는 혐오감 말이다. 앞서 §2.8에서 보았듯이, 이 효과에 대해 슈뢰딩거조차도 넋두리를 늘어놓았다. 앞에서 언급했듯이, 코펜하겐 관점은 이 도약이 "전부 마음속에" 있는 것이라고 여긴다. 왜냐하면 세계에 대한 누군가의 관점은 새로운 증거(실험의 실제 결과)가 드러나는 즉시 정말로 변할 수 있기 때문이다.

이 지점에서 나는 독자들의 관심을 코펜하겐 학파와 다른 대안적인 관점으로 돌려야겠다. 바로 **드브로이−봄 이론**이라는 관점이다de Broglie 1956; Bohm 1952; Bohm and Hiley 1993. 나는 그 이론을 흔히 불리는 **봄 역학**Bohmian mechanics이라고 칭하겠다. 이것은 코펜하겐 해석이 알려주는(또는 전혀 알려주지 않는!) 것에 흥미로운 대안적 존재론을 제공하며, 꽤 널리 연구된 이론이다. 봄 이론은 비록 유행하는 이론으로 자리매김하지도 못했고 종래의 양자역학의 결과와 다른 대안적인 관찰 결과를 주장하지는 않지만, 세계의 "실재"에 관한 훨씬 더 명확한 모습을 제공한다. 간략히 말하자면, 봄 이론은 존재론의 **두 가지 수준**을 제시하는데, 둘 중에 약한 수준은 보편적인 **파동함수** ψ(봄 이론에서는 **반송파**carrier wave라고 불림)에 의해 제공된다. ψ와 더불어 모든 입자들에 대한 확정적인 위치가 있는데, 이는 **배위공간** C의 특정한 점 P로 구체적으로 표시된다(§A.6에 기술된 대로). 이 공간은 만약 한 평평한 배경 시공간에 n개의 (구별 가능한 스칼라) 입자들이 있다면 $\mathbb{R}^{3n}$이라고 할 수 있다. 우리는 ψ를 C 상의 복소수 값을 갖는 함수라고 볼 수 있으며, 이것은 슈뢰딩거 방정식을 만족한다. 하지만 봄의 세계에 따르면 점 P 자체(즉, 모든 입자들의 위치)는 더 **확고한** "실재"를 제공한다. 입자들은 ψ에 의해 결정되는 잘 정의된 역학을 갖는다(따라서 ψ에는 어떤 실재가 부여된다. 비록 P가 제공하는 것보다 "더 약한" 실재이기는 하지만). (P에 의해 주어지는) 입자 위치로부터 ψ에 가해지는 "반동back−reaction"은 존재하지 않는다. 특히 §1.4에서 설명한 이중 슬릿 실험에서 각각의 입자는 실제로 어느 한 슬 릿을 통과하지만, 대안적 경로를 추적하면서 입자들로 하여금 스크린에 정확 한 회절 무늬가 생기도록 하는 것은 ψ이다. 이런 제안은 정말로 흥미롭기는 하 지만, 철학적 관점에서 볼 때 그것의 예상이 전통적인 양자역학의 예상과 동일 하다는 점에서 이 책에서는 필요한 역할을 하지 않는다.

심지어 종래의 코펜하겐 해석도 ψ를 세계의 객관적인 "실재인" 어떤 것의 실 제 표현으로 여겨야 하는 문제를 결코 피하지 않는다. 그러한 실재에 대한 한 가지 주장은 아인슈타인이 제안한 한 원리에서 나온다. 그가 동료인 포돌스키 및 로젠과 함께 유명한 EPR 논문(§§2.7과 2.10)에서 제시한 내용이다. 아인슈 타인은 양자 형식론에 "실재의 요소"가 (그것이 **확실성**을 갖는 어떤 측정 가능 한 결과임을 의미할 때면 언제나) 존재해야 함을 다음과 같이 역설했다.

> 완벽한 이론에는 실재의 각 요소에 대응하는 한 요소가 있다. 물리량의 실재에 대한 충분조건은 계를 방해하지 않고 그것을 확실히 예측할 가능성이다 … 만 약 계를 전혀 방해하지 않고서 우리가 한 물리량의 값을 확실히(즉, 1의 확률로) 예 측할 수 있다면, 이 물리량에 대응하는 물리적 실재의 요소가 존재한다.

하지만 표준적인 양자 형식론에서도 원리상으로 임의의 양자 상태 벡터, 가령 $|\psi\rangle$가 있다고 할 때, $|\psi\rangle$가 확실히 **YES** 결과(비례상수는 무시)를 내놓은 유일 한 상태이도록 측정이 설정될 수 있다. 왜 그럴까? 수학적으로 볼 때 우리가 해 야 할 일이라고는 §2.8에서 언급된 직교기저 벡터들 ε_1, ε_2, ε_3, … 중 어느 하나, 가령 ε_1이 실제로 주어진 상태 벡터 $|\psi\rangle$가 되는 측정을 찾는 것, 그리고 그 측정 이 만약 ε_1을 찾으면 "**YES**"에 반응하고 ε_2, ε_3, … 중 임의의 어느 하나를 찾으 면 "**NO**"에 반응하도록 설정하는 것뿐이다. 이것은 축퇴 측정(§2.8의 끝 부분 참고)의 한 극단적인 사례이다. (표준적인 양자역학의 연산자 개념에 대한 디

랙 표기에 익숙한 독자들은 §2.9Dirac 1930를 보면, 임의로 주어진 정규화된 $|\psi\rangle$에 대하여 이 측정이 에르미트 연산자 $\mathbf{Q} = |\psi\rangle\langle\psi|$에 의해 얻어짐을 알게 될 것이다. 여기서 **YES**는 고윳값 1에 그리고 **NO**는 고윳값 0에 대응한다.) 파동함수 ψ(영이 아닌 임의의 복소수 인자가 곱해져도 동일하게 취급된다)는 이 측정에 관하여 확실히 **YES** 답을 내놓는다는 요건에 의해 고유하게 결정될 것이므로, 위에 나온 아인슈타인의 원리에 의하여 우리는 임의의 파동함수 ψ에 명확한 실재의 요소가 있다고 결론 내릴 수 있다.

이렇게 요구되는 유형의 측정 장치를 제작한다는 것은 아예 불가능할지 모르지만, 양자역학의 일반적인 체계는 그런 측정이 실제로 가능해야 한다고 단언한다. 물론 우리는 어떤 측정을 실시할지 알기 위해서 파동함수 ψ가 실제로 무엇인지 미리 알아야 한다. 하지만 이는 실제로 이미 측정된 어떤 상태에 대한 슈뢰딩거 변화에 의해 이론적으로 해결될 수 있었다. 그러므로 아인슈타인의 원리는 한 **실재의 요소**를 슈뢰딩거의 변화 방정식, 즉 **U**에 의해 이전에 알려진 (어떤 기존 측정의 결과로부터 "알려진") 어떤 상태로부터 계산해낸 임의의 파동함수에 부여한다. 슈뢰딩거의 방정식(즉, 유니터리 변화)은 정말이지 세계, 적어도 고려 대상인 양자계를 옳게 기술한다.

비록 상당히 많은 ψ들에 대해 그러한 측정 장치의 짝은 현재 기술의 능력을 훌쩍 뛰어넘는 것이지만, 실제로 완벽하게 가능한 실험 상황들도 무수히 많다. 따라서 그러한 두 가지 단순한 상황을 살펴보면 좋을 것이다. 첫 번째는 스핀 $\frac{1}{2}$인 입자(가령 스핀과 나란한 방향의 자기 모멘트를 갖는 스핀 $\frac{1}{2}$인 원자)의 스핀 측정의 상황이다. 우리는 "←" 방향으로 설정된 슈테른-게를라흐 장치(§2.9의 그림 2-22)를 이용하여 원자의 스핀을 그 방향으로 측정할 수 있다. 만약 답 **YES**를 얻으면 우리는 정말로 원자의 스핀이 ($|\leftarrow\rangle$에 비례하는) 한 상태 벡터를 갖는다고 추론한다. 이어서 이 상태를 알려진 한 자기장에 넣었더니, 슈뢰딩거 방정식으로 계산한 결과 일 초 후에 상태가 $|\nearrow\rangle$로 변화하게 된다고 가정하

자. 이 스핀 상태에 "실재"를 부여해야 할까? 그렇게 하는 것이 분명 타당한 듯하다. 왜냐하면 방향 ↗를 측정하도록 설정된 슈테른−게를라흐 장치가 그 순간에 정말로 확실하게 **YES** 결과를 얻을 것이기 때문이다. 물론 이것은 매우 단순한 상황이긴 하지만 훨씬 더 복잡한 다른 상황들에도 분명 일반적으로 적용된다.

하지만 조금 더 당혹스러운 상황은 양자얽힘이 관련되는 상황이다. 이와 관련하여 §2.10에서 고찰한 것과 같은 EPR 효과들을 보이는 다양한 사례들을 살펴볼 수 있다. 콕 집어서 하디의 사례를 살펴보자. 거기에서는 |←↗)로 주어지는 마요라나 서술(§2.9)이 적용되며 처음에는 스핀−1로 준비된 상태를 생성했다고 가정하자. 이에 대해서는 §2.10에서 구체적으로 설명했다. 이제 이 상태가 스핀 $\frac{1}{2}$인 두 상태로 붕괴되어, 하나는 왼쪽으로 다른 하나는 오른쪽으로 움직인다고 하자. 앞서 보았듯이, 이 사례에서는 이들 두 원자들 각각에 **독립적인** 양자 상태를 부여할, 관찰의 측면에서 일관된 방법은 없다. 그렇게 부여했다가는 왼손잡이 및 오른손잡이 원자에 적용하려고 실시하게 될 스핀 측정에 필시 틀린 답이 나온다. 원자에 적용되는 양자 상태가 분명히 있지만, 그것은 얽혀 있기에 전체로서의 **쌍**에 적용되지, 두 원자 각각에 개별적으로 적용되지는 않는다. 하지만 이 얽힌 상태를 정말로 확인해주는 측정이 존재할 수 있을 것이다. 그러면 위의 논의에서 다룬 "ψ"는 이 얽힌 2−입자 상태여야 할 것이다. 그런 측정은 어떻게든 원자들의 쌍을 함께 다시 반사시켜 원래의 상태 |←↗)를 확인하는 측정을 실시하도록 구성될지 모른다. 기술적으로 어려울진 모르겠으나 원리적으로는 가능하다. 그러면 아인슈타인의 이른바 "실재의 요소"를 분리된 쌍의 얽힌 상태에 부여하는 것이 된다. 하지만 이는 스핀을 (가령 한 쌍의 분리된 슈테른−게를라흐 장치를 이용해 각 장치가 단 하나의 원자의 스핀을 측정하는 방식으로) 독립적으로 측정한다고 해서 얻어질 수는 없다(그림 2−26 참고). 분명히 양자 상태는 그 둘을 양자얽힘의 방식으로 관련시킨다.

한편, 왼손잡이 원자가 오른손잡이 원자와 독립적으로 슈테른–게를라흐 스핀 측정을 받는다고 가정하자. 그러면 자동적으로 오른손잡이 원자는 특정한 스핀 상태에 놓이게 된다. 예를 들어, 왼손잡이 원자의 스핀이 ← 방향으로 측정되어 **YES** 답 |←)이 얻어졌다고 하면, 오른손잡이 원자는 자동적으로 스핀 상태 |↑)에 놓이게 될 것이다. 반대로 왼손잡이 원자의 스핀 측정으로 **NO** 답이 얻어졌다고 하면, 오른손잡이 원자는 자동적으로 스핀 상태 |←)이 될 것이다 (§2.10에서 사용된 표기법으로). 이 흥미로운 결과는 §2.10에 나오는 하디 사례의 속성으로부터 곧바로 도출된다.

각각의 경우, 왼손잡이 원자에 대한 측정 후에는 오른손잡이 원자의 스핀 상태가 특정한 독립적인 값을 확실히 갖게 된다고 우리는 확신할 수 있다. 하지만 이것을 어떻게 확인할 수 있을까? 이것은 적어도 적절한 슈테른–게를라흐 측정에 의해 확인될 수 있다. 하지만 오른손잡이 원자에 대한 측정은 오른손잡이 스핀 상태가 한 값(즉, 왼손잡이 측정이 **YES**를 기록할 때 상태 |↑) 그리고 왼손잡이 측정이 **NO**를 기록할 때 상태 |←))을 가짐을 증명하지 못할 것이다. 이 개별적인 오른손잡이 상태의 "실재"는 이제 다음과 같이 주장될 듯하다. 즉, 만약 왼손잡이 ← 측정이 **YES**를 기록하면 |↑) 그리고 **NO**를 기록하면 |←)라고 말이다. 왼손잡이 ← 측정이 정말로 **YES**를 기록한다고 가정하자. 오른손잡이 ↑ 측정에 대한 적절한 **YES** 답은 오른손잡이 스핀 상태가 실제로 |↑)임을 확인시켜주지 못할 것이다. 왜냐하면 오른손잡이 측정에 대한 **YES** 답은 단지 우연히 얻어진 것일지 모르기 때문이다. **YES** 답을 내놓은 오른손잡이 ← 측정이 우리에게 확실히 알려주는 바는 단지 측정된 상태가 |↓)가 아니라는 것뿐이다. |↓)에 가까운 임의의 다른 스핀 상태는 이 ↑ 측정에 대한 **YES** 답의 확률을 더 낮게 내놓을 것이며, 오른손잡이 상태가 |↑)에 가까워질수록 그 확률은 높아질 것이다. 오른손잡이 상태가 정말로 |↑)인 설득력 있는 실험 사례를 얻으려면, 전체 실험을 매우 많은 횟수로 반복해서 통계 자료를 늘려야 한다. 만약 매번 (**YES**

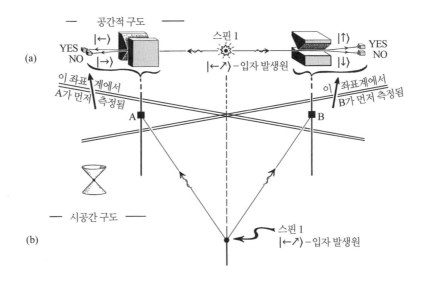

그림 2-26 그림 2-24의 비국소적인 하디 실험. (a)공간적으로 표현한 경우. (b)시공간의 관점에서 표현한 경우. 이 실험은 실재에 관한 객관적인 시공간 서술에 도전장을 던진다.

반응이 왼쪽에서 기록될 때) 오른쪽 ↑ 측정이 **YES**를 기록한다면, 오른쪽에서 나타나는 상태의 "실재"가 |↑)이라고 확실히 말할 수 있을 것이다(아인슈타인의 기준에 의해). 비록 그런 통계적 확인 방법에 의존하더라도 말이다. 결국, 우리가 세계의 실재에 관하여 과학에서 아는 것은 대부분 그런 통계적 방법으로 얻은 확신에서 비롯된다.

이 사례는 양자 측정의 또 하나의 특징을 잘 드러내준다. 왼손잡이 ← 측정은 이전의 얽힌 상태를 "푸는" 역할을 했다. 왼손잡이 측정이 실시되기 전에 두 원자는 개별 양자 상태로 취급될 수 **없었고**, "상태" 개념은 오직 전체로서의 쌍에만 적용되었다. 하지만 쌍의 한 성분에 실시된 측정이 "다른 한 성분을 자유롭게 만들어" 자기 자신의 양자 상태를 갖도록 해주었다. 우리에겐 꽤 다행스러운 결과다. 우리의 전 존재에 양자얽힘이 침투하지 않고 우리가 자신의 개별적 존재로 남아 있을 수 있도록 해주기 때문이다.

하지만 많은 물리학자들이 우려하지 않을 수 없는 또 하나의 사안이 있다. 멀리 떨어진 얽힌 상태들 중 한 구성원 A에 측정이 실시될 때, 다른 구성원 B가 A로부터 풀려나 자신의 개별적 상태를 얻는 때는 "언제"인가라는 질문이다. 별도의 측정이 다른 성분 B에 실시될지 모르는데, 그렇다면 우리는 쌍을 푼 것이 A가 아닌 B에 실시된 측정이 아닌지 궁금해질 수 있다. 만약 쌍들 사이의 거리가 매우 크면 두 측정이 **공간꼴로 분리되어**(§1.7 참고) 있다고 볼 수 있는데, 이것은 (특수상대성이론에서) 기준 좌표계의 어떤 선택에 대하여 "동시"임을 의미한다. 하지만 그런 상황에서는 A 측정이 먼저 일어났다고 판단되는 다른 좌표계가 있고 아울러 B 측정이 먼저 일어났다고 판단되는 다른 좌표계가 있다(그림 2-26(b) 참고). 이를 다른 식으로 보면, 어느 한쪽의 측정 결과의 **정보**가 빛보다 더 빨리 이동하여 다른 측정의 결과에 영향을 주게 되는 것처럼 보인다! 우리는 측정의 쌍이 본질적으로 **비국소적인** 실체에 작용한다고 여겨야 할 것인데, 이것이 바로 원자 쌍의 전체 얽힌 상태이다.

이러한 (빈번한) 비국소성은 얽힌 상태의 가장 당혹스럽고도 흥미진진한 측면이다. 고전물리학에서는 이에 비견되는 현상이 없다. 고전적으로 보자면, A와 B가 한때 함께 있다가 이후에 분리되었다고 하면, A가 자신의 이후의 경험을 B에게 전송하거나 B가 A에게 전송하거나 둘 다 서로 전송하거나 아니면 분리 후 각자 서로 완전히 독립적으로 행동할지 모른다. 하지만 양자얽힘은 이와는 다르다. A와 B가 얽힌 상태로 있을 때 둘은 독립적이지 **않다**. 그러나 둘은 서로에 대한 "의존성"을 사용할 수 없고, 얽힘을 통해 서로에게 실제 정보를 보낼 수 없다. 얽힘을 통한 이 정보 전송의 불가능성 덕분에 우리는 얽힘이 (정보의 초광속 전송을 금하는) 상대성이론의 원리를 위반하지 않고서 얽힘이 "즉시" 전송된다고 볼 수 있는 것이다. 사실, 이러한 얽힘 전송은 결코 "즉시"라고 여겨서는 안 되며, 정말로 "시간과 무관한timeless" 것이라고 보아야 한다. 왜냐하면 이 전송이 A에서 B로 이루어지는지 아니면 B에서 A로 이루어지는지 여부는 아무런 차이가 없기 때문이다. 다만 독립적인 측정을 실시할 때 A와 B의 결합된 행동에 가해지는 제약일 뿐이다. ("얽힘 전송"은 때로는 **양자 정보**라고도 하는데, 나는 다른 곳에서 이 현상을 **퀀글먼트**quanglememt라고 칭했다TRtR, §23.10; Penrose 2002, pp. 319~31.) 이 사안은 다음 절에서 다시 다루겠다.

하지만 그러기 전에, 파동함수를 진정한 존재론적 실재로 간주하는 또 하나의 주장에 주목하고 싶다. 이것은 처음에 야키르 아로노프Yakir Aharonov가 독창적인 아이디어를 냈고 이후 레프 바이드멘Lev Vaidmen 등이 발전시킨 이론으로서, §2.8에서 설명한 종래의 측정 절차와는 다른 방식으로 양자계를 살펴볼 수 있게 해준다. 한 양자 상태를 측정함으로써 다른 양자 상태로 바뀐다고 여기는 (통상적인 측정 과정) 대신에, 아로노프 절차에서는 거의 직교하는 초기 상태와 최종 상태를 지닌 계를 선택한다. 이로써 계를 방해하지 않는 이른바 **약한 측정**이 고려된다. 그런 수단을 사용함으로써 이전에는 접근 불가능하다고 여겼던 양자계들의 특성을 조사할 수 있다. 특히 한 정현 파동함수의 실제 공간적 세기를 파악할 수 있다. 이 절차의 자세한 내용은 이 책의 범위를 넘어서지만, 여기서 언급할 가치는 있다. 왜냐하면 양자적 실재의 다른 여러 곤혹스러운 특징들을 탐구하게 해주기 때문이다Aharonov et al. 1988; Ritchie et al. 1991.

2.13 객관적인 양자 상태 축소—양자 신조에 대한 한계

이제까지의 내 설명은 가끔씩 비전통적인 구도에서 조금 벗어날 때도 있었다. 하지만 아직 나는 측정의 실제 결과와 관련하여 양자 신조에서 의미심장하게 벗어난 적은 없었다. 나는 매우 곤혹스러운 특성들 몇 가지, 가령 양자 입자들이 보편적인 양자중첩 원리에 따라 종종 여러 가지 상이한 위치에 동시에 존재한다는 성질 그리고 이 원리에 따라 입자들이 파동처럼 행동하기도 하고 파동이 특정되지 않은 개수의 입자들처럼 행동하는 성질 등을 언급했다. 게다가 두 성분 이상을 갖는 계의 양자 상태의 대다수는 얽혀 있다고 보이기에, 부분들은 서로 완전히 독립적인 것으로 일관되게 간주될 수 없다.

양자역학의 교의의 이 모든 당혹스러운 측면들을 나는 적어도 현재의 관찰에 의해 다루어지는 범위만큼은 인정한다. 수많은 정밀한 실험들에서 충분히 확인되었으니 말이다. 그렇지만 나는 양자론의 바탕이 되는 두 가지 절차, 즉 유니터리(즉, 슈뢰딩거) 변화 **U**와 양자 측정의 순간에 발생하는 상태 축소 **R** 사이에 근본적인 불일치가 있어 보임을 지적하지 않을 수 없다. 양자역학 종사자들 대다수에게 이 불일치는 겉보기의 문제로 여겨진다. 즉, 양자 형식론을 올바르게 "해석"하면 사라지는 것이라고 본다. §§2.4와 2.12에서 이미 **코펜하겐 해석**을 언급했는데, 이에 의하면 양자 상태는 객관적 실재를 갖지 않고 다만 계산에 도움이 되는 주관적 지위를 가질 뿐이다. 하지만 나는 이런 주관적 관점이 심히 불만스럽다. 여러 가지 이유가 있는데, 특히 §2.12에서 말했던 양자 상태(비례상수는 무시)가 실제로 객관적이고 존재론적인 지위를 부여받아야 한다는 이유 때문이다.

또 하나의 흔한 관점은 환경적 결어긋남environmental decoherence의 시각인데, 이에 의하면 계의 양자 상태는 주변 환경과 고립된 어떤 것으로 보아서는 안 된다고 한다. 내용인즉, 보통의 상황에서 큰 양자계의 양자 상태(가령, 실제 검출기의 양자 상태)는 주변 환경의 큰 부분들, 가령 공기 중의 분자와 급속하게 얽히게 될 것이다. 그런 현상 대부분은 결과적으로 분자들의 운동에 무작위성을 일으키는데, 이는 정교한 세부사항까지 탐지해낼 수는 없으며 기본적으로 검출기의 작동과 무관하다. 따라서 그 계(검출기)의 양자 상태는 "강등되기에" 그 행동은 마치 고전적인 물체인 것처럼 다루어지는 것이 낫다.

그런 상황을 정확히 기술하기 위해 **밀도 행렬**density matrix(존 폰 노이만이 도입한 창의적인 개념)이라는 수학적 구조물이 마련되는데, 이 덕분에 무관한 환경적 자유도는 "상태합"이라는 절차를 통해 논의에서 배제될 수 있다von Neumann 1932. 그 시점에서 밀도 행렬이 상황의 "실재"를 기술하는 역할을 넘겨받는다. 그다음에 능숙한 수학적 손재주에 의해 이 실재는 상이한 가능성들의 확률 혼합으로 재해석될 수 있다. 측정으로 얻어진 관찰된 가능성은 이들 새로운 가능성들의 하나가 되며, 그것의 발생 확률이 부여된다. 이 확률은 §2.4에서 설명한 대로 양자역학의 표준적인 **R**-절차에 따라 정확하게 계산된다.

밀도 행렬은 상이한 양자 상태들의 확률 혼합을 동시에 여러 가지 방식으로 표현한다. 위에서 말한 손재주는 내가 **이중 존재론 변화**double ontology shift라고 부르는 것이다TRtR, §29.8 끝 부분, pp. 809~10. 처음에 밀도 행렬은 상이한 "실제의" 여러 환경 상태들의 확률 혼합을 제공한다고 해석된다. 그다음에 "실재"를 밀도 행렬 자신에게 할당함으로써 존재론이 **변한다**. 이로 인해 자유도가 (힐베르트 공간 기저 회전을 통해) 상이한 존재론적 해석으로 전달되는데, 여기서는 이제 동일한 밀도 행렬이 제3의 존재론적 관점을 통해 측정의 여러 결과들의 확률 혼합을 서술한다고 간주된다. 이 서술은 통상적으로 수학에 집중하는 경향이 있기에, 다양한 서술들의 **존재론적** 지위의 일관성에는 별로 주목하지 않는다. 내가 보기에 환경적 결어긋남 밀도 행렬 이론은 진정으로 의미심장한 측면이 있다. 수학이 사용되는 방식이 예사롭지 않기 때문이다. 하지만 물리계에서 실제로 벌어지는 일에 관해서는 심오하게 결여된 어떤 측면이 있다. 측정 역설을 제대로 해결하려면 단지 영리한 수학만이 아니라 **물리학**에 변화가 필요하다. 존재론적인 빈틈을 메울 수 있도록 말이다! 존 벨은 이렇게 말했다John Bell 2004.

그들(양자 물리학자들 중 가장 기반이 든든한 이들)이 기존의 일반적인 이론 체계에 깃든 애매모호성을 인정할 때에라야 통상적인 양자역학이 '모든 실질적인 목적에' 적합하다고 주장할 수 있을 것이다. 나는 그들의 다음 말에 동의한다.

통상적인 양자역학은 (내가 아는 한) 모든 실질적인 목적에 적합하다.

환경적 결어긋남은 단지 우리에게 잠정적인 FAPP(벨이 위에서 말한 '모든 실질적인 목적에for all practical purposes'의 두문자)적 관점을 제공할 뿐이다. 그것은 답의 일부(당분간은 함께 가기에 충분한)일 수는 있겠지만, 궁극적인 답은 아니다. 그렇기에 나는 훨씬 더 심오한 어떤 것, 우리가 고수하고 있는 양자 신조를 무너뜨릴 수 있는 어떤 것을 원한다!

만약 우리가 모든 수준에서 **U**를 충실히 고수하면서도 일관된 존재론을 유지하고자 한다면, 필연적으로 일종의 다세계 해석에 가닿게 된다. 이는 휴 에버렛 3세가 처음으로 명확하게 제시한 관점이다Everett 1957.[*] §2.7의 말미(그리고 그림 2-15)에서 설명한 (슈뢰딩거) 고양이의 상황을 다시 살펴보자. 거기서 우리는 줄곧 일관된 **U** 존재론을 유지하고자 했다. 이 상황에서는 레이저 L에서 방출되어 빔 분할기 M을 향해 진행하는 고에너지 광자를 상상했다. 만약 광자가 M을 **투과**하여 A에 있는 검출기를 활성화시킨다면, A 문이 열려서 고양이가 방 안으로 들어가 먹이를 먹을 것이다. 한편 만약 광자가 **반사**된다면, B에 있는 검출기가 B 문을 열어서 고양이는 B 문으로 들어가 먹이를 먹을 것이다. 하지만 M은 **빔 분할기**이지 거울이 아니기에, 광자의 상태는 **U** 변화에 따라 경로 MA로 진행하는 상태와 MB로 진행하는 상태의 **중첩**의 형태로 M을 나갈 것이다. 그리하여 결국 A 문이 열리고 B 문이 닫혀 있는 상태와 B 문이 열리고 A 문이 닫혀 있는 상태의 중첩을 초래할 것이다. 그러면 이런 상상을 할 수 있을지 모르겠다. 즉, 고양이의 먹이가 있는 방에 앉아 있는 인간 관찰자는 **U** 변화에 따라, A 문으로 들어오는 고양이와 B 문으로 들어오는 고양이의 **중첩**을 지각해

---

[*] J. A. 휠러의 주석과 다른 참고 문헌을 보기 바란다Wheeler 1967; DeWitt and Graham 1973; Deutsch 1998; Wallace 2012; Saunders et al. 2012.

야만 한다고 말이다. 물론 이것은 결코 경험한 적이 없는 터무니없는 상황일 테며, 게다가 **U**가 작동하는 방식이 결코 아니다. 대신에 우리는 인간 관찰자 역시 마음의 두 상태의 양자중첩에 놓여서, 하나는 A 문으로 들어오는 고양이를 지각하고 다른 하나는 B 문으로 들어오는 고양이를 지각하는 구도에 들게 된다.

　이것은 에버렛 유형의 해석에서 말하는 두 중첩된 "세계"일 테며, 관찰자의 경험은 두 가지 공존하는 개별적 비중첩 경험으로 "나누어진다"고 (내가 보기에는 그다지 논리적이지 않게) 보는 시각이다. 여기서 문제점은 우리의 "경험"이 왜 비중첩적이어야 하는지 나는 잘 모르겠다는 것이다. 왜 인간 관찰자는 양자중첩을 경험할 수 없어야 한단 말인가? 물론 우리에게 익숙한 것은 아니다. 하지만 왜 그래야 하는가? 어쩌면 우리는 무엇이 실제로 인간의 "경험"을 구성하는지 별로 아는 바가 없기에 그런 문제를 이런저런 방식으로 추측해 볼 도리밖에 없을지 모른다. 하지만 왜 인간 경험이 한 주어진 양자 상태를 단 하나의 중첩된 세계 상태(**U** 서술이 우리에게 제공하는 것)로 인식하기보다는 두 개의 평행 세계 상태로 나누어 인식하는지 분명 물어야 할 것이다. §2.9의 스핀 $\frac{1}{2}$ 상태를 다시 떠올려보자. 스핀 상태 $|\nearrow\rangle$를 $|\uparrow\rangle$와 $|\downarrow\rangle$의 한 중첩이라고 볼 때, 하나는 $|\uparrow\rangle$이고 다른 하나는 $|\downarrow\rangle$인 두 평행 세계가 존재한다고 여기지 않는다. 이 상태 $|\nearrow\rangle$를 갖는 단 하나의 세계가 존재한다고 여긴다.

　게다가 확률에 관한 다른 문제도 개입한다. 왜 중첩된 인간 관찰자의 경험이 보른 규칙에 의해 주어지는 확률을 갖는 두 개의 별도의 경험으로 "나누어져야" 하는가? 나는 이것이 딱히 타당하다고 보지 않는다. 내가 보기에, **U** 변화를 고양이 실험처럼 극단적인 상황에까지 적용하는 것은 우리의 상상력을 너무 과도하게 잡아 늘이는 것 같기에, 나는 이런 성질의 상황들은 단지 **U**를 무제한적으로 적용할 수 없음을 보여주는 예라고 본다. **U** 변화의 의미들이 잘 검증되긴 했지만, 어떠한 실험도 아직까지 그런 상황들에서 요구되는 수준에 접근하지는 않았다.

§2.7에서 이미 언급했듯이, 본질적인 문제는 **U**의 선형성이다. 그런 보편적 선형성은 물리 이론에서 매우 특이한 것이다. §2.6에서 알아보았듯이 맥스웰의 고전적인 전자기장 방정식들은 선형적이긴 하지만, 이 선형성은 대전 입자들 내지 이들과 상호작용하는 유체들이 포함된 전자기장의 고전적인 역학 방정식 들에게까지 확장되지는 않는다. 현재의 양자역학의 **U** 변화가 요구하는 완전히 보편적인 선형성은 전무후무한 것이다. 그리고 §1.1(그리고 §A.11)에서 보았듯 이 뉴턴의 중력장도 선형 방정식을 만족하지만, 이 선형성 역시 뉴턴식의 중력 의 작용을 받는 물체들의 운동에까지 확장되지는 않는다. 아마도 현재의 사안 에 더 적합한 사실은 아인슈타인의 더욱 세련된 중력 이론(일반상대성이론)에 서 중력장 **자체**가 근본적으로 비선형적이라는 것이다.

내가 하고 싶은 말은, 현재 양자론의 선형성은 세계에 근사적으로만 참일 수 있기에 상당히 많은 물리학자들이 선형성을 포함하여(따라서 유니터리 **U** 변환 도 포함하여) 현재 양자역학의 전반적인 체계의 보편성에 대해 갖고 있는 듯한 **믿음**은 분명 잘못되었다는 것이다. 종종 주장하기로, 양자론에 대한 어떠한 반 증 사례도 지금껏 관찰된 적이 없으며, 온갖 현상들 그리고 매우 다양한 범위 의 스케일에 걸쳐 이루어진 지금까지의 모든 실험들이 지속적으로 양자론이 옳 음을 완벽하게 확인시켜주고, 여기에는 양자론의 **U** 변화도 포함된다고 한다. (§§2.1과 2.4에서) 앞서 보았듯이, 미묘한 양자 효과(얽힘)도 무려 143km의 거 리에 걸쳐 확인되었다Xiao et al. 2012. 사실, 2012년의 그 실험은 단지 EPR 효과 (§2.10)보다 훨씬 더 정교한 현상, 이른바 **양자 순간이동**quantum teleportation을 확인 해주었고Zeilinger 2010; Bennett et al. 1993; Bouwmeester et al. 1997, 아울러 양자얽힘이 정 **말로** 그 정도의 거리까지 지속됨을 밝혀냈다. 따라서 양자론의 한계는 그 한계 가 어떤 것이든 간에, 단지 물리적 거리인 것 같지가 않다(그리고 슈뢰딩거 고 양이 사례에 나오는 거리는 확실히 143km 미만일 것이다). 그러므로 나는 현재 양자역학의 정확성의 한계가 (거리와는) 다른 종류의 스케일에 있는지 알아보기를 물리학자들에게 요청한다. 즉, 한 중첩의 성분들 간의 **질량 변위**가 어디에서 아주 특별하게 유의미해지는지를 말이다.

그런 한계에 대한 나의 주장은 양자역학의 원리(주로 양자 선형중첩)와 아인슈타인의 일반상대성이론의 원리 사이의 근본적인 충돌에서 비롯된다. 여기서 나는 1996년으로 거슬러 올라가는 주장을 하나 소개할 텐데Penrose 1996, 그것은 아인슈타인의 일반적 공변성의 원리에 바탕을 두고 있다(§§1.7 및 A.5 참고). §4.2에서는 아인슈타인의 기본적인 등가성 원리(§1.2 참고)를 바탕으로 한 더욱 정교하고 훨씬 더 최신 주장을 소개한다.

내가 관심 갖는 상황은 두 상태의 양자중첩인데, 만약 각각을 그 자체로서 고찰하면 **정적**일 것이다. 즉, 모든 시간에 불변이다. 요지는 만약 일반상대성의 원리를 그 상황에 적용하면 두 상태의 중첩이 얼마만큼 **정적**일 수 있는지에 관한 구체적인 한계가 있음이 드러남을 밝히는 것이다. 하지만 이 논증을 진행하려면 우리는 양자역학에서 '**정적인**stationary'이라는 개념이 어떤 의미인지 반드시 묻고 나서 양자역학의 관련된 측면들을 다루어야 한다. 여기서 나는 양자 형식론 속으로 아주 깊이 들어가지 않았는데, 그러기 전에 우리는 일반적 개념들을 좀 더 살펴보아야 할 것이다.

§2.5에서 보았듯이 어떤 이상화된 양자 상태는 매우 잘 정의된 위치, 즉 **위치 상태**를 가질 수 있다. 이것은 $\psi(x) = \delta(x - q)$ 형태의 파동함수로 주어지는데, 여기서 **q**는 파동함수가 국소화되는 공간 위치 Q에서의 위치 3-벡터이다. 그런 국소화된 상태들(상이한 3-벡터 **q′**, **q″** 등에 의해 주어지는 상태들) 여러 개의 중첩에서 생기는 상태는 덜 국소화될 것이다. 그러한 중첩은 여러 가능한 위치들의 한 **연속체**를 포함할 수 있어서, 전체 3차원 공간 영역을 가득 채울 수 있다. 한 위치 상태로부터 매우 다른 극단적인 경우는 §§2.6과 2.9에서 살펴본 **운동량** 상태이다. 이는 어떤 운동량 3-벡터 p에 대해 $y(x) = e^{-i\mathbf{p}\cdot\mathbf{x}/\hbar}$로 표현되는데, 이 상태 역시 위치 상태처럼 **이상화된** 상태이며 유한한 놈을 갖지 않는다

(§2.5의 말미 참고). 이 상태는 공간 전체에 균일하게 퍼져 있으면서, 베셀 평면 (§A.10)의 단위원 상에서 **p** 방향을 향한 채 입자의 운동량에 비례하는 일정한 속도rate로 회전하는 위상을 갖는다.

운동량 상태는 위치에 대하여 매우 불확실하게 정의되며, 반대로 위치 상태는 운동량에 대하여 매우 불확실하게 정의된다. 위치와 운동량은 이른바 **정준공액**canonically conjugate 변수로서, 어느 한 상태가 다른 상태에 더해 더 잘 정의될수록, 그 다른 상태는 더 그릇되게 정의된다. 이는 하이젠베르크의 **불확정성 원리**에 의한 것인데, 이 원리는 다음 식으로 표현된다.

$$\Delta x \Delta p \geq \frac{1}{2}\hbar$$

여기서 Δx와 Δp는 각각 위치와 운동량의 불확실하게 정의되는 정도의 값이다. 이렇게 되는 까닭은 양자역학의 대수적 형식론에서 정준공액 변수들이 양자 상태에 대한 **비가환**non-commutative "연산자"가 되기 때문이다(§2.8의 말미 참고). 연산자 **p**와 **x**에 대해 **xp** ≠ **px**라는 성질이 있는데, 여기서 **x**와 **p** 각각은 상대방에 대해 **미분**으로 작용한다(§A.11 참고). 하지만 이를 더 자세히 살피려면 이 책의 범위를 한참이나 벗어나야 할 것이다. 따라서 디랙의 책Dirac 1930을 참고하거나, 양자역학적 형식론의 기본적인 내용에 대한 현대적이면서 집약적인 책을 보기 바란다Davies and Betts 1994. 기초 입문 내용은 참고 문헌을 보기 바란다TRtR, §§21, 22.

(특수상대성의 요건에서 도출되는) 한 적절한 의미에서 시간 t와 에너지 E 또한 정준공액이며, 하이젠베르크 시간–에너지 불확정성 원리는 다음과 같이 표현된다.

$$\Delta t \Delta E \geq \frac{1}{2}\hbar$$

이 관계식의 정확한 해석은 때로는 논란거리가 된다. 하지만 이 관계식이 일

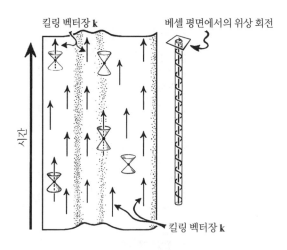

킬링 벡터장 **k**   베셀 평면에서의 위상 회전

시간

킬링 벡터장 **k**

그림 2-27 정상성의 고전적 개념과 양자적 개념. 고전적인 시공간 관점에서 보자면, 정적인 시공간은 시간꼴 킬링 벡터장 **k**를 지니는데, 이 벡터를 따르는 방향으로 시공간 기하구조는 **k**에 의해 생성되는 어떠한 (국소적인) 운동에 의해서도 불변이고 **k**의 방향이 시간의 진행 방향으로 정해진다. 양자역학의 관점에서 보면, 상태는 정확하게 정의된 에너지 E를 갖기에, 시간상으로는 단지 전체 위상 $e^{Et/i\hbar}$만큼 변할 뿐이다. 이 위상은 $E/2\pi\hbar$의 진동수로 베셀 평면의 단위원 주위를 회전한다.

반적으로 인정되는 한 가지 용례가 있는데, 바로 방사능 핵의 경우이다. 그런 불안정한 핵의 경우, Δt는 존속기간lifetime의 값이라고 할 수 있는데, 위의 관계식에 의하면 거기에는 반드시 에너지 불확정성 ΔE, 또는 등가적으로 적어도 $c^{-2}\Delta E$(아인슈타인의 $E = mc^2$에 의해)의 질량 불확정성이 뒤따른다.

이제 두 정적인 상태의 중첩으로 되돌아가자. 양자역학에서 정적인stationary 상태의 에너지는 정확하게 정의되는 반면에, 하이젠베르크의 시간-에너지 불확정성에 의해 그 상태는 시간상으로는 완전히 균일하게 퍼져 있어야(정말이지 이것이야말로 상태의 정상성定常性, stationarity을 표현하는 방식이다) 한다(그림 2-27 참고). 게다가 운동량 상태와 마찬가지로, 정적인 상태의 위상은 베셀 평면의 단위원 상을 상태의 에너지 값 E에 비례하는 속력으로 일정하게 회전하는데, 위상과 시간과의 관계는 $e^{Et/i\hbar} = -\cos(Et/\hbar) - i\sin(Et/\hbar)$이기에 이 위상

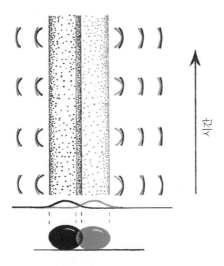

그림 2-28 두 위치의 중첩에 처한 돌의 중력장. 두 위치는 수평적으로 변위되어 있으며, 각각 검은색과 회색으로 표시되어 있다. 이것은 두 시공간의 중첩을 제공하는데, 각 시공간은 검은색 및 회색의 시공간 곡선들로 표현되며 서로 조금 다른 자유낙하 가속을 하고 있다. 이러한 가속 차이를 공간 상으로 적분한 값의 제곱은 시공간을 동일시하는 데 생기는 "오차"의 E_G 값을 알려준다.

회전의 진동수는 $E/2\pi\hbar$이다.

이제 나는 양자중첩이 관여하는 매우 기본적인 상황을 살펴볼 것이다. 즉 두 상태의 중첩으로서, 각각의 상태는 만약 그 자체만 고려한다면 정적인 상황이다. 단순히 설명하기 위해, 두 위치 상태의 중첩에 처한 돌을 하나 생각해보자. 각각의 상태는 수평의 평면 위에 놓여 있는 $|1\rangle$과 $|2\rangle$로 주어진다. 이 두 상태는 오직 돌이 수평 방향의 변위에 의해 $|1\rangle$의 위치에서 $|2\rangle$의 위치로 이동했다는 것에서만 차이가 날 뿐이다. 따라서 각 상태의 에너지 E는 동일하다(그림 2-28). 아래와 같이 일반적인 중첩을 고려해보자.

$$|\psi\rangle = \alpha|1\rangle + \beta|2\rangle$$

여기서 a와 β는 영이 아닌 상수 복소수이다. 위 식에서 $|\psi\rangle$도 정적이며* 확정적인 에너지 값 E를 가진다는 것이 도출된다. $|1\rangle$과 $|2\rangle$의 에너지가 서로 다를 때는 흥미로운 새로운 상황이 벌어지는데, 이는 §4.2에서 논의한다.

일반상대성에서는 정상성이 조금 다른(하지만 관련이 있는) 방식으로 표현된다. 우리는 여전히 정적인 상태를 시간상으로 완전히 균일한 것이라고 여기지만(하지만 회전하는 복소 위상은 없다), 시간의 개념 자체가 고유하게 정의되지 않는다. 시공간 M에 대한 시간적 균일성의 일반적인 개념은 **시간꼴 킬링 벡터 k**로 보통 표현된다. 킬링 벡터는 시공간의 한 벡터장으로서(§A.6, 그림 A-17 참고), 그 벡터를 따른 시공간의 계량 구조가 완전히 불변으로 유지되며, **k**는 시간꼴이기에 **k**의 방향을 관련된 기준 좌표계에서 시간의 진행 방향으로 삼을 수 있다(§A.7, 그림 A-29 참고). (대체로 우리는 또 하나의 추가적인 제한을 **k**에 가하는데, 바로 그것이 **비회전성**non-rotating, 즉 **초곡면 직교성**hypersurface orthogonal을 가져야 한다는 것이다. 하지만 이는 지금의 논의에는 특별한 역할을 하지 않는다.)

이미 우리는 §§1.6과 1.9에서 원래의 5차원 칼루자-클라인 이론과 관련하여 킬링 벡터의 개념을 살펴보았다. 그 이론에서는 여분의 공간 차원을 따라 연속적인 대칭이 있어야 하며, 킬링 벡터장은 그 대칭의 방향을 "가리키기"에, 전체 5차원 시공간은 그 방향으로 자신의 계량 구조를 바꾸지 않고서 "자기 자신 위로 미끄러질" 수 있다. 정적인 4차원 시공간 M에 대한 킬링 벡터의 개념도 동일한데, 다만 이제는 4차원 시공간이 계량 구조를 바꾸지 않고서 **k** 방향으로 자기 자신 위로 미끄러질 수 있게 된다(§A.7의 그림 A-29 참고).

이것은 (위상 회전이 없는) 정상성의 양자역학적 정의와 매우 비슷하지만,

---

* 이는 표준적인 양자 형식론에 익숙한 이들이라면 다음 과정을 통해 직접 알아낼 수 있다. 즉, $E = (i\hbar)^{-1}\partial/\partial t$를 에너지 연산자로 택하면, $E|1\rangle = E|1\rangle$이고 $E|2\rangle = E|2\rangle$이기 때문에 $E|\psi\rangle = E|\psi\rangle$이다.

우리는 이것을 일반상대성의 휘어진 시공간 맥락에서 살펴야 한다. 일반상대성에서 킬링 벡터장은 단지 시간 축을 따른 운동으로서 "우리에게 주어진 것"이 아니다. 한편, 시간에 따른 변화가 (미리 할당된 시간 좌표에 대하여) 우리에게 주어진다는 것은 양자역학의 표준적 형식론의 추측이다. 이는 슈뢰딩거 방정식의 한 구체적인 구성요소이다. 바로 이런 차이로 인해 일반상대론적 맥락에서 양자중첩을 고려할 때 근본적인 문제가 발생하게 된다.

여기서 꼭 짚어야 할 것이 있는데, 일반상대성의 사안들을 다룰 수 있으려면 우리가 고려하는 각각의 **개별** 상태(여기서는 |1)과 |2))가 일반상대성의 고전적인 법칙들을 따르는 **고전적인 대상**으로 (적합한 근사의 수준에서) 적절히 취급될 수 있어야 한다는 것이다. 만약 그렇지 **않다면**, 우리는 양자역학 법칙들의 보편적 적용 가능성에 대한 믿음에 구멍이 뚫리게 된다. 왜냐하면 거시적 대상들의 경우에는 뛰어난 근사의 수준에서 고전적 법칙들을 따르는 것이 **관찰되기** 때문이다. 거시적 대상에 대해서는 고전적 법칙들이 정말로 거든하게 **통하므로**, 만약 양자 절차에서도 그렇게 될 수 없다면 양자 절차에 무언가 잘못된 것이 있을 터이다. 이런 점은 일반상대성의 고전적 절차에도 적용되어야 하는데, 이미 §1.1에서 보았듯이 아인슈타인의 이론은 (중력적으로 "깨끗한" 거대한 계(가령, 두 개의 중성자별로 이루어진 쌍성계)에 대해) 매우 정확했다. 그러므로 만약 양자역학의 **U** 절차가 신성불가침임을 인정하고자 한다면, 우리는 그 절차를 지금 고려 중인 일반상대론적인 맥락에도 적용하는 것이 합당함을 인정해야 한다.

이제 개별 상태들 |1)과 |2)의 정상성은 각각의 중력장을 기술하는 **상이한** 시공간 다양체 M_1과 M_2에서의 킬링 벡터 k_1과 k_2에 의해 기술되어야 할 것이다. 두 시공간은 반드시 서로 달라야 하는데, 왜냐하면 돌들은 지구의 주변 기하구조에 대하여 서로 다른 곳에 위치하고 있기 때문이다. 따라서 k_1과 k_2를 동일시할(즉, k_1과 k_2가 "똑같다고" 여길) 중첩의 정상성을 단언할 명확한 방법

은 존재하지 않는다. 이것은 아인슈타인의 **일반적 공변성** 원리의 한 측면인데 (§§1.7과 A.5), 이 원리는 상이하게 휘어진 두 시공간 기하구조 사이의 유의미한 **점별**點別 **동일시**pointwise identification를 금지한다(즉, 한 시공간의 점이 다른 시공간의 어떤 점과 동일한 공간 및 시간 좌표를 갖는다고 해서 두 시공간이 **동일**하다고 보지 않는다). 이 사안을 더 심오한 수준에서 해결하려고 시도하기보다 우리는 단지 뉴턴식 극한에서 k_1과 k_2를 동일시하려는 데서 생기는 **오차**를 추산하고자 한다($c \to \infty$로 둠으로써). (이런 뉴턴식 극한의 체계는 여러 학자들의 연구 결과이다Elie Cartan 1945 and Kurt Friedrichs 1927; Ehlers 1991.)

이 오차를 어떻게 측정할까? 각각의 "동일성이 확인된" 점에는 (이제는 두 시공간에 대한 공통의 킬링 벡터 $k_1 = k_2$에 대하여 취해진) 자유낙하 f_1과 f_2의 두 가지 상이한 가속 상황이 존재하는데, 이들은 두 시공간에서 각각의 국소적인 뉴턴식 중력장이며, 이 차이의 제곱 $|f_1 - f_2|^2$이 시공간 동일시하기의 차이(또는 오차)의 국소적 값이다. 이 국소적 오차 값은 3차원 공간 상에서 적분된다(즉, 더해진다). 이렇게 해서 얻어진 **총오차** 값이 E_G 양인데, 현재의 상황에서는 이 양이 돌의 두 경우(원래는 일치되어 있다가 이후 |1⟩과 |2⟩의 위치 상태로 서로 분리된 상황)를 분리하는 데 드는 에너지임을 비교적 단순한 계산을 통해 밝혀낼 수 있다. 여기서는 둘 사이의 **중력**만이 고려된다. 더 일반적으로 말하자면, E_G는 |1⟩과 |2⟩의 질량 분포 차이의 **중력적 자체 에너지**gravitational self-energy로 확인될 것이다Penrose 1996, §4.2. Lajos Diósi 1984, 1987. 이들도 오래전에 비슷한 제안을 했지만, 일반상대성이론이 그 제안의 동기는 아니었다. (§4.2에서는 이 사안들을 더 자세히 다루면서, 아인슈타인의 등가 원리를 바탕으로 E_G가 중첩의 총정상성을 방해하는 요소라는 위력적인 주장을 제기한다.)

오차 값 E_G는 중첩의 에너지의 근본적인 불확실성을 나타내므로, 앞서 기술한 불안정한 입자에 대해 하이젠베르크의 시간-에너지 불확정성 원리를 이용하면, 우리는 다음 결론을 내릴 수 있다. 즉, 중첩 |ψ⟩는 **불안정**하며, 다음 식과

같은 정도의 평균 시간 τ에 |1)과 |2)로 붕괴될 것이다.

$$\tau \approx \frac{\hbar}{E_G}$$

그러므로 양자중첩은 영원히 지속되지는 않는다. 만약 중첩된 상태들의 쌍의 질량 변위가 매우 작으면(지금까지 실시된 모든 양자 실험의 경우에서처럼), 이러한 고찰 내용에 따라 중첩은 매우 오래 지속될 테고 양자역학의 원리들과의 어떠한 모순도 드러나지 않을 것이다. 그러나 상태들 사이에 상당한 질량 변위가 있다면, 그러한 중첩은 즉시 이런저런 상태로 붕괴되며, 기본적인 양자 원리들과의 이러한 불일치는 관찰될 수 있을 것이다. 아직은 어떠한 양자 실험도 이 차이를 관찰할 수 있는 수준에 이르지는 않았지만, 그런 실험이 상당히 오랜 기간 발전을 거듭해오고 있기에, 관련 내용을 §4.2에서 간략하게 살펴보겠다. 결과가 앞으로 십 년 이내에 얻어지면 좋겠는데, 만약 그렇게 된다면 우리는 분명 흥미로운 진전을 볼 수 있을 것이다.

   설령 위에 나온 $\tau \approx \hbar/E_G$ 기준을 뒷받침하는 관찰 증거가 나와서 표준적인 양자 신조의 문제점이 드러나더라도, **U**와 **R** 모두가(중첩된 상태들 사이의 질량 변위가 작을 때는 **U**가 그리고 매우 클 때는 **R**이) 훌륭한 근사적 서술을 제공한다는 포괄적인 양자론의 목표에는 한참 못 미칠 것이다. 그렇기는 해도 분명 현재의 양자 신조에 어떤 **한계**(아직까지는 검증되지 않은)를 가져다줄 것이다. 나는 **모든** 양자 상태 축소가 앞서 말한 유형의 중력 효과에서 기인한다고 생각한다. 양자역학의 많은 표준적인 상황에서 주요한 질량 변위는 측정 장치와 얽혀 있는 **환경**에서 생길 터인데, 이런 식으로 종래의 "환경적 결어긋남" 관점이 일관된 존재론을 획득할지 모른다. (여기서 채택된 것과 같은 붕괴 모형의 핵심적 특징은 기라르디Ghirardi, 리미니Rimini 그리고 웨버Weber가 1986년에 내놓은 혁신적인 이론에서 지적되었다Ghirardi et al. 1986, 1990.) 하지만 그 개념들은 훨씬 더 포괄적인 내용이며 어쩌면 현재 활발히 제시되고 있는 여러 방안을 통해 필시 10~20년 이내에 실험적으로 검증될지 모른다Marshall et al. 2003; Weaver et al. 2016; Eerkens et al. 2015; Pepper et al. 2012; and Kaltenbaek et al. 2016; Li et al. 2011; Bedingham and Halliwell 2014. 또한 아직은 개발되지 않은 다른 방안들을 통해 검증될 수 있을지도 모른다.

3

공상

3.1 빅뱅 그리고 FLRW 우주론들

공상이 물리 현상에 대한 기본적 이해에 참된 역할을 할 수 있을까? 분명 이것은 과학에 대한 안티테제가 아닐 수 없기에, 진실한 과학적 논의에 낄 수는 없다. 하지만 그렇다고 이 질문을 무턱대고 내팽개칠 수는 없다. 관찰을 통해 밝혀진 결과들을 합리적이고 과학적인 사고를 통해 살펴보더라도 자연의 작동에는 공상적인 듯한 것들이 수두룩하기 때문이다. 앞에서 보았듯이, 양자 현상이 지배하는 지극히 작은 세계는 실제로 매우 공상적인 방식으로 작동하기로 작정한 듯하다. 이 세계에서는 하나의 단일한 물질이 동시에 여러 위치에 존재할 수 있고 어떤 뱀파이어 소설에서처럼 파동으로도 입자로도 행동할 수 있으며, 그 행동 방식은 −1의 제곱근인 "허수"를 포함하는 불가사의한 수에 의해 지배된다.

더군다나 스케일의 다른 쪽 끝에도 SF 작가의 상상력을 훌쩍 뛰어넘는 공상적인 것이 흔하다. 가령, 은하들끼리도 때때로 충돌하고 있는 모습이 관찰되는데, 이는 분명 은하들이 자신들이 창조한 시공간의 왜곡에 의해 서로 맹렬하게 끌어당겨지는 것이다. 이러한 시공간 왜곡 효과는 가끔은 아주 먼 은하들의 모습이 거대한 규모로 비틀리는 현상을 통해 직접 관찰되기도 한다. 게다가 우리에게 알려진 가장 극단적인 시공간 왜곡은 무거운 블랙홀을 만들어낼 수 있는데, 최근에는 그런 블랙홀 한 쌍이 서로를 집어삼켜 더 큰 블랙홀을 낳는다는 사실까지 확인되었다Abbott et al. 2016. 어떤 블랙홀은 질량이 태양의 몇 억 배(심지어 백억 배)인데, 그런 블랙홀은 별(및 주변 행성계) 전체를 꿀꺽 삼킬 수 있다. 그런데도 그런 괴물들은 은하(블랙홀은 은하의 중심부에 위치하는 경향이 있다)와 비교하면 지극히 크기가 작다. 종종 그런 블랙홀은 에너지와 물질 입자들의 방출로 인해 생기는 두 평행광선collimated beam*에 의해 정체를 드러내기도 한다. 두 광선은 은하 중심부의 지극히 작은 영역으로부터 서로 반대 방향으로 향하며 속력은 광속의 99.5%에 이를 수 있다Tombesi et al. 2012; Piner 2006. 어떤 관찰 사례에서는 그런 빔이 다른 은하를 향해 날아가서 그 은하와 충돌하기까지 했다. 마치 은하 대전을 방불케 하는 광경이었다.

심지어 훨씬 더 큰 스케일에서 보면, 우주 전체에 퍼져 있는 보이지 않는 광대한 영역이 존재한다. 완전히 미지의 물질이 전 우주의 물질의 약 84.5%를 차지하는 듯 보인다. 아울러 우주의 가장 먼 영역까지 뻗어 있는 또 다른 것도 있는데, 관찰 결과 이것이 점점 더 빠른 속력으로 만물을 팽창시키고 있다. 이 두 실체는 각각 정체를 알 길 없는 막막한 이름인 "암흑물질"과 "암흑에너지"라고 불리며, 알려진 우주의 전체 구조를 결정하는 중대한 인자들이다. 심지어 이보다도 더 대경실색할 사실을 말하자면, 현재의 우주론적 증거로 볼 때 전체 우주가 하나의 거대한 폭발에서 시작했음이 확실해지고 있는 듯하다. 그 시작 전에는(만약 "전에는"이라는 개념이 모든 물리적 실재의 바탕이 되는 시공간 연속체의 기원에 적용될 때에도 타당하다면) 아무것도 없었다는 것이다. 실로 빅뱅이라는 개념은 공상적인fantastical 발상이다!

정말로 그렇다. 하지만 실제로 우주가 아주 초기에 매우 밀도가 높은 한 작은 점이었다가 급격하게 팽창했음을 뒷받침하는 관찰 증거는 많다. 그 점은 우리에게 알려진 우주의 모든 물질 구성물뿐만 아니라 지금 존재하는 모든 물리적

---

* 광선 속의 빛살들이 서로 평행하여 거의 흩어지지 않고 진행하는 광선을 말한다. —옮긴이

실체들을 담은 전체 시공간을 포함하고 있었는데, 그것이 모든 방향으로 무한정 팽창하는 듯하다. 우리가 아는 모든 것은 이 한 번의 폭발에서 창조된 것 같다. 이를 뒷받침할 증거는 무엇일까? 그 증거를 찾기 위해서는 빅뱅이 믿을 만한지 반드시 평가하고 그것이 우리를 어디로 데려다줄지 살펴보아야 할 것이다.

이 장에서는 우주 자체의 기원에 관해 현재 논의되는 몇몇 아이디어들을 살펴보는데, 특히 관찰 증거를 설명하기 위해 공상이 얼마나 많이 도입되는지 살펴볼 것이다. 근래에 이뤄진 수많은 실험 덕분에 우리는 우주의 시초에 직접적으로 관련된 방대한 데이터를 수집했다. 그래서 이전에는 대체로 검증되지 않은 짐작의 집합체였던 것들이 이제는 정확한 과학으로 변모하게 되었다. 그중 가장 주목할 것이 1989년에 발사된 우주망원경 COBE Cosmic Background Explorer, 2001년에 발사된 우주망원경 WMAP Wilkinson Microwave Anisotropy Probe 그리고 2009년에 발사된 플랑크 우주망원경이다. 이들은 우주배경복사(§3.4 참고)를 점점 더 자세히 살피고 있다. 그래도 여전히 심오한 질문들이 남아 있으며, 곤혹스럽기 그지없는 사안들이 있기에 일부 우주론 이론가들은 공상적이라고 아니할 수 없는 방향으로 나아가게 되었다.

어느 정도의 공상은 분명 정당화되지만, 오늘날의 이론가들은 그 방향으로 너무 심하게 경도된 것이 아닐까? §4.3에서 나는 이러한 여러 곤혹스러운 사안들에 대한 조금은 색다른 답을 내놓을 것이다. 나의 별난 아이디어들의 혼합물인 이 답을 통해 나는 이 사안들을 진지하게 파헤쳐보고자 한다. 하지만 이 책에서 내가 더 관심이 있는 쪽은 현재의 주류적인 시각이 경이로운 우주의 아주 초기의 모습을 어떻게 보는가 하는 점이다. 아울러 일부 현대 우주론자들이 추구하고 있는 어떤 다른 관점의 타당성을 조사하고자 한다.

우선 아인슈타인의 일반상대성이론부터 살펴보도록 하자. 이 굉장한 이론은 우리가 아는 한 휘어진 시공간의 구조 및 천체들의 운동을 매우 정확하게 기술한다(§§1.1, 1.7 참고). 아인슈타인이 이 이론을 우주 전체의 구조에 적용하려고 처음 시도했으며, 이후 러시아 수학자 알렉산드르 프리드만Alexander Friedmann이 1922년과 1924년에 아인슈타인의 장 방정식에 대한 적절한 해를 팽창하는 물질(이 물질은 먼지dust라고 불리는 압력이 없는 유체pressureless fluid에 의해 근사되는데, 이는 은하의 평평한 질량-에너지 분포를 표현한다Rindler 2001; Wald 1984; Hartle 2003; Weinberg 1972)의 완전히 공간적으로 균일한(균질적이고 등방적인) 분포에 대하여 처음으로 구해냈다. 프리드만의 해는 관찰 증거로 볼 때 실제 우주의 평평한 물질 분포를 전체적으로 매우 훌륭하게 근사해내는 듯하며, 아울러 프리드만이 아인슈타인의 방정식 $G = 8\pi\gamma T + \Lambda g$(§1.1 참고)에서 중력원이라고 여겼던 에너지 텐서 T의 값을 알려준다. 프리드만의 모형에 의하면 팽창의 기원은 빅뱅이라고 하는 특이점인데, 여기서 시공간의 곡률은 처음에 무한대로 시작하고, T의 질량-에너지 밀도는 우리가 이 시공간 특이점을 향해 시간을 거슬러 올라가면 무한대로 발산한다. 흥미롭게도 지금은 보편적으로 사용되는 용어인 "빅뱅Big Bang"은 원래 프레드 호일이 1950년에 BBC 라디오 강연에서 삐딱한 뜻으로 썼던 것이다(프레드 호일은 경쟁 이론인 정상steady-state우주론의 열렬한 지지자였다. §3.2 참고). 이 강연은 §3.10에서 다른 맥락에서도 언급되는데, 강연 이후 그 내용을 모은 책도 나왔다Hoyle 1950.

당분간 나는 사전준비 차원에서 아인슈타인의 지극히 작은 우주상수 Λ(앞에서 언급했듯이(§1.1 참고) 우주의 가속 팽창의 원인)가 영이라고 볼 것이다. 그러면 고찰할 경우는 단 세 가지인데, 각 경우는 공간적 기하구조의 곡률 K가 양수($K > 0$), 영($K = 0$), 음수($K < 0$) 중 어느 것이냐에 따라 달라진다. 표준적인 우주론 책에서 K의 값을 1, 0, −1 중 하나로 정규화하는 것이 관례이다. K는 공간 곡률의 실제 정도를 기술하는 실수라고 여기면 된다. 즉, K는 기준으로 선택된 시간 파라미터 t 값에서의 공간 곡률의 값인 셈이다. 가령, 기준 t 값을 우주배경복사가 생겨나던 대분리(§3.4 참고)의 시간으로 정할 수 있지만, 구체적인

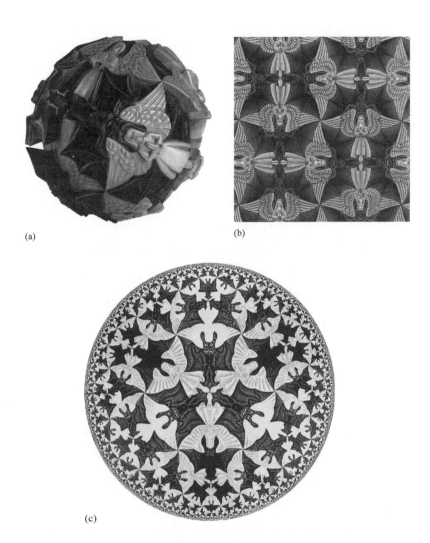

그림 3-1 이차원 사례에 대해 에셔가 균일한 기하구조의 세 유형을 표현하는 방법. (a)양의 곡률($K > 0$). (b)평평한 유클리드 공간($K = 0$). (c)쌍곡기하학의 벨트라미 등각 표현을 이용한 음의 곡률($K < 0$). 앞서 그림 1-38에서도 나온 그림.

선택은 여기서는 중요하지 않다. 관건은 K의 부호가 시간에 따라서 변하지 않는다는 것이다. 따라서 K가 양수, 음수 또는 영이냐 여부는 "기준 시간"의 선택과 무관한 모형의 전체적 특징이다.

하지만 분명히 밝히는데, K의 값만으로 공간의 기하구조가 결정되지는 않는다. 아울러 이 모든 모형들의 비표준적인 "접힌folded-up" 버전들도 있는데, 여기서는 공간의 기하구조가 꽤 복잡하다. 어떤 사례에서는 공간의 기하구조가 심지어 $K = 0$ 또는 $K < 0$이더라도 유한할 수 있다. 그런 모형들이 가끔씩은 사람들의 주목을 받기도 한다Levin 2012; Luminet et al. 2003. 최초의 모형은 Schwarzschild 1900 참고. 하지만 그런 모형들은 현재 논의에는 중요하지 않으며, 이 사안은 지금껏 제시된 대다수 주장들에 의미 있는 영향을 전혀 미치지 않는다. 그런 위상기하학적 복잡성을 무시하고 우리는 단지 균일한 기하구조의 세 가지 유형만을 다룬다. 이 유형들의 2차원의 경우를 네덜란드 화가 M. C. 에셔가 매우 아름답게 그려냈다. 그림 3-1을 참고하기 바란다(§1.15의 그림 1-38과 비교해보기 바란다). 3차원 상황도 2차원과 비슷하다.

$K = 0$인 경우가 가장 이해하기 쉽다. 공간의 영역들이 단지 보통의 유클리드 3-공간이기 때문이다. 그래도 모형의 팽창하는 속성을 표현하려면 이 3차원 유클리드 공간 영역들이 서로 팽창하는 방식으로 관련되어 있다고 보아야 한다(그림 3-2의 $K = 0$인 경우를 보기 바란다). (이 팽창은 발산하는 시간꼴 직선들의 활동이라고 이해할 수 있다. 모형이 기술하는 이상화된 은하들의 세계선들을 표현하는 이 직선들은 우리가 곧 만나게 될 시간선이다.) $K > 0$인 경우는 이해하기가 아주 조금 더 어렵다. 이 경우의 공간인 3-구(S^3)는 통상의 구면 (S^2)을 3차원으로 확장시킨 개념으로서, 우주의 팽창은 이 3-구의 반지름이 시간에 따라 증가하는 것으로 표현된다(그림 3-2의 $K > 0$인 경우를 보기 바란다). 곡률이 음인 $K < 0$인 경우 공간 영역들은 **쌍곡**(또는 **로바쳅스키**) 기하구조이다. 이 기하구조는 (벨트라미-푸앵카레) **등각** 표현을 사용하여 깔끔하게 기술된다. 이 기하구조의 2차원 사례는 한 유클리드 평면에서 원 S의 내부 공간인데, 이 기하구조의 "직선들"은 경계 S와 직각으로 만나는 원호들로 표현된다

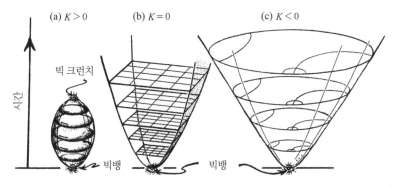

(a) $K > 0$　　　　(b) $K = 0$　　　　(c) $K < 0$

빅 크런치

시간

빅뱅　　　　빅뱅

그림 3-2　프리드만의 먼지로 가득 찬 우주 모형. 우주상수 Λ 값이 영인 경우에 대한 그림. (a)$K > 0$. (b)$K = 0$. (c)$K < 0$.

(그림 3-2에서 $K < 0$인 경우 그리고 §1.15의 그림 1-38(b)를 보기 바란다TRtR, §§2.4~2.6; Needham 1997). 3차원 쌍곡기하구조의 모습도 비슷한데, 여기서는 원 S 대신에 구(통상적인 2-구)가 유클리드 3-공간의 한 부분(3-공)과 만난다. 이 모형에 적용되는 "등각"이라는 용어는 쌍곡기하학이 교점의 두 매끄러운 곡선에 부여하는 각의 치수가 배경의 유클리드 기하학에서 부여되는 값과 동일하다는 사실에서 나온다(가령, 그림 1-38(a)의 물고기 지느러미 끝의 각도나 그림 3-1(c)의 악마 날개의 각도는 경계를 이루는 원과 아무리 가까이 있어도 정확하게 표현된다). 이를 (대략적으로) 진술하는 또 하나의 방법은, 매우 작은 영역들의 **모양들**(대체로 크기는 제외하고)이 이들 표현에서 정확하게 그려진다는 것이다(§A.10의 그림 A-39를 보기 바란다).

앞서 언급했듯이 우주에서 Λ가 실제로 매우 작은 **양**의 값이라는 인상적인 증거가 있다. 따라서 우리는 $\Lambda > 0$인 프리드만 모형을 살펴보아야겠다. 사실 Λ가 매우 작긴 하지만, 그래도 관찰된 값으로 보면 그림 3-2(a)에 나오는 "빅 크런치big crunch"라는 대붕괴를 극복할 만큼은 크다. 현재 관찰로 알려진 K 값들의 세 가지 가능한 상황 **모두**에서 우주는 결국 줄기차게 가속 팽창할 것으로 예

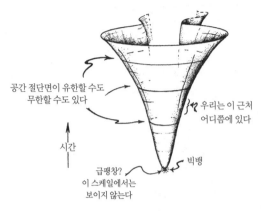

공간 절단면이 유한할 수도
무한할 수도 있다

우리는 이 근처
어디쯤에 있다

시간

빅뱅

급팽창?
이 스케일에서는
보이지 않는다

그림 3-3 우리 우주의 역사를 보여주는 시공간 구조로서, 관찰 결과로 드러난 (충분히 큰) $\Lambda > 0$을 포함하기 위해 수정된 그림이다. 그림의 뒷면에 보이는 불확실성은 전체적인 공간 기하학의 불확실성을 반영하는데, 이는 우주의 변화에 있어서 중요한 역할을 하지는 않는다.

상된다. 그처럼 Λ가 일정한 양의 값일 때, 우주의 팽창은 무한정 계속 가속하여 결국 **기하급수적**으로 팽창할 것이다(§A.1의 그림 A-1 참고). 이에 따라 현재 예상되는 우주 역사의 전 과정이 그림 3-3에 그려져 있다. 여기서 그림의 뒤쪽에 나타난 모호한 표현은 공간 곡률 K에 대한 모든 가능한 세 가지 가능성을 허용하자는 의미이다.

$\Lambda > 0$인 경우에 대한 이 모든 모형들의 아주 먼 미래는 설령 불규칙성에 의해 방해를 받게 되더라도 매우 비슷하며, 더 **시터르 공간**이라고 하는 특정한 시공간 모형으로 잘 기술되는 것 같다. 그 공간에서는 아인슈타인의 텐서 $\mathbf{G}$가 $\Lambda\mathbf{g}$라는 단순한 형태를 띤다. 이 모형은 빌럼 더 시터르(그리고 독립적으로 툴리오 레비치비타)에 의해 1917년에 나왔다de Sitter 1917a,b; Levi-Città 1917; Schrödinger 1956; TRtR, §28.4, pp. 747~50. 이 모형은 실제 우주의 아주 먼 미래를 훌륭하게 근사해냈다고 널리 인정되고 있는데, 아주 먼 미래의 에너지 텐서는 완전히 Λ에 의해 지배를 받기에 미래의 극한에서 $\mathbf{G} \approx \Lambda\mathbf{g}$가 된다.

물론 이는 아인슈타인의 방정식 $\mathbf{G} = 8\pi\gamma\mathbf{T} + \Lambda\mathbf{g}$가 무한정 계속 유효하여 지

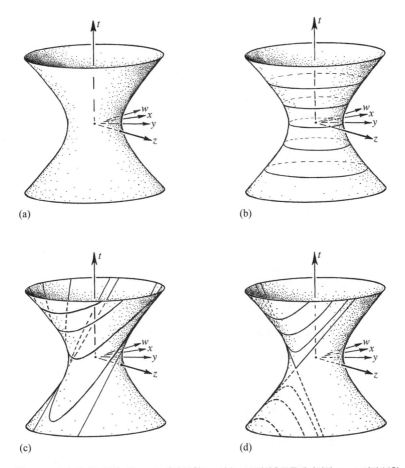

그림 3–4 (a)더 시터르 공간. (b)$K > 0$ 시간 분할(t = 상수). (c)정상우주론에서처럼 $K = 0$ 시간 분할 ($t - w$ = 상수). (d)$K < 0$ 시간 분할($-w$ = 상수).

금까지 확인된 Λ의 값이 계속 상수로 유지된다는 가정하에서의 일이다. §3.9에서 보겠지만, 급팽창inflation 우주론이라는 희한한 발상에 따르면 더 시터르 모형은 빅뱅 직후의 아주 초기의 우주도 기술해준다. 비록 거기서는 Λ의 값이 훨씬 더 커지지만 말이다. 이런 사안들은 나중에(특히 §§3.7~3.9 그리고 4.3에서) 상당히 중요해지는데, 당분간 우리의 논의에서는 관심사가 아니다.

더 시터르 공간은 매우 대칭적인 시공간으로, 민코프스키 5-공간의 (유사) 구로서 기술될 수 있다. 그림 3-4(a)를 보기 바란다. 구체적으로 말하자면, 그 것은 자취 $t^2 - w^2 - x^2 - y^2 - z^2 = -3/\Lambda$로 표현되며, 국소적인 계량 구조는 좌 표가 (t, w, x, y, z)인 주위의 민코프스키 5-공간의 계량 구조로부터 얻어진다. (미분방정식을 이용하여 계량을 표시하는 표준적인 방법에 익숙한 독자에게 말하자면, 이 민코프스키 5-계량은 $ds^2 = dt^2 - dw^2 - dx^2 - dy^2 - dz^2$의 형태 를 띤다.) 더 시터르 공간은 민코프스키 4-공간만큼이나 매우 대칭적인데, 각 공간은 10-파라미터 대칭군을 갖는다. 아울러 앞서 §1.15에서 보았듯이(163쪽 의 주석 참고) 가상적인 반anti 더 시터르 공간도 있다. 이 공간은 더 시터르 공간 과 매우 밀접한 관련이 있으며, 역시 10-파라미터의 한 대칭군을 갖는다.

더 시터르 공간은 빈 모형으로서 그것의 에너지 텐서 **T**가 영이다. 따라서 직교 3-공간 영역들을 이용하여 "동시 시간"의 특정한 3-기하구조를 결정 할 수 있는 시간선들을 정의할 (이상화된) 은하들을 갖지 않는다. 사실 놀랍 게도, 더 시터르 공간에서 우리는 그런 3차원 공간 (동시 시간) 영역들을 본 질적으로 상이한 세 가지 방법으로 선택할 수 있다. 따라서 더 시터르 공간은 세 가지 공간 곡률 유형을 지닌 공간적으로 균일한 우주라고 해석할 수 있는 데, 이 세 유형은 그 공간을 다음과 같이 일정한 시간의 3-곡면으로 자르는 방 식에 따라 달라진다. 즉, $K > 0(t = 상수)$, $K = 0(t - w = 상수)$ 그리고 $K < 0$ $(-w = 상수)$. 그림 3-4(b)~(d)를 보기 바란다. 이 내용은 에르빈 슈뢰딩거의 1956년도 저서인 『팽창하는 우주』에 아름답게 소개되어 있다. §3.2에서 만나게 될 오래된 정상우주 모형은 그림 3-4(c)에 나오는 $K = 0$ 시간 분할에 따라 더 시터르 공간에 의해 기술된다(그리고 §3.5의 그림 3-26(b)에서 등각적으로 표 현된다). 팽창 우주론의 대다수 버전들(§3.9에서 보게 될 버전들) 또한 $K = 0$ 시 간 분할을 사용한다. 그러면 팽창이 무한정한 시간 동안 균일하게 지수적으로 계속 일어나기 때문이다.

사실 실제 우주를 지극히 큰 스케일에서 보자면, 현재의 관찰 결과들은 이들 기하구조들 중에서 어느 것이 가장 올바른지 확실하게 알려주지 않는다. 그러나 궁극적인 답이 무엇이든 $K = 0$이 정답에 매우 가깝지는 않은 것 같다(놀랍게도 이십 세기 말경 $K < 0$이라는 매우 신빙성 있는 증거에 의할 때 그렇다). 어떤 의미에서 이는 가장 불만족스러운 상황인데, 그 이유는 만약 K가 영에 매우 가깝다고 말할 수밖에 없다면 다른 더욱 정교한 관찰(또는 더 설득력 있는 이론)도 다른 기하구조들 중 하나(즉, 구형 또는 쌍곡 기하구조)가 우주의 실재에 더 적합한지 확신할 수가 없기 때문이다. 만약에 $K > 0$인 훌륭한 증거가 마침내 나온다면 정말이지 철학적으로 의미심장한 결과일 것이다. 왜냐하면 우주가 공간적으로 무한하지 않다는 의미이기 때문이다. 하지만 현재로서는 $K = 0$이라는 관찰 증거가 가장 유력하다. 이는 매우 훌륭한 근사적 결과일 수는 있지만, 우주 전체가 실제의 공간적 균질성과 등방성에 얼마나 가까운지 우리는 모른다. 특히 CMB 관찰에서 얻어진 반대 사례들에 비추어보면 말이다Starkman et al. 2012; Gurzadyan and Penrose 2013, 2016.

프리드만의 모형 및 이를 일반화한 모형에 따라 전체 시공간의 모습을 완벽히 파악하려면 공간 기하구조의 "크기"가 탄생 직후부터 시간에 따라 어떻게 변하는지 알아야 한다. 프리드만 모형(또는 이를 일반화시킨 **프리드만–르메트르–로버트슨–워커(FLRW) 모형**. 이 모형의 경우 공간 영역들은 균질적이고 등방적이며 전체 시공간이 이 영역들의 대칭성을 공유하고 있다)과 같은 표준 우주론 모형들에서는 우주 모형의 시간 변화를 기술하기 위해 **우주 시간**cosmic time이라는 잘 정의된 개념이 있다. 우주 시간은 시간 척도로서 빅뱅 때 $t = 0$에서 시작하며, 이상화된 은하의 세계선을 따르는 이상적인 시계에 의해서 측정된다. 그림 3-5(그리고 §1.7의 그림 1-17)를 보기 바란다. 나는 이 세계선을 FLRW 모형의 **시간선**time-line이라고 부르고자 한다(때로는 우주론 교재에서 **근본적 관찰자의 세계선**이라고도 칭한다). 시간선은 일정한 t의 3-곡면이 공간 영

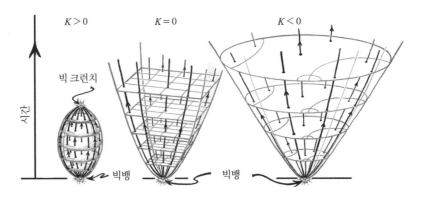

그림 3-5 그림 3-2의 프리드만 모형에 시간선(이상화된 은하 세계선)을 그려 넣은 그림.

역들에 직교하는 측지곡선이다.

더 시터르 공간의 경우도 이런 면에서 조금 비슷하다. 앞서 언급했듯이, 이 공간은 아인슈타인 방정식 $\mathbf{G} = 8\pi\gamma\mathbf{T} + \Lambda\mathbf{g}$의 $\mathbf{T} = 0$이라는 의미에서 비어 있기 때문에, 시간선을 제공할 또는 공간 기하구조를 정의할 물질 세계선이 존재하지 않는다. 따라서 우리는 국소적으로 그 모형이 $K > 0$, $K = 0$ 또는 $K < 0$ 우주 중 어느 것을 기술할지를 선택할 수 있다. 그럼에도 불구하고 대역적으로 보자면 세 상황은 다르다. 왜냐하면 그림 3-4(b)~(d)에서 볼 수 있듯이, 각각의 경우마다 전체 더 시터르 공간의 상이한 부분이 시간 분할에 의해 다루어지기 때문이다. 아래 논의에서 나는 $\mathbf{T}$가 영이 아니어서 물질의 에너지 밀도가 양수가 되도록 가정하는데, 그러면 시간선이 잘 정의되며 그림 3-2에 나와 있듯이 각각의 t 값에 대하여 일정한 시간의 공간꼴 3-곡면도 잘 정의된다.

표준적인 프리드만 우주에 대해 $K > 0$인 양의 공간 곡률의 경우, 우리는 3-구 공간 영역들의 반지름 R을 이용하여 "크기"를 나타낼 수 있으며, 이 크기는 t의 함수이다. $\Lambda = 0$일 때 함수 $R(t)$는 (R, t)-평면에서 **사이클로이드**를 그리는데 (빛의 속력 $c = 1$로 할 때), 이것은 ($R(t)$의 최댓값 $R_{\max}$인 고정된 지름을 갖는)

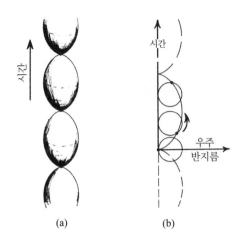

(a)   (b)

그림 3-6 (a)진동하는 프리드만 모형($K > 0$, $\Lambda = 0$). (b)반지름을 시간의 함수로 나타내면 사이클로이드 이다.

원의 둘레 상의 한 점이 t-축을 따라 구를 때 그리는 간단한 기하학적 자취이다 (그림 3-6(b) 참고). 그림에서 보면 (πR_{max}로 주어지는 시간 후에) R의 값은 0 에 이르고, 다시 우주는 빅뱅을 맞아서 전체 우주 모형($0 < t < \pi R_{max}$)은 두 번째 특이점 상태로 붕괴한다. 이를 가리켜 종종 빅 크런치Big Crunch라고 한다.

나머지 두 경우인 $K < 0$ 및 $K = 0$(그리고 $\Lambda = 0$)에서는 우주 모형이 무한 정 팽창하기에 빅 크런치가 생기지 않는다. $K < 0$인 경우에는 R과 비슷한 "반지름" 개념이 있지만, $K = 0$인 경우에는 이상화된 은하 세계선들의 한 임의적 인 쌍을 골라서 그것들이 공간적으로 분리된 정도를 R로 삼을 수 있다. $K = 0$인 경우에는 팽창 속도expanding rate는 점점 줄어서 점근적으로 영에 가까워지지만 $K < 0$인 경우에는 극한으로 가면 양의 어떤 값에 다다른다. 현재의 관찰에서 밝혀진 바로는, Λ는 실제로 양의 값이며 팽창 속도를 지배하기에 충분히 큰 값 이다. 그리고 K의 값은 역학에 중요하지 않으며 우주는 그림 3-3처럼 가속 팽 창을 줄기차게 계속한다.

상대론적 우주론의 초기 시절에 양수 K 모형($\Lambda = 0$)은 흔히 진동하는 모형이라고 불렸다(그림 3-6(a)). 왜냐하면 원이 한 사이클(그림 3-6(b)의 점선 곡선) 이상 계속 구르게 놔두면 사이클로이드 곡선이 무한정 반복되기 때문이다. 계속 반복되는 사이클로이드의 사이클들은 실제 우주의 연속적인 사이클을 표현하는 것일지 모른다. 일종의 바운스bounce 현상(다시 튀어 오르는 현상)이 일어나는 까닭에, 우주가 빅 크런치를 겪을 때마다 다시 팽창이 시작될지 모른다. 비슷한 가능성이 $K \leq 0$인 경우에도 생기는데, 여기서 우리는 시공간의 붕괴하는 위상을 상상할 수 있으며, 이는 팽창하는 위상의 시간 역행과 동일하다. 이때의 빅 크런치가 현재 우주의 팽창하는 위상을 낳은 빅뱅과 일치한다. 이번에도 우리는 일종의 바운스가 작용하여 붕괴를 팽창으로 변환시킬 수 있게 되었다고 보아야 할 것이다.

하지만 이것이 물리적으로 타당하려면 어떤 믿을 만한 수학적 체계가 제시되어야 할 텐데, 그것은 현재의 물리학 지식 및 절차들과 일치해야 하며 그런 바운스를 수용할 수 있어야 한다. 예를 들어 우리는 프리드만이 자신의 "평평한 은하들"의 전체적인 물질 분포를 기술하기 위해 도입한 상태 방정식을 바꾸는 걸 상상해볼 수 있다. 프리드만은 먼지dust라고 불리는 근사를 사용했는데, 거기서는 구성 "입자들(즉, "은하들". 이것들의 세계선은 시간선이다)" 간의 상호작용이 (중력 외에는) 없다고 보았다. 상태 방정식을 바꾸면 $t = 0$ 근처에서 $R(t)$의 행동이 상당히 달라질 수 있다. 사실, 빅뱅 근처에서 프리드만의 먼지보다 더 나은 근사처럼 보이는 것은 나중에 미국 수리물리학자이자 우주론자인 리처드 체이스 톨먼이 사용한 상태 방정식이다Richard Chace Tolman 1934. 톨먼의 (FLRW) 모형에서 그가 도입한 상태 방정식은 순수한 복사pure radiation 방정식이었다. 이것은 아주 초기 우주의 물질 상태를 훌륭하게 근사해줄지 모른다. 그 시기에는 우주의 온도가 매우 높아서, 빅뱅 직후에 존재했을 가능성이 높은 가장 무거운 입자들의 경우 입자당 에너지가 질량 m에 대해 $E = mc^2$ 에너지를 훨씬 초과한

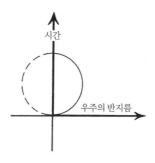

그림 3-7 **톨먼의 복사로 가득 찬**($K > 0$, $\Lambda = 0$) 모형. 우주의 반지름을 시간의 함수로 표현하면 반원으로 나타낼 수 있다.

다. 톨먼의 모형에서 $K > 0$인 경우, $R(t)$ 곡선의 모양은 사이클로이드의 아치가 아니라 (R과 t의 스케일을 적절하게 정하면) 반원이다(그림 3-7). 먼지 모형의 경우에서는 빅 크런치에서 빅뱅으로의 전환이 해석적 확장(§A.10 참고)에 의해 정당화된다고 간주했다. 왜냐하면 우리는 그런 수학적 수단을 통해 사이클로이드 곡선의 한 아치에서 다음 아치로 정말로 옮겨갈 수 있기 때문이다. 하지만 톨먼의 순수 복사의 반원의 경우에는 해석적 확장 절차는 단지 반원을 원으로 완성시키는 것일 뿐이어서, 만약 우리가 이 절차를 바운스의 한 수단으로 여겨 접속이 t의 음의 값에서 이루어지게 허용한다면 전혀 말이 되지 않는다.

만약 바운스가 단지 상태 방정식의 변화로 인해 생길 뿐이라면, 톨먼의 복사보다 훨씬 더 급진적인 어떤 것이 필요할 것이다. 여기서 진지하게 짚어보아야 할 점은, 만약 바운스가 (시공간이 전부 평평하고 모형의 공간적 대칭성이 보존되는) 어떤 비특이적 전환을 통해 발생한다면, 붕괴하는 위상의 세계선들의 수렴은 이후의 팽창하는 위상에서 한 위상을 다음 위상과 연결시키는 병목을 따라 반드시 발산하는 세계선으로 변환되어야 한다는 것이다. 만약 이 병목이 매끄럽다면(비특이적이라면), 세계선들의 이런 수렴이 극단적인 발산으로 전환되는 현상은 병목에 엄청나게 큰 곡률이 존재해야만 생길 수 있으며, 병목이 강한 반발성을 지녀서 통상의 고전적 물질이라면 만족해야 할 표준적인 양의 에너지 조건과 격렬하게 상충해야 가능한 일이다(§§1.11, 3.2, 3.7 참고)Hawking and Penrose 1970.

이런 이유로 우리는 FLRW 모형의 맥락 내에서 바운스를 설명해줄 타당한 고전적 상태 방정식을 기대할 수는 없기에, 양자역학의 방정식들이라면 길을 열어줄 수 있을까 물어보지 않을 수 없다. 이때 반드시 유념해야 할 점이 있다. 바로 고전적인 FLRW 특이성 근처에서 시공간 곡률은 무한정 커진다는 점이다. 만약 그런 곡률을 곡률 반지름으로 기술한다면 이 반지름(곡률 값의 역수)은 무진장 작아질 것이다. 고전적인 기하학의 개념들을 계속 사용하는 한, 시공간 곡률 반지름은 고전적 특이성 근처에서 무한정 작아질 것이고, 결국에는 $\sim 10^{-33}$cm인 플랑크 스케일(§§1.1, 1.5 참고)보다도 더 작아질 것이다. 양자중력을 고려할 때 대다수 이론가들은 이 스케일에서 시공간의 일반적인 평평한 다양체 구도와는 급진적으로 다른 상황이 펼쳐질 것이라고 예상한다(나는 §4.3에서 이 사안에 대하여 매우 다른 주장을 펼칠 것이다). 그렇든 아니든 간에, 그런 급격하게 휘어진 시공간 기하구조 근처에서 양자역학의 절차들과 일치하려면 일반상대성의 절차들이 반드시 수정되어야 한다고 보는 견해는 결코 비합리적이지 않다. 달리 말해서, 어떤 적절한 **양자중력** 이론이 나와야지만 아인슈타인의 고전적 절차들이 특이성에 빠지는 (하지만 §4.3의 내용과는 대조적인) 상황들에 대처할 수 있을 것이다.

이러한 상황에는 전례가 있었다는 주장이 흔히 제기되어 왔다. §2.1에서 지적했듯이, 이십 세기에 들어서면서 원자의 고전적 구도에 관한 진지한 문제가 하나 있었다. 원자는 이전 이론에 의하면 전자들이 나선을 그리며 원자핵 속으로 붕괴되는 특이 상태로 빠질 수밖에 없었기 때문에, 이 문제를 해결하려면 양자역학이 도입되어야 했다. 이와 비슷하게 우주 전체가 끔찍하게 붕괴할지 모르는 상황도 양자역학의 절차들이 해결해줄 수 있을까? 하지만 당혹스럽게도

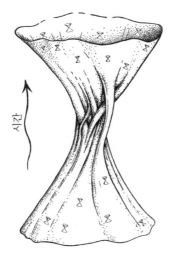

그림 3–8 다시 튀어 오르는 우주의 상상도. 여기서는 극단적인 불규칙성으로 인해 특이점 없이 붕괴에서 팽창으로 전환된다.

아직까지 일반적으로 인정되는 양자중력 이론은 나오지 않았다. 더 심각한 것은 이제껏 나온 제안들 대다수는 특이점 문제를 해결하지 못하고 있기에, 특이점은 양자화된 이론에서도 여전히 문젯거리로 남아 있다는 사실이다. 몇 가지 예외로서, 비특이적 양자 바운스를 주장하는 어떤 이론들Bojowald 2007; Ashtekar et al. 2006이 있는데 이 사안은 §§3.9와 3.11(그리고 §4.3)에서 다시 다룬다. 거기서 나는 이런 유형의 제안이 실제 우주의 특이점 문제를 해결할 희망을 그다지 안 겨주지 못한다고 주장할 것이다.

특이점을 피하는 완전히 다른 시나리오도 있다. 즉, 붕괴하는 우주 위상에 존재하는 정확한 대칭으로부터 벗어나는 작은 편차가 빅 크런치가 다가오면서 거대하게 확대되는 바람에, 완전히 붕괴된 상태 근처에서 시공간의 구조가 FLRW 모형으로 결코 근사되지 않는다는 것이다. 따라서 FLRW 모형에서 드러나는 특이성이 가짜일지 모른다는 희망이 종종 표출되었다. 그리고 더욱 일반적인 비대칭 상황에서는 그런 고전적인 시공간 특이점이 발생하지 않기에,

한 일반적인 붕괴하는 우주는 어떤 복잡한 직접적인 시공간 기하구조를 통해서(그림 3-8 참고) 불규칙적으로 팽창하는 상태가 될 것이라는 예상이 나온다. 심지어 아인슈타인조차도 이런 식으로 주장하면서, 어떤 불규칙적인 붕괴 과정에서 바운스가 발생하여Einstein 1931; Einstein and Rosen 1935 또는 최종적인 붕괴를 방지하는 천체들의 궤도 운동에 의해Einstein 1939 특이점을 피할 수 있을지 모른다고 하였다.

그러한 특이점 근처(하지만 특이점은 아닌 지점)의 붕괴에 뒤이어 불규칙성의 펴짐을 통해 등장한 이 상태가 그림 3-8에 나오는 팽창하는 FLRW 모형을 매우 가깝게 근사해내리라고 기대할 수 있다는 주장이 나올 법하다. 실제로 1963년에 두 러시아 이론물리학자 예브게니 미하일로비치 리프시츠와 이사크 할라트니코프는 어떤 자세한 분석을 실시했는데Lifshitz and Khalatnikov 1963, 이 분석에 의하면 특이점은 일반적인 상황에서는 생기지 **않는** 듯하다. 따라서 방금 설명한 유형의 비특이적 바운스의 타당성을 지지하는 듯하다. 그러므로 일반상대성이론에서 중력 붕괴로 인해 생기는 시공간 특이점(붕괴하는 프리드만 또는 다른 FLRW 모형들과 같은 알려진 정확한 해들에서 드러나는 특이점)은 오직 이런 알려진 해들이 정확한 대칭성과 같은 비현실적인 특수한 속성을 지니고 있기 때문에 생기므로 그런 특이점은 비대칭적인 광범위한 교란이 도입될 때는 지속되지 않을 것이라는 주장이 나왔다. 하지만 이 주장은 **틀렸음**이 밝혀졌으며, 이에 대해 다음 절에서 살펴보겠다.

3.2 블랙홀과 국소적 불규칙성

1964년에 나는 이 사안과 매우 밀접한, 하나의 별 또는 별들의 집합이 국소적인 중력 붕괴를 일으켜 **블랙홀**로 변하는 문제를 진지하게 생각하기 시작했다.

블랙홀이라는 개념은 백색왜성이 자체 중력으로 붕괴하지 않은 채로 지닐 수 있는 질량에 한계(태양 질량의 약 1.4배)가 있음을 19세 인도인 천체물리학자 수브라마니안 찬드라세카르가 1930년에 처음으로 증명한 이래로Wali 2010; Chandrasekhar 1931 줄곧 무대 뒤에 있었다. 백색왜성은 지극히 밀도가 높은 별이다. 실제로 발견된 사례는 하늘에서 가장 밝은 별인 시리우스의 동반성同伴星이었다. 이 작은 동반성인 시리우스 B는 질량은 태양과 엇비슷하지만 지름은 지구만 했기에 부피는 태양보다 약 10^6배 작았다. 그런 백색왜성은 기본적으로 자신의 핵연료를 소진해버려서, 이른바 **전자축퇴압**electron degeneracy pressure이라는 힘에 의해서만 겨우 (수축 붕괴를 면하고) 별의 형태를 유지하고 있었다. 이 압력은 파울리의 배타 원리(§1.14 참고)가 전자에 작용하여 생기는데, 전자들이 서로 너무 가깝게 모이지 않도록 해준다. 찬드라세카르가 밝히기로, 만약 어떤 별이 위에 나온 질량 한계를 초과하게 되면, 이 과정의 효과에 근본적인 방해가 생긴다. 그리하여 전자들이 광속에 근접하는 속력으로 움직이기 시작하고, 별이 충분히 식을 때 전자축퇴압이 더 이상 별의 붕괴를 막을 수 없게 된다.

훨씬 더 응축된 상태도 발생할 수 있는데, 여기서는 붕괴가 때때로 이른바 **중성자축퇴압**neutron degeneracy pressure을 통해 중단될 수 있다. 이 압력은 전자들이 빽빽이 모여 중성자를 생성하고, 파울리의 배타 원리가 이 중성자들에 작용하는 경우다Landau 1932. 사실 그런 **중성자별**들이 현재 많이 관찰되는데 중성자별의 밀도는 믿을 수 없을 정도로 커서, 태양보다 약간 더 큰 질량이 약 10km 반지름의 구 속에 꽉 들어차 있을 정도이다. 태양과 비슷한 질량인 별의 부피가 태양보다 10^{14}배보다 더 작은 셈이다. 중성자별은 엄청나게 강한 자기장을 종종 거느리며 급속하게 회전할 수 있는데, 이처럼 회전하는 자기장이 국소적으로 대전된 물질에 미치는 효과는 어마어마해서, 10^5광년 이상이나 떨어진 지구에서도 감지할 수 있을 정도의 강력한 전자기파를 방출한다. 이처럼 깜빡깜빡 전자기파를 방출하는 천체를 **펄서**pulsar라고 한다. 하지만 이번에도 중성자별이 가질 수 있는 질량에 한계(찬드라세카르 한계와 비슷한 란다우 한계)가 존재한다. 이 한계의 정확한 값에는 약간의 불확실성이 있지만, 태양의 두 배 질량을 훨씬 초과할 것 같지는 않다. 밝혀지기로, 이제껏(이 글을 쓰는 현재까지) 발견된 가장 무거운 중성자별은 (공전주기가 $2\frac{1}{2}$시간인) 한 백색왜성과 함께 J0348+0432 쌍성계를 이루고 있는 펄서인데 질량이 태양의 딱 두 배이다.

국소적인 물리 과정에 대한 지금까지의 이론에 의하면 그런 매우 압축된 무거운 천체의 붕괴를 막을 방법은 없다. 그러나 훨씬 더 무거운 별들(그리고 별들이 집약적으로 모인 경우)도 많이 관찰되기에, 다음과 같은 근본적인 질문이 제기된다. 매우 큰 별의 핵연료가 소진될 때 중력 붕괴로 인해 결국 그런 실체들은 어떤 운명을 맞게 되는가? 이 주제에 관해 1934년에 나온 혁신적인 논문에서 찬드라세카르는 아주 조심스러운 어조로 이렇게 말했다.

질량이 작은 별의 일생은 질량이 큰 별의 일생과는 근본적으로 다를 수밖에 없다. 질량이 작은 별의 경우 자연스러운 백색왜성 단계는 완전한 소멸로 향하는 초기 단계이다. 임계질량 m보다 무거운 별은 백색왜성 단계로 진입할 수 없기에 우리는 다른 가능성을 살피게 된다.

한편, 이를 회의적으로 보는 사람들도 많다. 특히 저명한 영국 천체물리학자 아서 에딩턴(경)은 이렇게 말했다Arthur Eddington 1935.

별은 빛을 방출하고 방출하여 수축하고, 수축하고, 수축하다가 마침내 몇 킬로미터 반지름 크기로 줄어든다. 이때 중력은 빛의 방출을 억제할 정도로 강해지고, 별은 마침내 평온을 찾을 수 있다 … 별이 이처럼 터무니없이 행동하지 못하게 막는 자연법칙이 분명 있을 것이다!

이 사안은 1960년대 초반에 특히 관심을 끌었으며, 저명한 미국 물리학자 존 아치볼드 휠러John Archibald Wheeler가 강조한 내용이다. 특히 1963년에 독일 천문학자 마르텐 슈미트Maarten Schmidt가 최초의 퀘이사quasar 3C 273을 발견한 것이 계기였다. (적색편이로 확인하기로) 명백히 아주 먼 거리에 있는 이 천체의 절대밝기는 매우 높은 것으로 판단되었다. 태양의 밝기의 4×10^{12}배 이상이기에, 빛의 출력은 우리 은하 전체의 총출력의 약 백 배에 이른다! 비교적 크기가 작다보니(태양계와 엇비슷한 크기인데, 이는 며칠 주기로 출력이 급격하게 변하는 현상으로부터 도출된다) 이 특이한 질량-에너지 출력에 대해 천문학자들은 다음과 같이 결론 내렸다. 즉, 이 에너지 방출을 일으키는 가운데 천체는 거대하지만 지극히 조밀한 질량을 가져야 하는데, 이는 자신의 **슈바르츠실트 반지름**Schwarzschild radius만큼이나 작은 크기로 압축되어 있다고 말이다. 이 임계 반지름은 질량 m인 구형의 대칭 물체의 경우 아래의 값을 갖는다.

$$\frac{2\gamma m}{c^2}$$

여기서 γ는 뉴턴의 중력상수이고 c는 빛의 속력이다.

이 반지름에 대해 약간의 설명이 필요하다. 이것은 한 정적인 구형의 대칭적인 무거운 물체(이상화된 별)를 감싸는 진공의 중력장에 대한 아인슈타인 방정식($G = 0$. §1.1 참고)의 유명한 **슈바르츠실트 해**이다. 이 해는 아인슈타인이 1915년 후반에 일반상대성이론을 완성한 직후 독일의 물리학자 겸 천문학자인 카를 슈바르츠실트Karl Schwarzschild가 찾아냈다(그 직후 슈바르츠실트는 제1차 세계대전 때 러시아 전선에서 감염된 희귀 질병 때문에 안타까운 죽음을 맞았다). 만약 붕괴하는 물체가 내부를 향하여 대칭적으로 수축한다고 가정하면, 그리고 아인슈타인 방정식이 요구하는 대로 슈바르츠실트의 해가 계속하여 그러한 과정을 고유하게 만족시킨다면, 계량에 대한 좌표 표현은 슈바르츠실트 반지름에서 특이점을 만난다. (아인슈타인을 포함해) 대다수 물리학자들도 실제의 시공간 기하구조가 바로 그 위치에서 특이점에 이른다고 여겼다.

하지만 나중에 드러난 바에 의하면 슈바르츠실트 반지름은 시공간 특이점이 아니다. (대칭적으로 구형으로) 붕괴하는 물질이 그 반지름에 도달하면 이른바 블랙홀 단계로 진입하는 지점이었던 것이다. 임의의 구형 물체가 자신의 슈바르츠실트 반지름 이내로 압축되면 비가역적으로 급속히 붕괴하여 시야에서 사라진다. 일례로 3C 273에서 보이는 에너지 방출은 슈바르츠실트 반지름 바로 바깥 영역에서 일어나는 중력 붕괴로 인해 생긴다고 한다. 별을 포함해 어떤 물질이든 블랙홀에 삼켜지기 전에 일어나는 격렬한 과정 때문에 엄청나게 일그러지고 뜨겁게 가열될 것이다.

정확한 구형 대칭이라는 가정하에 천체가 중력 붕괴로 블랙홀이 되는 과정은 프리드만 모형에서 일어나는 상황과 상당히 비슷하다. 이 모형에서도 아인슈타인 방정식에 대한 정확한 해(1939년에 오펜하이머Oppenheimer와 스나이더Snyder가 알아낸 해)가 존재하는데, 이 해 또한 구형 대칭 경우의 중력 붕괴에 대한 완전한 기하학적 시공간 구조를 알려준다. 붕괴하는 물질에 대한 에너지 텐서 T는 프리드만 모형의 먼지의 에너지 텐서이다. 이 해의 "물질" 부분은 (붕괴하는 우주의 부분과 마찬가지로) 정확히 프리드만 먼지 모형의 한 부분이다. 오펜하이머−스나이더 해에서는 구형으로 대칭적인 물질(먼지) 분포가 슈바르츠실트 반지름을 향하여 붕괴하다가 결국 중심부에서 시공간 특이점에 다다른다. 여기서 붕괴하는 물질의 밀도(그리고 시공간의 곡률)가 무한대가 된다.

알려지기로, 슈바르츠실트 반지름은 슈바르츠실트가 사용했던 정적인 유형의 좌표에서만 특이점이 된다. 그런데도 오랫동안 그것이 진짜 특이점이라는 오해를 샀다. 흥미롭게도 슈바르츠실트 반지름이 일종의 좌표 특이점이며, 해를 이 영역 속으로 매끄럽게 확장하여 중심부에 있는 실제 특이점에 이르게 할 수 있음을 1921년에 처음 밝혀낸 사람은 수학자 폴 팽르베Paul Painlevé였다. 그는 1917년에 프랑스의 국무총리직을 맡았었고 다시 1925년에도 총리직을 맡았다

Painlevé 1921. 하지만 그의 결론은 상대성이론 학계에서 대체로 인정받지 못했는데, 그도 그럴 것이 당시에는 아인슈타인의 이론을 어떻게 해석해야 할지를 놓고서도 의견이 분분했기 때문이다. 그러다가 1932년에 조르주 르메트르는 자유낙하하는 물체가 이 반지름 속으로 들어가도 특이점과 마주치지 않을 수 있음을 명확히 밝혀냈다Lemaître 1933. 이와 관련된 기하학을 1958년에 훨씬 더 단순하게 설명한 사람이 데이비드 핀켈스타인이다Finkelstein 1958. 이를 위해 그는 슈바르츠실트 계량의 한 형태를 사용했는데, 이는 흥미롭게도 훨씬 전인 1924년에 에딩턴이 다른 목적에서 발견한 것으로 중력 붕괴와는 무관한 것이었다!

슈바르츠실트 반지름 곡면은 요즘엔 (절대적인) 사건의 **지평선**이라고 불린다. (조금 후에 더 구체적으로 소개하겠지만) 여러 이유들 때문에 물질은 이 반지름 안으로 떨어질 수 있지만 일단 들어가면 **빠져나올** 수는 없다. 여기서 드는 질문은 물체의 형태가 정확한 구형 대칭에서 벗어난다든가 또는 오펜하이머와 스나이더가 도입한 압력이 없는 먼지보다 더 일반적인 상태 방정식을 사용하면 중력 붕괴가 특이점 상태에 도달하는 것을 피할 수 있느냐는 것이다. 그래서 우리는 매우 복잡한(하지만 실제로는 **비**특이적인) 중간적 구도를 상상할 수 있다. 이를 통해서 중력 붕괴는 다시 "튀어 올라" 처음에 낙하했던 물체에서 다시 생겨난 물질의 불규칙적인 팽창으로 전환될지 모른다.

오펜하이머-스나이더 모형의 시공간 서술이 그림 3-9에 나와 있다(1 공간 차원은 압축되어 나타나 있다). 이 기하구조의 핵심 측면은 널 원뿔(그림 1-18(b) 참고)들에 의해 제공되는데, 모든 정보 전달은 이들 널 원뿔 안에서만 일어난다(§1.7 참고). 이 구도는 위에서 나온 핀켈스타인이 내놓은 이론에 바탕을 두고 있다Finkelstein 1958. 여기서 주목할 내용이 있다. 매우 고밀도의 붕괴하는 물질은 더욱 중심부로 몰리는 물질의 양이 증가하면서 내부적으로 심각하게 왜곡되어, 어떤 반지름에 이르면 미래 원뿔의 바깥쪽 모서리는 수직이 되므로 이 반지름 내의 신호는 외부 세계로 탈출할 수 없게 된다는 점이다. 바로 이것

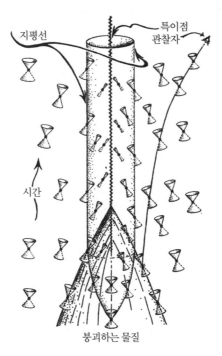

여기에 붙어 있는 레이블들: 지평선, 특이점, 관찰자, 시간, 붕괴하는 물질

그림 3-9 중력 붕괴가 블랙홀로 귀결되는 표준적인 시공간 구도. 지평선 바깥의 관찰자는 지평선 내부의 사건들을 볼 수 없다.

이 붕괴에 대한 슈바르츠실트 반지름의 진정한 의미이다. 그림에서 확인할 수 있듯이 붕괴하는 물질은 이 반지름을 통해 안쪽으로 들어갈 수 있지만, 일단 그러고 나면 외부세계와 소통할 능력을 모조리 잃고 만다. 중심부에 시공간 특이점이 보이는데, 거기에서 시공간 곡률은 무한대로 **발산하며** 붕괴하는 물질은 밀도가 무한대에 이른다. 일단 슈바르츠실트 반지름 안으로 들어오고 나면, 모든 (시간꼴) 세계선들은 붕괴하는 물질 내부에 놓이든 이후에 그 물질을 따라가게 되든 간에 결국에는 특이점에 다다른다. 결코 벗어날 수 없다!

여기서 뉴턴 이론과 비교해볼 흥미로운 사안이 하나 있다. 종종 지적되었듯이 이와 똑같은 반지름이 뉴턴 중력에서도 중요한데, 이 문제는 이미 1783년에 영국 과학자 존 미첼이 언급했다Rev. John Michell 1783. 그는 뉴턴 이론을 이용하여 슈바르츠실트 반지름의 값을 정확히 알아냈는데, 이는 그 곡면 내에서 광속으로 방출되는 빛은 다시 안쪽으로 떨어져 탈출할 수 없으리라는 견해에 바탕을 둔 것이었다. 이는 미첼 당시로선 매우 앞선 생각이긴 하지만 그의 결론에 진지한 의문을 품지 않을 수 없다. 왜냐하면 뉴턴 이론에서 빛의 속력은 일정하지 않은 데다가, 그런 크기의 뉴턴식 물체에 대해서는 아주 먼 거리에서 와서 그 물체에 닿는 빛의 경우와 마찬가지로 빛의 속력이 훨씬 클 것이라고 주장할 수 있기 때문이다. 그렇기에 블랙홀의 개념은 오직 일반상대성의 특정한 성질로부터 등장하며 뉴턴 이론에서는 나오지 않는다Penrose 1975a.

붕괴하는 FLRW 우주론에서 그랬듯이, 구형 대칭이 아닌 천체는 아주 다른 상황을 맞이할까라는 질문이 이번에도 제기된다. 정말이지, 붕괴하는 물질이 우리가 지금껏 가정한 정확한 구형 대칭에서 벗어날 때는 물질이 중심부로 접근할수록 그런 편차가 더 커지는 바람에 무한한 밀도와 무한한 시공간 곡률이라는 사태가 방지되리라고 기대할지 모른다(§3.1의 그림 3-8 참고). 따라서 붕괴 시에 이런 집중이 없다면 비록 밀도가 아주 크더라도 물질은 무한대가 되지 않을 것이며, 격렬하고 복잡한 소용돌이와 철벅거림을 겪은 후에 어떤 형태로 다시 생성될지 모른다. 이 구도에 따르면 붕괴하는 물질은 특이점에 다다르지 않게 될 것이다. 적어도 이론상으로는 그랬다.

1964년 가을에 나는 이 사안을 진지하게 고민하기 시작했으며, 이미 나와 있는 정상상태 우주 모형(이 모형은 1950년대에 헤르만 본디Hermann Bondi, 토머스 골드Thomas Gold 및 프레드 호일Fred Hoyle이 제시했다Sciama 1959, 1969)의 맥락에서 내가 개발했던 어떤 수학적 개념들을 도입하여 이 질문에 답을 내놓을 수 있을지 궁금했다. 그 모형에서 우주는 시작이 없고 팽창은 영원히 지속되며 팽창으로 인한 물질의 옅어짐은 우주 전체에서 매우 느린 속도로 꾸준히 생성되는 새로운 물질(주로 수소의 형태로)에 의해 보충된다. 나는 정상상태 모형과 표준적인 일반상대성이론(§3.1에서 언급된 일반적인 유형의 물질에 대해 양의 에너지 요건이 필요한) 사이의 명백한 모순을 (통상의 정상상태 모형에서 채택되는) 완벽한 대칭에서 벗어나는 편차의 존재 때문에 회피할 수 있기를 바랐다. 기하학적/위상수학적 논증을 이용하여, 나는 대칭에서 벗어난 그런 편차가 이런 모순을 제거할 수 **없음을** 확신하게 되었다. 나는 이 논증을 발표하지는 않았지만 다른 여러 상황들에서 비슷한 개념들을 사용하였고, 그 개념들을 중력복사계의 점근적 구조에 (완벽하게까지는 아니고 대체로 엄격한 방식으로) 적용했다Penrose 1965b, 부록. 이 방법은 명시적인 특수 해를 구하거나 방대한 수치 계산을 수행하는 일반상대성이론에 흔히 적용되었던 방법과는 매우 다르다.

중력 붕괴 논의의 목표는 붕괴가 매우 심각하게 진행되는 상황이라면 어떤 경우든 간에 대칭에서 벗어난 편차가 설령 존재하더라도(그리고 단지 프리드만의 먼지나 톨먼의 복사 등의 경우보다 더욱 일반적인 상태 방정식을 도입하더라도) 종래의 오펜하이머-스나이더 구도가 실질적으로 바뀌지 않으며, 완벽하게 매끄러운 시간 변화를 방해하는 어떤 종류의 특이점이 필연적임을 밝히는 것이다. 이때 명심해야 할 것이 있는데, 어쩌면 다른 힘들의 존재로 인해 시공간이 안정된 상태에 이르거나 아니면 일종의 바운스가 발생함으로써 한 물체가 중력으로 인해 비교적 온건하게 내부로 수축하는 다른 여러 가지 상황들이 있을 수 있다. 그러므로 그림 3-9에서처럼 오펜하이머-스나이더 유형의 상황에 드러난 돌이킬 수 없는 붕괴를 규정할 적절한 기준이 필요하다. 물론, 두말할 것도 없이 이 기준은 대칭성에 관한 가정에 의존하지 않아야 한다.

오랜 고찰 끝에 내가 알아낸 바에 의하면, 전적으로 **국소적인** 설명은 필요한 것을 결코 달성할 수 없으며 또한 (가령) 시공간 곡률의 전체 또는 평균적인 값의 어떠한 속성도 전혀 유용하지 않았다. 결국 나는 **갇힌 곡면**trapped surface이라는 개념을 떠올렸는데, 시공간에 이 곡면이 존재한다는 것은 돌이킬 수 없는 붕괴가 정말로 일어났음을 알려주는 뚜렷한 신호다(이 개념이 떠오르게 된 흥미

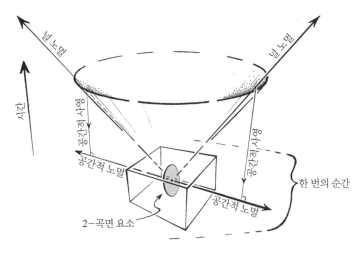

그림 3-10 주어진 2-곡면을 포함하는 임의의 (순간적인) 공간꼴 3-곡면에서 볼 때, 한 공간꼴 2-곡면에 대한 널 노멀 방향들은 2-곡면으로부터 서로 직각으로 나오는 두 광선의 방향들이다.

로운 상황을 알고 싶은 독자는 참고 문헌을 보기 바란다Penrose 1989, p. 420). 전문적으로 보자면 갇힌 곡면은 닫힌 공간꼴 2-곡면으로서, 그것의 모든 널 노멀null normal 방향(그림 3-10에 설명되어 있는 개념(또한 §1.7 참고))들이 미래 방향에서 수렴된다. **노멀**normal이라는 용어는 보통의 유클리드 기하학에서 "직각에서"라는 뜻이며(§1.7의 그림 1-18 참고), 그림 3-10에서 알 수 있듯이 (미래 방향의) 널 노멀들은 주어진 2-곡면을 포함하는 임의의 순간적인 공간꼴 3-곡면에서 볼 때, 2-곡면으로부터 서로 직각으로 나오는 광선들(즉, 널 측지선들)의 방향을 제공한다.

이것이 공간적 관점에서 무슨 의미인지 이해하기 위해, 일반적인 유클리드 3-공간 내의 매끈한 2차원의 휘어진 곡면 S를 생각해보자. S 상에서 동시에 발생한 빛의 섬광을 상상하고, 방출된 빛의 파면이 S의 한쪽 또는 다른 쪽으로 어떻게 전파되는지 살펴보자(그림 3-11(a)). S가 휘어진 장소에서 오목한 쪽의 파면은 곧장 수축하기 시작하는 영역을 지니는 데 반하여, 볼록한 쪽의 파면

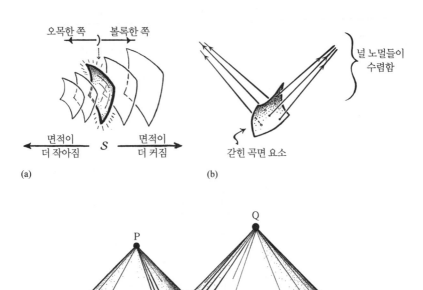

그림 3–11 갇힌 곡면 조건. (a)통상적인 유클리드 3–공간에서, 한 휘어진 2–곡면 상에서 동시에 발생하는 빛의 섬광 파면은 오목한 쪽으로 진행하면 면적이 줄고 볼록한 쪽으로 진행하면 면적이 증가한다. (b)한편 갇힌 곡면의 임의의 국소적인 조각 S에 대하여 광선들의 수렴은 **양쪽 모두**에서 생긴다. (c)"국소적으로 갇힌" 행동은 콤팩트하지 않은 한 S에 대하여 시공간에서 이례적인 것이 아니다. 왜냐하면 그것은 두 과거 빛 원뿔의 교면으로서 이미 민코프스키 공간에서 생기는 일이기 때문이다.

은 팽창하기 시작한다. 하지만 갇힌 곡면에서는 S의 **양쪽 모두**에서 파면들이 수축하기 시작한다! 그림 3–11(b)를 보기 바란다. 언뜻 보면 이것은 보통의 공간꼴 2–곡면에 대해 실현불가한 국소적 조건인 것 같지만, 사실 시공간에서는 그렇지 않다. 심지어 평평한 시공간(민코프스키 공간. §1.7의 그림 1–23 참고)에서조차도 **국소적으로** 갇힌 2–곡면은 쉽사리 구현될 수 있다. 가장 단순한 예는 S를 공간적으로 분리된 두 꼭짓점 P와 Q를 갖는 두 과거 빛원뿔의 교면으로 여기는 것이다(그림 3-11(c) 참고). 여기서 S에 대한 널 노멀은 P 아니면 Q를 향하여 전부 미래로 수렴하고 있다(그리고 이것이 유클리드 3-공간 내의 2-곡면에 대한 우리의 직관에 반하는 이유는 S가 단일의 한 평평한 유클리드 3-공간, 즉 "시간 조각" 내부에 들어갈 수 없기 때문이다). 이 특정한 S는 갇힌 곡면이 아닌데, 왜냐하면 닫힌(즉, 콤팩트한. §A.3 참고) 곡면이 아니기 때문이다. (어떤 설명에서는 내가 갇힌 곡면이라고 칭한 것을 닫힌 갇힌 곡면closed trapped surface이라고 부르기도 한다Hawking and Ellis 1973. 그러므로 한 시공간이 갇힌 곡면을 포함해야 한다는 조건은 정말로 국소적인 것이 아니다. 오펜하이머-스나이더 시공간은 중력 붕괴가 일어난 후에 슈바르츠실트 반지름 내부 영역에 실제의(즉, 닫힌) 갇힌 곡면을 포함한다. 그리고 갇힌 곡면 조건의 속성에 의해, 그런 붕괴로 이어지는 초기 데이터의 충분히 작은 교란은 대칭성에 대한 고려와 무관하게 반드시 갇힌 곡면을 포함하게 된다. (이를 전문적으로 말하면 혼란스럽게도 이른바 열린 조건이다. 즉, 충분히 작은 변화는 그 조건을 위반하지 않는다는 뜻이다.)

나는 1964년에 정리Penrose 1965a 하나를 내놓았는데, 그 핵심 내용은 시공간에 갇힌 곡면이 등장하면 결국 시공간 특이점에 이르게 된다는 것이었다. 조금더 정확히 말하자면 이런 내용이다. 만약 한 시공간(잠시 후 내가 소개할 어떤 물리적으로 합리적인 제약사항을 따르는)이 갇힌 곡면을 포함하고 있으면, 무한정 미래로 확장될 수 없다. 이 확장 불가능성이 특이점의 존재를 알리는 신호인 것이다. 그런 정리에 의해서도 무한한 밀도의 무한한 곡률이 증명되지는 않지만, 일반적인 상황에서 시공간이 미래로 무한정 진행되는 것을 막는 다른 유형의 방해 작용이 있다고 보긴 어렵다. 다른 이론적인 가능성들이 있긴 하지만, 그런 것들은 일반적인 상황에서 생기지 않는다(즉, 제한된 자유도 하에서 생길 뿐이다. §§A.2와 A.8 참고).

그 정리는 또한 아인슈타인의 방정식이 에너지 텐서 **T**가 이른바 널 에너지

조건(임의의 널 벡터 **n**에 대하여 **n**을 **T**로 두 번 수축시켜 얻는 양은 결코 음수
가 아니어야 한다는 조건)[*]을 만족할 때 (우주상수 Λ가 있든 없든) 유효하다는
가정에 기대고 있다. 이것은 중력원에 대한 매우 약한 요건으로서, 물리적으로
타당한 임의의 고전적 물질은 이 요건을 만족한다. 내가 세워야 했던 다른 가정
은 시공간이 공간적으로 무경계인 초기 상태(전문적으로 말하면, 콤팩트하지
않은(즉, "열린". §A.5 참고) 초기 공간꼴 3-곡면)로부터 진행되었다는 것이다.
기본적으로 이 정리는 다음 내용을 규명해냈다. 즉, 중력 붕괴의 국소적 상황의
경우 일단 갇힌 곡면이 발생하면, 물리적으로 타당한 고전적 물질에 대하여 대
칭성의 가정과 무관하게 특이점을 피할 수 없다.

물론, 갇힌 곡면이 타당한 천체물리학적 상황에서 생길 수 있을까라는 의심
이 들 수 있다. 특히 중성자별보다 훨씬 더 밀도가 높은 천체들일 경우, 그런 엄
청난 밀도와 관련된 입자물리학을 우리가 잘 모르기 때문에, 실제로 무슨 일
이 벌어질지 제대로 알기 어렵다는 것이 의심의 이유다. 하지만 이는 현실적인
사안이 아니다. 왜냐하면 중력 붕괴의 여러 상황들은 우리에게 매우 익숙한 밀
도의 경우에 대해 갇힌 곡면이 생겨나면서 일어난다고 예상되기 때문이다. 기
본적으로 이것은 일반상대성이론이 전반적인 스케일 변화하에서 작동하는 방
식 때문이다. 한 시공간 모형이 있을 때 그 계량이 텐서장 **g**로 주어지고(§§1.1과
1.7 참고), 그 시공간이 에너지 텐서 **T**(및 중력상수 Λ)로 아인슈타인 방정식을
만족한다고 하자. **g**를 kg(k는 일정한 양수)로 대체하면 이번에도 아인슈타인
방정식은 에너지 텐서 **T**(그리고 $k^{-1}\Lambda$의 우주상수. 하지만 이 작은 성분은 무시
해도 좋다)로 만족된다. 물질 밀도 ρ가 **T**에 부호화되는 방식은 ρ가 $k^{-1}\rho$로 대체

---

* 첨자 표기로 이 조건을 다음과 같이 나타낸다. $n^a n_a = 0$일 때면 언제나 $T_{ab}n^a n^b \geq 0$. 나는 내 저
서 몇 권에서Penrose 1969a, p. 264 이를 **약한 에너지 조건**이라고 부르는데, 일부 독자들은 혼란을 느낄
것이다. 왜냐하면 호킹과 엘리스Hawking and Ellis 1973가 그 용어를 상이한(더 강한) 의미로 사용하기
때문이다.

322   유행, 신조 그리고 공상

되어야함을 의미한다.* 그러므로 만약 어떤 붕괴 모형에서 밀도가 특정한 값 ρ 에 도달할 때 갇힌 곡면이 발생한다면, 단지 계량을 적절히 증가시킴으로써 밀도가 우리가 원하는 만큼 작은 값이 되는 갇힌 곡면이 여전히 존재하는 또 다른 모형을 얻을 수 있다. 만약 갇힌 곡면이 오직 밀도가 어떤 굉장히 높은 값(가령, 중성자별의 핵 밀도보다 훨씬 더 큰 값)에 도달할 때에만 생기는 붕괴 모형이 있다면, 계량을 매우 높인 또 다른 모형도 있을 것이다. 여기서는 거리가 무척 크므로(가령, 중성자별들이 아니라 중심 은하 영역들의 스케일) 밀도는 우리가 지구에서 보통 경험하는 정도보다 더 높지는 않다. 정말로 이런 상황은 우리 은하의 중심부에 위치한 것으로 보이는 태양 질량의 4백만 배의 블랙홀 근처에서 일어나리라고 예상된다. 확실히 퀘이사 3C 273의 경우에는 사건의 지평선 근처의 평균 밀도가 훨씬 더 낮을 가능성이 크므로, 이런 조건하에서라면 어떠한 것도 갇힌 곡면의 생성을 방해하지 않는다.

갇힌 곡면의 생성과 관련한 다른 관점과 이 사안을 매우 수학적으로 다룬 자료는 참고 문헌을 보기 바란다Schoen and Yau 1993 and Christodoulou 2009. 그리고 재수렴하는 빛원뿔의 사실상 등가인 조건이 중력 붕괴의 비교적 낮은 밀도에서 쉽게 생길 수 있다는 단순하고 직관적인 논증을 나의 문헌에 실었다Penrose 1969a, 특히 그림 3. (결국 특이점으로 이어지는) 돌이킬 수 없는 중력 붕괴를 규정하는 이 대안적인 조건은 다른 문헌에서도 수학적으로 논의된다Hawking and Penrose 1970.

이런 종류의 격렬한 붕괴 과정은 심지어 팽창하는 우주에서도 상당히 국소적인 수준에서 발생할 수 있다. 따라서 이런 과정은 붕괴하는 우주 내부와 같은 훨씬 더 큰 스케일에서도 붕괴하는 물질의 질량 분포에 상당히 큰 불규칙성이 있을 때에는 분명 발생할 것이다. 그러므로 위에서 고려한 내용은 우주 전체의

---

* 첨자 표기에 의하면 $\rho = T_{ab}t^a t^b$이고, 여기서 t^a는 $t^a t^b g_{ab} = 1$에 따라 정규화된 관찰자의 시간 방향을 정의한다. 그러므로 t^a에는 인자 $k^{-1/2}$이 붙으며 ρ에는 인자 k^{-1}이 붙는다.

대역적 붕괴 상황에도 적용될 것이며, 이때 특이점은 고전적인 일반상대성이론의 중력 붕괴의 일반적인 특성이다. 1965년 초 당시 젊은 대학원생이었던 스티븐 호킹이 알아낸 바에 의하면Stephen Hawking 1965, 표준적인 FLRW 모형은 붕괴하는 위상에서 갇힌 곡면을 갖는데, 이 곡면은 엄청나게 크므로(우리가 관찰할 수 있는 우주 전체의 스케일) 특이점은 공간적으로 열린 붕괴하는 우주에서는 불가피하다는 결론을 우리는 내릴 수밖에 없다. ("열린"이라는 조건이 필요한 이유는 나의 1965년 정리가 콤팩트하지 않은 초기 곡면을 가정했기 때문이다.) 사실, 호킹은 자신의 주장을 역전된 시간 방향으로 서술했기에, 그 내용은 붕괴하는 우주의 나중 단계보다는 팽창하는 열린 우주의 초기 단계(즉, 일반적으로 교란된 빅뱅)에 적용될 것이었다. 하지만 본질적인 내용은 동일하다. 즉, 표준적인 대칭적 열린 우주론에 불규칙성을 도입하여도 국소적인 붕괴 모형과 마찬가지로 특이점을 제거하지 못한다Hawking 1965. 나중에 연속적으로 발표된 논문들Hawking 1966a, b, 1967에서 호킹은 기법을 더욱 발전시켰는데, 그 결과로 나온 정리들은 공간적으로 닫힌 우주 모형들(이 경우, 갇힌 곡면 조건은 불필요하다)에도 대역적으로 적용할 수 있었다. 이후 1970년에 우리는 여러 힘들을 결합하여 매우 일반적인 정리를 하나 내놓았는데, 여기에는 우리가 전에 얻었던 사실상 모든 특이점 결과들이 특수 사례로서 포함되었다Hawking and Penrose 1970.

§3.1의 말미에 언급했던 리프시츠와 할라트니코프의 결론들이 어떻게 이 모든 내용과 맞아떨어졌을까? 원래는 심각한 불일치가 있었지만, 위에서 언급했던 최초의 특이점 정리를 듣고 난 후(그리고 1965년에 열렸던 런던 국제일반상대성회의 GR4에서 알게 된 연구를 접하고서) 그들은 블라디미르 벨린스키Vladimir Belinskii가 제시한 중요한 내용에 따라서 (벨린스키와 함께) 이전의 연구에 있던 오류를 수정한 결과 더욱 일반적인 해를 알아냈다. 그들이 내놓은 새로운 결론에 의하면 특이점은 어쨌거나 일반적인 붕괴 상황들에서 생기는데, 이는 내가(그리고 이후에 호킹이) 도달했던 결론과 일치했다. 자세한 분석을 거

쳐 벨린스키, 리프시츠 및 할라트니코프는 일반적인 특이점이 어떤 것인지를 보여주는 매우 복잡한 이론을 내놓았다Belinskiĭ et al. 1970, 1972. 이것이 바로 오늘날 BKL 추측이라고 불리는 이론이다. 이 책에서 나는 BKLM 제안이라고 부르겠다. 미국의 저명한 일반상대성이론가인 찰스 W. 미스너의 연구 업적을 함께 기리고자 함이다. 미스너는 그러한 복잡한 특성을 지닌 특이점이 나오는 우주론 모형을 러시아 학자들보다 조금 앞서 독립적으로 내놓았다Misner 1969.

3.3 열역학 제2법칙

§3.2의 요지는 고전적인 일반상대성이론의 방정식들의 틀 내에서 시공간 특이점 사안을 해결할 수 없다는 것이다. 앞에서 이미 살펴보았듯이, 특이점은 이런 방정식들의 이미 알려진 어떤 특정한 대칭적 해의 단지 특수한 속성만이 아니기 때문이다. 특이점은 중력 붕괴의 완전히 일반적인 상황들에서도 일어난다. 하지만 §3.1이 끝나갈 무렵에 제기했던 가능성이 여전히 존재한다. 즉, 양자역학의 절차들에 호소함으로써 이 문제를 더 성공적으로 다룰 수 있을 가능성 말이다. 이 절차들은 기본적으로 슈뢰딩거 방정식(§§2.4, 2.7 및 2.12 참고)의 어떤 형태에 관한 것으로서, 여기에서는 고전적인 물리 과정들(일반상대성이론에 따른 아인슈타인의 휘어진 시공간 개념에서 비롯되는 과정들)이 양자중력의 어떤 방안에 따라 적절하게 양자화되어야 한다.

한 가지 핵심 사안을 말하자면, 슈뢰딩거 방정식은 일반상대성을 포함한 표준적인 고전물리학의 방정식들과 마찬가지로 **시간 역전 대칭**time reversal symmetric 이라는 속성을 갖는데, 이 성질은 표준적인 절차들을 따르는 양자중력의 어떠한 형태에서도 지켜져야 한다. 그러므로 양자 방정식의 해가 무엇이든지 우리는 "시간"을 나타내는 파라미터 t가 $-t$로 대체되는 또 다른 해를 언제나 구성할 수 있으며, 이렇게 함으로써 언제나 방정식의 또 다른 해가 얻어진다. 하지만 꼭 언급할 점이 있는데 그것은 슈뢰딩거 방정식의 경우(표준적인 고전적 방정식들과 반대로) 이러한 대체 과정에 허수 단위 i를 −i로 교환하는 과정도 수반되어야 한다는 것이다. (시간 값 t가 "빅뱅 이후의 시간"을 가리키고 늘 양의 값을 갖게 하려면, 시간 대칭은 t를 $C - t$로 대체하는 과정을 가리킬 것이다. 여기서 C는 어떤 큰 양의 상수이다.) 어쨌든 시간 역전 대칭은 중력 이론에 적용되는 관례적인 양자화 절차에서 필시 요구되는 것이다.

방정식의 이런 시간 대칭성이 왜 시공간 특이점 문제에 대한 논의에서 중요하고도 난해한 것일까? 핵심 사안은 열역학 제2법칙(이 책에서는 줄여서 "제2법칙"이라고 부르겠다)에 관한 것이다. 이 근본적인 법칙은 시공간 구조의 특이점의 속성과 심오하고 밀접하게 연관되어 있는데, 이 법칙은 표준적인 양자역학 절차들이 특이점 문제의 완전한 해결을 가져올 희망이 될 수 있을지 여부에 대해 의문을 던진다.

제2법칙을 직관적으로 이해하기 위해 시간을 결코 되돌릴 수 없을 듯 보이는 익숙한 상황을 상상해보자. 가령 잔 속의 물을 바닥에 쏟아서 물이 카펫에 전부 흡수되는 경우가 좋은 예다. 이것을 순전히 뉴턴 역학의 관점에서 보자면, 물 분자들은 개별적으로 표준적인 뉴턴 역학에 따라 행동하기에 입자들은 자신들과 지구의 중력장 사이에 작용하는 힘에 따라 가속된다. 개별 입자의 수준에서 보자면, 입자들의 모든 행동은 완전히 시간 역전이 가능한 법칙을 따른다. 그러나 쏟아진 물에 대해 시간이 역전되는 상황을 상상하면, 물 분자들이 저절로 매우 체계적으로 카펫에서 분리되어 위쪽으로 매우 정확하게 솟구쳐 종국에는 잔 속에 전부 한꺼번에 모이는 터무니없는 상황이 펼쳐질 것이다. 이 과정은 여전히 뉴턴 법칙과 완전히 일치한다(즉, 물 분자들을 컵 속에 담는 데 드는 에너지는 카펫에 있는 물 분자들의 무작위적 운동의 열에너지에서 온다). 하지만 그런 상황은 결코 실제로 일어나지 않는다.

시간 대칭성이 모든 미시적 활동의 내재적 성질인데도 거시적인 수준에서는 이러한 시간 비대칭성이 나타나는데, 물리학자는 이를 엔트로피라는 개념으로 설명한다. 엔트로피는 간단히 말하자면 계의 명시적인 무질서의 정도이다. 제2법칙에 의하면, 모든 거시적 물리 과정에서 한 계의 엔트로피는 시간이 흐름에 따라 증가한다(또는 이 일반적 경향에서 벗어나는 미세한 요동을 제외하고는 적어도 감소하지는 않는다). 그러므로 제2법칙은 사물들은 그냥 놔두면 시간이 흐르면서 더더욱 무질서해진다는 우리가 익히 아는 조금은 기운 빠지는 사실을 말해주는 듯하다!

곧 알게 되겠지만 이런 해석은 제2법칙의 부정적 측면을 조금 과장하고 있는데, 이 문제를 더 자세히 살펴보면 훨씬 더 흥미롭고 긍정적인 면모가 드러난다. 우선 한 계의 상태의 엔트로피라는 개념을 조금 더 정확하게 이해해보자. 상태라는 개념을 명확하게 짚고 넘어가야겠다. 왜냐하면 이것은 §§2.4와 2.5에서 보았던 양자 상태의 개념과는 다르기 때문이다. 내가 여기서 가리키는 개념은 (고전적인) 물리계의 거시적 상태이다. 한 특정 계의 거시적 상태를 정의할 때 우리는 개별 입자들이 어디에 있는지 또는 어떻게 특정 입자들이 움직이는지에 관한 세부적 사항에는 관심이 없다. 우리의 관심사는 한 기체 또는 유체 내부의 온도 분포나 그것의 밀도 또는 운동의 전반적인 흐름과 같은 평균적인 양이다. 우리는 상이한 위치들에 있는 물질의 일반적인 구성에 관심을 갖는다. 가령, 질소(N_2)나 산소(O_2) 분자 또는 CO_2나 H_2O 등 해당 계의 구성요소들의 전체적인 농도나 운동에 관심이 있지, 이런 분자들의 개별적 위치나 운동에 관한 세부사항에는 관심이 없다. 그런 모든 거시적인 파라미터들의 값에 대한 지식이 계의 거시적 상태를 정의하게 될 것이다. 조금은 모호하긴 하지만, 이런 거시적 파라미터들을 더욱 정교하게 선택하더라도(가령 향상된 측정 기술을 통해) 엔트로피 값에는 별로 차이가 나지 않는 듯하다.

사람들이 종종 헷갈려하는 내용을 여기서 명확히 짚고 넘어가야겠다. 일상 용어로 표현하면 낮은 엔트로피 상태는 "덜 무작위적인", 따라서 "더 조직화되어" 있는 상태라고 할 수 있다. 그러므로 제2법칙은 계의 조직화가 지속적으로 감소한다는 뜻이다. 그렇지만 또 다른 관점에서 보면, 계가 결국 맞이하게 되는 높은 에너지 상태의 조직화는 처음의 낮은 엔트로피 상태에서의 조직화 정도와 똑같다. 이유인즉, (결정론적 역학 방정식에서) 조직화는 결코 사라지지 않기 때문이다. 왜냐하면 최종적인 높은 엔트로피 상태는 입자 운동의 수많은 자세한 상관관계들을 담고 있기에, 만약 모든 입자 운동을 정확히 거꾸로 되돌리면 전체 계 또한 초기의 낮은 "조직화된" 엔트로피 상태로 되돌아갈 것이기 때문이다. 이것이 역학적 결정론의 한 특성인데, 이에 따르면 단지 "조직화" 자체만을 언급하는 것은 엔트로피와 제2법칙에 대해 아무것도 알려주지 않는다. 핵심요점은 낮은 엔트로피가 **명시적인**, 즉 **거시적인** 질서에 대응하며, 미시적 구성요소들(입자들이나 원자들)의 위치들 또는 운동들 사이의 미묘한 상관관계는 계의 엔트로피에 기여하지 **않는**다는 것이다. 이것이야말로 엔트로피 정의의 핵심 사안이며, 엔트로피 개념에 관한 위의 서술에 나오는 그러한 **명시적인** 내지 **거시적인**이라는 용어 없이는 엔트로피 및 제2법칙의 물리학적 내용을 이해하는 데 전혀 진전을 이룰 수 없을 것이다.

그렇다면 이 엔트로피 값이란 무엇일까? 간단히 말하자면, 우리가 할 일은 특정한 거시적 상태를 이룰 수 있는 상이한 모든 미시적 상태들의 개수를 세는 것이다. 그리고 이런 상태들의 개수 N이 거시적 상태의 엔트로피 값을 제공한다. N이 클수록 엔트로피도 크다. 하지만 N에 비례하는 어떤 것을 엔트로피 값으로 삼기는 결코 타당하지 않다. 주된 이유는 서로에 대해 독립적인 두 계가 함께 고려될 때 더하기 식으로 행동하는 종류의 양을 원하기 때문이다. 예를 들어 Σ_1과 Σ_2가 그러한 두 독립적인 계라면, 두 계를 함께 고려했을 때의 엔트로피 S_{12}가 각각의 엔트로피 S_1과 S_2의 합 $S_1 + S_2$와 등가가 되기를 우리는 원한다.

$$S_{12} = S_1 + S_2$$

그러나 Σ_1과 Σ_2를 함께 이루는 미시적 상태의 개수 N_{12}는 Σ_1을 이루는 상태들의 개수 N_1과 Σ_2를 이루는 상태들의 개수 N_2의 곱일 것이다(왜냐하면 Σ_1을 이루는 N_1 방식의 각각에 대해 Σ_2를 이루는 N_2 방식의 각각이 수반될지 모르기 때문이다). 곱 $N_1 N_2$를 합 $S_1 + S_2$로 변환하려면 아래처럼 엔트로피의 정의에 로그를 사용하기만 하면 된다.

$$S = k \log N$$

여기서 k는 편리하게 선택된 어떤 상수이다.

이것이 바로 위대한 오스트리아 물리학자 루트비히 볼츠만이 1872년에 내놓은 엔트로피의 유명한 정의이다. 그런데 이 정의에는 명확히 짚어 보아야 할 것이 하나 있다. 뭐냐면, 고전물리학에서 개수 N이 보통 무한대로 향해 나아간다는 것이다! 그러니 이제 우리는 이 "셈하기"를 꽤 다른(그리고 더욱 연속적인) 방식으로 여겨야만 한다. 이 절차를 간결하게 표현하려면, §2.11에서 핵심 내용을 소개한 바 있는 (그리고 §A.6에서 더 자세히 설명한) 위상공간의 개념을 다시 살피는 것이 최고의 방법이다. 앞서 보았듯이 어떤 물리계의 위상공간 $\mathcal{P}$는 개념적인 공간으로서 대체로 매우 큰 차원들로 이루어지는데, 그 공간의 각 점은 해당(가령, 고전적) 물리계의 **미시적 상태**를 완벽하게 표현한다. 이 상태는 (운동량으로 주어지는) 모든 **운동**은 물론이고 계를 구성하는 모든 입자들의 위치를 전부 담아낸다. 시간이 흐르면서 계의 미시적 상태를 표현하는 $\mathcal{P}$ 내의 점 P는 한 **곡선** C를 그리게 되는데, 일단 C 상에 임의의 특정한 (초기의) 점 P_0가 $\mathcal{P}$ 내부에서 선택되고 나면 $\mathcal{P}$ 내에서 이 곡선의 위치는 역학 방정식에 의해 확정적으로 결정될 것이다. 그러한 임의의 점 P_0는 어떤 곡선 C가 P에 의해 기술되는 특정 계의 시간 변화(§A.7의 그림 A−22 참고)를 알려줄지를 확정적으로 결정할 것이다(여기서 P₀는 계의 미시적 초기상태를 기술한다). 이것이 바로 고전물리학에 핵심적인 결정론의 속성이다.

이제 엔트로피를 정의하려면 우리는 거시적 파라미터들에 대해 동일한 값을 가진다고 여겨지는, $\mathcal{P}$의 모든 점들을 함께 (거친 알갱이 영역coarse-graining region 이라는 단일 영역 속으로) 모아야 한다. 그러면 $\mathcal{P}$ 전체는 거친 알갱이 영역들로 나누어질 것이다. 그림 3–12를 보기 바란다. (이 영역들은 꽤 "모호한" 경계를 갖는다고 볼 수 있는데, 이런 거친 알갱이 영역들이 실제로 어디에 있는지를 정확히 정의하기가 언제나 조금 어렵기 때문이다.) 그런 경계의 근처에 놓인 $\mathcal{P}$의 점들은 대체로 전체의 중요하지 않은 일부분이라고 여겨지기에 무시해도 좋다 Penrose 2010 §1.4, 그림 1.12. 그러므로 위상공간 $\mathcal{P}$는 이런 영역들로 나누어질 테니, 우리는 그런 영역의 부피 V를 상이한 미시적 상태들이 (거친 알갱이 영역에 의해 정의되는) 특정한 거시적 상태를 이루어 나가는 상이한 방법들의 개수를 제공해주는 것이라고 여길 수 있다.

다행스럽게도 자유도 n을 갖는 계에 대하여 고전적인 역학에 의해 결정되는 위상공간 $\mathcal{P}$에는 자연스러운 $2n$차원 부피 값이 있다(§A.6 참고). 각각의 위치 좌표 x에는 그에 해당하는 운동량 좌표 p가 수반되며, 그림 A–21에 나와 있듯이, $\mathcal{P}$의 심플렉틱 구조는 각각의 그러한 좌표 쌍에 대하여 면적 값을 제공한다. 모든 좌표들을 함께 모으면 §A.6에서 언급된 $2n$차원 리우빌 값Liouville measure이 얻어진다. 양자계의 경우 이 $2n$−부피는 $\hbar^n$의 배수이다(§§2.2와 2.11 참고). 해당 계의 자유도가 매우 크다면 이는 매우 큰 차원의 부피일 것이다. 그래도 양자역학적인 부피 값(자연단위) 덕분에 상이한 차원의 위상공간들의 부피를 자연스럽게 비교할 수 있다(§2.11 참고). 드디어 우리는 거시적 상태의 엔트로피 S에 대한 볼츠만의 아래와 같은 유명한 정의를 내놓을 단계에 이르렀다.

$$S = k \log V$$

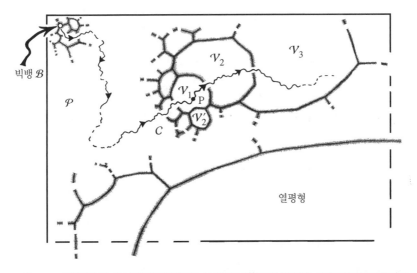

그림 3-12 위상공간 $\mathcal{P}$는 큰 차원의 다양체로서, 그 점들은 계의 전체 (고전적) 상태(모든 위치와 운동량. 그림 A-20 참고)를 표현한다. 여기 나오는 위상공간은 (모호한 경계를 지닌) 거친 알갱이 영역들로 나뉘는데, 그 영역들 각각은 (어떤 주어진 정확도에 대한) 동일한 거시적 파라미터들을 갖는 모든 상황들을 포함한다. 부피가 V인 한 거친 알갱이 영역 $\mathcal{V}$ 내의 점 P에 할당된 볼츠만 엔트로피는 $k \log V$이다. 열역학 제2법칙은 부피들이 P의 시간 변화 곡선 C를 따라 엄청나게 증가하는 경향으로 이해되는데(그림 A-22 참고), 이 엄청나게 큰 부피 차이는 그림 속의 적당한 크기 차이를 통해 엿볼 수 있다. 결국 제2법칙이 나오게 된 까닭은 C가 빅뱅을 나타내는 지극히 작은 영역 $\mathcal{B}$에서 비롯되기 때문이다.

여기서 V는 해당 상태를 규정하는 거시적 파라미터들의 값에 의해 $\mathcal{P}$에서 정의된 거친 알갱이 영역의 부피를 가리킨다. k는 자연의 근본 상수로서, $1.28 \times 10^{-23} \text{JK}^{-1}$(켈빈당 줄)이라는 지극히 작은 값이다. 이 값을 가리켜 볼츠만 상수라고 한다(이미 §§2.2와 2.11에서 나왔다).

이것이 제2법칙을 이해하는 데 어떻게 도움을 주는지 알려면, 적어도 현실적으로 접하게 되는 상황에서 다양한 거친 알갱이 영역들마다 그 크기가 얼마나 크게 다를 수 있는지를 이해하는 것이 중요하다. 볼츠만 공식의 로그는 일상적인 관점에서 볼 때 k 값이 매우 작아서 이러한 부피 차이들의 엄청난 규모를 가리는 경향이 있다(§A.1 참고). 따라서 아주 작은 엔트로피 차이가 실제로는 거친 알갱이 영역 부피들의 절대적으로 엄청나게 큰 차이에 해당한다는 사실이 간과되기 쉽다. 위상공간 $\mathcal{P}$의 곡선 C를 따라 움직이는 점 P를 생각해보자. 여기서 P는 우리가 관심을 갖는 어떤 계의 (미시적) 상태를 나타내며, C는 역학 방정식에 따른 계의 시간 변화를 기술한다. P는 하나의 거친 알갱이 영역 $\mathcal{V}_1$으로부터 이웃 영역 $\mathcal{V}_2$로 이동하며, 부피가 각각 V_1과 V_2라고 하자(그림 3-12 참고). 위에서 살펴보았듯이, $\mathcal{V}_1$과 $\mathcal{V}_2$에 할당된 엔트로피가 아주 조금만 차이가 나더라도 그 각각의 부피 V_1과 V_2는 어느 하나가 다른 하나보다 어마어마하게 커질 것이다. 만약 $\mathcal{V}_1$이 엄청나게 더 큰 영역이라면, 매우 적은 비율의 점들에 대해서만 곡선 C는 그 영역에서 나와서 곧장 $\mathcal{V}_2$(그림 3-12에서는 $\mathcal{V}_2'$라고 그려진 영역)로 들어갈 것이다. 게다가 비록 (미시적) 상태의 시간 변화를 표현하는 곡선이 결정론적인 고전적 방정식들에 의해 $\mathcal{P}$를 통해 인도된다 해도, 이 방정식들은 거친 알갱이 영역과는 별로 관련이 없기 때문에, 우리는 이 시간 변화를 거친 알갱이 영역에 대하여 사실상 무작위적인 것이라고 취급해도 그다지 틀리지 않는다. 따라서 만약 $\mathcal{V}_1$이 정말로 $\mathcal{V}_2$보다 엄청나게 크다면, $\mathcal{V}_1$에서의 P의 미래 시간 변화가 $\mathcal{V}_2$로 들어갈 가능성은 지극히 낮다고 여긴다. 한편 만약 $\mathcal{V}_2$가 정말로 $\mathcal{V}_1$보다 엄청나게 크다면(그림 3-12에 나온 경우), $\mathcal{V}_1$을 처음 생기게 한 C 곡선이 $\mathcal{V}_2$로 들어갈 가능성이 매우 크며, 일단 $\mathcal{V}_2$에 들어가 버리고 나면 $\mathcal{V}_1$처럼 지극히 작은 영역으로 되돌아가기보다는 훨씬 더 큰 거친 알갱이 영역 부피 $\mathcal{V}_3$로 들어갈 가능성이 매우 클 것이다. (엄청나게) 큰 부피는 (비록 대체로 조금 더 클 뿐이지만) 더 큰 엔트로피에 대응하므로, 대략적으로 볼 때 그것이 바로 엔트로피가 시간에 따라 무자비하게 증가하리라고 예상되는 이유이다. 제2법칙이 우리에게 알려주는 내용이 바로 이것이다.

하지만 이런 설명은 이야기의 절반만 알려줄 뿐이며, 게다가 본질적으로 쉬운 절반만 알려준다. 그도 그럴 것이, 이러한 설명은 (계가 비교적 낮은 엔트로피의 거시적 상태에서 출발했다고 할 때) 주어진 거시적 상태의 바탕이 되는 미시적 상태들의 방대한 부분이 시간의 흐름에 따라 지속적인 엔트로피 증가를 (그리고 작은 요동이 있을 때는 가끔씩 감소를) 겪게 되는 이유를 대략적으로 알려준다. 이 엔트로피 증가가 바로 제2법칙이 알려주는 내용이며, 위에서 나온 대략적인 논증이 이런 엔트로피 증가에 대한 나름의 이유를 대준다. 그러나 곰곰이 생각해보면 우리는 이 추론에 관해 꽤 역설적인 어떤 것을 알아차릴지 모른다. 왜냐하면 완벽하게 시간 대칭적인 역학 법칙들을 따르는 계에 관하여 시간 비대칭적인 결론을 이끌어낸 것 같기 때문이다. 사실 우리는 그러지 **않았** 다. 시간 비대칭성은 우리가 계의 시간 비대칭적 질문을 제기했다는 사실에서 비롯되었을 뿐이다. 즉, 우리는 현재의 거시적 상태가 **주어졌을 때** 계의 가능한 **미래** 행동을 물었으며, 이 질문에 관하여 우리는 시간 비대칭적인 제2법칙과 일치하는 결론에 도달했던 것이다.

그렇다면 만약에 이 질문의 시간 역전에 대해 묻고자 할 때 어떤 일이 생길지 알아보자. 비교적 낮은 엔트로피의 거시적 상태(가령, 물이 가득 든 잔이 카펫의 위에 조금 불안정하게 위치해 있는 상태)가 있다고 상상하자. 이제 물에게 일어날 가능성이 가장 높은 미래 행동이 아니라 이 상태가 과거의 활동을 통해 지금과 같은 상태에 이르게 된 방식이 무엇인지 알아보자. 앞에서처럼 위상공간 $\mathcal{P}$의 두 이웃하는 거친 알갱이 영역 $\mathcal{V}_1$과 $\mathcal{V}_2$를 살펴보되, 지금 우리는 주어진 미시적 상태가 그림 3-12의 $\mathcal{V}_2$에 있는 점 P에 의해 표현되는 경우를 고찰한다. 만약 $\mathcal{V}_2$가 $\mathcal{V}_1$보다 엄청나게 크다면, $\mathcal{V}_2$ 내의 지극히 작은 비율의 점들만이 C가 $\mathcal{V}_1$으로부터 들어올 수 있도록 P에 위치들을 제공할 것이며, 반면에 만약 두 부피 중에서 $\mathcal{V}_1$이 더 엄청나게 크다면, C가 $\mathcal{V}_1$으로부터 $\mathcal{V}_2$로 들어갈 가능성이 엄청나게 더 클 것이다. 그러므로 미래로의 시간 방향에 성공적으로 적용되었던 것과 동일한 추론을 사용하여 다음 결과가 나오는 듯하다. 즉, 우리가 고려하는 점은 매우 작은 부피의 거친 알갱이 영역보다는 엄청나게 큰 부피의 영역을 통해, 즉 낮은 엔트로피 상태보다는 높은 엔트로피 상태로부터 $\mathcal{V}_2$로 들어갈 가능성이 훨씬 더 높은 것이다. 이 논증을 계속 시간을 거꾸로 하여 거듭하면 다음의 결론이 나온다. 즉, $\mathcal{V}_2$의 내부의 점들로 향하는 절대 다수의 경로들은 더 높은 엔트로피를 갖는 C-곡선에 의한 것이기에, 과거로 계속 거꾸로 갈수록 엔트로피는 더더욱 커진다(물론 가끔씩은 요동으로 인해 감소할 때도 있다).

물론 이는 제2법칙에 정면으로 어긋난다. 이 추론에 의하면 현재 상황으로부터 시간을 거슬러 가면 갈수록 엔트로피가 더더욱 커지기 때문이다. 달리 말해, 매우 낮은 엔트로피의 상황이 주어져 있다고 할 때, 현재보다 이전의 시간에 제2법칙의 역이 성립하기 때문이다! 이는 만약 우리의 경험에 일치하는 행동을 찾는다면, 결코 타당하지 않은 결론이다. 왜냐하면 모든 증거는 제2법칙과 관련하여 현재의 시간은 아무런 특수성도 갖지 않기 때문이다. 이 법칙은 미래의 우주든지 과거의 우주든지 동일하게 적용된다. 더군다나 물질에 관한 우리의 모든 직접적인 관찰 증거는 분명 과거로부터 나오므로, 우리가 제2법칙을 믿게 되는 것도 과거 시간 방향의 물리 행동을 통해 아는 지식 덕분이다. 우리가 관찰하게 되는 이런 행동은 방금 전에 이론적으로 추론한 내용과는 정면으로 어긋나는 듯하다!

물이 든 잔의 사례를 살펴보자. 이제 우리는 바닥의 카펫 위에 조금 불안정하게 위치해 있는 잔 속으로 물이 들어갔을 가장 개연성 있는 방식을 알아볼 것이다. 방금 전에 했던 이론적 논증은 이 상황보다 "필시" 앞서 일어났을 상황으로서, 시간이 앞으로 진행할 때 엔트로피가 감소하고 있었던(즉, 시간이 거꾸로 갈 때 엔트로피가 증가하고 있었던) 일련의 사건들을 제시한다. 가령, 물은 처음에는 카펫 한쪽에 흩어져 있다가 물을 구성하는 유체들의 무작위적인 운동들이 일사불란하게 컵 속으로 모여드는 방향으로 진행되어 모든 물 분자들이 동시에 컵 안으로 들어온다. 물론 이것은 실제로 일어나는 일과는 한참 거리가 멀다. 실제로 일어나는 일은 시간에 따라 엔트로피가 증가하는 일련의 사건들일 것이며, 이 사건들은 제2법칙과 완전히 맞아떨어진다. 가령, 물은 어떤 사람에 의해 주전자로부터 컵 속으로 부어지든지, 아니면 사람의 직접적 개입을 피하는 쪽을 선호한다면, 자동 기계 장치에 의해 주전자의 마개가 열렸다 닫혔다 함으로써 컵 속으로 들어가게 된다.

그렇다면 우리의 논증은 무엇이 틀린 것일까? 만약 우리가 완전히 무작위적인 요동으로부터 원하는 거시적 상태를 얻는 가장 개연성 있는 사건들의 연속을 찾는다면 틀린 것은 전혀 없다. 하지만 이는 우리가 아는 세계에서 실제로 벌어지는 상황이 아니다. 제2법칙에 의하면, 먼 미래는 거시적으로 보면 매우 무질서해질 테지만, 이는 미래를 향한 사건들의 개연성 있는 진행에 관한 우리의 논증을 무효로 만들 어떠한 제한도 가하지 않는다. 그러나 우주의 시초부터 제2법칙이 언제나 참인 한, 먼 과거는 틀림없이 완전히 달랐을 테며 거시적으로 지극히 조직화되어 있도록 제한이 가해졌을 것이다. 만약 우주의 초기 거시적 상태에 가해진 이 단일의 추가적 제한(즉, 우주가 시초에 **엔트로피가 지극히 낮은** 상태)을 우리의 확률 평가에 포함시키면, 우리는 과거로 진행할 때의 개연성 있는 행동에 대한 위의 추론을 거부해야 한다. 왜냐하면 그것은 이 제한에 위배되기 때문이다. 대신 우리는 제2법칙이 정말로 모든 시간에 대해 참임을 이제 인정할 수 있게 된다.

그러므로 제2법칙의 핵심은 우주의 초기 상태가 거시적으로 지극히 조직화되어 있었다는 것이다. 하지만 그 상태란 무엇이었을까? §3.1에서 보았듯이 현재의 이론(§3.4에서 곧 보게 될 설득력 있는 관찰 증거에 의해 뒷받침되는 이론)에 의하면, 그것은 **빅뱅**이라는 거대한 폭발이었다! 그런 상상조차 할 수 없는 격렬한 폭발이 거시적으로 지극히 조직화되어 있는 상태인 지극히 낮은 엔트로피를 실제로 표현할 수 있을까? 다음 절에서 이를 살펴볼 것이며, 이 단일 사건에는 특이한 역설이 도사리고 있음을 알게 될 것이다.

3.4 빅뱅 역설

우선 관찰과 관련된 질문을 하나 던져보자. §3.1에 나온 빅뱅의 증거, 즉 관찰 가능한 우주 전체를 담은 굉장히 압축되고 엄청나게 뜨거운 상태가 정말로 있었다는 직접적 증거는 무엇인가? 가장 설득력 있는 증거는 놀라운 **우주배경복사**CMB인데, 이는 때때로 **빅뱅의 섬광**이라고 불리기도 한다. CMB는 전자기복사(빛으로 이루어지지만 파장이 너무 길어서 우리 눈으로는 보이지 않는 빛)로 이루어지는데, 그 빛은 모든 방향으로부터 지극히 균일하게(하지만 기본적으로 결이 어긋난 상태로) 우리를 향하여 온다. 이것은 ~2.725K 온도의 열복사인데, 즉 절대 영도보다 고작 약 2.7도(섭씨 단위로) 높은 온도라는 뜻이다. 사실, 이 "섬광"은 빅뱅으로부터 약 379,000년 지난 시기에 엄청나게 뜨거웠던(~3,000K) 우주에서 나온 빛으로 여겨지는데, **대분리의 시기**라는 이때에 우주는 비로소 전자기 복사에 대해 완전히 투명해졌다.[*] (하지만 분명 빅뱅 때는 그렇지 않았으며, 이 사건은 우주의 전체 수명의 약 1/40000인 시점부터 현재까지 이어지고 있다.) 대분리의 시기 이후 우주의 팽창은 빛의 파장을 우주가 팽창한 정도에 해당되는 비율(약 1100배)만큼 늘렸기에, 빛의 에너지 밀도는 굉장히 감소했고, 따라서 지금 CMB에서 관찰되는 온도는 고작 2.725K인 것이다.

이 복사가 본질적으로 결어긋난incoherent, 즉 열적이라는 사실이 그림 3-13에서처럼 그것의 주파수 스펙트럼의 속성에 의해 인상적으로 확인되었다. 그래프는 복사의 특정 주파수 각각에 대한 복사의 세기를 그린 것인데, 여기서 주파수는 오른쪽으로 갈수록 증가한다. 연속 곡선은 2.725K 온도에 대한 **플랑크 흑**

---

[*] 처음으로 전자기 복사가 물질로부터 분리되어 자유롭게 우주 공간에 퍼져나가게 되었다는 뜻이다. —옮긴이

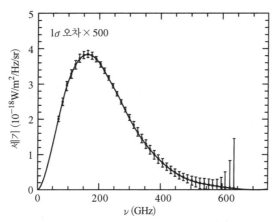

그림 3-13 COBE에서 관찰된 CMB와 열 (플랑크) 스펙트럼(연속 곡선)이 매우 가깝게 일치하는 모습. CMB 관찰 데이터의 오차 막대는 500배 확대하여 표시했다.

체 복사 곡선(§2.2 그림 2-2 참고)이다. 곡선을 따라 나 있는 작은 표시들은 오차 막대error bar가 함께 그려진 실제 관찰 데이터다. 사실 오차 막대는 500배로 확대하여 표시했기에, 실제 오차 막대의 높이는 불확실성이 가장 큰 맨 오른쪽 구간에서도 육안으로 알아볼 수 없을 만큼 작다. 관찰 데이터와 이론적 곡선이 이처럼 일치하는 것은 매우 놀라운 결과이며, 열 스펙트럼이 외부 세계에서 자연스럽게 발생했음을 분명히 보여준다.[*]

그렇다면 이 일치가 우리에게 말해주는 것은 무엇일까? 그것은 우리가 보고 있는 것이 열적 평형(이것이 위에 나온 용어 **결어긋남**이 가리키는 뜻이다)에 매우 가까운 상태로 보인다는 것이다. 여기서 매우 초기 우주 상태가 열적 평형에 놓여 있었다는 것은 실제로 무슨 뜻일까? §3.3의 그림 3-12로 다시 돌아가자.

---

[*] 종종 CMB는 관찰된 현상과 플랑크 스펙트럼 간의 가장 훌륭한 일치를 보여준다고 주장된다. 하지만 이는 오해의 소지가 있다. 왜냐하면 COBE는 단지 CMB 스펙트럼을 한 인위적으로 생성된 열적 스펙트럼과 비교했기에, 실제 CMB 스펙트럼은 오직 그 인위적인 스펙트럼만큼만 플랑크 스펙트럼과 일치함이 밝혀졌을 뿐이다.

열적 평형이라고 적혀 있는 이 가장 큰 거친 알갱이 영역은 대체로 다른 어떤 거친 알갱이 영역들보다 훨씬 더 클 뿐만 아니라 보통의 상황에서 다른 영역들과 비교하여도 매우 크기에 그것은 다른 모든 영역들의 총부피를 훨씬 능가할 것이다! 열적 평형은 계가 최종적으로 안착하는 거시적 상태를 표현하는데, 이는 때때로 우주의 열 죽음이라고도 불린다. 하지만 이 그림에서는 역설적으로 우주의 열 탄생을 가리키는 듯하다. 초기 우주는 급속히 팽창했기에, 그 우주의 상태는 실제로 열적 평형이 아니다. 그럼에도 불구하고 팽창은 여기서 본질적으로 단열적斷熱的인 것이라고(1934년에 톨먼이 본격적으로 파악한 개념Tolman 1934) 간주할 수 있는데, 즉 엔트로피가 우주의 팽창 동안에 변하지 않는다는 뜻이다. (여기서의 사례와 같은 상황에서는 열적 평형을 보존하는 단열적인 팽창이 일어난다. 이것은 동일한 부피의 거친 알갱이 영역들의 족에 의해 위상공간에서 기술되는데, 각 영역에는 우주의 상이한 크기가 할당된다. 이 초기 상태를 팽창에도 불구하고 본질적으로 최대 엔트로피의 상태라고 여기는 것이 적절하다!)

우리는 특이한 역설 하나와 마주친 것 같다. §3.3에 나온 주장에 의하면, 제2 법칙은 빅뱅이 지극히 낮은 엔트로피의 거시적 상태여야 함을 요구하며 기본적으로 그 사실에 의해서 설명된다. 그런데 CMB 증거는 빅뱅의 거시적 상태가 엄청나게 높은 엔트로피라고 말해준다. 심지어 모든 가능성 중에서 최대인 엔트로피 값이라고 말이다. 그렇다면 도대체 뭐가 잘못된 것일까?

이 역설에 대해 종종 제시되는 설명은 다음과 같다. 즉, 아주 초기 우주는 지극히 "작았기" 때문에 가능한 엔트로피에 일종의 "천장"이 있었고, 이 초기 단계에서 분명 있었던 열적 평형 상태는 단지 그때에만 가능했던 최대 엔트로피였을 뿐이라는 견해이다. 하지만 이것은 정확한 답이 아니다. 그런 견해는 우주의 크기가 어떤 외적인 제약사항에 의해 결정되는 전적으로 다른 상황이라야 적절할지 모른다. 가령, 실린더 안에 기체가 들어 있고, 이 기체를 기밀airtight 피스톤이 제어하는데, 피스톤이 가하는 압축의 정도는 외부 에너지 발생원(또는 흡수원)이 있어서 어떤 외부 메커니즘에 의해 지배되는 경우다. 하지만 이것은 전체 차원을 포함해 기하구조와 에너지, 일반상대성에 관한 아인슈타인의 역학 방정식(물질의 상태에 관한 방정식들을 포함하여. §§3.1과 3.2 참고)을 통해, 전적으로 "내부적으로" 지배되는 우주 전체의 상황이 아니다. 그런 상황(방정식들이 전적으로 결정론적이고 시간 방향의 역전에도 불변인 상황. §3.3 참고)에서는 시간이 흘러도 위상공간의 전체 부피에는 변화가 없다. 정말이지 위상공간 $\mathcal{P}$는 어쨌거나 그 자체가 "시간 변화"를 겪지는 않는다. 모든 시간 변화는 단지 $\mathcal{P}$ 내의 C-곡선의 위치에 의해 기술될 뿐인데, 그것이 이 경우에는 우주의 전체 시간 변화를 표현한다(§3.3 참고).

이 사안은 우주 모형이 나중에 붕괴되어 결국에는 빅 크런치에 다가갈 때의 상황을 고려하면 더욱 명확해진다. §3.1의 그림 3-2(a)에 나오는 $K > 0$, $\Lambda = 0$인 프리드만 모형을 상기해보자. 이제 그 모형이 불규칙한 물질 분포에 의해 교란된다고 여기면, 물질 중 일부는 개별적인 붕괴를 겪으며 결국에는 블랙홀이 될 것이다. 그렇다면 우리는 다음 상황을 고려해야만 한다. 즉, 이런 블랙홀들 중 일부가 마침내 서로 합쳐지고, 하나의 최종적인 특이점에 이르는 붕괴가 지극히 복잡한 과정으로 일어나며, 이때에는 그림 3-6(a)에 묘사된 완전히 구형 대칭의 프리드만 모형의 매우 대칭적인 빅 크런치와는 전혀 다를 것이다. 붕괴 상황은 정성적으로 볼 때 그림 3-14(a)에 그려진 거대한 혼란과 흡사할 것인데, 여기서 하나의 최종적인 특이점은 §3.2의 말미에 언급한 BKLM 제안과 일치하는 어떤 것일지 모른다. 최종 붕괴 상태는 엔트로피가 엄청나게 클 것이다. 비록 우주가 지극히 작은 크기에 다시 이르게 되었는데도 말이다. 이 특정한 (공간적으로 닫힌) 재붕괴 프리드만 모형은 이제 우리 우주를 모형화하는 매우 타당한 후보가 아닌 것으로 보이긴 하지만, 동일한 고찰 내용은 우주상수가 있든 없든 프리드만 모형의 다른 유형에도 적용될 것이다. 그러한 각 모형의 붕괴하는 버전도 불규칙한 물질 분포에 의해 비슷하게 교란되어, 모든 것을 집어삼

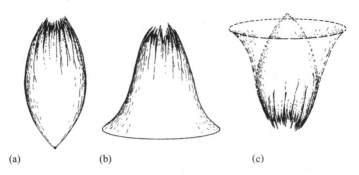

그림 3–14. (a)일반적으로 교란된 $K > 0$, $\Lambda = 0$인 프리드만 모형(그림 3–6(a)와 대조된다)이 제2법칙에 따라 행동하면, 수많은 블랙홀들이 합쳐지면서 붕괴되어 (FLRW의 특이점과는 매우 다르게) 결국 엄청나게 혼잡한 특이점에 이르게 될 것으로 예상된다. (b)임의의 일반적으로 교란된 붕괴 모형들도 비슷한 행동이 예상된다. (c)이런 상황들을 시간 역전시키면 일반적인 빅뱅이 예상된다.

키는 블랙홀이라는 특이점으로 필시 귀결될 것으로 예상된다(그림 3–14(b)). 각각의 이런 상태들을 시간 역전시키면 **엄청나게 큰 엔트로피를 갖는 가능한 최초의 특이점(빅뱅)**이 나오게 되는데, 이는 방금 전에 나온 천장 이론과 상충된다(그림 3–14(c)).

이 시점에서 나는 가끔씩 제기되는 대안적인 가능성들을 언급해야겠다. 어떤 이론가들이 내놓은 의견에 의하면, 제2법칙은 그런 붕괴 모형을 어떤 식으로든 **역전시켜야** 하며 우주의 총엔트로피는 빅 크런치가 다가옴에 따라 (최대 팽창의 상태 이후로) 점점 더 작아져야 한다고 한다. 하지만 그런 구도는 블랙홀이 존재하는 상황에서 유지되기가 특히 어렵다. 일단 생기고 나면 블랙홀은 자체적으로 (지평선에서의 널 원뿔 배치의 시간적인 비대칭성으로 인해. 그림 3–9 참고) 엔트로피 **증가**의 방향을 규정하기 때문이다. 적어도 호킹 증발(§§3.7과 4.3 참고)로 인해 아주 먼 미래에 블랙홀이 사라져버리기 전까지는 그렇다. 어쨌든 이러한 가능성은 이 책에 제시된 논증을 무효로 만들지 못한다. 관련된 또 하나의 사안으로서 독자들은 다음과 같이 우려할지 모른다. 즉, 그런 복잡한 붕괴 모형에서 블랙홀 특이점들은 저마다 시작되는 시간이 제각각일지 모르니, 그것들의 시간 역전을 "모두 한꺼번에" 폭발하는 빅뱅을 이루는 것이라고 보기 어렵지 않겠느냐고. 하지만 일반적인 경우에 그런 특이점은 **공간꼴**이어서 (§1.7) 동시적 사건이라고 간주될 수 있다는 것이 (증명은 안 되었지만 일반적으로 인정되는) 강한 우주 검열 가설의 한 특징이다. 게다가 **강한 우주 검열 가설**이 일반적으로 옳은지 여부와는 별도로, 이 조건을 만족시키는 해들이 많이 알려져 있으며 팽창하는 형태에서의 모든 가능성들은 비교적 높은 엔트로피 상태를 표현한다. 따라서 그런 우려를 하지 않아도 좋을 것이다.

그러므로 우주의 작은 공간 차원 때문에 우주의 엔트로피에 낮은 천장이 꼭 있어야 할 증거는 전혀 없다. 일반적으로 말해, 물질이 집적되어 블랙홀이 생기고 이런 블랙홀 특이점들이 모여서 하나의 최종적인 특이점 상태를 이루는 것은 제2법칙과 잘 맞아떨어지는 과정을 표현하며, 이런 최종 과정에 엄청난 엔트로피 증가가 예상된다. 기하학적으로 "매우 작은" 우주의 최종 상태는 붕괴하는 우주 모형의 초기 단계의 엔트로피보다 엄청나게 큰 엔트로피를 가질 수 있는데, 공간이 매우 작다는 사실 자체가 (빅뱅 때의 엔트로피가 지극히 작은 것에 대한 이유를 대기 위해) 시간 역전 경우에 사용하려고 시도할지 모르는 엔트로피 천장이 없었음을 드러내준다. 사실, 일반적인 붕괴하는 우주의 이러한 모습(그림 3-14(a), (b))은 빅뱅이 **열적**(즉, 최대 엔트로피) 상태에 있는 듯 보이면서도, 어떻게 실제로 지극히 낮은 엔트로피를 가질 수 있었는가라는 역설을 해결할 열쇠를 제공한다. 답은 일단 우리가 공간적 균일성에서 벗어나는 상당한 편차를 허용하고 나면 엄청난 엔트로피 증가가 가능하며, 이런 불규칙성에서 비롯되는 가장 큰 엔트로피 증가가 블랙홀로 이어진다는 사실에 있다. 그러므로 공간적으로 균일한 빅뱅은 그 내용물의 열적 평형 속성에도 불구하고 엔트로피가 비교적 매우 낮은 상태일 수 있는 것이다.

빅뱅이 실제로 공간적으로 꽤 균일한 상태임을 지지하는 가장 인상적인 증거들 중 하나로서, 한 FLRW 모형의 기하학과 매우 일치하는(그리고 그림 3-14(c)에 그려진 특이성에 관해 훨씬 더 일반적으로 혼란한 종류의 모형과는 불일치하는) 것 역시 CMB로부터 나오는데, 이번에는 그것의 열적 속성이 아닌 각도 균일성으로부터 나온다. 이 균일성은 CMB의 온도가 하늘의 모든 방향에서 거의 똑같으며, 균일성으로부터 벗어나는 정도는 고작 약 10^{-5}의 비율로 나타난다는 사실에서 드러난다(이 수치는 우리가 주위 물체에 대해 움직이는 우리 자신의 운동에서 기인한 작은 도플러 효과를 교정하고 나서 얻은 값이다). 게다가 은하 및 다른 물질의 분포에는 꽤 일반적인 규칙성이 있기에, 매우 큰 스케일에 걸쳐 바리온(§1.3 참고)의 분포는 상당한 균일성을 보인다. 비록 주목할 만한 불규칙성도 존재하긴 하지만 말이다. 가령, 이른바 방대한 거대 공동void은 가시적인 물질 밀도가 전체 평균보다 엄청나게 낮다. 일반적으로 말해서, 규칙성은 우리가 우주 역사의 더 앞선 시기를 내다볼수록 더 커지는 듯하며, CMB는 우리가 직접 관찰할 수 있는 가장 이른 시기의 물질 분포에 대한 증거를 제공해준다.

이런 구도는 아주 초기의 우주가 정말로 극도로 균일했으며 밀도의 불규칙성은 아주 미미했다는 관점과 일치한다. 시간이 흐름에 따라(그리고 상대적 운동들을 늦추도록 작용한 다양한 종류의 "마찰" 과정의 도움을 받아) 이러한 밀도 불규칙성은 중력의 측면에서 증가했는데, 이는 시간이 흐르면서 물질들이 차츰 모여 별을 생성하는 구도와 일치한다. 이런 별들이 모여서 은하를 이루었고 은하 중심부에 무거운 블랙홀이 자리하게 되었으며, 결국 이러한 덩어리짐은 무자비한 중력의 영향에 의해 촉발된 것이다. 그리고 이 과정에서 엄청난 엔트로피 증가가 뒤따랐는데 중력을 이런 상황에 포함시켜 논의하면, CMB를 통해 알 수 있는 태초의 불공primordial fireball은 최대 엔트로피 상태와는 한참 거리가 멀었다. 그림 3-13의 플랑크 스펙트럼에 의해 드러나는 이 불공의 열적 속성은 오직 다음 내용만을 알려준다. 즉, 만약 (대분리 시기의) 우주가 상호작용

상자 속의 기체

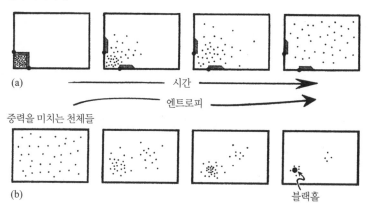

그림 3-15 **그림 3-15** (a)상자 속의 기체 분자들의 경우, 공간적 균일성은 최대 엔트로피일 때 얻어진다. (b)은하 크기의 "상자" 속의 중력을 미치는 별들일 경우, 큰 엔트로피는 덩어리진 상태, 결국에는 블랙홀 상태에 의해 얻어진다.

하는 물질과 복사로 이루어진 계일뿐이라고 본다면, 그 우주는 본질적으로 열적 평형에 있다고 간주할 수 있다는 것이다. 하지만 중력의 영향도 함께 고려한다면 구도가 극적으로 달라진다.

　가령 밀폐된 상자 속에 든 기체를 상상하면, 그 기체의 최대 엔트로피는 기체가 상자 전체에 균일하게 퍼져 있는 거시적 상태에 의해 달성된다고 여기는 편이 자연스럽다(그림 3-15(a)). 이 상태는 하늘에 균일하게 퍼져 있는 CMB를 생기게 했던 불공과 비슷하다. 하지만 만약 기체의 분자들을 낱낱의 별들처럼 중력을 미치는 천체들로 이루어진 거대한 계로 대체하면 매우 다른 구도가 펼쳐진다(그림 3-15(b)). 중력 효과로 인해 별들의 분포는 불규칙해지고 덩어리질 것이다. 마침내 엔트로피의 엄청난 증가는 많은 별들이 붕괴하거나 합쳐져서 블랙홀이 될 때 달성될 것이다. 이렇게 되는 데 시간이 많이 걸리긴 하겠지만(별들 사이의 가스가 일으키는 마찰 작용도 한몫을 거든다), 결국에는 중력이 주도적인 역할을 하게 되면서 균일한 분포에서 벗어나는 과정에 의해 매우 큰 엔트로피 증가가 일어나게 된다.

우리는 이런 효과를 일상에서도 목격한다. 제2법칙이 지구의 생명 유지와 관련하여 어떻게 작용하는지 궁금한 독자가 있을 것이다. 흔히 우리는 태양으로부터 에너지를 얻어서 이 행성에서 생존한다고 한다. 하지만 이는 지구 전체를 생각하면 정확한 설명이 아니다. 왜냐하면 기본적으로 역학에서 지구가 얻는 모든 에너지는 얼마 안 지나서 밤의 어두운 하늘을 통해 우주 공간으로 다시 되돌아가기 때문이다. (물론 지구온난화와 지구 내부의 방사능 가열 등으로 인하여 정확한 균형 상태에 약간의 수정이 있을 것이다.) 그렇지 않으면 지구는 계속 뜨거워져서 며칠만 지나면 어떠한 생명도 살 수 없게 될 것이다! 하지만 우리가 태양으로부터 곧바로 얻는 광자들은 비교적 진동수가 높은(대체로 스펙트럼의 노란색 영역인) 반면에, 우주 공간으로 나가는 광자들은 진동수가 훨씬 낮은 적외선 영역이다. 플랑크의 $E = h\nu$(§2.2 참고)에 의하면, 들어오는 광자들 각각은 우주 공간으로 되돌아가는 광자들보다 에너지가 훨씬 더 크므로, 균형이 유지되려면 지구에 들어오는 광자들의 개수가 우주 공간으로 돌아가는 광자들의 개수보다 훨씬 적어야 한다(그림 3–16 참고). 더 적은 개수의 광자들이 들어온다는 것은 유입 에너지의 자유도가 더 낮고 유출되는 에너지는 자유도가 더 크다는 뜻이다. 그러므로 (볼츠만의 $S = k \log V$에 의해) 들어오는 광자들은 나가는 광자들보다 엔트로피가 훨씬 낮다. 식물들은 이 점을 노려서 낮은 엔트로피의 유입 에너지를 이용하여 성장하며 반면에 높은 엔트로피의 에너지를 방출한다. 우리는 식물을 먹거나 또는 식물을 먹는 동물을 먹음으로써 식물의 낮은 엔트로피 에너지를 이용하여 우리 자신의 엔트로피를 낮게 유지한다. 이런 수단을 통해 지구 상의 생명들은 생존하고 번영한다(이 내용은 1967년에 에르빈 슈뢰딩거가 발표한 혁신적인 책『생명이란 무엇인가』에서 처음으로 명확하게 제시되었다Schrödinger 2012).

이 낮은 엔트로피 균형에서 핵심적인 사실은 태양이 없었더라면 캄캄했을

그림 3-16 지구 상의 생명은 하늘의 큰 온도 불균형 덕분에 유지된다. 태양으로부터 들어오는 광자들의 진동수는 높은(~노란색 빛) 반면에 개수는 적어서 엔트로피가 낮다. 이 광자들은 녹색 식물에 의해 진동수는 낮지만(적외선) 개수는 훨씬 더 많은, 즉 엔트로피는 더 높은 광자들로 변환되어 우주 공간으로 나간다. 이렇게 하여 지구의 에너지 균형이 유지된다. 이 수단에 의하여 식물들 그리고 다른 지상 생명체들은 몸을 성장시키고 구조를 유지할 수 있게 된다.

하늘에서 태양이 뜨거운 열원의 역할을 한다는 것이다. 왜 그렇게 되었을까? 핵분열 반등 등을 포함하는 많은 복잡한 과정들이 관여한 결과이지만, 핵심 요점은 태양이 어쨌든 존재한다는 것이다. 그리고 태양이 존재하게 된 까닭은 (다른 별들과 마찬가지로) 태양의 물질이 중력으로 인한 덩어리짐의 과정을 통해 비교적 균일한 초기의 가스 및 암흑물질의 분포로부터 진화해왔기 때문이다.

여기서 **암흑물질**이라고 알려진 불가사의한 물질에 대해 말해야겠다. 이것은 우주의 (Λ가 아닌) 물질 내용물의 약 85%를 차지하는 물질이지만, 오직 중력 효과에 의해서만 탐지될 뿐 그 정확한 구성요소는 알려져 있지 않다. 현재의 논의에서 그것은 총질량 값에만 영향을 줄뿐이며, 그 값은 어떤 수치 값으로서의 역할을 한다(§§3.6, 3.7, 3.9 참고. 암흑물질의 더욱 중요한 이론적 역할을 알고 싶다면 §4.3을 보기 바란다). 암흑물질 사안과는 무관하게, 우리는 초기의 균일한 물질 분포의 낮은 엔트로피 속성이 우리의 생존에 얼마나 중대한 역할을 했느지 알 수 있다. 우리는 초기의 균일한 물질 분포에 내재된 낮은 엔트로피의 중력적 저장고에 의존하고 있는 것이다.

이런 속성은 빅뱅에 대한 놀라운 (정말로 **공상적인**fantastical) 이야기를 우리에게 들려준다. 빅뱅의 발생 자체가 불가사의였을 뿐만이 아니라 그것이 굉장히 낮은 엔트로피의 사건이었던 것이다. 게다가 놀라운 일은 단지 그것뿐만이 아니라 엔트로피가 매우 특이한 방식을 통해 낮았다는 사실이다. 즉, **중력적** 자유도가 어떤 이유에선지 **완전히 억제되어** 있었던 것이다. 이는 물질 자유도 및 (전자기) 복사의 자유도와 뚜렷한 대조를 이루는데, 그도 그럴 것이 이런 자유도들은 열적인, 즉 최대 엔트로피 상태로 최대로 들떠 있었던 것 같기 때문이다. 내가 보기에 이것은 우주론의 가장 심오한 불가사의인데도, 어떤 이유에선지 지금까지도 불가사의로 널리 인정받지 못하고 있다!

우리는 빅뱅 상태가 얼마나 특별했는지 그리고 중력에 의한 덩어리짐의 과정에 의해 엔트로피가 얼마나 증가할 수 있는지 더 구체적으로 살펴보아야 한다. 따라서 우리는 실제 블랙홀의 엄청난 엔트로피 값에 익숙해져야 할 것이다(그림 3-15(b)). §3.6에서 이 사안을 다시 다룰 것이며 그 전까지는 또 다른 사안을 언급할 필요가 있다. 이 사안은 우주가 실제로 공간적으로 **무한하거나** ($K \leq 0$인 FLRW 모형의 경우. §3.1 참고) 적어도 우주의 대부분은 직접적인 관찰 범위를 벗어나 있을 꽤 높은 가능성에서 기인한다. 따라서 우리는 **우주론적 지평선**cosmological horizon의 사안과 대면해야 하는데, 다음 절에서 이에 대해 살펴본다.

3.5 지평선, 동행 부피 그리고 등각 다이어그램

빅뱅이 모든 가능한 시공간 기하구조와 물질 분포들 가운데서 얼마나 특별했는지를 정량적으로 더욱 정확히 살펴보기 전에, 우리는 무한한 공간 기하구조를 지닌 많은 모형들이 **무한한 총엔트로피**를 가지게 될 가능성과 대면해야 하는데, 이는 사안을 복잡하게 만든다. 하지만 위에서 제시한 주장의 골자는 우리가 우주의 총엔트로피를 고려하지 않고 동행 부피comoving volume당 엔트로피를 고려한다면 별로 영향을 받지 않는다. FLRW 모형에서 **동행 영역**comoving region이라는 개념은 우리가 시간에 따라 변하는 한 공간 영역을 고려할 때, 그것의 경계가 해당 모형의 **시간선**(이상화된 은하의 세계선. §3.1의 그림 3–5 참고)을 따르는 영역이다. 물론 블랙홀을 고려할 때(이는 다음 절에서 보겠지만, 엔트로피 사안에 매우 중요한 내용을 제공해준다) 그리고 정확한 FLRW 형태로부터 상당한 편차가 발생할 때에는 "동행 부피"의 개념이 실제로 무슨 의미인지가 매우 불명확해질지 모른다. 하지만 매우 큰 스케일의 현상을 고려할 때에는 이런 불확실성은 비교적 덜 중요해진다.

이후에 나올 내용에서는 매우 큰 스케일일 때 정확한 FLRW 모형에서 무슨 일이 벌어지는지 살펴보면 유용할 것이다. 이 장에서 논의한 모든 FLRW 모형들에는 **입자 지평선**particle horizon이라는 개념이 있다. 1956년에 볼프강 린들러Wolfgang Rindler가 처음으로 명확하게 정의한 개념이다Rindler 1956. 이 개념의 통상적인 정의를 이해하기 위해, 시공간 내의 어떤 점 P를 고려하면서 그것의 과거 빛원뿔 $\mathcal{K}$를 조사해보자. 많은 세계선(§3.1)이 $\mathcal{K}$와 교차할 텐데, 이 시간선들이 휩쓸고 지나가는 시공간의 부분 $\mathcal{G}(P)$가 P의 관찰 가능한 은하들의 족family을 이룬다고 볼 수 있다. 하지만 어떤 시간선들은 $\mathcal{K}$와 교차하기에는 P로부터 너무 멀지 모르는데, 이로 인해 $\mathcal{G}(P)$에 대한 경계 $\mathcal{H}(P)$가 얻어진다. 세계선들에 의해 지배를 받는 시간꼴 초곡면인 $\mathcal{H}(P)$가 P의 **입자 지평선**이다(그림 3–17).

임의의 특정한 우주 시간 t의 경우, 그 일정한 값 t에 의해 주어지는 $\mathcal{G}(P)$의 조각은 유한한 부피를 가질 것이며, 그 영역에 대한 최대 엔트로피 값도 유한할 것이다. 만약 P를 지나는 **전체 시간선** l_P를 고려한다면, 관찰 가능한 은하들의

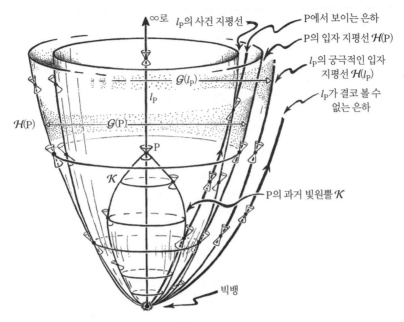

그림 3-17 FLRW 모형의 시공간 구도로서, 여러 유형의 지평선과 은하 세계선을 보여준다.

영역 $G(P)$는 P가 l_P 상에서 더 먼 미래로 향할수록 더 커질 가능성이 높을 것이다. $\Lambda > 0$인 표준적인 FLRW 모형일 경우, 우주 시간 t의 고정된 값에 대해 공간적으로 유한한 "가장 큰" 영역 $G(l_P)$가 있을 것인데, 우리가 위의 주장에서 고려해야 할 것은 바로 $G(l_P)$ 내에서 얻을 수 있는 최대 엔트로피뿐이다. 어떤 목적에 따라, 또 다른 유형의 우주론적 지평선을 고찰하는 것도 유용하다(이 또한 린들러가 처음으로 명확하게 정의했다Rindler 1956). 즉, l_P처럼 무한하게 미래로 확장되는 세계선의 사건 **지평선**event horizon인데, 이것은 l_P의 과거에 놓인 점들의 집합의 (미래) 경계이다. 이것은 블랙홀로 이어지는 붕괴의 일반적 구도에서 생기는 사건 지평선과 일치하며, 이제 l_P는 한 먼 외부에 (영원히) 있으면서 블랙홀로 떨어지지 않는 관찰자의 세계선에 의해 대체될 것이다(§3.2의 그림 3-9 참고).

이 지평선에 의해 제기되는 사안들은 §3.1의 그림 3-2 및 3-3의 경우에서는 꽤 혼란을 야기하며(그림 3-17을 보기 바란다) §3.2의 그림 3-9와도 비교된다. 이런 개념들을 더 명확하게 이해하려면 그것들을 **등각 다이어그램**을 이용하여 나타내면 된다[Penrose 1963, 1964a, 1965b, 1967b, TRtR, §27.12; Carter 1966.] 이 다이어그램의 특히 유용한 특징은 **무한대**를 시공간에 대한 유한한 경계로 표현할 수 있게 해준다는 것이다. 우리는 §1.15의 그림 1-38(a)와 1-40에서 등각 표현의 이런 측면을 이미 보았다. 또 다른 특징은 FLRW 모형의 빅뱅 **특이점**의 인과적 측면(가령, 입자 지평선)을 더욱 선명하게 드러낸다는 것이다.

이러한 표현들은 물리적 시공간 M의 계량 텐서 $\mathbf{g}$(§§1.1, 1.7 및 1.8 참고)의 등각적 재척도화rescaling를 통해, 등각적으로 관련된 시공간 $\hat{M}$의 새로운 계량 $\hat{\mathbf{g}}$를 다음과 같이 나타내준다.

$$\hat{\mathbf{g}} = \Omega^2 \mathbf{g}$$

여기서 Ω는 시공간 상의 (일반적으로 양수인) 매끄럽게 변하는 스칼라양이기에, 널 원뿔들(그리고 국소적 시간 방향)은 $\mathbf{g}$가 $\hat{\mathbf{g}}$에 의해 대체되어도 변하지 않는다. 꽤 일반적인 상황에서 매끄러운 계량 $\hat{\mathbf{g}}$를 갖는 $\hat{M}$은 (원래의 시공간이 M이라면 무한대를 나타내는) $\Omega = 0$에서 한 매끄러운 경계를 얻는다. $\Omega = 0$은 M의 무한한 영역들에서 $\mathbf{g}$의 무한한 "압착squashing down"을 통해 $\hat{M}$의 한 유한한 영역 $\mathcal{J}$가 생기게 되는 값이다. 물론 이 절차는 M의 계량(그리고 아마도 위상구조)이 감소하는 적절한 상황에서 $\hat{M}$에 대한 한 매끄러운 경계를 제공해줄 뿐이지만, 놀랍게도 이 절차는 물리적으로 특히 관심이 있는 시공간 M에 대해 매우 잘 통한다.

이 절차를 시공간 무한대를 표현하는 데 보완적으로 적용하면, 어떤 적절한 상황에서 M의 계량의 한 **특이점**을 무한정 "확대하여" 이 특이점을 표현하는 $\hat{M}$에 대한 한 경계 영역 $\mathcal{B}$를 얻는다. 한 우주론 모형 M이 있을 때, $\hat{M}$에 대하여 매끄럽게 인접한adjoined 경계 영역 $\mathcal{B}$를 얻을 수 있고, 이 영역으로 빅뱅을 나타낼 수 있다. 또한 매우 다행스럽게도 $\mathcal{B}$에 도달할 때 척도인자scale factor의 역수 Ω^{-1}은 매끄럽게 영에 접근하는데, 이는 여기서 고려하는 가장 중요한 FLRW 우주론들의 빅뱅big bang에 들어맞는다. (대문자 "Big Bang"은 우리가 아는 우주를 탄생시킨 것으로 보이는 특수한 특이점 사건을 위해 남겨 두었다. 한편 소문자 "big bang"은 일반적으로 우주론 모형들의 초기 특이점들을 가리킨다. §4.3 참고.) 톨먼의 복사로 가득 찬 모형에서는 Ω^{-1}이 경계에서 그냥 근simple zero을 갖는 반면에 프리드만의 먼지로 가득 찬 모형에서는 중근double zero을 갖는다. $\mathcal{M}$의 무한한 미래 및 그것의 단일한 기원 둘 다를 등각적으로 관련된 $\hat{\mathcal{M}}$에 붙은 매끄러운 경계 영역으로 표현함으로써, 위에서 언급한 지평선의 유형들을 훌륭하게 나타낼 수 있다.

그런 등각 시공간 구도와 함께 흔히 채택되는 관례는 널 원뿔들이 위로 향하게 하고 (통상적으로) 그 원뿔들의 곡면이 가능하다면 수직과 대략 $45°$ 기울어지게 하는 것이다. 이것이 그림 3-18과 3-19에 그려져 있는데, 이는 §1.15의 그림 1-43과 마찬가지로 도해식schematic 등각 다이어그램이다. 정성적인 이 그림에서 우리는 널 원뿔들의 기울기가 수직에 대해 약 $45°$가 되도록 배치한다. (또한 블랙홀을 많이 포함하는 매우 교란된 모형 우주를 표현하는 도해식 등각 다이어그램도 상상할 수 있다.) 우주상수가 양의 값일 때 $\mathcal{J}$는 공간꼴임이 밝혀졌는데Penrose 1965b; Penrose and Rindler 1986, 이는 임의의 세계선의 사건 지평선 내부에 포함된 영역이 임의의 주어진 (우주) 시간에 대해 공간적으로 유한하다는 뜻이다. 현재의 관측 결과에 부합하면서도, (일반적으로 인정되는) 급팽창 inflationary 위상을 매우 초기 우주에 포함시키지 않으면(§3.9 참고), 그림 3-18의 점 P는 l_P의 올라가는 방향으로 약 사분의 삼 지점에 위치할 것이다. 이런 결과가 나오는 상황은 우주의 미래 시간 변화가 지금껏 관찰된 Λ(상수로 가정) 값을 갖는 아인슈타인의 방정식과 일치하고 아울러 지금껏 관찰된 우주의 물질

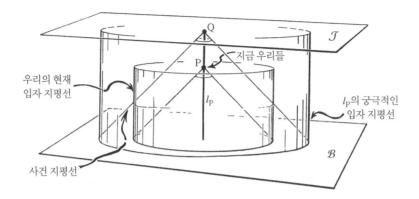

그림 3–18 이 도해식 등각 다이어그램은 현재 이론에 따른 우주의 전체 역사를 보여준다. 하지만 빅뱅 거의 직후에 발생했다고 흔히들 믿는 급팽창 위상은 포함되어 있지 않다(§3.9 참고). 급팽창이 없다고 할 때, 우리의 현재 시간 위치 P는 다이어그램 위쪽의 사분의 삼 지점 근처일 것이다(그림에는 대략적으로 표시되어 있다). 급팽창이 있다고 하면 전체적인 그림은 정성적으로 비슷하겠지만, P는 그림의 맨 꼭대기인 Q 바로 아래에 위치할 것이다.

그림 3–19 그림 3–9와 마찬가지로 물질이 붕괴되어 블랙홀이 되는 과정의 도해식 등각 다이어그램. 구형 대칭을 가정하지 않은 경우이다. 여기서 알 수 있듯이 (불규칙한) 특이점은 공간꼴로 그려져 있는데, 이는 강한 우주 검열 가설에 따른 것이다.

함유량을 사용하는 경우일 것이다Tod 2012; Nelson and Wilson-Ewing 2011. 게다가 만약 급팽창 위상을 포함하면, 구도는 그림 3-18의 구도와 정성적으로 비슷하지만 점 P는 거의 l_p의 꼭대기 근처와 종점 Q 바로 아래에 있게 될 것이다. 그러면 그림의 두 과거 원뿔은 거의 일치할 것이다(§4.3 참고).

그림 3-19는 (반드시 구형 대칭이 아닌 경우의) 중력 붕괴를 표현하는 도해식 등각 다이어그램이다. 몇몇 널 원뿔들이 그려져 있고 미래 무한대 $\mathcal{J}$는 널인 것으로 보이며, 이 그림은 $\Lambda = 0$인 점근적으로 평평한 시공간을 기술하고 있다. $\Lambda > 0$인 경우에도 그림은 기본적으로 비슷하겠지만, 그림 3-18에서처럼 $\mathcal{J}$가 공간꼴일 것이다.

구형 대칭을 갖는 시공간들(가령, §3.1의 그림 3-2와 3-3의 FLRW 모형들 또는 §3.2의 그림 3-9에 나오는 오펜하이머-스나이더 붕괴를 통해 블랙홀이 되는 시공간)을 고려할 때에는, 한 **엄격한** 등각 다이어그램(기본적으로 브랜던 카터가 자신의 1966년 박사학위 논문에서 정식화한 것Carter 1966)으로 더 높은 정확성과 콤팩트성을 얻을지 모른다. 이것은 한 평면 영역 $\mathcal{D}$로서, (무한한 영역들, 특이점들 또는 대칭축들을 표현하는) 직선들에 의해 경계가 지어진 한 영역을 나타낸다. 여기서 $\mathcal{D}$의 각각의 내부 점은 통상의 (공간꼴) 2-구(S^2)를 표현하는 것으로 여겨지기에, 그 영역을 자신의 대칭축(또는 때로는 **축들**) 주위로 "회전시킬" 때 휩쓸리는 영역이 전체 시공간 $\mathcal{M}$이라고 우리는 여길 수 있다. 그림 3-20을 보기 바란다. $\mathcal{D}$ 내부의 널 방향들은 전부 수직과 45° 기울어져 있도록 그려져 있다. 그림 3-21을 보기 바란다. 이런 방식으로 원하는 시공간 $\mathcal{M}$의 매우 훌륭한 등각 다이어그램을 얻을 수 있고, 그 시공간의 등각 경계를 덧붙임으로써 확장된 $\hat{\mathcal{M}}$을 얻을 수 있다.

우리가 시각화한 그림에서는 $\mathcal{D}$를 원형 운동(S^1)을 통해 한 수직(즉, 시간꼴) 회전축 주위로 회전시켜 얻은 3차원 $\mathcal{M}$의 관점에서 생각하는 편이 유용하다. 하지만 이때 유념할 것이 있는데, 전체 4차원 시공간을 얻으려면 이 회전이 실

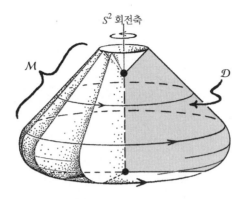

그림 3-20 엄밀한 등각 다이어그램은 구형 대칭을 지닌 시공간을 기술해준다. 한 평면 영역 $\mathcal{D}$는 S^2 회전을 통해 4차원 시공간 M을 제공한다. $\mathcal{D}$의 각 점은 M 내의 한 구 S^2를 표현한다("휩쓴다"). 다만 $\mathcal{D}$의 수직 점선 경계인 **축** 상의 임의의 점 또는 M의 한 단일한 점을 표현하는 검은 지점은 예외이다.

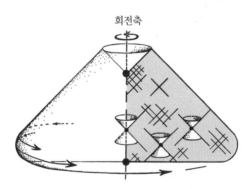

그림 3-21 엄밀한 등각 다이어그램에서 $\mathcal{D}$ 내부의 널 방향들은 수직에 $45°$로 정렬되어 있는데, 이들은 M에서 널 원뿔들이 $\mathcal{D}$와 만나는 방향들이다.

제로는 2차원 구형(S^2) 활동에 따라서 실시되는 것을 상상해야만 한다. 가끔씩 (3-구(S^3)인 공간 단면들을 갖는 모형을 고려할 때) 우리는 두 개의 회전축이 있는 경우를 고려해야 하는데, 이것은 시각화하기가 꽤 어렵다! 엄밀한 등각 다이어그램과 관련하여 채택하면 유용한 여러 가지 규약이 있는데 이는 그림 3-22에 나와 있다.

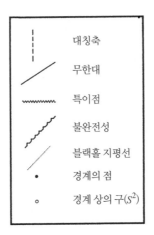

기호	의미
┆	대칭축
╱	무한대
∿	특이점
⌇	불완전성
⋰	블랙홀 지평선
●	경계의 점
○	경계 상의 구(S^2)

그림 3-22 엄밀한 등각 다이어그램을 위한 표준적인 규약들.

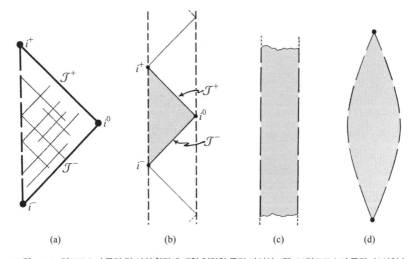

(a)   (b)   (c)   (d)

그림 3-23 민코프스키 공간 및 이의 확장에 대한 엄밀한 등각 다이어그램. (a)민코프스키 공간. (b)아인슈 타인 우주 $\mathcal{E}$를 이루게 되는 민코프스키 공간의 한 수직 부분으로서의 민코프스키 공간. (c)위상기하구조 $\mathbb{R}^1 \times S^3$를 갖는 아인슈타인 우주 $\mathcal{E}$. (d)미래 및 과거 무한대의 점들을 나타내는 검은 점들을 지닌 $\mathcal{E}$.

그림 3-23(a)에서는 등각 경계를 지닌 민코프스키 4-공간(§1.15의 그림

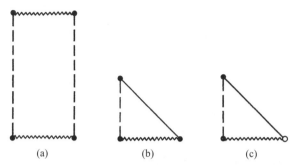

(a)　　　　　(b)　　　　　(c)

그림 3-24 그림 3-2에 나왔던 $\Lambda = 0$인 프리드만의 먼지로 가득 찬 모형들에 대한 엄밀한 등각 다이어그램들. (a)$K > 0$인 경우. (b)$K = 0$인 경우. (c)$K < 0$인 경우로 쌍곡기하학의 공간 상의 S^2 등각 무한대가 (그림 3-1(c)와 1-38(b)의 벨트라미 표현과 부합되게) 오른쪽의 열린 점으로 표현되어 있다.

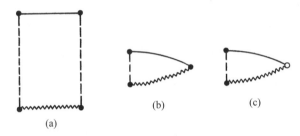

(b)　　　　　(c)

(a)

그림 3-25 $\Lambda > 0$인 프리드만 모형들에 대한 엄밀한 등각 다이어그램들로서, 공간꼴 미래 무한대 $\mathcal{J}$를 보여준다. (a)$K > 0$인 경우로서, Λ가 충분히 커서 결국 지수적 팽창이 일어난다. (b)$K = 0$인 경우. (c)$K < 0$인 경우.

1-40 참고)이 엄밀한 등각 다이어그램으로 표현되어 있다. 그림 3-23(b)에서는 그림 1-43(b)와 부합되게 이것이 아인슈타인의 $(S^3 \times \mathbb{R})$ 정적 모형 우주의 한 부분으로 그려져 있다. (그림 1-42에 그려진) 아인슈타인의 모형은 그림 3-23(c)의 엄밀한 등각 다이어그램으로 표현되거나(여기서는 위에서 언급한 두 개의 회전축을 사용하여 S^3를 얻는다), 또는 만약 과거 및 미래 무한대에 있는 자신의 (등각적으로 단일한) 경계점들을 포함하길 원한다면 그림 3-23(d)로 표현된다.

다른 많은 모형들도 엄밀한 등각 다이어그램에 의해 표현될 수 있다. 그림 3-24에 $\Lambda = 0$인 세 가지 프리드만 모형에 대한 엄밀한 등각 다이어그램이 나온다(이미 §3.1의 그림 3-2에서 나왔던 그림). 그리고 그림 3-25에는 적절히 큰 $\Lambda > 0$인 경우의 등각 다이어그램들이 나온다(§3.1의 그림 3-3에서 뭉뚱그려 나타내었다). 더 시터르 4-공간(그림 3-4(a)를 상기하기 바란다)의 엄밀한 등각 다이어그램은 그림 3-26(a)에 나와 있으며, 그림 3-26(b)는 본디, 골드 및 호일의 오래된 정적 상태 모형(§3.2 참고)을 기술해주는 더 시터르 4-공간의 한 부분을 나타낸다. 그림 3-26의 (c)와 (d)는 감긴 그리고 풀린 반anti 더 시터르 공간 $\mathcal{A}^4$와 $r\mathcal{A}^4$에 대한 엄밀한 등각 다이어그램이다(§1.15와 비교하기 바란다). 그림 3-27은 이전에 나왔던 그림 3-17의 엄밀한 등각 다이어그램으로, 다양한 지평선들의 역할이 이전보다 훨씬 더 구체적으로 드러난다.

슈바르츠실트 반지름에서 끝나는 원래 형태의 슈바르츠실트 해(§3.2 참고)가 그림 3-28(a)에 엄밀한 등각 다이어그램으로 나타나 있다. 그림 3-28(b)는 이 시공간을 사건 지평선을 통하여 확장한 시공간을 §3.2에 나온 에딩턴-핀켈스타인 형태Eddington--Finkelstein form라는 계량 형태에 부합하게 표현한 것으로서, 블랙홀의 시공간을 기술해준다. 그림 3-28(c)는 슈바르츠실트 해의 최대로 확장된 신지-크러스컬Synge-Kruskal 형태를 보여준다. 이것은 원래 1950년에 존 라이턴 신지John Lighton Synge가 발견했고 십 년 후쯤에 몇몇 다른 이들이 발견했다Kruskal 1960; Szekeres 1960. 그림 3-29(a)는 그림 3-9에 나온 오펜하이머-스나이더 붕괴를 통해 생기는 블랙홀을 엄밀한 등각 다이어그램으로 표현한 것이다. 그림 3-29(b), (c)에는 이 시공간을 (시간 역전된) 그림 3-24(b)와 그림 3-28(b)를 합쳐서 만드는 방법이 나와 있다.

이제 §3.4에서의 주요 관심사로 되돌아가자. 즉, 제2법칙에 의하면 빅뱅은 엄청나게 낮은 엔트로피 상태여야만 하는데도, CMB의 **열적** 속성을 보여주는 그 사건에 대한 직접적인 관찰 증거는 분명 **최대의** 엔트로피 상태처럼 보인다

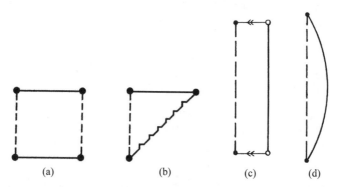

그림 3-26 다음에 대한 엄밀한 등각 다이어그램들. (a)전체 더 시터르 공간. (b)정적 상태 모형을 기술하는 더 시터르 공간의 부분(그림 3-4(c) 참고). (c)반 더 시터르 공간 $\mathcal{A}^4$, 여기서 위쪽 모서리와 아래쪽 모서리 가 동일하기 때문에 원기둥을 이룬다. (d)풀린 반 더 시터르 공간 $\mathcal{TA}^4$(§1.15 참고). $\mathcal{A}^5$와 $\mathcal{TA}^5$에 대한 다 이어그램들은 (c), (d)와 동일하지만, 회전은 S^2가 아니라 S^3를 통해 일어난다.

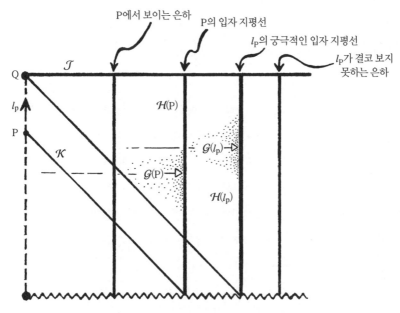

그림 3-27 그림 3-17에 나온 것과 동일한 우주론적 특징들을 표현하지만, 훨씬 더 구체적인 엄밀한 등각 다이어그램이다.

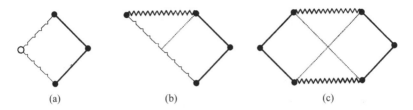

그림 3-28 슈바르츠실트 시공간과 그것의 확장 버전에 대한 엄밀한 등각 다이어그램들. (a)원래의 슈바르츠실트 시공간. (b)위쪽 지평선을 통한 슈바르츠실트 시공간의 에딩턴–핀켈스타인 확장 버전. (c)신지–크러스컬–세케레시 최대 확장 버전.

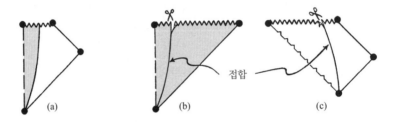

그림 3-29 (a)오펜하이머–스나이더 붕괴를 통해 생긴 블랙홀의 엄밀한 등각 다이어그램으로서 (b)와 (c)를 접합하여 얻는다. (b)시간 역전된 프리드만 모형(그림 3-24(b))의 한 부분. (c)에딩턴–핀켈스타인 확장 버전의 한 부분. 물질로 채워진 영역(먼지)은 음영으로 표시되어 있다.

는 역설 말이다. §3.4에서 보았듯이, 이 역설을 해결할 열쇠는 공간적 불규칙성의 가능성과 불규칙적으로 붕괴되는 우주에서 예상되는 (특이점으로 귀결되는) 붕괴의 속성에 있다. 이 과정은 그림 3-14(a), (b)에 그려져 있는데, 여기서는 많은 블랙홀 특이점들이 수렴하여 결국에는 극도로 복잡한 최종적인 하나의 특이점이 발생한다. 그런 복잡한 빅 크런치를 도해식 등각 다이어그램으로 묘사하기는 어려운데, 특히 강한 우주 검열 가설(§3.4 참고)이 참인 것으로 예상될(그럴 가능성이 높아 보인다) 때 그렇다. 그런 붕괴는 §3.2의 말미에 언급된 BKLM 행동과 어느 정도 일치할지 모르는데, 그림 3-30에서 거친 특이 행동이 시작되어 점점 그러한 BKLM 붕괴를 몰고 오는 과정이 어떻게 일어나는지를 표현해 보았다. 이 엄청나게 높은 엔트로피 상황의 시간 역전 버전인 그

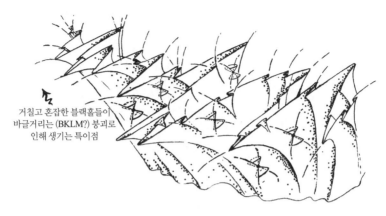

거칠고 혼잡한 블랙홀들이
바글거리는 (BKLM?) 붕괴로
인해 생기는 특이점

그림 3-30 이 그림은 일반적인 BKLM 유형 특이점을 향하여 다가갈 때의 거친 시공간 행동을 엿보게 해준다.

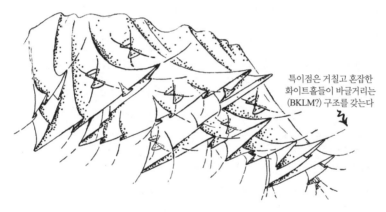

특이점은 거칠고 혼잡한
화이트홀들이 바글거리는
(BKLM?) 구조를 갖는다

그림 3-31 그림 3-30의 시간 역전 버전. 일반적인 BKLM 유형의 초기 특이점으로부터 거친 시공간이 출현하는 모습을 엿보게 해준다.

림 3-31(그림 3-14(c)도 참고)은 FLRW 모형과는 매우 다른 구조의 특이점을 갖게 되는데, 이런 속성 때문에 **엄밀한 등각 다이어그램**에 의한 현실적인 서술이 결코 가능하지 않다. 이처럼 극단적으로 복잡한 종류의 일반적 상황(그림 3-31)을 표현하는 데 도해식 등각 다이어그램을 사용하지 말라는 법은 없지만 말이다. 우리 우주에서 실제로 있었던 빅뱅은 한 FLRW 특이점에 의해 잘 모형화될 수 있는 성질의 현상이었던 듯하며(이 특이점이 등각적으로 과거로 확장될 가능성은 §4.3의 핵심 사안이다), 이 사실이 엄청난 제한요인이 된다. 바로 이 제한요인으로 인해 빅뱅의 엔트로피는 일반적인 유형의 시공간 특이점이 허용하는 매우 큰 엔트로피 값에 비해 지극히 작아지게 된 것이다. 다음 절에서 우리는 FLRW 유형의 특이점이 얼마나 대단히 제한적인지를 알아볼 것이다.

3.6 빅뱅의 경이로운 정확성

엔트로피 증가의 엄청나게 큰 규모를 가늠하려면, 우선 중력을 포함시키고 나서 우리의 관심사를 FLRW 균일성으로부터 벗어나게 한 다음에 다시 블랙홀에 주목해야만 한다. 블랙홀은 일종의 최대 중력 엔트로피를 대변하는 듯하기에, 우리는 블랙홀에 어떤 엔트로피가 실제로 할당되는지 묻지 않을 수 없다. 사실 블랙홀의 엔트로피 S_{bh}에 대한 멋진 공식이 존재한다. 이 공식을 처음에 대략적인 형태로 얻은 사람은 야코브 베켄슈타인인데Jacob Bekenstein 1972, 1973, 그는 포괄적이면서 매우 설득력 있는 어떤 물리학적 논증을 이용해서 그 공식을 알아냈다. 뒤이어 스티븐 호킹이 그 공식을 세련되게 가다듬었는데Stephen Hawking 1974, 1975, 1976a(그의 공식에는 정확한 숫자 "4"가 나온다), 그는 블랙홀에 이르는 붕괴를 기술하는 한 휘어진 시공간 배경에 양자장 이론을 적용하는 고전적 논의를 통하여 그 공식을 도출했다. 이 공식은 아래와 같다.

$$S_{bh} = \frac{Akc^3}{4\gamma\hbar}$$

여기서 A는 블랙홀의 사건 지평선의(또는 그것의 공간적 단면의. §3.2의 그림 3-9 참고) 면적이다. 상수 k, γ 및 $\hbar$는 각각 볼츠만 상수, 뉴턴의 중력상수 그리고 (디랙 형태의) 플랑크 상수이며, c는 빛의 속력이다. 여기서 꼭 짚어야 할 점은 회전하지 않은 질량 m의 블랙홀일 경우 A는 아래 공식을 따른다는 것이다.

$$A = \frac{16\pi\gamma^2}{c^4}m^2$$

그러므로

$$S_{bh} = \frac{4\pi m^2 k\gamma}{\hbar c}$$

이다. 회전하는 블랙홀도 있는데, 만약 블랙홀의 각운동량이 am이라면 다음 공식이 얻어진다Kerr 1963; Boyer and Lindquist 1967; Carter 1970.

$$A = \frac{8\pi\gamma^2}{c^4}m(m + \sqrt{m^2 - a^2}), \text{ 따라서 } S_{bh} = \frac{2\pi k\gamma}{\hbar c}m(m + \sqrt{m^2 - a^2})$$

길이, 시간, 질량 및 온도에 대해 이른바 자연 단위(종종 플랑크 단위 또는 절대 단위라고도 불리는)를 도입하면 편리한데, 각각의 상수를 자연 단위로 표현하면 아래와 같이 적을 수 있다.

$$c = \gamma = \hbar = k = 1$$

이 자연 단위들은 우리에게 익숙한 더욱 실용적인 단위들과 (근사적으로) 다음과 같이 관련된다.

$$\text{미터} = 6.3 \times 10^{34}$$
$$\text{초} = 1.9 \times 10^{43}$$
$$\text{그램} = 4.7 \times 10^4$$
$$\text{켈빈} = 7.1 \times 10^{-33}$$
$$\text{우주상수} = 5.6 \times 10^{-122}$$

이렇게 정해 놓으면 이제 모든 값들은 단순한 수가 된다. 그러면 (회전하지 않는 블랙홀에 대한) 위의 공식은 간단하게 아래와 같이 표현된다.

$$S_{\text{bh}} = \frac{1}{4}A = 4\pi m^2, \quad A = 16\pi m^2$$

이 엔트로피는 엄청나게 큰 값인데, 왜냐하면 블랙홀은 천체물리학적 과정을 통해 생기기 때문이다(그리고 바로 이 이유로 인해, 단위의 선택은 별로 중요하지 않다. 비록 자연 단위를 선택하면 공식이 깔끔해지긴 하지만 말이다). 엔트로피가 이처럼 크다는 사실은 블랙홀의 생성 과정이 얼마나 "비가역적"인지 고려하면 그다지 놀랄 일도 아니다. CMB의 엔트로피가 얼마나 큰지 종종 지적되곤 했다. 즉, 우주의 바리온(§1.3 참고) 하나당 대략 10^8 또는 10^9 정도의 값인데, 이는 통상의 천체물리학 과정보다 훨씬 크다. 하지만 이 엔트로피 값은 우리가 이를 블랙홀, 특히 은하 중심부에 위치하는 거대한 블랙홀에 부여하는 엔트로피 값과 비교하면 하찮아 보인다. 통상의 별 질량의 블랙홀은 바리온당 대략 10^{20} 정도의 엔트로피를 가지리라고 예상된다. 하지만 우리 은하에는 대략 태양 질량의 사백만 배의 블랙홀이 있으니, 바리온당 약 10^{26} 이상의 엔트로피를 갖는다. 현재 우주의 **질량** 대부분이 블랙홀의 형태라고 보기는 어렵지만, 만약 관찰 가능한 우주가 우리 은하와 같은 은하들로 가득 차 있으며 각각의 은하는 10^{11}개의 통상적인 별들 및 은하 중심부에 10^6배의 태양 질량을 지닌 한 블랙홀(이는 아마도 현재의 평균적인 블랙홀 기여분을 과소평가하는 수치이다)로 이루어졌다고 고려한다면, 우리는 블랙홀이 **엔트로피**의 대부분을 실제로 차지함을 알 수 있다. 그러면 이제 바리온당 전체 엔트로피 비율은 대략 10^{21}이 되는데, 이에 비하면 CMB에 할당된 10^8 내지 10^9은 미약하기 그지없다.

위의 내용으로부터 알 수 있듯이, 바리온당 엔트로피는 큰 블랙홀일 경우 훨씬 더 커지며, 그 값은 기본적으로 블랙홀의 질량에 비례하여 커진다. 그러므로 물질의 질량 값이 주어져 있을 때, 이런 식으로 얻을 수 있는 최대 엔트로피는 전체 질량이 하나의 블랙홀에 집중되어 있을 때의 값일 것이다. 블랙홀 질량이 현재 관찰 가능한 우주 내의 총바리온 질량이라고 한다면, 현재 입자 지평선 내에서 바리온의 개수는 대략 10^{80}개가 될 것이며, 총엔트로피는 ~10^{123}일 것이다. 이에 비하면 CMB가 알려주는 초기 우주의 대략 10^{89} 값은 지극히 미미한 값이다.

이 고찰에서 나는 지금껏 바리온 물질이 우주의 총물질의 대략 15%만을 차지하고 나머지 85%는 이른바 **암흑물질**로 보인다는 사실을 무시했다. (나는 이 고찰에서 **암흑에너지**(즉, Λ)를 포함시키지 않고 있다. 왜냐하면 나는 Λ가 우주 상수라고 보며, 이것이 중력 붕괴에 이바지하는 실제의 "물질"을 구성하지 않는다고 보기 때문이다. Λ와 관련된 "엔트로피" 사안은 §3.7에서 다룬다.) 우리는 다음과 같은 가상적인 블랙홀을 상상할 수 있다. 즉, 이 블랙홀은 관찰 가능한 우주의 전체 물질을 포함하며 아울러 이 암흑물질에 의해 제공되는 질량도 포함한다. 그러면 이 블랙홀은 최대 엔트로피 값을 약 10^{124} 내지 10^{125}까지 올릴 것이다. 하지만 현재 논의의 목적상, 나는 더욱 보수적인 수치인 10^{123}를 택할 것이다. 그 이유 중 하나는 암흑물질의 구성성분이 실제로 무엇인지가 아직까지는 전혀 알려져 있지 않기 때문이다. 큰 값을 채택하기를 살짝 우려하는 또 하나의 이유는 전체 물질이 단 하나의 블랙홀 내부에 놓인다고 보는 팽창 우주 모형을 세우기란 기하학적으로 무리일지 모르기 때문이다. 그보다는 조금 작은 블랙홀 여러 개가 관찰 가능한 전체 우주에 흩어져 있는 구도가 물리적으로 더욱 타당할지 모른다. 그런 목적을 위해서는 엔트로피 값을 약 10^1 내지 10^2 작게 잡는 것이 훨씬 더 알맞다.

여기서 명확히 해 두어야 할 사항이 하나 더 있다. **관찰 가능한 우주**라는 용어는 그림 3-17과 3-27에 나오듯이 대체로 우리의 현재 시공간 위치 P의 과거 빛원뿔에 의해 가로막힌 물질을 가리킨다. 우리가 표준적인 고전적 우주론 모형들을 고려한다면 이것은 꽤 명확하다. 비록 우리가 과거 빛원뿔 내부에 놓여

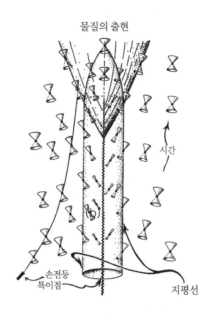

물질의 출현

시간

손전등
특이점

지평선

그림 3-32 가상적인 "화이트홀"의 시공간 구도로서, 그림 3-9의 시간 역전 버전이다. 폭발을 통해 물질이 쏟아져 나오기 전에, 외부에서 방출된 빛(가령, 손전등에서 나온 빛)은 지평선 속으로 들어갈 수 없다.

있으면서 대분리 시기의 3-곡면 이전에 일어난 사건들을 포함시키느냐 마느냐라는 사소한 사안이 있기는 하지만 말이다. 이 점은 (§3.9에서 다룰) 흔히 가정되는 **급팽창** 위상을 초기 우주에 적용하지 않는다면 별로 중요한 문제가 아니다. 적용하는 경우에는 입자 지평선의 거리 및 그것이 포함하는 물질의 양이 엄청나게 증가할 것이다. 그런 초기의 급팽창 기간을 **입자 지평선**이라는 용어의 정의에 포함시키지 않는 것이 통상적인 관례인 듯하다. 나는 이 책에서 그런 관례를 따른다.

빅뱅이 특별했던 방식을 고찰할 때, 우리는 §3.5에서 보았던 내용이 한 붕괴 모형의 **시간 역전** 버전임을 유념해야 한다. 우리가 본 그 가상적인 붕괴 모형은 작은 블랙홀들이 처음에 많이 생겨났다가 이후 더 큰 덩어리로 합쳐져서 최종

그림 3-33 구형 대칭인 화이트홀의 엄밀한 등각 다이어그램.

적인 하나의 특이점이 생기는 모습이었다. 설령 결국 그 정도에 조금 못 미치게 되더라도, 그런 과정을 통해 전체를 아우르는 단일한 하나의 블랙홀이 생긴다고 가정하면 매우 타당할 듯하다. 그런데 매우 혼란스러운 이런 붕괴의 시간 역전을 실행하면, 빅뱅 대신에 얻어지는 최대 엔트로피의 결과는 (가령) 한 블랙홀을 포함하는 폭발이 아니라 그러한 블랙홀의 시간 **역전 형태**, 이른바 **화이트홀** white hole이다. 화이트홀을 기술하는 시공간의 모습을 얻기 위해서는 그림 3-9를 거꾸로 그린 그림 3-32를 살펴보자. 이것의 엄밀한 등각 다이어그램이 그림 3-33이며, 이것은 그림 3-29(a)를 거꾸로 그린 그림이다. 이런 구성이 한 FLRW 모형에 의해 기술된 것보다 훨씬 더 일반적인 빅뱅의 일부일 수 있으며 아울러 초기 엔트로피가 CMB가 알려준 태초의 불공에서 보이는 $\sim 10^{89}$의 비교적 작은 값보다 훨씬 더 큰 $\sim 10^{123}$ 정도일 수 있음은 수학적으로 전혀 비합리적이지 않다.

앞의 문단에서 나는 화이트홀보다 블랙홀의 관점에서 주장을 펼쳤지만, 엔트로피 계산의 측면에서 보면 결과는 동일하다. §3.3에서 보았듯이, 엔트로피에 대한 볼츠만의 정의는 단지 위상공간의 거친 알갱이 영역들의 부피에 의존한다. 위상공간 자체의 속성은 시간의 방향과 무관하며(시간 방향을 거꾸로 하면 단지 운동량을 음의 값으로 대체할 뿐이다), 거친 알갱이 영역을 정의하기 위한 거시적 기준은 시간 방향에 의존하지 않는다. 물론 화이트홀은 우리가 실제로 거주하는 우주에 존재할 것으로 예상되지는 않는다. 왜냐하면 제2법칙에 크게 어긋나기 때문이다. 하지만 빅뱅의 "특별함"의 정도를 계산하기 위한 위의 고려에서는 완전히 타당하다. 그 이유는 제2법칙을 **정말로** 위반하는 그러한 상태가 바로 우리가 반드시 살펴보아야 할 주제이기 때문이다.

그러므로 적어도 대략 10^{123}의 엔트로피 값이 우주의 초기 상태를 구성하는 시공간 특이점에 대한 한 가능성이었음을 우리는 알게 된다. 우리는 그러한 초기 상태가 다만 보통의 물질원에 대한 일반상대성이론의 (시간 대칭적) 방정식들과 일치하며 관찰 가능한 우주 내의 총바리온의 개수가 (암흑물질을 포함하여) 약 10^{80}개라는 사실과 일치하리라고 본다. 따라서 우리는 위상공간 $\mathcal{P}$에 대해 적어도 다음과 같은 부피를 허용해야만 한다.

$$V = e^{10^{123}}$$

($k = 1$일 때의 §3.3의 볼츠만 공식 $S = \log V$는 $S = 10^{123}$를 수용할 수 있어야 한다. §A.1 참고.) 사실 §A.1에 나와 있듯이, 만약 "e"가 "10"으로 대체되어도 (이 식의 숫자 "124"의 정확성에는 분명) 별로 차이가 생기지 않는다. 그래서 나는 $\mathcal{P}$가 적어도 다음 크기의 총부피를 갖는다고 본다.

$$10^{10^{123}} \text{*}$$

우리 우주에서 대분리의 시기에 실제로 나타난 태초의 불공은 엔트로피가 약 10^{90} 남짓이었다(바리온의 개수를 10^{80}개로 잡고 바리온당 엔트로피를 10^{9}으로 취하고 암흑물질의 적절한 값을 포함시킬 때의 값). 따라서 거친 알갱이 영

---

* §A.1의 내용으로 볼 때 $e^{10^{123}} \simeq 10^{10^{124}}$이며, 저자는 이 값을 위상공간의 부피로 보는 듯한데 여기서 124 대신 123을 사용한다. 그리고 그림 3-34에서는 124를 사용한다. 저자가 이 수치에 대해 혼선이 있는 듯하다. —옮긴이

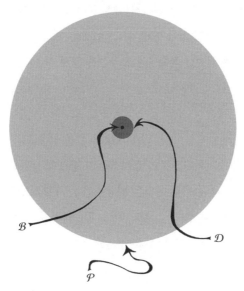

그림 3-34 우리의 관찰 가능한 우주 전체의 위상공간 $\mathcal{P}$의 부피는 플랑크 단위로(또는 다른 임의의 통상적인 단위로도) 대략 $10^{10^{124}}$이다. 대분리를 표현하는 상태들의 영역 $\mathcal{D}$는 이보다 터무니없이 작은 대략 $10^{10^{90}}$의 부피를 가지며, 빅뱅을 표현하는 상태들의 영역 $\mathcal{B}$의 부피는 이보다도 더 작아서 전체 위상공간 중 고작 $\sim 10^{10^{124}}$를 차지한다. 위의 다이어그램도 이런 차이를 도저히 정확하게 표현할 수가 없다!

역 $\mathcal{D}$는 위의 값보다 훨씬 적은 아래의 부피를 가질 것이다.

$$10^{10^{90}}$$

전체 위상공간 $\mathcal{P}$를 분수로 표현하면 부피 $\mathcal{D}$는 얼마나 작을까? 답은 아래와 같다.

$$10^{10^{90}} \div 10^{10^{123}}$$

이것은 §A.1에 나와 있듯이, 사실상 아래 형태와 구분이 불가능하다.

$$\frac{1}{10^{10^{123}}}, \;\; \text{즉} \; 10^{-10^{123}}$$

따라서 P의 총부피가 $10^{10^{123}}$ 라는 엄청나게 큰 값인지라, 이에 비하면 D의 부피는 우리가 알아볼 수도 없을 만큼 작다. 이것은 현재 우리가 이해하고 있는 우주의 창조에 아주 엄청난 **정확성**이 있었음을 알게 해준다. 사실, 엔트로피의 상당한 증가를 포함하는 과정들은 실제의 초기 특이점(이것을 우리는 위상공간 P 내부의 매우 작은 거친 알갱이 영역 B로 표현할 수 있다)과 대분리 시기 사이에 있었을 가능성이 높다. (그림 3-34의 설명에 나오는 크기들은 암흑물질 분포가 포함된 수치이다.) 그러므로 우주의 창조에는 훨씬 더 큰 정확성이 관여했다고 보아야 마땅한데, 이것은 위상공간 P 내부의 B의 크기로 오늘날 측정된다. 이것은 여전히 $10^{-10^{123}}$ 로서, P 자체의 엄청난 크기인 $10^{10^{123}}$ 에 비하면 영역 B의 크기는 영이라고 할 수 있을 정도로 너무나도 작다.

3.7 우주론적 엔트로피?

어떤 ("어두운dark") 실체가 엔트로피에 기여하는 문제와 관련해 다루어야 할 내용이 하나 더 있다. 즉, 흔히 **암흑에너지**dark energy(즉, (이 용어에 대한 나의 해석으로는) Λ)라고 불리는 것이 엔트로피에 얼마만큼 기여하는가라는 사안이다. 많은 물리학자들이 취하는 견해에 따르면, Λ는 지속적으로 팽창하는 우리 우주의 먼 미래에 있게 될 엄청나게 큰 엔트로피를 제공하여, 우주 역사의 아주 먼 (하지만 구체화되지는 않은) 단계로 "진입"하게 만드는 역할을 한다고 한다. 이 관점에 대한 근거는 주로 널리 인정된 믿음Gibbons and Hawking 1977, 즉 이런 모형들에서 생기는 우주론적 사건 지평선cosmological event horizon은 블랙홀 지평선과 동일한 방식으로 다루어져야 한다는 믿음에서 나온다. 그리고 우리는 엄청나게 큰 지평선(그 면적은 지금껏 관찰된 가장 큰 블랙홀(대략 태양 질량의 4×10^{10} 정도)의 면적보다 대략 10^{24}배 정도 크다)을 보고 있기 때문에 그 "엔트로피"도 엄청나게 클 텐데, 근사적으로 다음 값을 가질 것이다.

$$S_{\text{cosm}} \approx 6.7 \times 10^{122}$$

이 수치는 아래와 같은 Λ의 현재 추산되는 관찰 값에서 직접 계산한 결과이다.

$$\Lambda = 5.6 \times 10^{-122}$$

그리고 베켄슈타인-호킹 엔트로피 공식을 (이런 상황에서 이 공식을 사용할 수 있다고 가정하고) 우주론적 사건 지평선의 면적 A_{cosm}에 적용하면, 그 면적은 아래와 같이 정확히 얻어진다.

$$A_{\text{cosm}} = \frac{12\pi}{\Lambda}$$

그런데 이 지평선 주장이 믿을 만한 것이 되려면(우리가 블랙홀 엔트로피에 대한 베켄슈타인-호킹 주장을 믿는 것과 똑같은 수준이 되려면) 이것이 **총**엔트로피 값을 나타내야지, "암흑에너지"로부터 오는 어떤 기여분만을 나타내서는 안 된다. 하지만 사실 지평선 면적은 이 양 "S_{cosm}"을 순전히 Λ의 값으로부터 얻으며, 물질 분포 내지는 그림 3-4에 나오는 정확한 더 시터르 기하구조로부터의 다른 자세한 차이들과는 전혀 무관하다Penrose 2010, §B5. 그럼에도 불구하고 $S_{\text{cosm}}(\sim 6 \times 10^{122})$이 위에서 나온 $\sim 10^{124}$의 총엔트로피 값에 조금 못 미치긴 하지만, 관찰 가능한 우리의 현재 우주에서 바리온 물질만 있다고 가정할 때 우리가 궁극적으로 얻게 될 약 10^{110}이나 암흑물질이 포함되는 경우의 10^{112}에 비해서는 엄청나게 큰 값이다.

그러나 우리는 이 궁극적인 "총엔트로피" 값 $S_{\text{cosm}}(\sim 6 \times 10^{122})$이 실제로 무엇을 나타내는지 물어야만 한다. 이 값은 단지 Λ에만 의존하며 우주의 물질 분포의 세부사항과는 무관하므로, 우리는 S_{cosm}이 **전체** 우주에 할당된 엔트로피여야 한다는 견해를 취할지 모른다. 하지만 (우주론자들의 공통적인 견해대로)

우주가 공간적으로 무한하다면, 이 단일한 "엔트로피" 값은 이 무한한 공간 부피 전체에 퍼져야 하기에, 여기서 논의하는 유한한 동행 영역에는 지극히 작은 양을 이바지하게 될 것이다. 우주론적 엔트로피를 이렇게 해석하면, 6×10^{122}는 영(0)의 엔트로피 밀도로 여겨지므로 우리의 역학적 우주에서의 엔트로피 균형에 대한 논의에서 완전히 무시되어야 한다.

한편 우리는 이 엔트로피 값이 우리의 관찰 가능한 우주의 물질 분포를 바탕으로 한 동행 부피만을 가리킨다고 볼 수도 있다. 즉 우리의 입자 지평선 $\mathcal{H}(P)$ 내부의 동행 부피 $\mathcal{G}(P)$를 가리킨다고 보는 것이다(§3.5의 그림 3-17과 3-27 참고. P는 우리의 현재 시공간 위치). 하지만 이는 타당한 근거를 갖지 못한다. 왜냐하면 우리의 세계선 l_P 상의 점 P를 결정하는 "현재 시간"은 이런 맥락에서 어떠한 특별한 의미도 갖지 못하기 때문이다. 오히려 §3.5에서 고려한 동행 부피 $\mathcal{G}(l_P)$를 가리킨다고 보는 편이 더 적절할 수 있으며, 여기서 우리의 세계선 l_P는 미래를 향하여 무한정 확장된다. 이 영역 내부의 물질의 값은 우리가 현재 우주를 관찰하는 "시간"에 무관하다. 우리의 관찰 가능한 우주에서 진정으로 중요한 것은 물질의 총량이다. 등각 그림(§3.5의 그림 3-18)에서 완전히 확장된 l_P는 어떤 점 Q에서 미래 등각 무한대 $\mathcal{J}$(앞서 보았듯이 $\mathcal{J}$는 $\Lambda > 0$일 때 공간꼴 초곡면이다)와 만나는데, 지금 우리는 Q의 과거 빛원뿔 C_Q에 의해 가로막히는 물질의 총량에 관심이 있다. 이 과거 빛원뿔이야말로 우리의 **우주론적 사건 지평선**이며, 우리의 현재 입자 지평선 내부의 물질보다 더욱 "절대적인" 속성을 갖는다. 시간이 흐름에 따라 우리의 입자 지평선은 퍼져나가며, 부피 $\mathcal{G}(l_P)$ 내부의 물질은 그것이 퍼져나가는 궁극적인 한계를 나타낸다.

사실 (아인슈타인 방정식에 의한 우주의 시간 변화에서 Λ의 관찰 값이 양의 상수라고 가정하면) C_Q에 의해 가로막히는 물질의 총량은 우리의 현재 입자 지평선 내부에 든 물질의 총량의 거의 $2\frac{1}{2}$배이다Tod 2012; Nelson and Wilson-Ewing 2011. 이 물질이 얻을 수 있는 최대 엔트로피의 값은, 만약 그 값이 모든 물질이 하나의 단일 블랙홀 내에 있을 때 얻어지는 것이라고 하면, 물질이 우리의 현재 입자 지평선 내부에 있다고 할 때 얻어지는 최대 엔트로피의 대략 다섯 배 이상이다. 이 큰 수치는 우리가 앞서 보았던 $\sim 10^{123}$가 아닌 $\sim 10^{124}$의 값이다. 암흑 물질로부터의 기여분을 포함시키면 $\sim 10^{125}$가 얻어진다. 이 값은 S_{cosm}보다 수백 배 크므로, 우리의 우주와 전반적인 물질 밀도가 동일하지만 블랙홀들의 크기가 충분히 큰 우주 모형을 선택하면 S_{cosm}의 궁극적인 값을 위반할 수 있을 듯한데, 이는 제2법칙과 대단히 어긋난다! (이러한 블랙홀의 최종적인 호킹 증발에서 비롯되는 한 가지 사안이 있지만, 그렇다고 해서 여기서 논의되는 추론이 무효가 되지는 않는다Penrose 2010, §3.5.)

이런 수치들에 얼마간 불확실성이 있다고 해도, 우주론적 엔트로피에 대해 얻은 6×10^{122} 값이 C_Q 내에 놓인 물질의 양에 대해 얻을 수 있는 "진정한" 최대 엔트로피일 가능성은 여전히 존재한다. 하지만 S_{cosm}이 우주의 이 부분에 대한 진정한 궁극적인 엔트로피라고 진지하게 여기는 시각(또는 어쨌거나 물리적으로 타당한 "엔트로피"로 간주하는 시각)에 의심을 던지게 하는 더 강한 이유들이 있다. 우주론적 지평선 C_Q와 한 블랙홀 사건 지평선 $\mathcal{E}$ 간의 유사성을 제시한 기본적인 논증으로 되돌아가보자. 이 유사성을 이용하여 우주론적 엔트로피가 우주의 어느 부분을 실제로 가리키는가라는 문제를 다룰 때 우리는 한 가지 흥미로운 모순과 대면한다. 위의 주장들을 통해 이미 보았듯이, 이 부분은 전체 우주일 수가 없으며 우주론적 지평선 내부의 영역일 뿐이라고 가정하는 편이 타당한 것 같다. 하지만 이 우주론적 상황을 블랙홀의 상황과 비교할 때 우리는 이 해석이 전혀 논리적이지 않음을 알게 된다. 블랙홀로 이어지는 붕괴의 경우, 베켄슈타인-호킹 엔트로피는 대체로 블랙홀의 엔트로피로 여겨지는데, 이는 완전히 합리적인 해석이다. 그러나 우주론적 상황과 비교할 때, 즉 블랙홀의 사건 지평선 $\mathcal{E}$를 그림 3-35의 엄밀한 등각 다이어그램에 나오는 우주론적 지평선과 비교할 때 우리는 블랙홀 지평선 $\mathcal{E}$ 내부의 시공간 영역에 대응

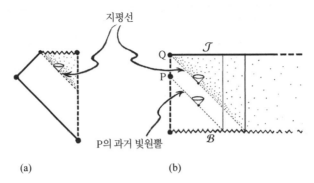

그림 3-35 엄밀한 등각 다이어그램으로서 다음의 두 엔트로피에 대응하는 (점들이 찍힌) 영역을 보여준다. (a)블랙홀. (b)양의 Λ 값을 갖는 우주 모형. 공간적으로 무한한 우주일 경우 "우주론적 엔트로피"의 **밀도는 영이 되어야 한다.**

되는 것이 우주론적 지평선 C_Q 외부에 있는 우주의 영역임을 알게 된다. 이 영역들은 각각의 지평선의 "미래" 쪽, 즉 미래 널 원뿔들이 가리키는 쪽에 놓인 영역들이다. 위에서 보았듯이 공간적으로 무한한 우주의 경우, 이는 전체 외부 우주에 걸쳐 영의 엔트로피 **밀도**를 제공한다! 이는 만약 우리가 S_{cosm}이 우주의 물리적 엔트로피에 주로 이바지한다고 해석하려고 한다면, 그다지 말이 되지 않아 보인다. (S_{cosm}의 엔트로피가 "어디에" 있는가(가령 C_Q의 인과적 미래에 놓인 시공간 영역)라는 주장이 제기될 수 있는데, 이 또한 그다지 타당한 주장이 아니다. 왜냐하면 S_{cosm}은 그 영역에 포함될 수 있는 어떠한 물질이나 블랙홀과 완전히 무관하기 때문이다.)

일부 독자들의 관심을 끌지 모를 이 주장의 요점은 다음과 같다. §3.6에서 소개된 화이트홀의 경우 널 원뿔들이 중심 영역에서 벗어나 미래를 향해 바깥쪽으로 향하는데, 그 양상이 우주론적 지평선의 경우와 비슷하다는 것이다. 또한 지적된 바에 따르면, 베켄슈타인-호킹 엔트로피는 블랙홀에 대해서와 마찬가지로 화이트홀에 대해서도 타당해야 한다. 볼츠만 엔트로피 정의는 시간의 방향과 무관하다는 사실 때문이다. 그러므로 다음과 같은 주장이 가능하다. 즉,

화이트홀이 우주론적 지평선과 유사함을 볼 때, S_{cosm}이 실제의 물리적 엔트로피라고 타당하게 해석할 수 있을지 모른다. 하지만 화이트홀은 제2법칙에 심히 어긋나므로 우리가 아는 우주에서 물리적 법칙에 들어맞는 대상이 아니며 다만 §3.6에서 가상적인 이유로 도입한 것일 뿐이다. 앞선 문단에 나온 것처럼 제2법칙에서 엔트로피의 시간적 증가와 직접 관련된 비교를 하려면, 그 비교는 우주론적 지평선과 **블랙홀** 지평선 간에 이루어져야지 화이트홀 지평선과 이루어져서는 안 된다. 따라서 S_{cosm}이 가질 "엔트로피"는 우주론적 지평선 외부의 영역을 가리키지 내부의 영역을 가리키지 않아야 한다. 앞서 말했듯이 이로 인해 공간적으로 무한한 우주일 경우 공간적 엔트로피 밀도는 영이 될 것이다.

하지만 블랙홀에 볼츠만의 공식 $S = k \log V$(§3.3 참고)를 적용하는 것과 관련하여 제기해야 할 한 가지 문제가 더 있다. 그것은 블랙홀에 대한 엔트로피 S_{bh}(§3.6 참고)가 내가 보기에 (관련 위상공간 부피 V가 명확하게 확인되는) 볼츠만 유형 엔트로피와 전적으로 설득력 있게 일치하지는 않는다는 점이다. 이 문제를 해결하기 위한 여러 접근법들이 있지만Strominger and Vafa 1996; Ashtekar et al. 1998, 나는 그 어떤 것도 만족스럽지 않다(그리고 내가 역시 만족스럽게 여기지 않는 홀로그래피 원리의 동기가 된 개념들에 대해서 §1.15를 보기 바란다). S_{bh}를 블랙홀 엔트로피의 실제 값이라고 진지하게 여기는 이유들은 지금까지 볼츠만 공식을 직접적으로 사용해서 얻은 논거들과는 다르다. 그럼에도 불구하고, 이 이유들Bekenstein 1972, 1973; Hawking 1974, 1975; Unruh and Wald 1982은 내가 보기에 매우 위력적이며 양자적 맥락에서 제2법칙의 전반적인 일관성을 위해 필요하다. 비록 그 이유들이 볼츠만 공식을 직접적으로 사용하지는 않았지만, 그렇다고 해서 볼츠만 공식과 모순을 일으킨다는 의미는 아니다. 다만 일반상대성이론의 맥락에서 현재 미해결의 양자 위상공간 개념을 이해하는 데 본질적인 어려움이 있음을 드러낼 뿐이다(§§1.15, 2.11 및 4.3과 비교해 보기 바란다).

독자들에게 꼭 전하고 싶은 말이 있는데, 내가 보기에 Λ를 매개로 하여 우주에 엔트로피($12\pi/\Lambda$)를 할당하자는 발상은 물리적으로 지극히 의심스럽다. 하지만 이것은 위에 제시한 이유들 때문만은 아니다. 만약 S_{cosm}이 제2법칙의 역학에 나름의 역할을 한다고 간주하려면(이는 우리 우주의 더 시터르 유형의 지수적 팽창의 매우 늦은 단계에서만 어떻게든 드러나는 현상이다), 우리는 "언제" 이 엔트로피가 "들어오는지"에 관한 이론이 필요할 것이다. 더 시터르 시공간은 매우 높은 대칭성을 가지며(10-파라미터 군으로서, 민코프스키 4-공간의 군만큼이나 크다Schrödinger 1956; TRtR §§18.2, 28.4. §3.1 참고.) 그 자체로서 그러한 시간이 자연스럽게 구체화되기를 허용하지 않는다. 설령 S_{cosm}으로 주어지는 "엔트로피" 값이 어떤 종류의 의미(가령, 진공 요동에서 생긴 값)를 갖는다고 진지하게 여기더라도, 다른 형태의 엔트로피들과 상호 관련을 맺는 역동적인 역할은 하지 못하는 듯하다. S_{cosm}은 단지 **일정한** 양으로서 우리가 그것에 어떤 의미를 부여하고, 그것을 어떤 종류의 엔트로피를 가리키는 것으로 정하는지 여부와 **무관하게** 제2법칙의 작동에는 전혀 영향을 주지 않는다.

한편 보통의 블랙홀의 경우에는 원래의 베켄슈타인 논증이 있는데Bekenstein 1972, 1973, 이 논증에는 미지근한 물질을 블랙홀 속으로 천천히 집어넣어 그 물질의 열에너지를 유용한 일로 변환시킬 수 있을지 모른다는 **사고실험**이 있었다. 하지만 밝혀진 바에 의하면, 위에 나온 S_{bh}에 대한 공식과 대략적으로 일치하게 블랙홀에 엔트로피를 할당하지 않으면, 그런 방식은 원리적으로 제2법칙에 어긋날 수 있다. 그러므로 베켄슈타인-호킹 엔트로피는 블랙홀의 맥락에서 제2법칙의 전반적인 일관성을 위한 필수 요소인 것이다. 이 엔트로피는 다른 형태의 엔트로피들과 분명히 상호 관련되어 있으며 블랙홀 열역학의 전반적 일관성을 위해 필수적이다. 이는 블랙홀 지평선의 역학과 관련이 있으며, 아울러 (만약 없었더라면) 엔트로피를 감소시킬지 모르는 과정들(가령, 미지근한 물질을 블랙홀에 집어넣어 그 물질의 전체 질량/에너지를 "유용한" 일로 변환시킴으로써 제2법칙을 위반하게 되는 과정)에 의해 블랙홀 지평선이 확장될 수 있다는 사실과도 관련이 있다.

우주론적 지평선의 상황은 완전히 다르다. 이 지평선의 실제 위치는 관찰자에 매우 의존적이며, 점근적으로 평평한 공간의 정적인 블랙홀의 절대적인 사건 지평선과는 조금도 비슷하지 않다(§3.2 참고). 그러나 한 우주론적 지평선의 면적 A는 단지 고정된 수이며, 우주상수 Λ가 들어가는 앞의 수식 $12\pi/\Lambda$의 값에 의해서 결정될 뿐 우주에서 벌어지는 역학적 과정들과는 전혀 무관하다. 가령, 얼마나 큰 질량−에너지가 지평선을 통과하는지 또는 어떻게 질량이 분포되는지 등 지평선의 국소적 기하구조에 분명히 영향을 미칠 수 있는 과정들과 무관한 것이다. 이는 블랙홀의 상황과 판판인데, 블랙홀의 사건 지평선은 물질이 그 속으로 통과할 때 필연적으로 증가하기 때문이다. 어떠한 역학적 과정들도 S_{cosm}에 영향을 미치지 않으며, 이 엔트로피는 언제나 $12\pi/\Lambda$로 늘 똑같은 값이다.

물론 이는 Λ가 실제로 상수라고 볼 때의 결과이지, 어떤 불가사의한 미지의 역학적인 "암흑에너지 장"이라고 볼 때의 결과가 아니다. 그런 "Λ−장"은 에너지 텐서 $(8\pi)^{-1}\Lambda\mathbf{g}$를 가져야 할 것이기 때문에, 아인슈타인의 방정식 $\mathbf{G} = 8\pi\gamma\mathbf{T} + \Lambda\mathbf{g}$는 아래 형태로 다시 적을 수 있다.

$$\mathbf{G} = 8\pi\gamma\left(\mathbf{T} + \frac{\Lambda}{8\pi\gamma}\mathbf{g}\right)$$

이 식은 마치 1917년의 아인슈타인의 수정된 방정식에서 상수항이 없고 대신에 $(8\pi)^{-1}\Lambda\mathbf{g}$가 단지 Λ−장의 기여분으로서, 모든 나머지 물질의 에너지 텐서 $\mathbf{T}$에 더해져서 총에너지 텐서(우변의 괄호 속의 식)가 얻어지는 듯 보인다. 하지만 이 추가적인 항은 통상적인 물질에 의해 제공되는 것과는 전혀 비슷하지 않다. 비록 이 항은 양의 질량/에너지 밀도를 갖고 있지만 중력 면에서 반발하는 힘을 나타낸다. 게다가 Λ가 가변적인 값이 되도록 허용하는 바람에 전문적인 측면에서 많은 어려움을 불러일으키는데, 그중 가장 두드러진 것으로 §3.2에서 언급한 널 에너지 조건을 위반할 심각한 위험을 초래한다. 만약 암흑에너지를 다른 장들과 상호작용하지 않는 일종의 물질 내지 물질들의 집합으로 여기고자 한다면, 미분기하학의 방정식(사실, 비앙키 항등식Bianchi identity)들이 알려 주는 바에 의해 Λ는 반드시 상수여야 한다. 하지만 총에너지 텐서가 이 형태에서 벗어나도록 허용한다면, 이 널 에너지 조건은 위반될 가능성이 매우 크다. 왜냐하면 그 조건은 에너지 텐서가 $\lambda\mathbf{g}$ 형태일 때 가까스로 만족되기 때문이다.

엔트로피 사안과 긴밀히 관련된 것으로, 이른바 우주론적 온도cosmological temperature T_{cosm}을 들 수 있다. 블랙홀의 경우, 베켄슈타인-호킹 블랙홀 엔트로피와 관련된 블랙홀 온도가(그리고 그 역의 경우도) 있어야 한다는 사실은 가장 기본적인 열역학 원리들로부터 도출된다Bardeen et al. 1973. 또한 블랙홀에 대한 정확한 공식을 알아낸 초기의 논문들에서 호킹1974, 1975은 블랙홀의 온도에 대한 공식도 얻었다. 이 온도는 비회전의 (구형 대칭) 경우, 자연(플랑크) 단위계로 아래와 같이 주어진다.

$$T_{\mathrm{bh}} = \frac{1}{8\pi m}$$

보통의 천체물리학적 과정에서 생길 수 있는 크기를 갖는 블랙홀의 경우(질량 m이 태양의 질량보다 작지 않은 경우) 이 온도는 극도로 낮은데, 질량이 가장 작은 블랙홀일 때 그나마 가장 높을 것이며, 그럴 경우라야 지구에서 인공적으로 만들 수 있는 가장 낮은 온도를 조금 넘는 정도일 것이다.

한편, 우주론적 온도 T_{cosm}은 지평선의 크기가 우주적 지평선 C_{Q}의 크기인 블랙홀과의 유사성을 통해서도 그 값을 알아낼 수 있으며 그 값은 자연 단위계로 아래와 같이 주어진다.

$$T_{\mathrm{cosm}} = \frac{1}{2\pi}\sqrt{\frac{\Lambda}{3}}$$

그리고 켈빈 단위로 하면 다음과 같다.

$$T_{\text{cosm}} \approx 3 \times 10^{-30}\text{K}$$

이것은 정말로 터무니없이 낮은 온도로서, 우리가 아는 우주에서 생기리라고 진지하게 상상할 수 있는 임의의 블랙홀의 호킹 온도보다도 훨씬 낮다. 하지만 T_{cosm}이 정말로 통상적인 물리적 의미로서 실제 온도라고 할 수 있을까? 이 사안을 진지하게 고찰하는 우주론자들은 분명 그렇게 보아야 한다는 공통적인 의견이 있는 듯하다.

이런 해석을 뒷받침하기 위해 여러 주장이 나왔는데 그중 일부는 단지 블랙홀과의 유사성에 기대는 주장보다는 근거가 탄탄하지만, 내가 보기에 그 타당성은 심히 의문스럽다. 아마도 이 주장들 가운데 수학적으로 가장 매력적인 것(또한 정적인 블랙홀에 대해서도 이용되는 것)은 시공간 4-다양체 M을 복소화하여, 그것을 복소 4-다양체 $\mathbb{C}M$으로 확장하는 이론이다Gibbons and Perry 1978. **복소화**complexification라는 개념은 아주 매끄러운 방정식(전문적으로 말하자면, 해석적 방정식)에 의해 정의되는 실수 다양체에 적용되는 개념인데, 복소화 절차는 방정식을 전혀 변경하지 않고서 단지 모든 실수 좌표들을 복소수로 대체하는 일일 뿐이다(§§A.5 및 A.9). 그렇게 하여 복소 4-다양체를 얻는다(이는 8-실수 차원이 될 것이다. §A.10 참고). 우주상수 Λ를 갖든 갖지 않든, 아인슈타인 방정식의 모든 정적인 표준 블랙홀 해들은 그런 복소화를 받아들인다. 이로써 미묘한 열역학적 원리들을 통해Bloch 1932 호킹이 이전에 블랙홀(회전 또는 비회전)에 대해서 얻었던 값과 놀랍도록 정확히 일치하는 온도를 내놓는 크기 스케일의 복소 주기성을 갖는 공간이 얻어진다. 이 온도 값이 우주론적 지평선에 동일한 방식으로 부여되어야 한다는 결론을 내리고픈 유혹이 드는데, 위의 이론을 비어 있는 더 시터르 공간에 적용하면 정말로 위에 나온 공식과 똑같이 $T_{\text{cosm}} = (2\pi)^{-1}(\Lambda/3)^{1/2}$가 얻어진다.

하지만 우주론적 사건 지평선과 블랙홀 사건 지평선 둘 다 있는 (Λ 항을 지닌) 아인슈타인 방정식의 해들에는 난감한 문제가 하나 생긴다. 이 경우 두 가지 복소 주기성이 동시에 생기는 바람에 상이한 두 온도가 동시에 존재한다는 모순된 해석이 나오기 때문이다. 이것은 딱히 수학적 모순은 아니다. 왜냐하면 복소화 절차가 상이한 장소에서 상이한 방식으로 (조금은 아름답지 않게) 실시될 수 있기 때문이다. 따라서 한 온도는 블랙홀과 관련된 것이고 다른 온도는 블랙홀과는 아무런 관련이 없다고 주장할 수 있을지도 모른다. 그러나 설득력 있는 물리적 결론을 내리기란 확실히 어려워진다.

T_{cosm}이 실제의 물리적 온도라고 해석하는 원래의 (더욱 직접적으로 물리적인) 주장은 휘어진 배경 시공간에서 양자장 이론을 더 시터르 시공간에 적용할 때 고찰한 내용을 통해 나왔다Davies 1975; Gibbons and Hawking 1976. 그러나 알고 보니, 이는 어떤 특정 좌표계가 QFT 배경 시공간에 사용되는지에 따라 결정적으로 좌우되었다Shankaranarayanan 2003; Bojowald 2011. 이러한 모호성은 **언루 효과**Unruh effect(또는 **풀링-데이비스-언루**Fulling-Davies-Unruh **효과**)라는 현상과 관련하여 해석할 수 있다. 이것은 1970년대에 스티븐 풀링과 폴 데이비스 그리고 특히 윌리엄 언루가 예견한 것이다Fulling 1973; Davies 1975; Unruh 1976. 이 효과에 따르면, 가속하는 관찰자는 양자장 이론에 따라 발생한 **온도**를 경험한다. 이 온도는 보통의 가속일 경우에는 지극히 작으며, 다음 공식으로 주어진다.

$$T_{\text{accn}} = \frac{\hbar a}{2\pi kc}$$

여기서 a는 가속도이다. 이 공식을 자연 단위계로 표현하면 아래와 같다.

$$T_{\text{accn}} = \frac{a}{2\pi}$$

블랙홀 위에 한 관찰자가 있다고 하자. 이 관찰자는 멀리 있는 고정된 물체와 연결된 밧줄에 매달린 채 블랙홀 위에 있다. 이때 관찰자는 (터무니없이) 낮은 호킹 복사의 온도를 느끼게 되는데, 이 온도는 지평선에서 $T_{\text{bh}} = (8\pi m)^{-1}$이다.

여기서 지평선에서의 a 값은 지평선의 반지름 거리 $2m$에서 "뉴턴식" 가속도 $m(2m)^{-2} = (4m)^{-1}$으로 계산된다. (지평선에서 관찰자가 실제로 경험하는 가속도는 엄밀히 말해 **무한대**일 테지만, 계산은 시간 약화 요소를 고려한 것으로 이 또한 지평선에서 무한대이다. 이로 인해 여기서 계산된 유한한 "뉴턴식" 결과 값이 나온다.)

한편, 블랙홀 속으로 곧장 떨어지는 관찰자는 **영**의 언루 온도를 경험할 것이다. 왜냐하면 자유낙하하는 관찰자는 가속도를 느끼지 않기 때문이다(그 까닭은 갈릴레이−아인슈타인 등가 원리 때문이다. 이 원리에 의하면 중력에 의해 자유낙하하는 관찰자는 가속력을 느끼지 않는다. §4.2 참고). 그러므로 호킹 블랙홀 온도는 언루 효과의 한 사례라고 볼 수 있으며 아울러 이 온도는 자유낙하에 의해 상쇄될 수 있다. 이와 동일한 개념을 우주론적 맥락에 적용하여 우주론적 "온도" T_{cosm}을 동일한 방식으로 해석하면, 이번에도 자유낙하하는 관찰자는 이 온도를 "느끼지" 않으리라고 결론 내려야 한다. 이것은 표준적인 우주론 모형들(특히 더 시터르 공간)에서 임의의 **동행 관찰자**comoving observer에도 적용되므로, 동행 관찰자는 가속을 느끼지 못하며 따라서 언루 온도도 느끼지 못한다는 결론이 나온다. 따라서 이런 관점에서 볼 때, "온도" T_{cosm}은 낮기도 낮거니와 동행 관찰자가 실제로 결코 느끼지 **못한**다!

그런 이유로, 관련된 사안인 "엔트로피" S_{cosm}이 제2법칙과 관련하여 나름의 역학적 역할을 하는지 의심스럽다. 솔직히 T_{cosm}과 S_{cosm} 둘 다 심히 의심스럽다. 그렇다고 해서 내가 T_{cosm}이 물리적인 역할을 전혀 하지 않는다고 여긴다는 말은 아니다. 그것은 어떤 종류의 결정적으로 낮은 온도를 표현할지 모르는데, 아마도 이는 §4.3에서 설명하는 개념들과 관련하여 어떤 역할을 할 수 있을 것이다.

3.8 진공 에너지

이전의 여러 장에서 나는 현대의 우주론자들이 **암흑에너지**라고 부르는 것이 아인슈타인이 1917년에 내놓은 **우주상수** Λ일 뿐이라고 말했다. 이것은 지극히 합리적인 입장으로서 현재의 모든 관찰 결과들과 일치한다. 아인슈타인은 원래 이 항을 자신의 방정식 $G = 8\pi\gamma T + \Lambda g$(§1.1 참고)에 도입했는데, 알고 보니 그 이유는 부적절한 것으로 드러났다. 아인슈타인은 공간적으로 닫힌 **정적인** 3-구 우주 모형(§1.15의 $\mathcal{E}$)을 수립하려고 자신의 방정식을 수정하면서 그 항을 추가했던 것이다. 그런데 사실 우주는 실제로 **팽창**하고 있으며 이는 약 십 년 후 에드윈 허블이 설득력 있게 증명해냈다. 그러자 아인슈타인은 Λ의 도입을 자기 인생 최대의 실수라고 여겼다. 아마도 Λ를 도입하는 바람에 우주의 팽창을 **예측**할 기회를 놓쳤기 때문일 것이다! 우주론자 조지 가모프에 따르면George Gamow 1979, 아인슈타인은 한때 가모프에게 이런 말을 했다고 한다. "우주상수를 도입한 것은 내 평생의 가장 큰 실수였네." 하지만 오늘날의 관점에서 보면 아인슈타인이 Λ의 도입을 큰 실수로 여겼다는 것은 대단한 역설이 아닐 수 없다. 왜냐하면 지금 Λ는 현대 우주론에 근본적인 역할을 한다는 사실이 입증되었기 때문이다. 그 예로 2011년에 노벨 물리학상을 받은 솔 펄머터Saul Perlmutter, 브라이언 P. 슈밋Brian P. Schmidt, 애덤 G. 리스Adam G. Riess의 수상Perlmutter et al. 1998, 1999; Riess et al. 1998 이유는 다음과 같았다. "먼 초신성 관측을 통해 우주의 가속 팽창을 발견함." 이 가속 팽창은 아인슈타인의 Λ에 의해 가장 직접적으로 설명된다.

그럼에도 불구하고 우주의 가속이 실제로 다른 이유로 인해 생길지 모를 가능성을 배제해서는 안 된다. 물리학자들의 공통적인 견해는 Λ를 상수로 보든 보지 않든 간에(사실, 어쨌든 Λ는 아인슈타인의 우주상수라고 해석할 수 있다), 아인슈타인의 $G = 8\pi\gamma T + \Lambda g$에서 Λ 또는 Λg(g는 계량 텐서)의 존재는 이른바 **진공 에너지**vacuum energy로 인해 생기며, 이 에너지는 분명 빈 공간에 가득 차 있다는 것이다. 진공이 영이 아닌(양의) 에너지를 갖고 있으리라고, 따라서 진공이 (아인슈타인의 $E = mc^2$에 따라) 질량을 가지리라고 물리학자들이 예상하는 이유는 양자역학과 양자장 이론의 가장 근본적인 고찰 내용들에서 나온다(§§1.3~1.5 참고).

QFT에서는 한 장field을 진동하는 **모드들로** 분해하는 것이 흔한데(§A.11 참고), 각각의 모드는 자신의 확정적인 에너지를 갖는다. 이런 다양한 진동 모드들 가운데에는(각각의 모드는 플랑크의 공식 $E = h\nu$에 따라 고유한 특정 진동수로 진동한다) **최소의** 에너지 값을 갖는 모드가 있을 텐데, 밝혀지기로 이 에너지도 **영이 아니다**. 이때 최소의 에너지를 **영점**zero-point **에너지**라고 한다. 그러므로 심지어 진공에서조차 어떠한 장이든 매우 작지만 영이 아닌 에너지의 양으로 존재할 수 있는 것이다. 상이한 진동의 가능성들마다 그런 에너지 최솟값이 있을 것이며, 모든 상이한 장들에 대한 이런 모든 에너지들의 총합이 이른바 **진공 에너지**, 즉 진공 자체의 에너지를 제공할 것이다.

중력이 개입되지 않는 상황일 경우, 통상적인 견해에 따르면 이 진공 에너지 배경은 그냥 무시해도 된다. 왜냐하면 그 에너지는 한 보편적인 상수 양이어서 모든 에너지 성분들의 총합에서 제외해도 되기 때문이다. 다만 이 배경 값과의 에너지 **차이**가 (비중력적인) 물리 과정에서 나름의 역할을 할 뿐이다. 하지만 중력이 개입할 때에는 상황이 판이하게 달라진다. 왜냐하면 에너지가 질량을 가지며($E = mc^2$) 질량은 중력의 원천이기 때문이다. 국소적인 수준에서는 만약 배경 에너지 값이 매우 작다면 그다지 문제될 것이 없을 것이다. 비록 배경 중력장이 우주론에 큰 영향을 줄지도 모르지만, 중력의 영향이 지극히 미미한지라 국소적인 물리 과정들에는 딱히 중요한 역할을 하지 않는다. 하지만 여러 영점 에너지들이 전부 합쳐질 때에는 **무한대**라는 곤혹스러운 답이 나오는 경향이 있다. 왜냐하면 모든 상이한 진동 모드에 대한 이런 합산은 §A.10에서 논의

한 경우처럼 발산하는 급수이기 때문이다. 끔찍하기 그지없는 이 상황을 어떻게 다루어야 할까?

종종 $1 - 4 + 16 - 64 + 256 - \cdots$ 과 같은 발산 급수처럼 유한한 "합"이 나오는 사례가 있다(§A.10에 나오듯이 이 경우의 합은 $\frac{1}{5}$). 이때 항들을 단지 더한다고 답이 나오지는 않지만 여러 가지 수학적 방법을 통해 답을 얻을 수 있다. 대표적인 방법이 §A.10에서 간략히 언급하는 해석적 확장이다. 비슷한 논증을 이용하여 훨씬 더 말이 안 되는 듯한 $1 + 2 + 3 + 4 + 5 + 6 + \cdots = -\frac{1}{12}$ 을 정당화할 수 있다. 그런 수단들(그리고 이와 관련된 다른 절차들)을 이용하여 QFT를 다루는 물리학자들은 종종 그런 발산 급수에 유한한 답을 부여할 수 있다. 그 덕분에 원래는 절망적이게도 ∞라는 결론이 나올 법한 계산에서 유한한 답이 나오게 할 수 있는 것이다. 흥미롭게도 (자연수들의 모든 합인) 이 두 번째 합은 원래의 보손 끈 이론이 요구하는 시공간의 26차원성을 결정하는 데 이바지한다(§1.6 참고). 이 사안과 관련된 핵심은 시공간의 징표, 즉 공간 차원과 시간 차원의 차이가 $25 - 1 = 24$ 라는 사실이며, "24"는 발산 급수의 "12"와 관련된다.

그런 절차들은 또한 진공 에너지 문제에 대한 유한한 답을 내려는 시도에도 쓰인다. 이때 꼭 언급해야 할 것이 있는데, 진공 에너지라는 물리적 실재는 종종 실험적으로 관찰되는 현상이라고 주장되기도 한다. 왜냐하면 카시미르 효과라는 유명한 물리 현상에서 그것이 명백히 드러나기 때문이다. 이 효과는 두 개의 대전되지 않은 나란한 전도성 금속판 사이의 힘으로 나타난다. 두 금속판이 서로 매우 가깝긴 하지만 서로 닿아 있지 않을 때에도 서로 간에 당기는 힘이 발생하는데, 알고 보니 이 힘은 네덜란드 물리학자 헨드릭 카시미르가 위에서 언급한 진공 에너지 효과를 바탕으로 처음에 계산해낸 결과Hendrik Casimir 1948 와 일치했다. 이 효과를 확인한 실험들(그리고 러시아 물리학자 예브게니 리프시츠와 그의 제자들이 행한 일반화 작업)이 여러 차례 성공적으로 실시되었다 Lamoreaux 1997. (방금 언급한 리프시츠가 일반상대성이론의 특이점과 관련하여

§§3.1과 3.2에 나왔던 바로 그 사람이다.)

하지만 그렇다고 해서 진공 에너지의 실제 값을 알아야 할 필요는 없다. 왜냐하면 그 효과는 위에서 말했듯이 단지 배경 에너지와의 **차이**의 형태로서 나타나기 때문이다. 게다가 저명한 미국의 수리물리학자 로버트 L. 제프Robert L. Jaffe 2005가 지적했듯이, 카시미르 효과는 진공 에너지를 전혀 언급하지 않고서도 표준적인 QFT 기법들을 이용하여 (약간 더 복잡한 방식이긴 하지만) 얻을 수도 있다. 따라서 진공 에너지의 실제 값을 계산하려고 할 때 생기는 발산 문제와는 별도로, 실험적으로 밝혀진 카시미르 효과의 존재는 진공 에너지의 물리적 실재를 실제로 밝혀내지는 **못한다**. 이는 진공 에너지의 물리적 실재가 이미 밝혀졌다는 흔히 표명되는 견해와는 상충된다.

그럼에도 불구하고 진공 에너지가 중력 효과를 가질(즉, 중력장의 원천으로 작용할) 매우 의미심장한 가능성은 반드시 진지하게 고려되어야 한다. 만약 중력 효과를 갖는 진공 에너지가 정말로 존재한다면, 그 에너지는 밀도가 결코 무한대일리가 없다. 만약 이 절의 앞에서 설명한 방식으로 모든 진동 모드들을 합산하여 그 에너지를 얻는다면, 모드들의 합을 통해 어쩔 수 없이 나오게 되는 무한대의 값을 "정규화하는" 어떤 방법이 존재해야 한다. 그런 절차 중 하나가 앞에서 언급했던 해석적 확장의 방법이다. 해석적 확장은 무한대의 값을 유한한 값으로 바꾸어주는 잘 정의된 강력한 수학적 기법이다. 하지만 여기서 다루는 물리적 상황에서는 몇 가지의 주의가 반드시 필요할 듯하다.

§A.10에 간략히 언급되어 있는 이 절차를 생각해보자. 해석적 확장은 복소변수 z의 홀로모픽 함수들과 관련이 있는데, **홀로모픽**이라는 용어는 복소수의 맥락에서는 **매끄럽다**는 뜻이다(§A.10 참고). 한 놀라운 정리(§A.10)에 따르면, 베셀 평면의 원점 0 근처에서 임의의 홀로모픽 함수 f는 아래와 같이 **멱급수로** 전개할 수 있다.

$$f(z) = a_0 + a_1 z + a_2 z^2 + a_3 z^3 + a_4 z^4 + \cdots$$

여기서 a_0, a_1, a_2, …은 복소 상수들이다. 만약 그런 급수가 z의 영이 아닌 값에 대해 수렴한다면, 베셀 평면의 원점 0에 가까이 놓인 z의 임의의 다른 값들에 대해서도 급수는 수렴할 것이다. 이 평면에는 어떤 고정된 원이 있는데, 원점은 0이며 반지름 $\rho(>0)$는 급수의 수렴 **반지름**이라고 불린다. 따라서 급수는 $|z| < \rho$이면 수렴하고 $|z| > \rho$이면 발산한다. 만약 급수가 영이 아닌 모든 z에 대해 발산하면 $\rho = 0$이 된다. 그리고 이 반지름은 무한대가 될 수도 있는데 ($\rho = \infty$), 이 경우 함수는 **전체** 베셀 평면 상의 급수에 의해 정의되며(**전체 함수**라고 불린다) 해석적 확장과 관련하여 언급할 내용이 아무것도 없게 된다.

하지만 ρ가 유한한 양수라면 함수 f를 해석적 확장에 의해 확장시킬 가능성은 자명해진다. 그러한 예를 아래 급수를 통해 살펴보자.

$$1 - x^2 + x^4 - x^6 + x^8 - \cdots$$

이 급수는 §§A.10 및 A.11의 사례 B에서도 나온다. 이 급수는 (실변수 x를 복소변수 z로 바꾸어 복소화시키면) 그 합이 수렴 반지름 $\rho = 1$ 내부에서 양함수 $f(z) = 1/(1 + z^2)$이 된다.* 하지만 이 급수의 합 $f(z) = 1/(1 + z^2)$에서 $1 + z^2$이 0이 되는, 즉 $f = \infty$가 되는 두 **특이점** $z = \pm i$를 제외하고는 $f(z)$가 베셀 평면 전체에서 완벽하게 정의되어 있는데도, 이 급수는 $|z| > 1$에 대해서는 발산한다. §A.10의 그림 A-38을 보기 바란다. 여기에 $z = 2$를 대입하면 $1 - 4 + 16 - 64 + 256 - \cdots = \frac{1}{5}$이라는 답이 정당화된다.

더욱 일반적인 상황에서는 급수의 합에 대한 양함수를 얻지 못할 수도 있지

---

* 양함수explicit function란, 종속변수 없이 독립변수들의 식만으로 표현되는 함수를 말한다. 이와 달리 음함수implicit function는 종속변수가 독립변수와 분리되지 않은 하나의 관계식으로 주어진 함수를 말한다. —옮긴이

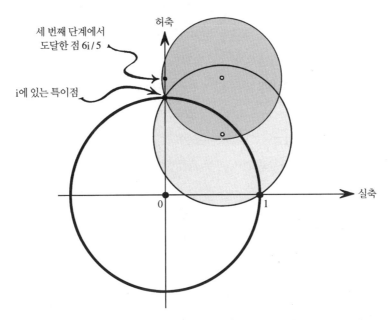

세 번째 단계에서
도달한 점 6i/5

i에 있는 특이점

허축

실축

0   1

그림 3-36 해석적 확장을 보여주는 그림. $f(z) = 1/(1 + z^2)$에 대한 멱급수의 수렴원은 단위원이며, 이 원 바깥의 급수들은 발산하므로 점 $z = 6i/5$에서는 발산한다. 우선 중심을 $z = 3(1 + i)/5$로, 그다음에 $3(1 + 2i)/5$로 옮기면(그림에 작은 원으로 표시된 점들) 수렴원의 반지름들은 $z = i$에 있는 특이점에 의해 결정되므로, 이제 우리는 멱급수의 도달 범위를 점 $z = 6i/5$까지 확장할 수 있다.

만, 함수 f를 f의 홀로모픽 성질을 유지한 채로 수렴원 바깥 영역으로 확장시킬 수 있다. 이렇게 하는 한 가지 방법은(대체로 아주 실용적이지는 않지만) 다음 사실을 알아차리는 것이다. 즉, f는 수렴원 내부의 어디에서나 홀로모픽이므로, f가 여전히 홀로모픽이 되도록 수렴원 내부의 임의의 다른 점 Q를 선택할 수 있는데(복소수 Q에 대해 $|Q| < \rho$), f를 Q에 대하여 멱급수 전개하여 아래 형태로 표현할 수 있다.

$$f(z) = a_0 + a_1(z - Q) + a_2(z - Q)^2 + a_3(z - Q)^3 + \cdots$$

우리는 이것을 복소수 $w = z - Q$에 대한 베셀 평면에서 원점 $w = 0$에 대한 표준적인 멱급수 전개로 여길 수 있는데, 이 새로운 원점은 z 평면의 점 $z = Q$와 동일하므로 수렴원은 이제 z의 베셀 평면의 점 Q에 중심을 두게 된다. 이렇게 하면 함수의 정의를 더 넓은 영역으로 확장할 수 있는데, 이 절차는 계속 더더욱 넓은 영역으로 거듭 확장할 수 있다. 이것이 바로 $f(z) = 1/(1 + z^2)$인 특정한 함수에 대해 그림 3-36에 설명되어 있다. 여기서 세 번째 단계를 통해 우리는 함수를 $z = i$에 있는 특이점의 다른 쪽(구체적으로는 $z = 6i/5$)으로 확장할 수 있으며, 이런 절차들로 얻어진 세 중심(Q의 값들)은 각각 0, $3(1 + i)/5$ 및 $3(1 + 2i)/5$이다.

이른바 **분기 특이점**branch singularity을 포함하는 함수일 경우, 해석적 확장 절차는 함수를 확장하기 위해 그런 분기 특이점을 피하려고 어떤 경로를 선택하느냐에 따라 애매한 답을 내놓게 된다. 그런 분기의 기본적인 사례들은 $(1 - z)^{-1/2}$처럼 지수가 분수인 멱급수(이 경우 $z = 1$에 있는 분기 특이점을 어떤 경로로 우회하느냐에 따라 부호가 달라진다)에서 일어나거나 아니면 $z = -1$에 분기 특이점이 있는 $\log(1 + z)$와 같은 경우는 $z = -1$의 분기 특이점 주위를 몇 회 우회하느냐에 따라 $2\pi i$의 정수배가 추가되는 모호한 답이 나온다. 그런 분기(자명하지 않은non-trivial 사안)로 인해 생기는 모호성만 제외하고 나면 해석적 확장은 적절한 의미에서 언제나 고유하다.

그러나 이 고유성은 조금 미묘한 문제인데, §A.10에서 언급된 리만 곡면을 이용하여 가장 잘 이해할 수 있다. 기본적으로 그 절차는 베셀 평면을 그것의 복층multiple-layered 버전으로 대체하는 방식을 통해 모든 분기를 "풀어 헤치"는 것이다. 이어서 그 버전을 어떤 리만 곡면으로 재해석하면, 그 곡면 상에서 함수 f의 다중 확장이 단일 값이 된다. 그러면 해석적으로 확장된 f는 이 리만 곡면에서 완전히 고유해진다Miranda 1995; 이 개념에 대한 간략한 소개는 TRtR, §§8.1~8.3 참고. 그럼에도 불구하고 우리는 완전히 정상적으로 보이는(늘 발산하지는 않는) 급수로부터 가끔씩 생기는 아주 이상해 보이는 모호한 "합"에 익숙해져야 한다. 가령, 위에서 언급한 함수 $(1 - z)^{-1/2}$의 경우, $z = 2$는 아래와 같이 흥미롭게 발산하는 모호한 합을 내놓는다.

$$1 + \frac{1}{1} + \frac{1 \times 3}{1 \times 2} + \frac{1 \times 3 \times 5}{1 \times 2 \times 3} + \frac{1 \times 3 \times 5 \times 7}{1 \times 2 \times 3 \times 4}$$
$$+ \frac{1 \times 3 \times 5 \times 7 \times 9}{1 \times 2 \times 3 \times 4 \times 5} + \cdots = \pm i$$

그리고 $\log(1 + z)$의 경우는 $z = 1$일 때 수렴하지만 위에서 언급한 내용처럼 아래와 같이 훨씬 더 모호한 답이 나온다.

$$1 - \frac{1}{2} + \frac{1}{3} - \frac{1}{4} + \frac{1}{5} - \frac{1}{6} + \cdots = \log 2 + 2n\pi i$$

여기서 n은 임의의 정수일 수 있다. 이러한 답들을 실제 물리 문제에 진지하게 도입하려는 것은 **공상**에 가까울 정도로 위험한 발상일지 모르며, 그런 것이 물리적 신뢰성을 가지려면 어떤 명확한 이론적 동기가 필요할 것이다.

이런 미묘한 사안들을 볼 때, 우리는 발산 급수의 적절한 합산을 요구하는 듯 보이는 문제들에 해석적 확장을 이용하여 물리적 답을 얻는 일에 매우 조심해야만 한다. 그럼에도 불구하고 방금 언급한 사안들은 그런 문제들을 다루는 이론 물리학자들(특히 끈 이론 및 관련 주제를 다루는 물리학자들)이 보통 잘 이해한 내용들이다. 하지만 이는 내가 여기서 강조하고자 하는 사안들이 아니다. 나의 의문은 어떤 급수 $a_0 + a_1z + a_2z^2 + a_3z^3 + \cdots$ 속의 특정한 계수들 a_0, a_1, a_2, a_3, $\cdots$에 대한 어떤 믿음과 더 관련이 있다. 만약 이 수들이 하나의 근본적인 이론으로부터 나오는 것이어서 그 값들이 그 이론에 의해 정확하게 결정된다면, 위에서 소개한 절차는 적절한 상황에서 물리적 관련성을 가질지 모른다. 하지만 만약 그 수들이 근사, 불확실성 또는 외적 환경에 대한 세세한 의존성이 개입되는 계산으로부터 나오는 것이라면, 우리는 해석적 확장 절차에(또는 심각하게 발산하는 무한급수를 합산하는 임의의 다른 방법에) 의존하는 결과들에 대해 훨씬 더 주의를 기울여야만 한다.

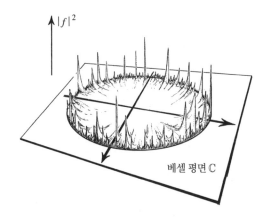

그림 3-37 이 그림은 홀로모픽 확장을 방해하는 사례의 한 유형을 보여준다. 홀로모픽 함수에 대한 **자연스러운 경계**가 바로 그런 사례다. 단위원 상의 **임의의** 점에서 이 함수 *f*의 원 바깥으로의 확장은 불가능하다. 설령 *f*가 원 내부의 모든 곳에서 홀로모픽이더라도 말이다. (|*f*|가 그려져 있다.)

예를 들어, 급수 $1 - z^2 + z^4 - z^6 + z^8 \cdots (= 1 + 0z - z^2 + 0z^3 + z^4 + 0z^5 - \cdots)$ 으로 다시 되돌아가자. 앞서 보았듯이 이 급수는 수렴 반지름 $\rho = 1$이다. 만약 이 급수의 계수들(1, 0, −1, 0, 1, 0, −1, 0, 1, …)을 무작위적으로 그러나 아주 살짝만 교란시켜서 급수가 단위원 내부에서 여전히 수렴하게 만든다면(그러려면 교란된 계수들은 어떤 수에 의해 경계가 지어져야 한다), 거의 확실히 우리는 단위원에서 **자연스러운** 경계를 갖는 홀로모픽 함수를 얻을 수 있다Littlewood and Offord 1948; Eremenkno and Ostrovskii 2007. (이런 성질을 갖는 함수의 특정한 유형을 보려면 그림 3-37을 참고하기 바란다.) 달리 말해서, 단위원의 속성상 교란된 함수는 그 원 상의 어디에서도 해석적 확장이 가능하지 않게 된다. 그러므로 분명 (열린) 단위원(즉, |*z*| < 1) 상에서 정의된 홀로모픽 함수들 중에서, 이 원을 가로질러 **어디에서나** 홀로모픽하게 확장될 수 있는 함수들은 지극히 적은 비율이다. 그러니 그런 계수들이 일반적인 물리적 상황에서 교란될 때 해석적 확장의 절차를 적용하여 발산 급수의 합을 얻을 수 있다면 매우 다행스러운 경우

일 것이다.

그렇다고 해서 무한대를 정규화하는 그런 절차들이 일반적인 물리적 상황에서 꼭 무의미하다는 뜻은 아니다. 진공 에너지에 대한 한 가능성으로서, 해석적 확장 절차를 이용하여 유한한 답을 유의미하게 내놓을 수 있는 한 발산 급수에 의해 정의되는 "배경"이 있을지 모르는데, 통상적인 방식으로 별도로 합쳐질 수 있는 수렴하는 부분이 그런 급수에 합쳐질 수 있다. 예를 들어, 만약 위에서 나온 계수들$(1, 0, -1, 0, 1, 0, -1, 0, 1, \cdots)$에 의해 정의되는 $1/(1+z^2)$에 대한 급수에다 (급수의 합 $\varepsilon_0 + \varepsilon_1 z + \varepsilon_2 z^2 + \varepsilon_3 z^3 + \varepsilon_4 z^4 + \cdots$이 전체 함수$(\rho = \infty)$가 되는 급수에 대한) 계수들$(\varepsilon_0, \varepsilon_1, \varepsilon_2, \varepsilon_3, \varepsilon_4, \cdots)$에 의해 정의되는 다른 "작은" 부분이 더해지면, 단위원 바깥으로의 해석적 확장은 교란이 없을 때의 과정처럼 작동할 수 있기에, 해석적 확장 논증은 앞의 경우처럼 진행될 수 있다. 여기서 이런 말을 하는 까닭은 그런 절차를 발산 급수를 합하는 데 적용할 때 마주치게 될지 모를 많은 함정들과 미묘한 사안들에 대해 독자들에게 주의를 주기 위함이다. 그리고 어떤 특정한 상황에서는 그런 절차가 적절할 수도 있지만, 그런 절차가 적용될 때 물리적 결론을 내리는 데에는 극도로 신중해야만 한다.

이제 진공 에너지의 구체적인 사안으로 되돌아가서, 아인슈타인의 $\varLambda$가 실제로 빈 시공간의 에너지 값이라고 여길 수 있는지 알아보자. 특히 이 진공 에너지에 (잠재적으로) 기여한다고 볼 수 있을 다수의 물리적 장들의 관점에서 그런 계산을 명시적으로 수행하기란 거의 불가능한 과제처럼 보인다. 그렇기는 하지만 비교적 확실하게 몇 가지를 말할 수 있는데, 그 전부를 세세히 살펴보지는 않을 것이다. 그중 첫 번째는 국소적인 로런츠 불변량(이것은 기본적으로 "선호되는" 시공간 방향이 존재하지 않는다는 주장이다)의 고찰 사항들로부터 진공 에너지 텐서 $\mathbf{T}_{vac}$는 계량 텐서 $\mathbf{g}$와 비례해야 한다는 강력한 주장이 나온다는 것이다.

$$\mathbf{T}_{vac} = \lambda \mathbf{g}$$

여기서 λ는 비례상수이다. 희망적인 것은 $\mathbf{T}_{vac}$가 실제로 아인슈타인 방정식의 기여분이고, 이 값이 관찰된 우주상수의 값에 대응함을 보여주는 논증이 나올 수 있다는 점이다. 즉, 자연 단위계로

$$\lambda = \frac{\Lambda}{8\pi}$$

가 아인슈타인 방정식의 오른쪽 항에 적절한 기여분을 제공한다는 것이다. 그렇다면 (자연 단위계로) $\mathbf{G} = 8\pi\mathbf{T} + \Lambda\mathbf{g}$는 이제 다음과 같이 적을 수 있다.

$$\mathbf{G} = 8\pi(\mathbf{T} + \mathbf{T}_{vac})$$

하지만 QFT의 고찰 내용에서 우리가 얻게 되는 것이라고는 $\lambda = \infty$라는 쓸모없지만 가장 "솔직한" 답(위에서 고려한 것과 같은 수학적 기교를 과감히 포기할 때 얻는 답) 아니면 $\lambda = 0$이라는 양의 우주상수가 실제로 반드시 존재한다는 관찰 결과가 명백히 나오기 전에 가장 선호되는 답이거나, 이도 아니면 자연 단위계로 단위unity 차수의 어떤 값(여기에다 어쩌면 π의 몇 가지 단순한 급수들을 추가한 값)이 나올 것이다. 분명 마지막 세 번째 예측이 매우 만족스럽게 여겨졌을 테지만, 관찰 데이터는 자연 단위계로 다음과 같은 우주상수 값을 내놓고 말았다.

$$\Lambda \approx 6 \times 10^{-122}$$

따라서 세 번째 예측은 엄청난 비율로 어긋나 버렸다!

나는 이것을 볼 때 Λ가 실제로 진공 에너지의 값이라고 해석하는 견해에 심각한 의문이 든다. 하지만 대다수 물리학자들은 왠지 그런 해석을 철회하길 주저하는 듯하다. 물론 만약 Λ가 진공 에너지가 아니라면 아인슈타인의 Λ-항의

(양의) 값에 대한 다른 이론적인 이유를 대야 할 것이다(특히 §1.15에서 언급했던 사실, 즉 끈 이론가들이 음의 Λ 값을 이론적으로 선호하는 듯 보인다는 사실을 볼 때 그럴 필요성은 더욱 커진다). 어쨌든 Λ는 좀 기묘한 종류의 에너지이다. 왜냐하면 결과적으로는 양의 에너지 값을 제공하면서도 중력에 반하여 작용하기 때문이다. 이것은 매우 흥미로운 형태의 에너지 텐서, 즉 $\Lambda\mathbf{g}$의 결과이다. 이 텐서는 §3.7에서 언급했듯이 다른 기존의(또는 진지하게 고려되는) 어떠한 물리적 장의 에너지 텐서와도 전혀 다르다.

양의 Λ가 어떻게 공간 곡률과 관련하여 양의 질량으로서 작용하면서도 우주의 가속 팽창을 일으키는 척력을 행사할 수 있는지 의아한 독자들은 §3.8의 말미에 나온 내용을 참고하기 바란다. "$\Lambda\mathbf{g}$"는 "암흑에너지"라는 용어에도 불구하고 물리적으로 타당한 에너지 텐서가 결코 아니다. 구체적으로 말하자면 척력을 제공하는 것은 $\Lambda\mathbf{g}$의 세 개의 음의 압력 성분들이며, 하나의 양의 밀도 항이 공간 곡률에 기여한다.

게다가 이 특이한 형태의 에너지 텐서는 또한 "우주의 구성 물질의 68% 이상이 미지의 암흑에너지 형태이다"라는 흔한 주장과 관련된 흥미로운 "역설"의 바탕이 된다. 왜냐하면 다른 모든 형태의 물질-에너지와 달리, Λ는 중력적으로 인력이 아니라 척력을 행사하기에 이런 면에서 보통의 물질과는 정반대로 행동한다. 더군다나 시간에 대해 일정하기에(만약 정말로 그것이 아인슈타인의 우주상수 Λ라면) 이 "68%" 비율은 우주가 팽창하면서 지속적으로 증가할 것이며, 모든 "보통의" 물질 형태(암흑물질 포함)의 평균 밀도는 시간의 흐름에 따라 자꾸만 감소하여 결국에는 완전히 무의미해지고 말 것이다!

방금 전에 말한 내용은 우주론자들의 심기를 건드리는 또 하나의 사안을 제기한다. 즉, 우주 역사의 고작 지금 무렵에야(여기서 "지금"은 매우 넓게 해석해야 한다. 즉 빅뱅 이후 10^9~10^{12}년 정도의 범위 내로 해석해야 한다) Λ가 제공한 "에너지 밀도"는 보통 물질(실체가 무엇이든 간에 암흑물질 포함)의 밀도와 엇비슷한 정도가 되었다. 우주 역사의 훨씬 더 이른 시기(가령 $< 10^9$년)에는 Λ의 역할은 미미했을 것이며, 훨씬 나중(가령 $> 10^{12}$년)에야 Λ는 다른 어떤 것보다 주도적인 역할을 하게 될 것이다. 이것은 놀라운 우연의 일치(어떤 식으로든 설명이 필요한 아주 희한한 일)일까? 많은 우주론자들이 그렇게 믿는 듯한데, 일부는 "Λ"가 종종 제5원소quintessence라고 하는 일종의 장field이라고 여기기도 한다. 다음 두 절에서 이 사안을 다시 다루겠지만, 내가 보기에 암흑에너지를 어떤 형태의 물질로 또는 심지어 진공 에너지로 보는 시각은 완전히 그릇된 것이다. Λ의 실제 값과 관련하여 아직 풀리지 않은 불가사의가 있을 테지만 (§3.10 참고) 유념해야 할 점이 있다. 즉, 아인슈타인의 Λ-항은 기본적으로 아인슈타인의 원래 방정식($G = 8\pi T$)의 기본적인 특징을 심하게 바꾸지 않으면서 덧보탠 항이다. 나로서는 자연이 이런 놀라운 가능성을 활용하지 않을 까닭이 없다고 본다!

3.9 급팽창 우주론

이제 왜 대다수 우주론자들이 공상처럼 보이는 **급팽창 우주론**inflationary cosmology을 열렬히 지지해야 한다고 느끼는지 살펴보자. 급팽창 우주론이란 무엇일까? 이 이론은 1980년 무렵에 러시아인 알렉세이 스타로빈스키Alexei Starobinsky(조금 다른 맥락에서)와 미국인 앨런 거스Alan Guth가 독립적으로 처음 내놓은 이례적인 이론이다. 이들의 주장에 따르면 우리의 실제 우주는 시작인 빅뱅 직후 약 10^{-36}초에서 10^{-32}초 사이의 지극히 짧은 시간에 **지수적 팽창**을 겪게 되었으며, 이 팽창을 가리켜 **급팽창**inflation이라고 한다. 이 현상은 막대하게 큰 우주상수 Λ_{infl}의 존재로 인해 일어날 수 있었을 것이다. 이 값은 현재 관찰되는 Λ 값보다 엄청나게 컸는데, 그 차이의 정도는 대략 10^{100}배 정도였을 것이다. 따라서

$$\Lambda_{\text{infl}} \approx 10^{100} \Lambda$$

이다. (급팽창에는 여러 종류가 있으며 종류마다 Λ_{infl}의 값은 다르다.) 여기서 꼭 알아야 할 점은 Λ_{infl}이 진공 에너지에 대해 예상되는 값인 $\sim 10^{121}\Lambda$에 비하면 여전히 지극히 작은 값($\sim 10^{-21}$의 인수만큼)이라는 사실이다. 대중적인 설명은 거스의 자료Guth 1997를 그리고 더욱 전문적인 설명은 참고 문헌을 보기 바란다Blau and Guth 1987; Liddle and Lyth 2000; Muckhanov 2005.

대다수 우주론자들이 오늘날 이 놀라운 개념을 인정하는 이유를 살펴보기 전에(급팽창은 전문적이든 대중적이든 현대 우주론을 설명하는 모든 내용에 들어가 있다), 독자들에게 한 가지 주의를 당부해야겠다. 뭐냐면, 이 장의 제목일 뿐 아니라 이 책의 제목에 들어간 "공상"이라는 용어는 특히 이 이론을 염두에 두고 쓰인 것이다. §3.11에서 보겠지만, 급팽창 우주론보다 훨씬 더 공상적으로 보일지 모르는 다른 많은 아이디어들도 요즈음의 우주론자들은 논의하고 있다. 하지만 급팽창에 특히 더 주목하는 까닭은 이 제안이 우주론 학계에 거의 보편적으로 인정받고 있기 때문이다!

그런데 꼭 짚고 넘어가야 할 점이 있다. 바로 급팽창은 하나의 보편적으로 합의된 제안이 아니라는 것이다. 급팽창이라는 이름을 달고 있는 방안들은 무수히 많으며, 그런 방안을 서로 구별하기 위한 목적으로 실험이 종종 실시되곤 한다. 특히 CMB에서 편광의 B-모드의 사안이 2014년 3월 말경에 BICEP2 연구팀에 의해 아주 공개적으로 알려졌다Ade et al. 2014. 이것은 급팽창 모드들의 광범위한 한 부류에 대한 강력한 증거(심지어 스모킹건이라고까지 추켜세워졌다)로서 제시되었는데, 대체로 상이한 급팽창 버전들을 서로 구별하기 위한 목적이었다. 그런 B-모드의 존재가 태초의 중력파의 존재를 알리는 신호라고 주장되었으며, 급팽창의 일부 버전에서는 그 점을 예측하기도 했다(B-모드의 생성에 대한 다른 대안적 가능성은 §4.3의 말미를 보기 바란다). 이 글을 쓰고 있는 현재, 이런 신호들의 해석은 큰 논쟁거리로 남아 있으며 관찰된 신호들을 달리 해석할 여지도 많다. 그럼에도 불구하고 오늘날의 우주론자들 중에서 급팽창의 공상적 개념 전반이 우주 팽창의 아주 초기의 상황과 관련하여 실제적 진리임을 의심하는 이들은 거의 없다.

그러나 서문과 §3.1에서 이미 설명했듯이, 나는 급팽창이 비록 공상적인 성질이 있다고 해서 진지한 고려의 대상으로 삼지 않아야 한다고 보지는 않는다. 분명 그것은 실제 우주의 매우 놀라운 (심지어 "공상적으로" 느껴질 만한) 관찰 결과를 설명하려고 제시되었다. 게다가 급팽창이 오늘날 널리 인정된 까닭은 이것과는 무관해 보이는, 아직 해명되지 못한 우주의 놀라운 특징들을 탁월하게 설명해냈기 때문이기도 하다. 따라서 다음을 중요하게 짚어보아야 한다. 만약 급팽창이 우리 우주의 진실이 아니라면(조금 후에 그것이 진실이 아닐지 모른다고 믿는 근거를 제시할 것이다) 다른 어떤 것이 진실이어야만 하는데, 그 또한 공상적으로 보이는 비교적 기이한 발상일지 모른다!

급팽창은 수많은 상이한 버전으로 제시되었는데, 나로서는 원래 나온 버전이자 지금도 인기 있는 일반적인 버전 외에는 이 절에서 설명할 지식도, 뚝심도 없다(하지만 §3.11에서는 우주 급팽창의 더욱 야성적인 버전을 간략히 소개하겠다). 처음의 버전에 의하면, 우주의 급팽창의 원천은 "거짓 진공false vacuum"이라는 초기 상태였으며, 거짓 진공은 상전이(액체를 끓이면 기체가 되듯이 전체적인 상태가 변하는 현상)에 의해 우주가 이전과는 다른 진공 상태로 양자역학적으로 터널링tunnelling하게 했다. 이 상이한 진공들의 특성은 아인슈타인 방정식의 Λ 항의 상이한 값들에 의해 정해질 것이다.

이제껏 나는 이 책에서 (잘 규명된) 양자 터널링 현상을 논의하지 않았다. 보통 그 현상은 에너지 장벽에 의해 분리되어 있는 두 가지 에너지 최솟값 A와 B를 갖는 한 양자계에서 발생한다. 여기서 계는 처음에 높은 에너지 상태 A에 있다가 그 장벽을 뛰어넘을 에너지 유입이 없는데도 저절로 낮은 에너지의 B 상태로 터널링한다. 이 책에서 그 과정의 세부사항을 독자들이 알 필요는 없겠지만, 내가 보기에 현재의 논의 주제와 이 현상의 관련성이 심히 의심스럽다는 점은 꼭 지적해야겠다.

§1.16에서 나는 한 진공 상태의 선택에 관한 사안으로 독자의 주의를 환기시켰는데, 이것은 QFT의 구체적 정립에 필요한 요소이다. 한 QFT에 대해 두 가지 상이한 내용이 제안될 수 있는데, 만약 각각의 경우에 대해 상이한 진공이 특정되지 않는다면 그 둘은 동일할 것이다(즉, 생성 연산자와 소멸 연산자의 대수가 동일한 내역을 갖는다). 이 점은 §1.16에서 이른바 풍경을 구성하는, 원치 않는 복수의 상이한 끈(또는 M-) 이론들과 관련하여 중대한 사안이었다. §1.16에서 지적했듯이 문제는 이 광대한 풍경 속의 QFT 각각이 전적으로 분리된 우주를 구성하는데, 이때 그런 한 우주의 상태로부터 다른 우주의 한 상태로 어떠한 물리적 전환도 일어나지 않는다는 것이다. 양자 터널링의 과정은 전적으로 인정할 수 있는 양자역학적 행동이긴 하지만, "우주"의 한 상태로부터 다른 우주의 한 상태로의 전환(두 우주는 어떤 진공을 선택하느냐에 따라 서로 달라진다)을 가능하게 해주는 것이라고는 대체로 여겨지지 않는다.

그럼에도 불구하고 우주의 급팽창이 진공 상태의 한 선택에 의해 Λ_{infl}의 진공 에너지를 갖는 거짓 진공의 한 상태로부터, 현재 관찰되는 우주상수 Λ의 진공 에너지 값을 갖는 다른 진공 상태로 터널링하여 생길 수 있다는 발상의 주창자들은 여전히 우주론 학계에서 인기를 얻고 있다Coleman 1977; Coleman and De Luccia 1980. 그렇다면 내 관점에서 보기 위해 §3.8에서 지적한 문제를 독자들에게 상기해보자. 즉, 우주상수를 진공 에너지의 발현으로 여겨야 한다는 바로 그 개념 말이다. 물론 우리 우주의 기원 그리고 아주 초기 단계에서의 매우 놀라운 여러 측면들을 제대로 이해하기 위해 공상적인 아이디어들이 분명 필요할지 모르지만, 통상적인 물리학의 체계를 따르지 않는 이런 종류의 아이디어들은 고려사항에서 분명 제외되어야 마땅하다. 그러나 나는 대체로 확립된 절차의 범위 밖에 있는 아이디어들이라도 필요하다면 주의를 기울여 도입해도 된다고 본다.

§3.11에서 이 사안을 다루게 되더라도 나는 급팽창이 한 진공 상태로부터 다른 진공 상태로의 터널링에 의해 생겼다는 원래의 개념에 대해 그리 많은 말을 하지는 않을 것이다. 가장 큰 이유는 그 개념이 오늘날 대다수가 고수하는 버전이 아닌 듯하기 때문이다. 왜냐하면 이 원래 개념에 나오는 급팽창 위상의 "우아한 탈출"과 관련된 이론적 어려움 때문이다. 이 개념에서 우주의 급팽창은 모든 곳에서 동시에 사라져버려야 하며 아울러 이른바 재가열reheating을 겪어야 한다. 이런 어려움을 극복하기 위해 이후 1982년에 천천히 구르는 급팽창slow-roll inflation이라는 아이디어가 제시되었는데Andrei Linde 1982, Andreas Albrecht and Paul Steinhardt 1982, 내가 하는 발언의 대다수는 구체적으로 이 아이디어에 대한 것이다. 천천히 구르는 급팽창에서는 급팽창 장inflation field이라고 하는 한 스칼라장 φ가 있는데(초기의 문헌에서는 φ를 힉스 장Higgs field이라고 불렀지만, 부적절한 용어여서 지금은 그렇게 부르지 않는다), 이것이 매우 초기 우주에서 급팽창의 원인이라고 한다.

천천히 구르기라는 용어는 φ장 에너지에 대한 퍼텐셜 함수 $V(\varphi)$의 그래프(그림 3-38 참고)의 한 특성을 가리키는데, 우주의 상태는 곡선의 비탈 아래로 굴러 내려가는 한 점으로 표현된다. 천천히 구르는 급팽창의 상이한 버전들(많은 버전이 있다)에서 이 퍼텐셜 함수는 원시적인 원리들로부터 유도된 것이라기보다는 구체적으로 설계된 것이기에, 비탈을 따라 구르는 과정은 급팽창이 작동하는 데 필요한 속성들을 잘 제공해준다. 기존에 인정된 입자물리학 또는 내가 아는 한 물리학의 다른 부분들에서도 $V(\varphi)$ 그래프의 형태를 도입할 이유는 없다. 곡선의 천천히 구르기 부분이 포함된 까닭은 우주가 필요한 기간 동안 급팽창할 수 있도록 하기 위함이며, 곡선이 한 최저점에 이른 후에는 급팽창이 매우 균일한 방식으로 차츰 감소하다가 에너지가 퍼텐셜 $V(\varphi)$가 안정된 최저점에

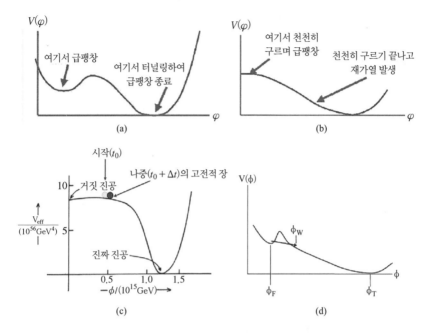

그림 3-38 원하는 모든 속성을 설명하기 위해 제시된 급팽창 장 φ의 퍼텐셜 함수에 대한 수많은 제안들 중 몇 가지. 제시된 φ 곡선 형태들이 이처럼 다양하다는 것은 (급팽창) φ장의 바탕이 되는 이론적 토대가 부족함을 보여준다.

안착하면서 급팽창은 종료된다. 여러 저자들Liddle and Leach 2003; Antusch and Nolde 2014; Martin et al. 2013; Byrnes et al. 2008이 $V(\varphi)$에 대해 저마다 다른 여러 형태들을 내놓았는데, 이러한 임의성을 볼 때 급팽창 제안이 근거가 약함을 알 수 있다.

그럼에도 불구하고 그런 아이디어들은 어떤 강한 동기 없이는 결코 도입되지 않았을 것이다. 따라서 급팽창 방안이 처음 1980년경에 다루기 시작했던 난제들부터 살펴보자. 그중 하나는 입자물리학 분야의 여러 인기 있는 대통일이론GUT, Grand Unified Theory들에서 나온 한 가지 불편한 결과였다. 여러 대통일이론은 **자기단극자**magnetic monopole, 가령 따로 **분리된** S극 또는 N극이 존재하리라고 예상한다. 종래의 물리학(그리고 적어도 지금까지의 관찰 결과)에서 자기단극자는 개별적 실체로서 결코 발생하지 않고 **쌍극자**의 일부로서만 생기기에, 극들은 언제나 반대되는 것끼리 짝을 이루고 있다. 보통 자석의 경우 S극과 N극이 있듯이 말이다. 만약 자석을 부러뜨려 극들을 분리하면, 부러질 때 새로운 극들의 쌍이 생겨나 새로운 S극이 원래의 N극과, 새로운 N극이 원래의 S극과 짝을 이룬다. 그림 3-39를 보기 바란다. 사실, 우리가 자극이라고 부르는 것은 순환하는 내부 전류로 인해 생기는 결과물이다. 개별 입자들 또한 자석(쌍극자)으로 행동할 수 있지만 단극자, 즉 **따로 떨어진** N극이나 S극은 관찰된 적이 없다.

그러나 그런 자극의 이론적 존재는 일부 이론가들이 강하게 주장했으며 지금도 주장하고 있는데, 특히 끈 이론의 일부 주창자들이 가장 앞장선다. 이를 입증하는 조지프 폴친스키의 2003년도 발언을 보자Polchinski 2004.

자기단극자의 존재는 아직 보지 못한 물리학 분야에서 할 수 있는 가장 안전한 내기인 듯하다.

GUT에 따르면 아주 초기 우주에서는 이처럼 예상되는 자기단극자가 매우 풍부했을 테지만, 그런 실체는 여태껏 실제로 관찰되지도 않았을 뿐더러 우주에 한때 존재하기는 했다는 간접적인 관찰 증거도 없다. 관찰 결과와의 이 끔찍한 불일치를 해소하기 위해 급팽창 개념이 제시되었는데, 이에 의하면 우주 초기의 지수적 팽창이 그처럼 풍부했던 자기단극자를 희박화시켜서 지금은 관찰되지 않을 정도로 적어졌다고 한다.

물론 이런 이유만으로는 (나를 포함하여) 많은 이론가들의 마음을 얻지 못했을 것이다. 왜냐하면 그런 불일치를 이런 방식으로 해명한다고 해보아야 대통일이론 중 어느 것도 우리 우주의 실제 모습을 참되게 드러내주지 못할 수 있기 때문이다. 아무리 그 이론이 주창자들에게 매력적으로 보이더라도 말이다. 그

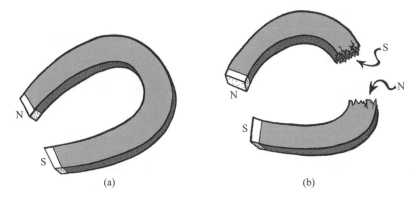

(a)   (b)

그림 3–39 낱개의 자기 단극(단독으로 존재하는 S극 또는 N극)은 통상의 물리적 상황에서는 존재하지 않는다. 보통의 자석은 한쪽 끝이 N극이고 다른 쪽 끝이 S극인데, 만약 자석을 둘로 쪼개면 끊긴 지점에 새로운 극이 나타난다. 따라서 각 부분의 총자"하"magnetic charge는 서로 상쇄되어 여전히 영이다.

럼에도 불구하고 이로부터 우리는 다음과 같은 결론을 내리게 된다. 즉, 급팽창이 없다면 근본적인 물리학의 속성에 관한 현재의 여러 개념들이, 특히 다양한 버전의 끈 이론들이 직면할 수밖에 없는 심각한 사안이 더 있다. 하지만 자기단극자 문제는 급팽창의 필요성에 대한 현재의 주장에서 딱히 핵심 요소가 아니며, 이런 주장들은 주로 다른 곳에서 나온다. 다음에 이런 주장들을 살펴보자.

우주의 급팽창을 도입하자는 핵심 동기로 일찍이 제시된 다른 주장들은 내가 §3.6에서 제기한 점들과 밀접한 관련이 있다. 즉, 초기 우주의 물질 분포에서 드러난 엄청난 **균일성**과 관련이 있다. 하지만 나의 주장과 급팽창주의자들의 주장 사이에는 핵심적인 차이가 하나 있다. 내가 강조하는 바는 열역학 제2법칙에 의해 드러나는 난제에 관한 것이다(§§3.3, 3.4 및 3.6 참고). CMB가 잘 보여주고 있듯이 희한하게도 초기의 엔트로피는 지극히 낮았던 반면에, 다른 모든 종류의 자유도들은 다 제쳐 두고 유독 **중력적** 자유도만 콕 집어서 억제되었다(§3.4 말미 참고). 한편 급팽창의 주창자들은 이 크나큰 난제의 특정한 측면들에만 관심을 갖는다. 그 측면들은 §§3.4와 3.6의 내용들과 상당한 연관성을 갖긴 하지만 완전히 상이한 관점에서 제시되었다.

나중에 설명하겠지만, 급팽창 개념을 진지하게 여겨야 할 다른 관찰 증거들도 있다. 아주 특이한 방식의 해명을 요하는 이 증거들은 급팽창에 대한 원래의 동기에는 포함되지 않았었다. 이 연구 초기에 세 가지의 특별히 곤혹스러운 관찰 사실이 거론되는 경향이 있었다. 바로 **지평선 문제, 매끄러움 문제** 그리고 **평평함 문제**였다. 이 세 가지 문제를 급팽창이 실제로 전부 해결했다는 것이 공통적인 믿음(급팽창 이론가들이 종종 이야기하는 성공)이었다. 하지만 정말로 그럴까?

우선 **지평선 문제**부터 시작하자. 여기서 특별히 관심을 둘 사안은 우주의 모든 방향에서 우리에게로 오는 **CMB**가 어디에서나 거의 똑같은 온도를 갖는다는 사실이다(이미 §3.4에서 언급했다). 이 복사에 대한 지구의 운동으로 인해 생기는 도플러 효과를 감안하더라도 공간 상의 온도 차이는 고작 10^5분의 몇 정도일 뿐이다. 이 균일성에 대한 가능한 설명은 특히 이 복사가 매우 **열적** 속성을 지녔음을 볼 때(§3.4의 그림 3-13 참고) 다음과 같을지 모른다. 즉, 초기 우주의 불공 전체가 어떤 엄청난 초기의 열화 과정의 결과여서, 전체 우주를 적어도 우리가 볼 수 있는 영역까지 확장시키는 열화 상태(즉, 최대 엔트로피 상태)로 몰고 갔다는 것이다.

하지만 이런 구도에는 한 가지 곤란한 점이 있다. 즉, 표준적인 프리드만/톨먼 우주 모형(§3.1)의 팽창 속도에 따르면, 대분리의 3-곡면 $\mathcal{D}$(결과적으로 복사는 여기서 생성된다. §3.4 참고) 상의 사건들은 서로 충분히 떨어져 있기에 서로의 입자 지평선 바깥에 한참 멀리 놓여 있어서 서로 인과관계가 독립적이다. 이는 우리의 관찰 지점에서 볼 때 하늘에서 벌어진 각도가 고작 약 2° 밖에 차이 나지 않는 두 점 P와 Q에 대해서도 참이다. 그림 3-40의 도해식 등각 다이어그램이 이 점을 설명하고 있다. 그런 점 P와 Q는 이러한 우주론적 구도에 따라 인과적 연관성이 서로 전혀 없을 것이다. 왜냐하면 이 점들의 과거 빛원뿔들은 빅

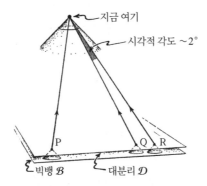

그림 3-40 급팽창이 없는 표준적인 우주론 구도, 등각 다이어그램의 빅뱅 3-곡면 𝓑는 아주 근사한 정도로(그림에 나타나 있듯이) 분리되는 3-곡면 𝓓보다 앞선다. 따라서 𝓓 상의 사건 Q와 R은 시공간 상의 관찰 지점에서 보았을 때 시각적으로 벌어진 각도가 2° 밖에 차이가 나지 않는데도 인과적 연관성이 전혀 없다. 왜냐하면 우리가 과거를 향해 𝓑가 끼어들기 전까지 이 빛원뿔들을 따라가더라도 이 점들의 과거 빛원뿔들이 교차하지 않기 때문이다.

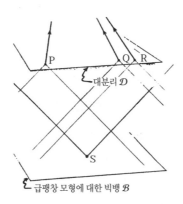

그림 3-41 급팽창이 모형에 포함될 때(그림 3-40), 빅뱅 3-곡면 𝓑는 등각적 다이어그램에서 훨씬 더 멀리 위치하게 된다(사실은 위 그림에서 표현된 것보다 훨씬 더 아래에 위치한다). 이로 인해 P와 Q의 과거 빛원뿔은 우리의 관찰지점(가령, 그림의 P와 R)에서 아무리 멀리 떨어져 있더라도 𝓑에 도달하기 전에 언제나 교차하게 된다.

뱅(3-곡면 𝓑) 직후부터 서로 완전히 분리되어 있기 때문이다. 따라서 P와 Q의 온도를 일치시키기 위한 과정인 열화가 일어날 기회가 전혀 없었을 것이다.

이 문제로 우주론자들이 골머리를 앓았지만 거스(와 스타로빈스키)가 우주적 급팽창에 관한 그들의 특이한 개념을 내놓자 이 난제를 해결할 논증 하나가 마련된 것처럼 보였다. 초기 급팽창 위상의 도입은 놀랍게도 3–곡면 $\mathcal{B}$와 $\mathcal{D}$ 사이의 거리를 엄청나게 증가시켰다. 그래서 등각 다이어그램에서 보면, CMB 하늘에서 우리에게 보이는 대분리 시기의 곡면 $\mathcal{D}$ 상의 점 P와 Q의 임의의 쌍은 (설령 우리의 관찰지점에서 정반대 방향에 있더라도) 빅뱅 3–곡면 $\mathcal{B}$와 마주칠 때까지 시간을 거슬러 추적해보면, 서로 상당히 많이 겹치는 과거 빛원뿔을 갖게 된다(그림 3–41). $\mathcal{B}$와 $\mathcal{D}$ 사이의 이 확장된 영역(사실, 급팽창 기간 동안 우주가 적어도 10^{26}배 확장했다고 보는 급팽창 이론에서 보자면, 그림 3–41에서 실제로 그려진 영역보다 훨씬 더 큰 영역)은 더 시터르 시공간의 한 부분이다(§3.1 참고). 그림 3–42는 잘라 붙이기를 통해 급팽창 모형을 만드는 과정을 보여주는데, 이러한 등각 다이어그램을 통해 빅뱅에까지 거슬러 올라가는 여정이 직관적으로 확실히 이해되기를 바란다. 그러므로 급팽창이 있었다면 완전한 열화를 위한 시간이 충분했을 것이다. 지평선 문제의 해답은 우리의 입자 지평선 내의 태초의 불공의 전 영역이 열적 평형을 이루기 위한, 따라서 모든 CMB 온도들이 거의 똑같아지기에 충분한 상호 정보 교환 기간을 제공해줄 것이다.

내가 위의 주장을 근본적으로 반박한다고 여기는 내용을 언급하기 전에, 우선 급팽창 이론이 해결했다고 주장하는 두 번째 문제를 살펴보면 좋을 것이다. 따라서 매끄러움 문제를 살펴보자. 이 문제는 전 우주에 걸쳐 보이는 듯한 다소 균등한 물질 분포와 시공간 구조와 관련이 있다(가령, 거대공동의 존재는 이러한 균일성에서 비교적 약간만 벗어난 현상으로 간주된다). 급팽창 이론가들의 주장에 의하면, 10^{26}배(또는 그 정도)의 지수적 팽창이 일어나는 바람에 초기의 (짐작하건대 매우 불규칙했을) 우주의 상태에 존재했을지 모를 엄청난 불규칙성이 매끄럽게 다림질되었다고 한다. 다시 말해 어떤 비균일적 특성들이 초기

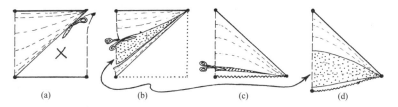

그림 3-42 엄밀한 등각적 다이어그램을 통해 급팽창 우주론의 모형을 세우는 방법. (a)더 시터르 공간(그림 3-26(a))의 정상상태 부분을 취한 다음에 (b)이 부분에서 매우 긴 시간 구간(점들이 찍힌)을 잘라낸다. 이어서 (c)($\Lambda = 0$인) $K = 0$ 프리드만 모형(그림 3-26(b))에서 아주 짧은 초기의 시간 구간을 제거하고서 남은 부분에 (d)정상상태 시간 구간을 붙인다.

에 존재했든지, 이런 특성들은 엄청나게 큰 선형 인자(가령 $\times 10^{26}$의)에 의해 펴졌고, 이로써 현재의 관찰 결과와 일치하는 상당한 정도의 매끄러움이 생겨 났다는 것이다.

이러한 두 주장은 모두 우주의 균일성을 설명하고자 우주의 아주 초기 단계에 엄청난 팽창의 위상을 도입한다. 하지만 내가 보기에 두 주장 모두 근본적인 오류가 있다Penrose 1990; TRtR, chapter 28. 이렇게 볼 수 있는 가장 큰 이유는 §3.5에서 보았듯이 우리 우주의 엔트로피가 지극히 낮은 성질(제2법칙이 존재하는 데 필수적인 성질)이 바로 이런 균일성에 실제로 표현되어 있다는 사실과 관련이 있다. 급팽창 주장의 밑바탕을 이루는 전반적인 개념은 이런 듯하다. 즉, 우주가 태초에 본질적으로 무작위한 불규칙성(따라서 최대 엔트로피 상태)으로부터 시작하여 매우 균일한 상태, 즉 **중력적으로 낮은** 엔트로피 상태에 도달할 수 있는데, CMB 불공에서 드러난 상황 그리고 현재의 우주에서 우리가 볼 수 있는 상당한 균일성이 그렇게 발생했다는 것이다(§3.4의 말미 참고). 핵심 사안은 제2법칙이고 또한 이 법칙이 어떻게 생겨나게 되었냐는 문제이다. 이 법칙은 비교적 **무작위적인**(즉, 높은 엔트로피의) 출발점에서 시작하는 (시간 역전이 가능한 역학 방정식들에 의해 정의되는) 통상의 물리적 시간 변화에서 생겼다고 보기 어렵다.

우리가 고찰해야 할 중요한 사실은 급팽창의 바탕이 되는 모든 역학적 과정들이 실제로 시간 대칭적이라는 것이다. 나는 천천히 구르는 급팽창에 사용되는 유형의 방정식들을 이제껏 만나본 적이 없다. 이에 필요한 구성요소들이 많은데, 그중 가장 중요한 것은 급팽창이 타당해지게끔 특별히 마련된 방정식들을 만족하는 스칼라 급팽창 장 φ이다. 이와 관련하여, 시간에 비대칭적인 듯 보이는 위상 변화(가령 앞서 언급한 "물 끓이기")와 같은 과정들이 논의된다. 하지만 이것들은 시간 대칭적인 미시적 과정들에 의존하는 거시적인 엔트로피 증가 과정들이며, 시간 비대칭성은 제2법칙을 발현시키는 것이지 그 법칙을 설명해주는 것이 아니다. 급팽창 논의가 제기되는 방식은 전반적인 엔트로피 **감소** 과정이 역학적으로 달성 가능하다는 점이 직관적으로 타당해 보이도록 만들지만, 제2법칙은 그렇지 않음을 분명히 말해준다!

앞에 나온 두 번째의 급팽창 관련 주장, 즉 급팽창 과정으로 인해 매끄러운 우주가 생겨났음을 밝히려는 주장을 살펴보자. 급팽창 과정이 끝나고 나면 우주가 거의 필연적으로 매끄럽게 팽창하게 된다는 주장이 정말로 참이라고 가정하자. 이 개념은 근본적으로 제2법칙과 상충된다. **사후적으로** 생각해보자면, 급팽창 이전에는 매끄럽지 **않은** 상태들이 많았을 것이다(만약 그렇지 않다면 급팽창이 그런 상태들을 제거할 필요성도 없었을 것이다). 그런 거시적인 상태(하지만 미시적인 구성요소들은 전체적으로 교란되어 있는 상태)로부터 시간의 방향을 거꾸로 하여 시간 역전된 역학적 시간 변화(방정식들은 여전히 급팽창의 가능성을 허용하기에, 가령 φ장을 갖는다)가 일어나도록 해보자. 그러면 필연적으로 **붕괴하는** 방향으로 엔트로피가 증가하게 된다. 이로 인해 일반적으로 매우 복잡한 고엔트로피 블랙홀 응축 상태에 이르게 되는데, 이는 FLRW 모형과는 전혀 비슷하지 않고 §3.3의 그림 3-14(a), (b)에 묘사된 상황과 훨씬 더 비슷하다. 다시 시간을 역전시켜 그림 3-14(c)와 같은 원래의 구도를 얻게 되면, φ는 이 (훨씬 더 가능할 법한) 초기 상황을 매끄럽게 하기에 역부족일 것이다. 사실, 급팽창 관련 계산들은 거의 언제나 FLRW 배경에서 이루어지는데 이는 심히 의문을 불러일으킨다. 왜냐하면 §§3.4와 3.6에서 보았듯이 엄청나게 큰 비중을 차지하는 것은 FLRW가 아닌 초기 상태들이기 때문이다. 그리고 그런 상태들이 실제로 급팽창을 한다고 믿을 이유는 전혀 없다.

CMB 온도가 거의 등방적인 까닭은 급팽창이 대분리 시기의 우주의 점들을 서로 인과적으로 접촉하게 만들었기 때문이라는 첫 번째 주장은 어떨까? 이번에도 문제는, 어떻게 낮은 엔트로피 상황이 "일반적인"(따라서 높은 엔트로피의) 초기 상태로 짐작되는 것에서부터 시작됐는지를 설명하는 일이다. 이를 위해 그러한 점들을 인과적 접촉이 가능하게 만드는 것은 아무런 도움이 되지 않는다. 아마도 이 인과적 접촉이 열화 과정이 발생하도록 만들었겠지만, 그렇다고 우리에게 무슨 도움이 되는가? 우리가 설명해야 하는 것은 왜 그리고 어떤 방식으로 엔트로피가 극히 예외적으로 낮았느냐는 것이다. 열화 과정은 엔트로피를 올린다(이전에는 동일하지 않았던 온도들을 동일하게 만드는데, 이는 제2법칙의 한 발현 양상이다). 따라서 이 단계에서 열화를 적용함으로써 우리는 실제로 엔트로피를 과거에 훨씬 더 낮게 만들어 버리는데, 그러면 우주의 아주 특별한 초기 상태가 어떻게 발생했는가라는 문제는 더욱 어려워지고 만다!

사실, 급팽창의 이런 측면은 당면한 문제를 전혀 건드리지 못한다. 내가 보기에 관찰을 통해 드러난 CMB 온도의 등방성은 훨씬 더 큰 사안(즉, 빅뱅 특이점의 균일성에서 드러나는 초기 엔트로피의 지극히 낮은 상태)의 부차적인 효과일 뿐이다. 그 자체로서 CMB 온도 등방성은 우주 전체의 낮은 엔트로피 상태라는 이 사안에 중요한 역할을 하지 않는다(§3.5에서 이미 보았듯이). 그것은 훨씬 더 중요한 등방성, 즉 아주 초기 우주(즉, 최초 특이점)의 자세한 공간적 기하구조의 등방성의 한 반영일 뿐이다. 아주 초기 우주에서는 중력적 자유도가 들뜨지 않았다는 사실(빅뱅에서 화이트홀 특이점 생성 부분이 전혀 없었다는 데서 알 수 있다)이야말로 우리가 대면해야 할 기본적인 사안이다. 어떤 심오한 이유, 즉 급팽창 제안이 전혀 건드리지 않는 한 이유로 최초 특이점은 정말로 지극히 균일했으며, 이 균일성은 CMB에서 보이는 매우 균일한 그리고 균일하게 변화하는 태초의 불공으로 인한 것이었다. 그리고 이 불공의 균일성이 CMB 하늘 상의 온도 균일성의 원인이었을 수 있으며, 열화 과정은 이와 전혀 관련이 없다.

급팽창을 믿지 않는 이들(나를 포함하여)에게는 다행스럽게도, 표준적인 비급팽창 우주론에서 볼 때 열화 과정이 전체 CMB 하늘 상에서 발생했을 가능성은 없다. 그것은 최초 상태 $\mathcal{B}$의 실제 속성에 관한 정보를 지우는 역할만 할 뿐이기에, 이런 총체적인 열화 과정이 발생할 시간이 없었다는 확언은 CMB 하늘이 직접적으로 $\mathcal{B}$의 기하구조의 일부를 드러내고 있다는 말이다. §4.3에서 이런 사안의 중요성에 대한 나의 견해를 밝히겠다.

급팽창의 세 번째 역할로 주장되는 것은 이른바 **평평함 문제**를 급팽창 제안이 해결했다는 내용이다. 여기서 나도 수긍하지만, 급팽창 제안은 관찰 측면에서 진정한 예측상의 성공을 거둔 듯하다. 실제 급팽창 관련 주장의 이론적 장점(또는 단점)이 무엇이든 간에 말이다. 우주의 평평함에 관한 논의가 처음 제기되었을 때(1980년대), 분명한 관찰 증거에 의하면 암흑물질을 포함해 우주의 물질이 공간적으로 평평한 우주($K = 0$)를 뒷받침하는 데 필요한 양은 총물질의 고작 삼분의 일 정도 밖에 되지 않는 듯 보였다. 따라서 증거는 공간적으로 음의 곡률의 우주($K < 0$)를 가리키는 데 반해, 급팽창 제안이 분명히 예측하는 바는 전체적으로 평평한 우주였다. 그러나 여러 헌신적인 급팽창주의자들은 관찰이 더 정밀하게 이루어지면 더 많은 물질이 발견되어 $K = 0$인 우주 모형과 일치하리라고 확신했다. 그러다가 1998년에 상황이 변하여 Λ가 양의 값이라는 관찰 증거가 나왔다(§§1.1, 3.1, 3.7, 3.8 참고). 이 증거는 추가적인 물질 밀도를 알려주었는데, 알고 보니 이 밀도는 $K = 0$이라는 이론적 결론을 내기에 딱 알맞은 크기였다. 이로써 많은 급팽창 이론가들이 그동안 강력하게 주장하고 있던 핵

심 예측들 가운데 하나가 관찰을 통해 확인되었다고 볼 수 있다.

급팽창 제안에서 내놓은 평평함 주장은 매끄러움 문제를 다루기 위해 쓰인 것과 기본적으로 비슷했다. 추론의 요지는 이렇다. 즉, 비록 급팽창 위상 이전의 우주에 상당한 공간 곡률이 있기는 했지만, 급팽창이 (급팽창 제안의 버전에 따라 차이가 있긴 하지만, 약 10^{26}배의 비율로) 일으킨 엄청난 펼침으로 인해 $K = 0$의 공간 곡률을 갖는 기하구조가 생겨났다는 것이다. 하지만 나는 이번에도 이 주장이 결코 만족스럽지가 않다. 이유는 매끄러움 문제의 경우와 기본적으로 같다. 만약 "지금"의 우주가 공교롭게도 이와 다른 구조의 우주였다면, 즉 엄청나게 불규칙하거나 어느 정도 매끄럽지만 $K \neq 0$인 우주였다면, (급팽창이 일어날 가능성을 지닌 "φ"를 허용하는 시간 대칭적 방정식에 따라) 시간을 거꾸로 거슬러 가면 이런 구조가 내놓을 최초의 특이점을 볼 수 있다. 따라서 그 최초 특이점으로부터 다시 시간순으로 진행하면 매끄러운 $K = 0$ 우주는 나오지 않을 것이다.

이런 미세 조정과 관련된 또 하나의 주장이 있는데, 이것은 급팽창을 믿는 설득력 있는 이유로 가끔씩 제시된다. 국소적인 물질 밀도 ρ와 공간적으로 평평한 우주를 내놓은 임계값 ρ_c의 비율 ρ / ρ_c에 관련된 문제다. 주장의 요지인즉, 아주 초기 우주에서 ρ / ρ_c는 1에 매우 가까웠음이 틀림없는데(아마도 소수점 100 자리까지), 만약 그렇지 않았더라면 지금의 우주가 여전히 (소수점 3자리까지 일치할 정도로) 꽤 1에 가까운 현재의 ρ / ρ_c의 관찰 값을 갖지 못할 것이기 때문이라고 한다. 따라서 이처럼 우주 팽창의 초기 단계에 예외적으로 ρ / ρ_c가 1에 가까운 이유를 설명해야 하는 문제가 남게 된다. ρ / ρ_c가 이처럼 초기에 극단적으로 1에 가까운 이유에 대하여 급팽창 이론가는 그것이 훨씬 더 이전의 급팽창 위성의 결과라고 주장한다. 즉, 급팽창 과정이 ρ / ρ_c가 1에서 벗어나는 편차를 말끔히 다림질해버렸다는 것이다. 따라서 그런 편차가 빅뱅 자체에 내재해 있었더라도 급팽창 위상이 종료된 직후에는 매우 1에 가까운 상태가 되었다는 것이다. 하지만 급팽창이 이런 다림질을 실제로 꼭 달성하는지 여부는 앞에서와 똑같은 이유로 심히 의심스럽다(§3.6 참고).

그럼에도 우리가 마주해야 할 사안이 있는데, 만약 급팽창을 거부한다면 다른 대안적인 이론을 내놓아야 한다는 것이다. (나의 대안적 관점은 §4.3에서 소개한다.) 또 하나의 문제는 급팽창 위상의 종료(이른바 아름다운 탈출)이다. 이것이 엄청나게 정밀한 시간에 일어나야지만, 급팽창이 끝나는 바로 그 "순간"에 공간적 균일성을 얻는 데 필요한 ρ 값이 얻어진다. 그런 정밀한 시간 요건을 만족시키자면 상대성이론의 요건과 관련하여 심각한 어려움이 뒤따를 듯하다.

어쨌든 ρ의 값을 "고정"하는 사안은 아주 작은 문제일 뿐이다. 왜냐하면 여기서는 어떤 특별한 값을 갖는 단 하나의 수 "ρ"만 있어야 한다는 암묵적인 가정이 있기 때문이다. 이것은 전체 문제의 극히 작은 일부에 지나지 않는데, 전체 문제란 바로 이 밀도의 **공간적 균일성**이며, 이는 초기 우주가 FLRW 모형에 흡사함과 관련된 사안이다. §3.6에서 지적했듯이, 바로 이 공간적 균일성과 중력이 엔트로피에 기여하는 정도가 굉장히 낮다는 사실의 관련성이야말로 진정한 논의 사항이다. 그런데 앞에서도 언급했지만, 급팽창은 이 문제를 전혀 제대로 다루지 못한다.

그러나 급팽창의 바탕을 이루는 동기에 어떤 결함이 있든지 간에, 그 이론을 든든히 뒷받침해주는 관찰 사실이 적어도 두 가지는 있다. 첫 번째는 하늘에 널리 퍼져 있는 CMB의 균일성에서 벗어나는 오차가 지극히 작다는 것이다. 이는 CMB 하늘의 매우 멀리 떨어진 점들(가령 그림 3-40의 점 P와 Q)을 연결해주는 인과적 접촉이 실제로 존재했음을 강하게 알려준다. 이 중요한 사실은 표준적인 프리드만/톨먼 빅뱅 우주론과는 상충되지만 급팽창 이론과는 전적으로 일치한다(그림 3-41). 만약 급팽창이 틀렸다면 이런 상관관계를 설명해줄 다른 방안들이 있어야 할 텐데, 거기에는 분명 빅뱅 이전의 활동이 개입되어야 할 것이다! §§3.11과 4.3에서 이런 방안들을 논의할 것이다.

급팽창을 지지하는 다른 중요한 관찰 증거는 전체 CMB 하늘의 온도 균일성에서 벗어나는 편차(일반적으로 이를 가리켜 **온도 요동**temperature fluctuation이라고 한다)가 지극히 작다는 사실이다. 관찰을 통해 드러난 바에 의하면, 그런 편차는 **척도 불변**scale invariant(즉, 척도가 달라져도 변이의 정도는 동일)에 매우 가깝다. 이를 지지하는 증거는 급팽창 개념이 나오기 한참 전에 이미 에드워드 R. 해리슨Edward R. Harrison과 야코프 보리소비치 젤도비치Yakov Borisovich Zel'dovich가 독립적으로 알아냈다Zel'dovich 1972; Harrison 1970. 그리고 이후의 CMB의 관찰Liddle and Lyth 2000; Lyth and Liddle 2009; Mukhanov 2005이 척도 불변이 적용되는 범위를 훨씬 더 넓게 확장시켰다. 급팽창의 지수적(따라서 자기 유사적self-similar) 특성이 척도 불변을 일반적으로 설명해준다. 급팽창 이론에 의하면 불규칙성의 초기 씨앗들은 φ장의 초기 양자 요동인 것으로 여겨지는데, 팽창이 진행되면서 어떤 이유에선지 고전적인 요동으로 바뀐다고 한다. (이런 식의 설명은 이론적 논거로서는 가장 약한 주장이다. 왜냐하면 양자역학의 표준적인 체계는 이 양자-고전 변환에 대한 어떠한 논리적 근거도 내놓지 못하기 때문이다Perez et al. 2006.) 이런 척도 불변성뿐 아니라 (이른바 **스펙트럼 파라미터**spectral parameter에 의해 결정되는) 척도 불변성에서 약간 벗어나는 편차도 급팽창 이론은 설명해낸다고 주장한다. 이런 요동은 이른바 CMB의 **파워 스펙트럼**power spectrum(천구 상에서 CMB 조화해석을 통해 얻어진 것. §A.11 참고) 계산의 핵심적인 초기 입력을 제공한다. 그림 3-43은 (2009년에 발사된 플랑크 우주망원경에서 얻은) 관찰된 CMB 데이터와 이론적 계산 값과의 놀라운 일치를 보여준다. 하지만 유념해야 할 것이 있는데, 이런 계산에서 급팽창 이론에 따른 수치 입력은 매우 적으며(기본적으로 고작 두 개의 수) 곡선의 자세한 모양은 다른 이론들, 즉 표준 우주론, 입자물리학 및 급팽창의 종료 및 대분리 시기 사이 기간의 물리 활동과 관련된 유체역학으로부터 나온 것이다. 그 기간은 급팽창이 없는 우주론의 긴 기간(대략 380,000년)으로서 그림 3-40에 나오는 3-곡면 $\mathcal{B}$와 $\mathcal{D}$ 사이의 영역

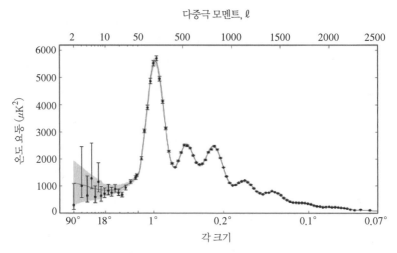

그림 3-43 플랑크 우주망원경이 측정한 CMB의 파워 스펙트럼. 수직축은 온도 요동의 값이고 수평축(그림의 위쪽에 표시된 축)은 전체 구형 조화 파라미터 ℓ(§A.11의 *k*와 같음)이다.

으로 표현되는데, 이때 (급팽창 우주론의 경우) $\mathcal{B}$는 빅뱅 자체보다는 급팽창의 종료 순간을 표현한다. 이 기간의 물리학은 잘 파악되어 있는데, 급팽창의 역할은 꽤 미미하다Peebles 1980; Börner 1988.

어쨌든 이런 인상적인 성공에도 불구하고 급팽창과 관련하여 몇 가지 곤혹스러운 이상성들이 있다(물론 급팽창과 어느 정도 무관한 이상성들이긴 하지만 말이다). 그중 하나는 매우 멀리 떨어진 점들 사이에서 보이는 CMB 온도의 상관관계가 (우리의 관찰 지점에서 볼 때) 약 60°의 분리 각 넘어서까지 확장되지는 않는 듯 보인다는 사실이다. 급팽창 이론에 따르면 상관관계에 대한 그런 각도 한계가 존재하지 않아야 하는데도 말이다. 게다가 대규모의 질량 분포에서도 어떤 불규칙성이 존재하는데, 가령 §3.5에서 언급한 적이 있는 거대 공동이 그런 예다. 그리고 가장 큰 스케일에서도 기존의 급팽창 이론의 내용과 상충되는 것처럼 보이는 비대칭성과 불균일성이 존재하는데Starkman et al. 2012; Gurzadyan and Penrose 2013, 여기서는 밀도 요동의 최초 원천이 **무작위적인 양자적**

기원을 가지는 것으로 여겨진다. 그런 문제들은 깊이 있는 설명이 필요하며, 종래의 급팽창 개념과는 잘 들어맞지 않는 듯하다. 이런 의문들은 §4.3에서 다시 논의하겠다.

여기서 언급할 가치가 있는 한 가지는 이런 해석이 실행된 매우 독특한 방식, 즉 전체 CMB 하늘의 **조화해석**(§A.11 참고)에 관한 것이다. 이때의 관심사는 거의 전적으로 파워 스펙트럼(즉, 각각의 개별적인 ℓ 값에 대한 모드들이 전체 CMB 밀도에 기여하는 정도)에 집중되었다. 이 절차는 분명 어떤 놀라운 성공을 안겨주었는데, 그림 3-43에 보이듯이 이론 값과 관찰 결과 사이의 굉장한 일치가 바로 그 증거다(대략 $\ell = 30$보다 큰 ℓ 값일 경우). 하지만 이런 해석에는 한계가 존재함을 지적하지 않을 수 없다. 우리의 관심을 특정한 방향으로만 향하게 하여 다른 방향을 보지 못하게 만들 수 있다는 것이다.

또한 지적하지 않을 수 없는 한 가지가 있다. 바로 우리가 파워 스펙트럼에만 집중함으로써, ℓ이 더 클수록 이용 가능한 정보의 매우 많은 부분을 무시하고 있다는 점이다. 이를 조금 더 자세히 살펴보자. §A.11에서 양 $Y_{\ell m}(\theta, \phi)$, 이른바 **구면 조화함수**spherical harmonics는 CMB 하늘에서 보이는 온도들의 패턴이 어떤 상이한 모드로 분해되는지를 가리킨다. 만약 우리가 ℓ 값(음이 아닌 정수 $\ell = 0$, 1, 2, 3, …)을 고정하면, 정수 m은 $-\ell$, $-\ell + 1$, $-\ell + 2$, $-\ell + 3$, …, $\ell - 2$, $\ell - 1$, ℓ이라는 $2\ell + 1$개 값들 중에서 어떠한 것이든 가질 수 있다. 각각의 그러한 쌍 (ℓ, m)에 대하여 구면 조화함수 $Y_{\ell m}(\theta, \phi)$는 구면(여기서 이를 **천구**celestial sphere 라고 한다(구면 극좌표 θ, ϕ를 갖는 천구. §A.11 참고)) 상의 어떤 구체적인 함수이다. ℓ의 최댓값이 L이라고 할 때 상이한 m들의 총개수는 L^2일 것인데, 이는 고작 L에 지나지 않는 ℓ들의 개수보다 훨씬 많다. 그림 3-43에 나오는 파워 스펙트럼은 플랑크 우주망원경에서 얻은 것으로, ℓ 값을 최댓값 $L = 2,500$으로 삼기에 CMB 하늘 상의 온도 분포를 알려줄 6,250,000개의 상이한 값을 우리에게 제공한다. 따라서 만약 CMB 하늘의 모든 정보를 이런 정확도로까지 사용했다면, 우리는 $L^2 = 6,250,000$개의 수를 가질 것이다. 하지만 이 파워 스펙트럼은 이용 가능한 총정보의 고작 $1/L = 1/2500$을 살피고 있을 뿐이다!

어쨌든 이론을 관찰 데이터와 비교하는 일에서 파워 스펙트럼을 이용해 일견 성공을 거두긴 했지만, CMB를 충실히 해석할 다른 방법들도 분명 존재한다. CMB 하늘을 구면 조화함수를 이용해 모드들로 분해하는 것은 가령 풍선의 탄성 진동 모드들에 적용할 수 있는 종류의 해석이다. 이것이 빅뱅과 유사성이 있다고 볼 수도 있지만, 다른 종류의 유사성이 적절할지 모른다. 예를 들어 지구의 하늘을 살펴보자. 이 경우에 구면 조화함수로의 분해는 그다지 도움이 되지 않을 것이다! 천문학의 주제가 밤하늘을 단지 파워 스펙트럼을 이용하여 분석한다고 해서 등장할 수 있다고 상상하기는 어렵다. 그것은 국소적 대상으로서 달을 탐지해내기도 어려울 것이며, 하물며 우리가 그냥 쳐다보기만 해도 명백하게 아는 달의 형태상의 주기적 변화(위상)라는 중요한 속성을 결코 발견해내지 못할 것이다. 별이나 은하는 굳이 말할 것도 없다. 내가 보기에는 CMB의 경우 조화해석에 강하게 의존하는 것은 대체로 빅뱅 자체에 대한 선입견의 한 특성이다. 이와 다른 대안적 관점들 중 하나를 §4.3에서 논의하겠다.

3.10 인류 원리

적어도 일부 급팽창주의자들Guth 2007은 이제 다음 사항을 이해하게 되었다. 즉, 급팽창 자체로는 초기 우주에서 보이는 중력적으로 지극히 낮은 엔트로피의 매끄러운 상태를 설명할 수 없으며, 우주의 이 균일성은 급팽창이 발생했을 역학적인 가능성 이외의 어떤 다른 요인을 필요로 함을 인정하게 되었다. 비록 급팽창이 우주의 변화 역사의 일부를 올바르게 해석해냈다 하더라도 더 이상의 것, 가령 FLRW 유형의 최초 특이점을 제공하는 조건과 같은 것이 더 필요하다. 만약 급팽창주의자들의 원래 철학의 핵심 부분처럼 보이는 내용(즉, 우주의 시작점은 본질적으로 **무작위적**이어야, 다시 말해 본질적으로 낮은 엔트로피 방식으로 미세 조정되어 있지 않아야 한다는 것)을 고수한다면, 우리는 제2법칙을 심각하게 위반하게 되거나 아니면 우주의 가능한 초기 상태에 대한 다른 종류의 선택 기준을 위반하게 된다. 그런 기준의 한 가능성으로 자주 제기되는 것이 바로 §1.15에서도 간략히 언급된 **인류 원리**anthropic principle이다Dicke 1961; Carter 1983; Barrow and Tipler 1986; Rees 2000.

인류 원리가 기대고 있는 개념에 따르면, 우리가 보는 우주 또는 우주 일부의 속성 그리고 우주의 작용을 지배하는 역학법칙이 무엇이든지 간에, 인류 원리는 우리의 존재에 매우 우호적임에 틀림없다고 한다. 왜냐하면 만약 그것이 우리에게 우호적이지 않다면 우리는 여기가 아니라, 공간적으로든(가령, 다른 행성) 시간적으로든(아마도 아주 다른 시간에) 또는 심지어 아주 다른 우주든 어쨌든 다른 곳에서 존재할 것이기 때문이다. 물론 이런 고려에서의 "우리"란 실제로 꼭 인간이거나 인간이 만난 적이 있는 생명체일 필요는 없고 지각과 추론을 할 수 있는 지적인 존재면 된다. 대체로 **지적 생명체**란 용어가 이를 가리키는데 사용된다.

그러므로 흔히들 우리가 실제로 인식하는 우주의 초기 조건들은 지적 생명체가 출현할 수 있도록 하는 아주 특수한 것들이어야 한다고 주장한다. §3.3의 그림 3–14(c)에 묘사된 것과 같은 아주 무작위적인 초기 상태는 지적 생명체의 발전에 완전히 적대적이라고 볼 수 있다. 우선 그런 상태는 인류 원리가 요구하는 지적인 정보처리 생명체에게 절대적으로 필요하다고 보이는 낮은 엔트로피의 매우 조직화된 상황으로 이어지지 않는다. 따라서 인류 원리가 빅뱅의 기하구조에 어떤 강력한 제약사항을 정말로 요구한다는 견해를 가질지 모른다. 만약 그런 기하구조가 지적 생명체가 거주할 수 있고 인식할 수 있는 우주의 일부가 되어야 한다면 말이다.

하지만 그런 인류 원리의 요건이 $\mathcal{B}$의 기하구조(즉, 빅뱅의 기하구조)에 대한 가능성들을 좁혀준 덕분에 (아마도) 급팽창 과정이 남은 일을 처리하면 되는 것이 아닐까? 실제로 급팽창이 그런 역할을 한다는 주장이 심심찮게 제기되었다 Linde 2004. 따라서 초기 3−곡면 $\mathcal{B}$는 §3.3의 그림 3−14(c)에서처럼 실제로 하나의 복잡한 덩어리라고(이었다고!) 상상할 수 있는데, 그런데도 $\mathcal{B}$는 그 속의 내용물이 무한하기 때문에 급팽창이 차지할 수 있을 정도로 매끄러운 특이한 장소들을 그냥 우연하게 포함하고 있었다는 말이 된다. 이런 특별한 장소들이 급팽창의 방식에 의해 지수적으로 확장되어 결국에 전체 우주에 생명체가 살 수 있는 부분들이 나왔다는 주장이다. 이와 관련한 엄밀한 논증이 나왔냐는 문제는 차치하고라도, 그럴 가능성에 반하는 꽤 강력한 주장이 제기될 수 있다.

이에 관한 심도 있는 주장을 펼치기 위해 나는 "우주 검열"의 한 강력한 버전이 유효하다고 가정해야 할 것이다(§3.4 참고). 이는 사실상 $\mathcal{B}$가 공간꼴 (3−)곡면으로 간주될 수 있기에(§1.7의 그림 1−21 참고), $\mathcal{B}$의 상이한 부분들이 인과적으로 서로 독립적이라는 의미이다. 하지만 곡면 $\mathcal{B}$는 꼭 아주 매끄럽다고 예상되지는 않는다. 하지만 밝혀진 바에 의하면, $\mathcal{B}$의 각 점에서 ($\mathcal{B}$의 "점들"이 무슨 의미인지에 관한 하나의 정확한 정의에 따르면) "빛원뿔"의 미래 절반이 시작되었을 것이다Penrose 1998a. (특이 경계 $\mathcal{B}$의 "점들"은 시공간의 비특이 부분의 인과적 구조에 의해 정확하게 정의되며, 구체적으로는 시공간의 말단 비분해성 미래집합terminal indecomposable future−set, TIF이라고 불린다Geroch et al. 1972.)

§3.6의 주장들에 의하면, 급팽창의 효과들과 무관하게 $\mathcal{B}$의 총"부피"(적절한 의미에서) 중에서 우리가 지금 보는 것과 비슷하게(우리의 입자 지평선에까지) 우주 팽창을 일으킬 수 있는 부분은 $10^{-10^{124}}$를 넘지 않을 것이다. 왜냐하면 $\mathcal{B}$ 중에서 발생하기 어려운 확률을 갖는 영역 $\mathfrak{R}$이 있어야지만, 그것의 엔트로피는 §3.6의 말미에서 논의한 내용과 들어맞을 만큼 낮을 수 있기 때문이다. (여기서 나는 명확성을 위해 암흑물질 성분을 포함시킨다(§3.6 참고). 하지만 아래에

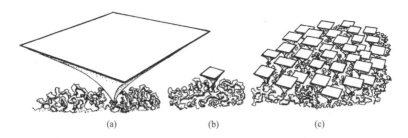

그림 3-44 지적 생명체의 출현에 우호적이며 제2법칙을 지닌 우리의 우주와 같은 우주를 창조하기 위해 급팽창이 발생하기에 충분히 매끄러운 영역이 어떻게 아주아주 드물게 있는지를 보여주는 급팽창주의자의 구도. (b)발생하기 어려운 확률의 관점에서 보면, 지적 생명체가 더 적게 출현할 상당히 작은 영역을 팽창시키기는 엄청나게 저렴하다. (c)그런 존재들을 더 큰 영역에서 얻어지는 개수만큼 얻기 위해 하나의 큰 영역보다는 작은 영역들을 많이 만들면 훨씬 더 저렴해질 것이다.

이어질 주장은 이 사안과 무관하다.) 이 계산은 다만 베켄슈타인-호킹 블랙홀 엔트로피 공식과 더불어 관련된 총질량에 대한 추산치에 의존할 뿐, 급팽창의 효과들과는 그다지 관련이 없다. 예외라면, 급팽창에 관여하는 엔트로피 증가 과정이 적절하게 급팽창할 $\mathcal{B}$ 영역의 희귀성을 증가시키는, 즉 수 $10^{-10^{124}}$를 감소시키긴 하지만 말이다. 만약 $\mathcal{B}$의 크기가 무한하다면, 이처럼 확률상 발생하기 어려운 경우에도 그처럼 매우 매끄럽고 상당히 낮은 엔트로피 영역 $\mathfrak{R}$이 $\mathcal{B}$ 내부 어딘가에 반드시 존재한다. 그렇다면 이러한 급팽창 제안에 따라 부분 $\mathfrak{R}$은 우리 우주와 같은 속성의 전체 우주로 급팽창할 것이며(그림 3-44(a)), 지적 생명체가 그런 지수적으로 팽창된 영역에서 그리고 오로지 그렇게 팽창된 영역에서만 출현할 수 있을 것이다. 이런 구도에 따라 엔트로피 사안은 해결될(적어도 그렇다고 주장될) 것이다.

하지만 정말로 이런 식으로 해결될 수 있는 것일까? 실제 우주의 낮은 엔트로피 속성에 관해 매우 놀라운 점 한 가지는 그것이 우리 주변에만 적용되는 국소적인 것이 아니라, 기본적인 구조들(행성, 별, 은하, 은하단)이 관찰 가능한 전체 우주에 걸쳐 (우리가 확인할 수 있는 한) 거의 비슷한 형태로 나타난다는 사실이다. 특히 제2법칙은 공간적으로 매우 방대한 영역의 우주에서 우리가 볼 수 있는 어느 곳에서든 동일한 방식으로 작동하는데, 이는 우리 이웃 영역에서 작동하는 방식과 똑같다. 물질은 처음에 꽤 균일한 방식으로 분포되었다가 때때로 뭉쳐서 별과 은하와 블랙홀을 만들었다. 우리는 중력에 의한 뭉침의 궁극적 효과 덕분에 큰 온도 변이가 (뜨거운 별의 온도와 빈 우주 공간의 온도 사이에) 생김을 알고 있다. 바로 이것이 생명의 탄생에 필수적인 낮은 엔트로피의 항성 에너지원을 제공하기에, (짐작하건대) 지적 생명체가 여기저기서 생겨난다(§3.4의 후반부 참고).

그러나 우리 지구 상의 지적 생명체는 중력적으로 낮은 엔트로피의 부피 중 극히 적은 비율만을 필요로 한다. 우리 자신의 삶이 가령 안드로메다은하에서도 유효한 그런 비슷한 조건들에 의존한다고 보기는 어렵다. 비록 그 은하가 우리의 생존에 위험한 어떤 것을 방출하지 못하도록 가벼운 제약사항이 필요할지는 모르지만 말이다. 더군다나 우리 주위의 국소적인 영역에서 우리에게 익숙한 종류의 조건들을 지닌 먼 우주의 광범위한 유사성에는 아무런 제한이 없다. 따라서 아무리 먼 우주에서도 이런 조건들은 유효한 듯하다. 만약 우리가 정말로 오직 여기서만 지적 생명체의 진화를 위한 적절한 조건들을 요구한다면, 우리가 실제로 보게 되는 우주 조건들의 '발생하기 어려운 확률improbability'에 대한 수치 $\sim 10^{-10^{124}}$는 우리 자신에 대해서만 필요한 훨씬 더 온당한 수치보다 터무니없이 작다. 우리는 우리 자신의 존재를 위해 안드로메다에 우호적인 조건을 필요로 하지 않는다. 더군다나 머리털자리 은하단이라든지 또는 보이는 우주의 다른 아주 먼 영역 내부에 그런 조건은 더더욱 필요로 하지 않는다. 그런 아주 먼 영역에서의 비교적 낮은 엔트로피가 수치 $10^{-10^{124}}$라는 작은 속성에 주로 이바지하는데, 이 터무니없이 작은 수치는 지구 상에서 발견되는 지적 생명체를 위해 필요한 그 어느 것보다도 상상할 수 없을 정도로 작다.

이를 설명하기 위해 다음과 같은 상상을 해보자. 즉, 우리는 우리 주변의 일반적인 모습과 닮은 그런 거대한 부피의 우주를 보지 못하고 가령 전체의 십분의 일에 해당하는 일정 거리까지만 볼 수 있다고 하자. 그럴 수밖에 없는 이유는 입자 지평선이 가까이 있거나 또는 멀리 나가면 우주는 우리에게 익숙한 중력적으로 낮은 엔트로피 상태와는 전혀 다르기 때문이라고 하자. 그러면 우주의 질량 계산 값 $10^{10^{124}}$는 10^3만큼 줄어들어, 결과적으로 최대 블랙홀 엔트로피는 $(10^3)^2 = 10^6$만큼 감소한다. 그러면 $10^{10^{124}}$는 $10^{10^{118}}$으로 줄어들기에, 방금 전에 기술한 우주로 팽창하게 되는 $\mathcal{B}$ 내부의 영역 $\mathcal{Q}$를 찾는 데 있어서 발생하기 어려운 확률은 $10^{-10^{118}}$이 되며 앞의 값보다 엄청나게 커진다(그림 3-44(b) 참고).

이렇게 주장하는 이가 있을지 모르겠다. 즉, $\mathcal{Q}$로부터 팽창되는 조금 더 제한적인 우주 영역은 아주 많은 지적 생명체를 담지 못할 테니, 확률이 커진 이 영역은 지금 우리가 실제로 보는 더 큰 우주만큼 지적 생명체를 창조하는 일을 잘하지는 못한다. 하지만 이 주장은 별로 중요하지 않다. 왜냐하면 비록 우리는 더 작은 거주 영역에서 그런 존재들의 수를 고작 $\frac{1}{1000}$만 갖고 있지만, 더욱 제한적인 팽창 우주들 1000개를 고려함으로써(그림 3-44(c)) 우리의 실제 우주에 필요한 수를 아래와 같은 발생하기 어려운 확률로 얻을 수 있기 때문이다.

$$10^{-10^{118}} \times 10^{-10^{118}} \times 10^{-10^{118}} \times \cdots \times 10^{-10^{118}}$$

즉, $(10^{-10^{118}})^{10^3} = 10^{-10^{121}}$이다. 이것은 우리의 실제 우주에 필요할 것 같은 수치인 $10^{-10^{124}}$의 발생하기 어려운 확률에 결코 근접하지 못한다. 그러므로 발생하기 어려운 확률의 관점에서 보면 하나의 큰 영역($\mathfrak{R}$로부터 나오는)을 만들기보다는 다수의 작은 거주 가능 우주 영역들(즉, $\mathcal{B}$의 $\mathcal{Q}$ 유형의 부분영역들 1000개)을 만드는 것이 훨씬 더 "저렴"하다.* 인류 원리는 여기서 아무런 도움

---

* 용이하다. 즉 손쉽게 일어날 수 있다는 뜻이다. —옮긴이

이 되지 않는다!

일부 급팽창주의자들은 내가 위에서 제시한 구도는 급팽창의 한 제한된 영역이 작동하는 방식을 적절히 설명하지 못하며, 급팽창 **거품**과 같은 개념이 적절한 구도라고 주장할지 모른다. 직관적으로 보면, 급팽창 거품의 "경계"가 그림 3-45(a)에 나오는 동행 2-곡면이라고 여길지 모르는데, 여기서 급팽창 동안에 발생하는 스케일의 지수적 증가는 단지 지수적으로 증가하는 등각 인자 Ω로 표현될 것이다(Ω는 다이어그램의 계량을 그림이 표현하는 급팽창 우주 부분의 계량과 관련짓는 인자이다). 하지만 전체 우주의 한 부분만이 관여하는 이런 거품 팽창의 주창자들이라고 해서 급팽창 부분과 비급팽창 부분 사이의 경계를 어떻게 취급할지에 대해 분명한 견해를 늘 갖고 있지도 않다.

종종, 구술 설명에 의하면 급팽창 영역의 경계(가령 새로운 "거짓 진공")는 빛의 속력으로 바깥으로 퍼지면서 주위 시공간을 집어삼킨다고 한다. 이것은 그림 3-45(b)를 닮은 구도를 요구하는 듯 보이지만, $\mathcal{R}$ 외부의 $\mathcal{B}$ 영역에서 받은 무작위적 영향이 급팽창 구도의 순수성을 급진적으로 훼손하리라고 예상할 수 있다. 게다가 이는 앞의 주장들의 관점에서 볼 때 우리에게 전혀 도움이 되지 않는 듯하다. 왜냐하면 급팽창하는 영역의 시간선들은 전부 사실상 $\mathcal{B}$의 한 단일한 점으로부터 출현하며, 일정한 (급팽창하는) 시간의 3-곡면은 이제 다이어그램의 더 희미한 선으로 그려지는 쌍곡 3-곡면으로 표현되는데, 이 3-곡면은 **무한한** 부피를 가질 것이기 때문이다(이로 인해 급팽창 영역 내부에 공간적으로 **무한한** (쌍곡) 우주라는 구도가 나온다). 이제 급팽창 영역은 우리 우주의 일반적 특성을 지닌 것으로 보이는 한 무한한 우주를 묘사하게 되므로 발생하기 어려운 확률 값 $10^{-10^{124}}$는 이제 $10^{-10^{\infty}}$인데, 이것은 결코 나아진 것이 아니다! 비록 이 영역이 어떤 경계를 가진 실제로 공간적으로 무한한 것이라고 하더라도, 이 경계의 해명되지 않은 불연속적인 물리학을 어떻게 다룰지는 여전히 심각한 문젯거리로 남게 된다.

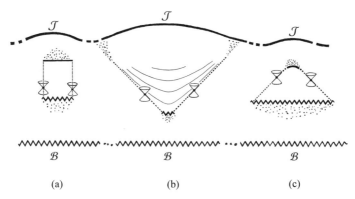

그림 3-45 급팽창 거품의 다양한 개념을 나타낸 도해식 등각 다이어그램. (a)거품 경계가 시간선을 뒤따른다. (b)거품 경계가 빛의 속력으로 팽창한다. (c)거품 경계가 빛의 속력으로 내부로 이동하는데도 불구하고 그 부피는 시간에 따라 증가한다. 위쪽의 끊긴 선은 이런 모형들의 미래 무한대가 주위 배경의 선과 어떻게 관련되는지가 불확실함을 나타낸다.

　　남은 가능성은 그림 3-45(c)에 표현된 유형인 듯하다. 여기서 전체 급팽창 진행 그리고 이후의 우주 역사(아마도 결국에는 우리의 우주에서 현재 관찰되는 비급팽창인 더 시터르 유형의 지수적 팽창을 겪는)가 (위가 잘린) 작은 피라미드 같은 영역에 표현되어 있다. 있을 법하지 않은 외관에도 불구하고 이 그림은 어떤 측면에서는 가장 논리적이다. 왜냐하면 만약 급팽창 위상이 거짓 진공으로 간주된다면 붕괴되어 다른 것으로 바뀌리라고 예상될지 모르기 때문이다. 여기서 다음의 주장이 나올 것이다. 즉, 그것의 작은 듯 보이는 "크기"는 등각 인자 Ω의 거대함에 의해 보완될 것인데, 이는 그것의 기하구조를 엄청나게 큰, 아마도 지수적으로 두 배 확장된 계량 영역으로 변환한다(현재 관찰되는 우리 우주의 경우에 대해 그렇게 주장되듯이)! 이런 종류의 구도는 분명 심각한 어려움이 있으며, 위에 나온 다른 구도들과 마찬가지로 발생하기 어려운 확률 값 $10^{-10^{124}}$가 터무니없이 작음에 관하여 제기된 반박 내용을 제대로 다루지 못한다.

　　내가 고찰하고 있는 발생하기 어려운 확률과 같은 문제들은 비록 조악할지 몰라도, 볼츠만 그리고 베켄슈타인과 호킹이 기술한 엔트로피의 전통적인 개념들과 직접적인 관련이 있다Unruh and Wald 1982. 하지만 그런 고찰은 급팽창 이론가들이 좀체 진지하게 받아들이지 않는 듯하다. 급팽창 이론이 §3.6에서 소개한 핵심 난제(우주의 초기 상태가 지극히 엔트로피가 낮고 이 제약사항은 오직 중력적 자유도에만 해당되며 우주는 매우 균일한 FLRW 유형이라는 난제)를 푸는 데 어떤 식으로든 도움이 되는지 나는 지금도 심히 의문스럽다. 인류 원리는 이 난제를 다루는 데 있어서 급팽창 이론에 아무런 도움이 되지 않는다.

사실, 인류 원리는 위에서 지적했던 정도보다 제2법칙의 난제를 다루는 데 훨씬 더 능력을 발휘하지 못한다. 우리가 알고 있는 생명은 우리가 알고 있는 제2법칙과 조화를 이루며 생겨났지만, 생명의 존재에 바탕을 둔 인류 원리는 제2법칙이 **존재한다**는 사실에 관하여 거의 아무런 기여를 하지 못한다. 왜 못하는 것일까?

지구 상의 생명체는 자연선택의 무자비한 진화 과정을 통해 지속적인 생존과 발전에 필요한 낮은 엔트로피를 요구하는 더욱더 정교한 구조를 이루어왔다. 게다가 이 모든 것은 주위의 어두운 하늘 속의 태양이 제공하는 낮은 엔트로피 저장고에 결정적으로 의존하기 때문에 초기의 (중력적으로) 지극히 낮은 엔트로피 상태가 필요했다(§3.4 참고). 그리고 이 모든 상황은 제2법칙에 부합함을 이해하는 것이 중요하다. 총엔트로피는 자연선택을 통해 경이롭게 조직화된 결과들(가령, 이국적인 식물들, 정교하게 구성된 동물들)에도 불구하고 항상 증가하고 있다. 따라서 우리는 인류 원리 식의 결론, 즉 생명의 존재가 어쨌든 제2법칙을 설명해준다는 결론을 내리고픈 유혹을 느낄지 모른다. 즉, 우리가 존재한다는 사실 자체가 이 법칙을 설명하는 데 필요한 것이라고 여길지 모른다.

우리에게 익숙한 세계에서 생명은 바로 이런 방식으로 등장했다. 우리는 그런 방식에 익숙해졌다. 하지만 낮은 엔트로피 요건의 관점에서 볼 때, 이것이 우리 주위의 세계를 만들어내는 "가장 저렴한(즉, 가장 개연성이 높은)" 방식일까? 십중팔구 그렇지 않다! 우리가 지금 지구 상에서 알고 있는 대로 자세한 분자 및 원자 위치와 운동을 지닌 생명이 단지 우연히 우주에서 날아온 입자들과의 접촉에 의해, 가령 엿새 만에 생겨날 확률을 아주 대략적으로 추산해낼 수 있다! 이런 일이 저절로 일어날 확률은 아마도 대략 $10^{-10^{60}}$ 정도일 텐데, 이는 확률의 관점에서 볼 때 지적인 생명체가 실제로 발생한 방식보다 훨씬 "더 저렴한" 방식일 것이다! 이런 일은 제2법칙 자체의 속성을 통해 매우 명백함을 알 수 있다. 초기 단계의 인류를 처음에 출현시켰던 우주의 더 이전의 더 낮은 (단지 제2법칙 덕분에 더 낮은) 엔트로피 상태들은 현재의 상태보다 (이런 의미에서) 훨씬 더 일어나기 어려웠음이 틀림없다. 이는 단지 제2법칙의 작용이다. 따라서 지금의 상태가 우연히 발생하는 편이 이전의 훨씬 더 낮은 엔트로피 상태로부터 출현하는 것보다 (발생하기 어려운 확률의 관점에 볼 때) 틀림없이 "더 저렴"하다. 비록 그 상태가 단지 우연히 일어났다 해도 말이다! 이런 주장은 빅뱅에까지도 이어진다. 우리가 만약 지금 고려하고 있는 것과 같은($\mathcal{B}$의 부분 영역 $\mathcal{R}$과 $\mathcal{Q}$가 개입하는) 확률에 바탕을 둔 인류 원리를 찾는다면, 우주의 창조가 일어나는 시기가 더 늦을수록 그 창조는 "더 저렴하게" 일어날 것이다! 분명히 이런 터무니없이 낮은 엔트로피의 초기 상태(빅뱅)를 설명해줄 다른 이유가 순전히 우연에 바탕을 둔 주장 말고 따로 있어야 한다. (중력적 자유도만이 완전히 억압되어 있는) 초기 상태의 터무니없이 치우친 속성은 완전히 다르고 훨씬 더 저렴한 이유에서 생겼음이 틀림없다. 인류 원리는 이런 사안들을 이해하는 데 있어서 급팽창 주장 말고는 아무런 내용도 보태지 않는다. (이러한 난제는 때때로 "볼츠만 두뇌"의 역설이라고 불린다. 이 사안은 §3.11에서 다시 살펴본다.)

한편 (급팽창을 지지하는 주장으로도 보일지 모르는 내용인데) 인류 원리는 기초 물리학의 어떤 심오한 특징과 관련하여 다른 중요한 것을 설명해주는 듯하다. 내가 알게 된 가장 이른 시기의 사례는 저명한 천체물리학자이자 우주론자인 프레드 호일의 강연에서 나온 내용이었다(§3.2에서 언급된 것으로, 정상 상태 우주론 모형과 관련된 내용이었다). 나는 케임브리지 대학의 세인트 존스 칼리지에서 젊은 전임 연구원으로 있을 때 이 강연에 참석했다. 내 기억이 맞다면 강연 제목은 "과학으로서의 종교"였는데, 아마도 1957년 가을에 대학교 내 교회에서 열렸다. 그 강연에서 호일은 '물리법칙이 생명의 존재에 우호적인 방식으로 미세 조정되어 있는가'라는 미묘한 사안을 다루었다.

그보다 고작 사년 전인 1953년에 호일은 한 가지 놀라운 예측을 했다. 탄소가(아울러 탄소보다 더 무거운 다른 여러 원소들이) 별(적색거성, 이 유형의 별이 초신성 폭발을 일으키면서 우주에 탄소를 퍼뜨린다) 속에서 만들어지려면 그때까지는 알려지지 않은 탄소의 에너지 준위(약 7.68MeV)가 있어야 한다는 내용이었다. 겨우겨우 호일은 핵물리학자 윌리엄 파울러William Fowler(캘리포니아에 있는 칼텍의 교수)를 설득하여 정말 이 에너지 준위가 존재하는지 알아보게 했다. 파울러는 마침내 설득을 받아들여 연구에 착수했는데, 얼마 안 지나서 호일의 예측이 참임을 알아냈다! 이 에너지 준위에 대한 현재의 관찰 값(대략 7.65MeV)은 호일의 예측보다는 약간 낮지만, 필요한 범위 내에 거뜬히 들어간다. (이상하게도 호일은 파울러와 찬드라세카르가 수상한 1983년의 노벨물리학상을 공동 수상하지 못했다.) 흥미롭게도 현재 명백한 관찰 사실이긴 하지만, 이 에너지 준위의 존재에 관한 **이론적** 필요성은 이론 핵물리학에 관한 지금까지의 이해에 비춰볼 때 꽤 문젯거리로 남아 있는 듯하다Jenkins and Kirsebom 2013. 1957년에 호일은 강연에서 다음 사실을 언급했다. 즉, 만약 탄소의 에너지 준위와 (이전에 관찰되었던) 산소의 에너지 준위가 서로 정밀하게 조정되지 않았더라면, 산소와 탄소는 생명의 출현에 필요한 비율로 결코 나타나지 못했을 것이다.

호일이 탄소 에너지 준위를 예측해낸 이 굉장한 사건은 인류 원리에 바탕을 둔 예측의 한 사례(지금까지 이 원리를 통해 성공을 거둔 유일한 예측 사례)로 인용된다Barrow and Tipler 1986; Rees 2000. 하지만 어떤 이들은 호일의 예측이 원래 인류 원리에서 나온 것이 아니라고 주장했다Kraagh 2010. 내가 보기에 이것은 그다지 고려할 만한 내용이 아니다. 분명 호일은 이런 예측을 내놓을 만한 매우 타당한 이유가 있었다. 왜냐하면 실제로 탄소는 지구에서 매우 중요한 비율로 (명백히!) 발견되었으며 어떤 식으로든 그렇게 되어야 했다. 이 비율이 지구 상의 생명 진화에(즉, 지적 생명체에) 마침 우호적이었다는 사실에 호소할 필요가 없었다. 그 예측의 생물학적 함의에 집중하는 것은 호일의 주장이 갖는 위력을 약화시키는 것으로 여겨질지 모른다. 탄소는 여기에 방대한 비율로 **존재하며**, 당시까지 축적된 물리학 지식에 따르면 (적색거성인) 별에서 생성되는 것 이외의 다른 방법으로 출현했다고 보기는 매우 어려울 터였다. 그럼에도 불구하고 생명의 존재와 관련하여 이 사안은 큰 중요성을 갖기 때문에 호일은 지구에 탄소가 중요한 비율로 존재하게 된 **근본** 이유를 이해하려고 분명 상당한 노력을 기울였던 것이다.

정말이지 내가 보기에 호일은 당시의 "인류 원리적 추론"에 관심을 가졌다. 1950년에 유니버시티 칼리지 런던의 수학과 대학생이었던 나는 라디오에서 호일이 하는 감동적인 연속 강연을 들었다. 제목은 "우주의 본질"이었다. 그중에 내가 또렷하게 기억하는 내용이 있다. 호일은 지구 상의 생명체에 우호적인 조건과 관련하여, 이 행성의 모든 조건이 여러 면에서 생명의 진화에 이상적인 것을 일부 사람들이 "섭리"로 여긴다는 점을 언급하면서 이렇게 말했다. 만약 그렇지 않았다면 "우리는 여기에 있지 않을 것이며, 어디 다른 데에 있을 것입니다." 호일이 예상치 않게 꺼낸 "인류 원리적" 표현*에 나는 깜짝 놀랐다. 우리가

---

* 호일은 "섭리"라는 단어를 실제 라디오 강연에서 분명히 사용했는데, 그 후 이 강연을 녹취한 글에서는 찾을 수가 없다Hoyle 1950.

명심해야 할 것이 있는데, **인류 원리적**anthropic이라는 구체적인 용어는 인류 원리를 훨씬 더 명확하게 구체화시킨 브랜던 카터Brandon Carter 1983가 한참 후에야 도입했다.

사실, 호일의 라디오 강연에서 언급된 인류 원리 버전을 가리켜 카터는 **약한** 인류 원리라고 했다. 즉, 이 절의 서두에 언급한 (거의 동어반복적인) 사안으로서, 우리의 주어진 시공간 우주 내에서 공간적으로 또는 시간적으로 우호적인 위치에 대한 필요성을 역설하는 것이라는 말이다. 한편 카터의 **강한** 인류 원리는 자연법칙들 또는 그런 법칙들이 작동할 때의 수치적 상수들(가령 양성자/전자 질량비)이 지적 생명체가 출현하도록 "미세 조정"되었는지 여부를 다룬다. 7.86MeV 탄소 에너지 준위에 관한 호일의 놀라운 예측은 바로 이 강한 인류 원리의 예라고 볼 수 있을 것이다.

인류 원리적 추론의 또 한 가지 중요한 예가 있는데, 이것은 결국 약한 버전임이 드러났다. 비록 **디랙 큰 수 가설**Dirac 1937, 1938에서 비롯되는 물리학의 심오한 이론적 사안들을 다룬 것이기는 하지만 말이다. 폴 디랙은 물리학에 등장하는 순수한 수들, 즉 사용되는 단위에 무관한 수들을 조사하고 있던 참이었다. 그런 수들 중 일부는 어떤 수학적 공식에 따라 설명된다고 볼 수도 있는 (가령, π, $\sqrt{2}$ 등의 조합을 포함하는) 합리적 크기의 수였다. 미세구조상수fine structure constant의 역수

$$\frac{\hbar c}{e^2} = 137.0359990\cdots$$

이라든가(e는 전자의 전하량) 양성자의 질량 m_p에 대한 전자의 질량 m_e의 비, 즉

$$\frac{m_\mathrm{p}}{m_\mathrm{e}} = 1836.152672\cdots$$

이 그러한 수인데, 두 경우 모두 실제 수학 공식은 아직 알려져 있지 않다.

하지만 디랙은 물리학의 다른 순수한 수들은 너무 커서(또는 작아서) 공식이 존재하기가 어려울 듯하다고 주장했다. 그런 예로서, 수소 원자 내에서 전자와 양성자 사이의 전기적 인력과 중력으로 인한 인력의 비를 들 수 있을 것이다. 매우 큰 이 비는 대략 아래와 같다(둘 다 역제곱 힘이므로, 이 비는 입자 사이의 거리와 무관하다).

$$2.26874 \times 10^{39} = 2268740000000000000000000000000000000000$$

여기서 물론 우리는 이 자릿수의 숫자들 대다수가 실제로 영이기를 기대하지 않는다! 디랙은 (가령) 양성자proton 질량 m_p 또는 전자electron 질량 m_e에 의해 정의된 **자연 시간 단위**natural time unit를 사용하면, 각각의 양 T_{prot} 또는 T_{elect}는 아래와 같이 정의된다고 하였다.

$$T_{prot} = \frac{\hbar}{m_p c^2} = 7.01 \times 10^{-25} \text{초}$$

$$T_{elect} = \frac{\hbar}{m_e c^2} = 1.29 \times 10^{-21} \text{초}$$

그러면 우주의 시간(대략 1.38×10^{10}년 $= 4.35 \times 10^{17}$초)은 아래와 같다.

$$6.21 \times 10^{41} \text{ 양성자 단위}$$
$$3.37 \times 10^{38} \text{ 전자 단위}$$

이 거대한 수(우리가 자연 시계로 어떤 입자를 선택하느냐에 따라 조금 달라지긴 하지만)는 중력에 대한 전기력의 비와 놀랍도록 가깝다.

디랙은 이런 매우 큰 수들(그리고 우리가 곧 만나게 될 다른 몇 가지 수들)의 유사성에는 어떤 심오한 이유가 반드시 있으리라고 보았다. 따라서 그는 자신의 **큰 수 가설**에 따라 이런 수들이 놀랍도록 매우 밀접한 관련이 있어서, 비교적 매우 작은 정도로만(가령, ~1836 양성자/전자 질량비) 또는 이렇게 매우 큰 수의 단순한 지수 정도로만 비율이 차이 나는 (아직은 알려지지 않은) 물리적 이유가 반드시 있으리라고 주장했다. 그런 지수의 예로는 **플랑크**(즉, 절대) 단위로 볼 때 m_p와 m_e의 값을 들 수 있다.

$$m_p = 7.685 \times 10^{-20}$$
$$m_e = 4.185 \times 10^{-23}$$

이 값들은 우리가 살펴보고 있는 수들의 제곱근의 역수와 엇비슷하다. 우리는 이 수들 전부가 아래와 같은 일반적 차수의 큰 수 N의 단순한 지수를 갖는 수의 적절히 작은 배수라고 여길 수 있다.

$$N \approx 10^{20}$$

그러면 통상적인 입자들(전자, 양성자, 중성자, 파이 메손 등)은 플랑크 단위로 모두 $\sim N^{-1}$이다. 통상적인 입자의 경우, 중력 대 전기력의 비는 $\sim N^2$이다. 통상적인 입자들의 시간 단위로 우주의 나이는 $\sim N^2$이기에, 플랑크 단위로 우주의 나이는 $\sim N^3$이다. 우리의 현재 (또는 궁극적인) 입자 지평선 내부의 우주의 총질량 또한 플랑크 단위로 $\sim N^3$이며, 이 영역 내의 무거운 입자들의 개수는 $\sim N^4$이다. 게다가 우주상수 Λ의 대략적인 값은 플랑크 단위로 $\sim N^{-6}$이다.

전기력 대 중력의 비율이나 입자들의 질량과 같은 수들 (플랑크 단위) 대다수는 우주의 역학 법칙의 구성요소로서 내재된 상수(적어도 상수에 매우 가까운)인 것 같지만, 빅뱅에서 시작하는 우주의 실제 나이는 상수일 리가 없다. 왜냐하면 우주의 나이는 시간이 흐름에 따라 명백히 많아지고 있기 때문이다! 따라서 디랙은 추론하기를, 수 N은 상수일 리가 없으며 다른 큰(또는 이에 대응하여 작은) 수들 중 어느 것도 상수일 리가 없다고 보았다. 이 수들은 각각의 수에 적절한 N의 지수에 의해 결정되는 비율로 반드시 변한다는 것이다. 이런 식으로 디랙은 "비합리적으로" 큰 수 N에 대한 근본적인 물리학적/수학적 설명이 전혀 필요 없을지 모른다고 보았다. N은 단지 날짜일 뿐이니까!

이것은 분명히 아름답고 독창적인 제안이며, 디랙이 내놓았을 때 그 제안은 관찰 결과와 일치했다. 기본적으로 디랙의 제안에 의하면 중력의 크기가 시간이 흐름에 따라 차츰 약해져야 했고, 따라서 중력상수 γ를 1로 삼아서 마련된 플랑크 단위 또한 시간에 따라 달라져야 했다. 하지만 안타깝게도 이후의 더 정밀한 측정Teller 1948; Hellings et al. 1983; Wesson 1980; Bisnovatyi-Kogan 2006으로 밝혀지기로, γ는 변하지 **않았다**(분명히 디랙의 제안이 요구한 변화율은 아니었다). 더군다나 이로써 우리는 플랑크 단위로 N^3에 가까운 현재의 우주 나이가 굉장한 요행일 뿐이라는 난제에 직면하게 된 것 같다. 시간이 흘러도 변하지 않는 물리 법칙에 의해 결정되는 수가 희한하게 현재 우주의 나이와 맞아떨어졌으니 말이다.

바로 여기서 (약한) 인류 원리가 해결사로 나섰다. 1957년에 로버트 디키 Robert Dicke가 지적했고 이후 1983년에 브랜던 카터가 더 자세히 짚은 바에 의하면Dicke 1961; Carter 1983, 만약 보통의 주계열성 별(가령 태양)의 수명을 결정하는 주된 물리적 과정들을 전부 고려한다면, 이런 고려사항에는 정말로 전자와 양성자에 대한 전기력과 중력의 크기 비율도 포함될 것이며, 그런 별의 수명에 대한 전반적인 차수를 계산할 수 있을지 모른다. 알고 보니 그 값은 N^2 정도임이 드러났기에, 그런 별로부터 지속적이고 안정적으로 복사 출력을 받아야 생존하는 지적 생명체는 우주를 내다보고 우주의 나이를 타당하게 추산할 수 있게 되자마자, 자신들이 찾은 나이가 정말로 통상적인 입자들로 정의한 시간 단위로는 대략 N^2에 그리고 절대 단위로는 N^3에 놀랍게도 일치함을 알게 될 가능성이 크다.

이것은 **약한** 인류 원리의 고전적인 용례로서, 아주 골치 아팠던 문제의 해결책을 제공했다. 하지만 안타깝게도 그런 사례는 극히 드물다(정말로 나는 위의 예 말고 다른 예는 모른다). 물론 그 주장은 이러한 지적 생명체들이 우리에게 익숙한 일반적인 종류로서, 적절한 주계열성 별을 가운데에 둔 안정적이고 적합한 행성계 상에서 진화하는 존재라는 점을 지지한다. 게다가 우리가 아는 우주에서는 화학 원소들의 적절한 생성을 허용하기 위해 필요한 다양한 호일 식의 일치 사례들이 있을 것이며, 이런 원소들이 구성되려면 에너지 준위들의 우연한 일치가 필요할 터이기에, 우리는 만약 이처럼 물리법칙들의 명백한 우연적 세부 사항들이 조금이라도 달랐더라면(또는 어쩌면 완전히 달랐더라면) 생명이 가능하기는 했을지 의문이 들지 모른다. 이 모든 것은 강한 인류 원리의 영역인데, 곧바로 이 사안을 살펴보겠다.

강한 인류 원리는 때때로 유사 종교적 형태로도 제시된다. 마치 섭리에 의한 듯 (지적) 생명체가 출현할 수 있게끔 우주를 구성할 때 물리법칙들이 미세하게 조정되었다는 것이다. 이와 기본적으로는 동일한 내용이지만 조금 다른 방식으로 말하자면, 방대한 개수의 평행 우주들이 존재할지 모르는데, 그 각각은 물리 상수들의 상이한 값 목록을 가지거나 아니면 상이한 (아마도 수학적인) 법칙들의 집합을 가질지 모른다는 것이다. 그렇다면 강한 인류 원리의 개념은 이렇게 볼 수도 있다. 즉, 이 모든 상이한 우주들이 공존할지 모르는데, 그 대다수는 의식적인(지적인) 생명체가 존재하지 않는다는 의미에서 죽은 우주이다. 오직 그런 생명체가 출현할 수 있는 우주에서만 생명체의 존재에 필요한 우연한 일치들이 (그런 생명체들에 의해) 발견되어 그들을 깜짝 놀라게 만든다는 말이다.

이론물리학자들이 자신들의 다양한 이론들이 예측 능력이 부족하자 이를 만회하려고 그런 주장에 결국 종종 기댄다는 것이 나로서는 당혹스럽기 그지없다. 우리는 이미 §1.16의 풍경 관련 논의에서 이를 목격했다. 처음에 끈 이론 및 후속 이론들이 어떤 고유한 결론에 도달하리라는 희망이 있었지만, 결국에는 실험 물리학에서 측정된 다양한 수들에 대한 수학적 해설만을 제공하게 되다보니, 끈 이론가들은 방대한 개수의 대안적 가능성들을 좁히려는 시도로 강한 인류 원리에서 피난처를 찾게 되었다. 내가 보기에 이것은 한 이론이 도달하게 되는 아주 슬프고 쓸모없는 자리이다.

게다가 (지적) 생명체의 요건들이 실제로 무엇인지 거의 알지 못한다. 그런 요건들은 종종 인간과 비슷한 생명체의 필요성에서 거론되는데, 가령 지구와 비슷한 행성, 액체 물, 산소, 탄소 기반의 구조라든지 또는 단지 통상적인 화학의 기본적인 요건들이 그런 예다. 그런데 우리가 유념해야 할 것은, 우리 인간의 관점에서 볼 때 우리는 무엇이 가능할지에 대해 매우 제한적이고 편협한 관점을 갖고 있을지 모른다는 것이다. 우리는 주위의 지적 생명체만 둘러보고서 우리가 생명의 실제 요건, 즉 생명이 출현할 초기 조건들에 얼마나 무지한지를 잊는 경향이 있다. 가끔씩 과학소설이 나서서 지적 생명체의 진화에 무엇이 필수적인지를 우리가 얼마나 모르는지 일깨워주기도 한다. 대표적인 두 작품으로 프레드 호일의 『검은 구름*The Black Cloud*』과 로버트 포워드Robert Forward의 『용의 알*Dragon's Egg*』(및 그 속편인 『스타퀘이크*Starquake*』)이 있다Hoyle 1957; Forward 1980, 1985. 두 작품 모두 과학적 개념에 기반을 둔 독창적이고 재미있는 내용이다. 호일은 한 은하 구름 내부에 완전히 발전된 개별적인 지적 생명체를 상정한다. 포워드는 우리가 아는 것보다 엄청나게 더 빠른 속력으로 중성자 별 표면에서 생명체가 어떻게 진화할 수 있는지를 놀랍도록 자세히 표현한다. 하지만 이런 존재들은 인간이 상상한 지적 생명체이기에, 아직까지 우리가 우주에서 만난 적이 있는 구조의 범위에 여전히 속한다.

마지막으로, 지적 생명체를 위한 조건들이 우리가 실제로 거주하는 우주에서 전부 다 우호적이라고는 결코 말할 수 없다. 지구에는 지적 생명체가 존재하지만, 지구 외에 우주의 다른 곳에서도 지적 생명체가 존재하리라는 직접적인 증거는 없다. 실제 우주가 의식적인 존재에 어느 정도까지 매우 우호적인지는 아직은 의문이다.

3.11 더욱 공상적인 몇 가지 우주론들

다시 말하지만 **공상적**이라는 용어를 꼭 비하적인 의미로 받아들일 필요는 없다. §§3.1과 3.5에서 강조했듯이 실제 우주 자체가 여러 면에서 매우 공상적이기에, 우주를 이해하려면 공상적인 개념들이 필요해 보인다. 이미 CMB에서도 그런 측면이 직접적으로 드러났는데, CMB의 관측 결과는 빅뱅의 존재에 대한 가장 직접적인 증거일 뿐 아니라 빅뱅의 특이한 속성에 대해 현재까지 알려진 어떤 측면들을 드러내준다. 이 속성은 두 가지 상반된 내용이 희한하게 결합되어 있다. 즉, (CMB의 열 스펙트럼에 의해 드러난) 거의 완전한 무작위성 그리고 (CMB의 균일성에 의해 드러난) 적어도 $10^{-10^{123}}$ 정도의 극단적으로 낮은 발생하기 어려운 확률이 드러내주는 굉장한 질서정연함, 이 두 가지가 결합되어 있는 것이다. 사람들이 지금까지 제시한 모형들은 나름 기발하기는 하지만, 이 극단적인 두 관찰 사실을 동시에 설명할 정도로 기발하지는 않다. 대다수 이론가들은 아주 초기 우주의 이 특이한 사실들이 지닌 엄청난 중요성 내지는 특이한 속성을 알아차리지도 못한다. 물론 일부는 CMB에 드러난 다른 곤혹스러운 문제들을 철저히 언급하기는 하지만 말이다.

근래에 나도 빅뱅에 대한 그러한 관찰 사실들을 직접적으로 담아내려는 시도로 나름의 기발한 우주론 모형을 시도하였다. 하지만 지금까지 이 책의 여러 장에서 나는 나만의 구체적인 방안을 독자들에게 선보이길 대체로 삼갔다. 그럼에도 불구하고 이 "기발한" 방안을 아주 간략하게 §4.3의 끝에서 두 번째 문단에서 마음껏 소개하고자 한다. 그 내용을 여기서 자세히 다루기란 적절하지도 않거니와 너무 어려울 것 같기 때문에 지금 이 절에서는 훨씬 더 간략하게 다룰 것이다. 이는 대체로 고려 대상인 여러 방안들의 다양성과 범위(그리고 타당해 보이지 않기) 때문이다.

여기서 주목해야 할 필요가 있는 굉장한 제안들의 한 넓은 부류가 있다. 이 제안들은 과학계에서 널리 논의되고 있으며, 매우 진지하게 취급되기 때문에 일반 대중들 상당수는 이를 마치 과학적으로 **인정된** 개념이라고 여기는 실정이다! 내가 여기서 언급하는 이론들은 우리 우주를 단지 방대한 개수의 평행 우주들 중 하나라고 간주한다. 이런 식의 믿음으로 우리를 몰고 가는 사고방식은 기본적으로 두세 가지가 있다.

그중 하나는 2장, 특히 §2.13에서 집중적으로 다룬 핵심 사안에서 나온다. 이른바 에버렛 해석 또는 양자역학의 다중세계 해석이라고 불리는 양자역학의 형식론에 관한 해석이다. 만약 우리가 유니터리 변환 **U**가 상태 축소 **R**이라는 실제 물리적 작용 없이 우주 전체에 정확하게 적용된다는 견해를 고수한다면 논리적으로 도달하게 되는 해석이다. 따라서 §2.13에서 기술한 슈뢰딩거 고양이에서와 마찬가지로 고양이가 A 문으로 드나드는 경우와 B 문으로 드나드는 경우의 두 가지 가능성이 함께 존재하긴 하지만, 이는 평행한 여러 세계에서 발생한다. 이런 견해에 따르면 그런 분기는 항상 발생한다고 여겨지므로, 엄청나게 많은 그러한 세계들이 동시에 모두 공존하게 된다. §2.13의 말미에서 설명했듯이, 나는 그런 구도가 물리적 실재에 관한 타당한 관점을 제공한다고 진지하게 여기지 않는다. 비록 양자 형식론의 물리적 진리를 확고부동하게 믿는 많은 이들이 왜 그런 관점을 고수하게 되었는지는 충분히 이해하지만 말이다.

그러나 이것은 내가 여기서 기술하고자 하는 평행 우주 구도가 아니다. 내가 다루고자 하는 것은 다른 사고방식이다(비록 어떤 이들은 적절한 의미에서 볼 때 두 구도가 동일하거나 적어도 서로 어떤 식으로든 관련되어 있다고 볼지 모르지만 말이다). 이 사고방식은 **강한 인류 원리**의 한 해석으로서 §3.10이 끝날 무렵에 기술되었다. 거기서 살펴본 바로, 정말로 평행 우주들이 실제로 존재할지는 모르지만 우리 우주와 정보 교환을 결코 할 수 없으며, 자연의 순수한 수치 상수들(또는 심지어 자연법칙들)이 서로 다를지 모르는데, 우리가 직접적으로 지각하는 우주의 상수들이 특히 생명에 우호적일 것이다. 자연의 상수들이 마치 "섭리"인 듯 생명에 우호적이라는 사실로 볼 때, 우리 우주와 아주 다르지는 않은 우주들이 실제로 "평행하게" 존재하더라도 그러한 상수들의 값은 우리 우주와 다를 수 있다. 자연의 상수들이 생명에 우호적인 우주들에서만 지적인 생명체가 살게 될 것인데, 우리가 그러한 존재이므로 그런 상수들이 반드시 생명에 우호적인 것으로 밝혀지기 마련이라는 주장이다.

두 번째 견해와 밀접한 관련이 있으면서 아마도 더욱 직접적인 물리적 근거를 갖는 견해는 급팽창 우주론의 개념에서 출현한 한 관점이다. §3.9의 서두에 나온 논의를 다시 상기해보면 급팽창에 관한 원래의 관점은 이랬다. 즉, 우주가 시작된 바로 직후인 빅뱅으로부터 약 10^{-36}초 후에 우주의 한 초기 상태("거짓 진공")가 있었으며, 거기서는 우주상수가 지금의 Λ 값과는 매우 달랐다(대략 $\sim 10^{100}$의 차수로). 그 후 우주는 급팽창 기간이 끝난 후(10^{-32}초)에 나타난 진공 속으로 "터널링"을 하였다고 한다. 이때 §3.9에서 설명한 터널링에 대한 당부에 유념하기 바란다. 앞서 보았듯이, §3.10의 "디랙 고찰사항들"은 큰 수들이 한 특정한 큰 수 N의 단순한 지수라고 보며(거기서는 "우주의 나이"를 "주계열성 별의 평균 수명"으로 대체하고 있다), 특히 우주상수는 플랑크 단위로 $\Lambda \approx N^{-6}$이다. 이런 관점에 따르면, **급팽창** 우주상수 $\Lambda_{\text{infl}} \approx 10^{100}\Lambda$이며, N의 급팽창 버전 N_{infl}은 대략 다음으로 주어진다.

$$N_{\text{infl}} \approx 2000$$

그렇다면 $N_{\text{infl}}^{-6} \approx (2 \times 10^3)^{-6} \approx 10^{-20} = 10^{100} \times 10^{-120} \approx 10^{100}\Lambda \approx \Lambda_{\text{infl}}$이므로, 결과적으로 급팽창 위상에서의 큰 수들은 현재 그 수들의 값과 관련하여 알맞게 수정되어야 한다. 이것은 디랙 큰 수 가설에 따른 예상치를 우주의 나이에 대한 디키-카터의 인류 원리 주장에 의해 수정한 값이다. 아마도 N_{infl}에 대한 2×10^3 값은 급팽창 위상 동안 지적 생명체를 진화시키는 데 알맞지 않을 테지만 생각해볼 가치는 있다!

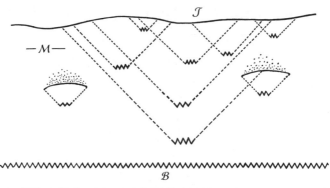

그림 3-46　영원한 급팽창의 도해식 등각 다이어그램. 어떤 주장에 의하면, 아주 드물게 국소적인 급팽창 거품들이 발생한다고 한다(이 그림은 그림 3-45(b)에 따라 그려졌다).

　기존의 급팽창 개념의 다양한 확장판들이 존재하는데, 그중 가장 영향력이 큰 것은 **영원한 급팽창**eternal inflation, Guth 2007; Hartle et al. 2011, **카오스적 급팽창**chaotic inflation, Linde 1983, 또는 **영원한 카오스적 급팽창**eternal chaotic inflation, Linde 1986이다. (위의 용어들에 대해 설명한 논문도 있다Vilenkin 2004.) 이들의 전반적인 개념은 다음과 같다. 즉, 급팽창은 시공간 전체에 걸쳐 다양한 위치에서 출발할 수 있는데, (매우 드문) 공간 영역들에서 생긴 그런 일은 급속한 공간 상의 지수적 팽창 덕분에 재빨리 주변의 다른 모든 것을 장악해버린다. 그런 영역들을 가리켜 종종 **거품**이라고 하며(§3.10 참고), 우리가 지각하는 우주는 그런 거품이라고 짐작된다. 이런 제안의 어떤 버전들이 상정하는 바에 따르면, 이 활동에는 실제로 시작도 없고 끝도 없다고 한다. 이 활동에 대한 근거는 급팽창과 관련된 예상에서 나오는 듯하다. 즉, 한 진공으로부터 다른 진공으로 터널링하기란 매우 확률이 낮긴 하지만, 그런 사건은 무한정 지수적으로 확장되는 무한한 우주(더 시터르 공간에 의해 모형화되는 우주. §3.1 참고)에서는 반드시 때때로 생기기 마련이라는 것이다. 이런 활동에 대한 등각 다이어그램은 그림 3-46(본질적으로 §3.10의 그림 3-45(b)를 바탕으로 그린 그림)과 비슷한 것이 많다. 때때로 그렇게 확장되는 거품들은 교차할지도 모르는데, 이로 인해 실제로 어떤 결과가 발생할지는 명확히 기술되어 있지 않다. 그런 현상은 기하학적으로 타당하다고 보기 어렵지만, 때로는 관찰 증거가 나왔다는 주장이 제기되곤 한다Feeney et al. 2011a, b.

이러한 우주론적 방안들은 평행 우주 제안들의 어떤 특성들을 지닌 것이라고 종종 여겨지는데, 그 이유는 여러 상이한 거품들마다 우주상수 Λ가 다르다고(그리고 어떤 거품들에서는 Λ가 음수라고) 예상되기 때문이다. 앞서 살펴본 (디키-카터가 수정한) 디랙 큰 수 가설에 따르면, 다른 큰 수 값들에 변화가 있으리라고 예상할 수 있기에, 어떤 거품들은 생명에 우호적인 반면에 또 어떤 거품들은 그렇지 않을지 모른다. §3.10에서 살펴본 인류 원리 논의의 유형이 이번에도 관련될 터이다. 하지만 지금쯤이면 독자들도 이러한 인류 원리 주장들에 타당성을 기대는 방안들에 별로 동의하지 않는 나의 마음에 분명히 공감할 것이다!

이러한 거품 우주 급팽창 구도가 분명히 지닌 문제점들 중 하나는 "볼츠만 두뇌 역설"이라는 것이다. (이 문제에 볼츠만의 이름이 붙은 까닭은 볼츠만이 한 짧은 논문Boltzmann 1895에서, 무척 일어나기 어려운 무작위적인 양자 요동으로부터 제2법칙이 생겨났을지 모른다는 가능성을 고찰했기 때문이다. 하지만 볼츠만은 자신이 내놓은 개념이 자신이 믿었던 내용도 아니고 더군다나 자신이 첫 제안자도 아니었으며, 그의 "오랜 조수인 슈에츠 박사"가 첫 제안자라고 밝혔다. 사실, 이 개념의 기본적인 내용은 인류 원리가 제2법칙의 존재를 설명하는 데 아무런 쓸모가 없음을 밝히려고 §3.10에서 이미 언급했다. 그런데도 비슷한 주장이 영원한 급팽창과 같은 제안들에서 드러나는 심각한 문제점으로서 종종 소개된다.)

급팽창 방안들이 요구하는 대로, 굉장히 있을 법하지 않은 시공간 영역 $\Re$(아마도 빅뱅 3-곡면 $\mathcal{B}$의 일부이겠지만, 영원한 급팽창 구도에서 예상하듯이 그 시공간의 **심층** 내부의 어딘가에 위치해 있을 수 있다)이 있다고 가정하자. 여기서 $\mathfrak{R}$은 우리가 지각하는 현재의 우주를 등장시킨 급팽창 위상을 촉발시킨 "씨앗"이었다. 우리 우주가 필시 그러한 거품에서 나왔다고 인류 원리로 설명하는 주장이 터무니없다는 것은 생명이 준비된 또는 의식 있는 고작 몇 개의 두뇌(이른바 **볼츠만의 두뇌**)를 구비한 행성계가 단지 무작위적인 입자 충돌에 의해 만들어진다는 것이 얼마나 터무니없이 저렴한지를 (발생하기 어려운 확률의 의미에서. §3.9 참고) 고려하면 명백해진다. 따라서 문제는 이렇다. 왜 우리는 **이런** 방식으로 생겨나지 않고 확률적으로 터무니없이 더 낮은 빅뱅으로부터 1.4×10^{10}년의 지루한 진화 기간을 거쳐서 출현했단 말인가? 아마도 이 난제는 우리의 실제 우주의 낮은 엔트로피 요건을 이런 인류 원리 유형으로 설명하는 것이 무용함을 알려주는 듯하며, 아울러 내가 보기에 거품 우주 개념이 옳지 못함을 분명히 알려준다. §3.10에서 이미 주장했듯이, 그것은 우리가 이해하는 대로 작동하는 제2법칙을 지닌 우리 주위의 우주를 인류 원리가 설명해내지 못함을 증명해준다. 따라서 우리에게는 왜 빅뱅이 아주 특이한 형태로 일어났는지(§4.3 참고)에 대한 완전히 다른 설명이 필요하다. 설령 영원한 급팽창 또는 카오스적 급팽창 개념이 실제로 타당성을 보장받기 위해 그러한 인류 원리를 필요로 하더라도, 나는 그런 개념들이 그냥 **타당하지 않다**고 여길 테다.

이 장을 마무리하기 위해 나는 방금 전에 살펴본 것만큼 거칠지는 않은 다른 우주론 제안 두 가지를 언급하고자 한다. 이 두 제안도 이전과는 조금 다른 측면에서 매우 공상적이긴 하다. 하지만 이 두 제안은 적어도 처음 제시된 내용으로 볼 때, 고차원 끈 이론에서 나온 어떤 개념들에 기대고 있다. 1장에서 말했듯이 나는 그런 제안에 전적으로 동의하지는 않는다. 그렇지만 이번 장에서 여러 차례 언급했듯이, 나는 우리에게 매우 특수한 초기의 기하구조(여기서는 3-곡면 $\mathcal{B}$에서의 구조로 표현된다)를 제공해주는 어떤 이론이 반드시 필요하다고 믿는다. 이론가들이 고전적인 일반상대성의 구조를 벗어나는 어떤 유형의 기하학과 관련하여 (특히 $\mathcal{B}$에 적용되는 물리학과 관련하여) 영감을 얻기 위해 끈 이론 개념들을 이용하는 것은 결코 비합리적이지 않다. 게다가 나는 곧 설명할 두 가지 제안 모두 상당히 중요한 개념들을 포함하고 있다고 믿는다. 비록 두 제안에 완전히 만족하지는 않지만 말이다. 둘 다 빅뱅 이전의 시기를 다루는 방안이지만 여러 측면에서 서로 다르다. 하나는 가브리엘레 베네치아노가 제안한 것으로서 그와 가스페리니가 세밀하게 발전시켰으며Veneziano 1991, 1998; Gasperini and Veneziano 1993, 2003; Buonanno et al. 1998a,b, 다른 하나는 스타인하르트와 터록 및 다른 공동 연구자들이 내놓은 에크파이로틱ekpyrotic/순환적 우주론이다 Khoury et al. 2001, 2002b; Steinhardt and Turok 2002, 2007.

어떤 독자는 빅뱅 이전의 우주 모형을 왜 고찰해야 하는지 의문이 들지 모른다. 특히 아인슈타인의 고전적인 방정식들이 유지된다면(타당한 물리학적 가정들도 필요하다. 가령 물질의 구성과 관련하여 표준적인 국소적 에너지 값이 양수라는 가정이 그런 예다), 특이점인 빅뱅을 지나 과거로 돌아가기가 불가능함을 알려주는 특이성 정리(§3.2 참고)의 관점에서 볼 때 더욱 그렇다. 게다가 양자중력을 이용하여 일반적인 상황에서 그러한 연속을 달성할 수 있게 해주는 일반적으로 인정된 제안은 없다. 다만 몇 가지 흥미로운 아이디어가 있을 뿐이다. 루프 양자중력 이론 내에서 이 연속 문제를 다룬 제안은 참고 문헌을 보기 바란다Ashtekar et al. 2006; Bojowald 2007. 하지만 표준적인 급팽창 구도를 도입하지 않기로 선택한다면(§§3.9와 3.10에서 제기한 사안들로 볼 때, 나로서는 합리적인 관점이라고 본다), 빅뱅 3-곡면 $\mathcal{B}$ 이전에 어떤 종류의 "더 이른" 시공간 영역이 존재했을지 모를 가능성을 진지하게 고려해 보지 않을 수 없다.

왜 그런가? §3.9와 그림 3–40에서 설명했듯이, 표준적인(프리드만/톨먼) 우주론에서는 하늘에서 고작 2° 정도의 범위를 넘는 CMB의 상관관계는 관찰되지 않아야 한다. 하지만 그런 상관관계가 심지어 약 60°까지 존재한다는 강력한 관찰 증거가 현재 존재한다. 이 문제를 다루기 위해서 표준적인 급팽창 이론

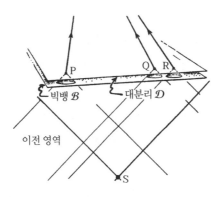

그림 3-47 빅뱅 이전의 영역이 있었다고 한다면, 급팽창이 없는 경우 CMB 발생원들 사이의 상관관계는 고전적 우주론의 지평선 한계 바깥에서 일어날 수 있다. 이 도해식 등각 다이어그램에서 빅뱅 이전 사건 S 는 Q와 R 그리고 심지어 이 점들로부터 상당한 각 거리에 있는 P까지 상관관계를 맺도록 작용할 수 있다.

은 3-곡면 $\mathcal{B}$와 대분리의 곡면 $\mathcal{D}$ 사이의 "등각 거리"를 엄청나게 확장시킨다. §3.9의 그림 3-41을 보기 바란다. 그런데 만약 $\mathcal{B}$ 이전에 충분한 실제 시공간이 있다면, 그런 상관관계는 빅뱅 이전 영역의 활동을 통해 분명 생길 수 있다. 그림 3-47은 이를 보여준다. 그러므로 만약 급팽창 이론을 거부하겠다고 하면 빅뱅 이전에 실제로 어떤 일이 벌어졌다고 여길 만한 근거가 분명 있는 것이다!

가스페리니-베네치아노 제안에서 나온 독창적인 개념에 의하면, 급팽창 자체가 빅뱅 이전에 일어난 일이었다고 한다. 이는 골대 옮기기의 대표적인 사례다! 두 저자는 급팽창의 이러한 시간적 변이를 주장할 나름의 이유가 있었다. 바로, **딜라톤 장**dilaton field이라고 하는 끈 이론적 자유도가 개입하는 끈 이론적 고찰에 따른 것이었다. 이는 §3.5에서 살펴본 척도의 등각적 재척도화($\hat{\mathbf{g}} = \Omega^2\mathbf{g}$. 이 재척도화는 이 연구에서 한 등각 프레임을 다른 등각 프레임으로 전달하는 과정으로 여겨진다)와 밀접한 관련이 있다. 고차원 끈 이론에서는 "내부적" 차원(즉, 접혀서 보이지 않는 극히 작은 차원)과 보통의 "외부적" 차원이 함께 있으며, 이들 차원이 재척도화에 의해 서로 다르게 행동할 수 있다고 본다. 하지만 등각적 재척도화를 고려할 이러한 특별한 이유와는 별도로 한 가지 매우 흥미로운 가능성(§4.3에서 기술할 방안과도 깊은 관련이 있는 가능성)이 있다. 가령 베네치아노의 방안에서는 딜라톤 장이 이끄는 급팽창이 **붕괴하는** 빅뱅 이전 위상 동안에 시작해야 한다는 기하학적으로 특이한 성질이 있는 듯하다. 하지만 이는 등각적 프레임을 어느 것으로 선택하느냐의 문제이다. 한 등각적 프레임의 급팽창적 **축소**가 다른 프레임에서는 **확장**으로 보일 수 있다. 그 방안은 매우 일어날 법하지 않은 빅뱅 구조(초기의 3-곡면 $\mathcal{B}$)라는 사안을 진지하게 다루면서, 종래의 급팽창 개념을 버리고서도 CMB의 온도 요동의 균일성을 도출하는 주장들을 내놓았다.

한편 폴 스타인하르트, 닐 터록 및 동료 연구자들의 에크파이로틱* 제안은 끈 이론으로부터 5차 공간 차원의 개념을 빌려왔다. 이 공간 차원은 막brane(아마도 §1.15에서 논의했던 D-막 또는 막 세계의 속성을 지닌 것이지만, 논문에서는 그렇게 기술되지는 않았고, M-이론 막과 **오비폴드 막**orbifold brane이라는 용어가 사용되었다)이라고 불리는 4차원 시공간의 두 복사본을 연결시킨다. 요지는 이렇다. 즉, 이 방안에서 발생하는 바운스(빅 크런치를 빅뱅으로 변환시키는 과정) 직전에, 두 막 사이의 거리가 급속하게 줄어들다가 바운스의 순간에 영이 되고 이 사건 후에는 곧바로 다시 증가한다는 것이다. 5차원 공간의 기하구조는 사영된 4-시공간의 특이성에도 불구하고, 일관된 방정식들을 지닌 비특이 상태로 계속 유지된다고 본다. 통상적 의미에서의 급팽창은 존재하지 않지만, CMB의 온도 요동에서 보이는 균일성을 설명해줄 논거들은 제시된다Khoury et al. 2002a.

이쯤에서 §3.9에서 제기된 문제(중력적으로 엔트로피가 증가하는 붕괴(§3.4

---

* 이 용어는 고대 그리스어의 에크파이로시스ekpyrosis에서 나왔는데, 이 말은 "위대한 해마다 거대한 화재로 인해 우주가 주기적으로 파괴된다는 스토아적 믿음"을 뜻한다. 그리고 나서 우주는 재창조되었다가 새로운 주기의 끝에 가서 다시 파괴된다.

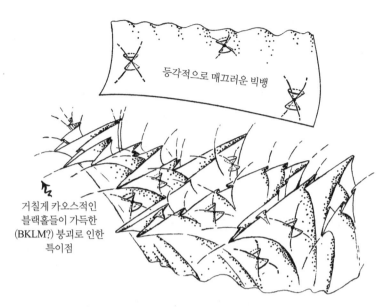

등각적으로 매끄러운 빅뱅

거칠게 카오스적인
블랙홀들이 가득한
(BKLM?) 붕괴로 인한
특이점

그림 3-48 빅뱅 이전을 다루는 이론들의 가장 큰 문제점은 붕괴하는 우주 위상이 "튀어 올라서" 우리 우주를 닮은 팽창하는 우주가 어떻게 되느냐는 것이다. 만약 팽창하는 위상의 초기 상태가 우리 우주의 경우처럼 매우 낮은 중력적 엔트로피 상태라면(즉, 매우 균일한 공간적 기하구조를 갖는다면), 어떻게 이런 현상이 매우 높은 중력적 엔트로피의 카오스적 행동(아마도 BKLM)을 보이는 붕괴하는 위상으로부터 생길 수 있단 말인가?

의 그림 3-14(a), (b))가 어떻게 해서 중력적으로 낮은 엔트로피의 빅뱅으로 변환되는가라는 문제)를 어떻게 피할 수 있을지 의문이 고개를 들 수 있다(그림 3-48). 이 방안에서 내놓은 해법은 이렇다. 즉, 빅 크런치로 이어지는 최종적인 붕괴에 앞서 전-바운스 위상pre-bounce phase이 더 시터르 유형의 지수적 팽창 위상(우리 우주에서 관찰되는 Λ가 이끄는 팽창)에 포함되는데, 이 방안에 따르면 이 과정은 약 10^{12}년 동안 지속되며, 그동안에 이러한 팽창 위상이 블랙홀 및 다른 모든 남아 있는 고엔트로피 잔해의 밀도를 완전히 감소시켜 버린다. (하지만 꼭 짚어야 할 점으로, 이 팽창 시간은 블랙홀들이 호킹 증발에 의해 사라질 정도로 길지는 않을 것이다. 호킹 증발로 사라지는 데에는 10^{100}년이라는 훨씬 더

긴 시간이 들 것이기 때문이다. §4.3 참고.) 여기서 "희박해지는" 것은 동행 부피에 대한 엔트로피 밀도이다. 동행 부피당 총엔트로피는 제2법칙을 위반하지 않고서는 감소할 수 없다. 이것은 또한 대략 10^{12}년 후에 발생한다고 여겨지는 뒤이은 붕괴 위상에서도 적용되기에, 동행 부피당 총엔트로피는 여전히 감소할 수 없다. 그렇다면 어떻게 이것이 적절한 방식으로 제2법칙을 만족시킬까? 이것이 어떻게 작동하는지 이해하려면 이 이론의 순환cyclic 버전을 살피는 게 최상이다.

지금까지 나는 원래의 에크파이로틱 방안을 기술했는데, 이것은 (베네치아노 제안과 마찬가지로) 한 축소 위상으로부터 팽창 위상으로 변하는 단일한 바운스를 다룬다. 하지만 스타인하르트와 터록은 이 모형을 확장시켜 계속 반복되는 순환 사이클을 도입했다. 각각의 사이클은 자신의 빅뱅으로부터 시작하여 처음에는 종래의 FLRW Λ-우주론에 따라 변화해 나가다가(초기의 급팽창 단계 없이), 약 10^{12}년의 팽창(대부분 지수적 팽창) 후에는 축소 모드로 바뀌어 빅크런치와 함께 끝난다. 그다음에 에크파이로틱 바운스를 통해 새로운 빅뱅을 맞이하고 전체 과정을 다시 시작한다. 이런 식으로 양방향 모두 무한하게 사이클이 끝없이 진행된다. 모든 비표준적인 FLRW 행동(즉, 아인슈타인의 Λ-방정식에 따르지 않는 행동)은 위에 나온 단일한 에크파이로틱 바운스의 경우에서 살펴본 대로, 막에 의해 경계가 생긴 5번째 차원에 의해 통제된다. 바운스 때마다 막의 거리는 영이 되면서 비특이적 방식으로 그 활동을 통제한다.

여기서 우리는 이런 질문을 던져 보아야 한다. 어떻게 이 순환 모형은 제2법칙과의 모순을 피하는가? 내가 아는 한 여기에는 두 가지 측면이 있다. 하나는 해당 동행 부피들이 비록 바운스를 거칠 때마다 동행 시간선을 뒤따름으로써 바운스를 통하여 실제로 연속될 수 있긴 하지만, 한 사이클로부터 다음 사이클로 넘어갈 때 크기가 대응되지 않아도 된다는 것이다. 그리고 정말로 동행 부피들은 그렇지 않다고 여겨진다. 한 특정 사이클에서 $t = t_0$로 주어지는 어떤 특정한 시간 조각 S_1을 살펴보자. 그리고 다음 사이클에서 역시 $t = t_0$로 주어지며 정확히 앞의 조각에 대응하는 시간 조각 S_2를 선택하자(시간은 각 사이클의 빅뱅으로부터 잰다). 우리는 앞의 시간 조각에서 한 선택된 동행 영역 Q_1을 따를 수 있고 바운스를 통해 시간선을 줄곧 따라가서 시간 조각 S_2에 이를 수 있다. 시간선들을 충실히 따라가면 우리가 S_2 내에서 도달하는 영역 Q_2는 엄청나게 더 크므로, 엔트로피 값은 Q_1에서의 값으로부터 훨씬 많이 증가했다. 그러나 이는 훨씬 더 큰 부피 Q_2 상에 퍼지게 되므로, 엔트로피 밀도가 이전에 S_1이었을 때와 마찬가지일 수 있으며 제2법칙에 들어맞는다.

하지만 우리 우주 사이클의 전체 역사를 통해 예상되는 엔트로피의 엄청난 증가가 이러한 부피 증가를 통해 수용될 수 있을지 의문스럽기는 하다. 이 사안은 위에서 언급된 두 번째 사안과 관련이 있다. 왜냐하면 먼 미래는 차치하고서 현재 우리 우주의 가장 큰 엔트로피는 은하 중심의 초거대 블랙홀 속에 있기 때문이다. 우리 우주 사이클의 총수명으로 예상되는 기간(즉, 10^{12}년 정도(적어도 팽창하는 위상)) 동안 이런 블랙홀들은 여전히 존재하면서 절대적으로 엄청난 정도로 우주의 엔트로피에 주된 기여를 할 것이다. 블랙홀들은 지수적 팽창을 통해 아주 멀리 흩어지긴 하지만 최종 붕괴 때 다시 합쳐질 테며, 종국에 있을 빅 크런치의 중요한 부분을 차지할 듯하다. 나는 이 블랙홀들이 에크파이로틱 크런치-빅뱅 전환에서 왜 무시되어도 좋은지 잘 모르겠다!

꼭 언급할 내용으로, 빅뱅의 특수한 속성을 진지하게 기술하는 다른 제안들도 있다. 그중 가장 대표적인 것은 하틀과 호킹의 **무경계**no-boundary 이론이다 Hartle and Hawking 1983. 아주 독창적인 이론이긴 하지만, 내가 보기엔 그다지 환상적fantastical이지는 않은 것 같다. 내가 알기로 이런 제안들 중 어느 것도 (a)블랙홀 특이점의 고엔트로피 기하구조와 (b)빅뱅의 굉장히 특수한 기하구조의 도저히 믿기 어려운fantastic 불일치를 설명하지 못한다. 따라서 훨씬 더 큰 공상fantasy의 요소를 지닌 엄청난 이론이 필요하다!

요약하자면, 이런 방안들은 정말로 공상적이며 빅뱅의 흥미로운 속성이 제기하는 진지한 문제들을 해결하고자 한다. 이 방안들은 우주론의 이유들과는 다른 이유들로 유행하는 물리학 분야들에 의존하는 경향이 있다(끈 이론, 여분 차원 등). 또한 이 방안들은 흥미롭고 혁신적인 발상들을 담고 있으며, 그런 발상들은 상당히 진지한 동기에서 나왔다. 그럼에도 불구하고 내가 보기에 적어도 현재의 형태로는 타당성이 부족하다. 아울러 §3.4에서 제기된 근본적인 사안들, 즉 빅뱅의 **특이한** 속성에 대해 제2법칙의 기본적인 역할이 무엇이냐는 문제를 적절하게 다루지 못하고 있다.

4

우주에 관한 새로운 물리학?

4.1 트위스터 이론: 끈 이론의 대안?

내가 프린스턴에서 (유행을 주제로 삼아) 첫 강연을 한 후에, 이론물리학을 전공하는 한 전도유망한 대학원생이 나를 찾아왔다. 그는 자신이 어떤 연구 노선을 추구해야 할지 갈피를 잡지 못하여 내게 조언을 구하고 싶은 것 같았다. 근본적인 과학 지식의 경계를 한층 더 넓히려던 그의 포부가 내 강연 때문에 약간 꺾였던 것이다. 그 무렵 다들 그랬듯이 그 대학원생도 끈 이론의 개념들이 매력적이라고 여겼다. 하지만 그 분야가 거침없이 내닫고 있는 방향을 내가 부정적으로 평가하자 그는 조금 낙담해 있었다. 당시 나는 그에게 대단히 긍정적이거나 건설적인 조언을 전혀 해줄 수가 없었다. 그렇다고 나의 트위스터 이론을 적절한 대안으로 제시하기도 꺼려졌다. 그와 함께 그 이론을 연구해나갈 다른 사람이 전혀 없는 것 같기도 할 뿐 아니라, 열정만 가득한 학생, 특히 물리학만 알 뿐 수학의 배경지식이 약한 학생이 상당한 진전을 거두기에는 어려운 분야였기 때문이었다. 트위스터 이론이 발전하면서 물리학과 학생은 보통 잘 모르는 개념들이 포함되는 정교한 수학이 필요하게 되었다. 게다가 이 이론은 30년 동안 극복하기 어려워 보이는 한 난관에 봉착해왔다. **구글리 문제**googly problem라고 불리는 이 문제를 나는 이 절의 말미에서 설명할 것이다.

이 만남이 있고 하루 이틀 후에 나는 프린스턴의 스타 수리물리학자 에드워드 위튼과 점심 약속이 있었다. 끈 이론이 취한 방향에 내가 의구심을 표했다고 위튼이 내심 불편해하지 않을까 싶어 나는 살짝 신경이 쓰였다. 그러나 놀랍게도 위튼은 끈 이론의 일부 개념들을 트위스터 이론의 개념들과 결합시킨 자신의 최신 연구 내용을 설명해주었다. 그의 연구에는 강한 상호작용에 관한 난해한 수학을 다루는 데 상당한 진전이 있었다. 나는 깜짝 놀랐다. 무엇보다도 위튼의 이론이 4차원 시공간 내에서 일어나는 과정들을 구체적으로 다루기 위한 것이었기 때문이다. 1장을 읽은 독자들이라면 당연히 알겠지만, 내가 끈 이론을 비판적으로 대하는 주된 까닭은 과도한 공간(−시간) 차원의 필요성 때문이다. 나는 초대칭에도 불편함을 느끼며(초대칭 개념은 위튼의 트위스터−끈 이론에도 여전히 나온다), 나에게는 이런 개념들이 깊이 다가오지 않는다. 어쨌든 위튼의 새로운 발상은 주류 끈 이론이 고차원 시공간 개념에 의존하는 정도에 비하면 초대칭에 훨씬 덜 의존적인 듯했다.

나는 위튼이 알려준 이론에 무척 구미가 당겼다. 왜냐하면 그것은 내가 올바른 시공간의 차원이라고 여기는 것에 적용되었을 뿐만 아니라, 지금까지 알려져 있는 기본적인 입자물리학적 과정들에 직접적으로 적용할 수 있었기 때문이다. 글루온들의 산란이 그런 과정의 예인데, 이 과정은 강한 상호작용에 근본적인 역할을 한다(§1.3 참고). 광자가 전자기력의 매개자이듯이, 글루온은 강력의 매개자이다. 하지만 광자들은 서로 직접적으로 상호작용하지는 않는다. 왜냐하면 광자는 다른 광자가 아니라 대전된(또는 자화된) 입자들과만 상호작용하기 때문이다. 이것은 맥스웰 전자기 이론이 지닌 **선형성**의 기반이다(§§2.7과 2.13 참고). 그러나 강한 상호작용은 매우 **비선형적**이며(양−밀스 방정식을 만족한다. §1.8 참고), 글루온들끼리의 상호작용은 강한 상호작용의 속성에 근본적인 역할을 한다. 위튼의 새로운 개념Witten 2004은 다른 이들의 이전 연구에 뿌리를 둔 것으로서Nair 1988; Parke and Taylor 1986; Penrose 1967, 이러한 글루온 산란 과정을 계산하기 위한 표준적인 절차들(종래의 파인만 도형 방법을 이용한 절차들(§1.5 참고))을 어떻게 크게 단순화시킬 수 있는지 보여주었다. 밝혀진 바에 의하면 책 한 권 분량의 컴퓨터 계산이 몇 줄의 계산 과정으로 줄어드는 경우도 가끔 있다고 한다.

그때 이후로 많은 사람들이 이런 발전에 관심을 가졌는데, 처음에는 대체로 위튼이 수리물리학계 내에서 다져온 상당한 지위 때문이었다. 아무튼 이 덕분에 트위스터 이론은 새로운 활력을 찾게 되었다. 그리하여 입자의 질량(즉, 정지 질량)이 비교적 덜 중요하고 입자들이 사실상 마치 질량이 없는 듯 다루어질 수 있는 고에너지 한계에서 입자 산란 진폭을 계산하는 위력적인 기법들이 더 많이 발견되었다. 이런 기법들 전부가 트위스터 이론을 포함하고 있지는 않고, 이에 관해 상이한 생각들이 숱하게 많지만, 일반적인 결론에 의하면 이런 계산을 하기 위한 새로운 방법들은 표준적인 파인만 도형 기법보다 엄청나게 더 효과적이라고 한다. 이런 발전의 바탕이 된 초기의 발상들에서 끈 이론적 개념들이 중요한 역할을 하긴 했지만, 그런 개념들은 차츰 퇴조한 듯하고 이제는 새롭게 발전해온 다른 개념들이 인기를 얻고 있다. 하지만 끈 관련 개념들의 일부 요소들은 (요즈음 표준적인 4차원 시공간에서) 여전히 중요하게 취급되고 있기는 하다.

그런데 꼭 언급해야 할 것이 있다. 이런 계산들 중 다수는 매우 특수하고 엄청나게 단순화되어 있으며 전혀 물리적으로 현실적이지 않은 속성들을 지닌 한 특정한 부류의 이론들에 대해 실시되는데, 그중 가장 대표적인 이론이 $n = 4$ 초대칭 양−밀스 이론이다(§1.14 참고). 흔히 거론되는 관점에 의하면, 이런 모형들은 고전적인 역학에 나오는 매우 단순하고 이상화된 상황들과 유사하기에 이런 것들을 먼저 숙달하고(통상적인 양자 물리학의 경우 단순한 조화 진동을 먼저 숙달하듯이), 더 복잡한 현실적인 계는 단순한 계를 제대로 이해한 후 나중에 이해해야 한다고 한다. 나는 더 단순한 모형을 연구하기가 가치 있음을 충분히 인정하지만(그래야 진정한 발전이 이루어질 수 있고 통찰이 뒤따를 수 있다), 조화 진동과의 유사성을 거론하는 것은 아주 틀린 생각인 것 같다. 단순한 조화 진동자는 비분산 계non-dispersive system의 작은 진동에서 거의 보편적인 현상이지만, $n = 4$ 초대칭 양-밀스 장은 자연의 실제 물리적 양자장에서 어떠한 상응하는 역할도 하지 않을 듯하다.

여기서 트위스터 이론의 기본적인 내용을 간략히 소개하는 편이 적절할 것이다. 주요 개념을 설명하고 일부 세부사항을 건드리는 정도로 소개할 뿐, 위에 나온 산란 이론의 발전을 논의하지도, 트위스터 이론을 아주 깊게 파고들지도 않을 것이다. 따라서 더 자세한 내용은 참고 문헌을 보기 바란다Penrose 1967a, Huggett and Tod 1985, Ward and Wells 1989, Penrose and Rindler 1986, Penrose and MacCallum 1972, TRtR chapter 33. 트위스터 이론의 중심 개념은 시공간 자체를 이차적인 개념으로 여기자는, 즉 시공간이 트위스터 공간twistor space이라고 하는 더욱 원시적인 것으로부터 구성되었다고 여기자는 발상이다. 기본적인 지침 원리로서 이 이론의 체계는 양자역학의 기본 개념들을 (종래의 4-차원) 현실적인 시공간 물리학과 결합시키는데, 이를 위해 복소수의 마법적인 속성을 이용한다(§§A.9와 A.10 참고).

양자역학에는 중첩 원리가 있는데, 이에 의하면 서로 다른 상태들이 복소수, 즉 진폭을 사용하여 결합된다. 이 원리는 양자역학에 있어 근본적이다(§§1.4와 2.7 참고). §2.9에서 보았듯이, 양자역학적 스핀의 개념(특히 스핀 ½)에서 이 복소수는 3차원 공간의 기하학과 긴밀히 연결되어 있다. 거기서 복소 진폭 쌍의 상이한 비율들의 리만 구(§A.10의 그림 A-43과 §2.9의 그림 2-18)는 통상적인 3-공간의 상이한 방향들이라고 볼 수 있으며, 이 방향들은 스핀 ½ 입자의 가능한 스핀 축 방향들이다. 현실적인 물리학에서는 분명히 리만 구에 대한 별도의 역할이 있는데, 이 역시 공간의 3차원성에 특화되어 있다(하지만 시간의 1차원성을 더불어 갖고 있다). 여기서 리만 구와 동일시할 수 있는 것은 관찰자의 과

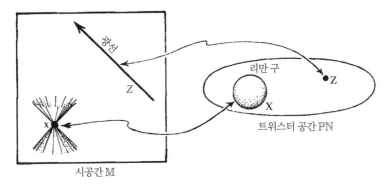

그림 4-1 기본적인 트위스터 대응. 트위스터 공간 $\mathbb{PN}$의 각 점 Z는 민코프스키 공간 $\mathbb{M}$(아마도 무한대에 있는)의 한 광선 Z(널 직선)에 대응한다. $\mathbb{M}$의 각 점 x는 $\mathbb{PN}$ 내의 한 리만 구 X에 대응한다.

거 빛원뿔을 통해 나 있는 상이한 방향들의 **천구**celestial sphere이다Penrose 1959.[*] 어떤 의미에서 보면, 트위스터 이론은 리만 구의 이러한 두 가지 물리적 역할을 통해 복소수의 양자역학적 역할을 상대론적 역할과 결합시킨다. 그러므로 차츰 알게 되겠지만, 복소수의 마법은 정말이지 미시적인 양자 세계를 거시적인 시공간 물리학의 상대론적 원리와 통합시키는 데 어떤 연결 고리를 마련해줄지 모른다.

어떻게 그럴 수 있을까? 트위스터 이론의 초기 구도를 알아보기 위해 공간 $\mathbb{PN}$을 살펴보자(여기서 이 특별한 표기를 쓴 이유는 곧 드러날 텐데, "$\mathbb{P}$"는 사영projective을 뜻하는 것으로서, §2.8의 힐베르트 공간에서와 동일한 의미이다). $\mathbb{PN}$의 개별적인 각 점은 **물리적으로** 전체 **광선**light ray(시공간 관점에서 볼 때 이것은 널 직선이다. 즉, 광자처럼(그림 4-1) 자유롭게 움직이는 질량 없는(즉,

---

[*] 일부 독자들이 우려할지 모르는 미묘한 문제가 있다. 즉, 양자역학적 리만 구가 상대론적 군 $SL(2, C)$를 갖기보다 더욱 제한된 대칭군 $SU(2)$를 가진다는 우려가 있을지 모른다. 하지만 전자의 군은 트위스터 연산자들의 스핀 증가 및 감소 역할에 있어서 양자 스핀과 관련하여 내 책Penrose 1980의 네 **번째 물리적 근사**로서 충분히 다루어진다Penrose and Rindler 1986, §6.4.

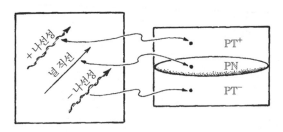

그림 4-2 사영 트위스터 공간 PT는 세 부분으로 구성된다. PT^+는 오른쪽 스핀의 질량 없는 입자를 표현하고 PT^-는 왼쪽 스핀의 질량 없는 입자를 표현하며 PN은 스핀이 없는 질량 없는 입자를 표현한다.

빛과 같은) 입자의 전체 역사)을 표현한다. 이 광선은 종래의 시공간 물리학에 의해 표현되는데, 이 물리학에서는 물리적 과정들이 특수상대성의 민코프스키 공간 M 내에서 발생하는 것으로 간주된다(§1.7 참고. §1.11에 나오는 표기). 하지만 트위스터 이론에서는 이 전체 광선이 PN의 한 단일한 점으로 기하학적으로 표현된다. 이와 반대로 트위스터 공간 PN 내부 구조의 관점에서 볼 때, M 내의 한 시공간 점(즉, 한 사건)을 표현하려면, x를 통과하는 M 내의 모든 광선들의 족family을 살펴서 이 족이 어떤 종류의 구조를 PN 내부에서 갖는지 알아보면 된다. 위에서 말한 내용에서 볼 때, 한 시공간 점 x를 표현하는 PN 내의 자취가 바로 한 리만 구(본질적으로 x의 천구. 가장 단순한 리만 곡면)이다. 리만 곡면은 단지 복소 곡면이기에(§A.10), PN이 실제로 한 복소다양체라는 것은 타당한 듯보이며, 이러한 리만 구는 복소 1차원 부분다양체로서 등장한다. 하지만 그럴 수 없는데, 왜냐하면 PN은 **홀수** 차원(5차원)이고 복소다양체로 표현될 수 있으려면 **짝수**의 실수 차원이어야 하기 때문이다(§A.10 참고). 다시 말해 또 하나의 차원이 필요한 것이다! 하지만 놀랍게도 한 질량 없는 입자의 에너지와 나선성(즉, 스핀)을 포함시킬 때 PN은 물리적으로 자연스러운 방식으로 복소 3-다양체의 자연스러운 구조를 지닌 실수 6-다양체 PT, **사영 트위스터 공간**projective twistor space이라고 하는 한 복소 사영 3-공간($\mathbb{CP}^3$)으로 확장된다. 그림 4-2를 보기 바란다.

세부적으로 볼 때 어떻게 그럴 수 있을까? 트위스터 이론을 이해하기 위한 가장 좋은 방법은 복소 4차원 **벡터공간** $\mathbb{T}$를 고려하는 것이다(§A.3 참고). 이 것은 때때로 **비사영 트위스터 공간**non-projective twistor space, 또는 그저 **트위스터 공간**이라고도 불리는데, 위에 나온 $\mathbb{PT}$는 이 공간의 사영 버전이다. $\mathbb{T}$와 $\mathbb{PT}$의 관계는 우리가 §2.8에서 보았던 힐베르트 공간 $\mathcal{H}^n$과 그것의 사영 버전인 $\mathbb{PH}^n$(§2.8의 그림 2-16(b) 참고)과의 관계와 똑같다. 즉, 한 주어진 영이 아닌 트위스터 $\mathbf{Z}$($\mathbb{T}$의 원소)의 모든 영이 아닌 복소 배수 $\lambda\mathbf{Z}$가 **동일한** 사영 트위스터 ($\mathbb{PT}$의 원소)를 제공한다. 사실, 트위스터 공간 $\mathbb{T}$는 대수적 구조 면에서 4차원 힐베르트 공간과 흡사하다. 비록 그 공간의 물리적 해석은 양자역학에서의 힐베르트 공간의 해석과 완전히 다르긴 하지만 말이다. 일반적으로 말해서, 만약 우리가 기하학적 문제들에 관심을 갖는다면 **사영 트위스터 공간** $\mathbb{PT}$가 우리에게 유용한 반면, 트위스터들의 대수에 관심이 있다면 공간 $\mathbb{T}$가 적합하다.

힐베르트 공간과 마찬가지로 $\mathbb{T}$의 원소들은 **내적, 놈 및 직교성**의 개념을 따르지만, §2.8에서 사용된 $\langle\cdots\rangle$과 같은 표기를 채택하기보다 트위스터 $\mathbf{Y}$와 $\mathbf{Z}$의 내적을 아래와 같이 표기하는 것이 더 편리하다.

$$\bar{\mathbf{Y}}\cdot\mathbf{Z}$$

여기서 $\mathbf{Y}$의 복소공액 트위스터 $\bar{\mathbf{Y}}$는 **쌍대 트위스터 공간** $\mathbb{T}^*$의 한 원소이기에, 트위스터의 놈 $\|\mathbf{Z}\|$는 아래와 같다.

$$\|\mathbf{Z}\| = \bar{\mathbf{Z}}\cdot\mathbf{Z}$$

그리고 트위스터 $\mathbf{Y}$와 $\mathbf{Z}$ 사이의 직교성은 $\bar{\mathbf{Y}}\cdot\mathbf{Z} = 0$을 뜻한다. 하지만 트위스터 공간 $\mathbb{T}$는 **대수적으로** 힐베르트 공간이 아니다(게다가 양자역학에서 힐베르트 공간과는 상이한 목적에 이바지한다). 구체적으로 말해, 놈 $\|\mathbf{Z}\|$는 양의 정부호

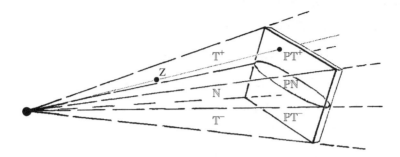

그림 4-3 비사영 트위스터 공간 $\mathbb{T}$의 원점을 통과하는 복소 직선들은 사영 트위스터 공간 $\mathbb{PT}$의 점들과 대응한다.

positive definite가 아니다(적절한 힐베르트 공간의 경우와 반대이다).[*] 달리 말해, 영이 아닌 트위스터 Z에 대하여, 아래와 같이 세 가지 가능성이 존재할 수 있다.

$\|Z\| > 0$, 공간 $\mathbb{T}^+$에 속하는 **양** 또는 **오른손잡이** 트위스터 Z일 경우

$\|Z\| < 0$, 공간 $\mathbb{T}^-$에 속하는 **음** 또는 **왼손잡이** 트위스터 Z일 경우

$\|Z\| = 0$, 공간 $\mathbb{N}$에 속하는 **널** 트위스터일 경우

전체 트위스터 공간 $\mathbb{T}$는 세 부분 $\mathbb{T}^+$, $\mathbb{T}^-$ 및 $\mathbb{N}$의 분리 합집합disjoint union이다. 이와 마찬가지로 그 사영 버전 $\mathbb{PT}$는 세 부분 $\mathbb{PT}^+$, $\mathbb{PT}^-$ 및 $\mathbb{PN}$의 분리 합집합이다(그림 4–3 참고).

시공간의 광선들과의 직접적인 연결 고리를 제공하는 것이 널 트위스터인데, $\mathbb{N}$의 사영 버전 $\mathbb{PN}$은 민코프스키 공간 $\mathbb{M}$의 광선들의 공간을 표현한다(하

---

[*] §2.8에서 우리는 (유한 차원의) 힐베르트 공간의 개념을 살펴보았다. 이것은 양의 확정적인 징표 ($+++\cdots+$)의 한 에르미트 구조를 지닌 복소 벡터공간이다. 여기서는 대신에 ($++--$) 징표를 요구하는데, 무슨 뜻이냐면 종래의 복소 좌표에 의해 한 벡터 $z = (z_1, z_2, z_3, z_4)$의 (제곱값) 놈이 $\|z\| = z_1\bar{z}_1 + z_2\bar{z}_2 - z_3\bar{z}_3 - z_4\bar{z}_4$라는 말이다. 하지만 표준적인 트위스터 표기에서는, 트위스터 좌표 $Z = (Z^0, Z^1, Z^2, Z^3)$(단일한 양 Z의 멱으로 읽지 않아야 한다)를 사용하여 $\|Z\| = Z^0\overline{Z^2} + Z^1\overline{Z^3} + Z^2\overline{Z^0} + Z^3\overline{Z^1}$으로 나타내는 것이 더욱 편리하다(그리고 완전히 등가이다).

지만 $\mathbb{M}$이 **콤팩트화된** 민코프스키 공간 $\mathbb{M}^{\#}$(§1.15에서 언급한 내용. 그림 1-41 참고)으로 확장할 때, 무한대 $\mathscr{I}$에 있는 어떤 특수한 "이상화된" 광선들을 포함한다). 널 트위스터의 경우, 직교성 관계 $\bar{\mathbf{Y}} \cdot \mathbf{Z} = 0 (\bar{\mathbf{Z}} \cdot \mathbf{Y} = 0)$이라는 매우 직접적인 기하학적 해석이 얻어진다. 이 직교성 조건은 $\mathbf{Y}$와 $\mathbf{Z}$에 의해 표현되는 광선들이 단지 **교차함**(아마도 무한대에서)을 말할 뿐이다.

통상적인 힐베르트 공간의 원소들과 마찬가지로, $\mathbb{T}$의 각 원소 $\mathbf{Z}$는 일종의 **위상**을 갖는데, 이 위상은 $e^{i\theta}$(θ는 실수)가 곱해짐으로써 영향을 받게 된다. 이 위상은 나름의 기하학적 의미를 지니지만, 여기서는 이를 무시하고 그러한 위상 곱셈과 관련하여 트위스터 $\mathbf{Z}$의 물리적 해석을 살펴볼 것이다. 우리가 알기로 $\mathbf{Z}$는 고전적인 특수상대성의 통상적인 규칙에 따라, 한 자유로운 **질량 없는 입자**의 **운동량** 및 **각운동량** 구조를 나타낸다(이에는 4-운동량이 사라지고 질량 없는 입자가 무한대에 있게 되는 어떤 제약 상황도 포함된다). 그러므로 자유롭게 움직이는 질량 없는 입자에 대해 참으로 적절한 물리적 구조가 얻어지는데, 이는 단지 한 광선 이상이다. 왜냐하면 이 해석에는 이제 널 트위스터뿐 아니라 널이 아닌 트위스터들도 포함되기 때문이다. 트위스터는 한 질량 없는 입자에 대한 에너지-운동량 및 각운동량을 정말로 올바르게 정의하는데, 이에는 운동 방향에 대한 입자의 **스핀**도 포함된다. 하지만 이는 그 입자가 영이 아닌 스핀을 갖고 있을 때 질량 없는 입자에 대한 **비국소적인** 서술을 제공하기에, 이 경우 그 입자의 광선 세계선은 오직 **근사적으로만** 정의된다.

한 가지 강조하고 싶은 것은, 이러한 비국소성이 인위적인 결과가 아니라 트위스터 이론의 비전통적인 속성에서 기인한다는 점이다. 그런 속성은 스핀을 가진 질량 없는 입자(만약 이 입자를 그것의 운동량과 각운동량(각운동량은 때때로 어떤 특정한 원점에 대한 **운동량의 모멘트**moment of momentum라고도 불린다. §1.14의 그림 1-36 참고)으로 표현할 경우)의 **전통적인** 서술의 (종종 인식되지 않는) 한 측면이다. 트위스터 이론에 대한 특정한 대수적 서술은 전통적인 서술과 다르긴 하지만, 내가 방금 제시한 해석에는 전혀 비전통적인 것이 없다. 적어도 이 단계에서 트위스터 이론은 단지 독특한 형식론을 제시할 뿐이다. (가령, 끈 이론과 달리) 물리 세계의 속성에 관한 어떠한 새로운 가정도 도입하지 않는다. 그러나 트위스터 이론은 이전의 이론과는 다른 시각, 즉 어쩌면 시공간의 개념은 물리 세계의 부차적인 속성으로 간주될지 모르며, 트위스터 공간의 기하학이야말로 더욱 근본적이라고 볼 수 있다고 넌지시 내비친다. 아울러 한 가지를 더 언급하자면, 트위스터 이론의 체계는 아직은 그런 드높은 경지에 도달하지는 못했다. 그럼에도 (위에서 언급한) 매우 높은 에너지 입자들에 대한 산란 이론에서 현재 트위스터 이론이 유용하게 쓰이는 까닭은 오로지 정지 질량을 무시할 수 있는 과정들을 기술하는 데 트위스터 이론의 형식론이 유용하기 때문이다.

흔히 한 트위스터 Z에 대한 좌표(4개의 복소수)를 사용할 때, 성분의 첫 번째 쌍 Z^0, Z^1은 2-스피너라고 불리는 한 양 ω의 두 복소 성분(§1.14와 비교)이며 두 번째 쌍 Z^2, Z^3는 2-스피너의 조금 다른 유형인 양 π의 두 성분이기에(쌍대이며 복소공액 유형이라는 점에서 다른 유형), 우리는 트위스터 전체를 아래와 같이 표현할 수 있다.

$$Z = (\omega, \pi)$$

(근래의 다수 문헌에서는 기호 "λ"가 "π" 대신에 그리고 "μ"가 "ω" 대신에 쓰이는데, 이것은 나의 글Penrose 1967a에서 사용한 표기를 따른 것이다. 거기서 나는 부적절한 관례(주로 첨자를 위쪽 또는 아래쪽에 놓기에 관한 것)를 도입했는데, 요즘도 종종 그런 안타까운 관례를 따르는 경우가 있다.) 여기서 나는 2-스피너가 실제로 무엇인지(때때로 바일 스피너Weyl spinor라고 불린다)를 세밀하게 논하고 싶지는 않지만, §2.9의 내용을 다시 살펴보면 그 개념을 어느 정도 이해할 수 있다. 두 성분(진폭) w와 z는 그 비율 $z:w$가 스핀 $\frac{1}{2}$ 입자에 대한 스핀 방

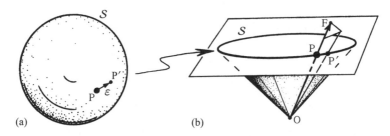

(a)　　　　　　　　　　　　(b)

그림 4-4　2-스피너의 기하학적 해석. 여기서 우리는 2-스피너를 한 시공간 점 O의 접공간 내부에 있다고 여기거나 또는 어떤 좌표 원점 O에 대해 취해진 전체 민코프스키 공간 $\mathbb{M}$을 가리킨다고 여길 수 있다. (a)리만 구 $\mathcal{S}$는 (b)미래-널 "깃대" 방향 OF를 표현한다. $\mathcal{S}$의 점 P에서의 접벡터 $\overrightarrow{PP'}$은 OF를 따라 나 있는 "깃발 평면"을 표현하는데, 이 평면은 2-스피너의 위상을 표현한다(부호는 무시).

향을 정의하는 것으로서(그림 2-18 참고), 2-스피너를 정의하는 두 성분이라고 볼 수 있으며 이것은 ω와 π 둘 다[*]에 적용된다.

하지만 2-스피너의 기하학적 개념을 더 자세히 이해하기 위해 그림 4-4를 보자. 이 그림은 어떻게 (영이 아닌) 2-스피너를 시공간의 관점에서 표현할 수 있는지를 보여준다. 엄밀히 말해, 그림 4-4(b)는 시공간의 어떤 점의 접공간 내부에 있는 것으로 해석되어야 하지만(그림 1-18(c) 참고), 여기서 우리의 시공간은 평평한 민코프스키 공간 $\mathbb{M}$이므로 우리는 이 그림을 어떤 좌표 원점 O에 대해 취해진 $\mathbb{M}$의 전체를 가리킨다고 간주할 수 있다. 2-스피너는 위상 승수phase multiplier는 무시하고서 미래를 가리키는 널 벡터로 표현되는데, 이를 깃대flagpole라고 부른다(그림 4-4의 선분 OF). 우리는 깃대의 **방향**이 미래 널 방향의 추상적인 (리만) 구 $\mathcal{S}$(그림 4-4(a)) 내의 점 P에 의해 주어진다고 여길 수 있다. 2-스피너의 위상은 (전반적인 부호는 무시하고) P에서의 $\mathcal{S}$에 대한 접벡터 $\overrightarrow{PP'}$에 의해 표현되는데, 이때 P'은 $\mathcal{S}$에 있는 P에 이웃하는 한 점이다. 시공간

---

[*]　표준적인 2-스피너 첨자 표기에서Penrose and Rindler 1984 ω와 π는 각자의 첨자 구조 ω^A와 $\pi_{A'}$을 갖는다.

의 관점에서 보면, 이 위상은 깃대에 의해 경계 지워진 널 반평면null half-plane으로 주어지는데, 이를 깃발 평면flag plane이라고 한다(그림 4-4(b) 참고). 이것의 세부사항은 여기서 그다지 중요하지 않지만, 2-스피너가 매우 명확한 기하학적 대상임(한 특정한 2-스피너를 그 2-스피너의 마이너스와 구별하지 못한다는 점에서만 모호할 뿐이다)을 염두에 두면 유용할 것이다.

트위스터 Z에 대하여 그것의 2-스피너 부분 π(위상은 무시하고)가 있을 때, 해당 입자의 에너지-운동량 4-벡터는 아래와 같은 외적[*]

$$\mathbf{p} = \pi\bar{\pi}$$

로 나타낸다(§1.5 참고). 이때 위의 막대 기호는 복소공액을 나타낸다. 만약 우리가 π에다 위상 인자 $e^{i\theta}$(θ는 실수)를 곱하면, $\bar{\pi}$에는 $e^{-i\theta}$가 곱해진다. 따라서 $\mathbf{p}$의 값은 변하지 않으며, $\mathbf{p}$는 2-스피너 π의 깃대이다. 일단 π가 알려지면, ω의 여분의 데이터는 입자의 상대적 각운동량과 등가이며(§1.14 참고), 좌표의 원점에 관하여 (대칭화된) 곱 $\omega\bar{\pi}$와 $\pi\bar{\omega}$로 표현된다.

따라서 복소공액 양 $\bar{Z}$는 아래와 같이 표현된다.

$$\bar{Z} = (\bar{\pi}, \bar{\omega})$$

이것은 쌍대 트위스터(즉, $\mathbb{T}^*$의 원소)인데, 즉 트위스터와 스칼라 곱을 생성하기 위한 자연스러운 대상임을 의미한다(§A.4 참고). 그러므로 만약 $\mathbf{W}$가 임의의 쌍대 트위스터 (λ, μ)라면, $\mathbf{W}$와 $\mathbf{Z}$의 스칼라 곱(복소수)은 다음과 같다.

---

[*] 단순히 병치하여 표시하는 스피너 곱은 **축약되지 않은**uncontracted 곱으로서, 한 벡터(사실은 **동행벡터**) $p_a = p_{AA'} = \pi_{A'}\bar{\pi}_A$를 제공한다. 여기서 각각의 4-공간 첨자는 (여기서 이용되고 있는 추상-점자 형식론에서Penrose and Rindler 1984) 하나는 프라임이 붙고 다른 하나는 프라임이 붙지 않은 스피너 첨자들의 쌍으로 표현된다. 명시적으로, ω^A와 $\pi_{A'}$에 의해 각운동량 텐서 M^{ab}에 대한 식이 스피너 형태로Penrose and Rindler 1986 $M^{ab} = M^{AA'BB'} = i\omega^{(A}\pi^{B)}\varepsilon^{A'B'} - i\bar{\omega}^{(A'}\pi^{B')}\varepsilon^{AB}$로 주어질 때, 둥근 괄호는 대칭화를 표시하며, 엡실론 기호는 반대칭skew symmetric임을 가리킨다.

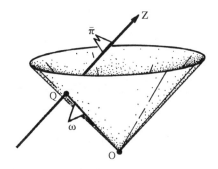

그림 4–5 널 트위스터 $Z = (\omega, \pi)$의 ω 부분의 깃대 방향. 광선 Z가 어떤 유한한 점 Q에서 좌표 원점 O의 빛원뿔과 만난다고 가정하면, ω의 깃대는 OQ 방향에 있다. 게다가 ω 자체는 $\omega\bar\omega(i\bar\omega\cdot\pi)^{-1}$인 Q의 위치 벡터에 의해 고정된다.

$$\mathbf{W}\cdot\mathbf{Z} = \lambda\cdot\omega + \mu\cdot\pi$$

그리고 트위스터 Z의 놈 $\|Z\|$는 아래와 같은 실수이다.

$$\|Z\| = \bar{Z}\cdot Z = \bar\pi\cdot\omega + \bar\omega\cdot\pi$$
$$= 2\hbar s$$

드러난 바에 의하면, s는 Z가 기술하는 질량 없는 입자의 **나선성**이다. 만약 s가 양수이면 입자는 오른손잡이 스핀이며, 그 스핀 값은 s이다. 반면에 s가 음수이면 스핀은 왼손잡이 방향이며, 그 스핀 값은 $|s|$이다. 그러므로 오른손잡이(원편광된) 광자는 $s = 1$이고 왼손잡이 광자는 $s = -1$이다(§2.6 참고). 그림 4–2의 그림 설명도 이 성질에 의한 것이다. 중력자graviton의 경우, 오른손잡이 버전은 $s = 2$이고 왼손잡이 버전은 $s = -2$이다. 중성미자와 반중성미자의 경우, 질량이 없다고 본다면 각각 $s = -1$과 $s = +1$이다.

만약 $s = 0$이라면 입자는 스핀이 없으며, 널 **트위스터**($\bar{Z}\cdot Z = 0$)라고 불리는 트위스터 Z는 민코프스키 공간 $\mathbb{M}$(또는 $\pi = 0$임을 허용한다면, 이 공간의 콤팩트 공간인 $\mathbb{M}^{\#}$)에서의 한 광선, 즉 널 직선 z(널 측지선. §1.7 참고)라고 기하학적으로 해석된다. 이것은 입자의 세계선으로서, 그림 4-1에 나오는 널 트위스터의 "초기 구도"에 대한 설명을 따른다. 광선 z는 p의 시공간 방향을 갖는데, p는 또한 z에 대한 에너지 척도화energy scaling를 제공하고, 이 척도화는 실제 트위스터 Z에 의해 결정된다. 만약 광선 z가 어떤 유한한 점 Q에서 좌표 원점 O의 빛 원뿔과 만난다면, ω의 깃대 방향도 OQ의 방향이라고 해석된다(Q의 위치 벡터는 $\omega\bar{\omega}(i\bar{\omega}\cdot\pi)^{-1}$으로 주어진다. 그림 4-5 참고).

민코프스키 공간 $\mathbb{M}$과 트위스터 공간 $\mathbb{PN}$ 사이의 기본적인 대응은 널 트위스터 Z와 한 시공간 점 x 사이의 이른바 결합 관계incidence relation에 의해 대수적으로 주어지는데, 이는 다음과 같이 표현될 수 있다.[*]

$$\omega = i\mathbf{x}\cdot\pi$$

이를 행렬 표기로 나타내면 아래와 같다.

$$\begin{pmatrix} Z^0 \\ Z^1 \end{pmatrix} = \frac{i}{\sqrt{2}}\begin{pmatrix} t+z & x+iy \\ x-iy & t-z \end{pmatrix}\begin{pmatrix} Z^2 \\ Z^3 \end{pmatrix}$$

여기서 (t, x, y, z)는 x에 대한 표준적인 민코프스키 시공간 좌표이다($c = 1$로 놓을 때). 결합incidence은 $\mathbb{M}$에서 널 직선 z 상에 놓인 시공간 점 x로 해석된다. $\mathbb{PN}$의 관점에서 볼 때, 결합은 다음과 같이 해석된다. 즉, 점 $\mathbb{P}Z$가 한 사영 선 X 상에 놓여 있는데, 이 선은 위에 나온 우리의 초기 구도에 따라 x를 표현하는 리만 구이며, 이 리만 구는 $\mathbb{PT}$의 부분공간 $\mathbb{PN}$에 놓인 사영 3-공간 $\mathbb{PT}$의 한 복소 사영 직선이다. 그림 4-1을 보기 바란다.

$s \neq 0$일 때(따라서 트위스터 Z가 널이 아닐 때), 결합 관계 $\omega = i\mathbf{x}\cdot\pi$는 어떠한 실수 점 x에 의해서도 만족될 수 없으며, 선택되는 고유한 세계선은 존재

---

[*] 이 관계식의 첨자 표기는 $\omega^A = ix^{AB'}\pi_{B'}$이다.

하지 않는다. 이제 입자의 위치는 위에서 언급했듯이 어느 정도 **비국소적이다**Penrose and Rindler 1986, §§6.2, 6.3. 하지만 결합 관계는 **복소 점 x**(민코프스키 공간 $\mathbb{M}$의 **복소화** 공간 $\mathbb{CM}$의 점)에 의해 만족될 수 있는데, 이는 곧 살펴볼 트위스터 파동함수가 만족하는 양의 진동수 조건의 바탕을 이룬다.

(위에서 나온 기하학과 관련된) 물리학을 트위스터 공간을 통해 바라보는 관점의 중요하면서도 조금은 마술 같은 한 특징은, 트위스터 이론이 제공하는 매우 단순한 절차에 의하여 임의의 특정한 나선성을 지닌 질량 없는 입자들에 대한 장 방정식의 모든 해가 얻어진다는 것이다Penrose 1969b; Penrose 1968; Hughston 1979; Penrose and MacCallum 1972; Eastwood et al. 1981; Eastwood 1990. 이 공식의 어떤 버전들은 사실 훨씬 더 일찍 발견되었다Whittaker 1903; Bateman 1904, 1910. 이것은 질량 없는 입자의 파동함수를 트위스터 관점에서 어떻게 서술할지 생각해보면 자연스레 나온다. 종래의 물리적 서술에서 한 입자에 대한 파동함수(§§2.5와 2.6 참고)는 (공간적) 위치 $\mathbf{x}$의 복소 값 함수 $\psi(\mathbf{x})$로 또는 3-운동량 $\mathbf{p}$의 복소 값 함수 $\tilde{\psi}(\mathbf{p})$로 표현될 수 있다. 트위스터 이론에는 질량 없는 입자의 파동함수를 표현하는 두 가지 방법이 더 있다. 즉, 입자의 **트위스터 함수**라고도 불리는 트위스터 Z의 복소 값 함수 $f(\mathbf{Z})$로 표현하거나, 아니면 **쌍대 트위스터 W**의 복소 값 함수 $\tilde{f}(\mathbf{W})$로 표현하는 방법이 있다. 밝혀진 바에 의하면 함수 f와 $\tilde{f}$는 반드시 **홀로모픽**, 즉 **복소해석적이다**(따라서 복소공액 변수 $\bar{\mathbf{Z}}$나 $\bar{\mathbf{W}}$를 "포함하지" 않는다. §A.10 참고). §2.13에서 언급했듯이 $\mathbf{x}$와 $\mathbf{p}$는 이른바 **정준공액** 변수인데, 이와 대응하는 방식으로 Z와 $\bar{\mathbf{Z}}$ 또한 서로 정준공액이다.

이 트위스터 함수들(그리고 쌍대 트위스터 함수들. 하지만 명확성을 위해 트위스터 함수에만 집중하도록 하자)은 놀라운 속성들이 많다. 가장 두드러진 속성을 말하자면, 한 특정한 나선성을 지닌 입자의 경우 그것의 트위스터 함수 f는 **동차함수**homogeneous function이다. 다시 말해 **동차**degree of homogeneity라고 불리는 어떤 수 d에 대해 다음 관계를 만족한다.

$$f(\lambda Z) = \lambda^d f(Z)$$

여기서 λ는 임의의 영이 아닌 복소수이다. 수 d는 나선성 s와의 아래 관계를 통해 결정된다.

$$d = -2s - 2$$

동차 조건이 알려주는 바에 의하면, f는 실제로 단지 **사영 트위스터 공간 $\mathbb{PT}$** 상에서의 일종의 함수로 볼 수 있다. (그런 함수는 때때로 $\mathbb{PT}$ 상에서의 **트위스터 함수**라고도 불리는데, "비틀림twist"의 정도는 d에 의해 정해진다.)

그러므로 나선성 s를 지닌 질량 없는 입자에 대한 파동함수의 트위스터 형태는 놀랍도록 단순하다. (그렇지만 중요한 문제점이 하나 있는데, 이는 조금 후에 살펴보겠다.) 이러한 표현의 단순한 측면은 상응하는 위치−공간 파동함수 $\psi(\mathbf{x})$를 관장하는 장 방정식들(기본적으로 모든 적절한 슈뢰딩거 방정식들)이 사실상 거의 완전히 증발해버린다는 것이다! 우리에게 필요한 것이라고는 트위스터 변수 Z의 트위스터 함수 $f(Z)$(**홀로모픽** 함수(즉, $\bar{Z}$를 포함하지 않는. §A.10 참고)이고 **동차** 함수인)뿐이다.

이 장 방정식들은 또한 고전물리학에서도 중요하다. 가령 $s = \pm 1$이어서, 동차 $d = -4$ 및 0일 때 맥스웰의 전자기 방정식(§2.6 참고)의 일반해가 얻어진다. $s = \pm 2$(동차 $d = -6$과 +2)일 때는 **약한 장**(즉, "선형화된") 아인슈타인 진공 방정식($\mathbf{G} = \mathbf{0}$, 그리고 "진공"은 $\mathbf{T} = \mathbf{0}$임을 의미한다. §1.1 참고)의 일반해가 얻어진다. 각각의 경우 장 방정식들의 해는 한 단순한 절차에 따라 트위스터 함수로부터 자동적으로 얻어진다. 이 절차는 복소수 해석에서 자주 쓰이는 **경로적분** 방법이다TRtR, §7.2.

양자적 맥락에서 보면, 트위스터 형식론에서 우리가 직접 얻을 수 있는 (자유로운 질량 없는 입자에 대한) 파동함수의 또 한 가지 특징이 있다. 바로 자유

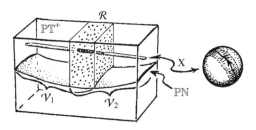

그림 4-6 임의의 주어진 나선성을 갖는 한 자유로운 질량 없는 입자에 대한 양의 진동수 장 방정식(슈뢰딩거 방정식)을 얻는 경로적분과 관련된 트위스터 기하학. 트위스터 함수는 합쳐서 $\mathbb{PT}^+$를 이루는 두 열린 집합 $\mathcal{V}_1$과 $\mathcal{V}_2$의 교차 영역 $\mathcal{R} = \mathcal{V}_1 \cap \mathcal{V}_2$ 상에서 정의될 수 있다.

로운 질량 없는 입자에 대한 파동함수가 **양의 진동수**라고 하는 필수적인 조건을 만족해야 한다는 사실이다. 즉, 에너지가 파동함수에 음의 값으로 기여하지 않아야 한다는 것이다(§4.2 참고). 이런 성질은 흥미롭고 적절한 의미에서, 트위스터 함수가 사영 트위스터 공간의 위쪽 절반 $\mathbb{PT}^+$ 상에서 **정의되기만** 한다면 저절로 생긴다. 그림 4-6은 관련 기하학을 보여주는 도해이다. 여기서 우리는 파동함수가 그림에서 **X**라고 표시된 선으로 표현되는 한 복소 시공간 점 **x**에서 값이 구해진다고 여긴다. 이 선은 전적으로 $\mathbb{PT}^+$ 내에 있으며, 그림의 오른쪽에 묘사되어 있듯이 리만 구이다.

f가 실제로 $\mathbb{PT}^+$ 상에서 "정의될" 때의 "흥미롭고" 적절한 의미는 $\mathbb{PT}^+$ 내부의 점 찍힌 영역 $\mathcal{R}$에 의해 설명되는데, 이 영역은 함수의 실제 정의역이다. 그러므로 f는 $\mathcal{R}$ 바깥에 놓이는 (그림에서 $\mathcal{R}$의 오른쪽 또는 왼쪽에 있는) $\mathbb{PT}^+$ 내에서 특이점들을 가질 수 있다. 선(리만 구) **X**는 환상環狀 영역에서 $\mathcal{R}$과 만나며, 경로적분은 이 환상 영역 내부의 한 고리를 따라 일어난다. 이를 통해 (복소) 시공간 점 **x**에 대한 위치-공간 파동함수 $\psi(\mathbf{x})$의 값이 얻어지는데, 그 값은 이러한 구성 덕분에 적절한 장 방정식들 그리고 에너지 양의 조건을 자동적으로 만족한다!

그렇다면 위에서 언급했던 문제점이란 무엇일까? 이 사안은 위에서 나온, 정의역은 작은 영역 $\mathcal{R}$인데도 f를 "$\mathbb{PT}^+$ 상에서 정의한다"는 흥미로운 개념이 무슨 의미인지와 관련이 있다. 이것이 어떻게 수학적으로 타당할 수 있을까?

사실은 매우 전문적인 배경지식 없이는 깊이 살펴볼 수 없는 정교한 내용이 있긴 하다. 하지만 $\mathcal{R}$에 관해 핵심적인 내용은 그것을 두 개의 열린 영역, 즉 합쳐서 $\mathbb{PT}^+$를 이루는 두 열린 집합 $\mathcal{V}_1$과 $\mathcal{V}_2$의 교차 영역으로 여길 수 있다는 것이다. 즉,

$$\mathcal{V}_1 \cap \mathcal{V}_2 = \mathcal{R} \ \text{ 그리고 } \ \mathcal{V}_2 \cup \mathcal{V}_1 = \mathbb{PT}^+$$

이다(여기서 기호 $\cap$과 $\cup$는 각각 **교집합**과 **합집합**을 가리킨다. §A.5 참고). 그림 4-6을 보기 바란다. 더 일반적으로 말하자면, 우리는 다수의 열린 집합들에 의해 $\mathbb{PT}^+$의 한 피복 공간을 살펴볼 수 있는데, 그러면 우리의 트위스터 함수는 이러한 열린 집합들 간의 다양한 쌍으로 이루어진 전체 교집합들 상에서 정의된 홀로모픽 함수들의 한 **모음**의 관점에서 정의되어야 할 것이다. 이러한 모음으로부터 한 특정한 양, 이른바 1차 **코호몰로지**cohomology의 한 원소가 추출된다. 바로 이 1차 코호몰로지의 원소가 파동함수의 트위스터 개념을 제공하는 양이다!

전부 꽤나 복잡한 내용 같은데, 세부사항을 전부 설명한다면 실제로 매우 복잡할 것이다. 하지만 이런 복잡성은 정말로 중요한 한 가지 기반 개념을 표현하고 있다. 이는 내가 보기에 §2.10에서 나온 대로 양자 세계가 실제로 보여주는 불가사의한 **비국소성**과 근본적으로 관련되어 있다. 우선 용어를 축약하여 내용을 단순화시키는 뜻에서 1차 코호몰로지의 한 원소를 간단히 1-함수라고 부르자. 그렇다면 보통의 함수는 0-함수일 테며, 또한 더 높은 차수의 함수들도 있을 수 있다. 가령 2-함수(한 피복 공간의 열린 집합들의 **삼중** 교집합 상에 정의된 함수들의 모음의 관점에서 정의된 2차 코호몰로지의 원소), 3-함수, 4-함수 등도 존재할 수 있다. 내가 여기서 사용하고 있는 코호몰로지는 **체흐 코호몰**

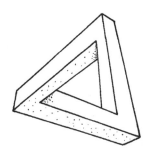

그림 4-7 불가능한 삼각형(또는 세 막대)은 1차 코호몰로지의 좋은 예다. 그림에서 불가능성의 정도는 비국소적인 양인데, 이는 사실 1차 코호몰로지 원소로서 정확하게 정량화될 수 있다. 만약 임의의 위치에서 삼각형을 자르면 불가능성이 사라지는데, 이는 이 양이 임의의 특정 위치에서 국소화될 수 없음을 보여준다. 트위스터 함수는 이와 흡사한 비국소적 역할을 하며 (홀로모픽한) 1차 코호몰로지의 원소로 해석된다.

로지Čech cohomology라는 것이다. (등가이지만 외관상 아주 달라 보이는) 다른 절차도 있는데, 돌보Dolbeault 코호몰로지가 그런 예다Gunning and Rossi 1965; Wells 1991.

그런데 1-함수가 실제로 뜻하는 바를 우리는 어떻게 이해해야 할까? 내가 알기에, 이 개념을 단순하게 설명하는 가장 명확한 예시는 그림 4-7의 불가능한 삼각형이다. 이 그림은 통상적인 유클리드 3-공간에 실제로 존재하지 않는 3차원 구조처럼 보인다. 그렇다면 이런 상상을 해보자. 한 상자 안에 나무 막대들과 귀퉁이 보강쇠들이 가득 차 있고, 이것들을 함께 결합시킬 방법이 적힌 목록이 있다. 조각의 쌍들을 결합시킬 지시들은 하나의 전체 구도를 제시하는데, 이는 관찰자의 관점에서 **국소적으로는** 모순이 없지만, 관찰자의 눈으로부터의 거리에 따른 불확실성의 측면에서는 애매모호해진다. 그럼에도 불구하고 그림 4-7에서처럼, 인식되는 전체 그림은 3차원 공간에서 실제로 구성이 불가능하며, 그림의 모든 상이한 부분들에 대하여 관찰자가 거리를 할당할 일관된 방법이 존재하지 않는다.

그림에서 보이는 매우 비국소적인 불가능성은 1차 코호몰로지가 무엇이고 1-함수가 실제로 무엇을 표현하는지를 여실히 알려준다. 정말이지, 접합 지시들의 목록이 주어져 있을 때, 코호몰로지의 절차들 덕분에 우리는 (불가능한 구조의) 불가능성의 정도를 측정하는 정확한 1–함수를 구성할 수 있다. 따라서 이 측정치가 영이 아닌 값이 나오기만 한다면, 그림 4–7처럼 불가능한 대상이 얻어진다. 그런데 그림에서 알 수 있듯이, 귀퉁이를 가리거나 모서리를 연결하면 유클리드 3–공간에서 실제로 구현할 수 있는 이미지가 얻어진다. 그러므로 그림의 불가능성은 국소적인 것이 아니라 그림 전체의 **대역적인** 한 특성이다. 따라서 이 불가능성의 정도를 기술하는 1–함수는 비국소적인 양이며, 구조 전체를 가리키지 구조의 어느 일부분을 가리키는 것이 아니다Penrose 1991; Penrose and Penrose 1958. 마우리츠 C. 에셔와 오스카 로이터스베르드Oscar Reutersvärd 등이 그런 불가능한 구조를 표현한 그림들에 대해서는 추가적인 자료를 보기 바란다 Ernst 1986, pp. 125~34 and Seckel 2004.

한 단일 입자의 트위스터 파동함수도 마찬가지로 비국소적 실체, 즉 그러한 불가능한 물체를 구성하는 것과 본질적으로 동일한 방법으로, 겹친 조각들 상의 국소적인 함수들로부터 얻을 수 있는 1–함수이다. 이제, 보통의 3차원 유클리드 공간에서 나무 조각의 경직성으로부터 생기는 이러한 코호몰로지 대신에, 여기서 논의 대상인 경직성硬直性, rigidity은 §A.10(그리고 §3.8)에서 언급한 **해석적 확장**의 과정에서 표현했듯이, 홀로모픽 함수의 경직성이다. 홀로모픽 함수가 보여주는 놀라운 "경직성"이 마치 그러한 함수가 가고 싶어 하는 방향으로부터 벗어날 수 없도록 하는 성향을 부여하는 듯하다. 현재 상황에서 경직성은 그러한 함수가 $\mathbb{PT}^+$의 전체 상에서 정의되지 못하도록 해줄지 모른다. 홀로모픽 1–함수는 그러한 대역성을 방해하는 역할을 한다고 볼 수 있으며, 이는 실제로 트위스터 파동함수의 비국소적 속성이다.

이런 식으로 트위스터 이론은 그 형식론 내에서 심지어 단일 입자(파동함수가 아주 넓게(먼 은하의 별에서 오는 단일 광자의 경우에서처럼 엄청나게 넓게 (§2.6 참고)) 퍼져 있지만 개별적인 실체로 존재하는 "입자")의 파동함수의 비국소성을 드러내준다. 따라서 트위스터 1-함수를 그처럼 먼 거리에 퍼져 있는 불가능한 삼각형과 같은 것이라고 여겨야 한다. 마지막으로, 입자를 한 특정 위치에서 찾아내면 그러한 불가능성이 깨지는데, 이는 광자가 최종적으로 어떤 위치에서 발견되더라도 그렇다. 그러면 1-함수는 제 역할을 마친 셈이며, 그 특정 광자는 다른 어디에서도 발견될 수 없다.

다중 입자의 파동함수 경우에는 실제로 상황이 더욱 정교한데, n개의 질량 없는 입자들에 대한 파동함수의 트위스터 서술은 (홀로모픽) n-함수이다. 내가 보기에는, 얽힌 n-입자 상태들에서 벨 부등식 위배라는 난제들도 이러한 트위스터 서술을 조사하면 명확해질 수 있다. 그러나 내가 알기로 이는 아직 진지하게 시도되지 않았다Penrose 1998b, 2005, 2015a.

2003년도에 트위스터 끈 이론의 개념을 내놓은 위튼의 혁신적인 발상은 코호몰로지의 이러한 사안들을 피하기 위해서 민코프스키 공간에 대한 독창적인 반anti-윅 회전을 도입했다(§1.9 참고). 공간 차원들 중 하나를 한 시간 차원 속으로 "회전시켜", 2개의 시간 차원과 2개의 공간 차원을 지닌 한 평평한 4차원 "시공간"을 내놓았던 것이다. 그랬더니 그 시공간의 (사영) "트위스터 공간"이 (실제로 $\mathbb{PT}$인) 복소 공간 $\mathbb{CP}^3$가 아니라 실수 사영 3-공간 $\mathbb{RP}^3$임이 밝혀졌다. 그러면 코호몰로지를 피할 수 있고 디랙 δ 함수를 표준적인 양자역학과 더욱 비슷한 방식으로 사용할 수 있기 때문에 사안이 조금 쉬워진다(§2.5 참고). 하지만 이 절차의 유용성을 십분 인정하는 내가 보기에도 이 절차는 물리학을 더 심오하게 파고들 때 트위스터 이론에 내재된 잠재력을 상당히 놓치고 있다는 느낌이 물씬 든다.

위튼의 독창적인 발상에는 다음과 같은 흥미진진한 제안이 들어 있었다. 즉, $\mathbb{CM}$의 점들을 표현하는 $\mathbb{PT}$의 리만 구(선)는 원뿔곡선, 정육면체 및 사차 곡선 등(§1.6에 나온 대로 "끈"들)과 같은 고차 리만 곡면으로 일반화되며, 이로써 글루온 산란을 계산하는 직접적인 절차가 얻어진다. (이 일반적 속성의 개념들은 그 이전에 나오긴 했지만Shaw and Hughston 1990, 다른 분야에 적용하려고 고안했던 것이다.) 이러한 개념들은 글루온 산란 및 이 과정을 계산으로 유도하기의 바탕이 되는 이론에 새로운 관심을 많이 불러일으켰는데, 이는 무엇보다도 훨씬 이전에 앤드루 호지스(약 30년 동안 거의 혼자서)가 트위스터 다이어그램 Hodges and Huggett 1980; Penrose and MacCallum 1972; Hodges 1982, 1985a,b, 1990, 1998, 2006b 의 이론을 개발할 때 실시했던 선구적인 연구와 관련이 있었다. 트위스터 다이어그램은 표준적인 입자물리학의 형식론에서 나오는 파인만 도형(§1.5)의 트위스터 이론 버전이다. 더 근래로 오면서, 이 새로운 발전의 끈 이론적 측면에 대한 관심이 조금 줄어든(또는 복소 널 측지선에 대한 트위스터/쌍대 트위스터 결합 표현인 이른바 앰비트위스터ambitwistor의 영역으로 옮겨간) 듯 보이긴 하지만, 트위스터 이론과 관련된 발전 내용들은 진가를 인정받았으며, 글루온 산란을 더욱 단순화시켜 더더욱 복잡한 과정들도 계산할 수 있는 아주 최신의 연구도 나왔다. 이처럼 최근에 이루어진 놀라운 발전들 가운데에는 **운동량 트위스터**와 **앰플리튜헤드론**amplituhedron이라는 유용한 개념이 있다. 운동량 트위스터는 앤드루 호지스가 내놓은 개념이다. 그리고 앰플리튜헤드론은 호지스의 초기 개념들을 바탕으로 삼아 니마 아르카니하메드가 내놓은 개념인데, 이것은 트위스터 공간의 고차원 버전("그라스만 다양체Grassmannian")으로서, 산란 진폭을 놀랍도록 포괄적인 방식으로 기술하는 데 새로운 전망을 던져주는 듯하다Hodges 2006a, 2013a,b; Bullimore et al. 2013; Mason and Skinner 2009; Arkani-Hamed et al. 2010, 2014; Cachazo et al. 2014.

그러나 이런 환상적인 발전은 죄다 섭동perturbation 이론과 관련된 속성을 지니고 있다. 즉, 관심 대상인 양들을 일종의 멱급수에 의해 계산해야 하는 것이다(§§1.5, 1.11, 3.8, A.10, A.11). 물론 그런 방법이 위력적이긴 하지만, 그런 수단으로는 접근하기 어려운 특성들이 많다. 가장 대표적인 것이 바로 중력 이론의 휘어진 시공간 측면들이다. 중력장이 비교적 약할 때 뉴턴의 평평한 공간 이론을 섭동 이론을 통해 수정하면 굉장히 정확한 답이 나오는 사례처럼 일반상대성의 문제들을 멱급수로 다루어 도출해낼 수 있는 것들이 많긴 하지만, 블랙홀의 속성들을 제대로 이해하는 것은 전혀 다른 이야기에 속한다. 이런 점은 트위스터 이론도 마찬가지여서, 양–밀스 이론과 일반상대성과 같은 비선형 분야를 섭동적 산란 이론으로 다루려고 하면, 기초물리학의 트위스터 접근법에 내재해 있는 잠재력이 전혀 발휘되지 않는다.

트위스터 이론을 비선형 물리학 이론에 제대로 적용하는 위력적인 방법들 중 하나는 (비록 아직까지는 상당히 불완전한 방법이긴 하지만) 아인슈타인의 일반상대성이론과 양–밀스 이론 그리고 맥스웰 이론의 상호작용 등 기본적인 비선형 물리학 분야들을 비섭동적으로 다루려는 것이다. 하지만 트위스터 이론은 그 불완전성으로 인해 거의 40년 동안 발전이 근원적이고 절망적으로 가로막혔다. 이런 불완전성의 이유는 위에 나왔듯이 질량 없는 입자의 트위스터 함수 표현의 특이한 편향성, 즉 왼쪽 나선성과 오른쪽 나선성에 대한 동차 사이에 기이한 불균형이 나타나는 성질 때문이다. 이는 우리가 자유롭게 움직이는 질량 없는 선형적 장(트위스터 파동함수)을 기술하는 데만 국한하면 별로 중요하지 않다. 그런데 지금으로서는 오직 **왼손잡이** 부분에 대해서 이런 장들의 비섭동적이며 비선형적인 상호작용을 다루기가 가능할 뿐이다.

위에서 나온 질량 없는 장들에 대한 트위스터 형식론의 두드러진 이점들 중 하나는, 이 장들의 상호작용(및 자체 상호작용)이 놀랍도록 간결하게 기술된다는(하지만 장의 왼손잡이 부분의 경우에 대해서만) 것이다. 내가 1975년에 알아낸 "비선형 중력자" 구성은 아인슈타인 방정식의 각각의 왼손잡이 해(결과적으로 어떻게 왼손잡이 중력자가 자신과 상호작용하는지를 기술해준다)를 표현하는 한 휘어진 트위스터 공간을 내놓는다. 이 절차의 한 확장 버전을 일 년 후쯤 리처드 S. 워드가 알아냈는데, 이것은 전자기력이나 강한 상호작용 또는 약한 상호작용의 왼손잡이 게이지 (맥스웰 및 양–밀스) 장을 다룬다Penrose 1976b;

Ward 1977, 1980. 하지만 **구글리 문제**라는 근본적인 문제는 여전히 풀리지 않았다(**구글리**googly라는 단어는 크리켓 경기 용어로서, 겉보기엔 왼손잡이 스핀을 일으키는 동작으로 보이지만 실제로는 공을 오른손잡이 스핀으로 굴리는 것을 가리킨다). 문제는 위에서 나온 비선형 중력자의 절차에 대응하는 **오른손잡이** 중력 및 게이지 상호작용에 대한 절차를 찾아서, 그 두 가지를 결합하여 알려진 기본적인 물리적 상호작용들을 트위스터 형식론으로 완전히 설명할 수 있도록 하는 것이었다.

여기서 꼭 짚어야 할 점이 있는데, 만약 우리가 **쌍대** 트위스터 공간을 사용했다면, 스핀의 나선성과 (이제는 쌍대인) 트위스터 함수의 동차 사이의 관계는 그냥 역전될 것이다. 정반대 나선성 경우에 대해 쌍대 트위스터 공간을 사용하면 구글리 문제를 풀지 못하는데, 왜냐하면 우리는 두 나선성을 한꺼번에 다룰 균일한 절차가 필요하기 때문이다(특히 두 나선성이 함께 양자중첩된 상태를 포함하는 질량 없는 입자들(가령 평면 편광된 광자. §2.5 참고)을 다룰 수 있어야 하기 때문이다). 물론 우리는 줄곧 트위스터 공간 대신에 쌍대 트위스터 공간을 사용할 수도 있었지만, 그래도 구글리 문제는 여전히 남는다. 이 중대 사안은 트위스터 공간의 변형된 버전을 사용하는 트위스터 이론의 원래 체계 내에서는 완전히 풀 수 없는 것인 듯하다. 비록 그동안 희망적으로 보이는 약간의 발전이 있긴 했지만 말이다Penrose 2000a.

그런데 지난 몇 년 사이에 트위스터 이론에 새로운 개념 하나가 떠올랐는데, 나는 이것을 **궁전 트위스터 이론**palatial twistor theory이라고 부른다(이 이름은 이 개념을 촉발시킨 핵심적인 초기 요소의 특이한 장소에서 비롯됐다. 이 개념은 내가 으리으리한 버킹엄 궁전에서 마이클 아티야와 점심 전 모임에서 나눈 논의에서 나온 것이다)Penrose 2015a, b. 트위스터 개념들을 적용하는 데 새로운 전망을 약속하는 이 이론은 초기에 발전된 여러 내용들(위에서 명시적으로 언급되지는 않았다)에 중요한 역할을 했던 트위스터 이론의 한 오래된 특징을 바탕으로 삼고 있다. 이것은 트위스터 기하학과 (트위스터 양자화 절차에 깃들어 있는) 양자역학의 개념들 사이의 기본적인 관계로서, 이에 의해 트위스터 변수 Z와 $\bar{Z}$는 복소공액일 뿐 아니라 서로 정준공액이 된다(정준공액은 위에서 한 입자의 위치와 운동량 변수 $\mathbf{x}$와 $\mathbf{p}$에 대해 이미 언급했다. §2.13 참고). 표준적인 정준 양자화 절차에서 그런 정준공액 변수는 비가환 연산자(§2.13)에 의해 대체되는데, 동일한 개념이 여러 해에 걸쳐 다양하게 발전해온 트위스터 이론에도 적용되었다Penrose 1968, 1975b; Penrose and Rindler 1986. 여기서 그러한 비가환성 $(Z\bar{Z} \neq \bar{Z}Z)$은 물리적으로 자연스러우며, 연산자 Z와 $\bar{Z}$ 각각은 서로에 대해 미분differentiation으로 작용한다(§A.11 참고). 궁전 트위스터 이론의 새로운 측면은 그러한 비가환 트위스터 변수의 대수학을 비선형적 기하 구성(위에서 언급한 비선형 중력자 및 워드 게이지 장 구성) 속에 통합시켰다는 것이다. 비가환 대수는 이전에는 조사되지 않은 구조의 관점에서 볼 때 정말 기하학적으로 타당한 듯하다(비가환 기하학의 이론들에서 나온 개념들과 기하학적 양자화에서 나온 개념들을 통합한다)Connes and Berberian 1995; Woodhouse 1991. 이 절차는 왼손잡이 나선성과 오른손잡이 나선성을 동시에 통합할 만큼 넓은 형식론을 제공할 뿐 아니라, 휘어진 시공간을 아인슈타인 진공 방정식(Λ가 들어 있거나 없거나)이 간단하게 압축될 수 있도록 해주는 방식으로 기술하는 잠재력을 지니고 있다. 하지만 그 절차가 실제로 필요한 것을 적절히 달성할지 여부는 두고 볼 일이다.

덧붙여 말하자면, 위튼 등이 처음 내놓은 트위스터-끈 개념으로 시작하여 트위스터 이론이 근래에 새로 인정을 받게 되면서, 이 이론은 고에너지 과정에서 매우 유용한 도구가 되었다. 이런 분야에서 트위스터 이론의 특별한 역할은 입자를 그러한 상황에서 **질량이 없다**고 간주할 수 있다는 사실에서 대체로 생겨난다. 트위스터 이론은 분명 질량 없는 입자의 연구에 잘 들어맞도록 고안되었지만, 결코 그런 방식에만 국한되지는 않는다. 실제로 트위스터 이론의 일반적인 방안에 질량을 포함시키는 다양한 발상들이 존재하지만Penrose 1975b; Perjés 1977, pp. 53~72, 1982, pp. 53~72; Perjés and Sparling 1979; Hughston 1979, 1980; Hodges 1985b; Penrose and Rindler 1986, 이런 발상들은 아직까지는 새로운 발전에 중요한 역할을 하지 못하는 듯하다. 정지 질량을 갖는 입자에 대하여 트위스터 이론이 향후 어떻게 발전을 이룰지 귀추가 주목된다.

4.2 양자 토대를 약화시킨다?

§2.13에서 내가 주장했듯이, 양자역학의 표준적 형식론이 아무리 실험적으로 확인된 방대한 관찰 결과에 의해 잘 뒷받침된다 하더라도(지금까지 양자역학을 수정해야 한다고 볼 만한 실험적 증거는 나오지 않았다) 그 이론은 실제로 잠정적이다. 그뿐만 아니라 (상호모순되는) 양자론의 **U**와 **R** 절차가 매우 포괄적인 어떤 일관된 방안에 대하여 단지 뛰어난 근사로 작동하는 데 꼭 필요한 선형성이 결국에는 어떻게든 대체되어야 한다고 강하게 요구한다. 사실 디랙도 다음과 같은 입장을 표방했다Dirac 1963.

누구나 **양자물리학**의 형식론에 동의한다. 너무나 잘 통하기에 누구도 반대할 수 없는 이론이다. 하지만 여전히 이 형식론을 바탕으로 세우고자 하는 구도는 논쟁의 대상이다. 그러나 누구든 이런 논쟁을 너무 염려하지 말라고 당부하고 싶다. 분명히 현재까지 물리학이 도달한 수준은 최종 단계가 아니다. 단지 자연을 이해하는 우리의 능력이 진화하고 있는 한 단계일 뿐이기에, 우리는 우리의 생물학적 진화가 미래에도 계속되듯이 이 진화 과정이 미래에도 계속되기를 바라야 할 것이다. 물리 이론의 현 단계는 단지 우리가 미래에 도달할 더 나은 단계를 향한 디딤돌일 뿐이다. 오늘날 물리학에서 드러나는 어려운 점들 때문에 오히려 미래에 더 나은 단계가 도래할 것이라고 우리는 확신할 수 있다.

이 말을 인정한다면 우리는 양자론의 향상된 규칙이 실제로 어떤 형태를 띨지 살펴보아야 한다. 그렇게까지는 못하더라도 표준적인 양자론의 예측에서 벗어나는 관찰 결과가 나오기 시작하는 실험적 상황이 어떤 유형인지라도 알아보아야 한다.

§2.13에서 이미 주장했듯이 그러한 상황은 **중력**이 양자중첩에 유의미하게 관련되기 시작하는 상황임이 틀림없다. 요지를 말하자면, 이 상황이 되면 어떤 종류의 비선형적 불안정성이 개입되어 그러한 중첩의 지속 기간에 제약을 가하는데, 발생할 가능성들 가운데 하나가 어떤 시간 간격 후에 분리되어 나오는 것이다. 내가 보기에 모든 양자 상태 축소(**R**)는 바로 이런 "**OR**objective reduction(객관적 축소)" 방식으로 일어난다.

이런 제안에 대한 흔한 반응은 중력이 매우 약하므로 현재 구상할 수 있는 어떠한 실험도 중력의 존재가 양자 수준에 미치는 영향을 검출할 수 없으리라는 것이다. 게다가 양자 상태 축소라는 보편적 현상은 중력 또는 에너지가 양자적 측면에 미치는 그처럼 터무니없이 미미한 결과일 수는 없으리라는 것이다. 너무나 작아서 해당 상황에 작용하는 다른 요인들에 비해 결코 드러날 수 없다는 판단이다. 다음과 같은 한 가지 보완적 문제도 있다. 만약 우리가 양자중력을 단순한 규모의 간단한 양자 실험으로 적절히 검출하리라고 예상할 수 있다면, 어떻게 양자 상태 축소 과정이 비교적 엄청나게 큰 (양자중력) 플랑크 에너지 E_p를 발생시킬 수 있단 말인가? 이 에너지는 LHC 내의 개별 입자들이 도달할 수 있는 에너지의 약 10^{15}배의 에너지이며(§§1.1과 1.10 참고), 큼직한 포탄이 폭발할 때 나오는 정도의 에너지이다. 게다가 만약 우리가 시공간의 근본적인 구조에 미치는 양자중력 효과가 사물의 행동에 대한 의미심장한 내용을 알려주기를 바란다면, 우리는 양자중력이 행동에 영향을 미치는 스케일이 플랑크 길이 l_P 및 플랑크 시간 t_P이며, 이는 너무나 터무니없이 작아서(§3.6 참고) 통상적인 거시 물리학과는 거의 아무 관련이 없을 수 있음을 유념해야만 한다.

하지만 나는 여기서 아주 다른 주장을 하겠다. 나는 양자 실험에 관여하는 극히 작은 중력이 **OR** 과정의 발생 원인이라고 주장하지도 않고 더군다나 플랑크 에너지가 양자 상태 축소 과정에서 생겨나야 한다고 주장하지도 않겠다. 다만, 현재의 양자론 관점에 근본적인 변화를 추구해야만 하며, 이 변화는 중력을 휘어진 시공간 현상으로 본 아인슈타인의 관점을 진지하게 여겨야 가능하다고 본다. 또한 유념할 것이 있다. 플랑크 길이 l_P 및 플랑크 시간 t_P가 아래 식에서 보이듯이

$$l_P = \sqrt{\frac{\gamma\hbar}{c^3}}, \quad t_P = \sqrt{\frac{\gamma\hbar}{c^5}}$$

둘 다 두 양(중력상수 γ와 (축소된) 플랑크 상수 $\hbar$)을 함께 곱해서 (근호 형태로) 얻어지는데, 이 두 양은 우리가 통상적으로 경험하는 스케일에서 볼 때 지극히 작다. 한술 더 떠서 두 양은 빛의 속력이라는 매우 큰 양의 양의(+) 거듭제곱으로 나누어진다. 그러니 놀랄 것도 없이, 이 식들의 계산 결과는 우리의 이해력을 훌쩍 뛰어넘는 엄청나게 작은 스케일이다. 각각의 계산 결과는 기본 입자들의 상호작용에서 생기는 가장 작고 가장 빠른 스케일의 약 10^{-20}배일 정도로 작다.

그러나 §2.13에서 주장했던 **OR**이라고 부르는 객관적인 상태 축소(이는 여러 해 전에 나온 연구 결과와 본질적으로 비슷하지만Lajos Diòsi 1984, 1987, 1989, 이 연구의 동기는 나의 연구처럼 일반상대성 원리에서 비롯되지 않았다Penrose 1993, 1996, 2000b, pp. 266~82)에 관한 제안은 상태 축소에 대한 훨씬 더 합리적으로 보이는 스케일을 내놓는다. 한 정지 물체의 두 별도의 위치 상태의 중첩 붕괴 시간에 대해 **OR**이 제시하는 평균 수명 $\tau \approx \hbar/E_G$(§2.13 참고)는 우리로 하여금 이 계산에 포함되는 시간 간격들을 살펴보게 만든다. 이것들을 계산하는 데는 결

과적으로 아주 작은 두 양의 곱이 아니라 몫인 $\hbar/\gamma$ (그리고 빛의 속력은 아예 포함되지 않는다) 그리고 γ에 비례하는 (뉴턴 이론에서의) 중력 (자체) 에너지 E_G가 개입한다. 이제 $\hbar/E_G$는 특별히 크거나 작아야 할 이유가 없으므로 우리는 임의의 특정한 순간에 이 공식이 현실의 객관적인 양자 상태 축소의 바탕이 될 수 있는 실제의 물리적 과정에 타당한 시간 스케일을 내놓을지 주의 깊게 살펴보아야 한다. 덧붙여 한 가지 언급하자면, 플랑크 에너지는 다음 식으로 주어지는데

$$E_P = \sqrt{\frac{\hbar c^5}{\gamma}}$$

여기에도 E_G에서와 동일한 몫 $\hbar/\gamma$가 들어 있기는 하지만, 분자에 빛의 속도의 큰 거듭제곱이 들어 있어서 결과 값은 매우 커진다.

어쨌든 뉴턴 이론에서 중력 자체 에너지gravitational self-energy* 계산은 언제나 γ에 비례하는 식이 나오기에, τ는 정말로 몫 $\hbar/\gamma$에 비례하는 스케일이다. γ가 작은 값이다 보니 E_G는 내가 살펴볼 실험 상황들에서 분명 지극히 작을 것이다 (특히 여기서 해당 양은 질량 변이의 분포이기에, 이러한 분포에서의 전체 총질량은 영이다). 따라서 한 양자중첩의 붕괴 시간에 대해서는 매우 긴 시간 스케일(γ^{-1}에 비례)을 예상할 수 있는데, 이는 표준적인 양자역학에서 한 양자중첩의 지속 시간이 ($\gamma \to 0$에 의해) 무한대여야 한다는 사실에 부합한다. 하지만 꼭 유념해야 할 것이, $\hbar$도 일반적으로 볼 때 매우 작기 때문에, 비 $\hbar/E_G$는 적절한 크기의 값이 나올 수 있을지 모른다. 이를 다른 방식으로 보자면, 자연 단위(플랑크 단위. §3.6 참고)에서 1초는 지극히 긴 시간, 즉 약 2×10^{43}이므로 몇 초 정도의 측정 가능한 효과를 얻으려면 우리가 고려하는 중력 자체 에너지는 자

---

* 무한원점에 있는 질점들을 공간 내의 한 점으로 데려와 어떤 물체를 형성하는 데 중력이 한 일을 말한다. —옮긴이

연 단위로 매우 작은 값이어야만 한다.

여기서 고려해야 할 또 한 가지는 식 $\hbar/E_G$에 빛의 속력 c가 들어 있지 않다는 사실이다. 이것은 우리가 물체의 운동이 매우 느린 상황을 고려할 수 있다는 단순한 의미다. 이 의미는 실용적인 측면에서 여러 이점이 있으며, 이론적인 측면에서도 한 가지 이점이 있다. 이론적 이점은 아인슈타인의 일반상대성이론의 복잡한 내용 전부에 대해 신경 쓰지 않아도 되기에 대체로 뉴턴식 처방에만 집중할 수 있다는 것이다. 게다가 우리는 "인과성을 위반하는" 물리적으로 실재하는 양자 상태 축소의 비국소적 측면(§2.10에서 고려했던 내용처럼, EPR 상황에서 문젯거리가 될 수 있는 내용)을 당분간 신경 쓰지 않을 수 있다. 왜냐하면 뉴턴 이론에서는 빛의 속력이 무한대여서 신호의 전달 속력에 아무런 제한이 없기에 중력의 영향력은 순식간에 일어난다고 볼 수 있기 때문이다.

이제 간소한 형태의(추가적인 가정들이 최소한으로 들어 있는) **OR** 제안을 살펴보겠는데, 여기서는 상태들의 쌍이 대략적으로 동일 진폭의 양자중첩을 이루며, 상태 각각은 정지해 있다. §2.13에서 제안한 바에 의하면 이 경우 근사적인 시간 τ가 있어서 그러한 중첩의 지속에 제한을 가하기에, 중첩 상태는 얼마 후 여러 가능성들 중 하나로 저절로 풀려나게 되며, 이러한 붕괴 시간은 아래 식으로 주어진다.

$$\tau \approx \frac{\hbar}{E_G}$$

여기서 E_G는 중첩된 상태들 중 하나의 질량 분포와 다른 하나의 질량 분포 간의 **차이**의 중력 자체 에너지이다. 만약 변이가 한 위치에서 다른 위치로 옮겨진 변화일 뿐이라면, §2.13에 나온 대로 E_G에 관한 더욱 단순한 서술, 즉 **상호작용 에너지**interaction energy가 나올 수 있다. 이 에너지는 그러한 상태들 각각이 서로 간의 **중력장**에 의해서만 영향을 받을 경우를 고려할 때, 그러한 변이를 일으키는 데 드는 에너지이다.

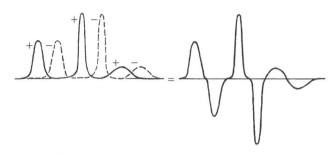

그림 4-8 E_G는 중첩 상태들 중 하나의 질량 분포와 다른 하나의 질량 분포 간의 차이에서 생기는 질량 분포의 중력 자체 에너지이다. 각각의 개별 상태에 대해 우리는 질량 밀도가 어떤 영역(가령, 핵 주위)에 집중해 있음을 알 수 있다. 두 상태의 질량 분포 차이로 인해 영역들마다 양의 값과 음의 값이 번갈아 나오는데, 이는 결국에는 꽤 큰 E_G 값을 내놓는다.

일반적으로 말해서, 중력으로 묶여 있는 계의 중력 자체 에너지는 그 계를 자신의 중력적 구성요소들로 분산시켜, 다른 힘들은 죄다 무시하고서 이 구성요소들이 무한대로 데려가는 데 드는 에너지이며, 이때 중력은 뉴턴 이론에 따라 취급한다. 가령, 질량이 m이고 반지름이 r인 한 균일한 구의 중력 자체 에너지는 $3m^2\gamma/5r$이다. 여기서 고려하는 상황에서의 E_G 값을 알아내기 위해 우리는 그 값을 한 이론적 질량 분포로부터 계산할 것이다. 그 분포는 정지된 상태들 중 하나의 질량 분포를 다른 하나의 질량 분포에서 **뺌**으로써, 질량 분포가 어떤 영역에서는 양의 값이 되고 어떤 영역에서는 음의 값이 되는(그림 4-8 참고) 과정에서 생기는데, 이는 중력 자체 에너지를 계산하는 통상적인 상황은 아니다!

예를 들어, 위에 나온 균일한 구(반지름 r이고 질량 m)의 경우를 살펴볼 수 있다. 이 구는 수평 방향으로 떨어진 두 위치의 (대략 동일한 진폭의) **중첩** 상태에 있는데, 두 위치의 중심은 거리 q만큼 떨어져 있다. (두 질량 분포의 **차이**의 중력 자체 에너지) E_G를 (뉴턴 이론에 따라) 계산하면 다음과 같이 나온다.

$$E_G = \begin{cases} \dfrac{m^2 \gamma}{r}\left(2\lambda^2 - \dfrac{3\lambda^3}{2} + \dfrac{\lambda^5}{5}\right), & 0 \leq \lambda \leq 1 \\[3mm] \dfrac{m^2 \gamma}{r}\left(\dfrac{6}{5} - \dfrac{1}{2\lambda}\right), & 1 \leq \lambda \end{cases} \qquad 여기서 \ \lambda = \dfrac{q}{2r}$$

여기서 알 수 있듯이 거리 q가 증가하면 E_G의 값도 증가하는데, 구의 두 상태가 접촉할 때($\lambda = 1$)는 다음 값에 이른다.

$$\frac{7}{10} \times \frac{m^2 \gamma}{r}$$

그리고 q가 더욱 증가하면 E_G 값의 증가는 느려지다가 결국에는 거리가 무한히 벌어질 때($\lambda = \infty$) 다음 극한 값에 이른다.

$$\frac{6}{5} \times \frac{m^2 \gamma}{r}$$

그러므로 E_G에 대한 주된 효과는 두 상태 간의 거리가 일치에서부터 접촉까지일 때 생기며, 그 이후로는 더 이상 거리가 커지더라도 그다지 많이 생기지 않는다.

　물론 실제 물질은 결코 세부 구조가 균일하지 않아서 질량은 주로 원자핵에 집중되어 있다. 그래서 짐작할 수 있듯이, 상이한 두 위치 상태(원자핵들이 지름만큼만 떨어져 있는 상태)가 중첩되어 있는 한 물질의 양자 상태에서 주된 효과는 매우 작은 변이에 의해서 생길지 모른다. 물론 그럴 수 있지만, 우리가 정말로 양자 상태를 고려할 때 원자핵들은 하이젠베르크의 불확정성 원리(§2.13)에 따라 상태가 "희미해질" 것으로 예상된다. 설령 그렇지 않다 하더라도, 우리는 원자핵의 구성요소인 개별 중성자와 양성자까지 고려하거나 양성자와 중성자를 이루는 개별 쿼크까지 고려해야 한다고 우려하게 될지 모른다. 전자와 마찬가지로 쿼크도 점입자(위의 식에서 $r = 0$)로 간주되기에, $E_G \approx \infty$이고 따라서 $\tau \approx 0$이 된다. 결국 모든 중첩이 즉시 붕괴되므로Ghirardi et al. 1990 이 제안에 따르면 양자역학 자체도 존재할 수 없게 된다!

정말로 우리는 $\tau \approx \hbar/E_G$를 진지하게 취급하려면 "양자 퍼짐quantum spreading"을 고려해야만 한다. §2.13에서 보았듯이, 하이젠베르크의 불확정성 원리에 의하면 입자의 상태가 더 정확하게 국소화될수록, 입자의 운동량은 더욱 퍼지게 된다. 따라서 우리는 입자 위치의 정지 상태가 현재 논의의 필요 요건임에도, 국소화된 입자가 정지해 있다고 기대할 수 없다. 물론 E_G를 계산할 때 우리의 관심 대상인 확장된 물체의 경우 우리는 아주 많은 입자들의 모음을 고려해야 할 텐데, 그런 입자들 전부가 한 물체의 정지 상태에 이바지하기 때문이다. 우리는 먼저 그 물체의 정지 파동함수 ψ를 알아낸 다음에, 각각의 점에서 이른바 질량 밀도의 **평균값**expectation value(물체 전체에 대한 예상 질량 분포를 알려주는 값)을 계산해야 한다. 이 절차는 양자중첩에 관여하는 각각의 두 위치에서 그 물체에 대해 실시될 것이며, 이러한 (평균) 질량 분포의 한 값을 다른 값에서 빼면, 필요한 중력 자체 에너지 E_G를 계산할 수 있다. (§1.10에서 언급했듯이 여전히 전문적인 사항이 하나 있는데, 뭐냐면 정지된 양자 상태라도 엄밀히 말해 전 우주에 퍼져 있다는 것이다. 하지만 이것은 질량 중심을 고전적으로 다루는 표준적인 수법으로 처리할 수 있다. 이 사안은 이 절의 뒷부분에서 다시 다룬다.)

이제 §2.13에서 제시된 조금은 잠정적인 내용들보다 더 강한 합리적 근거를 **OR** 제안에 부여할 수 있을지 알아보자. 요지는, 아인슈타인의 일반상대성이론의 원리들과 양자역학의 원리들 사이에 근본적인 긴장이 존재하는데, 이 긴장은 오직 기본적 원리들에 근본적인 변화가 있어야지만 제대로 해소된다는 것이다. 이때 내가 선호하는 관점은 일반상대성의 기본 원리들에 더 큰 신뢰를 두고 표준적인 양자역학의 근본적인 원리들에 조금 더 의심의 눈길을 던지는 것이다. 이러한 관점은 양자중력에 관한 대다수의 논의에서 보이는 관점과는 다르다. 아마도 물리학자들의 흔한 견해로는, 원리들이 그처럼 상충될 때 양자역학보다 실험적으로 덜 견고한 일반상대론의 원리들을 버리는 쪽을 택하기 쉽다. 하지만 나는 대체로 정반대의 관점에 서서, 아인슈타인의 **등가 원리**(§§1.12 와 3.7)가 선형 중첩의 양자 원리보다 더욱 근본적이라고 본다. 왜냐하면 양자 형식론의 바로 이 원리 때문에 양자론을 거시적 물체에 적용할 때 모순이 생기기 때문이다(슈뢰딩거의 고양이가 그런 모순의 예다. §§1.4, 2.5, 2.11 참고).

앞에서도 말했듯이, (갈릴레이−)아인슈타인 등가 원리란 중력장의 국소적 영향이 가속도의 국소적 영향과 동일하다는 주장이다. 달리 말해서, 중력 하에서 자유낙하하는 관찰자는 중력을 느끼지 않는다. 즉, 한 물체에 작용하는 중력은 그 물체의 관성 질량(가속에 저항하는 크기)에 비례하며, 이 성질은 자연의 다른 힘들에서는 존재하지 않는다. 우주비행사가 우주정거장 내에서 또는 우주유영을 하면서 중력을 느끼지 않는다는 사실은 오늘날 우리에게 매우 익숙하다. 갈릴레오(및 뉴턴)는 이를 잘 이해했으며, 아인슈타인은 이를 일반상대성의 근본적인 원리로 이용했다.

이제, 지구 중력장의 영향이 고려되는 한 양자 실험을 상상해보자. 우리는 지구의 중력장을 개입시키는 두 가지 상이한 절차(나는 이를 **관점**이라고 부른다)를 상상할 수 있다. 하나는 뉴턴식 관점으로서, 지구의 중력장을 질량 m인 임의의 입자에 아래 방향의 힘 ma를 제공하는 요인으로 취급하는 것이다(여기서 중력 가속도 벡터 **a**는 공간과 시간 모두에서 일정하다고 가정된다). 뉴턴식 좌표는 ($\mathbf{x}$, t)인데, 여기서 3−벡터 **x**는 공간 상의 위치를 표현하고 t는 시간을 표현한다. 그런데 표준적인 양자역학의 언어에서 보면, 이 관점은 표준적인 양자 절차에 의해 중력장을 다루는 것이다. 이 절차를 말로 표현하자면 (임의의 다른 물리적 힘들에서 채택하는 것과 동일한 절차에 따라) "중력 퍼텐셜 항을 해밀토니언Hamiltonian*에 추가하기"이다. 또 다른 관점으로 아인슈타인 관점이 있는데, 이는 지구의 중력장이 사라지는(영의 값이 되는), 자유낙하하는 관찰자가

---

* 양자역학에서 계의 총에너지에 대응되는 연산자를 말한다. ―옮긴이

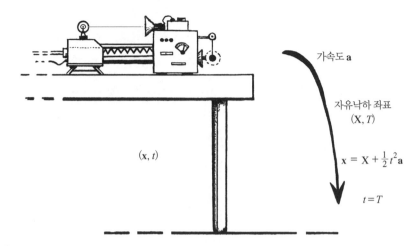

가속도 **a**

자유낙하 좌표
$(\mathbf{X}, T)$

$\mathbf{x} = \mathbf{X} + \dfrac{1}{2}t^2\mathbf{a}$

$t = T$

$(\mathbf{x}, t)$

그림 4–9 지구 중력장의 효과가 포함되는 (깜찍한) 양자 실험 설정. 지구의 중력에 관한 (전통적인) 뉴턴주의 관점은 실험실에 의해 고정된 좌표 $(\mathbf{x}, t)$를 사용하며 지구의 중력장을 자연의 다른 힘들과 똑같은 방식으로 다룬다. 아인슈타인 관점은 지구의 중력장이 사라지는 자유낙하 좌표 $(\mathbf{X}, T)$를 사용한다.

사용하는 공간과 시간 좌표 $(\mathbf{X}, T)$에 대하여 서술이 이루어지는 상황을 상상한다. 그렇게 이루어진 서술은 정지된 실험실에 있는 실험자의 서술로 다시 번역된다(그림 4–9 참고). 두 좌표 집합 사이의 관계는 아래와 같다.

$$\mathbf{x} = \mathbf{X} + \frac{1}{2}t^2\mathbf{a}, \quad t = T$$

우리가 알아낸 바에 의하면Penrose 2009a, 2014a; Greenberger and Overhauser 1979; Beyer and Nitsch 1986; Rosu 1999; Rauch andWerner 2015, 아인슈타인 관점이 제공하는 파동함수 ψ_E(§§2.5~2.7 참고)는 (좌표를 적절히 선택하면) 뉴턴 관점의 파동함수 ψ_N과 아래와 같은 관계가 있다.

$$\psi_E = \exp\left(i\left(\frac{1}{6}t^3\mathbf{a}\cdot\mathbf{a} - t\bar{\mathbf{x}}\cdot\mathbf{a}\right)\frac{M}{h}\right)\psi_N$$

여기서 M은 고려 대상인 양자계의 총질량이고 $\bar{\mathbf{x}}$는 그 계의 질량 중심의 뉴턴식 위치 벡터이다. 두 파동함수의 차이는 단지 위상 인자일 뿐이므로, 두 관점 사이에는 관찰될 수 있는 어떠한 차이도 나오지 않는다(§2.5 참고). 그래야 하지 않겠는가? 여기서 고려되는 상황에서 두 서술은 정말로 등가여야 하는데, 1975년에 처음 실시된 한 유명한 실험Colella et al. 1975; Colella and Overhauser 1980; Werner 1994; Rauch and Werner 2015이 두 서술이 일치함을 입증함으로써, 양자역학이 이러한 맥락에서 아인슈타인의 등가 원리와 모순되지 않음을 뒷받침해주었다.

이 위상 인자는 흥미로운 점이 있는데, 바로 다음 항을 포함한다는 것이다.

$$\frac{1}{6} t^3 \mathbf{a} \cdot \mathbf{a}$$

지수 속에 ($iM/\hbar$와 곱해져) 있는 이 항의 함의는 다음과 같다. 즉, 우리가 슈뢰딩거 방정식의 해들 중에서 양의 에너지(양의 **진동수**에 해당하는 "물리적인" 해들. §4.1 참고)를 음의 에너지 기여분("비물리적인" 해들)과 분리시키는 데 관심을 국한할 때, 아인슈타인 관점의 파동함수와 뉴턴 관점의 파동함수에 차이가 있다는 것이다. 양자장 이론의 고려사항들(또한 통상적인 양자역학에도 해당되는 내용들Penrose 2014a)에 의하면, 아인슈타인 관점과 뉴턴 관점은 서로 상이한 진공을 제공하기에(§§1.16 및 3.9), 두 관점으로부터 생기는 힐베르트 공간도 어떤 의미에서 서로 양립할 수 없으며, 우리는 이들 힐베르트 공간 중 한 공간에 속한 상태 벡터를 다른 공간에 속한 상태 벡터에 모순 없이 더할 수 없다.

사실 이것은 언루 효과의 $c \to \infty$ 극한일 뿐으로서, §3.7에서 간략히 기술하면서 블랙홀의 경우를 주로 살펴보았다. 그 경우 진공 속에서 가속 중인 관찰자는 $\hbar a / 2\pi kc$(즉, 자연단위로는 그냥 $a/2\pi$)의 온도를 경험하게 된다. 가속 중인 관찰자가 경험하는 진공은 이른바 **열적 진공**thermal vacuum으로서, 영이 아닌 주변 온도를 제공하는데, 그 값이 $\hbar a / 2\pi kc$인 것이다. 여기서 고려하는 뉴턴식 극한이 $c \to \infty$일 때 언루 온도는 영이 되지만, 두 진공(즉, 뉴턴 관점에 의해 생기는 진공과 아인슈타인 관점에 의해서 생기는 진공)은 위에서 나온 비선형 위상 인자 때문에 여전히 **다르다**. 그 인자는 $c \to \infty$ 극한이 언루 진공에 적용되어도 여전히 살아남기 때문이다.[*]

이는 우리가 지구의 중력장과 같은 단일 배경 중력장만을 고려할 때는 아무런 어려움도 끼치지 않을 것이며, 중첩되는 상태들도 뉴턴 관점이 사용되든 아인슈타인 관점이 사용되든 전부 동일한 진공 상태를 가질 것이다. 하지만 우리가 고려하는 상황이 두 중력장의 중첩인 경우를 가정해보자. 이것은 두 상이한 위치에 있는 무거운 물체의 중첩을 다루는 한 간단한 실험의 경우이다(§2.13의 그림 2-28 참고). 물체 자체의 아주 작은 중력장은 각각의 위치마다 아주 조금 다른데, 물체의 두 위치의 중첩을 기술하는 양자 상태의 경우 이 두 중력장의 중첩 또한 고려되어야만 한다. 따라서 우리는 어느 관점을 채택할지 **정말로** 신경을 써야 한다.

지구의 중력은 또한 그런 고려사항에서 전체 중력장에도 기여하지만, 우리가 E_G 계산에 필요한 **차이**를 계산할 때에는 지구의 중력장은 상쇄되기에, 오직 **양자적으로 변이된** 물체의 중력장만이 E_G에 기여한다. 하지만 이런 상쇄에는 꼭 살펴보아야 할 미묘한 점이 있다. 고려 대상인 무거운 물체가 어떤 방향으로 변이되면, 이를 보완하기 위해 반드시 지구도 반대 방향으로 변이된다. 따라서 지구-물체 계의 중력 중심은 변하지 않는다. 물론 지구의 질량이 물체의 질량보다 엄청나게 크기에 지구의 변이는 지극히 작다. 하지만 지구의 크기가 엄청나게 크므로 지구의 이 미세한 변이조차도 E_G에 상당한 기여를 하지 않을까 의문이 들 수 있다. 다행히도 재빨리 관여하는 세부사항들을 조사했더니 상쇄가 매우 효과적이어서 지구의 변이가 E_G에 기여하는 정도는 완전히 무시할 수 있다는 결론이 나왔다.

---

[*] 이렇게 예상되는 결과를 계산을 통해 직접 내게 확인시켜준 버나드 케이Bernard Kay에게 감사를 전한다.

그렇다면 우리는 왜 E_G 값을 살펴보아야 하는 것일까? 우리가 중력장을 일반적으로 다루기 위해 뉴턴 관점을 채택한다면, 물체의 두 위치의 양자중첩을 다루는 데 아무런 어려움도 없다. 보통의 양자역학적 절차들에 따라 중력장을 다른 여느 장들과 똑같은 방식으로 다루기만 하면 되며, 이 관점에서는 중력 상태들의 선형 중첩이 허용되고, 오직 하나의 진공만이 생긴다. 하지만 내가 보기에 일반상대성이론은 큰 스케일에서 관찰 결과를 통해 대단한 뒷받침을 받고 있기에, 우리는 아인슈타인 관점을 받아들여야 하며, 궁극적으로 이 관점이 뉴턴 관점보다 자연의 작동 방식에 더 잘 일치할 가능성이 훨씬 높다. 따라서 우리는 두 중력장의 중첩이 고려되는 상황에서 두 중력장을 아인슈타인 관점에 따라 다루어야만 한다는 견해에 이끌리게 된다. 그러면 우리는 두 상이한 진공(즉, 양립 불가능한 두 힐베르트 공간)에 속하는 상태들(중첩이 **허용되지 않는** 것으로 여겨지는 상태들. §§1.16, 3.9의 앞부분 참고)을 중첩시키려고 시도해야 한다.

이 상황을 조금 더 자세히 살펴보자. 중첩된 물체의 원자핵들이 머무는 곳이지만 그 물체 외부에 있는 영역들 사이의 아주 작은 스케일의 영역을 상상하자. 앞의 몇 문단의 내용들은 공간 상에서 **일정한** 중력 가속도 장 **a**에 관한 것이었지만, 이 내용들은 두 상이한 중력장의 중첩인 대체로 비어 있는 이러한 영역에도 적어도 근사적으로는 적용된다고 가정할 수 있다. 여기서 내가 택하는 견해는, 이 중력장들 각각은 아인슈타인 관점에 따라 개별적으로 다루어져야 하며, 따라서 이때의 물리학은 두 상이한 힐베르트 공간에 속하는 양자 상태들의 "비합법적인" 중첩을 포함하는 구조를 갖는다는 것이다. 한 중력장에서의 자유낙하 상태는 위에서 나왔던 유형의 위상 인자에 의해 다른 중력장에서의 자유낙하 상태와 관련되며, 위에서 나온 $\frac{1}{6}\mathbf{a} \cdot \mathbf{a}$와 비슷한 어떤 특정한 Q에 대하여 지수 $e^{iMQt^3/\hbar}$ 속의 시간 t가 비선형인 항이 포함된다. 하지만 지금 우리는 한 자유낙하(가속도 벡터 $\mathbf{a}_1$) 상태로부터 다른 자유낙하(가속도 벡터 $\mathbf{a}_2$) 상태로 옮겨가는 것을 살펴보고 있기에, 이제 Q는 단지 앞에서 나왔던 $\frac{1}{6}\mathbf{a}\cdot\mathbf{a}$가 아닌 $\frac{1}{6}(\mathbf{a}_1 - \mathbf{a}_2)\cdot(\mathbf{a}_1 - \mathbf{a}_2)$의 형태를 갖게 된다. 왜냐하면 지금 우리의 관심사는 두 상이한 위치에 있는 물체의 중력장의 차이이며, 개별 가속도 $\mathbf{a}_1$과 $\mathbf{a}_2$는 기준 좌표계인 지구에 대해 오직 상대적인 의미만을 갖기 때문이다.

사실, $\mathbf{a}_1$과 $\mathbf{a}_2$ 각각은 이제 위치의 함수이지만, 나는 임의의 작은 국소적 영역에서 적어도 대략적으로나마 바로 이 항(Q)이 문제를 초래한다고 가정한다. 그런 상이한 힐베르트 공간들(즉, 상이한 진공을 가진 공간들)에 속하는 상태들의 중첩은 전문적으로 볼 때 비합법적인데, 이제 국소적 영역들에서 한 상태와 다른 상태 사이에서 아래와 같은 국소적인 위상 인자가 있게 된다.

$$\exp\left(\frac{iM(\mathbf{a}_1 - \mathbf{a}_2)^2 t^3}{6\hbar}\right)$$

이 식은 상태들이 양립 불가능한 힐베르트 공간들에 속함을 우리에게 알려주는데, 설령 자유낙하의 두 가속도의 차이 $\mathbf{a}_1 - \mathbf{a}_2$가 고려 대상인 실험의 종류에서 거의 확실히 지극히 작더라도 그렇다.

엄밀히 말해서, 대안적인 진공의 개념은 여기서 고려 대상인 비상대론적 양자역학의 특징이라기보다 QFT의 한 특징이지만, 이 사안은 비상대론적 양자역학에도 직접적인 관련성이 있다. 표준적인 양자역학은 에너지가 양의 값이기를(즉, 진동수가 양의 값이기를) 요구하지만, 이는 통상적인 양자역학에서 대체로 문젯거리가 아니다(전문적인 이유를 들자면, 통상적인 양자역학은 양의 값을 갖는 해밀토니언에 의해 지배되는데, 이것은 그러한 양의 조건을 따른다). 하지만 여기서 벌어지는 상황은 그런 것이 아니며 진공들이 서로 떨어져 있지 않으면, 즉 힐베르트 공간들 중 한 공간에 속하는 상태 벡터들이 다른 공간에 속하는 상태 벡터들에 더해지지(중첩되지) 않는 한, 그 조건을 위반할 수밖에 없을 듯하다Penrose 2014a.

그러므로 우리는 양자역학의 통상적인 체계에서 벗어나야 할 것 같은데, 그러면 앞으로 나아갈 명확한 길은 없어 보인다. 이 단계에서 내가 제안하자면, 우리는 §2.13에서와 동일한 종류의 경로를 따라야 한다. 즉 상이한 힐베르트-공간 진공들의 중첩이라는 난제를 직접 대면하지 말고 대신에 이 문제를 무시하고자 할 때 생기는 오차를 추산해내자는 것이다. 앞에서(§2.13)처럼, 문제 항은 양 $(\mathbf{a}_1 - \mathbf{a}_2)^2$이며, 내가 제안하는 바는 3-공간 전체에 대한 이 양의 전체(즉, 그것의 공간 상 적분)를 비합법적 중첩의 문제를 무시하는 데서 생기는 오차 값으로 삼자는 것이다. 이 사안을 무시함으로써 생기는 불확실성은, 앞서 §2.13에서 나온 대로 계에 내재된 에너지 불확실성의 값인 양 E_G로 다시 우리를 안내한다Penrose 1996.

중첩의 비합법성으로 인해 수학적 모순이 생기기 전에 중첩이 지속될 시간 간격을 추산할 수 있도록 하이젠베르크의 시간-에너지 불확정성 원리 $\Delta E \Delta t \geq \frac{1}{2}\hbar$를 이용할 수 있는데, 여기서 $\Delta E \approx E_G$이다(이번에도 §2.13에서와 마찬가지). 이는 한 불안정한 원자핵이 어떤 평균 시간 간격 τ 후에 붕괴할 때 생기는 유형의 상황이다. §2.13에서처럼 우리는 τ를 본질적으로 하이젠베르크의 관계식의 "Δt"로 여기는데, 왜냐하면 붕괴가 유한한 시간 내에 발생하도록 허용하는 것이 바로 이 불확정성이기 때문이다. 그러므로 근본적인 에너지 불확정성 ΔE가 언제나 존재하는데(아인슈타인의 $E = Mc^2$에 의해 질량 불확정성은 $c^2 \Delta M$), 이는 하이젠베르크의 관계식을 통해 붕괴 시간 τ와 대략 $\tau \approx \hbar / 2\Delta E$ 관계를 갖는다. 따라서 (작은 수치 인자들을 무시하면) §2.13에서처럼 중첩의 평균 수명은 다음 식으로 표현된다.

$$\tau \approx \frac{\hbar}{E_G}$$

한 객관적인 **R**(즉, **OR**) 사건에 대한 이 제안이 굉장히 작지 않은 물체에서 "보통의" 시간 스케일에서 생길 수 있다고 위에서 언급하긴 했지만, 이 식은 플랑크 시간 및 플랑크 길이와 직접적인 관계가 있다. 그림 4-10에 이러한 **OR**-

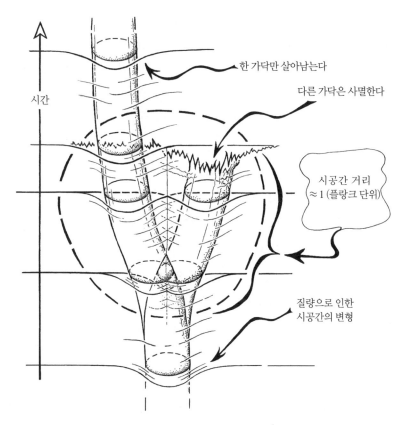

시간

한 가닥만 살아남는다

다른 가닥은 사멸한다

시공간 거리
≈ 1 (플랑크 단위)

질량으로 인한
시공간의 변형

그림 4–10　이 시공간 스케치는 한 무거운 덩어리의 두 상이한 변이의 양자중첩이 어떻게 상이한 덩어리 위치에 의해 각자 변형됨으로써, 중첩된 시공간의 상당한 분리를 낳을 수 있는지 보여준다. 중력적 **OR** 제안에 의하면, 시공간들 중 하나는 두 구성요소 사이의 시공간 분리가 플랑크 단위로 일의 차수에 도달하는 시간 간격 정도에서 "사멸한다".

사건의 시공간 이력을 그려보았다. 여기서 물질의 한 덩어리는 두 상이한 위치의 양자중첩에 놓여 있는데, 이 중첩 상태는 **OR**−사건이 일어나기 전에 차츰 분기하는 시공간으로 그려져 있다. **OR**−사건 자체에서 분기의 한 구성요소는 사멸하고, 그 결과 생긴 덩어리 위치를 나타내는 한 단일한 시공간만 남는다. 나는 **OR** 과정에 의해 사멸하기 전에 분기가 일어나는 제한된 시공간 영역을 표현했다. 플랑크 단위와의 관련성은 이 제안에서 분기가 지속되는 영역인 4-부피가 플랑크 단위로 일(1)의 차수라는 사실에서 생긴다! 그러므로 시공간이 나뉠 때 **공간 상의 거리**가 작을수록 분기는 더 오래 지속될 것이며, 공간 상의 거리가 클수록 분기는 더 짧게 지속될 것이다. (하지만 시공간 거리의 값은 시공간 중 공간 상에서의 한 적절한 심플렉틱 값으로 이해해야 하는데, 이는 파악하기가 쉽지 않다. 그래도 $\tau \approx \hbar/E_G$를 조금은 거칠게 이런 방식으로 도출할 수 있다Penrose 1993, pp. 179~89; Hameroff and Penrose 2014).

여기서 자연스레 드는 의문은 이 제안을 뒷받침하거나 아니면 반박할 관찰 증거가 있냐는 것이다. $\hbar/E_G$가 아주 긴 시간 간격이거나 아니면 매우 짧은 시간 간격인 상황은 쉽게 상상할 수 있다. 가령, §§1.4와 2.13의 슈뢰딩거 고양이의 경우, 고양이가 A 문에 있는 위치와 B 문에 있는 위치 사이의 질량 변이는 엄청나게 크기에 τ는 지극히 짧은 시간(플랑크 시간 $\sim 10^{-43}$s보다 훨씬 짧은 시간)이다. 따라서 중첩된 고양이 위치로부터 빠져나오는 전환은 본질적으로 순식간일 것이다. 한편 상이한 위치에 있는 개별 중성자들이 양자중첩되어 있는 실험에서, τ의 값은 천문학적으로 쟀을 때 엄청나게 클 것이다. 심지어 C_{60}와 C_{70} 버키볼buckyball(60개 또는 70개의 탄소 원자로 구성된 개별 분자)에서도 마찬가지인데, 이것들은 지금까지 관찰되기로는 상이한 위치의 양자중첩에 참여하는 가장 큰 물체들인 듯하다Arndt et al. 1999. 반면에 이런 분자들이 중첩으로부터 실제로 벗어나 있는 시간 간격은 지극히 짧다.

사실, 위의 두 가지 상황 모두에서 우리가 유념해야 할 것이 하나 있다. 즉, 해당 양자 상태는 주변과 고립되어 있지 않을 수 있으므로, 상당한 양의 추가적인 물질, 즉 계의 **환경**이 있기 마련이고, 이 환경의 상태가 해당 양자 상태와 얽혀 있을 가능성이 크다. 따라서 중첩에 관여하는 질량 변이는 이 교란된 환경 전체의 변이까지도 고려해야 하는데, 바로 (온갖 방향으로 이리저리 움직이는 방대한 개수의 입자들이 포함된) 이 환경적 변이야말로 E_G에 크게 기여할 때가 종종 있을 것이다. 환경적 결어긋남decoherence의 사안은 한 양자계의 유니터리 변화($\mathbf{U}$)가 보른 규칙(§2.6)에 따라 양자계의 상태 축소($\mathbf{R}$)를 일으킨다고 보는 대다수의 종래 견해들의 주요한 한 특징이다. 요지를 말하자면, 이 환경이 해당 양자계에 필연적으로 이바지하며, §2.13에서 기술한 절차가 이 모든 환경적 자유도를 평균화시킴으로써, 결과적으로 양자중첩된 상태는 마치 계에 이바지하는 여러 가능성들의 확률 혼합인 것처럼 행동하게 된다. 한 계의 혼란스러운 환경이 양자계에 관여하는 일이 양자역학의 측정 역설을 실제로 해결해주지 못한다고 §2.13에서 주장하긴 했지만, 그것은 내가 지지하는, 표준적인 양자론의 **OR** 수정에서 중요한 역할을 맡는다. 일단 외부의 환경이 한 양자계에 진지하게 개입하기 시작하면, 계와 환경과의 얽힘을 통해 충분한 질량 변이가 급속하게 달성됨으로써, 중첩된 상태들 중 어느 하나로 매우 급속한 상태 축소가 일어날 수 있을 만큼 E_G 값이 커진다(이 발상은 기라르디와 동료 연구자들이 이전에 내놓은 "**OR**" 제안에서 많은 내용을 빌려왔다Ghirardi et al. 1986).

이 글을 쓰고 있는 현재까지, 이 제안을 입증하거나 반박할 정도로 정밀한 실험은 실시되지 않았다. 환경이 E_G에 기여하는 정도는 관련 효과를 관찰할 가망이 있으려면 매우 작게 유지되어야 한다. 이 문제에 관해 마침내 무언가라도 알아낼 목적으로 몇 가지 프로젝트가 진행 중이다Kleckner et al. 2008, 2015; Pikovski et al. 2012; Kaltenbaek et al. 2012. 내가 참여하고 있는 프로젝트Marshall et al. 2003; Kleckner et al. 2011는 디르크 바우메이스터Dirk Bouwmeester의 지도하에 레이던 대학교와 산타 바바라 대학교에서 진행 중인 실험이다. 이 실험에서는 크기가 약 10마이크로미터(10^{-5}미터. 사람 머리카락 두께의 약 십분의 일)인 정육면체의 작은 거울을 두 위치의 한 양자중첩 속에 넣는데, 두 위치는 한 원자핵의 지름 정도의 거리만큼 떨어져 있다. 이 실험의 의도는 이 중첩을 몇 초 또는 몇 분 동안 지속시켰다가 원래 상태로 되돌아오게 하여, 위상 결맞음phase coherence이 반드시 깨지는지 알아보려는 것이다.

이 중첩은 한 단일 광자의 양자 상태를 빔 분할기로 우선 나누면 얻어질 것이다($2.3 참고). 그러면 광자의 파동함수의 한 부분이 작은 거울에 충돌하고 이로 인해 광자의 운동량이 거울(외팔 저울에 정교하게 매달려 있다)을 조금 움직이게 만든다(아마도 작은 거울의 원자핵의 크기와 비슷한 거리를 움직일 것이다). 광자의 상태는 두 가지로 나누어졌기에, 거울의 상태는 변이된 상태와 변이되지 않은 상태의 중첩(아주 작은 슈뢰딩거 고양이)이 된다. 하지만 가시광선 광자의 경우, 단 한 번의 충돌은 필요한 결과를 얻는 데 충분하지 않을 것이므로, 동일한 광자를 한 고정된 (반구) 거울에 거듭하여 반사시키는 방법을 써서 해당 거울에 대략 백만 번 충돌시킨다. 이러한 다중 충돌을 가하면 작은 거울을 대략 한 원자핵의 지름만큼 변이시키거나 만약 이 과정이 일이 초 정도 지속된다면 더 많이 변이시킬지 모른다.

질량 분포가 얼마만큼 정교하다고 볼 것인지에 관한 이론적 불확실성이 있다. 중첩의 두 성분 각각은 저마다 정지된 것이라고 보아야 하므로, 사용된 물질에 아마도 의존하게 되는 질량 분포의 퍼짐이 있을 것이다. 슈뢰딩거 방정식의 정적인 해들은 반드시 질량 분포의 어떤 퍼짐을 포함하게 될 텐데, 이는 하이젠베르크 불확정성 원리에 따른다(따라서 E_G는 입자들이 점 위치를 차지한다고 가정하여 계산되어서는 안 된다. 다행히도 앞서 말했듯이 그렇게 계산하면 E_G는 무한대가 된다). 균일하게 퍼진 질량 분포는 아마도 적절하지 않을 것이다(그것은 실험적으로 가장 바람직하지 않은 경우로서, 한 주어진 총질량 크기/형태 및 거리에 대하여 가장 작은 E_G 값을 내놓을 것이다). E_G 값을 정확히 추산하려면 정적인 슈뢰딩거 방정식의 해를 적어도 근사적으로 풀어야 하는데, 그러고 나면 평균 질량 분포를 추산해낼 수 있다. 그런 실험이 성공하려면 진동을 확실히 차단해야 할 뿐 아니라 계가 거의 완벽한 진공에서 매우 낮은 온도로 유지되어야 하고, 특히 거울의 성능이 매우 뛰어나야 한다.

이 절의 앞부분에서(또한 $1.10에서) 언급했듯이, 슈뢰딩거 방정식의 정적인 해들은 반드시 전 우주에 걸쳐 퍼지게 된다. 이 사안을 다루기 위해, 질량 중심이 고정된 위치에 놓인다고 보는 꽤 임시적인 절차를 따르거나 아니면 (아마도 더 선호되는 방식으로서) 슈뢰딩거-뉴턴(SN) 방정식을 사용할 수 있다. 이 방정식은 표준적인 슈뢰딩거 방정식의 비선형 확장 버전으로서, 뉴턴식 중력장을 해밀토니언에 더할 때, 파동함수 자체를 방정식 속에 넣음으로써 얻어지는 질량 분포의 평균값의 중력 효과를 고려한다Ruffini and Bonazzola 1969; Diósi 1984; Moroz et al. 1998; Tod and Moroz 1999; Robertshaw and Tod 2006. 지금까지 **OR**과 관련하여 SN 방정식의 주된 가치는 계가 **OR**의 작용으로서 축소되는 대안적인 정적 상태들에 대한 하나의 제안을 내놓는 것이었다.

작은 거울은 외팔 저울에 매달려 있기에, 미리 정해 놓은 시간 간격, 가령 몇 초 또는 몇 분이 지나면 원래 위치로 돌아간다. 작은 거울의 상태가 광자 충돌 동안에 실제로 저절로 축소되었는지 여부를 확인하거나 또는 양자 결맞음이 보존되었는지를 확인하려면, 광자는 (작은 거울과 반구 거울로 이루어진) 이 반사 공동空洞으로부터 방출되어야 하는데, 그러면 광자는 자신의 경로를 되짚어서 빔 분할기로 돌아갈 수 있다. 한편, 광자의 파동함수의 다른 부분은 정지된 두 거울로 만들어진 또 다른 반사 공동 속에 갇힌 채로 제자리걸음을 한다. 만약 표준적인 양자론이 주장하듯이 위상 결맞음이 광자 파동함수의 두 분리된 부분 사이에서 실제로 보존된다면, 이는 광자 검출기를 빔 분할기의 다른 적절한 위치에 놓음으로써 확인할 수 있다(그림 4-11 참고). 그러면 계의 결맞음 손실이 없는 한, 되돌아오는 광자는 그 특정한 검출기를 언제나 활성화시킬 것이다(아니면 검출기를 다르게 놓을 경우, 결코 활성화시키지 않을 것이다).

현재 이 실험은 그 제안을 결정적으로 검증하기에는 여전히 조금 미흡하다. 어느 정도까지 이 실험의 정밀도가 표준적인 양자역학의 예측을 확인해주어야 하는데, 그 수준은 지금까지 (중첩된 상태들의 질량 변이의 관점에서) 도달한 것보다 상당히 높은 수준일 것이다. 하지만 희망하건대, 기술이 더 정교해지면

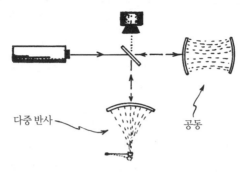

그림 4-11 중력적 **OR**이 자연에서 지켜지는지 알아보기 위한 바우메이스터 실험을 그린 그림. 레이저에서 방출된 한 단일 광자가 빔 분할기를 향해 날아갈 때, 광자의 경로는 수평 자취와 수직 자취로 나누어진다. 수평 자취는 공동으로 향하는데, 여기서 광자는 두 거울 사이의 반복된 반사에 의해 갇히게 된다. 수직 자취는 또 다른 공동으로 향하는데, 여기에서는 다중 광자 반사로 인한 압력 때문에 아주 작은 거울이 조금 움직이도록 매달려 있다. **OR** 제안에 의하면, 어떤 측정 가능한 시간 간격이 지난 후에, 작은 거울의 두 중첩된 위치는 중첩된 상태에서 벗어나 저절로 어느 한 상태로 축소된다. 이는 위쪽의 검출기에 의해 광자의 운동을 거꾸로 되돌림으로써 확인할 수 있다.

표준적인 양자론의 실제 경계들이 본격적으로 탐사되기 시작할 것이며, 내가 내놓았던 이와 같은 제안들이 관찰 사실 면에서 근거가 있는지 여부가 몇 년 이내에 실험적으로 확인될 수 있을지 모른다Weaver et al. 2016; Eerkens et al. 2015; Pepper et al. 2012; Kaltenbaek et al. 2016; Li et al. 2011.

 마지막으로, 만약 실험적으로 확인된다면 중요해질 수 있는 이러한 상태 축소 제안과 관련하여 한 가지를 꼭 짚어보아야겠다. 위의 설명에서 분명해졌듯이, 이 제안은 정말로 객관적이다. **OR** 제안에서는 **R** 과정이 어떤 의식적인 실체가 실제로 양자계를 관찰하기 때문에 생기는 것이 아니라 세계 그 자체의 현상으로서 생긴다고 보기 때문이다. 의식적인 관찰자들이 전혀 없는 우주의 영역들에서도 **R**-사건은 다수의 의식적인 존재들이 지켜볼 때와 정확히 똑같은 상황에서 똑같은 빈도로 그리고 똑같은 확률로 일어날 것이다. 한편 내가 여러 문헌에서Penrose 1989, 1994, 1997 펼친 주장대로, 의식 자체consciousness itself라는 현상이 **OR**-사건(뉴런의 미세소관에서 주로 일어나는)에 의존할지 모르며, 그러한 사건 각각이 어떤 의미에서 진정한 의식이 구성되는 기본 요소인 "원초 의식 proto-consciousness"을 제공할지 모른다Hameroff and Penrose 2014.

이러한 탐구의 일환으로서 나는 위에서 제시한 **OR** 제안을 조금 일반화시키는 것을 고찰해보았는데, 이는 에너지 E_1과 E_2가 서로 조금 다른 두 정적인 상태의 한 양자중첩의 경우에 적용될 수 있다. 표준적인 양자역학에서 그러한 중첩은 진동수 $|E_1 - E_2|/h$와 더불어 이보다 더 높은 진동수인 대략 $(E_1 + E_2)/2h$의 양자 진동을 함께 가지면서 이들 상태 사이에서 진동할 것이다. 일반화된 **OR** 제안에 의하면, 그러한 상황에서 대략 $\tau \approx \hbar/E_G$의 평균 시간이 지난 후에 상태는 저절로 이들 두 가능성 가운데서 $|E_1 - E_2|/h$ 진동수의 한 고전적인 진동으로 축소될 것이며, 이 진동의 실제 위상은 **OR**에 의해 이루어지는 "무작위적인" 선택일 것이다. 하지만 이것은 완전하게 일반적인 제안일 수는 없는데, 왜냐하면 이 고전적 진동을 방지하는 고전적인 에너지 장벽이 있을 수 있기 때문이다.

분명히 이 모든 내용은 **U**와 **R** 둘 다를 (아울러 고전적인 일반상대성을) 적절한 한계로서 포함하는 일반화된 양자역학의 일관성 있는 이론과는 한참 거리가 멀다. 그렇다면 그러한 이론의 실제 속성에 대해 내가 무슨 제안을 해야 할까? 딱히 할 말이 없긴 하지만, 내가 보기에 그런 이론은 현재의 형식론을 어설프게 땜질하는 정도를 훌쩍 뛰어넘어 양자역학의 체계에 주요한 혁신을 가져다 줄 것이다. 더 구체적으로 말해 나는 트위스터 이론의 요소들이 분명 이에 나름의 역할을 맡아야 한다고 본다. 왜냐하면 그 이론은 양자얽힘과 양자 측정의 곤혹스러운 비국소적 측면들이 트위스터 이론의 전문적 내용들이 분명히 드러내고 있는 홀로모픽 코호몰로지의 비국소성과 관련되기 때문이다(§4.1 참고). §4.1의 말미에서 간략히 언급한 궁전 트위스터 이론의 최근 발전이 앞으로의 전개 방향에 어떤 제안을 던져줄지도 모른다고 나는 믿는다Penrose 2015a, b.

4.3 등각 미친 우주론conformal crazy cosmology?

§§2.13과 4.2에서 나온 논거들과는 별도로, 중력의 역할이 양자역학적으로 중요해지는 계인 중력장 자체에 양자론을 표준적인 방식으로 적용할 수 없다고 보는 이유들은 여러 가지이다. 그 이유들 중 하나는 이른바 블랙홀 호킹 증발의 정보 역설에서 나온다. 이 사안은 양자중력의 가능한 속성과 분명 관련이 있어 보이는데, 조금 후에 이를 다루겠다. 그리고 3장의 논의 전체에서 어른거렸던 또 한 가지 이유가 있다. 이것은 특히 §§3.4와 3.6에서 소개했던 빅뱅의 매우 특이한 성질, 즉 빅뱅에서 **오직** 중력적 자유도만이 엄청나게 억제되어 있는 듯 보인다는 점이다.

빅뱅을 어떻게 기술해야 하는지에 관한 종래의 견해에 의하면, 빅뱅은 **양자중력**의 효과들이(해당 이론이 실제로 무엇이든지 간에) 명백히 드러나는, 유일하게 관찰된 현상(비록 조금은 간접적으로 관찰되지만)이다. 빅뱅을 더 잘 이해하기 위한 논거는 양자중력이라는 지극히 어려운 분야로 진지하게 진입하기 위한 중요한 이유로서 종종 제시되었다. 사실 때때로 나도 양자중력에 대한 연구를 지지하려고 그런 주장을 사용했다(한 논문Quantum Gravity의 서문을 보기 바란다Isham et al. 1975).

하지만 중력장에 적용되는 임의의 종래의 양자(장) 이론이라도 빅뱅이 지녔음이 분명한 지극히 특이한 구조를 (그 기념비적인 사건에 곧장 급팽창 위상이 뒤따랐든 아니든) 설명할 수 있으리라고 예상할 수 있다. 하지만 나는 3장에서 제시했던 이유들 때문에 그럴 리가 **없다**고 믿는다. 우리는 빅뱅에서 중력적 자유도의 이례적인 억제를 설명해야만 한다. 만약 양자역학의 형식론이 주장하는 대로 $10^{10^{124}}$ 라는 다른 모든 가능성들이 빅뱅 사건에서 존재할 수 있었다면, 그 모든 가능성들이 초기 상태에 전부 이바지했을 것이다. 이는 그런 가능성들이 부재해야 한다고 **선포**할 수 있어야 하는 **QFT**의 통상적인 절차와 어긋난다.

게다가 §3.11의 빅뱅 이전 방안들이 어떻게 이 난제를 피할 수 있을지 알기는 어렵다. 왜냐하면 그런 방안에 의하면 중력적 자유도는 분명히 바운스 이전에 존재했음이 분명하기에 바운스 이후의 기하구조에도 거대한 흔적을 남겨야 할 것으로 예상되기 때문이다.

통상적인 유형의 양자중력 이론이면 모두 갖기 마련인 관련 특성이 있는데, 그것은 바로 역학적인 시간 대칭성이다. 이는 슈뢰딩거 방정식(**U**−과정)에서 보았던 것과 비슷한데, 이 방정식은 아인슈타인의 일반상대론의 시간 대칭적 방정식들에 적용될 때와 마찬가지로 $i \rightarrow -i$ 하에서 시간 대칭적이다. 만약 이 양자론이 블랙홀에서 생기리라고 예상되는 (일반적인 BKLM 유형일 가능성이 큰) 대단히 높은 엔트로피의 특이점에 적용된다면, 이처럼 (시간 역전된 형태의) 동일한 시공간 특이점들 역시 이와 동일한 "통상적 유형"의 양자론에 의해 허용되듯이 빅뱅에 적용되어야 한다. 하지만 빅뱅에서 그런 일은 생기지 않았다. 게다가 §3.10에서 분명히 밝혔듯이, 인류 원리 주장은 빅뱅에 대한 이런 엄청난 제한을 설명하는 데 하등 쓸모가 없다.

빅뱅은 블랙홀의 특이점에서는 결코 찾을 수 없는 어떤 방식에 의해 매우 제한적인 형태로 발생했다. 강력한 증거가 보여주듯이, 양자중력의 효과가 현상에 가장 큰 흔적을 남겨야 "하는" 장소에서만, 즉 특이점 근처에서만 어마어마하게 큰 시간 비대칭이 존재한다. 통상적인 양자론에 의한 설명이라면, 설령 일반적인 인류 원리에 의해 도움을 받는다손 치더라도 그렇게 될 리가 없다. 따라서 내가 앞서 말했듯이 다른 설명이 있어야만 한다.

이 문제에 대한 나의 관점은 당분간 양자론을 제쳐두고, 빅뱅 근처에서 유지되었음이 분명한 기하구조의 유형을 고찰한 다음에, 이를 한 블랙홀 특이점 근처에서 예상되는 매우 거친 유형의 기하구조(BKLM일 가능성이 매우 높다. §3.2의 말미 참고)와 비교해보는 것이다. 이때 첫 번째 문제는 빅뱅에서 억압되었을 중력적 자유도의 조건을 알아내는 것이다. 오랫동안(사실상 1976년경부터) 나는 이를 바일 곡률 가설Weyl curvature hypothesis의 관점에서 표현해왔다Penrose 1976a, 1987a, 1989, chapter 7, TRtR, §28.8. 바일 등각 텐서Weyl conformal tensor C는 등각 시공간 기하구조와 관련된 시공간 곡률의 유형을 측정하는데, 이 기하구조는 §§3.1, 3.5, 3.7 및 3.9에서 이미 보았듯이, 시공간 내의 빛원뿔들(또는 널 원뿔들)의 계에 의해 정의된다. C의 정의를 공식으로 나타내려면 상당한 양의 텐서 계산이 필요하기에, 이 책의 범위를 훌쩍 뛰어넘는 고도로 전문적인 작업이 될 것이다. 그러나 내가 논하려는 내용에서는 이 공식이 필요하지 않다. 그래도 척도의 등각 변환($\hat{\mathbf{g}} = \Omega^2 \mathbf{g}$) 하에서 C의 어떤 속성들은 실제로 조금 후에 상당히 중요한 역할을 할 것이다.

텐서 C의 특별한 기하학적 역할은 언급할 필요가 있다. 즉, 너무 많이 확장되지는 않은 단순연결된 열린 시공간 영역 $\mathcal{R}$ 전체에서 성립하는 방정식 $C = 0$은 (계량 $\mathbf{g}$를 갖는) $\mathcal{R}$이 등각적으로 평평함을 나타낸다. 무슨 뜻이냐면, 등각적으로 관련된 시공간 계량 $\hat{\mathbf{g}} = \Omega^2 \mathbf{g}$가 $\mathcal{R}$에서의 평평한 민코프스키 계량이 되게 하는 한 실수 스칼라 장 Ω(이른바 등각 인자)가 존재한다는 말이다. ('단순연결' 및 '열린'에 대한 직관적인 의미는 §§A.6과 A.7을 보면 되는데, 이 용어들은 여기서 중요한 역할을 하지 않는다.)

전체 리만 곡률 텐서 R은 점 하나당 20개의 독립적인 성분을 가지며, 사실상 아인슈타인 텐서 G(§§1.1과 3.1 참고)와 바일 텐서 C로 나누어질 수 있는데, 그 각각은 점 하나당 10개의 성분을 갖는다. 앞서 보았듯이, 아인슈타인 방정식은 $G = 8\pi\gamma T + \Lambda \mathbf{g}$이다. 여기서 T는 물질의 에너지 텐서로서, (전자기장의 자유도를 포함하여) 모든 물질 자유도가 전체 시공간 곡률 R의 G 부분을 통하여 직접적으로 시공간의 곡률에 어떻게 영향을 미치는지를 알려준다. 그리고 $\Lambda \mathbf{g}$는 우주상수에서 나온 기여분이다. R의 나머지 10개의 독립적인 곡률 성분은 **중력장**을 기술하는 것들이며 바일 텐서 C에 의해 편리하게 기술된다.

바일 곡률 가설에 의하면, 과거 유형의 임의의 시공간 특이점(즉, 미래로 향

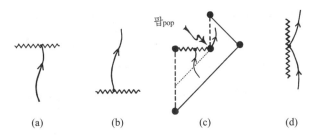

팝pop

(a)   (b)   (c)   (d)

그림 4-12 상이한 유형의 시공간 특이점. (a)미래 유형. 과거에서 오는 세계선과만 만난다. (b)과거 유형. 세계선이 이 특이점으로부터 나와서 미래로 향한다. (c)호킹 증발 블랙홀에서 내부 특이점은 미래 유형이지만, 최종적인 "팝"은 과거 유형인 듯하다. (d)가상적인 벌거벗은 특이점. 과거에서 오는 세계선 및 미래로 나가는 세계선 둘 다와 만난다. 우주 검열 가설에 따르면, 유형 (d)는 일반적인 고전적 상황에서 발생할 수 없다. 바일 곡률 가설에 따르면, 빅뱅과 같은 유형 (b)의 시공간 특이점은 바일 곡률의 억압에 의해 엄청나게 제한된다.

하는 시간꼴 곡선이 등장하는 특이점이지, 과거로부터 온 시간꼴 곡선이 맞닥뜨리는 특이점이 아니다(그림 4-12(a), (b)))은 임의의 시간꼴 곡선을 따라 미래로부터 안쪽으로 특이점에 접근하게 되는 극한에서 반드시 **사라지는(영의 값이 되는)** 바일 텐서를 가져야만 한다. 빅뱅(그리고 존재할지 모를 비슷한 유형의 임의의 다른 "뱅bang" 특이점. 가령 호킹 증발에 의해 한 블랙홀이 사라지는 순간의 "팝pop"과 같은 상태. 그림 4-12(c) 그리고 이 절의 추후의 논의를 참고[*])은 이 가설에 따르면 틀림없이 독립적인 중력적 자유도가 없다. 이 가설은 미래 유형의 특이점 또는 들어오는 시간꼴 곡선과 나가는 시간꼴 곡선이 둘 다 존재하는 벌거벗은naked 유형의 특이점(그림 4-12(d). 이 유형의 고전적인 특이점은 강한 우주 검열에 의해 존재하지 않는다고 여겨진다. §§3.4 및 3.10 참고)에 대해서는 아무 말도 하지 않는다.

---

[*]   내가 보기에 그림 4-12(d)의 "팝"은 시간꼴 특이점과 달리 우주 검열 가설을 위반하는 것으로 여겨지지 않는다. 왜냐하면 그것은 별도의 두 특이점과 비슷하기 때문이다. 두 특이점이란 구불구불한 선으로 표현된 BKLM 미래 부분과 "팝"을 표현하는 뚜렷한 과거 부분을 말한다. 그 둘의 인과적 구조는 매우 판이하기에, 이 둘을 동일시하기란 좀체 타당하지 않다.

여기서 바일 곡률 가설에 대해 한 가지 분명히 해두어야 할 내용이 있다. 즉, 이 가설은 중력적 자유도가 빅뱅 때에 또는 다른 과거 유형 시공간 특이점들(만약 존재한다면)에서 엄청나게 억제되었음을 타당하게 표현하는 하나의 기하학적 진술로서 제시되었을 뿐이다. 중력장에서의 **엔트로피**를 어떻게 정의할 수 있을지에 대해서는(가령, 어떤 사람들이 제시했듯이 C로부터 대수적으로 구성되는 어떤 스칼라 양으로 정의하기. 그다지 적절하지는 않았다) 아무런 주장도 하지 않는다. 이 가설이 빅뱅의 **낮은 엔트로피 값**(§3.6)에 대해서 갖는 크나큰 효과는 태초의 화이트홀(또는 블랙홀)이 제거됨으로써 얻어진 이 가설의 직접적인 결과일 뿐이다. 실제 "낮은 엔트로피" 및 계산으로 알아낸 발생하기 어려운 확률 값(즉, $10^{-10^{124}}$)은 베켄슈타인-호킹 공식을 직접 적용해서 얻어진다(§3.6 참고).

하지만 바일 곡률 가설의 정확한 수학적 해석에 대해서는 전문적인 사안들이 있는데, 한 가지 어려움은 텐서 양인 C 자체가 시공간 특이점에서 실제로 정의되지 않는다는 사실에서 비롯된다. 특이점에서는 그러한 텐서 개념이 엄밀히 말해서 잘 정의되지 않는 것이다. 따라서 그런 특이점에서 $C = 0$이라는 진술은 특이점에 접근할 때의 일종의 극한의 의미에서 풀이되어야 한다. 이런 사안에서 곤란한 점은 조건을 진술하는 비등가적인 방법들이 여럿인지라, 어느 것이 가장 적절한지가 분명치 않다는 것이다. 그런 불확실성이 있긴 하지만, 다행히도 나의 옥스퍼드 동료 교수인 폴 토드는 빅뱅의 한 수학적 조건을 대안적으로 정식화하기에 관한 주의 깊은 연구를 제안하고 수행했는데, 이 조건은 C로는 명시적으로 표현되지 않는 것이다.

토드의 제안Tod 2003에 의하면(FLRW 빅뱅 특이점과 마찬가지로. §3.5의 말미 참고) 빅뱅은 매끄러운 공간꼴 3-곡면 $\mathcal{B}$로서 **등각적으로** 표현될 수 있는데, 이 곡면을 가로질러 시공간은 원리상 등각적으로 매끄러운 방법을 통해 과거로 확장될 수 있다. 말하자면, 한 적절한 등각 인자 Ω를 갖고서 **물리적인** 빅뱅 이전

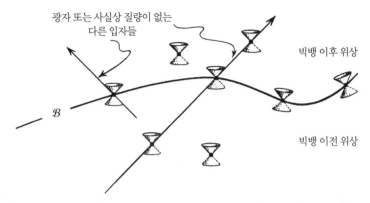

광자 또는 사실상 질량이 없는
다른 입자들

빅뱅 이후 위상

$\mathcal{B}$

빅뱅 이전 위상

그림 4-13 (바일 곡률 가설 유형의) 빅뱅의 제약사항에 대한 토드의 제안에서는 시공간이 등각적으로 매끄러운 방식으로 과거로 확장될 수 있기에, 초기 특이점은 매끄러운 초곡면 $\mathcal{B}$가 되며, 등각적 시공간은 이 초곡면을 가로질러 빅뱅 이전의 한 가상적 영역으로 매끄럽게 확장된다. 만약 빅뱅 이전 영역이 물리적 실재성을 부여받는다면, 광자와 같은 질량 없는 입자들은 $\mathcal{B}$를 통과함으로써 그 이전 영역으로부터 그 이후 영역으로 이동할 수 있다.

post-Big Bang 계량 $\breve{\mathbf{g}}$를 새로운 계량 $\mathbf{g}$로 다음과 같이 재척도화할 수 있다.

$$\mathbf{g} = \Omega^2 \breve{\mathbf{g}}$$

이에 따라 시공간은 이제 매끄러운 과거 경계 $\mathcal{B}(\Omega = \infty)$를 얻을 수 있고, 이 경계를 따라 **새로운 계량 g**는 완벽하게 잘 정의되며 매끄럽다. 이 덕분에 **g**는 가상적인 "빅뱅 이전" 시공간 영역 속으로 지속될 수 있다. 그림 4-13을 보기 바란다. ($\breve{\mathbf{g}}$가 실제 **물리적** 계량을 표시하는 약간은 이상한 이 표기가 독자에게 혼란을 주지 않기를 바란다. 이렇게 표기하면 이 계량이 $\mathcal{B}$에서 정의되는 양들을 가리킬 수 있어서 나중에 우리에게 유용하다.) 한 가지 꼭 언급해야 할 것이 있다. 토드의 제안은 $\mathcal{B}$에서 $\mathbf{C} = 0$임을 알려주지 않지만 $\mathbf{C}$가 $\mathcal{B}$에서 유한해야만 함을 알려주는데(등각적 시공간이 거기서 매끄럽기 때문이다), 그럼에도 불구하고 이는 $\mathcal{B}$에 있는 중력적 자유도에 대한 매우 강한 제약으로 작용하여 BKLM 행동과 같은 것은 무엇이든지 필시 배제한다.

토드의 원래 제안에서, 빅뱅 이전의 추가된 영역은 어떠한 물리적 "실재성"
도 없었다. 단지 깔끔한 수학적 기교로서, 어설프고 임의적인 수학적 제한 조
건을 도입하지 않고서 바일 곡률 가설의 속성을 명확하게 정식화해주기 위한
수단일 뿐이었다. 이는 방출되는 중력 복사의 행동을 분석하기 위한 수단으로
서 일반상대론적 시공간의 미래 점근선을 종종 연구하는 취지와 매우 흡사했다
Penrose 1964b, 1965b, 1978; Penrose and Rindler 1986, chapter 9. 그 연구에서 점근적 미래는
시공간 다양체의 미래에 한 매끄러운 등각 경계를 덧붙임으로써(§3.5 참고) 기
하학적으로 살펴볼 수 있었다. 본 사안에서는 먼 미래의 물리적 계량을 $\hat{\mathbf{g}}$(이상
하게 표기하는 것을 다시금 이해해주기 바란다. §3.5의 것과 다른 표기를 썼고
아울러 **물리적 계량**의 표기를 $\check{\mathbf{g}}$에서 $\hat{\mathbf{g}}$로 바꾸었는데, 이 문제는 조금 후에 명확
히 밝혀질 것이다)라고 부르기로 하고 그것을 아래 식에 따라, 등각적으로 관련
된 새로운 계량 $\mathbf{g}$로 재척도화하자.

$$\mathbf{g} = \omega^2 \hat{\mathbf{g}}$$

이제 계량 $\mathbf{g}$는 $\omega = 0$인 매끄러운 3-곡면 $\mathcal{J}$를 가로질러 매끄럽게 확장된다. 다
시 그림 4-13을 보면, 이제는 계량 $\mathbf{g}$가 그림의 맨 아래 부분에 있는 물리적 시공
간으로부터 확장되어 ($\mathcal{B}$보다는) 미래 무한대 $\mathcal{J}$를 가로질러 "무한대의 미래로
향하는" 한 가상적 영역 속으로 들어가는 모습으로 보인다.

이런 기법 두 가지는 이미 이 책에서 FLRW 우주론 모형들을 표현할 때 §3.5
의 등각 다이어그램에서 광범위하게 소개했는데, (§3.5의) 그림 3-22에 묘사
된 엄밀한 등각 다이어그램의 관례에 따라 각 모형의 빅뱅 $\mathcal{B}$는 과거 경계에서
톱니 선으로, 그리고 미래 무한대 $\mathcal{J}$는 미래 경계에서 매끄러운 직선으로 표현
되어 있다. 이 다이어그램들의 관례에 따라 대칭축 주위로 회전시키면, 각 경우
의 시공간에 대한 매끄러운 3차원 등각 경계가 얻어진다. 현재의 고려에서 다
른 점은 우리가 훨씬 더 일반적인 시공간 모형을 고려하기에, 어떠한 회전대칭

도 존재하리라고 예상할 수 없으며 FLRW 모형에 대해 가정되는 고도의 대칭성이 결코 존재하지 않는다는 것이다.

이 기법들을 더욱 일반적인 상황에도 여전히 적용할 수 있는지 어떻게 알 수 있을까? 여기서 우리는 매끄러운 $\mathcal{B}$에 대한 경우와 매끄러운 $\mathcal{J}$에 대한 경우가 서로 논리적으로 매우 다름을 알게 된다. 매우 넓은 물리적 가정들하에서(관찰 결과에 따라 우주상수 Λ가 양이라고 가정할 때), 매끄러운 등각 미래 무한대 $\mathcal{J}$가 수학적으로 존재하리라는 것은 일반적으로 예상되는 바이다(헬무트 프리드리히가 내놓은 정리들이 의미하는 바에 따라Helmut Friedrich 1986). 한편, 매끄러운 초기 등각 빅뱅 3-곡면 $\mathcal{B}$의 존재는 한 우주론 모형에 엄청나게 큰 제약을 나타낸다. 토드의 제안이 그런 제약을 드러내는 것이라고 볼 수 있는데, 거기서는 발생하기 어려운 수학적 확률이 수치상으로 무려 $10^{-10^{124}}$나 된다.

수학적으로 볼 때, 매끄러운 등각 경계(과거에서는 $\mathcal{B}$ 그리고 미래에서는 $\mathcal{J}$)의 존재는 시공간을 경계 3-곡면의 다른 쪽으로 **확장시킬** 이론적 확률의 관점에서 편리하게 표현되지만, 이 확장은 단지 수학적 기법으로 여겨질 뿐이다. 다른 방식으로 표현했다가는 어설프기 마련인 조건들을 편리하게 정식화하기 위해 도입된 것으로서, 이를 통해 국소적인 기하학 개념들이 어설픈 점근적 극한 대신에 활약할 수 있게 된다. 그런 관점은 이론가들이 $\mathcal{J}$와 $\mathcal{B}$의 경우 둘 다에서 등각 경계의 이러한 개념들을 이용하려고 이미 도입했던 것이었다. 그런데 물리학 자체가 이러한 수학적 절차들과 꽤 잘 맞아떨어지는 듯하므로, 이는 세계의 실제 **물리학**이 $\mathcal{B}$와 $\mathcal{J}$의 경우 모두에서 그런 3차원 등각 경계를 통하여 의미 있는 확장을 허용할지 모를 꽤 기막힌(환상적인?) 가능성을 시사한다. 그렇기에 우리는 실제로 빅뱅 이전 세계가 존재했는지 그리고 우리의 미래 무한대 너머에 또 다른 세계가 존재할지 여부가 궁금해지는 것이다!

핵심 요점은 물리학의 대다수 내용(기본적으로 질량과 관계가 없는 물리학 내용)이 여기서 고려하고 있는 등각적 재척도화하에서 변하지 않는(불변인) 듯하다는 것이다. 마침 이것은 전자기장에 대한 맥스웰 방정식들에 대해서 확연히 옳으며, 자유로운 전자기장의 방정식들에 대해서뿐만 아니라 전하와 전류가 전자기장의 원천으로 작용하는 방식에 대해서도 그렇다. 마찬가지로 강력과 약력을 지배하는 (고전적인) 양-밀스 방정식들도 그러한데, 이 방정식들은 위상 회전의 게이지 대칭군이 강력과 약력에 필요한 더 큰 군으로 확장된 맥스웰 방정식의 확장판이다(§§1.8과 1.15 참고).

하지만 여기서 중요한 점 하나를 말하자면, (양-밀스 방정식들과 특히 관련된) 그런 이론들의 양자 버전은 등각적 이상성conformal anomaly이 생길 수 있기에 양자론이 고전 이론의 완전한 대칭성을 공유하지 못한다Polyakov 1981a,b; Deser 1996. 앞서 말했듯이 이 사안은 끈 이론의 발전 과정과 특히 관련이 있는 문제이다(§§1.6, 1.11 참고). 내가 보기에 등각적 이상성이라는 사안은 여기에 나오는 개념들의 더욱 자세한 함의에서 상당히 중요한 듯하지만, 결코 주요 개념들을 무효로 만들 정도는 아니다.

이러한 등각적 불변성은 전자기력과 강력의 경우에 그러한 힘들의 매개자인 질량 없는 입자들(각각 광자와 글루온)에 대한 장 방정식의 명시적인 한 속성이다. 하지만 약력(이 힘의 매개자는 매우 무거운 W와 Z 입자라고 보통 여겨진다)의 경우는 단순하지가 않다. 빅뱅으로 시간을 거슬러 가면 온도는 점점 더 높아지다가 마침내 관련된 모든 입자들의 정지 질량이 입자들의 지극히 높은 운동에너지 때문에 완전히 무의미해진다. 사실상 질량 없는 입자들의 물리학인 빅뱅에서의 물리학은 등각적으로 불변인 물리학일 것이므로, 만약 우리가 3-곡면 $\mathcal{B}$로 시간을 거슬러 가는 물질을 추적하면, 물질은 기본적으로 $\mathcal{B}$를 결코 알아차리지 못할 것이다. 빅뱅에서의 물리학은 그 물질에 관한 한 다른 모든 곳에서의 물리학이 그렇듯이 $\mathcal{B}$에서 "과거"를 가져야만 할 것이며, 그 "과거"는 토드의 제안이 요구하는 시공간의 **이론적** 확장 영역 내에서 벌어지는 과정에 의해 기술될 것이다.

그렇다면 지금 우리가 빅뱅 이전의 물리적 작용의 가능성을 진지하게 살피려고 하는 토드의 가상적인 확장된 우주 영역에는 어떤 우주 작용이 일어났으리라고 볼 수 있을까? 가장 명백한 것은 §3.1에서 고려했던 ($K > 0$인) 확장된 프리드만 모형처럼 붕괴하는 우주 위상이거나(§3.1의 그림 3-6 또는 그림 3-8 참고) 아니면 §3.11에서 기술한 에크파이로틱 제안처럼 다른 여러 "바운스" 모형들일 것이다. 하지만 이 모든 것들은 3장에서 여러 번 언급했듯이 제2법칙에서 비롯되는 문제를 떠안는다. 즉, 제2법칙이 바운스 이전 위상의 방향과 동일한 방향을 따랐기에 지극히 혼잡한 빅크런치(그림 3-48)를 매끄러운 빅뱅과 조화시키기가 매우 어렵게 되거나, 아니면 제2법칙이 **반대** 방향으로 (바운스로부터 양 방향으로 멀어지며) 작동한 바람에 §3.6에서 나온 $10^{-10^{124}}$라는 수치에서 보듯이 지극히 발생하기 어려울 법한 확률의 순간(바운스의 순간)이 존재할 근거가 없게 된다.

내가 제시한 발상은 매우 다르다. 즉, 시간/거리 척도의 반대편 끝단을 조사하여 방금 고려했던 다른 등각적 수학 기법을 다시 살펴보자는 것이다. 이 기법은 먼 미래의 등각적 "압착squashing down"으로서, 미래 무한대에서 한 매끄러운 3-곡면 $\mathcal{I}$ 너머로의 확장continuation 영역을 얻기 위해 §3.5의 여러 사례들(가령, 그림 3-25와 그림 3-26(a))에서 묘사했었다. 이에 대해 두 가지를 언급해야겠다. 첫째, 양의 우주상수 Λ가 존재한다는 것은 $\mathcal{I}$가 **공간꼴** 3-곡면임을 뜻한다 Penrose 1964b; Penrose and Rindler 1986, chapter 9. 둘째, 앞서 말했듯이 매끄러운 $\mathcal{I}$ 너머로의 확장은 어떤 넓은 가정하에서 프리드리히가 명시적으로 밝힌 **일반적인** 현상이다Friedrich 1998. 앞에서도 강조했듯이, 이 두 번째 내용은 빅뱅의 일반적 상황과는 아주 **다르다**. 왜냐하면 $\mathcal{B}$를 통과하여 시공간을 매끄럽게 확장하기를 요구하는 토드의 제안은 빅뱅에 (아주 많이 요구되는) 엄청나게 큰 **제약사항**을 나타내기 때문이다.

적어도 $\mathcal{I}$ 너머로의 이 매끄러운 등각적 확장은 아주 먼 미래의 우주의 물질 구성물이 전적으로 **질량이 없는** 구성요소들로 이루어져 있다면 사실일 것이다. 왜냐하면 이는 위의 주장의 바탕이 되는 가정이기 때문이다. 그렇다면 지극히 먼 미래에 오직 질량이 없는 구성요소들만이 남아 있다는 것이 타당할까? 이때 살펴보아야 할 주된 사안은 두 가지인데, 하나는 아주 먼 미래에 남아 있는 입자들의 속성이고 다른 하나는 블랙홀이다.

블랙홀부터 살펴보자. 블랙홀은 처음에 점점 더 많은 물질을 집어삼키면서 무자비하게 자라나다가, 더 이상 먹을 것이 없게 되면 우주배경복사까지 집어삼킨다! 하지만 우주배경 온도가 마침내 각 블랙홀의 호킹 온도 아래로 떨어진 후에는 블랙홀은 서서히 증발되다가 결국 최종적인 폭발로 완전히 사라지는데 (천체물리학적 기준에서 보자면 비교적 아주 사소한 현상), 이 과정에 걸리는 전체 시간은 은하 중심의 엄청나게 무거운 블랙홀이 태양 몇 개 질량 정도의 작은 블랙홀보다 훨씬 더 길 것이다. 아마도 10^{100}년 정도의 총시간 스케일(가장 큰 블랙홀이 얼마나 큰지에 따라 달라지겠지만) 이후에는, 이러한 구도에 따라 모든 것이 사라질 것이다. 이 구도는 본질적으로 원래 호킹이 1974년에 내놓았으며, 나도 이 구도가 가장 가능성이 크다고 인정한다.

그렇다면 지극히 먼 미래에 남게 되는 입자들은 어떨까? 숫자상으로 대다수는 광자일 것이다. 이미 밝혀지기로 광자 대 바리온 비율은 대략 10^9이며, 이 광자들 중 대다수는 CMB에 있다. 이 수는 별빛이 최종적으로 사라지고 난 후에도 그리고 많은 바리온들이 블랙홀에 삼켜지고 난 후에도 기본적으로 분명히 일정하게 유지될 것이다. 아울러 엄청나게 큰 블랙홀의 호킹 증발로 인해 추가되는 성분들도 있을 것인데, 이는 거의 전적으로 지극히 낮은 진동수의 광자 형태일 것이다.

그래도 여전히 고찰해야 할 무거운 입자들이 남아 있다. 이들 중 일부는 현재로서는 안정적이라고 여겨지지만 결국에는 붕괴해버릴지 모르는데, 양성자도 마침내 붕괴할지 모른다는 주장이 종종 제기된다. 하지만 양성자는 (양의 값으

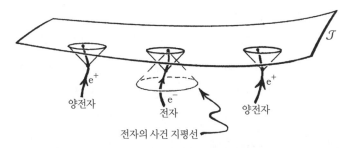

양전자

e⁺

전자

e⁻

양전자

e⁺

전자의 사건 지평선

그림 4-14 이 도해식 등각 다이어그램은 양의 Λ에 의해 요구되는 공간꼴 무한대 $\mathcal{J}$의 경우에 어떻게 전자 및 양전자와 같은 개별 대전 입자들이 마침내 분리됨으로써 서로 최종적으로 소멸될 가능성이 없게 되는지를 보여준다.

로) 대전된 입자이기에, 전하 보존의 법칙이 정확한 자연법칙으로서 유지되는 한, 대전된 잔여물로 남아 있어야 할 것이다. 그러한 잔여물 중 가장 가벼운 입자는 양전자, 즉 전자의 반입자가 될 것이다. 지평선 논의 등을 통해 명백해졌듯이(그림 4-14)Penrose 2010, §3.2, 그림 3.4, 전자와 양전자는 둘 다(설령 다른 무거운 대전 입자들은 없어지더라도) 영원히 살아남게 될 것이다. 이 입자들은 없어질 리가 없는데, 그 이유는 대전된 질량 없는 입자들이 존재하지 않기 때문이다(쌍소멸 과정의 행동 방식에서 알려진 내용이다Bjorken and Drell 1964). 전하 보존이 정확한 참이 아닐 가능성을 고찰해보는 것도 가치가 있겠지만, 이 있을 법하지 않은 상황조차도 아무런 소용이 없다. 이론적 고찰에 의하면 그럴 경우 광자 자체가 질량을 얻게 될 것이기 때문이다Bjorken and Drell 1964. 남아 있는 대전되지 않은 입자들에 관해 말하자면, 중성미자 중에서 가장 가벼운 것들이 아마도 살아남을 텐데, 내가 이해하기로 이는 질량이 없는 중성미자 형태가 존재할지 모른다는 실험적으로 허용되는 가능성에서 나온 예측이다Fogli et al. 2012.

위의 고찰에 의하면, 매끄러운 (공간꼴) 미래 등각 경계 $\mathcal{J}$가 존재하게 될 조건들이 거의 만족될 가능성이 높은데도, 궁극적인 미래에 가끔씩 무거운 입자들이 남아 있을 듯 보이기에 이러한 구도에 약간의 흠집이 날 것 같다. 내가 여기서 기술하려고 하는 방안(등각 순환 우주론Conformal Cyclic Cosmology, CCC)은 오직 질량 없는 입자들만이 $\mathcal{J}$에서 살아남을 때 가장 잘 작동한다. 따라서 내가 추측하기로, 극단적으로 먼 미래에서 정지 질량 자체는 마침내 없어지다가 오직 점근적 무한 시간 극한에서만 영이 된다. 이는 터무니없을 정도로 느린 속도일 수 있으며, 현재의 관측 결과와 상충되는 점이 결코 없을 때의 이야기다. 우리는 이를 역inverse 힉스 메커니즘의 속성으로 생각할 수 있는데, 사실상 이 메커니즘은 주위 온도가 지극히 낮은 값에 도달할 때에만 등장한다. 사실, 입자 정지 질량의 유동적인running 값들은 어떤 입자물리학 이론들의 한 특성이기에Chan and Tsou 2007, 2012; Bordes et al. 2015, 모든 질량이 결국(이 "결국"에 이르기까지 정말로 매우 긴 시간이 걸릴 수 있다)에는 영이 된다는 가정이 너무 비합리적이라고 볼 수는 없다.

그런 이론에 따르면 정지 질량의 붕괴는 모든 상이한 종류의 입자마다 똑같은 속도가 아닐 것이기에, 이 붕괴는 중력상수의 전체적인 붕괴 때문이 아닐 수 있다. 일반상대성이론은 그 이론 구성상, 시간에 대한 명확한 개념이 임의의 시간꼴 세계선을 따라 결정되어야 한다고 요구한다. 정지 질량이 일정하다고 여겨지는 한, 그러한 시간 값은 §1.8의 처방에 의해 가장 잘 주어질 텐데, 아인슈타인의 $E = mc^2$과 플랑크의 $E = h\nu$를 결합하여 알 수 있듯이 질량이 m인 임의의 안정적인 입자는 진동수가 mc^2/h인 이상적인 시계처럼 행동한다. 하지만 그러한 처방은 만약 아주 먼 미래에서 입자 질량이 상이한 속도로 없어진다면 통하지 않을 것이다.

CCC는 양의 우주상수 Λ(그래서 $\mathcal{J}$가 공간꼴이 되기)를 요구한다. 그러므로 어떤 의미에서 Λ는 척도를 계속 기록하기에, 아인슈타인의 (Λ) 방정식들은 시공간의 유한한 영역들 전체에서 타당하게 유지된다. 하지만 어떻게 Λ를 이용하여 국소적 시계를 제작할 수 있을지 알기는 어렵다. CCC의 중요한 기본 구성 요소는 $\mathcal{J}$에 접근할수록 시계들이 의미를 잃는다는 것이다. 그래서 등각 기하학의 개념들이 주도권을 장악하며 상이한 물리적 원리들이 $\mathcal{B}$와 $\mathcal{J}$ 둘 다에서 중요해진다.

이제 실제 CCC 이론을 살펴보자. 그러면 우리는 왜 이 제안을 바람직하다고 볼 수 있는지 이해할 수 있다. 기본 개념을 말하자면Penrose 2006, 2008, 2009a,b, 2010, 2014b; Gurzadyan and Penrose 2013, 빅뱅 기원에서부터(하지만 어떠한 급팽창 위상도 없는) 무한히 팽창하는 미래에 이르기까지 계속 팽창하는 우주라는 현재 우리가 알고 있는 구도는 무한히 반복되는 이온aeon 중에서 한 이온일 뿐이며, 각 이온의 $\mathcal{J}$는 다음 이온의 $\mathcal{B}$와 등각적으로 매끄럽게 일치하기에(그림 4–15 참고) 그 결과 생기는 등각적 4–다양체는 전체 접합면에 걸쳐 매끄럽다는 것이다. 어떤 의미에서 이 방안은 스타인하르트와 터록의 순환적/에크파이로틱 제안과 조금 비슷하지만(§3.11 참고), 충돌하는 막이나 끈/M–이론에서 나온 내용은 전혀 없다. 또한 베네치아노 제안(§3.11)과 공통점들이 있는데, 이는 각각의 빅뱅에 뒤이은 급팽창 위상이 없기 때문이다.* 하지만 어떤 의미에서 각각의 이온의 먼 미래에서의 지수적 팽창이 다음 이온의 급팽창 필요성을 대체해주는 역할을 한다. 그러므로 우리가 사는 이 이온에서, 그 이전 이온의 먼 미래에서의 급팽창적 확장이 우리가 선호하는 급팽창을 대체해주는 훌륭한 이유가 된다. §3.9에는 이와 관련된 다음의 사안들이 나온다. (1) CMB 온도 요동의 척도가 거의 불변인 성질. (2) CMB의 지평선 바깥에서의 상관관계의 존재. (3) 국소적 물질 밀도 ρ가 임계치 ρ_c에 이례적으로 가까워야 하는 초기 우주의 요건. 이 모든 내용은 CCC의 매우 타당한 결과라고 볼 수 있다.

마지막으로 CCC의 타당성에 관한 몇 가지 중요한 점들을 언급해야겠다. 그 중 하나는 어떻게 이와 같은 순환적 방안이 제2법칙과 일관될 수 있는가라는

---

* §§3.4와 3.5에서처럼 우리 우주의 이온을 촉발시킨 특정한 사건은 대문자 "빅뱅Big Bang"이라고 적었고 다른 이온들 및 그 용어의 일반적 용법은 그냥 "빅뱅big bang"이라고 적었다.

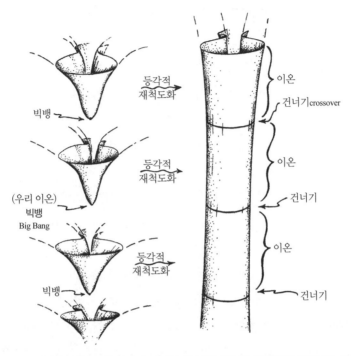

그림 4-15 등각 순환 우주론(CCC)의 구도. 이 제안에서 우리 우주(하지만 급팽창 위상은 없는)의 전체 역사에 관한 종래의 그림(그림 3-3에 묘사된 그림)은 무한히 반복되는 일반적으로 비슷한 이온들 중의 한 "이온"일 뿐이다. 각각의 이온으로부터 다음 이온으로 건너갈 때, 각 이온의 미래 무한대는 다음 이온의 빅 뱅과 등각적으로 매끄럽게 이어진다(그리고 각 이온의 급팽창 위상은 이전 이온의 궁극적인 지수적 팽창 위상에 의해 대체된다).

문제이다. 그런 순환성은 제2법칙과는 양립할 수 없는 것처럼 보이니 말이다. 하지만 여기서 핵심은 지금까지 우주의 엔트로피의 주된 성분이 심지어 아직까지도 은하 중심부의 초거대 블랙홀들이며 이 성분이 미래에 엄청나게 증가될 것이라는 사실이다(§3.6에서 이미 언급된 내용). 하지만 이런 블랙홀들은 결국 어떻게 될 것인가? 충분히 예상할 수 있듯이, 이 블랙홀들은 결국 호킹 과정에 의해 증발될 것이다.

여기서 요점을 짚어보자면, 호킹 증발의 세세한 내용은 휘어진 공간 배경의 양자장 이론의 미묘한 사안들에 따라 달라지긴 하지만, 호킹 증발은 제2법칙의 일반적 내용들을 근거로 하여 충분히 예상된다는 것이다. 이때 유념해야 할 점이 있다. 한 블랙홀에 부여된 엄청나게 큰 엔트로피(본질적으로 베켄슈타인-호킹 공식에 따라 질량의 제곱에 비례한다. §3.6 참고)는 블랙홀의 호킹 온도(본질적으로 질량의 제곱에 반비례한다. §3.7 참고)에 대한 명확한 예측으로 이어지고, 이는 블랙홀이 결국에는 질량을 잃고서 증발해버린다는 사실로 이어진다Bekenstein 1972, 1973; Bardeen et al. 1973; Hawking 1975, 1976a,b. 나는 이 과정을 결코 반박하지 않는데, 그 이유는 제2법칙에 의해 사실상 유발되는 현상이기 때문이다. 하지만 호킹이 자신의 초기 고찰에서 이르렀던 한 가지 중요한 결론은 블랙홀의 역학에서 정보 손실(또는 내가 좋아하는 표현대로 하자면, 블랙홀 내부의 역학적 자유도의 손실)이 필연적으로 일어난다는 것인데, 이는 해당 논의에 근본적으로 새로운 요소를 도입하게 된다.

내가 보기에 이러한 자유도 손실은 블랙홀에 이르는 붕괴의 시공간 기하구조의 필연적인 결과로서, 그러한 붕괴를 표현하는 등각 다이어그램에 잘 드러난다. 비록 많은 물리학자들은 정반대 견해를 주장하긴 하지만 말이다. §3.5의 엄밀한 등각 다이어그램인 그림 3-29(a)에 원래의 오펜하이머-스나이더 구형 대칭 붕괴 그림이 그려져 있는데, 여기서 우리는 모든 물체가 일단 지평선을 넘어가고 나면 고전적 인과성의 통상적인 개념에서 보는 한, 자신의 내부 상황을 자세히 알릴 가망이 없이 특이점에서 필연적으로 붕괴할 수밖에 없음을 분명하게 알 수 있다. 게다가 강한 우주 검열이 유지되는 한(§§3.4, 3.10 참고) Penrose 1998a, TRtR, §28.8, 일반적 붕괴의 전체 구도는 그다지 다르지 않을 테며, 그림 4-16(a)의 등각 다이어그램에서 이를 엿볼 수 있다. 여기서 우리는 위쪽에 조금 불규칙적인 톱니 선이 BKLM 특이점과 비슷한 어떤 것을 표현한다고 생각해도 좋다. 이번에도 수평선을 넘어간 모든 물체는 필연적으로 특이점에서 붕괴하게 된다. 나는 이 그림을 수정하여 그림 4-16(b)에 호킹 증발된 블랙홀

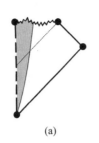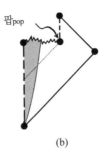

팝pop

(a)   (b)

그림 4-16 이 등각 다이어그램에서 블랙홀 특이점을 나타내는 톱니 선의 들쭉날쭉함은 그것이 일반적인 (아마도 BKLM) 속성이면서도 강한 우주 검열에 부합하는 공간꼴임을 가리킨다. (a)블랙홀이 되는 일반적인 고전적 붕괴 상황. (b)호킹 증발로 인한 최종적인 사라짐 이후에 블랙홀로 붕괴되는 상황. 음영으로 표시된 영역은 물질 분포를 가리킨다. 그림 3-19, 3-29와 비교해보기 바란다.

의 경우를 그렸는데, 여기서도 블랙홀 속으로 떨어지는 물체의 상황은 다르지 않다. 만약 국소적인 양자 효과들을 고려할 때 그 상황이 실제로 아주 달라지는 것을 상상하고자 한다면, 이에 관여할 시간 스케일을 염두에 두어야 한다. 초 거대 블랙홀로 추락하는 물체는 지평선을 넘어간 이후 특이점에 도달하기까지 몇 주 또는 심지어 몇 년이 걸릴 수도 있기에, 그 물체가 필연적인 운명을 향해 나아가는 과정을 고전적인 방법으로 기술하기가 충분히 적절하지 않다고 상상 하기란 어렵다. 만약 양자얽힘을 동원하여 그 물체가 특이점에 다가갈 때 정보 를 지평선(특이점까지의 거리가 빛의 속력으로 수주 또는 수년이 걸리는) 바깥 으로 전달한다고 주장한다면(일부 이론가들은 그런 예상을 하는 듯하다), 이는 양자얽힘이 신호를 전송하지 않는다는 제약사항과 정면으로 상충된다(§§2.10 과 2.12 참고).

 이 시점에서 나는 **방화벽**firewall이라는 사안을 언급해야겠는데, 이는 일부 이 론가들이 블랙홀 지평선의 한 대안으로 주장했던 개념이다Almheiri et al. 2013; Susskind et al. 1993; Stephens et al. 1994. 이 제안에 따르면 양자장 이론의 일반적인 원 리들에 바탕을 둔 주장들(호킹 온도를 지지하는 내용과 관련된 주장들)을 끌어들여 이 원리들이 다음과 같은 결론으로 이어짐을 밝히려고 한다. 즉, 블랙홀 지평선 속으로 떨어지려고 하는 관찰자는 한 방화벽을 보게 되는데, 이 방화벽은 온도가 엄청나게 높아서 가엾은 관찰자를 파괴하고 만다는 것이다. 내가 보기에 이 주장은 현재 양자역학의 기본적인 원리들(그중에서도 특히 유니터리 **U**)이 중력의 맥락에서 일반적으로 참일 수가 없음을 밝히려는 또 다른 주장을 내놓게 된다. 일반상대성이론의 관점에서 보면, 블랙홀 지평선에서의 국소적인 물리학은 여느 다른 곳에서의 국소적 물리학과 다르지 않아야 한다. 사실 지평선 자체는 심지어 국소적으로 정의조차 내릴 수 없다. 왜냐하면 지평선의 실제 위치는 얼마나 많은 물질이 미래에 블랙홀 속으로 떨어질지에 따라 달라지기 때문이다. 어쨌거나 미시적인 현상에서 현재의 양자역학 이론이 아무리 수없이 검증을 받았더라도, 거시적인 현상과 관련해서는 반박이 불가능한 성공을 거둔 쪽은 분명 Λ 일반상대성이론이다.

그렇기는 하지만, 이 사안을 진지하게 고찰하는 대다수 물리학자들은 이 정보 손실의 전망으로 인해 매우 혼란스러워 하는데, 이 문제를 **블랙홀 정보 역설**이라고 부른다. 역설이라고 부르는 까닭은 이 문제가 **유니터리 U**의 근본적인 양자역학적 원리를 심대하게 위반하기 때문인데, 이는 양자 **신조** 전체를 심오하게 훼손한다! 여기까지 읽은 독자들은 분명히 알겠지만, 나는 **U**가 모든 수준에서 반드시 참이라는 주장을 지지하지 않는다. **U**-위반(측정 동안에 대다수 상황에서 발생하는 현상)은 중력이 개입할 때 일어난다. 블랙홀의 경우에는 정말 중력이 심오하게 개입하며, 내가 보기에 블랙홀의 양자 동역학에서 **U**-위반은 전혀 문제가 되지 않는다. 어쨌든 나는 오랫동안 블랙홀 정보 사안이 다음 주장에 크게 이바지한다고 여겨왔다. 즉, 객관적인 **R**-과정에서 꼭 발생하는 **U**-위반은 분명 중력이 바탕이 된 것이며 이른바 블랙홀 정보 역설과 필시 관련된 것일 수 있다Penrose 1981, TRtR, §30.9. 따라서 나는 정보 손실이 블랙홀의 특이점에서 **정말로** 발생한다는 견해(2004년 이후로 호킹을 포함한 많은 물리학자들한테는 인기가 없는 견해이다Hawking 2005)를 견지한다. 그러므로 **위상공간 부피**가 최초 블랙홀 생성과 호킹 증발에 의한 최종적인 사라짐 사이에 일어나는 이 과정의 결과로서 반드시 극적으로 감소하게 된다.

이것이 CCC에서 제2법칙에 어떤 도움을 준단 말인가? 이는 엔트로피의 정의에 대한 주의 깊은 고찰에 의존하는 문제이다. §3.3에서 보았듯이, 볼츠만 정의는 위상공간 부피 V의 로그 형태로 다음과 같다.

$$S = k \log V$$

여기서 V는 모든 관련 거시적 파라미터들에 대하여 고려 대상인 상태와 닮은 모든 상태들을 포함한다고 정의된다. 이제 한 블랙홀이 고려 대상인 상황에서 존재할 때, 그 블랙홀 속으로 떨어지는 것들을 기술하는 모든 자유도를 셈해야 하느냐라는 질문이 제기된다. 이 자유도는 특이점으로 향하다가 어떤 단계에서 파괴될 것이기에, 블랙홀 외부의 모든 과정에 대한 고찰사항에서 제외될 것이다.

블랙홀이 마침내 증발하는 바로 그 순간에 이 삼켜진 자유도는 전부 고려사항에서 완전히 제외될 것이라고 우리는 생각할 수 있다. 이와 달리, 블랙홀이 존재하는 어떠한 단계에서도 물체들이 블랙홀의 사건 지평선 속으로 떨어진 이후에 그런 자유도를 고려하지 않기로 우리는 선택할지 모른다. 한술 더 떠서, 손실은 점진적으로 블랙홀의 지극히 긴 수명 동안 차츰 퍼져나간다 여길지도 모른다. 하지만 그런다고 별로 달라질 것은 없다. 왜냐하면 우리는 블랙홀의 역사를 통틀어 전체적인 정보 손실에만 관심이 있기 때문이다.

앞서(§3.3) 보았듯이, 볼츠만 공식에 로그가 들어 있는 덕분에 우리는 삼켜진 swallowed 자유도가 고려될 때의 계의 총엔트로피 S_{tot}를 다음과 같이 적을 수 있다.

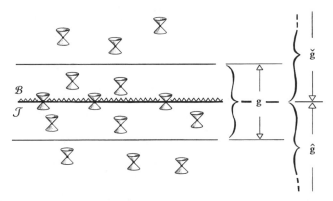

그림 4-17 건너기 3-곡면은 이전 이온을 다음 이온으로 이어주는데, 이로써 이전 이온의 미래 무한대 $\mathcal{J}$와 다음 이온의 빅뱅 $\mathcal{B}$가 연결된다($\mathcal{J} = \mathcal{B}$). 계량 **g**는 건너기 곡면을 포함하는 한 열린 "접합" 영역 상에서 완전히 매끄러우며, 전환 이전의 아인슈타인 물리 계량 $\hat{\mathbf{g}}(\mathbf{g} = \omega^2\hat{\mathbf{g}})$ 및 전환 이후의 아인슈타인 물리 계량 $\check{\mathbf{g}}(\mathbf{g} = \Omega^2\check{\mathbf{g}})$와 등각적이다. ω—장은 접합 영역 내내 매끄럽다가 건너기 과정에서 사라지며, 반비례 가설 $\Omega = -\omega^{-1}$이 이 영역 상에서 성립한다고 여겨진다.

$$S_{\text{tot}} = S_{\text{ext}} + k \log V_{\text{swal}}$$

여기서 S_{ext}는 삼켜진 자유도를 고려하지 않은 위상공간을 이용하여 계산한 엔트로피이며 V_{swal}은 삼켜진 모든 자유도의 위상공간 부피이다. 엔트로피 $S_{\text{swal}} = k \log V_{\text{swal}}$은 블랙홀이 마침내 증발하고 나면 계에 대한 유용한 고찰 내용에서 빠지게 된다. 따라서 블랙홀이 사라지고 나면 엔트로피 정의를 S_{tot}에서 S_{ext}로 바꾸는 편이 물리적으로 타당하다.

CCC에 의하면 제2법칙의 위반이 없으며, 블랙홀의 상당수 행동들 및 블랙홀의 증발이 정말로 제2법칙에 의해 유발된다고 여길 수 있다. 하지만 어떤 의미에서는 블랙홀 내부의 자유도 손실 때문에 제2법칙이 초월된다. 모든 블랙홀이 한 이온이 지나 완전히 증발할 무렵에는(빅뱅 이후 약 10^{100}년이 지나서), 처음에 적절하다고 보아 도입되었던 엔트로피 정의가 그 시간 간격 후에는 부적절해질 것이며, 훨씬 더 작은 엔트로피 값을 내놓는 새로운 정의가 다음 이온으로 전환되기 이전의 어느 기간 동안 적절해질 것이다.

이것이 다음 이온에서 왜 중력적 자유도를 억제하는 효과를 내는지 이해하려면, 한 이온에서 다음 이온으로의 전환을 지배하는 방정식들을 조금 살펴보아야 한다. 이 절에서 이미 도입했던 표기를 사용하면 우리는 그림 4-17과 같은 그림을 얻는다. 여기서 $\hat{g}$는 전환이 일어나기 직전의 이전 이온의 먼 미래에서의 아인슈타인 물리 계량이며, $\check{g}$는 다음 이온의 빅뱅 직후의 아인슈타인 물리 계량이다. 이전에 말했듯이, $\mathcal{J}$ 근처의 기하구조의 매끄러움은 $\mathcal{J}$를 포함하는 좁은 영역에서 국소적으로 정의된 계량 $\mathbf{g}$로 표현되는데, 이 계량에 대하여 $\mathcal{J}$의 기하구조는 통상적인 공간꼴 3-곡면의 기하구조가 되며 $\mathbf{g}$는 $\mathbf{g} = \omega^2 \hat{\mathbf{g}}$를 통해 $\mathcal{J}$-이전의 물리 계량 $\hat{\mathbf{g}}$와 등각적으로 관련된다.

마찬가지로 $\mathcal{B}$에서의 매끄러움은 $\mathcal{B}$를 포함하는 좁은 영역에서 국소적으로 정의되는 $\mathbf{g}$라는 계량에 의해 표현되며, 이 계량에 대하여 $\mathcal{B}$의 기하구조는 통상적인 공간꼴 3-곡면의 기하구조가 된다. $\mathbf{g}$는 $\mathbf{g} = \Omega^2 \check{\mathbf{g}}$를 통해 $\mathcal{B}$-이전의 물리 계량 $\check{\mathbf{g}}$와 등각적으로 관련된다. CCC가 제안하는 바는 이 두 "$\mathbf{g}$" 계량이 이전 이온의 $\mathcal{J}$와 다음 이온의 $\mathcal{B}$를 담고 있는 동일한 (접합 계량이라고 부르는) 건너기 영역에서 성립되도록 선택할 수 있다는 것이다. 그러면 다음 식이 성립한다.

$$\omega^2 \hat{\mathbf{g}} = \mathbf{g} = \Omega^2 \check{\mathbf{g}}$$

게다가 나는 아래 식처럼 Ω가 ω의 역수에 마이너스 부호를 붙인 것이라는 반비례 가설을 채택한다.

$$\Omega = -\omega^{-1}$$

여기서 ω는 이전 이온에서 다음 이온으로 이동할 때 음의 값에서 양의 값으로 매끄럽게 이동하며, 전환 3-곡면($\mathcal{J} = \mathcal{B}$)에서 $\omega = 0$이 된다. 그림 4-17을 보기 바란다. 이 그림은 Ω와 ω 둘 다 이것들이 등각 인자로 작용하는 영역에서 양의 값이 되도록 허용한다.

이전 이온에서 다음 이온으로의 고유한 진행을 이해하려면 이보다 더 많은 내용이 필요한데, 이때에도 여전히 어떻게 하면 이 고유성을 가장 잘 보장할 수 있는가라는 사안이 등장한다(이 사안에는 건너기에 이어서 질량의 재등장을 위해 표준적인 힉스 메커니즘이 개입하는 것과 관련하여 어떤 대칭성 붕괴가 일어난다). 이 모든 내용은 이 책의 난이도를 훌쩍 뛰어넘지만 여기서 한 가지는 꼭 언급해야겠다. 즉, 이 전체 과정이 빅뱅의 자세한 속성을 이해하기 위해 어떤 양자중력 이론이 필요하리라는 흔한 견해와 상당히 상충한다는 것이다. 여기에서 우리는 단지 고전적인 미분방정식들만을 갖고 있는데, 이는 특히 확립된 양자중력 이론이 존재하지 않는다는 점에서 매우 예언적일 수 있다! 내 관점에 따르면 우리가 양자중력의 영역으로 들어가려야 갈 수 없는 까닭은, $\mathcal{B}$에서 마주치게 되는 엄청나게 큰 시공간 곡률들(즉, 매우 작은 플랑크 스케일의 곡률 반지름들)이 전부 아인슈타인 곡률 G(리치 곡률과 등가이다. §1.1 참고)의 형태이고 중력을 재는 것이 아니기 때문이다. 중력적 자유도는 G가 아니라 C에 있는데, C는 CCC에 따르면 건너기 영역의 근처에서 완벽하게 유한하기에 양자중력이 여기서는 중요하지 않다.

CCC의 자세한 방정식들의 정확한 형태에 관한 불확실성에도 불구하고, 건너기 과정에 중력적 자유도의 전달과 관련하여 한 가지는 확실하게 말할 수 있다. 꽤 흥미롭고도 미묘한 사안이긴 하지만, 핵심적인 내용은 다음과 같이 꽤 명쾌하게 진술할 수 있다. 바일 텐서 C는 등각 곡률을 기술하는 개념이므로 정말이지 등각적으로 불변인 실체임에 틀림없지만, 내가 K라고 부르는 또 하나의 양은 이전 이온의 계량 $\hat{g}$에서 C와 동일하다고 볼 수 있다. 그래서 다음과 같이 적을 수 있다.

$$\hat{K} = \hat{C}$$

이 두 텐서는 등각적으로 불변량이긴 하지만 서로 다르게 해석된다. C는 (계

량이 무엇이든지 간에) 바일의 등각 곡률로 해석되는 데 반해, **K**는 중력장으로 해석되며, 이는 등각적으로 불변인 파동 방정식을 만족한다(사실은 §4.1에 나온 트위스터 이론에 의해 기술되는 것과 동일한 파동 방정식으로서 스핀 2의 값을 갖는다. 즉, $|s| = 2\hbar$, 따라서 $d = +2$ 또는 -6이다). 흥미로운 것은 이 파동 방정식의 등각 불변성이 **K**와 **C**에 대해 상이한 등각적 가중치를 요구하기에, 만약 위에 나온 식이 성립한다면 계량 **g**에서 다음이 성립한다.

$$\mathbf{K} = \Omega\mathbf{C}$$

K의 파동 방정식의 등각적 불변성 때문에 **K**는 $\mathcal{J}$에서 한 유한한 값으로 전달되고, 이로부터 우리는 **C**가 거기서 반드시 사라져야 함을 즉시 연역해낸다(왜냐하면 Ω가 무한대가 되기 때문이다). 그리고 등각적 기하구조가 $\mathcal{J} = \mathcal{B}$에서도 일치해야만 하므로 사실 **C**는 다음 이온의 빅뱅에서도 사라지게 된다. 그러므로 CCC에서는 바일 곡률 가설이 우리가 토드의 제안을 한 단일한 이온에 적용해서 직접 얻는 유한한 형태의 **C**보다는 원래 형태인 **C** = 0을 분명히 만족시킨다.

우리가 갖고 있는 미분방정식들은 이전 이온의 $\mathcal{J}$로부터 다음 이온의 $\mathcal{B}$로 모든 정보를 실어 나른다. 중력파 속의 정보는 **K**의 형태로 $\mathcal{J}$에 도달하며, 이 정보는 Ω의 겉모습을 한 채로 다음 이온으로 전달된다. (사실, 반비례 가설을 통해) 우리가 알아낸 바는 등각 인자 Ω가 다음 이온에서 새로운 스칼라 장으로서 "실재성"을 획득해야 한다는 것인데, 이 스칼라 장은 다음 이온의 빅뱅에서 출현하는 물질을 지배한다. 내가 추측하기로, 이 Ω-장은 사실 다음 이온의 암흑물질(§3.4에서 보았듯이, 이 불가사의한 물질이 현재 우주의 물질 구성물의 약 85%를 차지한다)의 초기 형태이다. Ω-장은 다음 이온의 일종의 에너지 함유 물질로 해석되어야 한다. 그것은 CCC의 방정식들(단지 다음 이온에 대한 아인슈타인 Λ-방정식들)에 따라 다음 이온의 에너지 텐서에 기여하기 위해 존재해야 한다. 그것은 이전 이온으로부터 전달된 모든 질량 없는 장들(가령 전자기장. 중력장은 제외)에 추가적인 성분을 제공함이 틀림없다. 바로 이 Ω-장이 이전 이온에서의 **K** 안에 든 정보를 집어냄으로써, **K** 정보는 손실되지 않은 채로 다음 이온에서 중력적 자유도로서가 아니라 Ω의 요동으로서 등장한다Gurzadyan and Penrose 2013.

원리를 말하자면, 힉스 메커니즘이 다음 이온에서 지배권을 장악할 시기에 Ω-장은 질량을 획득하며 그러고 나서 (천체물리학 관찰 결과와 일치하는 데 필요한) 암흑물질이 된다(§3.4). 따라서 Ω와 힉스 장 사이에는 어떤 긴밀한 관련성이 있어야 할 것이다. 게다가 이 암흑물질은 다음 이온의 진행 과정을 통해 완전히 붕괴하여 다른 입자로 바뀌어야 하는데, 그래야지 한 이온으로부터 다른 이온으로 전환될 때 암흑물질의 누적이 없을 것이다.

마지막으로 CCC의 관찰 검증의 문제가 있다. 사실, 이 방안은 전체적으로 꽤 탄탄하기에 CCC가 관찰을 통해 진정으로 검증할 수 있는 내용을 내놓을 분야가 분명 많다. 이 책을 쓰고 있는 현재, 나는 이 방안의 단 두 특징에만 집중했다. 첫째 나는 우리 이전 이온의 초거대 블랙홀들끼리의 마주침을 살펴본다. 각 이온의 역사를 통틀어 그런 마주침은 전체적으로 매우 빈번함이 틀림없다 (가령, 우리 이온에서 약 10^9년 후를 만기로 우리 은하가 안드로메다은하와 충돌 과정에 있기에, 이로 인해 우리 은하 내의 $\sim 4 \times 10^6$배 태양 질량의 블랙홀이 안드로메다 내의 $\sim 10^8$배 태양 질량의 블랙홀 속으로 빙글빙글 빨려 들어갈 것이다). 그런 마주침들은 폭발하는 듯 거대한 중력파 에너지를 발생시키는데, CCC에 의하면 이 에너지는 다음 이온의 초기 암흑물질 분포에 폭발적인 요동을 야기할 것이다. 우리 이전 이온에서 이와 같은 사건들은 CMB에 (종종 동심원 형태의) 순환적 신호를 발생시킬 텐데, 이 신호는 해독이 가능하다Penrose 2010; Gurzadyan and Penrose 2013. 사실 그런 활동이 실제로 CMB에 존재함을 알려주는 유의미한 신호가 있는 듯하다. 이는 WMAP와 플랑크 우주망원경의 데이터에서 드러난 결과로서(§3.1 참고), 두 연구팀이 개별적으로 실시한 연구에서 관찰되었다Gurzadyan and Penrose 2013, 2016; Meissner et al. 2013. 이는 CCC 제안과 일치하는 이전의(그리고 놀랍도록 비균질적인) 우주 이온을 지지하는 뚜렷한 증거를 제공해주는 것처럼 보인다. 만약 이런 해석이 그 데이터를 옳게 파악한 것이라면, 아마도 다음과 같이 결론을 내릴 수 있을 것이다. 즉, 우리 이전 이온의 초거대 블랙홀 분포에는 상당한 비균질성이 있으리라고 말이다. 비록 이것이 CCC 방안이 예상한 바는 아니었지만, 분명 이 내용은 CCC 방안 속에 수용될 수 있다. 어떻게 그런 비균질성이 (CMB 온도 요동이 무작위적인 양자적 기원을 갖는) 종래의 급팽창 구도에서 발생할 수 있는지 알기란 훨씬 더 어렵다.

CCC를 지지하는 관찰 결과가 하나 더 있다. 그 결과는 2014년 초에 폴 토드를 통해 알게 된 것으로, CCC가 **태초의 자기장**의 한 원천일 수 있다는 내용이다. (CCC와 별도로) 빅뱅 초기에 자기장이 존재해야 할 명백한 필요성은 자기장이 은하 간 공간의 어떤 방대한 영역을 차지하는 거대**공동**에서 실제로 관찰된다는 사실에서 비롯된다Ananthaswamy 2006. 은하 및 은하 간 자기장의 존재에 대한 종래의 해석은 이 자기장이 **플라스마**(우주 공간의 넓은 영역에 함께 퍼져 있는 분리된 양성자들과 전자들)가 관여하는 은하의 동역학적 과정에서 생기며, 이 과정이 은하 내부 및 은하 간에 기존에 있던 자기장을 확장시키고 강화시키는 역할을 한다는 것이었다. 하지만 그런 과정은 은하가 없는 곳에서는 일어날 수 없는데, 거대공동이 그런 예다. 따라서 거대공동에서 자기장의 존재가 관찰된 것은 불가사의가 아닐 수 없다. 그러므로 그런 자기장은 **태초**에 있었던 것, 즉 빅뱅 초기에 이미 존재했던 것이 분명하다.

토드의 제안에 따르면 그런 장은 정말로 **이전** 이온의 은하 무리들에 있었던 영역으로부터 우리의 초기 빅뱅으로 무사히 들어왔을 수 있다. 어쨌거나 자기장은 맥스웰 방정식을 따르는데, 이 방정식은 앞서도 말했듯이 **등각적으로 불변**이기에 그런 장은 한 이온의 먼 미래에서 나와서 다음 이온의 시작점으로 들어갈 수 있다. 그렇기에 그런 장은 우리 이온에서 태초의 자기장으로 출현하게 된다.

그런 태초의 자기장은 CMB의 광자 분극에서 나타난 이른바 B-모드의 원천일 수 있는데, 이는 BICEP2 연구팀이 관찰했으며 급팽창의 "스모킹 건"이라며 2014년 3월 17일에 널리 보도되었다Ade et al. 2014! 이 책을 쓰고 있는 현재, 이 관찰 결과의 의미에 대해 몇 가지 의문이 있는데, 그중 하나는 은하 간 먼지의 역할이 이 사안에서 적절히 고찰되지 않았다는 주장이다Mortonson and Seljak 2014. 그럼에도 불구하고 CCC는 그런 B-모드를 대안적으로 해석하는데, 어떤 해석이 사실에 가장 잘 들어맞을지는 두고 볼 일이다. 마지막으로 덧붙이자면, 이와 관련하여 그런 이전 이온의 은하 무리의 존재는 CCC에 따르면 초거대 블랙홀들의 마주침을 통해 저절로 드러날지 모른다. 그러면 여기서 언급했던 CCC를 뒷받침하는 두 가지 관찰 결과는 서로 관련될 수 있다. 이 모든 내용은 추가적인 관찰 검증을 요하는 흥미로운 사안들로 이어질 것이며, CCC가 그런 기대에 얼마나 잘 부응할지 알아보는 것도 매우 흥미진진할 것이다.

4.4 사적인 맺음말

몇 년 전에 나는 한 네덜란드 기자와 인터뷰를 하였다. 기자는 나더러 스스로를 "독불장군maverick"이라고 여기냐고 물었다. 나는 그 단어를 기자가 의도했던 뜻과는 다르게 받아들였다(지금 내가 갖고 있는 『콘사이스 옥스퍼드 영어 사전』은 그 기자의 뜻을 지지하는 듯하다). 나는 독불장군이란 종래의 사고방식과 다르게 가는 사람일 뿐만 아니라 어느 정도는 무리로부터 고의적으로 비켜 서 있으려고 하는 사람이라고 여겼다. 그래서 기자에게 "나는 스스로를 그런 사람이라고 전혀 여기지 않으며, 세계의 작동방식에 관한 기본적인 물리학 이론들과 관련한 대부분의 측면에서 나는 꽤 보수적인 편"이라고 대답했다. 게다가 과학의 한계를 돌파하려고 애쓰는, 내가 아는 다른 대다수 과학자들보다 내가 훨씬 더 종래의 지혜를 소중히 여기는 사람이라고 덧붙였다.

내 말이 무슨 뜻인지 사례를 들어 알아보기 위해, 아인슈타인의 일반상대성 이론(우주상수 Λ가 포함된 이론)을 살펴보자. 나는 중력과 시공간에 관한 아름다운 고전적 이론으로서 이 이론을 대단히 반기기에, 곡률이 너무 극심해져서 아인슈타인의 이론이 한계에 다다르는 특이점을 너무 심하게 파고들지 않는 한 이 이론을 철저하게 신뢰한다. 확실히 나는 일반상대성이론의 결과들을 흡족히 여긴다. 심지어 생애 말년에 아인슈타인 자신이 흡족히 여겼던 정도보다도 더 흡족하게. 만약 아인슈타인의 이론이 본질적으로 그냥 빈 공간으로 이루어져 있으면서 별을 통째로 삼킬 수 있는 기이한 물체가 반드시 존재한다고 알려준다면 그런 것이다. 하지만 아인슈타인 자신도 우리가 지금 **블랙홀**이라고 부르는 이 개념을 거부했으며, 그런 궁극적인 중력 붕괴가 결코 발생하지 않음을 주장하려고 했다. 그는 자신의 상대성이론이 고전적 수준에서조차 근본적인 변화를 필요로 한다고 확신했다. 그랬기에 후반기 인생 대부분을(프린스턴 고등연구소에 있는 동안) 자신의 굉장한 일반상대성이론을 다양한 방식으로 수정하려고 시도했으며 전자기 현상을 이 수정 사항 속에 포함시키려고 했지만 다른 물리학 분야들은 대체로 무시했다.

§4.3에서 주장했듯이, 나는 아인슈타인의 일반상대성이론을 특이한 방향으로 확장시키기를 좋아하는데, 그 이론을 엄밀히 따르면 빅뱅이 틀림없이 우주의 시작임을 알려주지만, 그 놀라운 사건 이전으로 시공간을 확장하면 아인슈타인의 위대한 이론 내에 있지 않은 다른 어떤 것이 펼쳐진다. 하지만 내가 시도하는 확장은 지극히 온건한 편으로, 단지 아인슈타인의 개념들을 조금 넓혀서 이전보다 조금 더 넓은 범위에서 적용될 수 있도록 하자는 것이다. CCC는 정말로 아인슈타인이 1917년에 내놓은 그대로 Λ 일반상대성이론과 정확하게

일치하며, 다른 모든 우주론 책들에서 서술된 그대로 그 이론과 완벽하게 들어 맞는다(비록 태초의 물질 발생원은 거기에서 나오지 않지만 말이다). 게다가 CCC는 아인슈타인의 Λ를 그가 제시한 그대로 받아들이며, 어떤 불가사의한 "암흑에너지"나 "거짓 진공" 또는 "제5원소" 같은 개념들(고전적인 아인슈타인 이론에서 크게 벗어날지 모르는 방정식들을 따르는 개념들)을 도입하지 않는다.

양자역학에 관해서조차 §2.13에서 나는 많은 물리학자들이 고수하는 듯 보이는 맹목적인 양자 신조에 의구심을 표했지만, 양자역학의 매우 특이한 의미들 거의 대다수를 전적으로 인정한다. 가령 EPR(아인슈타인-포돌스키-로젠) 효과에 의해 드러나는 비국소성이 그런 예다. 내가 미심쩍어 하는 대목은 단지 아인슈타인의 시공간 곡률이 양자 원리들과 상충된다고 볼 수 있는 지점뿐이다. 따라서 나는 양자론의 기이함을 지속적으로 뒷받침해주는 모든 실험 결과들을 즐겁게 받아들인다. 왜냐하면 현재로선 그 실험 결과들은 일반상대성이론과의 긴장을 드러내는 수준에 한참 못 미치기 때문이다.

유행하는 높은 공간 차원성(그리고 이보다는 조금 인기가 적은 초대칭)에 관해서 나는 이번에도 매우 보수적으로 이 개념들을 거부하지만, 그래도 고백할 것이 하나 있다. 내가 여분의 공간 차원에 대해 반대하는 까닭은 거의 전적으로 이런 여분의 차원들에 의해 엄청나게 큰 자유도가 나타난다는 문제 때문이다. 나는 이런 반대가 정말로 타당하다고 확신하며, 고차원 이론가들이 그런 문제를 제대로 언급한 것을 본 적이 없다. 하지만 그런 문제가 고차원성에 대해 반대하는 나의 **진정한 본심**은 아니다!

그렇다면 진짜 이유는 무엇일까? 나는 기자들과 인터뷰를 하거나 친구들이나 지인들과 대화를 할 때 고차원 이론에 반대하는 이유가 무엇인지 가끔 질문을 받았다. 이에 대해 나는 공적인 이유와 사적인 이유 두 가지 면에서 대답할수 있다. 공적인 반대 이유는 대체로 과도한 자유도로 인해 제기되는 문제들에 바탕을 둔 것이지만, 사적인 이유는 무엇일까? 이 이유를 밝히려면 내가 정립한 개념들을 시기순으로 살펴보아야 한다.

시공간 개념들을 양자 원리들과 결합시키자는 계획은 1950년대 초반에 내가 수학과 대학원생이었을 때 처음 세웠다. 이후 케임브리지 대학의 세인트 존스 칼리지에서 연구원으로 지낼 때 내 친구이자 멘토인 데니스 시아마Dennis Sciama 그리고 펠릭스 피라니Felix Pirani 등과의 긴 대화에서 종종 큰 자극을 받았고, 몇몇 뛰어난 강의, 특히 헤르만 본디와 폴 디랙의 강의에서 큰 영감을 받았다. 아울러 나는 유니버시티 칼리지 런던에서 학부 과정을 밟을 때부터 복소해석과 복소기하학의 위력과 마법에 크게 경도되어 있었으며, 이 마법이 세계의 근본적인 작동 방식에 틀림없이 깊이 관여하고 있다고 확신하게 되었다. 내가 알아차리기로, 2-성분 스피너 형식론(디랙이 자신의 강의에서 내게 확실히 일러주었던 주제) 내에는 3차원 공간 기하학과 양자역학적 진폭 사이에 밀접한 관련성이 있을 뿐만 아니라 로런츠 군과 리만 구 사이에 조금 상이한 점이 있다(§4.1 참고). 이런 관계들은 우리가 주위에서 직접 경험하는 특정한 시공간 차원을 요구했지만, 나는 트위스터 이론이 이후에 드러냈던 핵심적인 관련성을 약 오 년의 시간이 흐른 1963년 이전까지는 찾아낼 수가 없었다.

나에겐 이것이 기나긴 세월의 탐구 중에서 정점이었다. 비록 이런 개념들을 그 특정한 방향으로 이끈 다른 핵심 동기들도 있긴 했지만Penrose 1987c, 공간의 3차원을 시간의 1차원과 본질적으로 "로런츠" 결합시키는 것은 전체 탐구 과정에 완전히 스며있었다. 게다가 이후에 발전된 내용들 다수(가령 §4.1에서 언급했던 질량 없는 장의 파동함수의 트위스터 표현)는 이런 연구 방향의 가치를 확인시켜주는 듯했다. 그러니 끈 이론(처음에는 나도 분명 끌렸는데, 그 이유는 일찍이 그 이론이 리만 곡면을 이용했기 때문이다)이 그런 여분의 공간 차원을 모조리 끌어들이는 방향으로 옮겨가자 나는 경악을 금치 못했고 고차원 우주라는 낭만적인 유혹에 결코 휩쓸리지 않았다. 자연이 로런츠 4-공간과의 모든 아름다운 연관성을 거부한다는 발상을 나로서는 도저히 믿을 수 없었으며, 지금도 마찬가지다.

물론 내가 로런츠 4-공간을 고수하는 것을 기초물리학에 대한 나의 내면적 보수성의 한 예라고 여기는 독자들도 있을지 모르겠다. 하지만 나는 물리학자가 자신의 개념들을 올바르게 정했다면 굳이 바꿀 이유가 없다고 본다. 그 개념들이 옳지 않을 때나 아니면 옳다고 보기가 아주 어려울 때나 그런 고민을 하는 법이다. 물론 이론이 아주 훌륭하게 통할 때조차도 어떤 근본적인 변화가 필요할 수는 있다. 뉴턴 역학이 딱 들어맞는 사례인데, 나는 양자론도 똑같다고 믿는다. 하지만 그렇다고 해서 이 굉장한 두 이론이 기초물리학의 발전 과정에서 이룬 확고한 지위가 결코 약해지지는 않는다. 거의 두 세기가 지나서야 뉴턴의 특정한 우주관은 맥스웰의 연속 장의 도입으로 인해 수정이 필요해졌으며, 다시 반세기가 지나서야 상대성이론과 양자론이 등장하면서 변화가 필요해졌다. 양자론도 그만큼 오랜 세월 동안 무사할 수 있을지 여부가 사뭇 흥미롭다.

과학적 개념들에 종종 개입하는 유행 사조가 어떤 역할을 하는지에 대해 마지막으로 몇 마디를 던지고 싶다. 나는 현대의 기술 덕분에 주로 인터넷을 통해 방대한 과학지식에 쉽게 접근할 수 있게 된 것에 감탄을 표하며 또한 많은 혜택을 입었다. 하지만 어쩌면 이 방대함이 유행 분위기만 조장할지도 모른다. 접근할 수 있는 정보가 넘치다 보니, 그 많은 정보들 중에서 꼭 관심 가져야 할 새로운 개념이 포함된 것이 무엇인지 분간해내기가 매우 어려워졌다. 무엇이 중요한지 그리고 무엇이 단지 인기 때문에 유명할 뿐인지 어떻게 판단한단 말인가? 새롭든 오래 되었든 진짜 내용, 일관성 그리고 진실을 담고 있어서라기보다는 대체로 다수의 관심을 받는다는 이유로 다수설이 된 이론들을 어떻게 걸러낸단 말인가? 이는 어려운 질문이라서 나도 명확한 답을 내놓을 수는 없다.

하지만 과학에서 유행이 득세하는 현상은 결코 새로운 것이 아니며, 나는 과거에 과학에서 이러한 유행이 어떤 역할을 했는지를 §1.1에서 살펴보았다. 유행에 휩쓸리지 않는 독립적이고 일관된 판단을 균형 잡게 내리기란 매우 어렵다. 개인적으로 나는 재능이 많으시고 내 삶에 많은 감화를 주신 아버지 덕분에 성장기에 큰 은혜를 입었다. 아버지는 인간 유전학을 전문적으로 연구하는 생물학자이셨는데, 관심과 재주가 다방면에 걸쳐 있어서, 수학, 미술, 음악 그리고 글쓰기에도 재능이 있으셨다. 비록 우리 가족이 아버지로부터 즐거움과 감화를 많이 받긴 했지만, 재능이 너무 출중하시다 보니 당신의 수많은 관심사와 독창적인 통찰을 가족들과 함께 나누는 데에는 가끔씩 한계를 드러내시곤 했다. 가족 구성원의 전반적인 지성 수준도 꽤 높아서, 나는 매우 조숙했던 형 올리버한테서도 많이 배웠으며, 특히 물리학 분야에서 큰 도움을 받았다.

아버지는 주관이 뚜렷하신 분인지라, 일반적으로 인정받는 사고방식이라도 당신께서 틀렸다고 느끼시면, 주저 없이 그 점을 지적하시곤 했다. 특히 기억에 남는 일화가 있는데, 아버지의 한 동료가 자신의 책 표지에 집안 족보를 사용했을 때의 일화이다. 이 독특한 가족은 Y 염색체 유전의 대표적인 사례라고 예전부터 여겨졌다. 왜냐하면 집안에 한 질병이 유전되었는데, 이는 이전 세대의 아버지로부터 다음 세대의 아들에게만 전해졌으며 집안의 어떠한 여자도 걸리지 않았기 때문이다. 이 질병은 심각한 피부 질환(중증성호저피상어린선)으로, 이 병에 걸린 사람을 가리켜 **호저 인간**이라고도 부른다. 아버지께서는 족보를 믿지 않는다고 그 동료에게 터놓으면서, 이 특별한 질병이 Y 염색체 유전의 적절한 사례라고는 결코 인정할 수 없다고 밝히셨다. 게다가 호저 인간은 십팔 세기에 서커스에 출현하던 사람들이니, 아버지께서는 서커스 단장이 직접적인 부계 유전과 같은 이야기를 퍼뜨렸으리라고 여기셨다. 동료가 아버지의 견해를 아주 미심쩍어 하자, 아버지는 스스로 이 사안을 증명하겠다고 나서셨다. 아버지는 어머니와 함께 사방팔방을 다니시며 해당 자료가 나오는 옛 교회 문서들을 조사하여 호저 인간의 족보가 **실제로** 어떤지 알아보셨다. 몇 주에 걸친 조사를 마친 후에 아버지께서는 이전에 알려진 것과는 상당히 다르고 더욱 타당해 보이는 족보를 의기양양하게 내놓으셨다. 이로써 그 질병은 Y 염색체 유전의 사례가 결코 될 수 없고, 그저 단순한 우성 질환임을 밝혀내셨다.

아버지는 무엇이 옳을지 늘 직감적으로 아시는 것 같았다(언제나 옳지는 않았지만 말이다). 아버지의 직감은 비단 과학 분야에만 국한되지 않았는데, 특히 아버지가 자신감을 가졌던 분야는 셰익스피어 작품의 진위 문제였다. 아버지는 토머스 루니의 책Thomas Looney 1920에 흠뻑 빠지셔서, 셰익스피어 희곡들의 진짜 저자는 17세기 옥스퍼드의 백작인 에드워드 드 비어Edward de Vere라고 믿으셨다. 그래서 드 비어의 저술들을 셰익스피어의 희곡들과 비교하고 통계적으로 분석하여 이 저자 진위 문제를 검증하려고까지 하셨다(결국에는 결론을 내리기가 어려운 것으로 밝혀졌다). 아버지의 동료들 대다수는 이 믿음이 너무 지나치다고 여기셨다. 나도 일반적으로 인정되는 견해에 반하는 주장이 상당히 설득력이 있다고 본다(왜냐하면 문맹자가 쓴 것 같은 몇 개의 서명은 차치하고라도, 그렇게나 위대한 작품의 저자가 자기 책을 소유하지 않았고 자필 원고를 남기지 않았다는 것이 도무지 이해가 가지 않기 때문이다. 하지만 나는 진짜 저자가 누군지에 대해서는 아무 견해가 없다). 그런데 흥미롭게도 최근에 마크 앤더슨Mark Anderson 2005의 책에서 드 비어가 진짜 저자라는 설득력 있는 주장이 제기되었다. 일반적으로 확립된 과학적 견해를 바꾸는 일이 아무리 어렵더라도, 문학계에서(특히 엄청난 상업적 이해관계가 걸려 있으며 그처럼 확고하게 굳어진 도그마에 대해서) 똑같이 하기가 굉장히 어렵다는 데 비한다면야!

A

부록

_____

A.1 지수

이 절에서 나는 한 수를 지수만큼 거듭제곱하는 것에 대해 말하고 싶다. 물론 이는 그 수를 자기 자신과 여러 번 곱한다는 뜻이다. 그러므로 a와 b가 양의 정수일 때 표기

$$a^b$$

는 a를 자기 자신과 총 b번 곱한다는 뜻이다(따라서 $a^1 = a$, $a^2 = a \times a$ 그리고 $a^3 = a \times a \times a$ 등이다). 그러므로 $2^3 = 8$, $2^4 = 16$, $2^5 = 32$, $3^2 = 9$, $3^3 = 27$, $4^2 = 16$, $5^2 = 25$, $10^5 = 100000$ 등이다. 만약 $a \neq 0$이라면 어렵지 않게 이를 a가 양수가 아니거나 b가 양수가 아닌 경우에까지 확장할 수 있다(가령, $a^{-2} = 1/a^2$). 그리고 지수 표기는 a와 b가 둘 다 정수가 아닌 경우에도 적용된다(가령, 두 수가 실수이거나 심지어 복소수일 경우에도 적용되는데, 이에 대해서는 나중에 §§A.9와 A.10에서 살펴본다). (하지만 여러 개의 값이 나오는 문제가 생길 수 있다TRtR, §5.4.) 내가 이 책에서 꽤 일관되게 사용하고 있는 용어와 관련하여 한 가지 사소한 점을 짚자면, "십억billion", "일조trillion" 또는 "천조quadrillion"처럼 (아직도 어느 정도 불명확하게 쓰이는) 약간 모호한 용어와 이 책의 여러 군데 (특히 3장)서 나오는 매우 큰 수들을 표현하기에 어려움이 많은 용어를 사용하기보다, 나는 백만(10^6)보다 큰 수에 대해서는 10^{12}와 같은 지수 표기를 꽤 체계

적으로 사용한다.

이 표기는 매우 단순하지만 우리는 그런 연산을 두 번째 수준에서 실행하여 아래와 같은 양을 다루는 데에 관심이 있을지 모른다.

$$a^{b^c}$$

이 표기가 무슨 뜻인지 명확하게 설명해야겠다. 이것은 $(a^b)^c$, 즉 a^b를 지수 c만큼 거듭제곱한 값을 뜻하지 않는다. 왜냐하면 실용적인 이유에서 우리는 그 값을 반복되는 지수 표기 없이 그냥 a^{bc}(즉, a를 지수 $b \times c$만큼 거듭제곱한 값)로 완벽하게 적을 수 있기 때문이다. a^{b^c}는 사실은 (대체로 매우 더 큰 양인) 아래 값을 나타낸다.

$$a^{(b^c)}$$

다시 말해, a를 지수 b^c만큼 거듭제곱한 값을 나타낸다. 그러므로 $2^{2^3} = 2^8 = 256$이지 $(2^2)^3 = 64$가 아니다.

이제 이런 양에 대한 조금은 기본적인 내용을 말하고 싶다. 즉 상당히 큰 수 a, b, c에 대하여 a^{b^c}의 값은 a에 별로 의존하지 않고 대신에 c가 가장 중요하다(이 사안에 대해 더 흥미로운 내용은 참고 문헌을 보기 바란다Littlewood 1953; Bollobás 1986, pp. 102~3). 이를 꽤 명확하게 알려면 a^{b^c}를 로그로 다시 적어보면 된다. 그런데 나는 수학자이자 조금은 순수주의자답게 자연로그를 사용하기 좋아하니, 내가 "로그"라고 적으면 자연로그 "$\log_e$"를 의미한다(비록 이것은 "ln"이라고 종종 표시되지만 말이다). 만약 여러분이 이것보다는 통상적인 "밑이 10인 로그"를 선호한다면, 조금 후에 나오는 문단으로 건너가기 바란다. 하지만 순수주의자들이 보기에 자연로그는 다만 표준적인 지수함수의 역일뿐이다. 무슨 뜻이냐면, 실수(양의 실수 x)에 대해

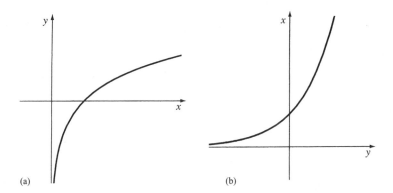

그림 A-1 (a)로그함수 $y = \log x$는 (b)지수함수 $x = e^y$의 역함수이다(축을 비표준적인 방식으로 사용). 그 래프에서 보이듯이, 역함수를 만들려면 x축과 y축을 교환하면 된다. 즉, 직선 $y = x$에 대해 대칭시키면 된 다.

$$y = \log x$$

는 아래와 같은 등가의 (역인) 방정식을 통해 정의된다.

$$e^y = x$$

여기서 e^y는 표준적인 지수함수인데, 때로는 "exp y"로 적기도 하며 아래와 같 이 무한급수에 의해 정의된다.

$$\exp y = e^y = 1 + \frac{y}{1!} + \frac{y^2}{2!} + \frac{y^3}{3!} + \frac{y^4}{4!} + \cdots$$

여기서

$$n! = 1 \times 2 \times 3 \times 4 \times 5 \times \cdots \times n$$

이다(그림 A-1 참고). 위의 급수에서 $y = 1$로 놓으면

$$e = e^1 = 2.7182818284590452\cdots$$

이며, 이 급수는 §A.7에서 다시 나온다.

이때 꼭 언급해야 할 사항은, (놀랍게도) 표기 "e^y"는 우리가 앞에서 보았던 내용과 일관된다는 점이다. 다시 말해, y가 양의 정수일 때 e^y는 e를 y번 곱한 값이다. 게다가 덧셈−곱셈 법칙이 지수들에도 성립한다. 즉 아래와 같이 표현할 수 있다.

$$e^{y+z} = e^y e^z$$

"log"는 "exp"의 역함수이므로, 위의 식으로부터 아래와 같은 로그의 곱셈−덧셈 법칙이 성립함을 알 수 있다.

$$\log(ab) = \log a + \log b$$

(이는 $a = e^y$로 $b = e^z$로 놓으면 위의 식과 등가이다.) 또한 다음 식도 성립한다.

$$a^b = e^{b \log a}$$

($e^{\log a} = a$이므로 $e^{b \log a} = (e^{\log a})^b = a^b$이다.) 이로부터 아래 식이 얻어진다.

$$a^{b^c} = e^{e^{c \log b + \log \log a}}$$

(왜냐하면 $e^{c \log b + \log \log a} = e^{c \log b} e^{\log \log a} = b^c \log a$이기 때문이다.) x가 큰 값일 때 함수 $\log x$는 매우 천천히 증가하고, 함수 $\log \log x$는 그보다 훨씬 더 천천히 증가하므로, 상당히 큰 값 a, b, c에 대하여 $c \log b + \log \log a$의 크기, 따라서 a^{b^c}의 크기를 결정하는 데 가장 크게 관여하는 것은 바로 c이며, a의 값은 정말로 거의 중요하지 않다고 할 수 있다.

아마도 일반 독자들은 밑이 10인 로그, 즉 "$\log_{10}$"을 사용하면 어떻게 되는지 더 쉽게 이해할 것이다. (이렇게 하면 대중들에게 설명할 때 "e"가 무엇인지 알려주지 않아도 되는 이점이 있다!) 나는 "$\log_{10}$" 대신에 "Log"라는 표기를 사용할 것이다. 따라서 실수 $u = \mathrm{Log}\, x$ (x는 임의의 양의 실수)는 아래의 등가인 역함수를 통해 정의된다.

$$10^u = x$$

그리고 다음 식이 성립한다.

$$a^b = 10^{b\,\mathrm{Log}\, a}$$

이로부터 (바로 위의 사례에서처럼) 다음이 성립한다.

$$a^{b^c} = 10^{10^{c\,\mathrm{Log}\, b + \mathrm{Log}\,\mathrm{Log}\, a}}$$

이제 우리는 $\mathrm{Log}\, x$가 매우 느리게 증가함을 아래에서 간단히 알 수 있다.

$$\mathrm{Log}\, 1 = 0, \quad \mathrm{Log}\, 10 = 1, \quad \mathrm{Log}\, 100 = 2,$$
$$\mathrm{Log}\, 1000 = 3, \quad \mathrm{Log}\, 10000 = 4 \quad \text{등등}$$

따라서 $\mathrm{Log}\,\mathrm{Log}\, x$가 지극히 느리게 증가함은 아래에서 알 수 있다.

$$\mathrm{Log}\,\mathrm{Log}\, 10 = 0, \quad \mathrm{Log}\,\mathrm{Log}\, 10000000000 = \mathrm{Log}\,\mathrm{Log}\, 10^{10} = 1,$$
$$\mathrm{Log}\,\mathrm{Log}\, (\text{1구골}) = \mathrm{Log}\,\mathrm{Log}\, 10^{100} = 2, \quad \mathrm{Log}\,\mathrm{Log}\, 10^{1000} = 3 \quad \text{등등}$$

본문에서도 설명했듯이 10^{1000}은 지수를 사용하지 않고 표기하면 "1" 다음에 "영"을 1000개 적으면 되며, 1구골은 "1" 다음에 "영"을 100개 적으면 된다.

3장에서 우리는 $10^{10^{124}}$와 같은 대단히 큰 수를 만난다. 이 특정한 수(우주가 빅뱅 시에 얼마나 "특수한" 상황에 있었는지를 대략 알려주는 수)와 거기서 제시된 주장들을 통해 우리는 그보다 조금 작은 수 $e^{10^{124}}$를 살펴보게 된다. 하지만 위에서 나온 대로 다음을 알 수 있다.

$$e^{10^{124}} = 10^{10^{124 + \log\log e}}$$

양 $\log\log e$는 계산해 보면 -0.362이기에, 좌변에서 e를 10으로 바꾸면 맨 위의 지수가 124 대신에 123.638로 바뀌게 되는데, 이 값 또한 여전히 124에 가장 가까운 정수이다. 사실 이 식에서의 추산치 "124"는 매우 높은 정확도로 알려져 있지 않기에, 어쩌면 더 "정확한" 수치는 125나 123일지도 모른다. 이전의 여러 다른 저술에서는 나도 1980년경에 던 페이지Don Page가 내게 알려주었던 이 특별한 수를 나타내기 위해 $e^{10^{123}}$을 사용하기는 했지만, 그때는 암흑물질이 우주에 가득 퍼져 있음이 제대로 인정되기 전이었다(§3.4 참고). 더 큰 수인 $e^{10^{124}}$ (또는 $e^{10^{125}}$)는 암흑물질을 고려한 값이다. 그러므로 e를 10으로 바꾸는 것은 결코 중요하지 않다! 이 경우 b는 그리 크지 않기에($b = 10$), 항 $\log\log e$는 조금 차이를 내긴 하지만 그리 대단한 차이는 아니다. 왜냐하면 124가 $\log\log e$보다는 훨씬 더 크기 때문이다.

이처럼 큰 수의 또 한 가지 특징으로는, 만약 그런 수들끼리 곱하거나 나누면 제일 위의 지수가 아주 조금 밖에 차이가 안 나더라도, 더 큰 지수를 지닌 수가 다른 수를 완전히 삼켜버리기 때문에 그런 곱셈이나 나눗셈에서 작은 수의 존재를 어느 정도 무시해버려도 좋다는 것이다! 무슨 말인지 알아보기 위해 우선 다음 예들을 보자.

$$10^{10^{x}} \times 10^{10^{y}} = 10^{10^{x} + 10^{y}} \quad \text{그리고} \quad 10^{10^{x}} \div 10^{10^{y}} = 10^{10^{x} - 10^{y}}$$

이때 만약 $x > y$이면, 곱셈에서 (낮은) 지수는 $10^{x} + 10^{y} = 1000\cdots001000\cdots00$이며 나눗셈에서 (낮은) 지수는 $10^{x} - 10^{y} = 1000\cdots000999\cdots99$이다. 여기서 곱셈의 경우, 첫 번째 구간 "$000\cdots00$"에는 $x - y - 1$개의 영이 들어 있고 두 번째 구간 "$000\cdots00$"에는 y개의 영이 들어 있다. 나눗셈의 경우, 첫 번째 구간에는 $x - y$개의 영이 들어 있고 두 번째 구간에는 $y - 1$개의 9가 들어 있다. 만약 x

가 y보다 상당히 크다면, 첫 번째 수의 가운데 있는 "1" 또는 마지막에 있는 9들은 실제로 중요하지 않다(물론 우리는 여기서 "중요하지 않다"가 무슨 의미인지를 조심해서 말해야 한다. 하나를 다른 하나에서 뺀 값은 여전히 매우 큰 값이기 때문이다!). 비록 $x - y$가 2처럼 작더라도 작은 지수 변화는 1% 이하이며 $x - y$가 2보다 훨씬 더 크다면 변화는 더더욱 작아지기에, 곱 $10^{10^x} \times 10^{10^y}$에서 10^{10^y}를 무시해도 된다. 마찬가지로 나눗셈에서 작은 수 10^{10^y}는 이번에도 삼켜지기에, $10^{10^x} \div 10^{10^y}$에서 대체로 완전히 무시해도 좋다. 이런 유형의 상황이 나름의 역할을 하는 것을 우리는 §3.5에서 보았다.

A.2 장의 자유도

특히 1장의 논의에서 더욱 중요한 것이 바로 a와 b가 **무한대**가 될 때의 "극한"에서 형태 a^{b^c}인데, 나는 그런 양을 ∞^{∞^n}으로 적는다. 이것이 실제로 무슨 뜻일까? 그리고 과연 이런 양이 물리학에 있어서 뭐가 중요한 것일까? 첫째 질문에 대답하려면 둘째 질문에 먼저 답을 하는 것이 최상이다. 그러려면 유념해야 할 것이 있다. 물리학의 많은 내용이 물리학자들이 장field이라고 부르는 개념에 의해 기술된다는 사실이다. 그러면 물리학자들이 보는 장의 개념은 무엇일까?

물리학자들이 장을 어떻게 여기는지 이해하는 좋은 방법은 자기장을 생각해 보는 것이다. 공간의 각 점의 자기장은 (가령 동−서 및 위−아래처럼 두 가지 각도로 정의되는) **방향**과 (하나의 수로 표현되는) 장의 세기, 즉 총 세 개의 요소가 있다. 또는 더 단순하게 말해서, 특정한 점에서 자기장은 **벡터** 양의 단지 세 실수 성분으로 표현할 수 있다. 그림 A−2를 보기 바란다. (자기장은 벡터 장의 한 예로서, §A.7에서 더 자세히 설명한다.) 그렇다면 공간 전체에는 자기장이 얼마나 많을 수 있을까? 분명 무한히 많다. 하지만 무한대는 일종의 매우 조악한 수

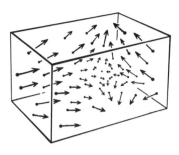

그림 A-2 통상적인 3-공간의 자기장은 물리적 (벡터)장의 훌륭한 예다.

이기에, 나는 이를 상당히 정교하게 표현하고 싶다.

우선, 한 장난감 모형을 상상해보는 것이 유용한데, 이 모형에서는 모든 가능한 실수들의 연속체 ℝ이 한 유한한 계 **R**로 대체되어 있다. 이 계는 단지 N개의 원소들로만 구성되어 있는데, 여기서 N은 지극히 큰 양의 정수이기에, 우리는 전체 연속체 대신에 이를 (모두 한 직선 상에 놓인) 매우 **빽빽**하게 밀집된 점들의 한 이산적인 계로 근사한다. 어떤 점 P에서의 자기장을 표현하는 세 실수는 이제 단지 **R**의 세 원소들이라고만 여기면 된다. 따라서 이 수들 중 첫째 수에는 단지 N개의 가능성이 있게 되며, 둘째 수에도 N개의 가능성이 있고 셋째 수에도 N개의 가능성이 있기에

$$N \times N \times N = N^3$$

이다. 통틀어서, 이 장난감 모형에서는 공간의 주어진 점 P에 대해 N^3개의 상이한 자기장이 있을 수 있다. 하지만 우리가 알고 싶은 것은 자기장이 공간 상의 점마다 달라질 때 자기장이 얼마나 많이 있을 수 있는가이다. 이 모형에서 시공간 연속체의 각 차원 또한 유한집합 **R**로 기술되는데, 세 공간 좌표들(보통 x, y, z로 표시되는 실수들) 각각은 이제 **R**의 한 원소로 여겨지기에, 우리의 장난감 모형에서 공간에 N^3개의 상이한 점들이 존재한다. 그리고 임의의 특정

한 점 P에서 N^3개의 상이한 자기장이 존재한다. 두 상이한 점 P, Q에서는 P와 Q의 각 점에 N^3개의 상이한 자기장이 있기에, 두 점을 함께 고려했을 때는 전부 $N^3 \times N^3 = (N^3)^2 = N^6$개의 상이한 자기장이 존재한다(다른 장소의 자기장 값들이 서로 독립이라고 가정할 때). 세 개의 상이한 점에서는 $(N^3)^3 = N^9$개의 상이한 자기장이 존재한다. 네 개의 상이한 점에서는 $(N^3)^4 = N^{12}$개의 상이한 자기장이 존재한다. 계속 이렇게 진행된다. 그러므로 모든 N^3개의 점들을 전부 고려했을 때, 이 장난감 모형의 전체 공간에 대해 존재하는 모든 자기장의 개수는 다음과 같다.

$$(N^3)^{N^3} = N^{3N^3}$$

이 사례에는 약간의 혼란스러운 면이 있다. 수 N^3가 두 가지 상이한 외양으로 나타나기 때문이다. 이때 첫 번째 "3"은 각 점에서의 한 자기장의 성분들의 개수이며 두 번째 "3"은 공간의 차원 수를 가리킨다. 다른 유형의 장은 성분의 개수가 다를 수 있다. 가령, 한 점에 있는 물질의 온도나 밀도는 각각 성분이 하나뿐인 데 반해, 물질의 응력과 같은 텐서 양은 점당 더 많은 성분을 가질 것이다. 3-성분의 자기장 대신에 우리는 c-성분의 장을 살펴볼 수 있는데, 그러면 우리의 장난감 모형이 그런 장에 대해 갖는 장의 총개수는 다음과 같다.

$$(N^c)^{N^3} = N^{cN^3}$$

그리고 공간 차원의 수도 우리에게 익숙한 3 대신에 d개의 공간 차원을 살펴볼 수 있다. 그러면 장난감 모형에서 공간은 이제 d차원이기에, 가능한 c-성분 장의 총개수는 아래와 같다.

$$(N^c)^{N^d} = N^{cN^d}$$

물론 우리는 이러한 장난감 모형보다는 수 N이 무한대인 실제 물리학에 더 관심이 있다. 하지만 우리는 자연의 진짜 물리학의 실제 수학적 구조를 모른다는 사실을 유념해야 한다. 여기서 실제 물리학이라는 용어는 현재 매우 성공적인 이론에서 사용되는 특정한 수학 모형들을 가리킨다. 이러한 성공적인 이론들의 경우 N은 무한대이므로 위의 식에서 N 대신에 ∞를 넣으면, d차원 공간의 상이한 c-성분 장의 총개수는 다음 식으로 얻어진다.

$$\infty^{c\infty^{d}}$$

내가 처음 살폈던 특정한 물리적 상황, 즉 전체 공간에서 있을 수 있는 상이한 자기장 구성의 개수를 알려면, $c = d = 3$을 넣으면 아래와 같은 답이 나온다.

$$\infty^{3\infty^{3}}$$

하지만 유념해야 할 것이, 이는 상이한 점들의 장의 값이 서로 **독립적**이라는 가정에 (장난감 모형에서) 바탕을 두었다는 사실이다. 현재의 맥락에서 만약 공간 전체에 걸친 자기장을 고려한다면, 이는 적절한 의미에서 볼 때 옳지 않다. 왜냐하면 자기장이 만족해야 하는 제약사항으로서 **제약 방정식**constraint equation 이라는 것이 있기 때문이다(전문가들이 "$\mathrm{div}\,\mathbf{B} = 0$"이라고 부르는 것인데, 여기서 $\mathbf{B}$는 자기장 벡터이다. §A.11에 간략히 논의되는 **미분방정식**의 한 예이다). 이는 세상에는 (자기장의 독립적인 "발생원"으로 작용하는) 분리된 자기 N극이나 자기 S극 같은 것이 결코 존재하지 않는다는 사실을 알려주는데, 이런 극이 존재하지 않음은 현재 우리가 이해하는 바에 의하면 실제 물리적 사실이다(§3.9 참고). 이러한 제약사항은 임의의 자기장에 어떤 제한이 가해짐을 의미하는데, 이런 제한으로 인해 공간 내의 상이한 점들에서의 장의 값들은 서로 관련된다. 더욱 구체적으로 말하자면, 장의 값은 3차원 공간 전체에 걸쳐 결코 독립적이지 않으며, 차원 수 3 가운데 1(어느 것일지는 우리의 선택에 달려 있다)은 그 성분이 공간의 어떤 2차원 부분공간 S 내에서 행하는 작용을 통해 결과적으로 다른 2에 의해 고정된다. 요지를 말하자면, 지수에 있는 $3\infty^3$가 실제로 "$2\infty^3 + \infty^2$"이지만 지수에 든 수정항 "∞^2"는 훨씬 더 큰 "$2\infty^3$"에 의해 완전히 삼켜진다고 간주해도 좋기 때문에, 기본적으로 그건 잊어도 좋다. 따라서 (이런 제약사항을 따르는) 통상의 3-공간에서 자기장의 자유도는 아래와 같이 적을 수 있다.

$$\infty^{2\infty^3}$$

카르탕의 저서를 참고하여 이 표기를 정교하게 만들면Bryant et al. 1991; Cartan 1945, 특히 초판의 §§68, 69, pp. 75~76, $\infty^{2\infty^3 + \infty^2}$와 같은 식에 의미를 부여할 수 있다. 여기서 지수는 음이 아닌 정수를 계수로 갖는 "∞"의 다항식이라고 볼 수 있다. 이 예에서는 세 변수의 함수 둘과 두 변수의 함수 하나가 들어 있다. 나는 이 책에서 이 수정된 표기를 사용하지는 않겠다.

그래도 이 유용한 표기(매우 독창적인 저명한 미국 물리학자 존 A. 휠러가 처음으로 사용했다John A. Wheeler 1960; Penrose 2003, pp. 185~201, TRtR, §16.7)에 대해 몇 가지 점을 분명히 언급해야겠다. 첫째로, 이 무한한 수들은 (칸토어가 도입한) 일반적인 무한집합의 크기를 나타내는 통상적인 의미의 기수cardinality를 가리키지는 않는다. 일부 독자들은 무한한 수에 관한 칸토어의 놀라운 이론에 익숙할지 모른다. 설령 칸토어의 이론을 접하지 않았더라도 걱정할 것 없다. 내가 여기서 칸토어의 이론을 언급하는 까닭은 다만 여기서 논하는 내용(칸토어의 이론과는 다른 내용)과 구별하기 위해서이기 때문이다. 하지만 칸토어의 이론을 아는 독자들한테는 아래 내용이 도움이 될지 모르는데, 읽어보면 무엇이 다른지 알 수 있을 것이다.

무한한 수(기수라고 불리는 수)들에 대한 칸토어의 체계에서 모든 상이한 정수들의 집합 $\mathbb{Z}$의 기수는 $\aleph_0$("알레프 제로")로 표시하기에, 상이한 정수들의 개수가 바로 $\aleph_0$이다. 그리고 상이한 실수들의 개수는 $2^{\aleph_0}$인데, 이것을 보통

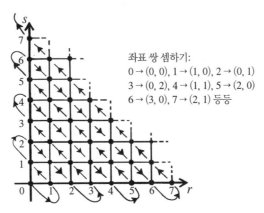

좌표 쌍 셈하기:
$0 \to (0, 0), 1 \to (1, 0), 2 \to (0, 1)$
$3 \to (0, 2), 4 \to (1, 1), 5 \to (2, 0)$
$6 \to (3, 0), 7 \to (2, 1)$ 등등

그림 A–3 자연수의 쌍 (r, s)를 한 단일 자연수로 셈하는 칸토어의 절차.

$C(= 2^{\aleph_0})$라고 적는다. (실수를 가령 10010111.0100011…처럼 이진수의 무한한 열로 표현할 수 있는데, 이는 대략적으로 말하면 $\aleph_0$의 이진수 표현법으로서, 총개수가 $2^{\aleph_0}$이다.) 하지만 이것은 여기서 우리에게 필요한 만큼 충분히 정교한 표기가 아니다. 가령, d차원 공간의 크기를 N^d라고 하고 N이 $\aleph_0$까지 증가하면, 칸토어의 방안에서 우리는 d가 아무리 크더라도 역시 그냥 $\aleph_0$만을 얻을 뿐이다. 정말이지 칸토어의 표기에서는 임의의 양의 정수 d에 대하여 $(\aleph_0)^d$ $= \aleph_0$이다. $d = 2$인 경우 정수들의 쌍 (r, s)로 이루어진 계는 단지 단일한 정수 t라고 셈할 수 있다는 사실을 나타낸다. 그림 A–3에 관련 설명이 나오는데, 이는 $(\aleph_0)^2 = \aleph_0$임을 말해준다. 이 과정을 단순히 반복하면, 이 결과는 정수 d가 임의의 값일 때에도 성립한다. 그러므로 $(\aleph_0)^d = \aleph_0$이다. 하지만 어떤 경우든 간에 이는 위의 식에 나오는 "∞"가 뜻하는 바일 수 없는데, 왜냐하면 우리는 N개의 원소들의 유한집합 **R**을 연속체(칸토어의 이론에서 $2^{\aleph_0} = C$의 원소 개수를 갖는 집합)에 대한 한 모형이라고 생각하기 때문이다. ($N \to \infty$일 때 2^N의 극한값이 C라고 여기는 것은 비합리적이지 않다. 왜냐하면 0과 1 사이의 한 실수를 이진수 전개(가령 0.1101000101110010…)로 표현할 수 있기 때문이다. 만

약 N 자릿수에서 전개를 멈추면, 2^N개의 가능성이 나온다. $N \to \infty$로 하면, 0과 1 사이의 모든 가능한 실수들의 (약간의 중복이 포함되는) 전체 연속체가 얻어진다.) 하지만 이것은 그 자체로는 우리에게 전혀 유용하지 않다. 칸토어의 이론에서는 임의의 양의 정수 d에 대하여 여전히 $C^d = C$이기 때문이다(칸토어의 이론을 더 자세히 알고 싶으면 참고 문헌을 보기 바란다Gardner 2006; Lévy 1979).

칸토어의 무한 이론은 정말로 집합만을 관심에 둔 것이지 어떤 종류의 연속적 공간을 다루려고 나온 것이 아니다. 여기서 우리의 목적상 우리는 관심 대상인 공간의 연속성(또는 매끄러움) 측면들을 고려해야 한다. 가령 칸토어 이론에서 볼 때, 1차원 직선 $\mathbb{R}$의 점들은 2차원 평면 $\mathbb{R}^2$의 점들(실수의 쌍 x, y에 의해 좌표로 표현되는)과 위에서 말한 대로 개수가 같다. 하지만 실수 직선 $\mathbb{R}$이나 실수 평면 $\mathbb{R}^2$를 각각 한 **연속적인** 직선이나 한 **연속적인** 평면으로 생각한다면, 유한한 N 원소 집합 **R**이 연속적인 $\mathbb{R}$이 되는 극한에서 후자가 훨씬 "더 큰" 실체라고 여기지 않을 수 없다. 이는 그림 A−3에 나오는 쌍들을 셈하는 절차가 연속적인 것이 될 수 없다는 사실에 의해 설명된다. (우리의 셈하기 순서의 "가까운" 원소들이 언제나 우리에게 "가까운" 쌍을 내놓는다는 제한적인 의미에서 "연속적"이라고 할 수는 있지만, 그 **역**이 꼭 성립하지는 않기에 가까운 **쌍**들이 언제나 셈하기 순서의 가까운 원소들을 내놓지는 않는다.)

휠러의 표기에서 연속적인 직선 $\mathbb{R}$의 크기는 $\infty^1 (= \infty)$으로 표현되며, 연속적인 평면 $\mathbb{R}^2$의 크기는 $\infty^2 (> \infty)$로 표현된다. 마찬가지로 3차원 공간 $\mathbb{R}^3$의 크기는 $\infty^3 (> \infty^2)$로 표현된다. 유클리드 3−공간($\mathbb{R}^3$) 상의 매끄럽게 변하는 자기장들의 공간은 무한한 차원이지만 그래도 크기를 갖는데, 이는 휠러의 표기에 의하면 위에서 적었듯이 $\infty^{2\infty^3}$이다(이 값은 제약조건 $\mathrm{div}\,\mathbf{B} = 0$을 고려했을 때이다. 만약 $\mathrm{div}\,\mathbf{B} = 0$을 가정하지 **않으면** $\infty^{3\infty^3}$가 된다).

이 모든 내용의 핵심은 1장에서 거듭 나왔듯이 ("연속적"이라는 의미에서) 다음과 같다.

$$a > b \text{일 때,} \quad \infty^{a\infty^{d}} > \infty^{b\infty^{d}}$$

또한 다음 식도 성립한다.

$$c > d \text{일 때,} \quad \infty^{a\infty^{c}} \gg \infty^{b\infty^{d}}$$

바로 위의 식은 양수 a와 b 사이에 어떤 관계가 있던지 간에 성립하며, "$\gg$" 기호를 사용한 까닭은 좌변이 우변보다 엄청나게 큼을 가리키기 위해서이다. 그러므로 §A.1에서 사용된 유한한 정수들에서와 마찬가지로, 이러한 스케일의 크기를 고려할 때 가장 중요한 것은 가장 위에 있는 지수의 크기이다. 이를 해석하자면, 특정한 d차원 공간일 경우 만약 성분의 개수가 더 크다면 자유롭게 (하지만 연속적으로) 변하는 장들이 더 많아지기는 하지만, **차원이 상이한** 공간들의 경우 전적으로 중요한 것은 바로 이 공간 차원의 차이일 뿐, 장이 점당 갖는 성분 개수의 차이는 공간 차원 차이에 의해 완전히 무시되어 버린다. §A.8에서 우리는 이 기본적인 사실의 바탕이 되는 이유들을 더 잘 이해할 수 있을 것이다.

"자유도degree of freedom"라는 표현이 물리적 상황의 맥락에서 종종 사용되는데, 나는 이 책에서 그 용어를 빈번하게 사용한다. 하지만 강조하건대, 이것은 "자유도functional freedom"와 똑같지는 않다. 기본적으로, 한 물리적 장이 n 자유도를 갖는다면, 우리는 그 장이 아래와 같은 자유도를 갖는다고 말할 수 있다.

$$\infty^{n\infty^{3}}$$

왜냐하면 자유도의 "수"는 3-공간의 **점당** 파라미터 수와 관련이 있기 때문이다. 그러므로 위에 나왔듯이 자기장에 대한 자유도 $\infty^{2\infty^{3}}$의 경우에, 1-성분 스칼라 장의 자유도 $\infty^{1\infty^{3}}$보다 분명히 더 큰 자유도 2를 갖는다. 하지만 5차원 시공간의 스칼라 장은 통상적인 3-공간(또는 4차원 시공간) 내의 자기장의

$\infty^{2\infty^3}$보다 훨씬 더 큰 자유도 $\infty^{1\infty^4}$를 가질 것이다.

A.3 벡터공간

이러한 사안들을 더 완벽하게 이해하려면 고차원 공간을 수학적으로 어떻게 다룰지를 더 잘 알아야 한다. §A.5에서 우리는 **다양체**의 일반적인 개념을 살펴볼 텐데, 이것은 임의의 (유한한) 차원의 공간이지만, 어떤 적절한 의미에서는 휘어져 있는 공간이다. 하지만 그런 휘어진 공간의 기하학을 본격적으로 논하기 전에, 여러 가지 이유로 그 바탕이 되는 **평평한** 고차원 공간의 대수적 구조를 살펴보는 편이 유용할 것이다. 유클리드도 2차원 또는 3차원 공간을 논하긴 했지만, 이보다 더 큰 차원의 기하학을 살펴볼 이유를 알아차리지 못했으며, 심지어 유클리드가 그런 차원이 존재할 가능성을 생각해보았다는 증거도 나오지 않았다. 하지만 기본적으로 데카르트가 창안한 좌표 방법을 도입하면(하지만 십사 세기의 오렘Oresme 그리고 심지어 기원전 삼 세기의 (페르가 출신의) 아폴로니우스도 이러한 개념을 오래 전에 이미 알고 있었던 듯하다), 2 또는 3 차원에 도입되는 대수적 형식론은 고차원에까지 일반화될 수 있음이 분명하다. 비록 그런 고차원 공간의 유용성은 결코 명백하지 않지만 말이다. 3차원 유클리드 공간을 좌표 절차들을 통해 연구할 수 있게 되자, 3-공간의 한 점은 세 개의 실수 (x, y, z)로 표현되었다. 이를 쉽게 일반화시켜, n개의 실수 $(x_1, x_2, x_3, \cdots, x_n)$으로 된 좌표를 이용하면 n차원 공간의 한 점을 표현할 수 있다. 물론 이런 방식으로 한 점을 n개의 실수로 표현하는 것은 상당한 임의성을 지니기에, 점에 특정한 값을 대응시키는 것은 사용되는 좌표축의 선택에 크게 의존하며 아울러 이런 축들의 방향을 정하는 **원점 O**에도 의존한다. 이는 직교좌표를 이용해 유클리드 평면의 점들을 기술하는 방법에서 이미 보았다(그림 A-4 참고). 하지만

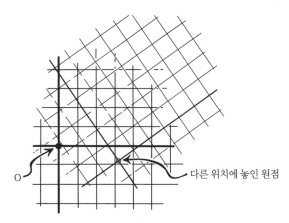

O　　　　　　　　　　　　　　　　　　다른 위치에 놓인 원점

그림 A-4 한 공간의 좌표 선택은 심지어 유클리드 2-공간에 대한 통상적인 직교좌표에서도 매우 임의적일 수 있다. 그러한 두 가지 예가 위의 그림에 나와 있다.

만약 점 O에 특정한 지위를 부여한다면, O에 대한 기하학을 **벡터공간**이라는 특정한 대수적 구조로 잘 표현할 수 있다.

　벡터공간은 공간의 개별 점들을 표시하는 대수적 요소들인 **벡터**($\mathbf{u}, \mathbf{v}, \mathbf{w}, \mathbf{x}$, …)와 거리를 나타내는 데 사용되는 **스칼라**(a, b, c, d, …)의 집합으로 구성된다. 스칼라는 대체로 보통의 실수, 즉 $\mathbb{R}$의 원소이지만, 특히 2장에서 보듯이 양자역학을 제대로 이해하려면 우리는 스칼라가 **복소수**($\mathbb{C}$의 원소. §A.9 참고)인 상황에도 관심을 가져야 한다. 실수이든 복소수이든 스칼라는 통상적인 대수의 규칙들을 만족하기에, 스칼라들의 쌍은 덧셈 "+", 곱셈 "×" 및 각각 이 연산들의 역인 뺄셈 "−"과 나눗셈 "÷"을 이용하여 결합될 수 있는데("×" 기호는 보통 생략되고 "÷"는 사선 "/"으로 대체된다), 나눗셈은 0을 분모로 하지 않는다. 스칼라는 아래와 같이 익숙한 대수 규칙을 따른다.

$$a + b = b + a, \quad (a+b) + c = a + (b+c), \quad a + 0 = a,$$
$$(a+b) - c = a + (b-c), \quad a - a = 0, \quad a \times b = b \times a,$$

$$(a \times b) \times c = a \times (b \times c), \quad a \times 1 = a, \quad (a \times b) \div c = a \times (b \div c),$$

$$a \div a = 1, \quad a \times (b + c) = (a \times b) + (a \times c),$$

$$(a + b) \div c = (a \div c) + (b \div c)$$

a, b, c는 임의의 스칼라이고(하지만 나눗셈의 분모가 될 때 $c \neq 0$이어야 한다) 0, 1은 **특정한** 스칼라이다. 보통 $0 - a$ 대신에 $-a$라고, $1 \div a$ 대신에 a^{-1}이라고, $a \times b$ 대신에 ab라고 적는다(이는 수학자들이 가환 **체體**, field라고 부르는 종류의 계를 정의하는 추상적인 규칙들인데, $\mathbb{R}$과 $\mathbb{C}$가 그런 체의 특정한 사례다. 이를 §A.2에서 설명한 물리학자의 **장**field 개념과 혼동하지 않아야 한다).

벡터는 두 가지 연산, 즉 덧셈 **u** + **v** 및 스칼라에 의한 **곱셈** a**u**를 행하는데, 이 연산은 다음 규칙을 따른다.

$$\mathbf{u} + \mathbf{v} = \mathbf{v} + \mathbf{u}, \quad \mathbf{u} + (\mathbf{v} + \mathbf{w}) = (\mathbf{u} + \mathbf{v}) + \mathbf{w},$$

$$a(\mathbf{u} + \mathbf{v}) = a\mathbf{u} + a\mathbf{v}, \quad (a + b)\mathbf{u} = a\mathbf{u} + b\mathbf{u}, \quad a(b\mathbf{u}) = (ab)\mathbf{u},$$

$$1\mathbf{u} = \mathbf{u}, \quad 0\mathbf{u} = \mathbf{0}$$

여기서 "**0**"은 특정한 영 벡터이며, $(-1)\mathbf{v}$ 대신에 $-\mathbf{v}$ 그리고 $\mathbf{u} + (-\mathbf{v})$ 대신에 $\mathbf{u} - \mathbf{v}$라고 적을 수 있다. 2차원 또는 3차원의 통상적인 유클리드 기하학의 경우 이 기본적인 벡터 연산의 기하학적 해석은 쉽게 이해가 된다. 우리는 원점 O를 고정시키고 이를 영 벡터 **0**으로 간주한 다음에, 임의의 다른 벡터 **v**를 공간의 어떤 점 V를 표시한다고 여긴다. 즉, **v**는 O에서 V로의 평행적 변이(즉, **평행이동**)를 표현하는데, 이를 기호로는 방향을 갖는 선분 $\overrightarrow{OV}$로 표현할 수 있으며, 그림 A-5의 O에서 V로 향하는 화살표를 가진 선분이 바로 그것이다.

여기서 스칼라는 실수이며, 한 벡터를 양의 실수 스칼라 a로 곱하는 것은 방향은 그대로 유지하면서 그 크기만 인자 a만큼 키운다(또는 줄인다). 벡터를 음의 실수 스칼라로 곱하면 크기는 똑같지만 벡터의 방향은 반대가 된다. 두 벡터

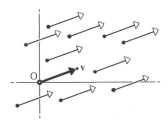

그림 A-5 (n차원) 실수 벡터공간은 유클리드 (n차원) 공간의 평행이동으로 이해할 수 있다. 벡터 v는 방향을 갖는 선분 $\overline{OV}$로 표현할 수 있는데, 여기서 O는 선택된 원점이며 V는 공간의 한 점이다. 하지만 v는 O를 V로 변이시키는 평행이동을 기술하는 전체 벡터 장을 표현하는 것이라고도 볼 수 있다.

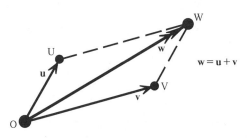

그림 A-6 벡터의 합 u + v = w에 대한 평행사변형 법칙에 의해 OUWV는 평행사변형이다(한 벡터가 영벡터이거나 두 벡터가 같은 직선 상에 있을 수 있음).

u와 v의 합 w(= u + v)는 u에 의한 변이와 v에 의한 변이의 합으로 표현되는데, 도형으로 나타내면 평행사변형 OUWV의 가장 끝 점인 W에 의해 특정된다(그림 A-6). 여기서 O, U, V가 한 평면을 이루면 점 W는 선분 OU와 선분 OV를 바탕으로 평행사변형을 만들 때 원점의 맞은편에 있는 꼭짓점에 놓인다. 만약 세 점 U, V 및 W가 **동일 선 상에**(즉, 모두 한 직선 상에) 있다는 조건을 표현하고 싶다면, 이를 벡터 u, v 및 w에 대한 다음 식으로 표현할 수 있다.

$$a\mathbf{u} + b\mathbf{v} + c\mathbf{w} = \mathbf{0}$$

여기서 영이 아닌 스칼라 a, b, c에 대하여 a + b + c = 0이다. 달리 말해서, 영이 아닌 스칼라 r(= -a/c)에 대하여 w = ru + (1 - r)v이다.

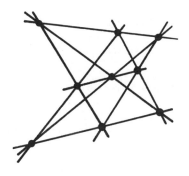

그림 A-7 고대의 파푸스 정리는 벡터 방법으로 증명할 수 있다.

유클리드 공간의 이러한 대수적 서술은 매우 추상적이지만, 그 덕분에 유클리드 기하학의 정리들이 일상적인 계산으로 환원될 수 있다. 하지만 설령 계산이 직접적인(그리고 미묘하지 않은) 방식으로 적용된다 하더라도, 비교적 단순해 보이는 기하학 정리들에 대한 계산조차 매우 복잡해질 수 있다. 가령, 4세기의 기하학 정리를 예로 들어보자(그림 A-7). 이 정리에 의하면, 만약 한 평면 내의 동일 선 상에 있는 세 점 A, B, C 그리고 D, E, F가 **상호연결**되어 다른 세 점 X, Y, Z를 이룬다고 할 때, X가 직선 AE와 BD의 교점이고 Y가 AF와 CD의 교점이며 Z가 BF와 CE의 교점이라고 하면, X, Y, Z 역시 동일 선 상에 있다. 이 정리는 위에서 말한 그런 직접적인 계산 방법으로 증명할 수는 있지만, 만약 단순화시키는 (지름길의) 절차를 쓰지 않는다면 조금 복잡하다.

이 정리의 장점은 오직 동일 선 상의 개념에만 의존한다는 것이다. 유클리드 기하학은 또한 거리의 개념에 바탕을 두고 있는데, 이 거리 또한 두 벡터 **u**, **v**의 쌍 사이의 **내적**(또는 스칼라 곱)이라는 개념을 통해 벡터 대수 속에 포함될 수 있다. 스칼라 값을 내놓는 이 내적을 나는 (양자역학 문헌들의 용법에 맞추어) $\langle u | v \rangle$로 표시하지만, (u, v) 및 $u \cdot v$ 등의 표기도 자주 쓰인다. $\langle u | v \rangle$의 기하학적 의미는 조금 후에 살펴보고, 먼저 다음과 같은 대수적 성질부터 알아보자.

$$\langle \mathbf{u} | \mathbf{v} + \mathbf{w} \rangle = \langle \mathbf{u} | \mathbf{v} \rangle + \langle \mathbf{u} | \mathbf{w} \rangle, \quad \langle \mathbf{u} + \mathbf{v} | \mathbf{w} \rangle = \langle \mathbf{u} | \mathbf{v} \rangle + \langle \mathbf{w} | \mathbf{v} \rangle$$

$$\langle \mathbf{u} | a\mathbf{v} \rangle = a \langle \mathbf{u} | \mathbf{v} \rangle$$

그리고 (스칼라가 실수인 경우와 같은) 많은 유형의 벡터공간에서

$$\langle \mathbf{u} | \mathbf{v} \rangle = \langle \mathbf{v} | \mathbf{u} \rangle \quad \text{그리고} \quad \langle a\mathbf{u} | \mathbf{v} \rangle = a \langle \mathbf{u} | \mathbf{v} \rangle$$

이다. 이때 보통 우리는 다음 조건을 요구한다.

$$\langle \mathbf{u} | \mathbf{u} \rangle \geq 0$$

여기서

$$\text{오직 } \mathbf{u} = \mathbf{0} \text{일 때에만, } \langle \mathbf{u} | \mathbf{u} \rangle = 0$$

이다. 복소수 스칼라일 경우(§A.9 참고) 이 마지막 두 식은 종종 수정되어, 이른바 에르미트 내적이 사용되는데, 이때 양자역학에서 요구하는 대로 $\langle \mathbf{u} | \mathbf{v} \rangle = \overline{\langle \mathbf{v} | \mathbf{u} \rangle}$이다(이에 대해서는 §2.8에서 설명했다. 위에 놓인 막대 표시의 의미는 §A.9를 참고하기 바란다). 그렇다면 $\langle a\mathbf{u} | \mathbf{v} \rangle = \bar{a} \langle \mathbf{u} | \mathbf{v} \rangle$가 성립한다.

이제 거리에 대한 기하학적 개념은 이 내적으로 표현될 수 있다. 원점 O로부터 벡터 $\mathbf{u}$에 의해 정의되는 점 U까지의 거리는 아래와 같은 스칼라 u이다.

$$u^2 = \langle \mathbf{u} | \mathbf{u} \rangle$$

그리고 대다수 유형의 벡터공간에서 $\langle \mathbf{u} | \mathbf{u} \rangle$는 양의 실수이므로($\mathbf{u} = \mathbf{0}$이 아니라면), u는 위의 식의 양의 제곱근으로 정의할 수 있다.

$$u = \sqrt{\langle \mathbf{u} | \mathbf{u} \rangle}$$

§§2.5와 2.8에서 표기

$$\|\mathbf{u}\| = \langle \mathbf{u} \mid \mathbf{u} \rangle$$

가 이른바 $\mathbf{u}$의 **놈**norm 대신에 쓰이며 $u = \sqrt{\langle \mathbf{u} \mid \mathbf{u} \rangle}$는 $\mathbf{u}$의 길이로 사용된다(하지만 어떤 저자들은 $\sqrt{\langle \mathbf{u} \mid \mathbf{u} \rangle}$가 $\mathbf{u}$의 놈이라고 사용한다). 여기서 벡터를 표시하는 굵은 글씨체인 글자의 이탤릭체는 그 벡터의 길이를 나타낸다(가령 "v"는 벡터 $\mathbf{v}$의 길이를 나타낸다). 이런 표기에 따르면 통상적인 유클리드 기하학에서 $\langle \mathbf{u} \mid \mathbf{v} \rangle$의 의미는 아래와 같다.

$$\langle \mathbf{u} \mid \mathbf{v} \rangle = uv \cos \theta$$

여기서 θ는 선분 OU와 OV 사이의 각이다(여기서 알 수 있듯이, U = V이면 $\theta = 0$, 즉 $\cos 0 = 1$).* 두 점 U와 V 사이의 거리는 $\mathbf{u} - \mathbf{v}$의 거리, 즉 아래 값의 제곱근이다.

$$\|\mathbf{u} - \mathbf{v}\| = \langle \mathbf{u} - \mathbf{v} \mid \mathbf{u} - \mathbf{v} \rangle$$

벡터 $\mathbf{u}$와 $\mathbf{v}$는 내적이 영이면 **직교한다**고 하고, $\mathbf{u} \perp \mathbf{v}$라고 적는다. 즉,

$$\mathbf{u} \perp \mathbf{v} \text{는 } \langle \mathbf{u} \mid \mathbf{v} \rangle = 0 \text{을 뜻한다.}$$

이 경우 $\cos \theta = 0$이므로 각 θ는 **직각**이며 선분 OU와 OV는 수직이다.

---

* 기본적인 삼각법에서 "$\cos \theta$", 즉 각 θ의 코사인은 B각이 직각이고 A각이 θ인 유클리드 직각 삼각형 ABC에서 비 AB/AC로 정의된다. 양 $\sin \theta = $ BC/AC는 θ의 사인이며 양 $\tan \theta = $ BC/AB는 θ의 탄젠트이다. 나는 이 함수들의 역을 각각 $\cos^{-1}$, $\sin^{-1}$ 및 $\tan^{-1}$으로 표시한다(가령 $\cos(\cos^{-1} X) = X$이다).

A.4 벡터 기저, 좌표 그리고 쌍대

벡터공간의 (유한한) 기저는 해당 공간의 모든 벡터 v가 아래와 같은 **선형결합**으로 표현되는 속성을 갖는 벡터 ε_1, ε_2, ε_3, $\cdots$, ε_n의 집합이다.

$$\mathbf{v} = v_1\varepsilon_1 + v_2\varepsilon_2 + v_3\varepsilon_3 + \cdots v_n\varepsilon_n$$

달리 말해서, 벡터 ε_1, ε_2, ε_3, $\cdots$, ε_n은 전체 벡터공간을 **생성**span한다. 또한 한 기저에 대해 집합 내의 벡터들은 **선형독립**이므로, 해당 공간을 생성하려면 이러한 ε들이 전부 필요하다. 이 조건을 달리 말하자면, $0(=\mathbf{v})$은 모든 계수 v_1, v_2, v_3, $\cdots$, v_n이 영일 때에만 그러한 식으로 표현될 수 있다. 또는 임의의 v에 대한 위의 표현은 고유하다고 할 수 있다. 임의의 특정한 벡터 v에 대해, 위의 식에 나오는 계수들 v_1, v_2, v_3, $\cdots$, v_n은 이 기저에 대한 v의 **좌표**들이며, 종종 이 기저에서의 v의 **성분**이라고도 한다(문법적으로 말하자면 v의 "성분"은 실제로 $v_1\varepsilon_1$, $v_2\varepsilon_2$ 등이어야 하지만, 종래의 용어 표기에서는 스칼라 v_1, v_2, v_3 등만을 성분이라고 부른다). 기저 집합의 원소 개수가 그 벡터공간의 **차원**인데, 한 주어진 벡터공간에 대해 이 수는 기저의 특정한 선택에 무관하다. 2차원 유클리드 공간의 경우, 영이 아니고 서로 비례하지 않는 임의의 두 벡터(즉, O에서 시작하는 한 직선 상에 함께 있지 않는 점 U와 V에 대응하는 임의의 두 벡터 u와 v)가 기저의 역할을 한다. 3차원 유클리드 공간의 경우, 선형독립인 임의의 u, v, w(즉, O를 포함한 한 평면 내에 모두 함께 있지 않는 점 U, V 및 W에 대응하는 임의의 세 벡터)가 기저의 역할을 한다. 각각의 경우, O에서 기저 벡터들의 방향들이 선택 가능한 좌표축들을 제공하기에, 한 점 P를 기저 (u, v, w)로 표현하면 아래와 같다.

$$\mathbf{p} = x\mathbf{u} + y\mathbf{v} + z\mathbf{w}$$

여기서 P의 **좌표**는 (x, y, z)이다. 그러므로 이 대수적 관점에서 보면, 2 또는 3차원을 n차원으로 쉽게 일반화할 수 있다(n은 임의의 양의 정수).

일반적인 기저에 대해서는 좌표축들이 서로 수직일 필요는 없지만, 표준적인 **직교좌표**Cartesian coordinate의 경우(하지만 데카르트Descartes 자신은 자신의 좌표축들이 수직이 되어야 한다고 주장하지 않았다), 우리는 좌표축들이 아래와 같이 직교하기를 요구한다.

$$\mathbf{u} \perp \mathbf{v}, \quad \mathbf{u} \perp \mathbf{w}, \quad \mathbf{v} \perp \mathbf{w}$$

게다가 기하학적 맥락에서 흔히 거리의 값은 모든 축 방향에서 동일하며 정확하게 표현된다. 이는 좌표 기저 벡터 $\mathbf{u}$, $\mathbf{v}$, $\mathbf{w}$가 모두 단위 벡터(즉, 단위길이의 벡터)여야 한다는 아래의 **정규화** 조건에 해당한다.

$$\|\mathbf{u}\| = \|\mathbf{v}\| = \|\mathbf{w}\| = 1$$

그러한 기저를 가리켜 **정규직교**한다고 한다.

n차원에서 영이 아닌 n개의 벡터 ε_1, ε_2, ε_3, $\cdots$, ε_n의 집합은 벡터들이 상호 직교하면 한 직교 기저를 구성하며

$$j \neq k \text{인 모든 경우에 } \varepsilon_j \perp \varepsilon_k \ (j, k = 1, 2, 3, \cdots, n)$$

아울러 아래와 같이 벡터들이 모두 단위 벡터이면 정규직교 기저를 구성한다.

$$\text{모든 } i(= 1, 2, 3, \cdots, n)\text{에 대하여, } \|\varepsilon_i\| = 1$$

이 두 조건을 합쳐서 종종 아래와 같이 나타낸다.

$$\langle \varepsilon_i \mid \varepsilon_j \rangle = \delta_{ij}$$

여기서 다음과 같이 정의되는 **크로네커 델타** 기호가 사용된다.

$$\delta_{ij} = \begin{cases} i=j\text{이면, }1 \\ i \neq j\text{이면, }0 \end{cases}$$

이를 통해 쉽게 알 수 있듯이(스칼라는 실수), $\mathbf{u}$와 $\mathbf{v}$의 내적의 직교좌표 형태는 다음과 같으며

$$\langle \mathbf{u} \,|\, \mathbf{v} \rangle = u_1 v_1 + u_2 v_2 + \cdots + u_n v_n$$

U와 V 사이의 거리 $|\mathrm{UV}|$는 다음과 같다.

$$|\mathrm{UV}| = |\mathbf{u} - \mathbf{v}| = \sqrt{(u_1 - v_1)^2 + (u_2 - v_2)^2 + \cdots + (u_n - v_n)^2}$$

이 절을 끝내기 전에 한 가지 개념을 더 살펴보자. 임의의 (유한 차원의) 벡터공간 V에 곧바로 적용되는 이 개념은 **쌍대 벡터공간**인데, 이것은 V와 동일한 차원의 또 하나의 벡터공간 V*로서, V와 밀접한 관련이 있으며 종종 동일시되기도 하지만 사실은 별도의 공간으로 보아야 한다. V*의 한 원소 $\mathbf{p}$는 이른바 V의 스칼라 계에 대한 **선형 사상**(또는 선형 **함수**)이다. 즉, $\mathbf{p}$는 V의 원소들의 한 함수인데, 이 함수는 $\mathbf{p}(\mathbf{v})$라고 적는 한 스칼라이며, $\mathbf{v}$는 V에 속하는 임의의 벡터이고, 이 함수는 아래와 같은 의미에서 **선형적**이다.

$$\mathbf{p}(\mathbf{u} + \mathbf{v}) = \mathbf{p}(\mathbf{u}) + \mathbf{p}(\mathbf{v}) \quad \text{그리고} \quad \mathbf{p}(a\mathbf{u}) = a\mathbf{p}(\mathbf{u})$$

이러한 모든 $\mathbf{p}$들의 공간도 역시 벡터공간인데, 이를 가리켜 V*라고 한다. 여기서 우리는 V에 속하는 모든 $\mathbf{u}$에 대하여 이 공간의 기본적인 덧셈 연산 $\mathbf{p} + \mathbf{q}$와 스칼라 곱 $a\mathbf{p}$를 아래와 같이 정의한다.

$$(\mathbf{p} + \mathbf{q})(\mathbf{u}) = \mathbf{p}(\mathbf{u}) + \mathbf{q}(\mathbf{u}) \quad \text{그리고} \quad (a\mathbf{p})(\mathbf{u}) = a\mathbf{p}(\mathbf{u})$$

이 규칙들이 V*를 V와 동일한 차원의 벡터공간으로서 정의하며, 아울러 V에

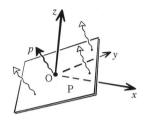

그림 A-8 n차원 벡터공간 V에 대하여, 이 공간의 쌍대 공간 V*의 임의의 영이 아닌 원소 **p**(이른바 **코벡터**)는 원점 O를 지나며 일종의 "세기(양자역학적으로는 진동수)"가 부여된 하나의 초평면으로서 V에서 해석될 수 있다. 이 그림은 $n = 3$인 경우인데, 여기서 코벡터 **p**는 좌표축이 x, y, z이고 벡터공간 원점이 O인 2-평면 P로서 표현되어 있다.

대한 임의의 기저 $(\varepsilon_1, \cdots, \varepsilon_n)$과 관련하여 V*에 대한 **쌍대** 기저 $(\varrho_1, \cdots, \varrho_n)$이 존재한다. 여기서 아래 식이 성립한다.

$$\varrho_i(\varepsilon_j) = \delta_{ij}$$

만약 벡터 n-공간 V**를 얻기 위해 이 "쌍대화하기" 연산을 한 번 더 실행하면 다시 V로 되돌아가는데, 여기서 V**는 원래 공간 V와 동일하므로 아래와 같이 적을 수 있다.

$$V^{**} = V$$

V**로서 역할을 할 때 V의 원소 **u**가 하는 작용은 $\mathbf{u}(\mathbf{p}) = \mathbf{p}(\mathbf{u})$에 의해 간단히 정의된다.

쌍대 공간 V*의 원소들을 기하학적으로 또는 물리적으로 어떻게 해석해야 할까? 이번에도 유클리드 3-공간($n = 3$)의 관점에서 생각해보자. 앞서 말했듯이, 선택된 한 원점 O에 대하여 벡터공간 V의 한 원소 **u**는 유클리드 공간의 어떤 다른 점 U(또는 O를 U로 변이시키는 평행이동)를 나타낸다고 볼 수 있다. V*의 한 원소 **p**는 때때로 **코벡터**covector라고 불리는데, 이것은 원점 O를 지나며

$p(\mathbf{u}) = 0$을 만족하는 모든 점 U를 포함하는 **평면** P와 관련된다(그림 A-8). 평면 P는 코벡터를 비례상수가 어떻든 간에 완전히 결정짓기에, **p**를 $a\mathbf{p}$와 구별하지는 않는다(여기서 a는 임의의 영이 아닌 스칼라). 그러나 물리적 관점에서 볼 때 우리는 **p**의 스케일을 평면과 관련된 일종의 세기라고 여길 수 있다. 이 세기가 평면 P로부터 멀어지는 방향의 일종의 **운동량**을 제공한다고 간주할 수 있겠다. §2.2에서 보듯이, 양자역학에서 이 운동량은 이 평면으로부터 벗어나는 "진동의 진동수frequency of oscillation"를 부여하는데, 이 진동수를 우리는 P로부터 벗어나는 한 평면과 요동의 파장의 역수와 관련시킨다.

이러한 구도는 **유클리드 3-공간**에 내재하는 계량 "길이" 구조를 이용하지 않는다. 하지만 그러한 구조가 제공하는 내적 $\langle \cdots | \cdots \rangle$의 도움으로 우리는 벡터공간 V를 그것의 쌍대 V*와 동일시할 수 있는데, 이로써 벡터 **v**와 관련된 코벡터 **v***는 "연산자" $\langle \mathbf{v} | \rangle$일 테며, 이것이 임의의 벡터 **u**에 가하는 작용은 스칼라 $\langle \mathbf{v} | \mathbf{u} \rangle$일 것이다. 유클리드 3-공간의 기하학에서 보자면, 쌍대 벡터 **v***와 관련된 평면은 OV에 수직인, O를 지나는 평면일 것이다.

이러한 서술은 또한 **임의의** (유한) 차원 n의 벡터공간들에도 적용된다. 이 경우 3-공간에서의 한 코벡터의 2-평면 서술 대신에 원점 O를 지나는 n-공간에서의 한 코벡터의 $(n-1)$-평면 서술이 나온다. 그런 고차원 평면은 주위 공간의 차원보다 딱 한 차원이 작으며, 종종 **초평면**이라고 불린다. 굳이 비례상수를 포함하지 않은 서술 대신에 코벡터를 완전히 서술하려면, 초평면에 "세기"를 부여해야 하는데, 이는 초평면에서 멀어지는 방향으로 갖는 일종의 운동량 내지 "진동수(파장의 역수)"라고 볼 수 있다.

지금까지의 논의는 **유한** 차원의 벡터공간에 대한 것이었다. 하지만 **무한** 차원의 벡터공간도 고려할 수 있다. 기저가 무한한 개수의 원소를 갖게 되는 그러한 공간은 양자역학에서 등장한다. 위에서 말한 내용 대다수는 그러한 공간에서 여전히 유효하지만, 주된 차이는 우리가 **쌍대** 벡터공간의 개념을 고려하고자 할 때 생긴다. 거기서는 쌍대 공간 V^*를 구성하기 위해 고려되는 선형 사상에 흔히 어떤 제한을 두는데, 그래야 관계식 $V^{**} = V$가 여전히 성립하기 때문이다.

A.5 다양체의 수학

이제 다양체라는 더욱 일반적인 개념으로 나아가보자. 이것은 유클리드 공간처럼 평평할 필요가 없으며 여러 가지 방식으로 휘어져 있고, 어쩌면 유클리드 공간과는 상이한 위상구조를 갖고 있을지 모른다. 다양체는 현대 물리학에서 근본적으로 중요하다. 한 가지 이유를 들자면, 아인슈타인의 일반상대성이론이 휘어진 시공간 다양체의 관점에서 중력을 기술하고 있기 때문이다. 하지만 아마도 더욱 중요한 이유는, 물리학의 다른 많은 개념들이 다양체의 관점에서 가장 잘 이해될 수 있기 때문이다. 가령, 우리가 §A.6에서 마주치게 될 배위공간과 위상공간이 그런 예다. 이것들은 종종 차원이 매우 크기도 하고 때로는 복잡한 위상구조를 갖기도 한다.

그렇다면 다양체란 무엇인가? 기본적으로 다양체는 단지 어떤 유한한 n개 차원의 매끄러운 공간으로서, 우리는 이를 n-다양체라고 부른다. 그렇다면 이 문맥에서 형용사 "매끄러운"은 무슨 뜻일까? 수학적으로 정확성을 기하려면 이 사안을 고차원 **미적분학**의 관점에서 다루어야 할 것이다. 이 책에서 나는 미적분의 수학적 형식론을 결코 진지하게 다루지 않았지만(다만 §A.11의 끝에서 간략히 언급했을 뿐이다), 이와 관련된 기본적 개념에 대한 일종의 직감은 정말 필요할 것이다.

그렇다면 "매끄러운 n차원 공간"은 무슨 뜻일까? 그 공간의 임의의 점 P를 고려해보자. 만약 공간이 P에서 **매끄럽다**고 하려면, P의 근처에서 그림을 확대

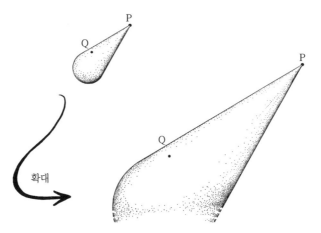

그림 A–9 맨 위에 그려진 다양체는 점 P에서 매끄럽지 않아도 되는데, 그 이유는 아무리 확대해도 극한에서 평평한 공간이 얻어지지 않기 때문이다. 하지만 Q에서는 매끄럽다. 왜냐하면 확대할수록 곡률이 자꾸 작아지기에, 극한에서는 그 점 주위 공간이 평평하기 때문이다.

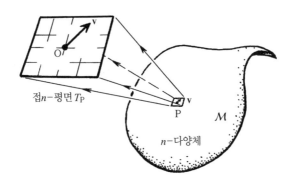

그림 A–10 (매끄러운) 다양체 M의 점 P에서의 접벡터 **v**는 P에서의 **접공간** T_P의 원소이다. 벡터공간 T_P는 무한히 확대된, P의 바로 주변 공간이라고 볼 수 있다. O는 T_P의 원점이다.

하는 것을 상상할 수 있다. 아주 큰 비율로 확대하여 그 공간을 P로부터 멀어지게 늘이면서도 P는 가운데에 위치하도록 유지한다. 공간이 P에서 매끄럽다면, 그러한 확장의 극한에서 P 주위의 공간은 **평평한** n차원 공간처럼 보일 것이다.

가령 그림 A-9를 보면, 원뿔의 꼭짓점 P는 매끄러운 점이 아닐 것이다. 대역적으로 매끄러운 다양체의 경우, 이 극한적으로 "늘어난" 공간은 비록 평평하지만 실제로 유클리드 n-공간이라고 보아서는 안 된다. 왜냐하면 유클리드 공간이 지닌 **계량** 구조(즉, 거리 개념)를 지니고 있지 않기 때문이다. 하지만, 그 공간은 극한에서 §§A.3과 A.4에서 설명한 벡터공간의 구조를 지니고 있음은 틀림없으며, 원점은 우리가 관심을 두고 있는 P 자신의 궁극적인 위치일 것이다. (구글 지도를 한 선택된 점으로부터 무한정 확대시키는 모습을 생각해보기 바란다.)

이 극한의 벡터공간을 가리켜 점 P에서의 **접공간**tangent space이라고 하며, 종종 T_P라고 표시한다. T_P의 여러 원소들은 P에서의 **접벡터**tangent vector라고 한다(그림 A-10을 보기 바란다). 접벡터의 기하학적 의미를 직관적으로 파악하기 위해 P에 놓여 있으면서 다양체를 따라 P로부터 멀어지는 아주 작은 화살표를 생각해보자. P에서의 다양체를 따라 나 있는 여러 **방향**들은 T_P에서의 (벡터들의 다양한 스칼라 값에 따라) 영이 아닌 여러 벡터들에 의해 주어질 것이다. 대역적으로 매끄러운 n-**다양체**가 되려면 이 공간은 그것의 각 점에서 매끄러워야 하며, 각 점에서 잘 정의된 접n-공간을 가져야 할 것이다.

때때로 다양체는 국소적인 접공간의 존재로 인해 제공되는 **매끄러움** 이외의 다른 여러 구조를 부여받을 수도 있다. 가령 리만 다양체는 접공간이 유클리드 벡터공간이 되도록 함으로써 부여받는 (각각의 T_P에 내적 $\langle \cdots | \cdots \rangle$(§A.3)을 제공함으로써) 국소적인 길이 값을 지닌다. 물리학에서 중요한 다른 국소적 구조도 있는데, 가령 우리가 나중에 살펴볼 **위상공간**에 적용되는 **심플렉틱 구조**가 그런 예다. 보통의 위상공간의 경우, 알려진 바로는 한 점에서의 접벡터에 대해 내적의 한 종류인 $[\cdots | \cdots]$이 있는데, 이에 대해서는 리만 다양체에서 성립하는 대칭성 $\langle u | v \rangle = \langle v | u \rangle$와 달리 반대칭성 $[u | v] = -[v | u]$가 성립한다.

대역적인 스케일에서 보면 다양체는 n차원 유클리드 공간처럼 단순한 위상

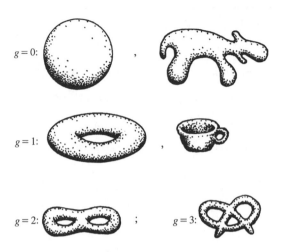

$g = 0$:

$g = 1$:

$g = 2$:

$g = 3$:

그림 A–11 다양한 위상구조를 지닌 2–공간의 사례들. 양 g는 곡면의 **종수**("손잡이"의 개수)이다. (그림 1–44와 비교해보기 바란다.)

구조를 갖거나 아니면 §1.16의 그림 1–44와 그림 A–11에 나오는 2차원 사례들처럼 훨씬 더 정교한 위상구조를 가질지도 모른다. 하지만 각각의 경우 전체적인 위상구조가 무엇이든지 간에, n–다양체는 앞서 설명한 의미에서 어디에서든 **국소적으로는** 평평한 n차원 벡터공간처럼 보이며, 유클리드 n–공간 $\mathbb{E}^n$처럼 거리 또는 각도의 국소적 개념을 갖지 않아도 된다. 앞서 §A.4에서 보았듯이, 우리는 한 벡터공간의 상이한 점들을 나타내기 위해 **좌표**를 할당할 수 있다. 우리는 n–다양체에 일반적으로 좌표를 할당하는 사안을 고찰하고 싶다. 유클리드 n–공간의 경우에는 그것을 전체적으로 n개의 실수$(x_1, x_2, \cdots, x_n)$의 공간 $\mathbb{R}^n$에 의해 모형화된다고 간주할 수 있다. 이는 그림 A–4에서처럼 특정한 직교 좌표계를 사용한 경우이지만, 다른 좌표계를 통해서도 표현할 수 있다. 일반적으로 다양체는 좌표의 관점에서 기술될 수 있지만, 이러한 좌표 표현 방식에는 유클리드 공간의 벡터공간 좌표 표현 방식보다 훨씬 더 큰 임의성이 있다. 또한 그런 좌표가 해당 다양체에 대역적으로 적용될 수 있는지 아니면 국소적 영역에서만 사용될 수 있는지도 문제가 된다. 이런 모든 문제들도 살펴볼 필요가 있다.

그러면 다시 한 유클리드 공간 $\mathbb{E}^n$에 좌표 $(x_1, x_2, \cdots, x_n)$을 할당하는 사안으로 돌아가자. 방금 설명했듯이 좌표를 한 벡터공간에 할당하려면, $\mathbb{E}^n$이 "원점"으로 선택된 특정한 점 O를 갖지 않음에 주목해야 한다. 이 점은 한 벡터공간의 경우 좌표 $(0, 0, \cdots, 0)$으로 할당된다. 이것은 분명 임의적이며, 해당 벡터공간에 특정한 기저를 선택할 때 이미 존재했던 임의성에 그러한 임의성도 추가된다. 좌표의 관점에서 볼 때, 원점 선택의 이러한 임의성은 한 주어진 좌표계, 가령 $\mathfrak{C}$를 다른 좌표계 $\mathfrak{A}$로 자유롭게 "평행이동*translation"할 수 있다는 데서 드러난다. 그러려면 $\mathfrak{C}$의 서술에서 각 성분 x_i에다 한 고정된 수 A_i를 더하면 된다(통상적으로 i의 값마다 다른 수). 만약 한 점 P가 좌표 $(x_1, x_2, \cdots, x_n)$에 의해 $\mathfrak{C}$에서 표현된다면, P는 아래 식을 만족하는 좌표 $(X_1, X_2, \cdots, X_n)$에 의해 $\mathfrak{A}$에서 표현되도록 하면 된다.

$$X_i = x_i + A_i \quad (i = 1, 2, \cdots, n)$$

그러면 $\mathfrak{C}$의 원점 O는 좌표 $(A_1, A_2, \cdots, A_n)$에 의해 $\mathfrak{A}$에서 표현된다.

이것은 매우 단순한 좌표 변환으로서, 이전과 동일한 "선형적" 유형의 또 다른 좌표계를 제공할 뿐이다. 벡터공간 기저를 바꾸어도 이와 동일한 특정 유형의 또 다른 좌표계가 나올 것이다. 종종 유클리드 기하학 내의 구조들을 연구할 때, **곡선좌표계**라는 더욱 일반적인 좌표계가 사용된다. 그중 가장 친숙한 것은 유클리드 평면에 대한 **극좌표계**이다(그림 A–12(a)). 여기서 표준적인 직교좌표 (x, y)는 다음 식에 의해 (r, θ)로 대체된다.

---

* "평행이동"은 여기서 이중의 역할을 수행한다. 일상적 의미로는 한 계를 다른 계로 바꾼다는 의미이며 수학적인 의미로는 회전 없는 위치 이동을 가리킨다.

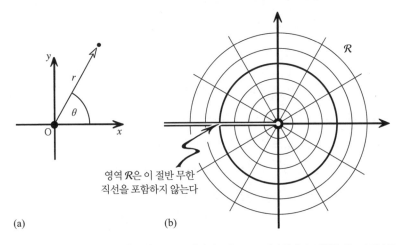

(a)   (b)

그림 A-12 극좌표 (r, θ)의 "곡선"좌표계. (a)표준적인 직교좌표 (x, y)와의 관계. (b)적절한 좌표도 $\mathcal{R}$이 구성되려면 가운데서 어떤 직선이 제외되어야 하는데, 여기서는 반직선 $\theta = \pm\pi$가 그것이다.

$$y = r\sin\theta, \quad x = r\cos\theta$$

그리고 역함수는 다음과 같이 표현된다.

$$r = \sqrt{x^2 + y^2}, \quad \theta = \tan^{-1}\frac{y}{x}$$

이름에서 드러나듯이, 곡선좌표계의 좌표 선들은 직선(또는 고차원인 경우에는 평평한 평면 등)이 아니어도 되는데, 그림 A-12(b)를 보면 $\theta =$ 상수인 선들은 직선인 데 반해서 $r =$ 상수인 선들은 곡선이다. 극좌표의 사례는 곡선좌표계의 또 하나의 흔한 특징을 보여주는데, 즉 곡선좌표계는 종종 전체 공간을 매끄러운 일대일 방식으로 망라하지 못한다. (x, y) 좌표계의 중심점 $(0, 0)$은 (r, θ) 좌표계에서 적절하게 표현되지 못하며(θ는 거기서 고유한 값을 갖지 않는다), 만약 이 점 주위로 원을 그리면 θ는 2π(즉, 360°)만큼 도약한다. 하지만 극좌표는 중심점 O($r = 0$일 때의 점) 및 $\theta = 0$일 때 O로부터 뻗어가는 직선

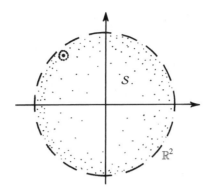

그림 A-13 다양체의 한 부분 S는 만약 그것의 각 점이 전적으로 S 내부에 놓이는 한 좌표 공 내부에 포함되는 부분집합이라면 **열린** 집합이라고 불린다. 이 그림은 2차원의 경우로서, S는 $x^2 + y^2 < 1$에 의해 주어지는 $\mathbb{R}^2$의 부분집합이다. 여기서 알 수 있듯이, S 내부에서 선택된 임의의 점은 전적으로 S 내부에 포함되는 한 작은 원형 원반 내부에 놓여 있다. 영역 $x^2 + y^2 \leq 1$은 이 조건을 만족하지 않는데, 그 이유는 경계에서 선택된 점들(여기서는 집합의 일부)이 이 조건을 만족하지 않기 때문이다.

과 반대 방향으로 뻗어가는 반직선($\theta = \pm\pi$, 즉 $\pm 180°$일 때 생기는 직선. 그림 A-12(b) 참고)을 제외한 평면의 영역 $\mathcal{R}$의 점들을 적절하게 표시한다. (꼭 언급해야 할 것이 하나 있다. 여기서 나는 극좌표 θ가 $-180°$에서 $+180°$까지 움직이는 것을 고려하지만 $0°$에서 $360°$까지의 범위가 더 자주 사용된다.)

영역 $\mathcal{R}$은 이른바 유클리드 평면 $\mathbb{E}^2$의 **열린** 부분집합의 한 예다. 직관적으로 우리는 "열린"의 개념이 n-다양체 M의 부분집합 $\mathcal{R}$에도 적용된다고 여길 수 있다. M 내부에 있는 이 영역은 M의 차원 n을 전부 가지면서도 어떠한 경계 내지 "모서리"를 포함하지는 않는다. (평면에 대한 극좌표의 경우, 그런 "모서리"는 양의 값이 아닌 x에 의해 주어지는 x축의 일부일 것이다.) $\mathbb{E}^2$의 열린 부분집합의 또 하나의 사례는 전적으로 단위원 내부에 놓인 (즉, $x^2 + y^2 < 1$에 의해 주어지는) 영역(원반(또는 "2-공"))이다. 한편 단위원 자체($x^2 + y^2 = 1$)도 단위원 경계를 **포함하여** 이 원반으로 이루어진 영역(즉, 닫힌 단위 원반 $x^2 + y^2 \leq 1$)도 열려 있지 않다. 이에 대응하는 진술이 고차원에

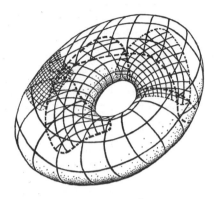

그림 A–14 이 그림은 한 공간(여기서는 2차원 토러스)을 $\mathbb{R}^2$의 열린 좌표 영역들(집합 $\mathcal{R}^1$, $\mathcal{R}^2$, $\mathcal{R}^3$, ⋯)로 덮는 모습을 보여준다.

도 적용되기에, $\mathbb{E}^3$에서 "닫힌" 영역 $x^2 + y^2 + z^2 \leq 1$은 열려 있지 **않지만**, 3– 공 $x^2 + y^2 + z^2 < 1$은 열려 있다. 좀 더 전문적으로 말하자면, n–다양체 M의 열린 영역 $\mathcal{R}$은 $\mathcal{R}$의 임의의 점 p가 n–공이 전적으로 M 내부에 놓일 정도로 충분히 작은 좌표 내에 놓인다는 성질에 의해 정의될 수 있다. 그림 A–13은 열린 원반의 2차원 사례를 통해 이를 설명하고 있다. 여기서 원반의 각 점은 경계에 아무리 가깝더라도 전적으로 원반 내부에 놓인 작은 원형 영역 내부에 놓여 있다.

일반적으로 위상기하학적 이유들로 인해, 한 단일한 좌표계 $\mathfrak{C}$를 사용하여 한 다양체 M 전체에 대한 대역적 좌표 할당은 가능하지 않다. 좌표화를 시도할 때마다 어딘가에서 어긋나기 때문이다(가령, 지구의 위도 경도 좌표계의 경우 국제 날짜 변경선 상의 남극과 북극이 그런 예다). 그런 상황에서 M에 좌표를 할당하려면 단일 좌표계를 사용하지 말고, 서로 겹치는 열린 영역(이른바 M의 **열린 피복 공간**)들 $\mathcal{R}_1$, $\mathcal{R}_2$, $\mathcal{R}_3$, ⋯으로 기워서 전체 M을 덮어야 한다(그림 A–14 참고). 이때 우리는 각각의 $\mathcal{R}_i$에 하나의 좌표계 $\mathfrak{C}_i$를 할당한다($i = 1, 2, 3, \cdots$). 피복 공간의 상이한 쌍들 간의 각각의 겹침 내부에, 즉 공집합이 아닌 각

각의 아래 교집합 내부에는

$$\mathcal{R}_i \cap \mathcal{R}_j$$

두 상이한 좌표계, 즉 $\mathfrak{C}_i$와 $\mathfrak{C}_j$가 있으며 우리는 변환을 특정할 필요가 있다(위에서 살펴본 직교좌표 (x, y)와 극좌표 (r, θ) 사이의 변환이 그런 예다. 그림 A-12(a) 참고). 이런 식으로 좌표 조각들을 꿰매면 복잡한 기하구조 내지 위상구조를 지닌 공간을 구성할 수 있는데, 그림 A-11의 2차원 사례와 §1.16의 그림 1-44(a)가 그런 공간이다.

명심해야 할 것이 하나 있다. 좌표는 다양체의 속성들을 자세히 연구할 수 있도록 편의적으로 도입된 **보조적 도구**라고 간주해야 한다는 점이다. 좌표는 보통 그 자체로서 구체적인 의미가 없으며, 특히 이런 좌표의 관점에서 볼 때 점들 사이의 유클리드식 거리의 개념은 타당성이 없을 것이다. (§A.4에서 보았듯이, $\mathbb{E}^3$에서 점 (X, Y, Z)와 점 (x, y, z) 사이의 유클리드식 거리의 직교좌표 공식은 $\sqrt{(X-x)^2 + (Y-y)^2 + (Z-z)^2}$이다.) 대신에 우리는 어떤 좌표계를 선택하는지와 **무관한** 다양체의 성질에 관심이 있다(가령, 평면의 극좌표에서는 거리 공식이 꽤 달라 보일 것이다). 이 사안은 아인슈타인의 일반상대성이론에서 특히 중요하다. 거기서 시공간은 4-다양체이며, 공간과 시간 좌표의 특정한 선택은 결코 절대적인 지위를 갖지 않는다. 이를 가리켜 일반상대성이론의 **일반적 공변성의 원리**라고 한다(§§1.2, 1.7 및 2.13 참고).

다양체는 **콤팩트**compact한 것일 수 있는데, 이는 기본적으로 다양체가 그 자체로서 닫혀 있음을 의미한다. 가령, 닫힌 곡선(차원 $n = 1$)이나 그림 A-15(a)에 그려진 닫힌 곡면 또는 §1.16의 그림 1-44(a)에 나오는 닫힌 위상기하학적 곡면(차원 $n = 2$)이 그런 예다. 아니면 다양체는 **콤팩트하지 않을** 수도 있는데non-compact, 유클리드 n-공간이나 그림 1-44(b)에 나오는 구멍이 있는 곡면이 그런 예다. 콤팩트한 곡면과 콤팩트하지 않은 곡면의 구별은 그림 A-15

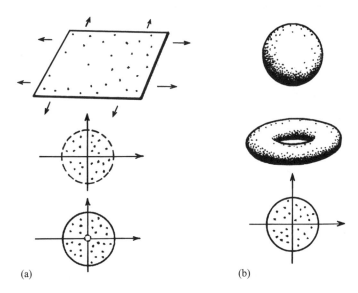

그림 A-15 (a)콤팩트하지 않은 2-다양체의 다양한 예들. 전체 유클리드 평면, 열린 단위 원반, 원점이 제 거된 닫힌 단위 원반. (b)콤팩트한 2-다양체의 다양한 예들. 구 S^2, 토러스 $S^1 \times S^1$, 닫힌 단위 원반.

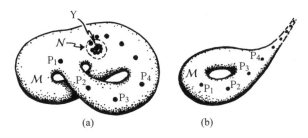

그림 A-16 다양체 M의 콤팩트 특성. (a)콤팩트한 M에서는 점 P_1, P_2, P_3, …의 모든 무한한 열이 M의 한 집적점集積點, accumulation point y를 갖는다. (b)콤팩트하지 않은 M에서 점 P_1, P_2, P_3, …의 어떤 무한한 열은 M의 집적점 y를 갖지 않는다. (집적점 y는 Y를 포함하는 모든 열린 집합 N도 무한히 많은 P_i를 포함 한다는 속성을 갖는다.)

에 설명되어 있다. 여기서 콤팩트하지 않은 공간은 "무한대로 간다" 또는 그림 1-44(b)의 "구멍"과 같은 "구멍이 있다"고 여길 수 있다(여기서 세 구멍의 경 계 곡선들은 다양체의 일부가 아니라고 간주된다). 조금 더 전문적으로 말하자면, 콤팩트한 다양체는 다음 속성을 갖는다. 즉, 그 다양체 내부의 임의의 무한한 점들의 열sequence은 한 극한 점limit point을 가지는데, 이것은 P를 포함하는 모든 열린 집합이 그 열의 무한히 많은 원소들을 포함하도록 하는 다양체 내의 점 P를 의미한다(그림 A-16). (그런 문제를 포함해 여기서 간략히 설명한 전문적 사안을 더 자세히 알고 싶으면 참고 문헌을 보기 바란다Tu 2010; Lee 2003.)

때때로 우리는 경계를 갖는 다양체 내부의 영역을 고려하는데, 그런 영역은 여기서 나온 의미로는 다양체라고 하기 어렵지만, 경계를 갖는 다양체manifold with boundary라고 불리는 더욱 일반적인 공간이 될 수 있다(가령 §1.16의 그림 1-44(b)에 나오는 곡면이 그런 예인데, 구멍의 경계는 이제 이 '경계를 갖는 다양체'의 일부로 간주된다). 그런 공간은 "그 자체로서 닫혀 있지" 않고서도 쉽게 콤팩트일 수 있다(그림 A-15(b)). 다양체는 연결되어((일상적인 용어로) 오직 하나의 조각으로만 구성되어 있다는 의미이다) 있을 수도 있고 끊겨 있을 수도 있다. 0-다양체는 만약 연결되어 있다면 단 하나의 점으로 구성되어 있고, 만약 끊겨 있다면 두 개 이상의 점들의 유한한 집합으로 구성되어 있다. 종종 "닫힌"[*]이라는 용어가 콤팩트한 다양체(하지만 경계는 없는)를 가리키는 데 쓰인다.

A.6 물리학에서 다양체의 활용

물리학에서 다양체를 가장 대표적으로 활용하는 예는 통상적인 유클리드 3-

---

[*] 이는 매우 혼란스러운 수학 용어의 사례 중 하나인데, 우리가 위에서 살펴본 닫힌 집합이라는 위상기하학적 개념과 충돌하기 때문이다. 임의의 다양체는 다양체의 의미에서 닫혀 있든 아니든 간에, 위상기하학적 의미에서 한 닫힌 집합을 구성한다(즉, 위에서 설명한 열린이라는 개념에 보완적으로. 닫힌 집합은 그 집합의 모든 극한 점들을 포함한다Tu 2010; Lee 2003).

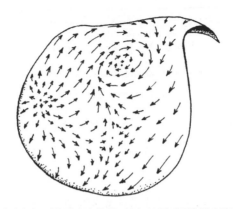

그림 A-17 다양체 상의 매끄러운 벡터 장. 화살표 없이 표시된 세 점은 벡터 장이 영이 되는 곳이다.

공간의 평평한 3-다양체이다. 하지만 아인슈타인의 일반상대성이론에 따르면 (§1.7 참고), **휘어져** 있을지 모르는 공간의 관점에서 생각해야만 한다. 예를 들어 §A.2에서 살펴본 자기장은 휘어진 3-공간에서 살펴보면 그림 A-17에 나오는 것과 같은 **벡터** 장일 것이다. 더군다나 일반상대성이론의 **시공간**은 휘어진 4-다양체이기에, 종종 우리는 그냥 벡터 장보다 더욱 복잡한 속성을 지닌 시공간의 장(가령, 전자기장)을 고려해야 한다.

하지만 통상적인(끈 이론이 아닌) 물리학에서는 종종 3 또는 4차원(3-다양체는 통상적인 공간을 기술하기 위해 그리고 4-다양체는 시공간을 기술하기 위해 쓰인다)보다 큰 차원의 다양체에 관심을 갖는다. 그런데 순전히 수학적 즐거움 이외에 왜 우리가 그런 큰 차원의 다양체 또는 유클리드 공간과는 다른 위상구조를 갖는 다양체에 관심을 가져야 하는지 묻지 않을 수 없다. 분명히, 복잡한 위상구조를 지녔을지 모르는 4보다 훨씬 큰 차원의 다양체는 종래의 물리이론에 중요한 역할을 많이 한다. 이는 3보다 큰 공간 차원을 요구하는 많은 현대 물리학의 제안들(가령, 1장에서 논의한 끈 이론)의 요건에 무관하다. 고차원 다양체의 가장 단순하면서도 가장 중요한 예는 **배위공간**과 **위상공간**이다. 이 둘

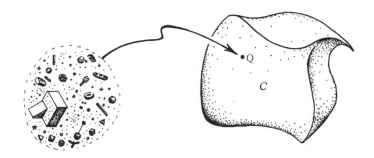

그림 A-18 배위공간 C의 점 Q는 고려 대상인 전체 계의 모든 구성요소의 위치(그리고 비대칭적 형태일 경우에는 방향)를 표현한다.

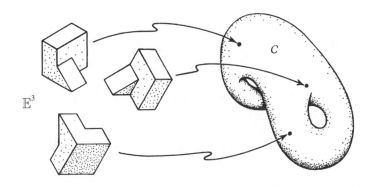

그림 A-19 유클리드 3-공간 $\mathbb{R}^3$ 내의 하나의 불규칙적인 모양의 강체의 배위공간은 콤팩트하지 않고, 휘어져 있으며, 위상기하학적으로 자명하지 않은 6-다양체이다.

을 간략하게 살펴보자.

배위공간은 수학적인 공간(다양체 C)으로서, 그 공간의 각 점은 고려 대상인 물리계의 모든 개별적 부분들의 위치를 완벽하게 표현한다(그림 A-18 참고). 단순한 예로서, 각각의 점이 통상의 유클리드 3-공간의 어떤 강체 B의 위치(공간 상의 방향을 포함)를 표현하는 6차원 배위공간을 들 수 있다(그림 A-19). 가령 B의 중력 중심(무게 중심) G를 정하는 데 3 좌표가 필요하고, B의 공간 상의 방향을 정하는 데 3 좌표가 더 필요하기에, 총 6개의 좌표가 필요하다.

6-공간 *C*는 **콤팩트**하지 않은 공간인데, 그 이유는 *G*가 무한한 유클리드 3-공간 내의 임의의 위치일 수 있기 때문이다. 게다가 *C*는 자명하지 않은(그리고 흥미로운) 위상구조를 갖는다. 이른바 "단순하지 않게 연결된" 공간인데, 왜냐하면 *C*에는 연속적인 변형을 통해 한 점으로 바뀔 수 없는 닫힌 곡선이 존재하기 때문이다Tu 2010; Lee 2003. 그 곡선은 360°까지 B의 연속적인 회전을 표현하는 곡선이다. 그런데 흥미롭게도 이 과정의 **반복**을 표현하는 곡선, 즉 720°까지 연속적인 회전을 표현하는 곡선은 연속적인 변형을 통해 한 점으로 바뀔 수 있다TRtR, §11.3. 이를 가리켜 **위상기하학적 비틀림**이라고 한다Tu 2010; Lee 2003.

매우 큰 차원의 배위공간은 물리학에서 종종 다루어진다. 가령 기체가 그런 경우로서, 이때 기체 속의 모든 분자들의 자세한 위치에 관심을 갖는다. 만약 분자의 개수가 *N*개라면(내부 구조가 없는 개별적인 점입자들로 고려될 때), 배위공간은 3*N*차원일 것이다. 물론 *N*은 정말로 아주 클지 모르지만, 그럼에도 불구하고 1, 2 및 3차원에 관한 직관으로부터 자라난, 다양체를 연구하는 일반적인 수학적 체계가 그런 복잡한 계를 해석하는 데에도 매우 위력적임이 드러났다.

위상공간 *P*는 배위공간과 매우 비슷한 개념이지만, 여기서는 개별 구성요소들의 **운동**을 고려해야 한다. 위에서 살펴본 배위공간의 두 번째 사례에서 3*N*-다양체 *C*의 각 개별 점은 기체 내의 모든 분자들의 위치들의 전체 집합을 나타내는데, 이에 대응하는 위상공간은 각 입자의 운동도 나타내야 하므로 6*N*-다양체 *P*이다. 예를 들어, 각 입자의 (속도 벡터를 결정하는) 속도의 3성분을 택해 설명할 수 있지만, 전문적인 어떤 이유로 각 입자의 **운동량**의 3성분을 택하는 편이 더 적합하다. 한 입자의 운동량 벡터는 (적어도 여기서 우리가 관심 갖는 상황일 경우) 단지 속도 벡터를 입자의 **질량**으로 곱한(즉, 입자의 질량만큼 증가시킨) 양이다. 이 벡터는 이전에 있던 성분보다 입자당 3성분을 더 제공하

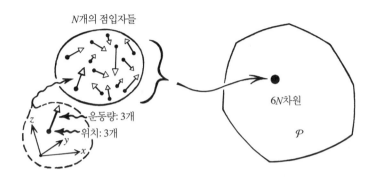

그림 A−20 N개의 구조 없는 고전적인 점입자들의 배위공간 C는 $3N$−다양체인 반면에, 위상공간 $\mathcal{P}$는 3 운동량 자유도를 고려하므로 $6N$차원이다.

기에 각각의 입자에 대해 총 6성분이 되며, N개의 구조가 없는 입자들의 계에 대한 위상공간 $\mathcal{P}$는 $6N$차원이 될 것이다(그림 A−20).

만약 입자들이 어떤 내부 구조를 갖는다면 상황은 더욱 복잡해진다. 위에서 보았듯이, 강체의 경우 배위공간은 강체의 각 방향을 결정하는 3차원을 고려해야 하므로 이미 6차원이다. 강체의 (질량 중심에 대한) 각운동을 기술하려면, 강체의 질량 중심의 운동에 의해 주어지는 운동량의 3성분에 더하여 **각운동량**의 추가적인 3성분이 위상공간에 포함되어야 한다. 그러면 총 12차원 위상공간 다양체 $\mathcal{P}$가 얻어진다. 그러므로 각각 강체로서의 구조를 갖는 N개 입자들의 경우에는 $12N$차원의 위상공간이 필요하다. 일반적인 규칙을 말하자면, 한 물리계의 위상공간 $\mathcal{P}$는 정말로 그 계의 배위공간 C의 두 배의 차원을 갖는다.

위상공간은 동역학적 행동과 특별히 관련이 있는 아름다운 수학적 성질이 많다(여기서 이른바 **심플렉틱** 다양체가 중요한 역할을 한다). §A.5에서 언급했듯이, 그러한 다양체 $\mathcal{P}$의 접공간 각각은 이른바 **심플렉틱 형태**에 의해 결정되는 **반대칭적인** "내적" $[\mathbf{u}, \mathbf{v}] = -[\mathbf{v}, \mathbf{u}]$를 갖는다. 이것은 한 접벡터에 크기 값을 제공하는 데 아무런 도움이 되지 않는데, 그 이유는 임의의 접벡터 $\mathbf{u}$에 대하여 $[\mathbf{u},$

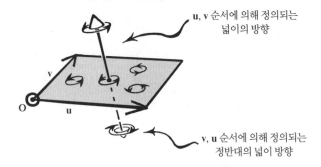

u, v 순서에 의해 정의되는
넓이의 방향

v, u 순서에 의해 정의되는
정반대의 넓이 방향

그림 A−21 다양체의 한 점에서의 접공간에서 벡터 u, v에 의해 결정되는 2−평면 요소는 u와 v의 순서에 따라 방향이 달라진다. 3차원 주위 공간에서 우리는 이 방향을 평면으로부터 이쪽 면 또는 저쪽 면으로 나가는 방향이라고 여길 수 있지만, 2−평면 요소 주위로 "비틀기"의 관점에서 생각하는 편이 더 낫다. 왜냐하면 이는 고차원 주위 공간에도 적용되기 때문이다. 만약 주위 공간이 심플렉틱 다양체라면, 심플렉틱 구조가 2−평면에 할당하는 넓이는 2−평면의 방향에 따라 달라지는 부호를 갖는다.

u] = 0임을 직접적으로 의미하기 때문이다. 하지만 심플렉틱 형태는 임의의 2차원 곡면 요소에 넓이 값을 제공하는데, 여기서 [u, v]는 두 벡터 u와 v에 의해 생성된 곡면 요소에 대한 넓이 요소이다. 반대칭성 때문에 u와 v의 순서를 바꾸면(이는 넓이를 반대 의미로 기술하는 것에 해당한다. 그림 A−21 참고) 부호가 달라진다는 의미에서 이것은 **방향이 있는** 넓이이다. 이 넓이 값을 무한소 스케일에서 얻은 다음에, 그 값을 키워나가면(전문적으로 말해, **적분**하면) 임의의 (가령 유한성을 보장하기 위해, 콤팩트한) 2차원 곡면(그림 A−15(c) 참고)의 넓이 값을 얻을 수 있다. 그러한 것들의 곱product을 취해서 이 넓이 개념을 계속 발전시키면, $\mathcal{P}$ 내부에 놓인 임의의 짝수 차원(가령, 콤팩트한)의 곡면 영역에 대한 "부피" 값을 얻을 수 있다. 이는 전체 공간 $\mathcal{P}$에 적용되며(전체 공간은 반드시 짝수 차원이기 때문이다) 또한 $\mathcal{P}$ 내부의 전체 차원 영역에도 적용된다(여기서 각각의 경우 유한성은 **콤팩트** 성질에 의해 보장된다). 이 부피 값을 가리켜 리우빌 값Liouville measure이라고 한다.

심플렉틱 다양체의 자세한 수학적 성질은 이 책의 관심사가 아니긴 하지만,

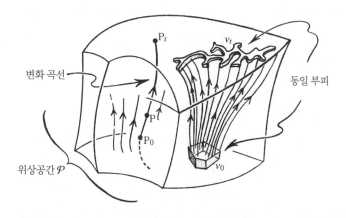

변화 곡선

P_t

v_t

동일 부피

P

P_0

위상공간 $\mathcal{P}$

v_0

그림 A–22 고전적 계의 역학적 변화는 위상공간 $\mathcal{P}$의 관점에서 변화 곡선으로 기술된다. $\mathcal{P}$의 각 점은 계의 모든 구성요소의 특정 시간에서의 위치와 운동을 표현하며, 역학 방정식들이 계의 변화를 결정하여 변화 곡선을 내놓는다. 변화 곡선은 점 P로부터 이후의 시간 t에서 계의 상태를 결정하는 점 P_t에 이른다. 역학 방정식들의 결정론에 따르면, 각각의 P를 지나는 한 고유한 변화 곡선이 존재하며, 이는 거꾸로 계의 초기 상태를 나타내는 과거의 어떤 초기 점 P_0로 되돌아가도 마찬가지이다. $\mathcal{P}$의 심플렉틱 구조는 $\mathcal{V}$에 있는 임의의 콤팩트한 영역에 부피(리우빌 값)를 제공하는데, 리우빌의 정리에 의하면 이 영역이 아무리 심하게 감겨 있더라도 이 부피는 변화 곡선을 따른 시간 진행에서 보존된다.

이 기하학의 두 가지 특징은 언급하지 않고서 넘어가기 어렵다. 그 특징은 **변화 곡선**evolution curve이라고 알려진 $\mathcal{P}$의 곡선에 관한 것이다. 변화 곡선은 고려 대상인 물리계에서 시간이 흐를 때 나타날 수 있는 변화를 표현하는 것인데, 이 변화는 계를 지배하는 역학 방정식들에 따라 일어난다(여기서 역학은 고전적인 뉴턴 이론의 역학일 수도 있고, 아니면 더욱 정교한 상대성이론 내지는 다른 여러 물리학 이론들의 역학일 수도 있다). 통상적인 고전적 물리계가 이 역학에 따라 행동하므로 이 역학을 **결정론적**이라고 한다. 즉, 입자들로 이루어진 계의 경우 그 행동은 임의의 선택된 시간 t에서의 모든 구성 입자들의 위치와 운동량에 의해 결정된다. 만약 역학적으로 연속적인 장(가령 전자기장)이 존재하면, 우리는 비슷한 유형의 결정론적인 변화를 예상할 수 있다. 따라서 위상공간 $\mathcal{P}$의 관점에서 볼 때, 계의 가능한 전체 변화를 표현하는 각각의 변화 곡선 c

는 c 상의 임의의 선택된 점에 의해 완벽하게 결정된다. 변화 곡선들의 전체 족은 수학자들이 이른바 $\mathcal{P}$의 **엽층**葉層, foliation이라고 부르는 것을 형성하는데, 여기서는 $\mathcal{P}$의 임의의 선택된 점을 지나는 딱 하나의 변화 곡선이 존재한다(그림 A–22 참고).

$\mathcal{P}$의 심플렉틱 속성이 제공하는 첫 번째 특징은 모든 변화 곡선의 정확한 위치는 일단 $\mathcal{P}$의 모든 점에 대한 계의 에너지 값(이 에너지 함수를 가리켜 해밀토니언 함수라고 한다)을 알면 완전히 결정된다는 것이다. 하지만 에너지의 이 놀랍고도 중요한 역할은 여기서 우리의 논의와는 직접적인 관련이 없다. 하지만 두 번째 속성은 우리의 논의에서 중요하다. 바로 (심플렉틱 구조에 의해 결정되는) 리우빌 값은 주어진 역학 법칙들에 따라 시간 변화 내내 **보존된다**는 것이다. 이 놀라운 사실이 리우빌의 정리이다. $2n$차원 위상공간 $\mathcal{P}$의 경우, 이 부피는 $\mathcal{P}$의 임의의 (콤팩트한) $2n$차원 부분 영역 $\mathcal{V}$에 할당된 실수 값의 크기 $L_n(\mathcal{V})$를 제공한다. 시간 척도 t가 증가하면 $\mathcal{P}$의 점들은 자신들의 변화 곡선을 따라 움직이며, 전체 영역 $\mathcal{V}$는 $\mathcal{P}$ 내부에서 $2n$–부피 $L_n(\mathcal{V})$가 언제나 동일하게 되도록 움직인다. 이는 3장과 관련하여 특별한 의미를 갖는다.

A.7 번들

다양체에 깃들 수 있는 구조의 종류 내지 자연의 힘들을 이해하는 데 핵심적으로 중요한 수학적 개념이 이른바 **파이버 번들** 또는 줄여서 그냥 **번들**이다Steenrod 1951; TRtR, chapter 15. 이것은 물리학자의 의미에서 장의 개념을 (§A.4에서 기술한) 다양체라는 일반적인 기하학 체계 속으로 가져온다. 또한 이 개념 덕분에 우리는 §A.2에서 도입된 자유도의 사안을 더 명확하게 이해할 수 있다.

현재의 논의 목적상 우리는 번들 $\mathcal{B}$를 $(r+d)$–다양체라고 여겨도 좋은데, 이

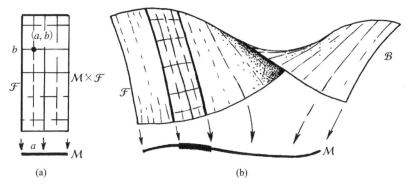

그림 A-23 이 그림은 파이버 번들의 개념을 설명해준다. **총공간** $\mathcal{B}$는 "연속적인 M 값어치의 $\mathcal{F}$들"이라고 볼 수 있는 다양체인데, 여기서 다양체 M은 이른바 **기저공간**이고 $\mathcal{F}$는 **파이버**이다. (화살표로 표시한) **사영** π는 $\mathcal{B}$ 속의 $\mathcal{F}$의 각 경우를 M의 한 점에 사상시키는데, 우리는 $\mathcal{B}$ 속의 $\mathcal{F}$의 특정한 경우가 M의 그 점 "위의" 파이버라고 간주한다. (a)M의 임의의 충분히 작은 열린 부분집합 위에는 그 부분집합과 $\mathcal{F}$의 **곱공간**인 $\mathcal{B}$의 한 영역이 있다(그림 A-25 참고). (b)하지만 총공간 $\mathcal{B}$는 대역적 구조에서 볼 때 일종의 "꼬임"이 있기 때문에 그러한 곱공간일 필요가 없다.

는 더 작은 차원의 r−다양체 $\mathcal{F}$의 복사본들의 한 연속적인 족으로부터 매끄럽게 자라난 것으로, 이 복사본을 가리켜 $\mathcal{B}$의 **파이버**라고 한다. 이 족의 구조는 기저공간이라고 불리는 d−다양체인 또 다른 다양체 M의 형태를 갖게 되며, 기저공간 M의 각 점은 $\mathcal{B}$를 이루는 전체 족 내부에 있는 다양체 $\mathcal{F}$의 한 특정한 경우에 대응한다. 그러므로 대략적으로 말해서 번들 $\mathcal{B}$는 다음과 같다고 볼 수 있다.

$\mathcal{B}$는 한 연속적인 M 값어치의 $\mathcal{F}$들

$\mathcal{B}$는 M 상의 $\mathcal{F}$ 번들이라고 할 수 있는데, 여기서 전체 번들 $\mathcal{B}$는 차원이 M 과 $\mathcal{F}$ 차원의 합인 다양체이다. $\mathcal{B}$가 M 값어치의 $\mathcal{F}$들이라는 서술은 더 전문적으로 말하면 다음과 같다. $\mathcal{B}$를 M으로 사상시키는 **사영** π를 통해서, M의 한 점이 $\mathcal{B}$를 구성하는 $\mathcal{F}$의 복사본들 중 하나에 대응된다는 뜻이다. 즉, 사영 π가 $\mathcal{B}$를 구성하는 전체 $\mathcal{F}$ 각각을 매끄럽게 축소시켜 M의 한 점에 대응시킨다는 말

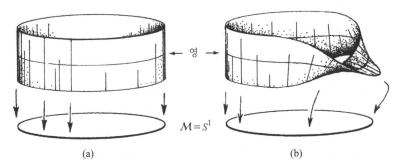

그림 A-24 파이버 𝓕가 선분이고 기저공간 𝓜이 원 S^1일 때 나올 수 있는 두 가지 번들은 (a)원통과 (b)뫼비우스 띠이다.

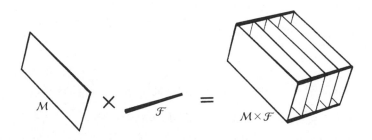

그림 A-25 다양체 𝓜과 𝓕의 곱공간 𝓜 × 𝓕는 **자명한 번들**이라고 하는 𝓜 상의 𝓕n 번들의 한 특정 유형으로서, (a, b)의 쌍들로 이루어진다. 여기서 a는 𝓜의 한 점이고 b는 𝓕의 한 점이다. 이것은 또한 𝓕 상의 𝓜의 자명한 번들이라고 볼 수도 있다.

이다(그림 A-23 참고). 이런 방식으로 기저공간 𝓜과 파이버 공간 𝓕가 결합되어 이른바 번들의 **총공간 𝓑**가 나온다.

우리는 이 서술의 모든 것이 **연속적**이기를 원하는데, 특히 이 사영은 반드시 연속적인(즉, 도약이 없는) 사상이어야 한다. 또한 나는 미적분의 개념들이 필요한 한 적용될 수 있도록 모든 사상과 공간이 **매끄럽기를**(전문적으로 말해, 이른바 C^∞이기를TRtR, §6.3) 요구한다. 이 책에서 나는 독자들이 미적분의 실제 형식론에 익숙하다고 가정하지 않았지만(기본적인 개념들 중 일부는 §A.11에 나와 있다), 미분, 적분 그리고 접벡터 등의 개념을 직관적으로 파악하고 있으면 정말 유용하다(§A.5에 간략히 다루었다). 미분의 개념은 변화율과 곡선의 기울기 등에 관한 것이며, 적분은 면적과 부피 등에 관한 것인데, 이런 개념을 대략적으로라도 알면 여러 대목에서 큰 도움이 된다(§A.11의 그림 A-44 참고).

번들의 단순한 두 사례가 그림 A-24에 나오는데, 이 경우에 기저공간 M은 원이며 파이버 공간 $\mathcal{F}$는 선분이다. 위상기하학적으로 상이한 두 가지 가능성은 원통(그림 A-24(a))과 뫼비우스 띠(그림 A-24(b))이다. 원통은 이른바 곱공간 또는 자명한 번들의 예로서, 두 공간 M과 $\mathcal{F}$의 곱 $M \times \mathcal{F}$는 쌍 (a, b)의 공간이라고 할 수 있다. 여기서 a는 M의 한 점이고 b는 $\mathcal{F}$의 한 점이다(그림 A-25 참고). 이 곱 개념은 양의 정수의 쌍에 적용되는 개념과 일치한다. a가 정수 1, 2, 3, …, A 위로 진행하고 b가 정수 1, 2, 3, …, B 위로 진행할 때 쌍 (a, b)의 곱은 그냥 AB이다.

때때로 꼬인 곱twisted product이라고도 불리는 더 일반적인 경우가 있는데, 뫼비우스 띠가 그런 예다. 이에 의하면, 번들은 언제나 국소적으로 곱공간이다. 왜냐하면, 기저공간 M의 임의의 점 a를 취하면 a를 포함하는 M 내의 한 충분히 작은 열린 영역 M_a가 있고, 이에 대하여 M_a 위쪽에 놓인 번들 $\mathcal{B}$의 부분 $\mathcal{B}_a$(즉, π가 M_a로 사영되는 $\mathcal{B}$의 부분)는 아래와 같은 곱으로 표현될 수 있기 때문이다.

$$\mathcal{B}_a = M_a \times \mathcal{F}$$

이 국소적 곱 구조는 언제나 한 번들에 대해 성립한다. 비록 전체 번들은 (뫼비우스 띠(그림 A-24(b))의 경우가 아니므로) 이런 식으로 (연속적으로) 표현될 수 없을지 모르지만 말이다.

원통과 뫼비우스 띠 사이의 이러한 명백한 위상기하학적 차이는 이른바 번들의 절단면을 통해서 잘 이해할 수 있다. 번들 $\mathcal{B}$의 절단면은 모든 파이버를 각각 정확히 한 점에서 절단하는 $\mathcal{B}$의 부분다양체submanifold X이다(즉, $\mathcal{B}$ 내부에

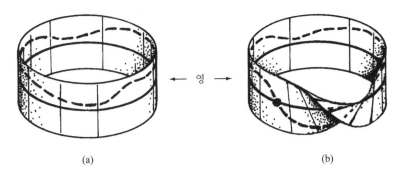

그림 A-26 점선은 그림 A-24에 나온 번들의 절단면의 예다. 두 번들을 서로 구별하는 한 가지 방법이 있다. (a)원통은 결코 서로 마주치지 않는 절단면들을 많이 갖고 있는 데 반해, (b)뫼비우스 띠의 경우 모든 절단면 각각은 그림에서처럼 영인 지점(영의 선을 가로지르는 지점)을 갖는다.

매끄럽게 포함된 더 작은 다양체 X이다). (절단면을 기저공간 M으로부터 역으로 번들 $\mathcal{B}$에 가하는 사상(위에서 말한 속성을 지닌 사상)이라고 여기는 편이 유용할 때가 있다. 왜냐하면 X는 언제나 위상기하학적으로 $\mathcal{B}$와 동일하기 때문이다.) 모든 곱공간들과 마찬가지로($\mathcal{F}$가 둘 이상의 점을 포함할 때) 서로 교차하지 않는 절단면이 있게 된다(가령, (a_1, b)와 (a_2, b)를 택하자. 여기서 a_1과 a_2는 $\mathcal{F}$의 상이한 원소들이며 b는 전체 M 상에서 진행하는 수이다). 이 내용을 원통의 경우에 대해 설명한 것이 그림 A-26(a)이다. 하지만 뫼비우스 띠의 경우, 절단면의 모든 쌍 각각은 반드시 교차한다(그림 A-26(b)를 보면 누구든 쉽게 이해할 수 있을 것이다). 이는 뫼비우스 띠의 위상기하학적 비자명성을 잘 보여준다.

　물리학적 관점에서 번들의 절단면이 중요한 까닭은 이 절단면이 **물리적 장**이 무엇인지를 기하학적으로 훌륭하게 보여주기 때문이다(이 경우 M은 공간 또는 시공간이라고 보면 된다). 앞서 §A.2에서 나온 자기장을 다시 살펴보자. 그런 장을 번들의 절단면이라고 여길 수 있는데, 이때 기저공간은 통상적인 유클리드 3-공간이며, 임의의 점 P 위의 파이버는 P에 존재할 수 있는 자기장들

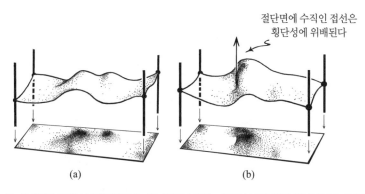

절단면에 수직인 접선은
횡단성에 위배된다

(a)   (b)

그림 A-27   절단면의 횡단성 조건을 나타낸 그림. (이 국소적인 그림에서 기저공간은 한 평면이며 파이버는 수직선들이다.) (a)여기서는 횡단성이 만족되는데, 절단면이 울룩불룩하기는 해도 결코 기울기가 수직 방향이 되지는 않는다. (b)이 절단면은 매끄럽긴 하지만 수직의 접선 방향을 가지기에 횡단성을 만족하지 않는다(이 그림이 표현하는 장은 거기서 도함수가 무한대이다).

의 3차원 벡터공간이다. 이 사안은 §A.8에서 다시 다루겠다. 지금 우리의 관심사는 매끄러운 절단면이다. 이 매끄러움은 고려 대상인 모든 공간과 사상이 매끄러움을 의미할 뿐 아니라 그러한 절단면 X가 어디에서나 파이버에 횡단적 transversal(한 파이버 $\mathcal{F}_0$와의 절단면의 한 점 P_0에서 X의 접방향, 즉 $\mathcal{F}_0$의 접방향과 일치하는 것이 없다는 의미에서)이어야 함을 의미한다. 그림 A-27은 이러한 횡단성을 만족하는 경우와 위반하는 경우를 보여준다.

한편, 번들이 **자명하지 않으려면**(즉, 곱이 아니려면) 파이버 공간 $\mathcal{F}$가 일종의 정확한 대칭성을 꼭 가져야 함을 알아차리는 것이 중요하다. 뫼비우스 띠의 경우, 자신의 속성을 변화시키지 않고 직선(즉, 파이버 $\mathcal{F}$)을 뒤집어서 끝과 끝을 이을 수 있는 대칭성이 이러한 비자명한 예를 구성하게 해준다. 이는 꽤 일반적으로 적용되며, 대칭성이 전혀 없는 공간 $\mathcal{F}$는 $\mathcal{F}$를 파이버로 갖는 비자명한 번들을 구성할 수 없다. 이 사실은 자연의 힘들에 관한 현대적 이론의 바탕이 되는 **게이지 이론**을 고찰할 때에도 중요한데(§1.8 참고), 이 이론은 게이지 **접속**이라는 개념에 바탕을 두고 있다. 이것의 비자명성은 자명하지 않은 (연속적인)

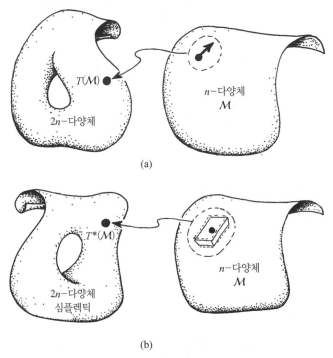

(a)

(b)

그림 A-28 (a)n-다양체 M의 $2n$차원 접번들 $T(M)$의 각 점은 M의 한 점과 더불어 그 점에서의 M의 접벡터를 표현한다. (b)M의 심플렉틱 $2n$차원 여접번들 $T^*(M)$의 각 점은 M의 한 점과 더불어 그 점에서의 M의 여접벡터를 표현한다.

대칭성을 지니는 파이버 $\mathcal{F}$에 결정적으로 달려 있다. 그리하여 한 번들의 이웃 파이버들은 어떤 "접속"을 선택하는지에 따라 조금씩 다른 방식들로 서로 관련될 수 있다.

여기서 한 가지 용어를 알아두면 도움이 된다. 기저공간이 M이고 파이버가 $\mathcal{F}$인 임의의 번들 $\mathcal{B}$가 있을 때, M은 $\mathcal{B}$의 인자 공간이라고 말할 수 있다. 물론 이는 곱번들의 자명한 경우에 적용되는데, 이때 M과 $\mathcal{F}$의 각각이 $M \times \mathcal{F}$의 인자 공간이다. 이것은 매우 다른 상황, 즉 M이 또 다른 공간 $\mathcal{S}$의 부분공간이 되는 경우와는 반드시 구별되어야 하는데, 그 경우 공간 M은 $\mathcal{S}$ 내의 어떤 영역과 매끄럽게 동일시되며, 아래와 같이 적을 수 있다.

$$M \dashrightarrow S$$

매우 다른(하지만 종종 혼동되는) 이 두 개념 간의 명백한 차이는 끈 이론에서 중요한 역할을 한다(§§1.10, 1.11, 1.15, 그리고 §1.10의 그림 1−32 참고).

물리학과 더불어 순수수학에서도 매우 중요한 번들의 한 종류가 바로 **벡터 번들**인데, 이 번들들의 파이버 공간 $\mathcal{F}$가 바로 벡터공간이다(§A.3참고). 벡터 번들의 대표적인 사례로서 §A.2에서 살펴본 자기장을 들 수 있다. §A.8에서도 보겠지만 임의의 한 점에서 그 장이 가질 수 있는 값들이 한 벡터공간을 구성한다. 전기장이나 물리학의 다른 여러 장들도 마찬가지인데, 임의의 점에서 우리는 그런 장들을 더하거나 또는 그런 장에 한 실수 스칼라를 곱함으로써 또 다른 장을 얻는다. 또 다른 예로서 §A.6에서 살펴본 위상공간을 들 수 있다. 이 경우 우리는 한 배위공간 C의 **여접번들**cotangent bundle $T^*(C)$라고 하는 벡터 번들의 종류에 관심을 갖는데, 이것은 §A.6에서 언급한 바와 같이 자동적으로 심플렉틱 다양체이다.

여접번들은 어떻게 정의될까? n−다양체 M의 **접번들**tangent bundle $T(M)$은 기저공간이 M이고 M의 각 점 상의 파이버가 그 점에서의 **접공간**(§A.5 참고)인 벡터 번들이다. 각각의 접공간은 n차원 벡터공간이기에, 총공간 $T(M)$은 $2n$−다양체이다(그림 A−28(a) 참고). M의 여접번들 $T^*(M)$도 똑같은 방식으로 구성되지만, 예외라면 M의 각 점에서의 파이버가 이제는 그 점에서의 **여접공간**(접공간의 **쌍대** 공간. §A.4 참고)이라는 것이다(그림 A−28(b) 참고). M이 어떤 (고전적인) 물리계의 배위공간 C일 때, 여접벡터는 **운동량**의 계와 동일시될 수 있기에 여접번들 $T^*(C)$는 계의 **위상공간**과 동일시된다(§A.6). 그러므로 통상의 위상공간은 대응하는 배위공간 상의 한 (일반적으로 비자명한) 벡터 번들의 총공간일 텐데, 여기서 파이버들은 모든 다양한 운동량을 제공하며 사영 π는 단

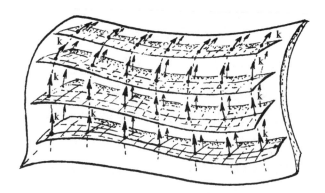

그림 A-29 한 다양체 M(가령, 일반상대성이론의 시공간) 상에는 킬링 벡터 장 k가 존재할 수 있는데, 이 것은 M의 (아마도 오직 국소적인) 한 연속적인 대칭성을 표현한다. 만약 M이 한 시공간이고 k가 시간꼴 이라면, M은 **정적**이라고 한다. 또한 이 그림에서 보이듯이 k가 계량적으로 동일한 공간꼴 3-곡면 S들의 족에 직교여도 M은 **정적**이지만, M이 한 번들의 구조를 갖는다고 여기는 것은 대체로 적절하지 않다. 왜 냐하면 시간 스케일이 S를 따라 변할지 모르기 때문이다.

지 모든 운동량을 "잊는" 사상이다.

물리학에서 자연스레 등장하는 번들의 다른 사례들은 양자역학의 형식론 에서 기본적인 것으로서, §2.8의 그림 2-16(b)에 그려진 번들이다. 여기서 힐 **베르트 공간** $\mathcal{H}^n$이라는 복소 n차원 벡터공간(원점 O 제외)이 **사영 힐베르트 공 간** $\mathbb{P}\mathcal{H}^n$ 상의 번들로서, 각각의 파이버는 원점이 제외된 베셀 평면(§A.10)의 한 복사본이다. 게다가 **정규화된** 힐베르트 공간 벡터들의 $(2n-1)$-구 S^{2n-1}이 $\mathbb{P}\mathcal{H}^n$ 상의 원-번들(S^1 번들)이다. 물리적으로 중요한 번들의 다른 사례들은 위에서 언급했던 물리적 상호작용에 관한 게이지 이론에서 등장한다. 특히 §1.8 에서 설명했듯이, 전자기장에 관한 (바일) 게이지 이론을 기술하는 번들은 사 실상 칼루자-클라인 5차원 "시공간"인데, 그 이론의 다섯 번째 차원은 대칭성 이 존재하는 원이며, 전체 5-다양체는 통상적인 시공간의 4-다양체 상의 원 번들의 형태를 띤다. §1.6의 그림 1-12를 보기 바란다. 대칭 방향은 이른바 **킬 링 벡터**(장)에 의해 주어지며, 이 벡터를 따라 다양체의 계량 구조는 변하지 않는다.

이와 관련된 개념으로 **정적인**stationary 시공간이 있으며, 이것은 어디에서나 시간꼴인 대역적인 킬링 벡터 **k**를 갖는데, **k**에 의해 주어지는 시간 방향을 따라 불변이다. 만약 **k**가 공간꼴 3-곡면의 한 족에 직교하면, 그 시공간은 **정적**이라고 할 수 있다. 그림 A-29는 이를 설명하고 있다. 하지만 **k** 방향을 따르는 시간꼴 곡선들에 의해 제공되는 번들 구조는 조금 부자연스러워 보일지 모르는데, 그 이유는 이 시간 곡선들은 대체로 서로 등가이지 않고 상이한 시간 스케일을 갖기 때문이다.

앞서 언급했듯이, 번들이 **자명하지 않으려면** 파이버 공간 $\mathcal{F}$가 반드시 일종의 **대칭성**(가령, 뫼비우스 번들의 경우에 필요한 뒤집어서 끝과 끝 잇기)을 지녀야만 한다. 어떤 주어진 구조에 적용할 수 있는 상이한 대칭 연산들은 수학적으로 군이라고 불리는 것을 구성한다. 전문적으로 보자면, 군은 추상적으로 말해서 순차적으로 적용할 수 있는 a, b, c, d 등의 연산들의 계인데, 연속적인 연산들의 행위는 (보통의 곱셈처럼) 단순한 병기(ab 등)로 적을 수 있다. 이 연산들은 언제나 $(ab)c = a(bc)$를 만족하며, 모든 a에 대하여 $ae = a = ea$를 만족하는 항등원 e가 존재하고, $a^{-1}a = e$를 만족하는 역원 a^{-1}이 존재한다. 물리학 이론에 흔히 쓰이는 여러 군들에는 특정한 명칭이 붙어 있는데, 가령 O(n), SO(n), U(n) 등이 그런 예다. 특히 SO(3)은 반사가 허용되지 않는, 유클리드 3-공간의 통상적인 구의 대칭군이며 O(3)은 SO(3)과 동일하지만 반사가 **허용된** 군이다. U(n)은 §2.8에서 설명했듯이 n차원 힐베르트 공간의 대칭군인데, 특히 U(1) (실제로 SO(2)와 동일함)은 베셀 평면의 위상 회전들의 **유니모듈러군**unimodular group, 즉 $e^{i\theta}$에 의한 곱하기이다(θ는 실수).

A.8 번들을 통해 살펴본 자유도

벡터 번들의 개념이 여기서 특별히 관심을 받는 까닭은 우리가 §A.2에서 꽤 직관적인 방식으로 살펴본 자유도의 문제에 통찰력을 던져주기 때문이다. 이를 이해하려면 물리학에서 우리가 왜 번들의 (매끄러운) 절단면에 특히 관심을 갖는가라는 질문으로 되돌아가야 한다. 앞에서 간략히 언급했듯이, 답은 물리 장이 그러한 절단면으로 해석될 수 있으며 절단면의 매끄러움(횡단성을 포함하여)이 해당 장의 매끄러움을 표현한다는 것이다. 여기서 우리는 기저공간 M이 **물리적 공간**(보통 3-다양체) 또는 물리적 **시공간**(보통 4-다양체)이라고 여긴다. 횡단성 조건은 해당 장의 **도함수**(공간적으로든 시간적으로든 기울기gradient 또는 변화율)가 언제나 유한하다는 사실을 나타낸다.

구체적인 예를 들어 설명하기 위해 공간 M 전체에 걸쳐 정의된 한 스칼라 장을 살펴보자. 그러면 $\mathcal{F}$는 다름 아닌 실수의 연속체 $\mathbb{R}$의 한 복사본일 텐데, 왜냐하면 (이 맥락에서) **스칼라** 장은 한 실수(장의 세기)를 M의 각 점에 매끄럽게 할당한 것일 뿐이기 때문이다. 따라서 아래와 같이 "꼬임"이 없는 자명한 번들이 얻어진다.

$$\mathcal{B} = M \times \mathbb{R}$$

$\mathcal{B}$의 절단면 $\mathcal{X}$는 M의 각 점에서의 한 실수를 매끄럽게 제공하는데, 이것이 바로 스칼라 장이다. 무슨 뜻인지 간단히 이해하려면 통상적인 함수의 그래프를 생각해보면 되는데, 여기서 M은 1차원으로서 단지 $\mathbb{R}$의 복사본일 뿐이다(그림 A-30(a)). 그래프 자체가 절단면이다. 횡단성의 조건에 의해 곡선의 기울기는 결코 수직이 아니다. 수직의 기울기는 그 함수가 거기서 무한한 도함수를 가진다는 뜻인데, 이는 매끄러운 장에서는 허용되지 않는다. 이 그래프는 바로 번들의 절단면으로 표현되는 장의 특별한 경우이다. 장이 가질 수 있는 상이한 "값

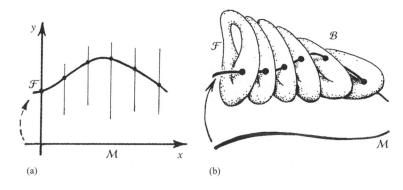

그림 A-30 (a)함수 $y = f(x)$의 통상적인 그래프는 물리 장을 기술하는 번들의 절단면을 잘 보여준다. 여기서 파이버들은 그래프를 가로지르는 수직선인데, 그중 일부가 그려져 있다. 수평축은 이 기본적인 사례의 다양체 M이다. 횡단성에 의하면 곡선의 기울기는 결코 수직이 아니다. (b)이 그림은 일반적인 경우를 보여주는데, 여기서 M 그리고 M의 한 점에서 가질 수 있는 값들의 파이버 $\mathcal{F}$는 일반적인 다양체일 수 있다. 임의의 특정한 장은 (횡단성을 만족하는) 번들의 절단면으로서 표현될 수 있다.

들"은 선형의 공간이 아니라, 그림 A-30(b)에 나와 있듯이 비자명한 위상기하구조를 지닌 어떤 복잡한 다양체일지 모르며, 시공간 자체도 이보다 더욱 복잡한 공간일지 모른다.

그림 A-30(a)보다 조금 더 복잡한 예로서 §A.2의 자기장을 살펴보자. 여기서 우리는 통상적인 3-공간을 생각하기에 M은 3-다양체(유클리드 3-공간)이고 $\mathcal{F}$는 한 점에서의 가능한 자기장들의 3-공간이다(이번에도 역시 3-공간인 까닭은 각 점에서의 자기장을 정의하려면 3성분이 필요하기 때문이다). $\mathcal{F}$는 $\mathbb{R}^3$(세 실수 (B_1, B_2, B_3)의 공간인데, 이 수들이 자기장의 3성분이다. §A.2 참고)와 동일한 것이라고 여길 수 있으며, 번들 $\mathcal{B}$는 단지 "자명한" 곱 $M \times \mathbb{R}^3$라고 간주할 수 있다. 그러면 한 특정한 점에서의 장의 값이 아니라 하나의 자기장이 얻어졌기에, 이제 번들 $\mathcal{B}$의 매끄러운 절단면을 살펴볼 수 있게 되었다(그림 A-31 참고). 자기장은 **벡터 장**의 한 예인데, 기저공간(여기서는 M)의 각 점에서 한 벡터가 매끄러운 방식으로 할당된다. 일반적으로 말해서, 벡터 장은

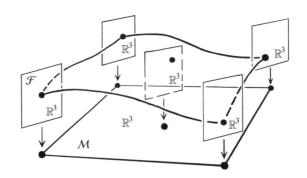

그림 A-31 이 그림은 평평한 3-공간($\mathbb{R}^3$)의 한 자기장이 $\mathbb{R}^3$ 상의 자명한 $\mathbb{R}^3$ 번들들(즉, $\mathbb{R}^3 \times \mathbb{R}^3$)의 한 절단면으로서 표현될 수 있음을 보여주는데, 여기서 모든 평면들은 실제로 $\mathbb{R}^3$이다.

어떤 벡터 번들의 한 매끄러운 절단면일 뿐이지만, 벡터 장이라는 용어는 해당 벡터 번들이 해당 공간의 **접번들**일 때 가장 자주 사용된다. §A.6의 그림 A-17 을 참고하기 바란다.

만약 M이 일반상대성이론에 등장하는 **휘어진** 3-공간이라면, $\mathcal{B} = M \times \mathbb{R}^3$ 라는 등식은 적절하지 않을 것이다. 왜냐하면 일반적으로 M의 상이한 점들의 접공간들을 자연스럽게 동일시할 수 없기 때문이다. 여러 고차원 상황에서는 d-차원 M의 접번들 $\mathcal{B}$가 $M \times \mathbb{R}^d$와 위상기하학적으로 동일하지 않다(흥미롭 게도 $d = 3$인 경우는 예외이다). 하지만 그러한 대역적 사안들은 현재의 맥락 에서 그다지 중요하지 않다. 왜냐하면 일반상대성이론에서조차 우리가 고려할 내용은 전적으로 공간(또는 시공간)의 국소적인 영역일 뿐이어서, 그 경우 "자 명한" 국소적 구조 $M \times \mathbb{R}^d$가 적합하기 때문이다.

이런 관점의 장점은 **자유도**의 사안이 특히 명백해진다는 것이다. 예를 들어 d 차원의 다양체 M 상에서 정의된 n-성분 장이 하나 있다고 가정하자. 그러면 우리의 관심사는 $(d + n)$차원 번들 $\mathcal{B}$의 한 (매끄러운) 절단면 X이다. 우리는 오 직 M의 **국소적 행동**에만 관심을 갖기에, **자명한 번들** $\mathcal{B} = M \times \mathbb{R}^n$을 다루고 있

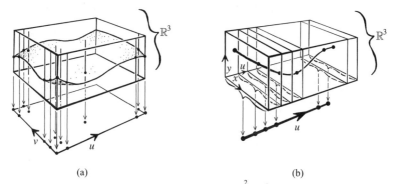

(a)   (b)

그림 A-32 (a)2-공간의 1-성분 장을 선택하기의 자유도 ∞^{∞^2}는 $\mathbb{R}^3$의 2-곡면을 선택하기의 자유도인데, 후자는 $\mathbb{R}^2((u, v)$-평면) 상의 $\mathbb{R}^1$ 번들이라고 볼 수 있다. 이와 달리, (b)1-공간(u-좌표)의 2-성분 장((x, y)-평면)을 선택하기의 자유도 $\infty^{2\infty}$는 $\mathbb{R}^3$의 1-곡면(즉, 곡선)을 선택하기의 자유도인데, 후자는 $\mathbb{R}^1$ 상의 $\mathbb{R}^2$ 번들이라고 볼 수 있다.

다고 가정해도 좋을 것이다. 만약 장이 완전히 자유롭게 선택된다면, 다양체 X는 $(d + n)$차원 다양체 $\mathcal{B}$로부터 자유롭게 선택된 한 d차원 부분다양체일 것이다. (X는 d차원인데, 그 이유는 §A.4에서 보았듯이 위상기하학적으로 M과 동일하기 때문이다.) 하지만 엄밀히 말해서, X가 완전히 자유롭게 선택되었다는 말은 옳지 않다. 왜냐하면, 첫째, 횡단성 조건이 어디에서나 만족되어야 하고, 둘째, X는 파이버와 두 번 이상 만나게 되는 방식으로 "꼬이지" 않아야 하기 때문이다. 그러나 이 조건들은 자유도를 고려할 때에는 중요하지 않은데, 왜냐하면 한 국소적 수준에서는 $(d + n)$-다양체 $\mathcal{B}$ 내부의 일반적으로 선택된 d-다양체는 정말로 횡단적이며 각각의 n차원 파이버 $\mathcal{F}$와 그 근처에서 딱 한 번 만나기 때문이다. 주어진 d-다양체의 n-성분 장을 선택하기의 (국소적) 자유도는 단지 주위의 $(d + n)$-다양체 $\mathcal{B}$의 d-다양체 X를 선택하기의 (국소적) 자유도이다.

이제, 가장 중요한 핵심 사안은 d의 값이며 n(또는 $d + n$)의 값이 얼마나 큰지는 그다지 중요하지 않다는 사실이다. 어떻게 그런지 "알" 수 있을까? 그리고 한 $(d+n)$-다양체에 "몇 개의" d-다양체들이 들어 있는지 파악할 수 있을까?

주위의 3-다양체(가령, 통상적인 유클리드 3-공간) 내의 $d=1$ 및 $d=2$인 경우, 즉 곡선과 곡면의 경우를 살펴보는 것이 좋은데, 왜냐하면 무슨 일이 벌어지는지 쉽게 시각화할 수 있기 때문이다(그림 A−32). $d=2$인 경우, 우리는 2-공간 내의 통상적인 스칼라 장을 살펴보므로, 기저공간은 (국소적으로) $\mathbb{R}^2$ 그리고 파이버는 $\mathbb{R}^1(=\mathbb{R})$으로 택할 수 있고, 따라서 절단면은 $\mathbb{R}^3$(유클리드 3-공간) 내의 **곡면(2-곡면)**일 뿐이다. 자유도(즉, 자유롭게 선택할 수 있는 스칼라 장의 "개수")는 3-공간 내의 2-곡면들을 선택하기의 자유도이다(그림 A−32(a)). 하지만 $d=1$인 경우, 기저공간은 국소적으로 $\mathbb{R}^1$이고 **파이버**는 $\mathbb{R}^2$이기에, 절단면은 이제 단지 $\mathbb{R}^3$ 내의 **곡선**일 뿐이다(그림 A−32(b)).

이제 이런 질문을 던질 차례다. $\mathbb{R}^3$에는 곡선보다 곡면들이 왜 그렇게 더 많은가? 달리 말해(이 사안을 번들의 절단면의 관점에서 해석할 때, 즉 장의 자유도의 관점에서 해석할 때), §A.2의 표기에서 왜 $\infty^{\infty^2} \gg \infty^{2\infty}$일까(또는 $\infty^{1\infty^2} \gg \infty^{2\infty^1}$)? 우선, $\infty^{2\infty}$의 "2"를 설명해야겠다. 만약 곡선을 기술하고자 한다면, $\mathbb{R}^2$ 파이버 $\mathcal{F}$의 시간에서의 한 성분을 그냥 살펴보기만 하면 된다. 이는 두 상이한 방향에서 곡선의 사영을 살펴보는 것에 해당하는데, 이는 두 좌표 방향으로서 이로 인해 두 평면에서 각각 하나씩 두 곡선이 얻어진다(즉, (x, u)-평면과 (y, u)-평면에서 곡선이 하나씩 얻어진다. 여기서 x와 y는 파이버 좌표이며 u는 기저공간 좌표이다). 이 평면 곡선들의 **쌍**은 원래의 공간 곡선과 등가이다. 각 평면 곡선에 대한 자유도가 ∞^∞(단일한 실변수의 한 매끄러운 실수 값 함수)이기에, 곡선들의 쌍은 자유도가 $\infty^\infty \times \infty^\infty = \infty^{2\infty}$이다.

$\mathbb{R}^3$의 2-곡면들의 (국소적) 자유도 ∞^{∞^2}가 위의 자유도보다 훨씬 더 큰(정말이지 평면 곡선들(국소적으로)의 임의의 유한한 수 k의 자유도보다 더 큰) 이유를 이해하기 위해, 2-곡면의 k 평행 평면 절단면(이것은 그림 A−32(a)의 2-곡면이 k 평면들에 의해 수직으로 잘린 것이라고 볼 수 있는데, k 평면들은 이 그

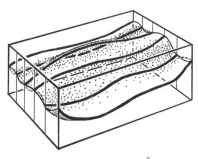

그림 A–33 이 그림은 양의 정수 k가 아무리 크더라도 왜 $\infty^{\infty^2} \gg \infty^{k\infty}$인지를 보여준다. 서로 분리되어 있으며 매끄러운(국소적인 상황에서 곡선들은 감기지 않아 제자리로 돌아오지 않기 때문에) k(여기서 $k = 6$)개의 곡선들을 통해, 많은 곡면들이 언제나 이 곡선들을 지나가므로 $\mathbb{R}^3$의 유한한 k개의 곡선들보다 $\mathbb{R}^3$의 곡면들이 틀림없이 더 많다.

림의 $\mathbb{R}^2$ 기저공간의 좌표 v의 상이한 k개의 상수 값들에 의해 주어진다)을 살펴볼 수 있다. 각각의 k 곡선들은 한 (국소적인) 자유도 ∞^∞를 갖기에, k 곡선들의 총자유도는 $(\infty^\infty)^k = \infty^{k\infty}$이다. (분명, k 곡선들의 한 족이 만약 끊긴 곡선이라면 단지 하나의 곡선이라고 여길 수 있다. 그런 까닭에 이런 고려사항들은 오직 **국소적**으로만 적용된다. 한 끊긴 곡선의 국소적 조각은 한 단일한 연결된 곡선의 국소적 조각과 같을 텐데, 이것은 곡선들의 별도의 국소적 조각 k개보다 자유도가 작다.) 명백히, 한 유한한 수 k가 아무리 크더라도 이러한 k개 절단면들 사이의 2–곡면 채우기의 자유도는 엄청나게 클 것이다. 그림 A–33을 참고하기 바란다. 이는 유한한 수 k가 아무리 크더라도 $\infty^{\infty^2} \gg \infty^{k\infty}$라는 사실을 보여준다.

비록 내가 $\infty^{r\infty^d} \gg \infty^{s\infty^f}$에 대한 주장을 오직 $r = 1, d = 2, s = 1$($s = k$로 일반화시킴), 그리고 $f = 1$에 대해서 설명하긴 했지만, 일반적인 경우도 동일한 추론 방식을 사용하여 증명할 수 있다. 그렇게 하면 위의 경우처럼 직접적인 시각화는 불가능하지만 말이다. 기본적으로 우리는 $\mathbb{R}^3$의 곡선을 $\mathbb{R}^{f+k}$의 한 f–다양체로 그리고 $\mathbb{R}^3$의 곡면을 $\mathbb{R}^{d+r}$의 한 d–다양체로 일반화시키기만 하면 되는

데, 여기서 전자의 경우는 f-다양체 상의 k-번들의 절단면들을 표현하며 후자는 d-다양체 상의 r-번들의 절단면들을 표현한다. $d > f$인 한, r과 s가 크든 작든 상관없이 후자가 전자보다 엄청나게 더 많다.

이제껏 나는 **자유롭게 선택된 장**(또는 절단면)을 살펴보고 있었지만, §A.2에서도 언급했듯이 3-공간의 실제 자기장의 경우에는 **제한사항**(div B = 0)이 있다. 이에 의하면 (제한이 가해진) 자기장은 단지 임의적인 $\mathcal{B}$의 매끄러운 절단면으로서가 아니라 이 관계식에 지배되는 절단면으로서 표현된다. §A.2에서 언급했듯이, 결과적으로 자기장의 3성분들 중 하나, 가령 B_3는 다른 두 성분 B_1 및 B_2와 더불어 B_3가 3-다양체 M의 한 2차원 부분다양체 S에서 무엇을 하는가라는 정보에 의해 결정된다. 자유도에 관한 한, 우리는 S에서 벌어지는 일에는 크게 신경 쓰지 않아도 되기에(왜냐하면 2차원 S는 남은 전체 3차원 M이 제공하는 것보다 적은 자유도를 제공하기 때문이다), 주된 자유도는 5-공간 $\mathcal{B} = M \times \mathbb{R}^2$에서 자유롭게 선택된 3-다양체들에 의해 제공된 $\infty^{2\infty^3}$이다.

여기서 중요한 제한사항이 하나 더 있는데, 이것은 우리가 M을 단지 3차원 공간이라기보다 4차원 **시공간**으로 여길 때 생긴다. 물리학에서는 대체로 **장 방정식**들이 특정 시간에서의 데이터가 충분히 제공되면, 시공간 전체에 걸쳐 물리적 장의 **결정론적인 변화**를 알려준다. 상대성이론(특히 아인슈타인의 일반상대성이론)에서는 시간이 어떤 절대적 의미로 우주 전체에 대역적으로 주어져 있다고 보지 않고, 대신에 단지 임의적으로 특정된 어떤 시간 좌표 t의 관점에서 상황을 기술하기를 좋아한다. 이 경우 t의 어떤 초깃값, 가령 $t = 0$이 **공간꼴**(§1.7 참고) 초기 3-곡면 N을 제공할 것이며, 그러면 N 상에서 특정된 적절한 장들이 4차원 시공간 전체 걸친 장들을 장 방정식들 덕분에 고유하게 결정할 것이다. (일반상대성이론에서는 이른바 **코시 지평선**이 등장하는 상황이 있는데, 여기에서는 엄밀한 고유성에서 벗어나는 일이 생길 수 있지만, 이 사안은 지금 논의하는 "국소적" 문제들에는 중요하지 않다.) 초기 3-곡면 내부의 장들에도 성립하는 제한사항들도 종종 있지만, 보통의 물리학에서는 어떤 양의 정수 N에 대하여 3-곡면 N에 관한 자유도 $\infty^{N\infty^3}$를 다루는데, 여기서 "3"은 초기 3-곡면 N의 차원에서 나온 값이다. 만약 끈 이론(§1.9 참고)과 같은 어떤 제시된 이론에서 자유도가 $\infty^{N'\infty^d}$의 형태로 보인다면($d > 3$), 왜 이처럼 과도하게 큰 자유도가 물리적 행동에서 나타나지 않게 되는지 그 이유가 마땅히 설명되어야 할 것이다.

A.9 복소수

§§A.2~A.8의 수학적 고찰 내용들은 주로 고전물리학의 내용을 목표로 해서 나온 것인데, 여기서 물리 장, 점입자 및 시공간 자체가 실수 체계 $\mathbb{R}$의 관점에서 기술된다(좌표와 장의 세기 등이 실수이다). 하지만 이십 세기의 전반기에 도입된 양자역학은 더욱 확장된 **복소수** 체계 $\mathbb{C}$에 근본적으로 의존하고 있음이 드러났다. 따라서 §§1.4와 2.5에서 강하게 피력했듯이, 복소수야말로 가장 작은 스케일의 물리계의 실제 행동을 좌우한다.

복소수란 무엇인가? 복소수는 음수의 제곱근을 얻는 불가능해 보이는 과정과 관련된 수이다. 상기하자면 수 a의 제곱근은 $b^2 = a$를 만족하는 수 b이다. 따라서 4의 제곱근은 2, 9의 제곱근은 3, 16의 제곱근은 4, 25의 제곱근은 5이며, 2의 제곱근은 $1.414213562\cdots$ 등이다. 이 제곱근들 각각의 음수 값(-2, -3, -4, -5, $-1.414213562\cdots$ 등)도 "제곱근"으로 인정할 수 있다($(-b)^2 = b^2$이기 때문이다). 하지만 만약 a 자체가 음수라면 문제가 생긴다. 왜냐하면 b는 음수이든 양수이든 그 제곱은 언제나 양수이므로, 어떤 수를 제곱해서 음수를 얻을 수는 없기 때문이다. 이제 -1의 제곱근을 찾는 데서부터 이 문제를 살펴보자. 만약 이 제곱근을 "i"라고 한다면, $i^2 = -1$일 것이기에, 2i는 $(2i)^2 = -4$이고, 마찬가지로 $(3i)^2 = -9$, $(4i)^2 = -16$ 등이며, 일반적으로 $(ib)^2 = -b^2$이다. 물론 방금 보았듯이 그러한 "i"는 통상적인 실수일 리가 없으며, 종종 허수라고 불린다. 마찬가지로 i의 모든 배수들인 2i, 3i, −i, −2i 등도 전부 허수이다.

그런데 이 용어는 오해의 소지가 있다. 왜냐하면 허수보다는 실수에 더 큰 "실재성reality"이 있다는 암시를 주기 때문이다. 내가 보기에 이런 인상이 드는 까닭은 거리 값과 시간 값이 어떤 의미에서 "실제로" 그러한 실수 양이기 때문인 것 같다. 하지만 과연 그런지 우리는 모른다. 우리가 아는 바라곤 이런 실수들이 정말 거리와 시간을 기술하는 데 매우 훌륭하다는 것일 뿐, 이런 기술이 절대적으로 거리나 시간의 **모든** 스케일에 유효할지는 모른다. 우리는 가령, 1미터나 1초의 1구골(§A.1 참고) 분의 1의 스케일에서 한 물리적 연속체의 속성을 이해하고 있지 않다. 이른바 실수는 수학적 구성물일 뿐이지만, 고전물리학의 물리법칙을 정식화하는 데 굉장히 요긴하다.

그런데 실수는 **플라톤적 의미**(다른 여느 일관적인 수학적 구조들과 마찬가지의 플라톤적 의미)에서도 "실재하는" 것이라고 간주할 수 있을지 모른다. 만약 우리가 수학적 일관성이야말로 그러한 플라톤적 "존재"를 위한 유일한 기준이라는 수학자들 사이의 흔한 관점을 채택한다면 말이다. 그러나 이른바 허수들도 실수만큼이나 일관된 수학적 구조를 이루기에, 동일한 플라톤적 의미에서 허수 또한 "실재하는" 것이다. 이와 별도의 (그리고 **열린**) 질문은 실수든 허수든 이런 수 체계들이 얼마만큼 실제 세계를 정확하게 모형화하느냐는 것이다.

복소수(수 체계 $\mathbb{C}$의 원소들)는 그러한 (이른바) 실수와 허수가 합쳐져서 생긴다. 즉, 복소수는 $a + ib$ 형태로서, a와 b는 실수 체계 $\mathbb{R}$의 원소들이다. 복소수는 저명한 이탈리아 물리학자 겸 수학자인 제롤라모 카르다노Gerolamo Cardano가 1545년에 처음 발견했으며, 이 수들에 대한 대수학은 또 한 명의 매우 통찰력 깊은 이탈리아 공학자 라파엘로 봄벨리Raphaello Bombelli가 1572년에 자세히 기술하였다Wykes 1969; 하지만 허수 자체가 고찰된 때는 훨씬 더 이전으로 거슬러 올라가는 듯한데, 가령 서기 일 세기에 알렉산드리아의 헤론의 연구가 그런 예다. 복소수의 여러 특이한 성질들은 이후 차츰 드러났으며, 이 수들이 수학적으로 유용함은 오늘날 의문의 여지가 없다. 복소수는 또한 전기 회로의 이론 및 수력학 등 여러 물리학 문제에 적용되었다. 하지만 이십 세기 초까지 복소수는 순전히 수학적 구성물 내지는 계산의 보조 개념으로 간주되었지 물리계에 **직접적으로** 구현되지는 않는다고 보았다.

하지만 양자역학이 등장하면서 상황이 극적으로 바뀌어, $\mathbb{C}$는 그 이론의 수학적 정식화에 중심자리를 차지했다. 덕분에 $\mathbb{R}$이 고전물리학에서 행한 여러 역할만큼이나 $\mathbb{C}$도 그 이론에 직접적인 역할을 하게 되었다. §§1.4와 2.5~2.9에서 소개했듯이 $\mathbb{C}$가 양자역학이라는 물리학 분야에서 행하는 기본적인 역할은 복소수의 여러 놀라운 수학적 성질에 바탕을 두고 있다. 앞서 보았듯이, 물리학에서 쓰이는 복소수는 $x + yi$ 형태로서, x와 y는 실수($\mathbb{R}$의 원소)이며 양 i는 다음 식을 만족한다.

$$i^2 = -1$$

실수 양에 적용되는 대수의 통상적 규칙들은 또한 복소수에도 똑같이 적용된다. 이 경우, 복소수의 덧셈과 곱셈은 아래 식에 의해 실수 연산들의 관점에서 정의된다.

$$(x + iy) + (u + iv) = (x + u) + i(y + v)$$
$$(x + iy) \times (u + iv) = (xu - yv) + i(xv + yu)$$

여기서 x, y, u, v는 실수이다. 이의 역산인 복소수의 **뺄셈**과 나눗셈은 다음 식과 같이 복소수의 음수 또는 역수 연산을 통해(영으로 나누기는 제외) 결정된다.

$$-(x + iy) = (-x) + i(-y)$$

$$(x + iy)^{-1} = \frac{x}{x^2 + y^2} - i\frac{y}{x^2 + y^2} = \frac{x - iy}{x^2 + y^2}$$

x와 y는 실수이다(그리고 두 번째 식에서 둘 다 영은 아니다). 하지만 흔히 복소수는 단 하나의 기호를 사용하여 적기 때문에 $x + iy$ 대신에 z를, $u + iv$ 대신에 w를 사용하여 다음과 같이 적을 수 있다.

$$z = x + iy \quad 그리고 \quad w = u + iv$$

그러면 직접적으로 이 둘의 합을 $z + w$로, 곱을 zw로 적을 수 있으며, z의 음의 값은 $-z$ 그리고 역수는 z^{-1}으로 적을 수 있다. 복소수의 빼기와 나누기는 그냥 $z - w = z + (-w)$ 및 $z \div w = z \times (w^{-1})$으로 정의되는데, 여기서 $-w$와 w^{-1}의 정의는 위에서 나온 z의 경우와 마찬가지다.

복소수는 실수와 똑같은 방식으로 조작할 수 있지만, 규칙은 여러 면에서 실수보다 훨씬 더 체계적이다. 이를 잘 보여주는 중요한 사례로 이른바 대수의 근본 정리가 있는데, 이에 의하면 아래와 같은 한 단일 변수 z의 임의의 다항식은 n개의 선형 항들의 곱으로 언제나 인수분해될 수 있다.

$$a_0 + a_1z + a_2z^2 + a_3z^3 + \cdots + a_{n-1}z^{n-1} + a_nz^n$$

무슨 뜻인지 예를 들어 설명하기 위해 단순한 이차 다항식 $1 - z^2$과 $1 + z^2$을 살펴보자. 첫 번째 다항식은 익숙할 텐데, 오직 실수 계수만을 사용하여 인수분해되지만, 두 번째 다항식에는 복소수가 필요하다.

$$1 - z^2 = (1 + z)(1 - z), \quad 1 + z^2 = (1 + iz)(1 - iz)$$

이 특정한 사례는 복소수의 대수학이 얼마나 체계적인지를 보여주는 고작 한 예일 뿐으로, 오직 $i^2 = -1$이라는 규칙을 직접적인 방식으로 사용했으며 복소수의 경이로운 마법은 아직 무대에 등장조차 하지 않았다. 하지만 우리는 서서히 이런 마법을 정리 전체에서 보게 될 것인데(아래에서 우리는 마지막 계수 a_n이 영이 아닌 값이라고 가정할 수 있기에, 전체 항들을 그 값으로 나누어 $a_n = 1$로 정할 수 있다), 이에 의하면 우리는 **임의의** (실수든 복소수든) 다항식

$$a_0 + a_1 z + a_2 z^2 + \cdots + a_{n-1} z^{n-1} + z^n = (z - b_1)(z - b_2)(z - b_3) \cdots (z - b_n)$$

을 복소수 b_1, b_2, b_3, $\cdots$, b_n의 항으로 인수분해할 수 있다. 이때, 만약 z가 b_1, $\cdots$, b_n 중 어느 하나이면 다항식은 **사라진다**(우변이 영이 되기 때문이다). 정말 희한하게도 특정한 한 단순한 방정식 $1 + z^2 = 0$을 풀 수 있도록 실수 체계에 수 "i"를 그냥 도입했을 뿐인데도, **모든** 비자명한 한 변수 다항식의 해들을 우리는 완전히 그저 얻게 되었다!

이를 일반화하면 $z^a = \beta$ 형태의 모든 방정식을 풀 수 있는데, 여기서 a와 β는 영이 아닌 복소수이다. 우리는 이 결과를 전부 **그저** 얻었는데, 그 첫 예로서 $a = 2$, $\beta = -1$인 경우(즉, $z^2 = -1$)를 살펴본 것이다. 복소수가 부리는 마법의 다른 측면들은 다음 절에서 살펴보겠다(이런 마법의 또 다른 사례들은 참고 문헌을 보기 바란다Nahin 1998; TRtR chapters 3, 4, 6, 9).

A.10 복소기하학

복소수의 표준적인 표현(노르웨이/덴마크의 측량사이자 수학자인 카스파르 베셀Caspar Wessel이 처음으로 명시적으로 기술했는데, 1787년의 한 보고서에서 처음 소개되었다가 이후 1799년의 한 논문에서 자세히 소개되었다)은 한 유클리드 평면의 점들을 복소수로 표시하는 것인데, 여기서 단일한 복소수 $z = x + iy$

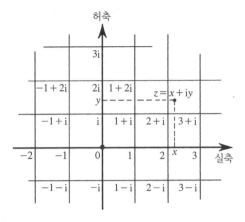

그림 A-34 베셀 평면(복소평면)은 $z = x + iy$를 표준적인 직교좌표 표현에서의 (x, y)로 표현한다.

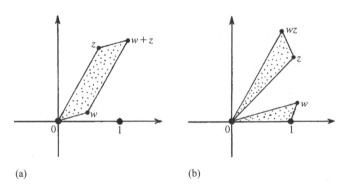

(a)   (b)

그림 A-35 베셀 평면의 기하학적 구현 예시들. (a)평행사변형 법칙에 의한 덧셈. (b)닮은 삼각형 법칙에 의한 곱셈.

는 점을 직교좌표 (x, y)로 표시한다(그림 A-34). 베셀이 제일 먼저 사용한 것을 기리기 위해 나는 이 평면을 베셀 평면이라고 부르겠다. 하지만 흔히 **아르강 평면** 또는 **가우스 평면**이라고도 불리는데, 이런 명칭들은 이 기하학을 기술하는 훨씬 나중의 문헌에서 비롯되었다(각각 1806년과 1831년에 발간). 전해지는

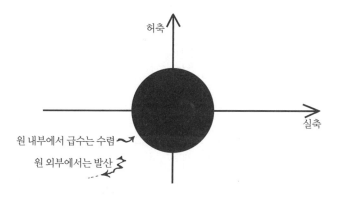

그림 A-36 임의의 복소수 멱급수에 대하여 $A_0 + A_1 Z + A_2 z^2 + A_3 z^3 + A_4 z^4 + \cdots$ 베셀 평면의 원점에 중심을 둔 원이 하나 있는데, **수렴원**이라고 불리는 이 원에 대하여 급수는 원의 내부(열린 검은 영역)에 있는 임의의 z에 대해서 수렴하고 원의 외부(열린 흰 영역)에 있는 임의의 z에 대하여 발산한다. 그런데 수렴 반지름(원의 반지름)은 영이 될 수도 있고(급수는 $z = 0$ 이외에는 결코 수렴하지 않는다) 무한대가 될 수도 있다(모든 z에 대해 급수는 수렴한다).

바에 따르면 가우스는 그 문헌이 발간되기 훨씬 이전에 이 개념을 떠올렸다고 한다(하지만 가우스가 열 살 때, 즉 베셀의 보고서가 쓰였던 해에 떠올린 것은 아니다). 베셀이나 아르강이 그 개념을 언제 떠올렸는지는 기록에 남아 있지 않다Crowe 1967. 두 복소수의 합과 곱 각각은 단순한 기하학적 특징이 있다. 복소수 w와 z의 합은 이제는 익숙한 **평행사변형** 법칙에 의해 주어지는데(그림 A-35(a) 참고. §A.3의 그림 A-6과 비교하기 바란다), 0으로부터 $w + z$까지의 직선은 이 두 점 및 원래의 두 점 w와 z에 의해 생긴 평형사변형의 한 대각선이다. 두 복소수의 곱은 닮은 삼각형 법칙에 의해 주어지는데(그림 A-35(b)), 이에 따르면 각각의 점 0, 1, w에 의해 생긴 삼각형은 0, z, wz에 의해 생긴 삼각형과 (반사가 없는) 닮은꼴이다. (또한 평행사변형이나 삼각형이 한 직선으로 축소되는 변질된 여러 경우들이 있는데, 이에 대해서는 따로 적절히 기술해야 한다.)

베셀 평면의 기하학은 언뜻 보기에는 복소수와 관련이 없어 보이는 많은 사안들을 명확하게 드러내준다. 한 가지 중요한 사례를 들자면 멱급수의 수렴에

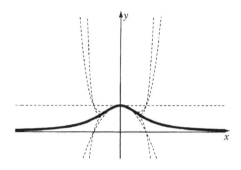

그림 A-37 검은 연속 곡선으로 그려진 실변수 함수 $y = f(x) = 1/(1 + x^2)$은 무한급수 $1 - x^2 + x^4 - x^6 + x^8 - x^{10} + \cdots$에 의해 구간 $-1 < x < 1$ 내부에 표현되는데, 이 급수는 $|x| > 1$일 때에는 발산한다. 부분합들 $y = 1$, $y = 1 - x^2$, $y = 1 - x^2 + x^4$, $y = 1 - x^2 + x^4 - x^6$ 그리고 $y = 1 - x^2 + x^4 - x^6 + x^8$의 그래프는 여기서 점선으로 그려져 있는데, 이는 발산의 점들을 나타낸다. 실변수의 관점에서만 보면, $|x|$ 가 1을 넘는 값들에서부터 함수가 왜 갑자기 발산하기 시작하는지 이유가 없는 것처럼 보인다. 왜냐하면 곡선 $y = f(x)$는 거기서 아무런 특별한 특징을 드러내지 않는 매끄러운 곡선일 뿐이기 때문이다.

관한 것이 있다. 멱급수는 다음과 같은 식이다.

$$a_0 + a_1 z + a_2 z^2 + a_3 z^3 + a_4 z^4 + \cdots$$

여기서 a_0, a_1, a_2, $\cdots$은 복소수인 상수이며, (다항식과 달리) 항들은 무한정 계속 이어진다. (사실, 다항식도 어떤 r 값 이상의 a_r이 전부 영이 된다고 보면 멱급수의 일종이라고 볼 수도 있다.) z의 값이 특정한 한 값으로 주어져 있을 때, 항들의 합은 어떤 구체적인 복소수로 **수렴**하거나 **발산**(즉, 수렴하지 않는다)한다. (이는 연속적으로 증가하는 개수의 항들의 합(급수의 **부분합** Σ_r)으로 해석할 수 있는데, 이것은 어떤 구체적인 복소수 값 S에 수렴할 수도 있고 안 할 수도 있다. 전문적으로 말해, S에 **수렴**한다는 것은 임의의 주어진 양수 ε에 대하여 이 수가 아무리 작더라도 q가 r보다 클 때에는 언제나, 차이 $|S - \Sigma_q|$가 ε보다 작은 r의 값이 존재한다는 뜻이다.)

이제 드디어 베셀의 복소평면의 놀라운 활약이 등장할 차례다. 만약 급수가

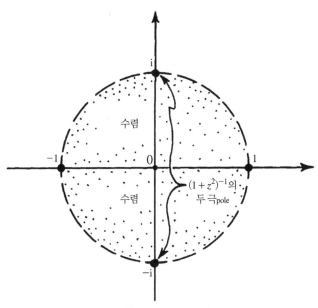

그림 A-38 베셀 평면에서는 $f(x) = 1/(1 + x^2)$에서 곤란한 상황이 발생한다. 그것의 복소수 형태 $f(z) = 1/(1 + z^2)$(여기서 $z = x + iy$)에서 이 함수는 "극" $z = \pm i$에서 무한대가 되며, 수렴원은 이 점들 너머로 확장될 수 없다. 따라서 실 급수 $f(x)$도 $|x| > 1$에서 발산한다.

z의 어떤 (영이 아닌) 값에 대해 수렴하고 다른 값들에 대해서는 발산한다면, 베셀 평면의 원점에 위치한 한 원(이른바 수렴원)이 존재하는데, 이 수렴원의 성질은 원 내부의 모든 복소수에 대해서 급수는 수렴하며 원 외부의 모든 복소수에 대해서는 급수가 무한대로 발산한다는 것이다. 그림 A-36을 보기 바란다. 하지만 원 **상**에 있는 점들에 대해서 급수가 어떻게 될지는 좀 더 미묘한 문제다.

이 놀라운 결과 덕분에 꽤 어려웠을지 모를 여러 문제가 풀렸다. 가령 모든 실변수 x에 대한 급수 $1 - x^2 + x^4 - x^6 + x^8 - \cdots$은 x가 1보다 크거나 −1보다 작은 점들에서부터 발산하기 시작하는 반면에, ($-1 < x < 1$일 경우의) 급수의 합 $1/(1 + x^2)$은 $x = \pm 1$에서는 특별히 하는 일이 없다(그림 A-37 참고). 문제는 복소수 $z = i$(또는 $z = -i$)일 때 생기는데, 이 값에서 함수 $1/(1 + z^2)$은 무

한대가 되므로 수렴원은 반드시 $z = \pm i$를 통과한다고 추론할 수 있다. 그 원은 또한 $z = \pm 1$도 통과하므로, 실변수 x에 대한 발산은 그 원 바로 바깥에서, 즉 $|x| > 1$일 때 일어난다고 분명히 예상된다(그림 A–38 참고).

바로 위에서 살펴본 발산 급수에 대해 언급할 내용이 하나 더 있다. 우리는 x가 1보다 클 때 답 "$1/(1 + x^2)$"을 급수에 할당하는 것이 타당한지 의문이 들 수 있다. 특히 $x = 2$일 때 다음 결과가 얻어진다.

$$1 - 4 + 16 - 64 + 256 - \cdots = \frac{1}{5}$$

물론 항들을 하나씩 더해 보면 터무니없는 결과가 아닐 수 없다. 왼쪽 항들은 전부 정수인데, 오른쪽 항은 분수인 것만 보아도 그렇다. 그러나 답 $\frac{1}{5}$도 나름 "옳은 것으로 보인다". 왜냐하면 급수의 "합"을 Σ라 하고 이에 4Σ를 더하면 아래와 같은 결과가 나오는 듯하기 때문이다.

$$\Sigma + 4\Sigma = 1 - 4 + 16 - 64 + 256 - 1024 + \cdots$$
$$+ 4 - 16 + 64 - 256 + 1024 + \cdots = 1$$

따라서 $5\Sigma = 1$이므로 $\Sigma = \frac{1}{5}$이다. 비슷한 논증을 통해 아마도 훨씬 더 놀라운 식을 "증명"할 수도 있다(18세기에 레온하르트 오일러가 도출한 내용).

$$1 + 2 + 3 + 4 + 5 + 6 + \cdots = -\frac{1}{12}$$

흥미롭게도 이것은 끈 이론에서 의미심장한 역할을 하게 된다(§3.8 참고) Polchinski 1998, 방정식 (1. 3. 32).

논리적으로 볼 때, 뻔히 발산하는 급수를 항마다 빼서 이런 답을 얻는 것은 "사기"라고 여길지 모른다. 하지만 그 밑바탕에는 어떤 심오한 진리가 들어 있는데, 이는 해석적 확장이라는 절차를 통해 드러날 수 있다. 발산 급수의 이러한 조작을 정당화하는 데에도 가끔씩 쓰이는 해석적 확장 덕분에 베셀 평면의 한 영역의 급수에 의해 유효하게 정의된 함수는 다른 영역으로 확장될 수 있다(원래의 급수는 발산한다). 그런데 이 절차의 일부로서 우리는 원점 이외의 다른 점들 주위의 함수들을 확장시켜야 하는데, 이는 한 점 $z = Q$ 주위로 확장된 함수를 표현하기 위해 $a_0 + a_1(z - Q) + a_2(z - Q)^2 + a_3(z - Q)^3 + \cdots$ 형태의 급수를 고려한다는 뜻이다. 예를 들어, §3.8의 그림 3-36을 보기 바란다.

해석적 확장의 과정은 홀로모픽 함수가 지닌 놀라운 **경직성**을 드러내준다. 이 함수들은 매끄러운 실수 값 함수들과 달리 임의적인 방식으로 "휘지" 않는다. 임의의 작은 국소적 영역에서 한 홀로모픽 함수의 자세한 성질은 그 함수가 멀리 떨어진 곳에서 할 수 있는 바를 제약한다. 어떤 기이한 의미에서 보자면 홀로모픽 함수는 자기 나름의 마음을 지닌 것 같은데, 거기서 결코 벗어나지 않는다. 이 특징은 §§3.8과 4.1에서 중요한 역할을 한다.

베셀 평면의 **변환**들의 관점에서 생각하는 편이 유용할 때가 종종 있다. 그중 가장 단순한 두 변환은 한 고정된 복소수 A를 평면의 z 좌표에 더하거나 z 좌표를 한 고정된 복소수 B로 곱하면 생긴다.

$$z \mapsto A + z \quad \text{또는} \quad z \mapsto Bz$$

이 각각은 평면의 **평행이동**(회전이 없는 이동) 및 회전이나 균일한 팽창/축소(둘 중 하나만도 가능)에 대응한다. 이러한 변환에서는 모양(반사가 없이)은 보존되지만 크기는 꼭 보존되지는 않는다.

상수인 복소수와의 더하기 및 곱하기에 의해 그리고 멱급수로 기술될 수 있도록 극한을 취함으로써 z로부터 생기는 함수(이른바 **홀로모픽 함수**)들에 의해 주어지는 변환(사상)은 기하학적으로 이른바 **등각적인**(그리고 반사가 없는) 특성이 있다. 이 사상은 변환 과정에서 극도로 작은 형태들이 보존되는 특성이 있다(비록 회전할 수도 있고 등방적으로 확대나 축소될 수 있더라도 말이다). 등각적 성질을 다른 방식으로 말하자면, 곡선들 사이의 **각도**가 그런 변환 과정에

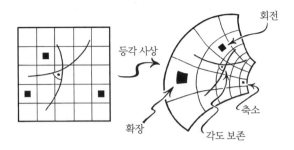

그림 A–39 베셀 평면의 한 부분을 다른 부분으로 변환하는 홀로모픽 사상은 등각적이고 반사가 없는 특성이 있다. 기하학적으로 말해, "등각적"이라는 것은 교차하는 직선들의 각도가 사상을 거쳐도 보존된다는 뜻이다. 달리 말해서, 등가적으로 무한소의 형태는 보존되기에, 설령 그 형태가 커지거나 작아지거나 회전을 하더라도 지극히 작은 극한 영역에서는 형태가 변하지 않는다.

서 보존된다는 뜻이다. 그림 A–39를 보기 바란다. 등각기하학의 개념은 또한 고차원에서도 상당히 중요하다(§§1.15, 3.1, 3.5, 4.1, 4.3 참고).

한 복소수 z의 비홀로모픽non-holomorphic 함수의 한 예는 아래와 같이 정의되는 양 $\bar{z}$이다.

$$\bar{z} = x - iy$$

여기서 $z = x + iy$의 x와 y는 실수이다. 사상 $z \mapsto \bar{z}$는 작은 각도가 보존된다는 의미에서 등각적이지만 홀로모픽 함수로 여겨지진 않는데, 그 이유는 방향이 반대로 되는 바람에 그 사상은 실수축 주위로 베셀 평면의 반사에 의해 정의되기 때문이다(그림 A–40 참고). 이것은 반홀로모픽anti-holomorphic 함수의 예이며, 이것은 홀로모픽 함수의 복소공액이다(§1.9 참고). 등각적이긴 하지만 반홀로모픽 함수는 국소적 구조에서 반사를 행한다는 의미에서 방향이 반대이다. 우리는 $\bar{z}$를 홀로모픽이라고 여기지 않는데, 그랬다가는 전체 점을 잃어버리기 때문이다. 왜냐하면 가령, z의 실수 부분과 허수 부분은 $x = \frac{1}{2}(z + \bar{z})$, $y = \frac{1}{2}(z - \bar{z})$ 이므로 홀로모픽으로 여겨야 하기 때문이다. 게다가 이는 양 $|z|$에도 적용되는

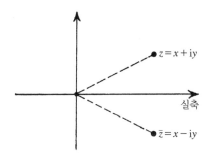

$z = x + iy$

실축

$\bar{z} = x - iy$

그림 A-40 복소공액 연산($z \mapsto \bar{z}$), 즉 베셀 평면의 실축에서의 반사는 홀로모픽이 아니다. 분명 등각적이긴 하지만 베셀 평면의 방향을 반대로 만들기 때문이다.

데, 이른바 z의 **절댓값**이라는 이 양은 아래 식으로 얻어진다.

$$|z| = \sqrt{z\bar{z}} = \sqrt{x^2 + y^2}$$

여기서 (피타고라스 정리에 의해) $|z|$는 다만 베셀 평면의 0에서 점 z까지의 거리이다. 분명 사상 $z \mapsto z\bar{z}$는 결코 등각적이라고 할 수 없는데, 왜냐하면 그것은 전체 평면을 실축의 음이 아닌 부분으로 압축시키기에 결코 홀로모픽하지 않기 때문이다. z의 홀로모픽 함수를 "$\bar{z}$를 포함하지 않는" 함수라고 여기면 좋다. 그러므로 z^2은 홀로모픽이지만 $z\bar{z}$는 아니다.

홀로모픽 함수는 복소수 해석에 핵심적이다. 홀로모픽 함수는 실수 해석에서 등장하는 **매끄러운** 함수와 비슷한 개념이다. 하지만 복소해석에서는 실수 해석에서는 상상도 못할 놀라운 마법이 하나 있다. 실함수는 모든 종류의 매끄러움의 정도를 가질 수 있다. 예를 들면, 함수 $x \times |x|$는 x가 양수이면 x^2이고 음수이면 $-x^2$인 함수인데, 매끄러움의 정도는 1일 뿐이다(전문적인 용어로 말해 C^1). 함수 x^3는 위의 함수와 그래프 상으로는 매우 비슷해 보이지만, 무한히 높은 매끄러움의 정도를 갖는다(전문적으로 말해 C^∞ 내지 C^ω). 또 다른 예로서 $x^2 \times |x|$($x \geq 0$이면 x^3, $x < 0$이면 $-x^3$)는 매끄러움의 정도가 2(전문적으로

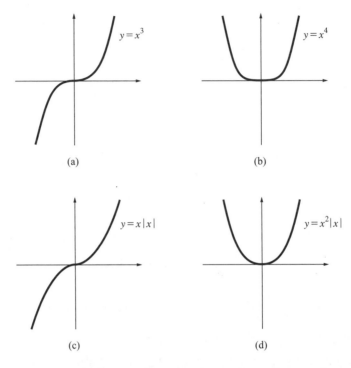

(a)

(b)

(c)

(d)

그림 A-41 실수 함수는 다양한 매끄러움의 정도를 가질 수 있다. 곡선 (a)$y=x^3$와 (b)$y=x^4$는 매끄러움의 정도가 무한히 높으며, **해석적**이라고 불린다(C^ω, 매끄러운 복소수 함수로 확장 가능하다는 의미). 한편 곡선 (c)$y=x|x|$는 x가 양수이면 x^2이고 음수이면 $-x^2$인 함수인데, 매끄러움의 정도가 1일 뿐이며(즉, C^1), (d)$y=x^2|x|$는 $x \geq 0$이면 x^3이고 $x<0$이면 $-x^3$로서 매끄러움의 정도가 2(C^2)이다. 하지만 이 두 함수는 위의 두 곡선과 겉으로는 비슷해 보인다.

말해 C^2)인 데 반해, 이와 매우 비슷해 보이는 x^4는 매끄러움의 정도가 무한히 높다(그림 A-41 참고). 하지만 복소함수의 경우 모든 것이 훨씬 단순하다. 왜냐하면 심지어 가장 낮은 복소적 매끄러움의 정도 C^1조차 가장 높은 정도 C^∞를 의미하며, 게다가 멱급수로서의 확장 가능성을 지니기 때문에(C^ω), 모든 매끄러운 복소함수는 자동으로 홀로모픽 함수이다. 더 자세한 내용은 참고 문헌을 보기 바란다Rudin 1986; TRtR chapters 6, 7.

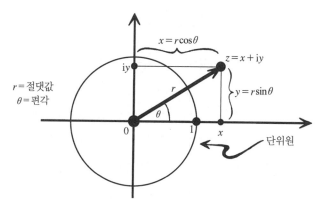

그림 A-42 베셀 평면에서 극좌표와 직교좌표 사이의 관계는 공식 $z = re^{i\theta} = r\cos\theta + ir\sin\theta$에 의해 표현된다. 양 r은 복소수 z의 절댓값이고 θ는 편각이다.

가장 흥미롭고 특별한 홀로모픽 함수로 지수함수 e^z(흔히 "$\exp z$"라고 적는 함수)가 있는데, 이미 §A.1에서 실수에 대한 e^z를 만난 적이 있다. 이 함수는 다음 급수로 정의된다.

$$e^z = 1 + \frac{z}{1!} + \frac{z^2}{2!} + \frac{z^3}{3!} + \frac{z^4}{4!} + \cdots$$

여기서 $n! = 1 \times 2 \times 3 \times \cdots \times n$이다. 이 급수는 실제로 z의 모든 값에서 수렴한다(따라서 수렴원은 무한대가 된다). 만약 z가 베셀 평면의 단위원(즉, 원점 0에 중심을 둔 단위 반지름의 원) 상에 있으면, 경이로운 다음 공식(코츠-드무아브르-오일러 공식)이 얻어진다.

$$e^{i\theta} = \cos\theta + i\sin\theta$$

여기서 θ는 z에 이르는 반지름이 양의 실수축과 이루는 각이다(반시계 방향으로 잰 각). 우리는 베셀 평면의 단위원 상에 있지 않아도 되는 점 z에도 이 공식을 확장해서 다음과 같이 표현할 수 있다.

$$z = re^{i\theta} = r\cos\theta + ir\sin\theta$$

이때 위에서 언급했듯이 z의 절댓값 $r = |z|$이고 θ는 z의 **편각**이라고 한다(그림 A-42 참고).

(§A.5에서 간략히 소개한) 실수 다양체의 이론 전체는 **복소 다양체**에까지 확장되는데, 여기서는 실수 다양체의 실수 좌표가 복소 좌표로 대체된다. 하지만 복소수 $z = x + iy$는 언제나 실수의 쌍 (x, y)로 간주할 수 있다. 이런 관점에서 우리는 한 복소 n-다양체를 실 $2n$-다양체로 다시 표현할 수 있다(이것은 **복소 구조**라고 불리는 구조를 갖고 있는데, 이는 복소 좌표의 홀로모픽 속성에서 비롯된다). 이로써 알 수 있듯이, 이런 방식을 통해 복소 다양체로 재해석될 수 있는 실수 다양체는 반드시 짝수 차원이기 마련이다. 하지만 이 조건만으로는 그러한 재해석이 가능해질 수 있도록 진정한 $2n$차원 실 다양체가 복소 구조를 할당받을 가능성은 거의 없다. 특히 n의 값이 상당히 클 경우에는 그럴 가능성이 아주 낮다.

1-복소-차원 다양체의 경우, 이 문제는 무척 이해하기 쉽다. 한 **복소 곡선**의 경우, 실수 관점에서 보면 어떤 유형의 실 2-곡면이 얻어지는데, 이는 **리만 곡면**이라고 알려져 있다. 실수 관점에서 보면 리만 곡면은 **등각** 구조(즉, 위에서 언급했듯이, 곡면 상의 곡선들 사이의 **각도**가 보존된다는 뜻이다)와 **방향성**(즉, 국소적인 "반시계 방향 회전"의 개념이 전체 곡면 상에서 일관되게 유지된다는 뜻이다. 그림 A-21 참고)을 지닌 통상적인 실 곡면이다. 리만 곡면들은 상이한 종류의 위상기하구조를 지닐 수 있는데, 일부 사례가 §A.5의 그림 A-13에 나와 있다. 이들은 끈 이론에 핵심적인 역할을 한다(§1.6). 대체로 리만 곡면은 닫혀 있다고, 즉 경계가 없이 콤팩트하다고 여겨지지만, 내부에 **구멍**을 갖고 있는 것도 있는데(그림 1-44), 이런 곡면은 **끈 이론**에서 나름의 역할을 한다(§1.6).

우리에게 특히 중요한 것은 리만 곡면 중 가장 단순한 예, 즉 통상적인 구의

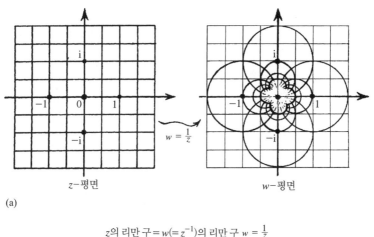

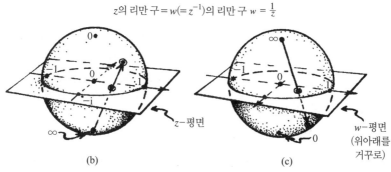

z의 리만 구 $= w(= z^{-1})$의 리만 구 $w = \frac{1}{z}$

(b)

(c)

그림 A–43 리만 구는 두 좌표 조각을 붙여서 만들 수 있는 다양체인데, 그 각각은 베셀 평면의 복사본이며, 여기서는 z–평면과 w–평면이다($w = z^{-1}$). (a)z–평면의 z의 일정한 실수 부분과 허수 부분의 직선들이 w–평면에 사상될 때 보이는 모습. (b)리만 구를 남극을 기준으로 입체사영하면 z–평면이 얻어진다. (c)리만 구를 북극을 기준으로 입체사영하면 위아래가 뒤집힌 w–평면이 얻어진다.

위상기하구조를 지닌 **리만 구**이다. 이것은 §2.7에서 양자역학적 스핀과 관련하여 특별한 역할을 한다. 우리는 한 단일한 점("∞"라고 명명할 수 있는 점)을 전체 베셀 평면에 단지 붙이기만 하면 리만 구를 쉽게 만들 수 있다. 전체 리만 구를 한 진정한 (1−복소−차원) 복소 다양체로 간주할 수 있음을 이해하려면 이 구를 두 개의 좌표 조각으로 덮으면 되는데, 한 조각은 z에 의해 좌표화되는 원래의 베셀 평면이고 다른 하나는 $w(= z^{-1})$에 의해 좌표화되는 또 하나의 베셀 평면 복사본이다. 이제 이 두 번째 조각은 새로운 점 "$z = \infty$"를 단지 w-원점 $(w = 0)$으로서 포함하고 z-원점은 무시한다. 이 두 베셀 평면들을 $z = w^{-1}$을 통해 함께 붙이면 전체 리만 구가 얻어진다(그림 A-43).

A.11 조화해석

물리적 문제에 등장하는 방정식들을 다루기 위해 물리학자들이 자주 사용하는 위력적인 절차로 조화해석을 꼽을 수 있다. 이때의 방정식들은 보통 **미분방정식**이다(주로 편미분방정식이라는 유형인데, 가령 §A.2에 나온 "$\mathrm{div}\,\mathbf{B} = 0$"이 그런 예다). 미분방정식은 **미적분학** 분야에 속하는 주제인데, 나는 이 분야에 대한 자세한 논의를 일부러 자제했던 터라 미분 연산자들의 기본적인 대수적 성질들에 대한 감을 잡는 정도로만 설명하겠다.

미분 연산이란 무엇인가? 한 변수의 함수 $f(x)$가 있을 때, D라고 표시하는 미분 연산이 그 함수 f에 가해지면 f를 새로운 함수 f'으로 대체한다. f의 **도함수**인 f'은 x에서의 함숫값이 x에서의 원래 함수 f의 기울기이다. 그리고 $\mathrm{D}f = f'$이라고 적을 수 있다(그림 A-44 참고). 우리는 **두 번째 도함수** f''을 고려할 수 있는데, x에서의 $f''(x)$의 값은 x에서의 f'의 기울기 값이다. 알고 보면 이것은 원래의 함수 f가 x에서 얼마나 "휘는지"를 나타내는 값이다(만약 x가 시간의 값이라면, **가속도**를 나타낸다). 이런 내용은 다음과 같이 적을 수 있다.

$$f'' = \mathrm{D}(\mathrm{D}f) = \mathrm{D}^2 f$$

그리고 이 과정을 계속 적용하면 임의의 양의 정수 k에 대하여 f의 k번째 도함수 $\mathrm{D}^k f$가 얻어진다. D의 역산(때때로 D^{-1}으로 표시하는 연산으로, 더 흔한 표

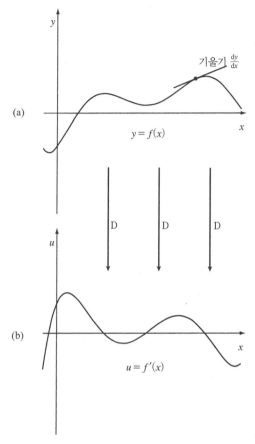

그림 A-44 D라고 표시된 미분 연산은 함수 $f(x)$를 새로운 함수 $f'(x)$로 바꾸는데, 이때 각 x에서의 $f'(x)$의 값은 x에서의 $f(x)$의 기울기이다. 역산인 **적분**은 아래 곡선 밑의 넓이에 관한 것으로서, 화살표의 **반대** 방향에 의해 기술된다.

기는 "적분 기호 $\int$")은 넓이와 부피에 관한 적분학의 주제이다.

둘 이상의 변수 u, v, …이 있을 경우 이 변수들은 n차원 공간에 대한 (국소적인) 좌표일 수 있는데, 도함수의 개념은 각각의 좌표에 개별적으로 적용될 수 있다. u에 대한 도함수를 D_u(이를 가리켜 편도함수라고 하는데, 이때 다른 모든 변수들은 상수로 취급된다)라고 적을 수 있고 v에 대한 도함수는 D_v라고 적을 수 있다. 이 편도함수들도 계속 거듭제곱을 할 수 있고(즉, 여러 번 반복적으로 미분될 수 있고), 다양한 방식으로 결합될 수 있다. 좋은 예로서, 특별히 자주 연구되는 미분 연산자인 **라플라시언**Laplacian을 들 수 있다(매우 존경받는 프랑스 수학자 피에르 시몽 드 라플라스가 십팔 세기 후반에 처음 고안한 것으로서, 그의 대표적 저술인 『천체역학』에서 처음 소개되었다Mécanique Céleste, 1829~39). 라플라시언은 보통 ∇^2(또는 Δ)으로 표시되는데, 직교좌표 u, v, w를 갖는 3차원 유클리드 공간의 라플라시언은 아래와 같다.

$$\nabla^2 = D_u^2 + D_v^2 + D_w^2$$

이것은 (세 변수 u, v, w의) 어떤 함수 f에 가해지면 양 $\nabla^2 f$는 u에 대한 f의 이계도함수와 v에 대한 f의 이계도함수 그리고 w에 대한 f의 이계도함수의 합을 나타낸다. 즉, 다음과 같다.

$$\nabla^2 f = D_u^2 f + D_v^2 f + D_w^2 f$$

∇^2을 포함하는 방정식은 물리학과 수학 두 분야 모두에서 아주 널리 쓰이는데, 그중 가장 대표적인 예가 $\nabla^2 \varphi = 0$이다. 이것은 뉴턴의 중력장을 중력장에 대한 **퍼텐셜 함수** φ라는 스칼라 양으로 기술하는 데 사용된다. (중력장의 크기와 방향을 기술하는 벡터는 세 성분으로서 $-D_u\varphi$, $-D_v\varphi$, $-D_w\varphi$를 갖는다.) 또 하나의 중요한 예는 직교좌표 x와 y를 갖는 2차원 유클리드 공간의 경우에서 등장하는데(따라서 $\nabla^2 = D_x^2 + D_y^2$), 우리는 이 평면을 복소수 $z = x + iy$에 대한 베셀 평면이라고 여길 수 있다. 그러면 z의 임의의 홀로모픽 함수 ψ는 아래와 같이 실수부 f와 허수부 g를 갖는다.

$$\psi = f + ig$$

이들 각각은 다음과 같이 라플라스 방정식을 만족한다.

$$\nabla^2 f = 0, \quad \nabla^2 g = 0$$

라플라스 방정식은 **선형** 미분방정식의 한 예이다. 선형의 뜻은 아래와 같다. 만약 라플라스 방정식의 임의의 두 해(즉, $\nabla^2 \varphi = 0$, $\nabla^2 \chi = 0$)가 있다면, 임의의 선형결합

$$\lambda = A\phi + B\chi$$

또한 (여기서 A와 B는 상수) 라플라스 방정식의 해이다.

$$\nabla^2 \lambda = 0$$

비록 선형성은 미분방정식에서 일반적으로는 흔치 않지만, 선형 방정식은 이론 물리학에 근본적으로 중요한 역할을 한다. 라플라스의 퍼텐셜 함수 φ로 표현되는 뉴턴의 중력 이론의 예는 방금 전에 이미 언급했다. 선형 미분방정식의 다른 중요한 예들로는 전자기장에 대한 맥스웰 방정식(§§1.2, 1.6, 1.8, 2.6 및 4.1)과 양자역학의 기본적인 슈뢰딩거 방정식(§§2.4~2.7 및 2.11)이 있다.

그러한 선형 방정식의 경우, 조화해석harmonic analysis은 해를 찾는 매우 강력한 방법을 제공해줄 수 있다. "조화harmonic"라는 말은 음악에서 비롯되었는데, 여러 특정한 "순음pure tone"을 바탕으로 음정을 해석할 수 있다는 뜻이다. 가령, 한 바이올린 현은 여러 가지 방식으로 진동할 수 있다. **기본**fundamental 음정은 특정한 주파수 ν인데, 이때 그 현 전체는 가장 단순한 방식으로(마디 없이) 진동한다. 하지만 2ν, 3ν, 4ν, 5ν 등의 주파수를 지닌 여러 배음harmonic*으로 진동할 수 있는데, 이때 (1마디, 2마디, 3마디, 4마디 등을 갖는) 각각의 진동하는 현의 모

---

* 소리에 관해서는 *harmonic*을 배음이라고 옮길 수 있지만, 다른 일반적인 주기함수의 경우에는 보통 이를 고조파高調波라고 한다. 따라서 이 책에서 음(파) 이외의 *harmonic*은 고조파라고 옮긴다. —옮긴이

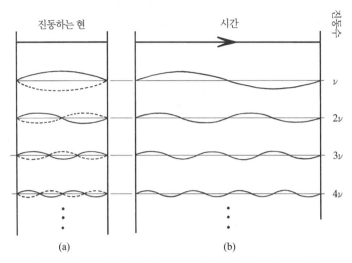

ν

2ν

3ν

4ν

(a)   (b)

그림 A–45 한 (바이올린) 현의 여러 상이한 진동 모드. (a)현 자체의 각각의 진동 모드의 형태. (b)진동의 시간적 행동. 여기서 진동수는 기본 진동수 ν의 어떤 정수배이다.

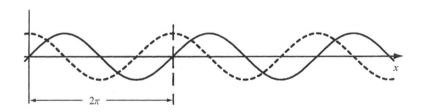

2π

x

그림 A–46 이 연속 곡선은 함수 $\sin x$의 그래프이며, 점선으로 표시된 곡선은 $\cos x$의 그래프이다.

양은 생성되는 순음의 파동 모양과 일치한다(그림 A–45 참고). 현의 진동을 지배하는 기본적인 미분방정식은 선형적이기에, 일반적인 진동 상태는 이런 **모드**mode들의 선형결합을 통해 구성할 수 있다. 이런 모드들이 개별적인 진동의 순음들(즉, 기본음 및 다른 모든 배음들)이다. 현에 대한 미분방정식의 일반해를 나타내려면, 각 모드의 성분의 크기를 적절히 표현하는 각각의 수의 열을 특정하기만 하면 된다. 어떠한 파동 형태이든 기본음의 주파수로 주기성을 지닌다면, 이런 방식을 통해 **사인파** 성분들의 합으로 고유하게 표현될 수 있다(여기서 사인파란 그림 A-46의 함수 $y = \sin x$에서 나타나는 사인 곡선 형태를 가리킨다). 주기함수를 이처럼 고조파들로 표현하는 것을 **푸리에 해석**이라고 하는데, 이 명칭은 주기함수를 사인 곡선을 이용해 이와 같이 처음 표현했던 프랑스 수학자 조제프 푸리에를 기리기 위해서 붙인 것이다. 이 절의 뒷부분에서 우리는 그 표현이 얼마나 아름답게 사용될 수 있는지 볼 것이다.

이러한 일반적 종류의 절차는 선형 미분방정식에 일반적으로 적용된다. 이때 개별적인 모드들은 쉽게 얻어지는 방정식의 단순한 특수해인데, 다른 모든 해들은 모드들의 선형결합(대체로 무한한 선형결합들)을 취함으로써 표현될 수 있다. 2차원 유클리드 공간의 라플라스 방정식의 특정한 사례를 살펴보자. 이것은 특히 단순한 경우로서, 여기에 복소수의 대수학 및 해석학을 직접 이용할 수 있으며, 필요한 모드는 그런 방법들에 의해 직접 적을 수 있다. 이것만 보고서 독자들이 오해를 해서는 안 된다. 더욱 일반적인 상황일 때는 그렇게 쉽사리 풀릴 리가 없다. 그럼에도 불구하고 내가 말하고 싶은 기본적인 내용은 이경우에서 복소수를 이용해 깔끔하게 증명할 수 있다.

위에서 말했듯이, 이차원에서의 라플라스 방정식 $\nabla^2 f = 0$의 각 해가 한 홀로모픽 함수 ψ의 실수부 f라고 여길 수 있다(또는 허수부라고 해도 마찬가지다. 어느 쪽이든 중요하지 않은 까닭은 ψ의 허수부는 조금 다른 홀로모픽 함수 $-i\psi$의 실수부일 따름이기 때문이다). 미분방정식 $\nabla^2 f = 0$의 일반해는 기본 모드들(바이올린 현의 여러 배음들과 비슷한 것)의 선형결합으로 표현될 수 있는데, 이 모드들이 무엇인지 알려면 이에 대응되는 홀로모픽 양 ψ를 살펴보아야 한다. 이것은 복소수 z의 홀로모픽 함수이기에 다음과 같이 **멱급수**로 표현될 수 있다.

$$\psi = a_0 + a_1 z + a_1 z^2 + a_1 z^3 + \cdots$$

여기서 $z = x + \mathrm{i}y$이며, 이 항들에서 계속하여 실수부를 취하면 x와 y로 표현되는 f에 대한 식이 얻어진다. 개별 모드들은 멱급수의 여러 항들, 즉 아래의 개별적인 급수의 실수부와 허수부이다.

$$z^k = (x + \mathrm{i}y)^k$$

(여기에 k에 따라 어떤 적절한 상수가 곱해진다. 실수부만이 아니라 허수부도 필요한 까닭은 계수들이 복소수이기 때문이다.) 그러므로 x와 y로 표현된 모드는 이 식의 실수부와 허수부이다(가령, $k = 3$일 경우 $x^3 - 3xy^2$과 $3x^2y - y^3$).

이에 관해 정확하게 알려면 우리가 평면의 어떤 영역에 관심이 있는지 알아야 한다. 우선 이 영역이 전체 베셀 평면이라고 가정하자. 그러면 우리는 이 평면 전체를 대상으로 삼는 라플라스 방정식의 해들에 관심이 있다. 홀로모픽 함수 ψ의 관점에서 볼 때 우리에게는 **무한한 수렴 반지름**을 가진 멱급수가 필요한데, 그 특정한 한 사례가 지수함수 e^z이다. 이 경우, 계수 $1/k!$은 k가 무한대로 향할수록 급격히 영이 되므로 모든 z에 대하여 멱급수의 수렴이 보장된다(사례 A).

$$\mathrm{e}^z = 1 + \frac{z}{1!} + \frac{z^2}{2!} + \frac{z^3}{3!} + \frac{z^4}{4!} + \cdots$$

이 식은 §A.10(그리고 §A.1)에서 이미 나왔던 것이다. 한편 §A.10에서 나온 또 다른 급수(사례 B)

$$(1 + z^2)^{-1} = 1 - z^2 + z^4 - z^6 + z^8 - \cdots$$

은 단위원 $|z| = 1$ 내부에서는 수렴하고 외부에서는 발산한다. 이 둘의 중간에 해당하는 경우(사례 C)는

$$\left(1 + \frac{z^2}{4}\right)^{-1} = 1 - \frac{z^2}{4} + \frac{z^4}{16} - \frac{z^6}{64} + \frac{z^8}{256} - \cdots$$

원 $|z| = 2$ 내부에서 수렴한다.

그러므로 라플라스 방정식의 해를 표현하기 위해 계수들의 열을 사례 A에서는 $(1, 1, 1/2, 1/6, 1/24, \cdots)$으로 사례 B에서는 $(1, 0, -1, 0, 1, 0, -1, 0, 1, \cdots)$ 그리고 사례 C에서는 $(1, 0, -1/4, 0, 1/16, 0, -1/64, 0, 1/256, \cdots)$으로 선택할 수 있다. 하지만 그런 수열이 실제로 우리가 정의한 영역 전체에 걸쳐 미분방정식의 해를 실제로 표현하는지 알려면 이 수열들이 무한대로 나아갈 때 행동하는 방식을 주의 깊게 살펴야 한다. 이 사안의 한 극단적인 사례는 우리의 정의영역이 베셀 평면에 한 단일한 점 "∞"를 첨가해서 얻어진 리만 구(§A.10)일 때 생긴다. 한 정리에 의하면, 리만 구 상에 대역적으로 존재하는 유일한 홀로모픽 함수들이 사실은 **상수**이기에, 리만 구 상의 라플라스 방정식의 해들을 표현하는 수열들은 **전부** $(K, 0, 0, 0, 0, 0, 0, \cdots)$의 형태이다!

이러한 사례들은 또한 조화해석의 또 다른 측면을 드러내준다. 우리의 관심사가 미분방정식의 해들에 대한 **경곗값**을 정하는 것일 때가 종종 있다. 가령, 우리는 n차원 유클리드 공간에서의 라플라스 방정식 $\nabla^2 f = 0$의 한 해(단위 $(n-1)$-구 $\mathcal{S}$ 상에서 그리고 내부에서 유효한 해)를 구하고자 한다. 한 정리 Evans 2010; Strauss 1992에 의하면, f가 $\mathcal{S}$ 상의 임의적으로 선택된 임의의 실수 값 함수가 되도록(가령, 매끄럽도록) 정하면, $\mathcal{S}$ 내부에 $\nabla^2 f = 0$의 한 고유한 해가 존재하며, 이 해는 $\mathcal{S}$ 상의 주어진 값들을 얻는다. 이제 우리는 라플라스 방정식의 해들의 조화해석을 통해 개별적인 모드들 각각에 어떤 일이 벌어지는지 물을 수 있다.

이번에도 우선 $n = 2$인 경우를 살펴보는 것이 유용한데, 여기서 우리는 $\mathcal{S}$가 베셀 평면의 단위원이 되도록 정하여 단위 원반 상에서 라플라스 방정식의 해들을 찾는다. 만약 한 특정한 급수 z^k에 의해 정의된 **모드**를 살펴본다면, §A.10

에서 나온 z의 극좌표 표현을 이용하면 z는 아래와 같이 표현된다.

$$z = re^{i\theta} = r\cos\theta + ir\sin\theta$$

따라서 단위원 $S(r = 1)$ 상에서 다음이 성립한다.

$$z^k = e^{ik\theta} = \cos k\theta + i\sin k\theta$$

단위원 주위로 그러한 각각의 모드에 대하여 z의 실수부와 허수부는 사인파의
진행 방식으로 달라지는데, 이는 마치 앞서 살펴본 바이올린 현에서 생기는 k
번째 배음과 똑같은 방식이다(즉, $\cos k\theta$와 $\sin k\theta$). 여기서 좌표 θ는 시간의 역할
을 하는데, 시간이 증가함에 따라 원 주위를 무한정 돈다(그림 A−45). 이 단위
원반 상의 라플라스 방정식의 일반해의 경우, 각angular 좌표 θ의 함수인 f의 값
은 원에 의해 결정된 주기성을 갖기만 한다면, 즉 2π의 주기성을 갖기만 한다면
임의적이다. (물론 동일한 방식으로 다른 주기성도 고려할 수 있다. 원의 길이
를 원하는 만큼 키우거나 줄이기만 하면 된다.) 이것은 앞서 언급한, 진동하는
바이올린 현에 관한 주기함수의 푸리에 해석일 뿐이다.

위에서 나는 경계 원 S 주위의 f의 값이 매끄러운 함수로서 변하는 것을 살
펴보았지만, 그 절차는 이보다 훨씬 더 일반적으로도 통한다. 가령, 위의 사례
B의 경우, 경계 함수는 결코 매끄럽지 않아서 두 지점 $\theta = \pm\pi/2$(베셀 평면의
$\pm i$에 대응하는 지점)에서 특이점을 갖는다. 한편 사례 C(또는 사례 A)에서 만
약 우리가 단위 원반 상의 해의 일부만을 본다면, 경계 단위원 S 상에서 f의 완
전히 매끄러운 행동이 눈에 띨 것이다. 하지만 그 경계 상의 f에 대한 최소한의
요건들은 여기서 우리의 관심사가 아니다.

더 높은 차원($n > 2$)에서도 동일한 유형의 해석이 적용될 수 있다. 초구
$S((n - 1)$차원 구)의 내부의 라플라스 방정식의 해들은 2차원 경우에서와 마
찬가지로 방사상 좌표 r의 상이한 멱에 대응하는 고조파들로 분해될 수 있다.

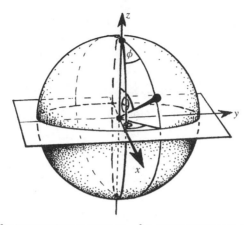

그림 A-47 $\mathbb{R}^3$에 표준적인 방식으로 위치해 있는 S^2에 대한 전통적인 구면 극좌표 각도(들) θ, ϕ.

$n = 3$인 경우 $\mathcal{S}$는 보통의 2-구인데, 비록 복소함수에 의한 단순한 서술이 통하지 않긴 하지만, 우리는 여전히 "모드들"이 방사상 좌표 r이 향하는 몇 k에 따라 서로 구별된다고 여길 수 있다. 각각의 구 상에서 원점에 중심을 둔 좌표 θ, ϕ를 흔히 도입하는데($r = R$, R은 상수), 이를 가리켜 **구면 극좌표**라고 한다. 구면 극좌표는 지구의 경도 좌표, 위도 좌표와 밀접한 관련이 있다. 자세한 내용은 우리의 논의에는 중요하지 않지만, 그림 A-47에 나와 있다.

　일반적인 모드들은 아래 형태를 갖는다.

$$r^k Y_{k,m}(\theta, \phi)$$

여기서 $Y_{k,m}(\theta, \phi)$는 **구면 고조파**spherical harmonic(1782년에 라플라스가 도입)인데, θ와 ϕ의 이 특정한 함수의 자세한 형태는 우리의 관심사가 아니다Riley et al. 2006. "k" 값(표준적인 표기에서는 ℓ로 표시)은 모든 양의 정수 $k = 0, 1, 2, 3, 4, 5, \cdots$ 위로 진행하며 역시 정수인 m은 음의 값을 가질 수 있는데, $|m| \le k$이다. 따라서 (k, m)이 가질 수 있는 값들은 다음과 같다.

$$(0, 0), \quad (1, -1), \quad (1, 0), \quad (1, 1), \quad (2, -2), \quad (2, -1),$$
$$(2, 0), \quad (2, 1), \quad (2, 2), \quad (3, -3), \quad (3, -2), \quad \cdots$$

S 안에 들어 있는 단단한 공 내부의(즉, $1 \geq r \geq 0$) 라플라스 방정식의 한 특수해를 알아내려면, 아래와 같은 실수들의 무한수열인 이러한 각 모드들의 성분을 알아야 한다.

$$f_{0,0}, \quad f_{1,-1}, \quad f_{1,0}, \quad f_{1,1}, \quad f_{2,-2}, \quad f_{2,-1}, \quad f_{2,0}, \quad f_{2,1}, \quad f_{2,2}, \quad f_{3,-3}, \quad f_{3,-2}, \cdots$$

위의 값들이 각각의 성분을 정확히 알려준다. 이 수열은 경계 구 S 상에서 f의 값을 결정한다. 즉, S의 내부에서 이에 대응하는 라플라스 방정식의 해를 결정한다. (S 상에서 f에 관한 연속성/매끄러움 사안들은 수열 $f_{k,m}$이 무한대로 나아가는 방식에 관한 복잡한 질문들에서 고찰될 것이다.)

내가 여기서 특별히 언급하고 싶은 내용은 개별 해를 연구하는 데(특히 수치 연산에서 그런 방법들이 매우 강력하긴 하지만) 잘 알려지지 않은 한 가지 중요한 문제가 있다는 사실이다. 바로 **자유도**의 문제로서, 특히 §§A.2와 A.8에서 우리가 특별히 관심을 가졌던 내용이며 1장의 논의에서도 핵심적인 역할을 했다. 미분방정식의 해를 라플라스 방정식이나 다른 더 복잡한 계의 경우처럼 위와 같은 방법으로 결정할 때 조화해석은 결국에는 무한수열 형태의 해를 내놓는다. 그런데 해가 정의되는 공간의 차원이 (그 공간의 크기나 형태는 차치하고라도) 그런 수열의 꽤 복잡한 점근적 성질 속에 종종 숨어 버리는지라 자유도의 사안이 완전히 무시되는 경향이 있다.

심지어 진동하는 현이라는 가장 단순한 상황(이 절의 앞에서 살펴본 바이올린 현)에서도 단지 모드 해석은 우리가 주의하지 않으면 자유도와 관련하여 오해를 안겨줄 수 있다. 이에 관해 두 가지 상황을 살펴볼 텐데, 한 상황에서는 현이 오직 한 평면에서만 진동할 수 있다. 가령 바이올린 현을 활로 살며시 쳤을

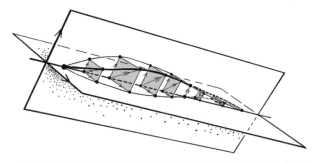

그림 A-48 삼차원에서 현의 작은 진동은 두 수직 평면의 진동들로 분해될 수 있는데, 현의 각 점에서 변이 벡터는 서로 수직인 이들 평면의 두 성분으로 분해된다.

때의 진동이다. 다른 상황은 가령 현을 퉁겼을 때의 진동인데, 이 진동은 현의 방향으로부터 바깥으로 두 차원의 현의 변이를 포함할 수 있다. (나는 현을 **따른** 방향의 변이는 무시하는데, 이 변이는 손가락을 현의 방향을 따라 쳤을 때 생길 수 있다.) 현의 진동의 모드들은 현의 방향에 대한 두 수직 평면의 진동들로 나뉠 수 있으며, 다른 모든 진동들은 이 진동들로 구성될 수 있다(그림 A-48 참고). 두 평면은 서로 대등하므로, 각 평면에는 똑같은 진동 주파수를 갖는 똑같은 모드가 얻어진다. 그러므로 활로 켠 현의 (한 평면에 국한된 진동) 모드들과 퉁긴 현의 (그런 제한이 없는 진동) 모드들 간의 유일한 차이는 후자의 경우 각 모드가 두 번 발생한다는 것뿐이다. 첫 번째 경우의 자유도는 $\infty^{2\infty^1}$이며 두 번째 경우에는 훨씬 더 큰 $\infty^{4\infty^1}$이다. "2"와 "4"는 현의 각 점에서 바깥 방향으로의 변이의 크기와 속도에서 나온 값인데, 두 번째 경우에는 그런 양이 두 배가 필요하다. 위의 "1"은 현이 1차원이라서 나온 값인데, 만약 현이 "n-막(§1.15 참고. 현재 유행하는 끈 이론에서 중요한 역할을 하는 실체)"으로 대체되면 큰 수인 n이 될 것이다. 자유도라는 사안의 중요성은 1장에서 논의했다.

이와 관련하여 북과 같은 2차원 곡면의 진동을 살펴보는 것도 유용하다. 흔히 그런 것들은 모드 해석을 통해 분석하는데, 북이 진동하는 일반적인 방식은 개별 모드 각각이 그 운동에 기여하는 여러 성분들로 표현될 수 있다. 각 모드는 무한수열, 가령 p_0, p_1, p_2, p_3, ⋯ 등으로 표현될 수 있는데, 이 값들은 각각의 모드가 기여한 성분의 양을 알려준다. 언뜻 보기에, 이것은 비슷해 보이는 수열 q_0, q_1, q_2, q_3, ⋯ 등에 의해 활로 켠 바이올린 현의 진동을 표현하는 것과 별로 다르지 않은 것 같다. 하지만 북곡면 변이의 경우 자유도는 엄청나게 커서, 위에서 나온 현에 대한 값 $\infty^{2\infty^1}$보다 **엄청나게 큰** $\infty^{2\infty^2}$이다. 이 차이에 대한 감을 잡기 위해, 북 곡면이 **정사각형**이어서 직교좌표 (x, y)로 표시되며 x와 y 각각은 0과 1 사이에 국한된 값이라고 가정하자. 그렇다면 북 곡면의 변이를 "모드들(x축 상의 모드들 $g_i(x)$와 y축 상의 모드들 $h_j(y)$의 곱 $F_{ij}(x, y) = g_i(x)h_j(y)$인 모드들)"로 (조금 특이하게) 표현할 수 있다. 그러면 모드 해석은 북 곡면의 일반적인 변이를 수열 $f_{0,0}$, $f_{0,1}$, $f_{1,0}$, $f_{0,2}$, $f_{1,1}$, $f_{2,0}$, $f_{0,3}$, $f_{2,1}$, $f_{1,2}$ 등으로 표현하는데, 이들은 각 $F_{ij}(x, y)$의 성분의 크기를 알려준다. 이런 종류의 표현에는 아무런 문제점이 없긴 하지만, x와 y 좌표 각각에서 2차원 북 변이의 자유도 ∞^{∞^2}와 개별적인 1차원 변이 각각의 자유도 ∞^{∞^1}(또는 x 좌표의 변이와 y 좌표의 변이를 합쳐서 표현할 때의 $\infty^{2\infty^1}$의 자유도. 기본적으로 이는 $g(x)h(y)$ 형태의 "곱 변이"에서는 훨씬 더 작은 자유도를 내놓는다) 사이의 엄청난 차이를 직접적으로 드러내주지 않는다.

참고 문헌

Abbott, B. P., et al. (LIGO Scientific Collaboration) 2016 Observation of gravitational waves from a binary black hole merger. arXiv:1602.03837.

Ade, P. A. R., et al. (BICEP2 Collaboration) 2014 Detection of B-mode polarization at degree angular scales by BICEP2. *Physical Review Letters* **112**:241101.

Aharonov, Y., Albert, D. Z., and Vaidman, L. 1988 How the result of a measurement of a component of the spin of a spin-1/2 particle can turn out to be 100. *Physical Review Letters* **60**:1351–54.

Albrecht, A., and Steinhardt, P. J. 1982 Cosmology for grand unified theories with radiatively induced symmetry breaking. *Physical Review Letters* **48**:1220–23.

Alexakis, S. 2012 *The Decomposition of Global Conformal Invariants*. Annals of Mathematics Studies 182. Princeton University Press.

Almheiri, A., Marolf, D., Polchinski, J., and Sully, J. 2013 Black holes: complementarity or firewalls? *Journal of High Energy Physics* **2013**(2):1–20.

Anderson, M. 2005 *"Shakespeare" by Another Name: The Life of Edward de Vere, Earl of Oxford, the Man Who Was Shakespeare*. New York: Gotham Books.

Ananthaswamy, A. 2006 North of the Big Bang. New Scientist (2 September), pp. 28–31.

Antusch, S., and Nolde, D. 2014 BICEP2 implications for single-field slow-roll inflation revisited. *Journal of Cosmology and Astroparticle Physics* **5**:035.

Arkani-Hamed, N., Dimopoulos, S., and Dvali, G. 1998 The hierarchy problem and new dimensions at a millimetre. *Physics Letters* B **429**(3):263–72.

Arkani-Hamed, N., Cachazo, F., Cheung, C., and Kaplan, J. 2010 The S-matrix in twistor space. *Journal of High Energy Physics* **2**:1–48.

Arkani-Hamed, N., Hodges, A., and Trnka, J. 2015 Positive amplitudes in the amplituhedron. *Journal of High Energy Physics* **8**:1–25.

Arndt, M., Nairz, O, Voss-Andreae, J., Keller, C., van der Zouw, G., and Zeilinger, A. 1999 Wave-particle duality of C60. *Nature* **401**:680–82.

Ashok, S., and Douglas, M. 2004 Counting flux vacua. Journal of High Energy Physics **0401**:060.

Ashtekar, A., Baez, J. C., Corichi, A., and Krasnov, K. 1998 Quantum geometry and black hole entropy. *Physical Review Letters* **80**(5):904–7.

Ashtekar, A., Baez, J. C., and Krasnov, K. 2000 Quantum geometry of isolated horizons and black hole entropy. Advances in Theoretical and Mathematical Physics 4:1–95.

Ashtekar, A., Pawlowski, T., and Singh, P. 2006 Quantum nature of the Big Bang. *Physical Review Letters* **96**:141301.

Aspect, A., Grangier, P., and Roger, G. 1982 Experimental realization of Einstein–Podolsky–Rosen–Bohm Gedankenexperiment: a new violation of Bell's inequalities. *Physical Review Letters* **48**:91–94.

Bardeen, J. M., Carter, B., and Hawking, S.W. 1973 The four laws of black hole mechanics. *Communications in Mathematical Physics* **31**(2):161–70.

Barrow, J. D., and Tipler, F. J. 1986 *The Anthropic Cosmological Principle*. Oxford University Press.

Bateman, H. 1904 The solution of partial differential equations by means of definite integrals. *Proceedings of the London Mathematical Society* (2) **1**:451–58.

——. 1910 The transformation of the electrodynamical equations. *Proceedings of the London Mathematical Society* (2) **8**:223–64.

Becker, K., Becker, M., and Schwarz, J. 2006 *String Theory and M-Theory: A Modern Introduction*. Cambridge University Press.

Bedingham, D., and Halliwell, J. 2014 Classical limit of the quantum Zeno effect by environmental decoherence. *Physical Review* A **89**:042116.

Bekenstein, J. 1972 Black holes and the second law. Lettere al Nuovo Cimento 4:737–40.

——. 1973 Black holes and entropy. *Physical Review* D 7:2333–46.

Belinskiĭ, V. A., Khalatnikov, I. M., and Lifshitz, E. M. 1970 Oscillatory approach to a singular point in the relativistic cosmology. *Uspekhi Fizicheskikh Nauk* **102**:463–500. (English translation in *Advances in Physics* **19**:525–73.)

Belinskiĭ, V. A., Lifshitz, E. M., and Khalatnikov, I. M. 1972 Construction of a general cosmological solution of the Einstein equation with a time singularity. *Soviet Physics JETP* **35**:838–41.

Bell, J. S. 1964 On the Einstein–Podolsky–Rosen paradox. *Physics* **1**:195–200. (Reprinted in Wheeler and Zurek [1983, pp. 403–8].)

——. 1981 Bertlmann's socks and the nature of reality. *Journal de Physique* **42**, C2(3), p. 41.

Bell, J. S. 2004 Speakable and Unspeakable in Quantum Mechanics: Collected Papers on Quantum Philosophy, 2nd edn (with a new introduction by A. Aspect). Cambridge University Press.

Bennett, C. H., Brassard, G., Crepeau, C., Jozsa, R. O., Peres, A., and Wootters, W. K. 1993 Teleporting an unknown quantum state via classical and Einstein–Podolsky–Rosen channels. *Physical Review Letters* **70**:1895–99.

Besse, A. 1987 *Einstein Manifolds*. Springer.

Beyer, H., and Nitsch, J. 1986 The non–relativistic COW experiment in the uniformly accelerated reference frame. *Physics Letters* B **182**:211–15.

Bisnovatyi–Kogan, G. S. 2006 Checking the variability of the gravitational constant with binary pulsars. *International Journal of Modern Physics* D **15**:1047–52.

Bjorken, J., and Drell, S. 1964 *Relativistic Quantum Mechanics*. McGraw–Hill.

Blau, S. K., and Guth, A. H. 1987 Inflationary cosmology. In *300 Years of Gravitation* (ed. S. W. Hawking and W. Israel). Cambridge University Press.

Bloch, F. 1932 Zur Theorie des Austauschproblems und der Remanenzerscheinung der Ferromagnetika. *Zeitschrift für Physik* **74**(5):295–335.

Bohm, D. 1951 The paradox of Einstein, Rosen, and Podolsky. In *Quantum Theory*, ch. 22, §15–19, pp. 611–23. Englewood Cliffs, NJ: Prentice–Hall. (Reprinted in Wheeler and Zurek [1983, pp. 356–68].)

——. 1952 A suggested interpretation of the quantum theory in terms of "hidden" variables, I and II. *Physical Review* **85**:166–93. (Reprinted in Wheeler and Zurek [1983, pp. 41–68].)

Bohm, D., and Hiley, B. J. 1993 *The Undivided Universe: An Ontological Interpretation of Quantum Theory*. Abingdon and New York: Routledge.

Bojowald, M. 2007 What happened before the Big Bang? Nature Physics 3:523–25.

——. 2011 *Canonical Gravity and Applications: Cosmology, Black Holes, and Quantum Gravity*. Cambridge University Press.

Bollobás, B. (ed.) 1986 *Littlewood's Miscellany*. Cambridge University Press.

Boltzmann, L. 1895 On certain questions of the theory of gases. *Nature* **51**:413–15.

Bordes, J., Chan, H.–M., and Tsou, S. T. 2015 A first test of the framed standard model against experiment. *International Journal of Modern Physics* A **27**:1230002.

Börner, G. 1988 *The Early Universe* Springer.

Bouwmeester, D., Pan, J. W., Mattle, K., Eibl, M., Weinfurter, H., and Zeilinger, A. 1997

Experimental teleportation. *Nature* **390**:575–79.

Boyer, R. H., and Lindquist, R. W. 1967 Maximal analytic extension of the Kerr metric. *Journal of Mathematical Physics* **8**:265–81.

Breuil, C., Conrad, B., Diamond, F., and Taylor, R. 2001 On the modularity of elliptic curves over Q: wild 3–adic exercises. *Journal of the American Mathematical Society* **14**:843–939.

Bryant, R. L., Chern, S.–S., Gardner, R. B., Goldschmidt, H. L., and Griffiths, P. A. 1991 *Exterior Differential Systems*. MSRI Publication 18. Springer.

Bullimore, M., Mason, L., and Skinner, D. 2010 MHV diagrams in momentum twistor space. *Journal of High Energy Physics* **12**:1–33.

Buonanno, A., Meissner, K. A., Ungarelli, C., and Veneziano, G. 1998a Classical inhomogeneities in string cosmology. *Physical Review* D **57**:2543.

——. 1998b Quantum inhomogeneities in string cosmology. *Journal of High Energy Physics* **9801**:004.

Byrnes, C.T., Choi, K.–Y., and Hall, L. M. H. 2008 Conditions for large non–Gaussianity in two–field slow–roll inflation. *Journal of Cosmology and Astroparticle Physics* **10**:008.

Cachazo, F., Mason, L., and Skinner, D. 2014 Gravity in twistor space and its Grassmannian formulation. In *Symmetry, Integrability and Geometry: Methods and Applications* (SIGMA) **10**:051 (28 pages).

Candelas, P., de la Ossa, X. C., Green, P. S., and Parkes, L. 1991 A pair of Calabi–Yau manifolds as an exactly soluble superconformal theory. *Nuclear Physics* B **359**:21.

Cardoso, T. R., and de Castro, A. S. 2005 The blackbody radiation in a D–dimensional universe. *Revista Brasileira de Ensino de Física* **27**:559–63.

Cartan, É. 1945 *Les Systèmes Différentiels Extérieurs et leurs Applications Géométriques*. Paris: Hermann.

Carter, B. 1966 Complete analytic extension of the symmetry axis of Kerr's solution of Einstein's equations. *Physical Review* **141**:1242–47.

——. 1970 An axisymmetric black hole has only two degrees of freedom. *Physical Review Letters* **26**:331–33.

——. 1983 The anthropic principle and its implications for biological evolution. *Philosophical Transactions of the Royal Society of London* A **310**:347–63.

Cartwright, N. 1997 Why physics? In *The Large, the Small and the Human Mind* (ed. R. Penrose).

Cambridge University Press.

Chan, H.-M., and Tsou, S. T. 1980 U(3) monopoles as fundamental constituents. CERNTH-2995 (10 pages).

———. 1998 *Some Elementary Gauge Theory Concepts.*World Scientific Notes in Physics. Singapore:World Scientific.

———. 2007A model behind the standard model. *European Physical Journal* C 52:635–63.

———. 2012 *International Journal of Modern Physics* A 27:1230002.

Chandrasekhar, S. 1931 The maximum mass of ideal white dwarfs. *Astrophysics Journal* 74:81–82.

———. 1934 Stellar configurations with degenerate cores. *The Observatory* 57:373–77.

Christodoulou, D. 2009 *The Formation of Black Holes in General Relativity.* Monographs in Mathematics, European Mathematical Society.

Clarke, C. J. S. 1993 *The Analysis of Space-Time Singularities.* Cambridge Lecture Notes in Physics. Cambridge University Press.

Coleman, S. 1977 Fate of the false vacuum: semiclassical theory. *Physical Review* D 15:2929–36.

Coleman, S., andDeLuccia, F. 1980 Gravitational effects on and of vacuum delay. *Physical Review* D 21:3305–15.

Colella, R., and Overhauser, A. W. 1980 Neutrons, gravity and quantum mechanics. *American Scientist* 68:70.

Colella, R., Overhauser, A. W., and Werner, S. A. 1975 Observation of gravitationally induced quantum interference. *Physical Review Letters* 34:1472–74.

Connes, A., and Berberian, S. K. 1995 *Noncommutative Geometry.* Academic Press.

Conway, J., and Kochen, S. 2002 The geometry of the quantum paradoxes. In *Quantum [Un] speakables: From Bell to Quantum Information* (ed. R. A. Bertlmann and A. Zeilinger), chapter 18. Springer.

Corry, L., Renn, J., and Stachel, J. 1997 Belated decision in the Hilbert–Einstein priority dispute. *Science* 278:1270–73.

Crowe, M. J. 1967 *A History of Vector Analysis: The Evolution of the Idea of a Vectorial System Toronto: University of Notre Dame Press.* (Reprinted with additions and corrections, 1985, NewYork: Dover.)

Cubrovic, M., Zaanen, J., and Schalm, K. 2009 String theory, quantum phase transitions, and the emergent Fermi liquid. *Science* 325:329–444.

Davies, P. C. W. 1975 Scalar production in Schwarzschild and Rindler metrics. *Journal of Physics* A 8:609.

Davies, P. C.W., and Betts, D. S. 1994 *Quantum Mechanics* (2nd edn). CRC Press. de Broglie, L. 1956 Tentative d'Interpretation Causale et Nonlineaire de la Mechanique Ondulatoire. Paris: Gauthier–Villars.

Deser, S. 1996 Conformal anomalies – recent progress. *Helvetica Physica Acta* 69:570–81.

Deutsch, D. 1998 *Fabric of Reality: Towards a Theory of Everything*. Penguin.

de Sitter, W. 1917a On the curvature of space. *Proceedings of Koninklijke Nederlandse Akademie van Wetenschappen* 20:229–43.

——. 1917b On the relativity of inertia. Remarks concerning Einstein's latest hypothesis. *Proceedings of Koninklijke Nederlandse Akademie van Wetenschappen* 19:1217–25.

DeWitt, B. S., and Graham, N. (eds) 1973 *The Many Worlds Interpretation of Quantum Mechanics*. Princeton University Press.

Dicke, R. H. 1961 Dirac's cosmology and Mach's principle. *Nature* 192:440–41.

Dieudonné, J. 1981 *History of Functional Analysis*. North–Holland.

Diósi, L. 1984 Gravitation and quantum–mechanical localization of macro–objects *Physics Letters* 105A, 199–202.

——. 1987 A universal master equation for the gravitational violation of quantum mechanics. *Physics Letters* 120A, 377–81.

——. 1989 Models for universal reduction of macroscopic quantum fluctuations *Physical Review* A 40:1165–74.

Dirac, P. A. M. 1930 (1st edn) 1947 (3rd edn) *The Principles of Quantum Mechanics*. Oxford University Press and Clarendon Press.

——. 1933 The Lagrangian in quantum mechanics. *Physikalische Zeitschrift der Sowjetunion* 3:64–72.

——. 1937 The cosmological constants. *Nature* 139:323.

——. 1938 A new basis for cosmology. *Proceedings of the Royal Society of London* A 165:199–208.

——. 1963 The evolution of the physicist's picture of nature. (Conference on the foundations of quantum physics at Xavier University in 1962.) *Scientific American* 208:45–53.

Douglas, M. 2003 The statistics of string/M theory vacua. *Journal of High Energy Physics* 0305:46.

Eastwood, M. G. 1990 The Penrose transform. In *Twistors in Mathematics and Physics*, LMS Lecture Note Series 156 (ed. T. N. Bailey and R. J. Baston). Cambridge University Press.

Eastwood M. G., Penrose, R., and Wells Jr, R. O. 1981 Cohomology and massless fields. *Communications in Mathematical Physics* **78**:305–51.

Eddington, A. S. 1924 A comparison of Whitehead's and Einstein's formulas. *Nature* **113**:192.

——. 1935 Meeting of the Royal Astronomical Society, Friday, January 11, 1935. *The Observatory* **58**(February 1935):33–41.

Eerkens, H. J., Buters, F. M., Weaver, M. J., Pepper, B., Welker, G., Heeck, K., Sonin, P., de Man, S., and Bouwmeester, D. 2015 Optical side–band cooling of a low frequency optomechanical system. *Optics Express* **23**(6):8014–20 (doi: 10.1364/OE.23.008014).

Ehlers, J. 1991 The Newtonian limit of general relativity. In *Classical Mechanics and Relativity: Relationship and Consistency* (International Conference in memory of Carlo Cataneo, Elba, 1989). Monographs and Textbooks in Physical Science, Lecture Notes 20 (ed. G. Ferrarese). Napoli: Bibliopolis.

Einstein, A. 1931 Zum kosmologischen Problem der allgemeinen Relativitätstheorie. *Sitzungsberichte der Königlich Preuss ischen Akademie der Wissenschaften*, pp. 235–37.

——. 1939 On a stationary system with spherical symmetry consisting of many gravitating masses. *Annals of Mathematics Second Series* **40**:922–36 (doi: 10.2307/1968902).

Einstein, A., and Rosen, N. 1935 The particle problem in the general theory of relativity. *Physical Review* (2) **48**:73–77.

Einstein, A., Podolsky, B., and Rosen, N. 1935 Can quantum–mechanical description of physical reality be considered complete? *Physical Review* **47**:777–80. (Reprinted in Wheeler and Zurek [1983, pp. 138–41].)

Eremenkno, A., and Ostrovskii, I. 2007 On the pits effect of Littlewood and Offord. *Bulletin of the London Mathematical Society* **39**:929–39.

Ernst, B. 1986 Escher's impossible figure prints in a new context. In *M. C. Escher: Art and Science* (ed. H. S. M. Coxeter, M. Emmer, R. Penrose and M. L. Teuber). Amsterdam: Elsevier.

Evans, L. C. 2010 *Partial Differential Equations*, 2nd edn (Graduate Studies in Mathematics). American Mathematical Society.

Everett, H. 1957 "Relative state" formulation of quantum mechanics. *Review of Modern Physics* **29**:454–62. (Reprinted in Wheeler and Zurek [1983, pp. 315–323].)

Feeney, S. M., Johnson, M. C., Mortlock, D. J., and Peiris, H.V. 2011a First observational tests of eternal inflation: analysis methods and WMAP 7–year results. *Physical Review* D **84**:043507.

Feeney, S. M., Johnson, M. C., Mortlock, D. J., and Peiris, H.V. 2011b First observational tests of eternal inflation. *Physical Review Letters* **107**: 071301.

Feynman, R. 1985 *QED: The Strange Theory of Light and Matter*, p. 7. Princeton University Press.

Feynman, R. P., Hibbs,A. R., and Styer, D. F. 2010 *Quantum Mechanics and Path Integrals* (emended edition). Dover Books on Physics.

Fickler, R., Lapkiewicz, R., Plick, W. N., Krenn, M., Schaeff, C. Ramelow, S., and Zeilinger, A. 2012 Quantum entanglement of high angular momenta. *Science* 2 **338**:640–43.

Finkelstein, D. 1958 Past–future asymmetry of the gravitational field of a point particle. *Physical Review* **110**:965–67.

Fogli, G. L., Lisi, E., Marrone, A., Montanino, D., Palazzo, A., and Rotunno, A. M. 2012 Global analysis of neutrino masses, mixings, and phases: entering the era of leptonic CP violation searches. *Physical Review* D **86**:013012.

Ford, I. 2013 *Statistical Physics: An Entropic Approach*.Wiley.

Forward, R. L. 1980 *Dragon's Egg*. Del Ray Books.

——. 1985 *Starquake*. Del Ray Books.

Francesco, P., Mathieu, P., and Senechal, D. 1997 *Conformal Field Theory*. Springer.

Fredholm, I. 1903 Sur une classe d'équations fonctionnelles. *Acta Mathematica* 27:365–90.

Friedrich, H. 1986 On the existence of n-geodesically complete or future complete solutions of Einstein's field equations with smooth asymptotic structure. *Communications in Mathematical Physics* **107**:587–609.

——. 1998 Einstein's equation and conformal structure. In *The Geometric Universe: Science, Geometry, and the Work of Roger Penrose* (ed. S. A. Huggett, L. J. Mason, K. P. Tod, S. T. Tsou and N. M. J.Woodhouse). Oxford University Press.

Friedrichs, K. 1927 Eine invariante Formulierung des Newtonschen Gravitationsgesetzes und des Grenzüberganges vom Einsteinschen zum Newtonschen Gesetz. *Mathematische Annalen* **98**:566–75.

Fulling, S. A. 1973 Nonuniqueness of canonical field quantization in Riemannian spacetime. *Physical Review* D **7**:2850.

Gamow, G. 1970 *My World Line: An Informal Autobiography*. Viking Adult.

Gardner, M. 2006 *Aha! Gotcha. Aha! Insight. A TwoVolume Collection*. The Mathematical Association of America.

Gasperini, M., and Veneziano, G. 1993 Pre−Big Bang in string cosmology. *Astroparticle Physics* 1:317–39.

——. 2003 The pre−Big Bang scenario in string cosmology. *Physics Reports* **373**:1–212.

Geroch, R., Kronheimer E. H., and Penrose, R. 1972 Ideal points in space−time. *Proceedings of the Royal Society of London* A **347**:545–67.

Ghirardi, G. C., Rimini, A., and Weber, T. 1986 Unified dynamics for microscopic and macroscopic systems. *Physical Review* D **34**:470–91.

Ghirardi, G. C., Grassi, R., and Rimini, A. 1990 Continuous−spontaneous−reduction model involving gravity. *Physical Review* A **42**:1057–64.

Gibbons, G.W., and Hawking, S.W. 1976 Cosmological event horizons, thermodynamics, and particle creation. *Physical Review* D **15**:2738–51.

Gibbons, G. W., and Perry, M. J. 1978 Black holes and thermal Green functions. *Proceedings of the Royal Society of London* A **358**:467–94.

Gingerich, O. 2004 *The Book Nobody Read: Chasing the Revolutions of Nicolaus Copernicus.* Heinemann.

Givental, A. 1996 Equivariant Gromov–Witten invariants. *International Mathematics Research Notices* **1996**:613–63.

Goddard, P., and Thorn, C. 1972 Compatibility of the dual Pomeron with unitarity and the absence of ghosts in the dual resonance model. *Physics Letters* B **40**(2):235–38.

Goenner, H. (ed.) 1999 *The Expanding Worlds of General Relativity.* Birkhäuser.

Green, M., and Schwarz, J. 1984 Anomaly cancellations in supersymmetric D = 10 gauge theory and superstring theory. *Physics Letters* B **149**:117–22.

Greenberger, D. M., and Overhauser, A.W. 1979 Coherence effects in neutron diffraction and gravity experiments. *Review of Modern Physics* **51**:43–78.

Greenberger, D. M., Horne, M. A., and Zeilinger, A. 1989 Going beyond Bell's theorem. In *Bell's Theorem, Quantum Theory, and Conceptions of the Universe* (ed. M. Kafatos), pp. 3–76. Dordrecht: Kluwer Academic.

Greene, B. 1999 *The Elegant Universe: Superstrings, Hidden Dimensions and the Quest for the Ultimate Theory.* London: Jonathan Cape.

Greytak, T. J., Kleppner, D., Fried, D. G., Killian, T. C., Willmann, L., Landhuis, D., and Moss, S. C. 2000 Bose–Einstein condensation in atomic hydrogen. *Physica* B **280**:20– 26.

Gross, D., and Periwal, V. 1988 String perturbation theory diverges. *Physical Review Letters* **60**:2105–8.

Guillemin, V., and Pollack, A. 1974 *Differential Topology*. Prentice Hall.

Gunning, R. C., and Rossi, R. 1965 *Analytic Functions of Several Complex Variables*. Prentice Hall.

Gurzadyan,V. G., and Penrose, R. 2013 On CCC−predicted concentric low−variance circles in the CMB sky. *European Physical Journal Plus* **128**:1–17.

——. 2016 CCC and the Fermi paradox. *European Physical Journal Plus* **131**:11.

Guth, A. H. 1997 *The Inflationary Universe*. London: Jonathan Cape.

——. 2007 Eternal inflation and its implications. *Journal of Physics* A **40**:6811–26.

Hameroff, S., and Penrose, R. 2014 Consciousness in the universe: a review of the "Orch OR" theory. *Physics of Life Reviews* **11**(1):39–78.

Hanbury Brown, R., and Twiss, R. Q. 1954 Correlation between photons in two coherent beams of light. *Nature* **177**:27–32.

——. 1956a A test of a new type of stellar interferometer on Sirius. *Nature* **178**:1046–53.

——. 1956b The question of correlation between photons in coherent light rays. *Nature* **178**:1447–51.

Hanneke, D., Fogwell Hoogerheide, S., and Gabrielse, G. 2011 Cavity control of a singleelectron quantum cyclotron: measuring the electron magnetic moment. *Physical Review* A **83**:052122.

Hardy, L. 1993 Nonlocality for two particles without inequalities for almost all entangled states. *Physical Review Letters* **71**:1665.

Harrison, E. R. 1970 Fluctuations at the threshold of classical cosmology. *Physical Review* D **1**:2726.

Hartle, J. B. 2003 *Gravity: An Introduction to Einstein's General Relativity*. Addison Wesley.

Hartle, J. B., and Hawking, S. W. 1983 Wave function of the universe. *Physical Review* D **28**:2960–75.

Hartle, J., Hawking, S. W., and Thomas, H. 2011 Local observation in eternal inflation. *Physical Review Letters* **106**:141302.

Hawking, S. W. 1965 Occurrence of singularities in open universes. *Physical Review Letters* **15**:689–90.

——. 1966a The occurrence of singularities in cosmology. *Proceedings of the Royal Society of London* A **294**:511–21.

——. 1966b The occurrence of singularities in cosmology. II. *Proceedings of the Royal Society of London* A **295**:490–93.

Hawking, S. W. 1967 The occurrence of singularities in cosmology. III. Causality and singularities. *Proceedings of the Royal Society of London* A **300**:187–201.

———. 1974 Black hole explosions? *Nature* **248**:30–31.

———. 1975 Particle creation by black holes. *Communications in Mathematical Physics* **43**:199–220.

———. 1976a Black holes and thermodynamics. *Physical Review* D **13**(2):191–97.

———. 1976b Breakdown of predictability in gravitational collapse. *Physical Review* D **14**:2460–73.

———. 2005 Information loss in black holes. *Physical Review* D **72**:084013–6.

Hawking, S. W., and Ellis, G. F. R. 1973 *The Large-Scale Structure of Space-Time.* Cambridge University Press.

Hawking, S. W., and Penrose, R. 1970 The singularities of gravitational collapse and cosmology. *Proceedings of the Royal Society of London* A **314**:529–48.

Heisenberg, W. 1971 Physics and Beyond, pp. 73–76. Harper and Row.

Hellings, R.W., et al. 1983 Experimental test of the variability of G using Viking Lander ranging data. *Physical Review Letters* **51**:1609–12.

Hilbert, D. 1912 Grundzüge einer allgemeinen theorie der linearen integralgleichungen. Leipzig: B. G. Teubner.

Hodges, A. P. 1982 Twistor diagrams. Physica A **114**:157–75.

———. 1985a A twistor approach to the regularization of divergences. *Proceedings of the Royal Society of London* A **397**:341–74.

———. 1985b Mass eigenstates in twistor theory. *Proceedings of the Royal Society of London* A **397**:375–96.

———. 1990 Twistor diagrams and Feynman diagrams. In *Twistors in Mathematics and Physics, LMS Lecture Note Series* 156 (ed. T. N. Bailey and R. J. Baston). Cambridge University Press.

———. 1998 The twistor diagram programme. In *The Geometric Universe; Science, Geometry, and the Work of Roger Penrose* (ed. S. A. Huggett, L. J. Mason, K. P. Tod, S. T. Tsou, and N. M. J. Woodhouse). Oxford University Press.

———. 2006a Scattering amplitudes for eight gauge fields. arXiv:hep−th/0603101v1.

———. 2006b Twistor diagrams for all tree amplitudes in gauge theory: a helicity−independent formalism. arXiv:hep−th/0512336v2.

———. 2013a Eliminating spurious poles from gauge−theoretic amplitudes. *Journal of High Energy Physics* **5**:135.

Hodges, A. P. 2013b Particle physics: theory with a twistor. *Nature Physics* **9**:205–6.

Hodges, A. P., and Huggett, S. 1980 Twistor diagrams. *Surveys in High Energy Physics* **1**:333–53.

Hodgkinson, I. J., andWu, Q. H. 1998 *Birefringent Thin Films and Polarizing Elements*. World Scientific.

Hoyle, F. 1950 *The Nature of the Universe*. Basil Blackwell.

Hoyle, F. 1957 *The Black Cloud.*William Heinemann.

Huggett, S. A., and Tod, K. P. 1985 *An Introduction to Twistor Theory*. LMS Student Texts 4. Cambridge University Press.

Hughston, L. P. 1979 *Twistors and Particles*. Lecture Notes in Physics 97. Springer.

——. 1980 The twistor particle programme. *Surveys in High Energy Physics* **1**:313–32.

Isham, C. J., Penrose, R., and Sciama, D. W. (eds) 1975 *Quantum Gravity: An Oxford Symposium*. Oxford University Press.

Jackiw, R., and Rebbi, C. 1976 Vacuum periodicity in a Yang–Mills quantum theory. *Physical Review Letters* **37**:172–75.

Jackson, J. D. 1999 *Classical Electrodynamics*, p. 206.Wiley.

Jaffe, R. L. 2005 Casimir effect and the quantum vacuum. *Physical Review* D **72**:021301.

Jenkins, D., and Kirsebom, O. 2013 The secret of life. *PhysicsWorld February*, pp. 21–26.

Jones, V. F. R. 1985 A polynomial invariant for knots via von Neumann algebra. *Bulletin of the American Mathematical Society* **12**:103–11.

Kaku, M. 2000 *Strings, Conformal Fields, and M−Theory*. Springer.

Kaltenbaek, R., Hechenblaiker, G., Kiesel, N., Romero−Isart, O., Schwab, K. C., Johann, U., and Aspelmeyer, M. 2012 Macroscopic quantum resonators (MAQRO). *Experimental Astronomy* **34**:123–64.

Kaltenbaek, R., et al. 2016 Macroscopic quantum resonators (MAQRO): 2015 update. *EPJ Quantum Technology* **3**:5 (doi 10.1140/epjqt/s40507−016−0043−7).

Kane, G. L., and Shifman, M. (eds) 2000 *The Supersymmetric World: The Beginnings of the Theory*. World Scientific.

Kerr, R. P. 1963 Gravitational field of a spinning mass as an example of algebraically special metrics. *Physical Review Letters* **11**:237–38.

Ketterle,W. 2002 Nobel lecture: when atoms behave as waves: Bose–Einstein condensation and the atom laser. *Reviews of Modern Physics* **74**:1131–51.

Khoury, J., Ovrut, B. A., Steinhardt, P. J., and Turok, N. 2001 The ekpyrotic universe: colliding branes and the origin of the hot big bang. *Physical Review* D **64**:123522.

——. 2002a Density perturbations in the ekpyrotic scenario. *Physical Review* D **66**:046005 (arXiv:hepth/0109050).

Khoury, J., Ovrut, B. A., Seiberg, N., Steinhardt, P. J., and Turok, N. 2002b From big crunch to big bang. *Physical Review* D **65**:086007 (arXiv:hep‑th/0108187).

Kleckner, D., Pikovski, I., Jeffrey, E., Ament, L., Eliel, E., van den Brink, J., and Bouwmeester, D. 2008 Creating and verifying a quantum superposition in a microoptomechanical system. *New Journal of Physics* **10**:095020.

Kleckner, D., Pepper, B., Jeffrey, E., Sonin, P., Thon, S. M., and Bouwmeester, D. 2011 Optomechanical trampoline resonators. *Optics Express* **19**:19708–16.

Kochen, S., and Specker, E. P. 1967 The problem of hidden variables in quantum mechanics. *Journal of Mathematics and Mechanics* **17**:59–88.

Kraagh, H. 2010 An anthropic myth: Fred Hoyle's carbon‑12 resonance level. *Archive for History of Exact Sciences* **64**:721–51.

Kramer, M. (and 14 others) 2006 Tests of general relativity from timing the double pulsar. *Science* **314**:97–102.

Kruskal, M. D. 1960 Maximal extension of Schwarzschild metric. *Physical Review* **119**:1743–45.

Lamoreaux, S. K. 1997 Demonstration of the Casimir force in the 0.6 to 6 μm range. *Physical Review Letters* **78**:5–8.

Landau, L. 1932 On the theory of stars. *Physikalische Zeitschrift der Sowjetunion* **1**:285–88.

Langacker, P., and Pi, S.‑Y. 1980 Magnetic Monopoles in Grand Unified Theories. *Physical Review Letters* **45**:1–4.

Laplace, P.‑S. 1829–39 *Mécanique Céleste* (translated with a commentary by N. Bowditch). Boston, MA: Hilliard, Gray, Little, and Wilkins.

LeBrun, C. R. 1985 Ambi‑twistors and Einstein's equations. *Classical and Quantum Gravity* **2**:555–63.

——. 1990 Twistors, ambitwistors, and conformal gravity. In *Twistors in Mathematics and Physics*, LMS Lecture Note Series 156 (ed. T. N. Bailey and R. J. Baston). Cambridge University Press.

Lee, J. M. 2003 *Introduction to Smooth Manifolds*. Springer.

Lemaître, G. 1933 L'universe en expansion. *Annales de la Société scientifique de Bruxelles* A **53**:51–

85 (cf. p. 82).

Levi−Civit`a, T. 1917 Realt`a fisica di alcuni spazî normali del Bianchi. *Rendiconti Reale Accademia Dei Lincei* **26**:519–31.

Levin, J. 2012 In space, do all roads lead to home? *Plus Magazine*, Cambridge.

Lévy, A. 1979 *Basic Set Theory*. Springer. (Reprinted by Dover in 2003.)

Li, T., Kheifets, S., and Raizen, M. G. 2011 Millikelvin cooling of an optically trapped microsphere in vacuum. *Nature Physics* **7**:527–30 (doi: 10.1038/NPHYS1952).

Liddle, A. R., and Leach, S. M. 2003 Constraining slow−roll inflation with WMAP and 2dF. *Physical Review* D **68**:123508.

Liddle, A. R., and Lyth, D. H. 2000 *Cosmological Inflation and Large-Scale Structure*. Cambridge University Press.

Lifshitz, E. M., and Khalatnikov, I. M. 1963 Investigations in relativistic cosmology. *Advances in Physics* **12**:185–249.

Lighthill, M. J. 1958 *An Introduction to Fourier Analysis and Generalised Functions*. Cambridge Monographs on Mechanics. Cambridge University Press.

Linde, A. D. 1982 A new inflationary universe scenario: a possible solution of the horizon, flatness, homogeneity, isotropy and primordial monopole problems. *Physics Letters* B **108**:389–93.

——. 1983 Chaotic inflation. *Physics Letters* B **129**:177–81.

——. 1986 Eternal chaotic inflation. *Modern Physics Letters* A **1**:81–85.

——. 2004 Inflation, quantum cosmology and the anthropic principle. *In Science and Ultimate Reality: Quantum Theory, Cosmology, and Complexity* (ed. J. D. Barrow, P. C.W. Davies, and C. L. Harper), pp. 426–58. Cambridge University Press.

Littlewood, J. E. 1953 *A Mathematician's Miscellany*. Methuen.

Littlewood, J. E., and Offord, A. C. 1948 On the distribution of zeros and a−values of a random integral function. *Annals of Mathematics Second Series* **49**:885–952. Errata **50**:990–91.

Looney, J. T. 1920 *"Shakespeare" Identified in Edward de Vere, Seventeenth Earl of Oxford*. London: C. Palmer; NewYork: Frederick A. Stokes Company.

Luminet, J.−P., Weeks, J. R., Riazuelo, A., Lehoucq, R., and Uzan, J.−P. 2003 Dodecahedral space topology as an explanation for weak wide−angle temperature correlations in the cosmic microwave background. *Nature* **425**:593–95.

Lyth, D. H., and Liddle, A. R. 2009 *The Primordial Density Perturbation*. Cambridge University

Press.

Ma, X. 2009 Experimental violation of a Bell inequality with two different degrees of freedom of entangled particle pairs. *Physical Review* A **79**:042101−1–042101−5.

Majorana, E. 1932 Atomi orientati in campo magnetico variabile. *Nuovo Cimento* **9**:43–50.

Maldacena, J. M. 1998 The largeN limit of superconformal field theories and supergravity. *Advances in Theoretical and Mathematical Physics* **2**:231–52.

Marshall, W., Simon, C., Penrose, R., and Bouwmeester, D. 2003 Towards quantum superpositions of a mirror. *Physical Review Letters* **91**:13–16; 130401.

Martin, J., Motohashi, H., and Suyama, T. 2013 Ultra slow−roll inflation and the non−Gaussianity consistency relation *Physical Review* D **87**:023514.

Mason, L., and Skinner, D. 2013 Dual superconformal invariance, momentum twistors and Grassmannians. *Journal of High Energy Physics* **5**:1–23.

Meissner, K. A., Nurowski, P., and Ruszczycki, B. 2013 Structures in the microwave background radiation. *Proceedings of the Royal Society of London* A **469**:20130116.

Mermin, N. D. 1990 Simple unified form for the major no−hidden−variables theorems. *Physical Review Letters* **65**:3373–76.

Michell, J. 1783 On the means of discovering the distance, magnitude, &c. of the fixed stars, in consequence of the diminution of the velocity of their light. *Philosophical Transactions of the Royal Society of London* **74**:35.

Mie, G. 1908 Beiträge zur Optik trüber Medien, speziell kolloidaler Metallösungen. *Annalen der Physik* **330**:377–445.

——. 1912a Grundlagen einter Theorie der Materie. *Annalen der Physik* **342**:511–34.

——. 1912b Grundlagen einter Theorie der Materie. *Annalen der Physik* **344**:1–40.

——. 1913 Grundlagen einter Theorie der Materie. *Annalen der Physik* **345**:1–66.

Miranda, R. 1995 *Algebraic Curves and Riemann Surfaces*. American Mathematical Society.

Misner, C.W. 1969 Mixmaster universe. *Physical Review Letters* **22**:1071–74.

Moroz, I. M., Penrose, R., and Tod, K. P. 1998 Spherically−symmetric solutions of the Schrödinger− Newton equations. *Classical and Quantum Gravity* **15**:2733–42.

Mortonson, M. J., and Seljak, U. 2014 A joint analysis of Planck and BICEP2 modes including dust polarization uncertainty. *Journal of Cosmology and Astroparticle Physics* **2014**:035.

Mott, N. F., and Massey, H. S.W. 1965 Magnetic moment of the electron. In *The Theory of Atomic*

Collisions, 3rd edn, pp. 214–19. Oxford: Clarendon Press. (Reprinted in Wheeler and Zurek [1983, pp. 701–6].)

Muckhanov, V. 2005 *Physical Foundations of Cosmology*. Cambridge University Press.

Nahin, P. J. 1998 *An Imaginary Tale: The Story of Root(−1)*. Princeton University Press.

Nair, V. 1988 A current algebra for some gauge theory amplitudes. *Physics Letters* B **214**:215–18.

Needham, T. R. 1997 *Visual Complex Analysis*. Oxford University Press.

Nelson, W., and Wilson−Ewing, E. 2011 Pre−big−bang cosmology and circles in the cosmic microwave background. *Physical Review* D **84**:0435081.

Newton, I. 1730 *Opticks*. (Dover, 1952.)

Olive, K. A., et al. (Particle Data Group) 2014 *Chinese Physics* C **38**:090001 (hppt://pdg.lbl.gov).

Oppenheimer, J. R., and Snyder, H. 1939 On continued gravitational contraction. *Physical Review* **56**:455–59.

Painlevé, P. 1921 La mécanique classique et la théorie de la relativité. *Comptes Rendus de l'Académie des Sciences (Paris)* **173**:677–80.

Pais, A. 1991 *Niels Bohr's Times*, p. 299. Oxford: Clarendon Press.

——. 2005 *Subtle Is the Lord: The Science and the Life of Albert Einstein* (new edition with a foreword by R. Penrose). Oxford University Press.

Parke, S., and Taylor, T. 1986 Amplitude for n−gluon scatterings. *Physical Review Letters* **56**:2459.

Peebles, P. J. E. 1980 *The Large-Scale Structure of the Universe*. Princeton University Press.

Penrose, L. S., and Penrose, R. 1958 Impossible objects: a special type of visual illusion. *British Journal of Psychology* **49**:31–33.

Penrose, R. 1959 The apparent shape of a relativistically moving sphere. *Proceedings of the Cambridge Philosophical Society* **55**:137–39.

——. 1963 Asymptotic properties of fields and space−times. *Physical Review Letters* **10**:66–68.

——. 1964a The light cone at infinity. In *Conférence Internationale sur les Téories Relativistes de la Gravitation* (ed. L. Infeld). Paris: Gauthier Villars; Warsaw: PWN.

——. 1964b Conformal approach to infinity. In *Relativity, Groups and Topology: The 1963 Les Houches Lectures* (ed. B. S. DeWitt and C. M. DeWitt). NewYork: Gordon and Breach.

——. 1965a Gravitational collapse and space−time singularities. *Physical Review Letters* **14**:57–59.

——. 1965b Zero rest−mass fields including gravitation: asymptotic behaviour. *Proceedings of the Royal Society of London* A **284**:159–203.

Penrose, R. 1967a Twistor algebra. *Journal of Mathematical Physics* 82:345–66.

——. 1967b Conserved quantities and conformal structure in general relativity. In *Relativity Theory and Astrophysics*. Lectures in Applied Mathematics 8 (ed. J. Ehlers). American Mathematical Society.

——. Penrose, R. 1968 Twistor quantization and curved space–time. *International Journal of Theoretical Physics* 1:61–99.

——. 1969a Gravitational collapse: the role of general relativity. *Rivista del Nuovo Cimento Serie I* 1(Numero speciale):252–76. (Reprinted in 2002 in General Relativity and Gravity 34:1141–65.)

——. 1969b Solutions of the zero rest–mass equations. *Journal of Mathematical Physics* 10:38–39.

——. 1972 *Techniques of Differential Topology in Relativity*. CBMS Regional Conference Series in Applied Mathematics 7. SIAM.

——. 1975a Gravitational collapse: a review. (Physics and astrophysics of neutron stars and black holes.) *Proceedings of the International School of Physics "Enrico Fermi" Course* **LXV**:566–82.

——. 1975b Twistors and particles: an outline. In *Quantum Theory and the Structures of Time and Space* (ed. L. Castell, M. Drieschner and C. F. vonWeizsäcker). Munich: Carl Hanser.

——. 1976a The space–time singularities of cosmology and in black holes. *IAU Symposium Proceedings Series*, volume 13: Cosmology.

——. 1976b Non–linear gravitons and curved twistor theory. *General Relativity and Gravity* 7:31–52.

——. 1978 Singularities of space–time. In *Theoretical Principles in Astrophysics and Relativity* (ed. N. R. Liebowitz, W. H. Reid, and P. O. Vandervoort). Chicago University Press.

——. 1980 A brief introduction to twistors. *Surveys in High-Energy Physics* 1(4):267–88.

——. 1981 Time–asymmetry and quantum gravity. In *Quantum Gravity 2: A Second Oxford Symposium* (ed. D. W. Sciama, R. Penrose, and C. J. Isham), pp. 244–72. Oxford University Press.

——. 1987a Singularities and time–asymmetry. In *General Relativity: An Einstein Centenary Survey* (ed. S.W. Hawking andW. Israel). Cambridge University Press.

——. 1987b Newton, quantum theory and reality. In *300 Years of Gravity* (ed. S. W. Hawking andW. Israel). Cambridge University Press.

——. 1987c On the origins of twistor theory. In *Gravitation and Geometry: A Volume in Honour of I. Robinson* (ed.W. Rindler and A. Trautman). Naples: Bibliopolis.

——. 1989 *The Emperor's New Mind: Concerning Computers, Minds, and the Laws of Physics*. Oxford University Press.

Penrose, R. 1990 Difficulties with inflationary cosmology. In *Proceedings of the 14th Texas Symposium on Relativistic Astrophysics* (ed. E. Fenves). New York Academy of Sciences.

———. 1991 On the cohomology of impossible figures. *Structural Topology* **17**:11–16.

———. 1993 Gravity and quantum mechanics. In *General Relativity and Gravitation* 13. *Part 1: Plenary Lectures 1992* (ed. R. J. Gleiser, C. N. Kozameh, and O. M. Moreschi). Institute of Physics.

———. 1994 *Shadows of the Mind: An Approach to the Missing Science of Consciousness.* Oxford University Press.

———. 1996 On gravity's role in quantum state reduction. *General Relativity and Gravity* **28**:581–600.

———. 1997 *The Large, the Small and the Human Mind.* Cambridge University Press.

———. 1998a The question of cosmic censorship. In *Black Holes and Relativistic Stars* (ed. R. M. Wald). University of Chicago Press.

———. 1998b Quantum computation, entanglement and state–reduction. *Philosophical Transactions of the Royal Society of London* A **356**:1927–39.

———. 2000aOnextracting the googly information.*Twistor Newsletter* **45**:1–24. (Reprinted in *Roger Penrose, Collected Works*, volume 6 (1997–2003), chapter 289, pp. 463–87. Oxford University Press.

———. 2000b Wavefunction collapse as a real gravitational effect. In *Mathematical Physics 2000* (ed. A. Fokas, T. W. B. Kibble, A. Grigouriou, and B. Zegarlinski). Imperial College Press.

———. 2002 John Bell, state reduction, and quanglement. In *Quantum [Un] speakables: From Bell to Quantum Information* (ed. R. A. Bertlmann and A. Zeilinger), pp. 319–31. Springer.

———. 2003 On the instability of extra space dimensions. In *The Future of Theoretical Physics and Cosmology; Celebrating Stephen Hawking's 60th Birthday* (ed. G. W. Gibbons, E. P. S. Shellard, and S. J. Rankin), pp. 185–201. Cambridge University Press.

———. 2004 *The Road to Reality: A Complete Guide to the Laws of the Universe.* London: Jonathan Cape. (Referred to as TRtR in the text.)

———. 2005 The twistor approach to space–time structures. In *100 Years of Relativity; Space-time Structure: Einstein and Beyond* (ed. A. Ashtekar). World Scientific.

———. 2006 Before the Big Bang: an outrageous new perspective and its implications for particle physics. In *EPAC 2006 – Proceedings, Edinburgh, Scotland* (ed. C. R. Prior), pp. 2759–62. European Physical Society Accelerator Group (EPS–AG).

———. 2008 Causality, quantum theory and cosmology. In *On Space and Time* (ed. S. Majid), pp.

141–95. Cambridge University Press.

Penrose, R. 2009a Black holes, quantum theory and cosmology (Fourth International Workshop DICE 2008). *Journal of Physics Conference Series* **174**:012001.

——. 2009b The basic ideas of conformal cyclic cosmology. In *Death and Anti-Death*, volume 6: *Thirty Years After Kurt Gödel (1906–1978)* (ed. C.Tandy), chapter 7, pp. 223–42. Stanford, CA: Ria University Press.

——. 2010 *Cycles of Time: An Extraordinary New View of the Universe*. London: Bodley Head.

——. 2014a On the gravitization of quantum mechanics. 1. Quantum state reduction. *Foundations of Physics* **44**:557–75.

——. 2014b On the gravitization of quantum mechanics. 2. Conformal cyclic cosmology. *Foundations of Physics* **44**:873–90.

——. 2015a Towards an objective physics of Bell non−locality: palatial twistor theory. In *Quantum Nonlocality and Reality—50 Years of Bell's Theorem* (ed. S. Gao and M. Bell). Cambridge University Press.

——. 2015b Palatial twistor theory and the twistor googly problem. *Philosophical Transactions of the Royal Society of London* **373**:20140250.

Penrose, R., and MacCallum, M. A. H. 1972 Twistor theory: an approach to the quantization of fields and space−time. *Physics Reports* C **6**:241–315.

Penrose, R., and Rindler, W. 1984 *Spinors and Space-Time*, volume 1: *Two-Spinor Calculus and Relativistic Fields*. Cambridge University Press.

——. 1986 *Spinors and Space-Time*, volume 2: *Spinor andTwistor Methods in Space−Time Geometry*. Cambridge University Press.

Pepper, B., Ghobadi, R., Jeffrey, E., Simon, C., and Bouwmeester, D. 2012 Optomechanical superpositions via nested interferometry. *Physical Review Letters* **109**:023601 (doi: 10.1103/PhysRevLett.109.023601).

Peres, A. 1991 Two simple proofs of the Kochen–Specker theorem. *Journal of Physics* A **24**:L175–78.

Perez, A., Sahlmann, H., and Sudarsky, D. 2006 On the quantum origin of the seeds of cosmic structure. *Classical and Quantum Gravity* **23**:2317–54.

Perjés, Z. 1977 Perspectives of Penrose theory in particle physics. *Reports on Mathematical Physics* **12**:193–211.

——. 1982 Introduction to twistor particle theory. In *Twistor Geometry and Non-Linear Systems* (ed. H.

D. Doebner and T. D. Palev), pp. 53–72. Springer.

Perjés, Z., and Sparling, G. A. J. 1979 The twistor structure of hadrons. In *Advances in Twistor Theory* (ed. L. P. Hughston and R. S. Ward). Pitman.

Perlmutter, S., Schmidt, B. P., and Riess, A. G. 1998 Cosmology from type Ia supernovae. *Bulletin of the American Astronomical Society* 29.

Perlmutter, S. (and 9 others) 1999 Measurements of Ω and Λ from 42 high–redshift supernovae. *Astrophysical Journal* **517**:565–86.

Pikovski, I., Vanner, M. R., Aspelmeyer, M., Kim, M. S., and Brukner, C. 2012 Probing Planck–scale physics with quantum optics. *Nature Physics* **8**:393–97.

Piner, B. G. 2006 Technical report: the fastest relativistic jets from quasars and active galactic nuclei. *Synchrotron Radiation News* **19**:36–42.

Planck, M. 1901 Über das Gesetz der Energieverteilung im Normalspektrum. *Annalen der Physik* **4**:553.

Polchinski, J. 1994 What is string theory? Series of Lectures from the 1994 Les Houches Summer School (arXiv:hep–th/9411028).

——. 1998 *String Theory*, volume I: *An Introduction to the Bosonic String*. Cambridge University Press.

——. 1999 Quantum gravity at the Planck length. *International Journal of Modern Physics* A **14**:2633–58.

——. 2001 *String Theory*, volume 1: *Superstring Theory and Beyond*. Cambridge University Press.

Polchinski, J. 2004 Monopoles, duality, and string theory. *International Journal of Modern Physics A* **19**:145–54.

Polyakov, A. M. 1981a Quantum geometry of bosonic strings. *Physics Letters* B **103**:207–10.

Polyakov, A. M. 1981b Quantum geometry of fermionic strings. *Physics Letters* B **103**:211–13.

Popper, K. 1963 *Conjectures and Refutations: The Growth of Scientific Knowledge*. Routledge.

Ramallo, A. V. 2013 Introduction to the AdS/CFT correspondence. *Journal of High Energy Physics* **1306**:092.

Rauch, H., and Werner, S. A. 2015 *Neutron Interferometry: Lessons in Experimental Quantum Mechanics, Wave–Particle Duality, and Entanglement*, 2nd edn. Oxford University Press.

Rees, M. J. 2000 *Just Six Numbers: The Deep Forces That Shape the Universe*. Basic Books.

Riess, A. G. (and 19 others) 1998 Observational evidence from supernovae for an accelerating universe and a cosmological constant. *Astronomical Journal* **116**:1009–38.

Riley, K. F., Hobson, M. P., and Bence, S. J. 2006 *Mathematical Methods for Physics and Engineering: A Comprehensive Guide*, 3rd edn. Cambridge University Press.

Rindler, W. 1956 Visual horizons in world−models. *Monthly Notices of the Royal Astronomical Society* **116**:662–77.

——. 2001 *Relativity: Special, General, and Cosmological.* Oxford University Press.

Ritchie, N. M. W., Story J. G., and Hulet, R. G. 1991 Realization of a measurement of "weak value". *Physical Review Letters* **66**:1107–10.

Robertshaw, O., and Tod, K. P. 2006 Lie point symmetries and an approximate solution for the Schrödinger–Newton equations. *Nonlinearity* **19**:1507–14.

Roseveare, N.T. 1982 *Mercury's Perihelion from LeVerrier to Einstein.* Oxford: Clarendon Press.

Rosu, H. C. 1999 Classical and quantum inertia: a matter of principle. *Gravitation and Cosmology* **5**(2):81–91.

Rovelli, C. 2004 *Quantum Gravity.* Cambridge University Press.

Rowe, M. A., Kielpinski, D., Meyer, V., Sackett, C. A., Itano, W. M., Monroe, C., and Wineland, D. J. 2001 Experimental violation of a Bell's inequality with efficient detection. *Nature* **409**:791–94.

Rudin,W. 1986 *Real and Complex Analysis.* McGraw−Hill Education.

Ruffini, R., and Bonazzola, S. 1969 Systems of self−gravitating particles in general relativity and the concept of an equation of state. *Physical Review* **187**(5):1767–83.

Saunders, S., Barratt, J., Kent, A., and Wallace, D. (eds) 2012 *Many Worlds? Everett, Quantum Theory, and Reality.* Oxford University Press.

Schoen, R., and Yau, S.−T. 1983 The existence of a black hole due to condensation of matter. *Communications in Mathematical Physics* **90**:575–79.

Schrödinger, E. 1935 Die gegenwärtige Situation in der Quantenmechanik. *Naturwissenschaftenp* **23**:807–12, 823–28, 844–49. (Translation by J. T. Trimmer 1980 in *Proceedings of the American Philosophical Society* **124**:323–38.) Reprinted in Wheeler and Zurek [1983].

——. 1956 *Expanding Universes.* Cambridge University Press.

——. 2012 *What Is Life? with Mind and Matter and Autobiographical Sketches* (foreword by R. Penrose). Cambridge University Press.

Schrödinger, E., and Born, M. 1935 Discussion of probability relations between separated systems. *Mathematical Proceedings of the Cambridge Philosophical Society* **31**:555–63.

Schwarzschild, K. 1900 Ueber das zulaessige Kruemmungsmaass des Raumes. *Vierteljahrsschrift der Astronomischen Gesellschaft* **35**:337–47. (English translation by J. M. Stewart and M. E. Stewart in 1998 *Classical and Quantum Gravity* **15**:2539–44.)

Sciama, D. W. 1959 *The Unity of the Universe*. Garden City, NY: Doubleday.

———. 1969 *The Physical Foundations of General Relativity* (Science Study Series). Garden City, NY: Doubleday.

Seckel A. 2004 *Masters of Deception*. Escher, Dalí & the Artists of Optical Illusion. Sterling.

Shankaranarayanan, S. 2003 Temperature and entropy of Schwarzschild–de Sitter spacetime. *Physical Review* D **67**:08026.

Shaw, W. T., and Hughston, L. P. 1990 Twistors and strings. In *Twistors in Mathematics and Physics*, LMS Lecture Note Series 156 (ed. T. N. Bailey and R. J. Baston). Cambridge University Press.

Skyrme, T. H. R. 1961 A non−linear field theory. *Proceedings of the Royal Society of London* A **260**:127–38.

Smolin, L. 2006 *The Trouble with Physics: The Rise of String Theory, the Fall of Science, and What Comes Next*. Houghton Miffin Harcourt.

Sobel, D. 2011 *A More Perfect Heaven: How Copernicus Revolutionised the Cosmos*. Bloomsbury.

Stachel, J. (ed.) 1995 *Einstein's Miraculous Year: Five Papers that Changed the Face of Physics*. Princeton University Press.

Stapp, H. P. 1979 Whieheadian approach to quantum theory and the generalized Bell theorem. *Foundations of Physics* **9**:1–25.

Starkman, G. D., Copi, C. J., Huterer, D., and Schwarz, D. 2012 The oddly quiet universe: how the CMB challenges cosmology's standard model. *Romanian Journal of Physics* **57**:979–91 (http://arxiv.org/PS cache/arxiv/pdf/1201/1201.2459v1.pdf).

Steenrod, N. E. 1951 *The Topology of Fibre Bundles*. Princeton University Press.

Stein, E. M., Shakarchi, R. 2003 *Fourier Analysis: An Introduction*. Princeton University Press.

Steinhardt, P. J., and Turok, N. 2002 Cosmic evolution in a cyclic universe. *Physical Review* D **65**:126003.

———. 2007 *Endless Universe: Beyond the Big Bang*. Garden City, NY: Doubleday.

Stephens, C. R., 't Hooft, G., and Whiting, B. F. 1994 Black hole evaporation without information loss. *Classical and Quantum Gravity* **11**:621.

Strauss, W. A. 1992 *Partial Differential Equations: An Introduction*. Wiley.

Streater, R. F., and Wightman, A. S. 2000 *PCT, Spin Statistics, and All That*, 5th edn. Princeton University Press.

Strominger, A., andVafa, C. 1996 Microscopic origin of the Bekenstein–Hawking entropy. *Physics Letters* B 379:99–104.

Susskind, L. 1994 The world as a hologram. *Journal of Mathematical Physics* **36**(11): 6377–96.

Susskind, L., and Witten, E. 1998 The holographic bound in anti–de Sitter space. http://arxiv.org/pdf/hep−th/9805114.pdf

Susskind, L., Thorlacius, L., and Uglum, J. 1993 The stretched horizon and black hole complementarity. *Physical Review* D **48**:3743.

Synge, J. L. 1921 A system of space−time coordinates. *Nature* **108**:275.

——. 1950 The gravitational field of a particle. *Proceedings of the Royal Irish Academy* A **53**:83–114.

——. 1956 *Relativity: The Special Theory*. North−Holland.

Szekeres, G. 1960 On the singularities of a Riemannian manifold. *Publicationes Mathematicae Debrecen* **7**:285–301.

't Hooft, G. 1980a Naturalness, chiral symmetry, and spontaneous chiral symmetry breaking. *NATO Advanced Study Institute Series* **59**:135–57.

't Hooft, G. 1980b Confinement and topology in non−abelian gauge theories. Lectures given at the Schladming Winterschool, 20–29 February. *Acta Physica Austriaca Supplement* **22**:531–86.

't Hooft, G. 1993 Dimensional reduction in quantum gravity. In *Salamfestschrift: A Collection of Talks* (ed. A. Ali, J. Ellis, and S. Randjbar−Daemi).World Scientific.

Teller, E. 1948 On the change of physical constants. *Physical Review* **73**:801–2.

Thomson, M. 2013 *Modern Particle Physics*. Cambridge University Press.

Tod, K. P. 2003 Isotropic cosmological singularities: other matter models. *Classical and Quantum Gravity* **20**:521–34.

——. 2012 Penrose's circle in the CMB and test of inflation. *General Relativity and Gravity* **44**:2933–38.

Tod, K. P., and Moroz, I. M. 1999 An analytic approach to the Schr̈odinger–Newton equations. *Nonlinearity* **12**:201–16.

Tolman, R. C. 1934 *Relativity, Thermodynamics, and Cosmology*. Oxford: Clarendon Press.

Tombesi, F., et al. 2012 Comparison of ejection events in the jet and accretion disc outflows in 3C 111. *Monthly Notices of the Royal Astronomical Society* **424**:754–61.

Trautman, A. 1970 Fibre bundles associated with space−time. *Reports on Mathematical Physics* (Torun) **1**:29–62.

Tsou, S. T., and Chan, H. M. 1993 *Some Elementary Gauge Theory Concepts*, Lecture Notes in Physics, volume 47.World Scientific.

Tu, L.W. 2010 *An Introduction to Manifolds*. Springer.

Unruh,W. G. 1976 Notes on black hole evaporation. *Physical Review* D **14**:870.

Unruh, W. G., and Wald, R. M. 1982 Entropy bounds, acceleration radiation, and the generalized second law. *Physical Review* D **27**:2271.

Veneziano, G. 1991 *Physics Letters* B **265**:287.

——. 1998 A simple/short introduction to pre-Big-Bang physics/cosmology. arXiv:hep-th/98 02057v2.

Vilenkin, A. 2004 Eternal inflation and chaotic terminology. arXiv:gr−qc/0409055.

von Klitzing, K. 1983 Quantized Hall effect. *Journal of Magnetism and Magnetic Materials* **31**−**34**:525–29.

von Klitzing, K., Dorda, G., and Pepper, M. 1980 New method for high−accuracy determination of the fine−structure constant based on quantized Hall resistance. *Physical Review Letters* **45**:494–97.

von Neumann, J. 1927 Wahrscheinlichkeitstheoretischer Aufbau der Quantenmechanik. Göttinger Nachrichten **1**:245–72.

——. 1932 Measurement and reversibility and The measuring process. In *Mathematische Grundlagen der Quantenmechanik*, chapters V and VI. Springer. (Translation by R. T. Beyer 1955: *Mathematical Foundations of Quantum Mechanics*, pp. 347–445. Princeton University Press. Reprinted in Wheeler and Zurek [1983, pp. 549–647].)

Wald, R. M. 1984 *General Relativity*. University of Chicago Press.

Wali, K. C. 2010 Chandra: a biographical portrait. *Physics Today* **63**:38–43.

Wallace, D. 2012 *The Emergent Multiverse: Quantum Theory According to the Everett Interpretation*. Oxford University Press.

Ward, R. S. 1977 On self−dual gauge fields. *Physics Letters* A **61**:81–82.

——. 1980 Self−dual space−times with cosmological constant. *Communications in Mathematical Physics* 78:1–17.

Ward, R. S., and Wells Jr, R. O. 1989 *Twistor Geometry and Field Theory*. Cambridge University Press.

Weaver, M. J., Pepper, B., Luna, F., Buters, F. M., Eerkens, H. J.,Welker, G., Perock, B., Heeck, K., de Man, S., and Bouwmeester, D. 2016 Nested trampoline resonators for optomechanics. *Applied Physics Letters* **108**:033501 (doi: 10.1063/1.4939828).

Weinberg, S. 1972 *Gravitation and Cosmology: Principles and Applications of the General Theory of Relativity*.Wiley.

Wells Jr, R. O. 1991 *Differential Analysis on Complex Manifolds*. Prentice Hall.

Wen, X.−G., and Witten, E. 1985 Electric and magnetic charges in superstring models. *Nuclear Physics* B **261**:651–77.

Werner, S.A1994 Gravitational, rotational and topological quantum phase shifts in neutron interferometry. *Classical and Quantum Gravity* A **11**:207–26.

Wesson, P. (ed.) 1980 *Gravity, Particles, and Astrophysics: A Review of Modern Theories of Gravity and G-Variability, and Their Relation to Elementary Particle Physics and Astrophysics*. Springer.

Weyl, H. 1918 Gravitation und Electrizität. *Sitzungsberichte der Königlich Preuss ischen Akademie der Wissenschaften*, pp. 465–80.

——. 1927 *Philosophie der Mathematik und Naturwissenschaft*. Oldenburg.

Wheeler, J. A. 1960 Neutrinos, gravitation and geometry. In *Rendiconti della Scuola Internazionale di Fisica Enrico Fermi XI Corso*, July 1959. Bologna: Zanichelli. (Reprinted 1982.)

Wheeler, J. A., and Zurek,W. H. (eds) 1983 *Quantum Theory and Measurement*. Princeton University Press.

Whittaker, E. T. 1903 On the partial differential equations of mathematical physics. *Mathematische Annalen* **57**:333–55.

Will, C. 1993 *Was Einstein Right?*, 2nd edn. Basic Books.

Witten, E. 1989 Quantum field theory and the Jones polynomial. *Communications in Mathematical Physics* **121**:351–99.

——. 1998 Anti–de Sitter space and holography. *Advances in Theoretical and Mathematical Physics* **2**:253–91.

——. 2004 Perturbative gauge theory as a string theory in twistor space. *Communications in Mathematical Physics* **252**:189–258.

Woodhouse, N. M. J. 1991 *Geometric Quantization*, 2nd edn. Oxford: Clarendon Press.

Wykes, A. 1969 *Doctor Cardano. Physician Extraordinary*. Frederick Muller.

Xiao, S. M., Herbst, T., Scheldt, T.,Wang, D., Kropatschek, S., Naylor,W.,Wittmann, B., Mech,

A.,Kofler, J.,Anisimova, E., Makarov,V., Jennewein,Y., Ursin, R., and Zeilinger, A. 2012 Quantum teleportation over 143 kilometres using active feed–forward. *Nature Letters* **489**:269–73.

Zaffaroni, A. 2000 Introduction to theAdS–CFT correspondence. *Classical and Quantum Gravity* **17**:3571–97.

Zee, A. 2003 (1st edn) 2010 (2nd edn) *Quantum Field Theory in a Nutshell*. Princeton University Press.

Zeilinger, A. 2010 *Dance of the Photons*. NewYork: Farrar, Straus, and Giroux.

Zel'dovich, B. 1972 A hypothesis, unifying the structure and entropy of the universe. *Monthly Notices of the Royal Astronomical Society* **160**:1P.

Zimba, J., and Penrose, R. 1993 On Bell non–locality without probabilities: more curious geometry. *Studies in History and Philosophy of Society* **24**:697–720.

찾아보기

로저 펜로즈

실체에 이르는 길 1, 2 로저 펜로즈 지음 | 박병철 옮김

현대 과학은 물리적 실체가 작동하는 방식을 묻는 물음에는 옳은 답을 주지만, "공간은 왜 3차원인가?"처럼 실체의 '정체'에는 답을 주지 못하고 있다. 『황제의 새 마음』으로 물리적 구조에 '정신'이 깃들 가능성을 탐구했던 수리물리학자 로저 펜로즈가, 이 무모해 보이기까지 하는 물음에 천착하여 8년이라는 세월 끝에 『실체에 이르는 길』이라는 보고서를 내놓았다. 이 책의 주제를 한마디로 정의하자면 '물리계의 양태와 수학 개념 간의 관계'이다. 설명에는 필연적으로 수많은 공식이 수반되지만, 그 대가로 이 책은 수정 같은 명징함을 얻었다. 공식들을 따라가다 보면 독자들은 물리학의 정수를 명쾌하게 얻을 수 있다.
—2011 아·태 이론물리센터 선정 '올해의 과학도서 10권'

마음의 그림자 로저 펜로즈 지음 | 노태복 옮김

로저 펜로즈가 자신의 전작인 『황제의 새 마음』을 보충하고 발전시켜 내놓은 후속작 『마음의 그림자』는 오늘날 마음과 두뇌를 다루는 가장 흥미로운 책으로 꼽을 만하다. 의식과 현대 물리학 사이의 관계를 논하는 여러 관점들을 점검하고, 특히 저자가 의식의 바탕이라 생각하는 비컴퓨팅적 과정이 실제 생물체에서 어떻게 발현되는지 구체적으로 소개한다. 논의를 전개하며 철학과 종교 등 여러 학문을 학제적으로 아우르는 과정은 다소의 배경지식을 요구하지만, 그 보상으로 이 책은 '과학으로 기술된 의식'을 가장 높은 곳에서 조망하는 경험을 선사할 것이다.

시간의 순환 로저 펜로즈 지음 | 이종필 옮김

빅뱅 이전에는 무엇이 있었을까? '우리 우주' 질서의 기원은 무엇일까? '어떤 우주'의 미래가 우리를 기다리고 있을까? 우주론의 핵심적인 이 세 가지 질문을 기준으로, 로저 펜로즈는 고전적인 물리 이론에서 첨단 이론까지 아우르며 우주의 기원에 대한 새로운 의견을 제시한다. 저자는 다소 '이단적인 접근'으로 보일 수 있는 주장을 펼치지만, 그는 이 가설이 기초가 아주 굳건한 기하학적, 물리학적 발상에 기반을 두고 있었음을 설명한다. 펜로즈는 무엇보다도 특히, 열역학 제2법칙과 빅뱅 바로 그 자체의 특성 밑바닥에 근본적으로 기묘함이 깔려 있다는 관점을 가지고 우리가 아는 우주의 여러 양상들에 대한 가닥을 하나로 묶어 나가며 영원히 가속 팽창하는 우리 우주의 예상된 운명이 어떻게 실제로 새로운 빅뱅을 시작하게 될 조건으로 재해석될 수 있는지 보여 준다.

브라이언 그린

엘러건트 유니버스   브라이언 그린 지음 | 박병철 옮김

아름답지만 어렵기로 소문난 초끈이론을 절묘한 비유와 사고 실험을 통해 일반 독자들이 이해할 수 있도록 풀어쓴 이론물리학계의 베스트셀러. 브라이언 그린은 에드워드 위튼과 함께 초끈이론 분야의 선두주자였으나, 지금은 대중을 위해 현대 물리학을 쉽게 설명하는 세계적인 과학 전도사로 더 유명하다. 사람들은 그의 책을 '핵심을 피하지 않으면서도 명쾌히 설명한다'고 평가한다. 퓰리처상 최종심에 오른 그의 화려한 필력을 통해 독자들은 장엄한 우주의 비밀을 가장 가까운 곳에서 보고 느낄 수 있을 것이다.

─〈KBS TV 책을 말하다〉와 《동아일보》, 《조선일보》, 《한겨레》 선정 '2002년 올해의 책'

우주의 구조   브라이언 그린 지음 | 박병철 옮김

『엘러건트 유니버스』로 저술가이자 강연자로 명성을 얻은 브라이언 그린이 내놓은 두 번째 책. 현대 과학이 아직 풀지 못한 수수께끼인 우주의 근본적 구조와 시간, 공간의 궁극적인 실체를 이야기한다. 시간과 공간을 절대적인 양으로 간주했던 뉴턴부터 아인슈타인의 상대적 시공간, 그리고 멀리 떨어진 입자들이 신비하게 얽혀있는 양자적 시공간에 이르기까지, 일상적인 상식과 전혀 부합하지 않는 우주의 실체를 새로운 관점에서 새로운 방식으로 고찰한다. 최첨단의 끈이론인 M─이론이 가장 작은 입자부터 블랙홀에 이르는 우주의 모든 만물과 어떻게 부합되고 있는지 엿볼 수 있다.

─제 6회 한국출판문화상(번역부문, 한국일보사), 아·태 이론물리센터 선정 '2005년 올해의 과학도서 10권'

프린스턴 수학 & 응용수학 안내서

프린스턴 수학 안내서 I, II   티모시 가워스, 준 배로우─그린, 임레 리더 외 엮음 | 금종해, 정경훈, 권혜승 외 28명 옮김

1988년 필즈 메달 수상자 티모시 가워스를 필두로 5명의 필즈상 수상자를 포함한 현재 수학계 각 분야에서 활발히 활동하는 세계적 수학자 135명의 글을 엮은 책. 1.700여 페이지(I권 1,116페이지, II권 598페이지)에 달하는 방대한 분량으로, 기본적인 수학 개념을 비롯하여 위대한 수학자들의 삶과 현대 수학의 발달 및 수학이 다른 학문에 미치는 영향을 매우 상세히 다룬다. 다루는 내용의 깊이에 관해서는 전대미문인 이 책은 필수적인 배경지식과 폭넓은 관점을 제공하여 순수수학의 가장 활동적이고 흥미로운 분야들, 그리고 그 분야의 늘고 있는 전문성을 조사한다. 수학을 전공하는 학부생이나 대학원생들뿐 아니라 수학에 관심 있는 사람이라면 이 책을 통해 수학 전반에 대한 깊은 이해를 얻을 수 있을 것이다.

프린스턴 응용수학 안내서 I, II   니콜라스 하이엄 외 엮음 | 정경훈, 박민재 외 7명 옮김

'응용수학'이란 무엇인가? 순수수학과는 어떤 관련을 가지며, 좀 더 범위를 확장해 '수학'이라는 오래된 학문 그 자체에서 어떤 의미를 지니는가? 각 분야의 선도적인 전문가 165명이 니콜라스 하이엄 외 9명의 편집위원의 지휘 아래 『프린스턴 응용수학 안내서 I, II』를 선보였고, 우리는 위의 질문을 탐구해 볼 1576페이지 분량의 중요한 데이터를 갖게 되었다. 맨체스터 대학의 리차드슨 교수인 니콜라스 하이엄은 그의 연구 분야인 수치해석뿐만 아니라 MATLAB가이드, 수리과학을 위한 글쓰기, SIAM(Society for Inderstrial and Applied Mathematics) 저널의 편집위원으로도 명성이 높다. 광범위한 수학적 영감을 지녔으면서, 동시에 세부적인 내용을 해설하는 데 능수능란한 하이엄은 편집위원들과 함께 현재에도 중요하며 미래에도 그 중요성이 지속될 응용수학의 200여 개의 항목을 선별하고, 분량과 난이도를 적절하게 조절하여 『프린스턴 응용수학 안내서 I, II』 안에 응축하였다.

리처드 파인만

파인만의 물리학 강의 I ~ III   리처드 파인만 강의 | 로버트 레이턴, 매슈 샌즈 엮음 | 박병철, 김충구, 정재승, 김인보 외 옮김

40년 동안 한 번도 절판되지 않았으며, 전 세계 물리학도들에게 이미 전설이 된 이공계 필독서, 파인만의 빨간 책. 파인만의 진면목은 바로 이 강의록에서 나온다고 해도 과언이 아니다. 사물의 이치를 꿰뚫는 견고한 사유의 힘과 어느 누구도 흉내 낼 수 없는 독창적인 문제 해결 방식이 『파인만의 물리학 강의』 세 권에서 빛을 발한다. 자신이 물리학계에 남긴 가장 큰 업적이라고 파인만이 스스로 밝힌 붉은 표지의 세 권짜리 강의록.

파인만의 여섯 가지 물리 이야기   리처드 파인만 강의 | 박병철 옮김

입학하자마자 맞닥뜨리는 어려운 고전물리학에 흥미를 잃어가는 학부생들을 위해 칼텍이 기획하고, 리처드 파인만이 출연하여 만든 강의록이다. 『파인만의 물리학 강의 I~III』의 내용 중, 일반인도 이해할 만한 '쉬운' 여섯 개 장을 선별하여 묶었다. 미국 랜덤하우스 선정 20세기 100대 비소설에 선정된 유일한 물리학 책으로 현대물리학의 고전이다.
—간행물 윤리위원회 선정 '청소년 권장도서'

일반인을 위한 파인만의 QED 강의   리처드 파인만 강의 | 박병철 옮김

가장 복잡한 물리학 이론인 양자전기역학을, 일반 사람들을 대상으로 기초부터 상세하고 완전하게 설명한 나흘간의 기록. 파인만의 오랜 친구였던 머트너가, 양자전기역학에 대해 나흘간 강연한 파인만의 UCLA 강의를 기록하여 수학의 철옹성에 둘러싸여 상아탑 깊숙이에서만 논의되던 이 주제를 처음으로 일반 독자에게 가져왔다.

발견하는 즐거움   리처드 파인만 지음 | 승영조, 김희봉 옮김

파인만의 강연과 인터뷰를 엮었다. 베스트셀러 『파인만씨, 농담도 잘하시네!』가 한 천재의 기행과 다양한 에피소드를 주로 다루었다면, 이 책은 재미난 일화뿐만 아니라, 과학 교육과 과학의 가치에 관한 그의 생각도 함께 담고 있다. 나노테크놀로지의 미래를 예견한 1959년의 강연이나, 우주왕복선 챌린저 호의 조사 보고서, 물리 법칙을 이용한 미래의 컴퓨터에 대한 그의 주장들은 한 시대를 풍미한 이론물리학자의 진면목을 보여준다. '권위'를 부정하고, 모든 사물을 '의심'하는 것을 삶의 지표로 삼았던 파인만의 자유로운 정신을 엿볼 수 있다.
—문화관광부 선정 '우수학술도서', 간행물 윤리위원회 선정 '청소년을 위한 좋은 책'

파인만의 과학이란 무엇인가 리처드 파인만 강의 | 정무광, 정재승 옮김

과학이란 무엇이며, 과학은 우리 사회의 다른 분야에 어떤 영향을 미칠 수 있을까? 파인만이 사회와 종교 등 일상적인 주제에 대해 자신의 생각을 직접 밝힌 글은, 우리가 알기로는 이 강연록 외에는 없다. 리처드 파인만이 1963년 워싱턴대학교에서 강연한 내용을 책으로 엮었다.

천재 제임스 글릭 지음 | 황혁기 옮김

『카오스』, 『인포메이션』의 저자 제임스 글릭이 쓴 리처드 파인만의 전기. 글릭이 그리는 파인만은 우리가 아는 시종일관 유쾌한 파인만이 아니다. 원자폭탄의 여파로 우울감에 빠지기도 하고, 너무도 사랑한 여자인 알린의 죽음으로 괴로워하는 파인만의 모습도 담담히 담아냈다. 20세기 중반 이후 파인만이 기여한 이론물리학의 여러 가지 진보, 곧 파인만 다이어그램, 재규격화, 액체 헬륨의 초유동성 규명, 파톤과 쿼크, 표준 모형 등에 대해서도 일반 독자가 받아들이기 쉽도록 명쾌하게 설명한다. 아울러 줄리언 슈윙거, 프리먼 다이슨, 머리 겔만 등을 중심으로 파인만과 시대를 같이한 물리학계의 거장들을 등장시켜 이들의 사고방식과 활약상은 물론 인간적인 동료애나 경쟁심이 드러나는 이야기도 전하고 있다. 글릭의 이 모든 작업에는 방대한 자료 조사와 인터뷰가 뒷받침되었다.
— 2007 과학기술부 인증 '우수과학도서' 선정, 아·태 이론물리센터 선정 '2006년 올해의 과학도서 10권'

퀀텀맨: 양자역학의 영웅, 파인만 로렌스 크라우스 지음 | 김성훈 옮김

파인만의 일화를 담은 전기들이 많은 독자에게 사랑받고 있지만, 파인만의 물리학은 어렵고 생소하기만 하다. 세계적인 우주론 학자이자 베스트셀러 작가인 로렌스 크라우스는 서문에서 파인만이 많은 물리학자들에게 영웅으로 남게 된 이유를 물리학자가 아닌 대중에게도 보여주고 싶었다고 말한다. 크라우스의 친절하고 깔끔한 설명이 돋보이는 『퀀텀맨』은 독자가 파인만의 물리학으로 건너갈 수 있도록 도와주는 디딤돌이 될 것이다.

물리

초끈이론의 진실 피터 보이트 지음 | 박병철 옮김

물리학계에서 초끈이론이 가지는 위상과 그 실체를 명확히 하기 위해 먼저, 표준 모형 완성에까지 이르는 100년간의 입자 물리학 발전사를 꼼꼼하게 설명한다. 초끈이론을 옹호하는 목소리만이 대중에게 전해지는 상황에서, 저자는 초끈이론이 이론물리학의 중앙 무대에 진출하게 된 내막을 당시 시대 상황, 물리학계의 권력 구조 등과 함께 낱낱이 밝힌다. 이 목소리는 초끈이론 학자들이 자신의 현주소를 냉철하게 돌아보고 최선의 해결책을 모색하도록 요구하기에 충분하다.
— 2009 대한민국학술원 기초학문육성 '우수학술도서' 선정

무로부터의 우주 로렌스 크라우스 지음 | 박병철 옮김

우주는 왜 비어 있지 않고 물질의 존재를 허용하는가? 우주의 시작인 빅뱅에서 우주의 머나먼 미래까지 모두 다루는 이 책은 지난 세기 물리학에서 이루어진 가장 위대한 발견도 함께 소개한다. 우주의 과거와 미래를 살펴보면 텅 빈 공간, 즉 '무(無)'가 무엇으로 이루어져 있는지, 그리고 우주가 얼마나 놀랍고도 흥미로운 존재인지를 다시금 깨닫게 될 것이다.

시인을 위한 양자 물리학 리언 레더먼, 크리스토퍼 힐 공저 | 전대호 옮김

많은 대중 과학서 저자들이 독자에게 전자의 야릇한 행동에 대해 이야기하려 한다. 하지만 인간의 경험과 직관을 벗어나는 입자 세계를 설명하려면 조금 차별화된 전략이 필요하다. 『신의 입자』의 저자인 리언 레더먼과 페르미 연구소의 크리스토퍼 힐은 야구장 밖으로 날아가는 야구공과 뱃전에 부딪히는 파도를 이야기한다. 블랙홀과 끈이론을 논하고, 트랜지스터를 언급하며, 화학도 약간 다룬다. 식탁보에 그림을 그리고 심지어 (책의 제목이 예고하듯) 시를 읊기까지 한다. 디저트가 나올 무렵에 등장하는 양자 암호 이야기는 상당히 매혹적이다.

퀀텀 유니버스 브라이언 콕스, 제프 포셔 공저 | 박병철 옮김

일반 대중에게 양자역학을 소개하는 책은 많이 있지만, 이 책은 몇 가지 면에서 매우 독특하다. 우선 저자가 영국에서 활발한 TV 출연과 강연 활동을 하는 브라이언 콕스 교수와 그의 맨체스터 대학교의 동료 교수인 제프 포셔이고, 문제 접근 방식이 매우 독특하며, 책의 말미에는 물리학과 대학원생이 아니면 접할 기회가 없을 약간의 수학적 과정까지 다루고 있다. 상상 속의 작은 시계만으로 입자의 거동 방식을 설명하고, 전자가 특정 시간 특정 위치에서 발견될 확률을 이용하여 백색왜성의 최소 크기를 계산하는 과정을 설명하는 대목은 압권이라 할 만하다.

양자 우연성 니콜라스 지생 지음 | 이해웅, 이순칠 옮김 | 김재완 감수

양자 얽힘이 갖는 비국소적 상관관계, 양자 무작위성, 양자 공간 이동과 같은 20세기 양자역학의 신개념들은 인간의 지성으로 이해하고 받아들이기 매우 어려운 혁신적인 개념들이다. 그렇지만 이처럼 난해한 신개념들이 21세기에 이르러 이론, 철학의 범주에서 현실의 기술로 변모하고 있는 것 또한 사실이며, ICT 분야에 새로운 패러다임을 제공할 것으로 기대되는 매우 중요한 분야이기도 하다. 스위스 제네바대학의 지생 교수는 이를 다양한 일상의 예제들에 대한 문답 형식을 통해 쉽고 명쾌하게 풀어내고 있다. 수학이나 물리학에 대한 전문지식이 없는 독자들이 받아들일 수 있을 정도이다.

수학 & 인물

소수와 리만 가설 베리 메이저, 윌리엄 스타인 공저 | 권혜승 옮김

이 책은 '어떻게 소수의 개수를 셀 것인가'라는 간단한 물음으로 출발하지만, 점차 소수의 심오한 구조로 안내하며 마침내 그 안에 깃든 놀랍도록 신비한 규칙을 독자들에게 보여준다. 저자는 소수의 구조를 이해하는 데 필수적인 '수치적 실험'들을 단계별로 제시하며 이를 다양한 그림과 그래프, 스펙트럼으로 표현하였다. 이 책은 얇고 간결하지만, 소수에 보다 진지한 관심을 가진 이들을 겨냥했다. 다양한 동치적 표현을 통해 리만 제타함수가 소수의 위치와 그 스펙트럼을 어떻게 매개하는지 수학적으로 감상하는 것을 목표로 한다. 131개의 컬러로 인쇄된 그림과 다이어그램이 수록되었다.
—2018 대한민국학술원 '우수학술도서' 선정

라이트 형제 데이비드 매컬로 지음 | 박중서 옮김

퓰리처상을 2회 수상한 저자 데이비드 매컬로는 미국사의 주요 사건과 인물을 다루는 데 탁월한 능력을 보유한 작가이다. 그가 라이트 형제의 삶을 다룬 전기를 내놓았다. 저자는 라이트 형제가 비행기를 성공적으로 만들어내기까지의 과정을 묘사하는 데 라이트 형제 관련 문서에 소장된 일기, 노트북, 그리고 가족 간에 오간 1천 통 이상의 편지 같은 풍부한 자료를 활용했다. 시대를 초월한 중요성을 지녔고, 인류의 성취 중 가장 놀라운 성취의 하나인 비행기의 발명을 '단어로 그림을 그린다'고 평가받는 유창한 글솜씨로 매끄럽게 풀어낸다. 그의 글을 읽어나가면 라이트 형제의 생각과 고민, 아이디어를 이끌어내는 방식, 토론하는 방식 등을 자연스럽게 배울 수 있다.
—2015년 5월~2016년 2월 《뉴욕타임즈》 베스트셀러, 2015년 5월~7월 논픽션 부분 베스트셀러 1위

수학자가 아닌 사람들을 위한 수학 모리스 클라인 지음 | 노태복 옮김

수학이 현실적으로 공부할 가치가 있는 학문인지 묻는 독자들을 위해, 수학의 대중화에 힘쓴 저자 모리스 클라인은 어떻게 수학이 인류 문명에 나타났고 인간이 시대에 따라 수학과 어떤 식으로 관계 맺었는지 소개한다. 그리스부터 현대에 이르는 주요한 수학사적 발전을 망라하여, 각 시기마다 해당 주제가 등장하게 된 역사적 맥락을 깊이 들여다본다. 더 나아가 미술과 음악 등 예술 분야에 수학이 어떤 영향을 끼쳤는지 살펴본다. 저자는 다음과 같은 말로 독자의 마음을 사로잡는다. "수학을 배우는 데 어떤 특별한 재능이나 마음의 자질이 필요하지는 않다고 확신할 수 있다. (…) 마치 예술을 감상하는 데 '예술적 마음'이 필요하지 않듯이."
—2017 대한민국학술원 '우수학술도서' 선정

무리수 줄리언 해빌 지음 | 권혜승 옮김

무리수와 그에 관련된 문제 해결에 도전한 수학자들의 이야기를 담았다. 무리수에 대한 이해가 심화되는 과정을 살펴보기 위해서는 반드시 유클리드의 『원론』을 참조해야 한다. 그중 몇 가지 중요한 정의와 명제가 이 책에 소개되어 있다. 이 책의 목적은 유클리드가 '같은 단위로 잴 수 없음'이라는 개념에 대한 에우독소스의 방법을 어떻게 증명하고 그것에 의해 생겨난 문제들을 효과적으로 다루었는지를 보여주는 데 있다. 저자가 소개하는 아이디어들을 따라가다 보면 무리수의 역사를 이루는 여러 결과들 가운데 몇 가지 중요한 내용을 상세히 이해하게 될 것이며, 순수 수학 발전 과정에서 무리수가 얼마나 중요한 부분을 담당하는지 파악할 수 있을 것이다.

리만 가설 존 더비셔 지음 | 박병철 옮김

수학자의 전유물이던 리만 가설을 대중에게 소개하는 데 성공한 존 더비셔는 '이보다 더 간단한 수학으로 리만 가설을 설명할 수는 없다'고 선언한다. 홀수 번호가 붙은 장에서는 리만 가설을 수학적으로 인식할 수 있도록 돕는 데 주안점을 두었고, 짝수 번호가 붙은 장에는 주로 역사적인 배경과 인물에 관한 내용을 담았다.

불완전성: 쿠르트 괴델의 증명과 역설 레베카 골드스타인 지음 | 고중숙 옮김

괴델은 독자적인 증명을 통해 충분히 복잡한 체계, 요컨대 수학자들이 사용하고자 하는 체계라면 어떤 것이든 참이면서도 증명 불가능한 명제가 반드시 존재한다는 사실을 밝혀냈다. 레베카 골드스타인은 괴델의 정리와 그 현란한 귀결들을 이해하기 쉽도록 펼쳐 보임은 물론 괴팍스럽고 처절한 천재의 삶을 생생히 그려 나간다.

유추를 통한 수학탐구 P. M. 에르든예프, 한인기 공저

수학은 단순한 숫자 계산과 수리적 문제에 국한되는 것이 아니라 사건을 논리적인 흐름에 의해 풀어나가는 방식을 부르는 이름이기도 하다. '수학이 어렵다'는 통념을 '수학은 재미있다!'로 바꿔주기 위한 목적으로 러시아, 한국 두 나라의 수학자가 공동저술한 수학의 즐거움을 일깨워주는 실습서이다. 그 여러 가지 수학적 방법론 중 이 책은 특히 '유추'를 중심으로 하여 풀어내는 수학적 창의력과 자발성의 개발에 목적을 두었다.

대칭

갈루아 이론의 정상을 딛다 이시이 도시아키 지음 | 조윤동 옮김

"<일반 5차방정식은 근호로 풀 수 없다>는 명제의 제대로 된 증명을 가장 쉬운 절차로 이해"하는 것을 목표로 한 책이다. 독자가 고등학교 수준의 수학적 지식만을 갖추었다고 가정하고, 그 밖의 내용은 처음 접한다는 생각으로 갈루아 이론의 증명에 이르는 과정을 처음부터 끝까지 친절하게 설명한다.

—2018 대한민국학술원 '우수학술도서' 선정

대칭: 갈루아 유언 신현용 지음 | 김영관, 신실라 그림

삼차, 사차 방정식이 해결된 후 300년 이상 미해결 상태였던 오차 방정식. 에바리스트 갈루아는 아벨이 방정식의 새로운 해법으로 암시한 "군"이라는 대수적 구조를 통해 대칭의 언어인 "군론"을 완성함으로써 오차방정식의 풀이 문제를 해결한다. 유클리드부터 폰타나 카르다노를 거쳐 갈루아에 이르는 오차방정식의 풀이 여정을 수학자들의 가상 대화를 통해 풀어 나가며, 다항식 풀이의 핵심인 "대칭"이 언어, 건축, 회화, 음악에서 어떻게 드러나고 적용되는지 설명하는 부분이 흥미롭다. 대수적 구조를 탐구하는 모든 과정에 자세한 풀이 과정을 적어 두었기에 독자는 대칭의 강력한 힘인 "아름다움"을 수학적으로 체감해 볼 수 있다.

열세 살 딸에게 가르치는 갈루아 이론 김중명 지음 | 김슬기, 신기철 옮김

재일교포 역사소설가 김중명이 이제 막 중학교에 입학한 딸에게 갈루아 이론을 가르쳐 본다. 수학역사상 가장 비극적인 삶을 살았던 갈루아가 죽음 직전에 휘갈겨 쓴 유서를 이해하는 것을 목표로 한 책이다. 사다리타기나 루빅스 큐브, 15 퍼즐 등을 활용하여 치환을 설명하는 등 중학생 딸아이의 눈높이에 맞춰 몇 번이고 친절하게 설명하는 배려가 돋보인다.

대칭과 아름다운 우주 리언 레더먼, 크리스토퍼 힐 공저 | 안기연 옮김

자연이 대칭성을 가진다고 가정하면 필연적으로 특정한 형태의 힘만이 존재할 수밖에 없다고 설명된다. 이 관점에서 자연은 더욱 우아하고 아름다운 존재로 보인다. 물리학자는 보편성과 필연성에서 특히 경이를 느끼기 때문이다. 노벨상 수상자이자 『신의 입자』의 저자인 리언 레더먼이 페르미 연구소의 크리스토퍼 힐과 함께 대칭과 같은 단순하고 우아한 개념이 우주의 구성에서 어떠한 의미를 갖는지 궁금해 하는 독자의 호기심을 채워 준다.

아름다움은 왜 진리인가 이언 스튜어트 지음 | 안재권, 안기연 옮김

현대 수학과 과학의 위대한 성취를 이끌어낸 힘, '대칭(symmetry)의 아름다움'에 관한 책. 대칭이 현대 과학의 핵심 개념으로 부상하는 과정을 천재들의 기묘한 일화와 함께 다루었다.

대칭: 자연의 패턴 속으로 떠나는 여행 마커스 드 사토이 지음 | 안기연 옮김

수학자의 주기율표이자 대칭의 지도책, 『유한군의 아틀라스』가 완성되는 과정을 담았다. 자연의 패턴에 숨겨진 대칭을 전부 목록화하겠다는 수학자들의 야심찬 모험을 그렸다.

미지수, 상상의 역사 존 더비셔 지음 | 고중숙 옮김

이 책은 3부로 나눠 점진적으로 대수의 개념을 이해할 수 있도록 구성되어 있다. 1부에서는 대수의 탄생과 문자기호의 도입, 2부에서는 문자기호의 도입 이후 여러 수학자들이 발견한 새로운 수학적 대상들을 서술하고 있으며, 3부에서는 문자 기호를 넘어 더욱 높은 추상화의 단계들로 나아가는 군(group), 환(ring), 체(field) 등과 같은 현대 대수에 대해 다루고 있다. 독자들은 이 책을 통해 수학에서 가장 중요한 개념이자, 고등 수학에서 미적분을 제외한 거의 모든 분야라고 할 만큼 그 범위가 넓은 대수의 역사적 발전과정을 배울 수 있다.

무한 공간의 왕 시오반 로버츠 지음 | 안재권 옮김

도널드 콕세터는 20세기 최고의 기하학자로, 반시각적 부르바키 운동에 대응하여 기하학을 지키기 위해 애써왔으며, 고전기하학과 현대기하학을 결합시킨 선구자이자 개혁자였다. 그는 콕세터군, 콕세터 도식, 정규초다면체 등 혁신적인 이론을 만들어 내며 수학과 과학에 있어 대칭에 관한 연구를 심화시켰다. 저널리스트인 저자가 예술적이며 과학적인 콕세터의 연구를 감동적인 인생사와 결합해 낸 이 책은 매혹적이고, 마법과도 같은 기하학의 세계로 들어가는 매력적인 입구가 되어 줄 것이다.

A Book of Abstract Algebra(근간) Charles C. Pinter 지음 | 정경훈 옮김

이 책은 추상대수학에 포함되는 모든 주제를 상세히 다룬다. 이론적인 설명에만 그치지 않고 연습문제와 해설을 제공해 독자들이 책의 내용을 이해했는지 검토할 수 있도록 도와준다. 따라서 중, 고등학생에게는 훌륭한 길라잡이가, 수학을 가르치는 교사에게는 좋은 지침서가 될 것이다.